7. wissenschaftliche Konferenz
der Gesellschaft Deutscher Naturforscher und Ärzte

Biopolymere und Biomechanik von Bindegewebssystemen

Herausgegeben von
Fritz Hartmann
unter Mitarbeit von
Christoph Hartung und Henning Zeidler

Mit 364 Abbildungen

Springer-Verlag Berlin · Heidelberg · New York 1974

Prof. Dr. med. Fritz Hartmann
Dr. Ing. Christoph Hartung
Dr. med. Henning Zeidler
Medizinische Hochschule Hannover
Medizinische Klinik
D–3 Hannover-Kleefeld
Karl-Wiechert-Allee 9

Library of Congress Cataloging in Publication Data

Gesellschaft Deutscher Naturforscher und Ärzte
Biopolymere und Biomechanik von Bindegewebssystemen

English or German.
Bibliography: p.
1. Connective tissues--Congresses. I. Hartmann,
Fritz, 1920–   ed. II. Hartung, C., ed.
III. Zeidler, Hans, 1915-   ed. IV. Title.
QM563.G44 1974   611'.0182   74-14943

ISBN-13: 978-3-540-06927-0   e-ISBN-13: 978-3-642-65963-8
DOI: 10.1007/978-3-642-65963-8

Introductory Address on Biopolymers and
Biomechanics of Connective Tissue

Ladies and Gentlemen,

In greeting you on behalf of the GDNA, I particularly wish to mention
that Prof. BOCK, the chairman elect of our 109th Meeting, to be held in
Stuttgart in 1976, is representing the Society here today. You may judge
of our intentions in selecting this theme from our choice of invited
delegates, whose disciplines include engineering, biophysics, anatomy,
biochemistry, and the clinical disciplines of accident and emergency
surgery, orthopedics, and rheumatology.

Our theme forms the link in a chain between "The Macromolecule" (GDNA
Meeting, held in Vienna in 1966 under the chairmanship of O. KRATZKY) and
"Physics and Chemistry in the Service of Other Sciences" (to take place
in Berlin in September 1974 under the chairmanship of MAIER-LEIBNITZ).

Because of the nature of modern scientific research, we are today con-
fronted with a problem of communication. Whereas the subjects researched
are very similar, there are enormous differences in our ways of thinking
about them, in the concepts we use, and in the language in which the
results are reported. We need to understand each other's scientific jar-
gon! This task presents even more difficulty than Germans have in over-
coming their inhibitions about talking English in public.

Connective tissue for us here will be bringing together more things than
the basic meaning of the term implies, i.e. that it unites cells, con-
nects muscle and bones and itself merges into capsules, plates, sheaths,
valves, and tubes. For us, it is connecting scientific disciplines and
methods, and experience in their application to various fields: machines,
and human joints, synthetic fibers, and the fabric of connective tissue.
Our theme provides an opportunity for discussing under common assumptions,
or at least comparable assumptions, tissues so diverse as tendons, capsules, cartilage, skin, intervertebral discs the valves of the heart,
lung and liver tissue, and vessels of various kinds.

The general public is interested in medicine mainly from the point of
view of the killer diseases, cancer and cardiovascular disease. However,
the most frequent cause of days missed from work, early retirement because of invalidism and suffering among the elderly is deteriorationy of
the connective-tissue systems of the joints and spine. This in itself
is sufficient reason to research into the origin of such deterioration.
Indeed, Lord ZUCKERMAN placed it among the four most urgent tasks of
medical research.

The term biopolymers is generally understood to apply to the carriers
and transmitters of genetic information that are able to reproduce themselves; in effect, it includes all living organic polymers, i.e. those
subject to continuous catabolism and metabolism, and whose biologic
functions are associated with their tertiary and quaternary structure.

The biological functions of the biopolymers of connective tissue depend
upon their physical and physicochemical properties. These have to be
redefined in terms of the physics and chemistry of natural and artificial
high polymers. The biopolymers of connective tissue include polypeptides
polymerized to fibers, forming typical tertiary structures with each
other and metabolizing polysaccharides with lateral reticulation that
form quaternary structures, or textures, with the fibers.

At this conference we have given pride of place to the habits of thought and methods of <u>mechanics</u>, <u>rheology</u>, and <u>tribology</u>, in other words, the sciences of solid-state properties and lubrication of the moving parts of machinery. Any artifical replacement of worn connective-tissue systems must approximate to the properties described in the concepts of rheology and tribology.

By connective tissue system we understand an ordered arrangement of fibrous elements with viscoelastic inclusions. The three <u>basic types</u> (Fig. 1) make it clear what are the basic elements and the variations in the ways in which they combine to form textures.

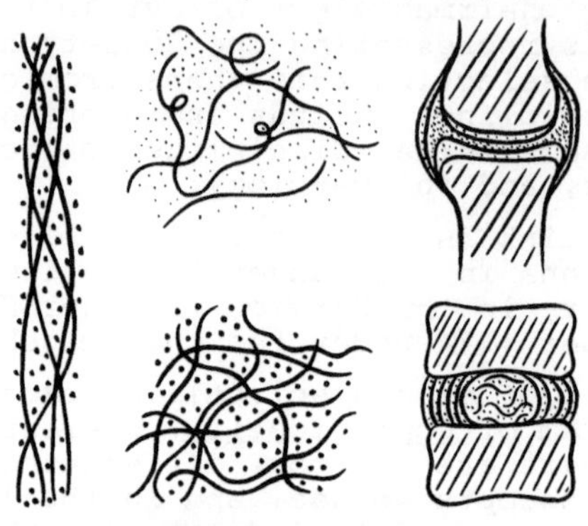

1. <u>Loose connective tissue</u> consists of a few thin, very tortuous, loosely disposed fibers, together with a large amount of basic substance, rich in glucosamines and poor in sulfates, and containing variable amounts of water.

<u>Examples</u> of this type are skin, lungs, and vessels. Numerous variations occur, for instance, in the skin in different parts of the body.

2. <u>Rigid connective tissue</u> consists of many thick, rigidly disposed half-crystalline fiber bundles, together with a small amount of highly polymerized basic substance, rich in sulfates and containing very little water.

<u>Examples</u> of this type are tendons, fasciae, dura mater, and fibrous rings.

3. <u>Basic substance</u>, having variable viscoelastic properties and enclosed by rigid connective tissue.

<u>Examples</u> of this type are joints, intervertebral discs, and the eyes.

The joint provides a splendid example to illustrate where and how the rheologic and tribologic phenomena involved in sequential or alternating processes stand relative to the biochemical, enzymologic, and immunologic phenomena, and the physiology of muscle pains. The biopolymers and their interconnections can be damaged by oxygen deficiency, release of aggressive enzymes, precipitation of crystals, and muscular strain. Such immunopathologic phenomena as the precipitation and phagocytosis of antigen-antibody complexes, mechanical attrition, or tearing of fibers induce the release of aggressive enzymes (Fig. 2).

<u>Connective-tissue systems</u> are of very heterogeneous composition.

For this reason, it is important to consider what property a system will have under the varying conditions that prevail at its natural site in the body. Let us take some examples.

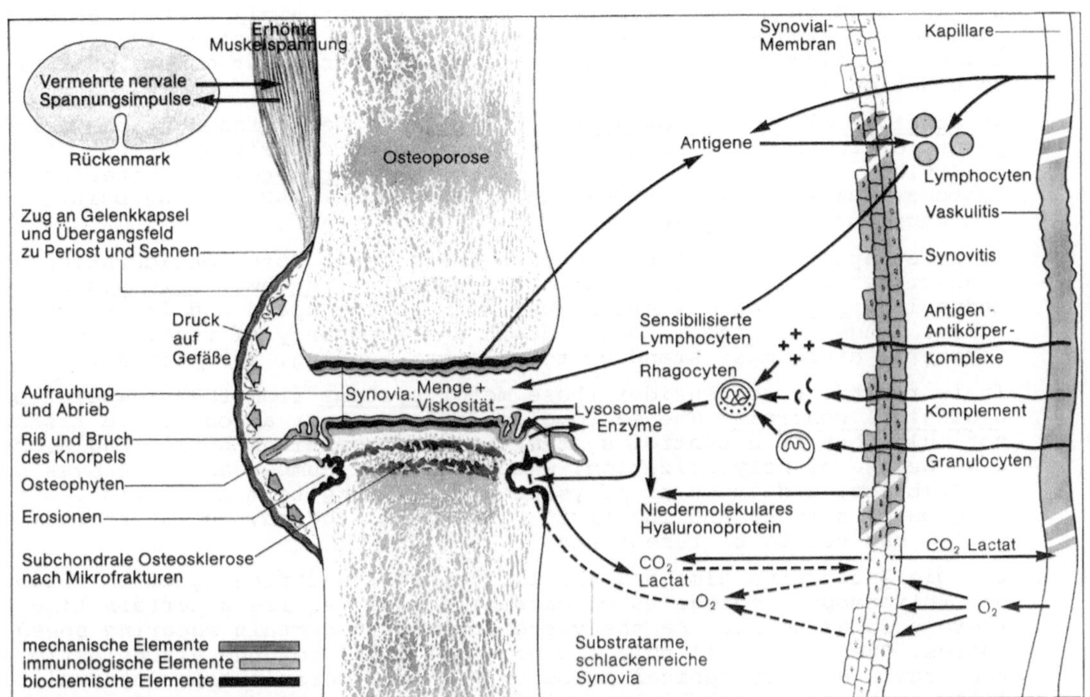

Example 1. <u>Increasing pressure or traction</u> imposes stress on various elements of the quaternary, tertiary, and secondary structures in turn. The curve representing changes in length is consequently not linear (Fig. 3). The speed of application of force can also change the elastic properties. The macromolecules require a certain tissue interval to change position or direction. A tendon to which a high-impact force is applied can break like glass, especially when it is already taut. A certain time is also necessary for it to resume its original shape and lenght after the force is removed. The time dependence of this molecular displacement is most clearly seen in the phenomenon of <u>relaxation</u>. Most connective tissues are not slack, but stressed in their resting position in the body. This normal state of tension is called <u>turgor</u> and is produced by the pressure of the proteoglycane gels enclosed between the fibers. It is a constant,

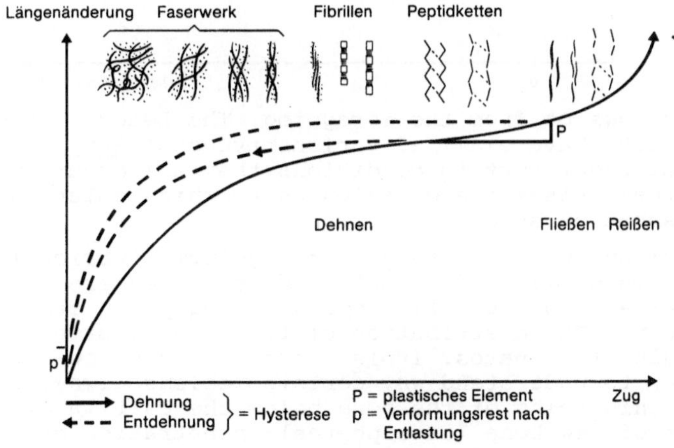

and may even be a control system, but it is certainly a point at which
pathologic changes can occur. Thus, we may say that at a given time each
connective tissue will be found at a particular point on its pressure
or traction curve.

Stretching, gliding, flowing and tearing are determinded by the melting
points of the fiber elements. These may, particularly under pathologic
conditions, lie within the range of body temperatures. In heterogeneous
systems, the rheologic curves are a function of the melting points of
the macromolecular aggregates.

It is of special importance to take these facts into consideration where
connective tissues have to match the speed of rhythmic stresses without
undue lag. Examples: arteries must work to the speed and frequency of the
pulse; lungs must adapt to the depth and frequency of respiration; intervertebral discs must stand up to walking, running, and jumping.

It is rewarding to consider these motor systems from the viewpoint of
biological controls. The macromolecular status of a connective tissue is
not only that of a control system; it also comprises correcting elements,
e.g. degree of polymerization, water content, number and thickness of
the fibrils, and types of polysaccharides. Long-term adaptation, e.g.
to growth, stress, and inactivity, has been studied, but short-term adaptation has yet to be researched.

Example 2 concerns time and the influence of shearing speed on viscosity
and thixotropy. Aggregates of macromolecules require a certain time to
regroup so as to produce the viscosity that a certain shearing speed requires. One could call this a biological time, for the viscoelastic system regulates a mechanical property within a certain time interval to
allow it to perform a biological function. For this reason it is necessary to know the local speeds that can occur, e.g. on the surface of
joints (Fig. 4).

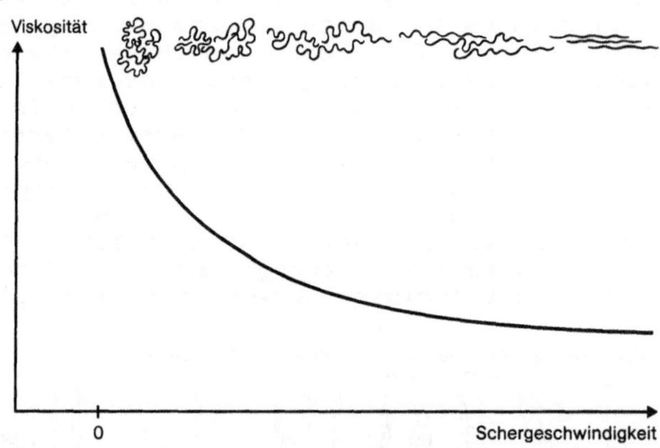

Example 3 follows on from the foregoing. The Leeds Group (DOWSON, UNS-
WORTH and WRIGHT)have examined various types of lubrication. It is
possible that under certain conditions they all occur, not just a single
type. This then raises the question as to which solution is realized at
a given pressure or speed.

At various sites on the surface of the joints, lubrication of a different type is found (Fig. 5). Most joint surfaces are irregular in shape
and the interface does not fit together snugly; in other words, they
are incongruent. The distribution of forces and,during exercise, of local speeds also fluctuates. It is important to be aware of this situation in order to understand why certain lesions always occur in the same
place, e.g. thickening of the bone below the cartilage; outgrowth of
cartilage or of new bone (osteophytes); penetration of intervertebral
discs into the spinal column.

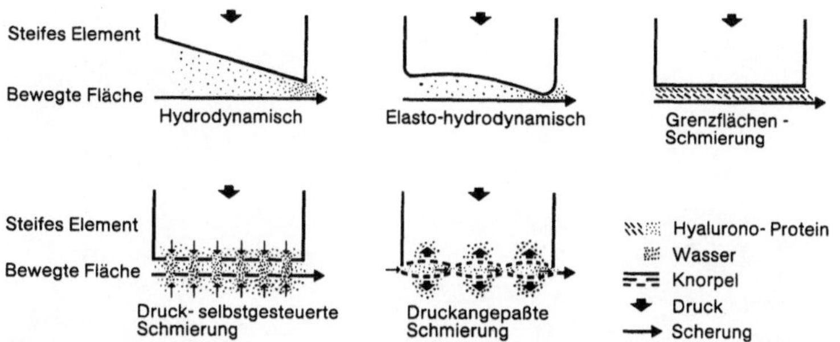

As these examples show, we still have a long way to go before we are
able to measure with sufficient accuracy and completeness the processes
that occur in living connective-tissue systems and until good models
have been developed for the characterization and simulation of these
processes.

We shall have done what we set out to do, and fullfilled the intentions
of our Society, when we have learned to apply research data in the diagnosis and treatment of pathologic conditions. I hope the work we are
to do at this meeting will take us a step nearer this goal.

Fritz Hartmann

Inhaltsverzeichnis

XIII

H. Adamczak

Institut für Kunststoffverarbeitung

51   Aachen
Pontstrasse 49
(GFR)

K. Altmann

Anatomisches Institut
der Universität Heidelberg

69   Heidelberg
(GFR)

O. Anna

Abteilung für Biomedizinische Technik
und Krankenhaustechnik der
Medizinischen Hochschule Hannover

3000   Hannover
Karl-Wiechert-Allee 9
(GFR)

G. Arnold

Abteilung Anatomie der Medizinischen
Fakultät an der Rhein.-Westf. Techn.
Hochschule Aachen
51   Aachen
(GFR)

E. Asang

Facharzt für Chirurgie

8000   München 40
Belgradstrasse 5
(GFR)

W.J. Bartz

Institut für Erdölforschung
3000   Hannover
Am kleinen Felde 30
(GFR)

H.F. Bauer

Institut für Verfahrenstechnik
der Technischen Universität Berlin

1000   Berlin 10
Ernst-Reuter-Platz 7

J. Benfer

Institut für Biochemie der
Städtischen Krankenanstalten Köln

5000   Köln-Meerheim
Ostmeerheimer Strasse 200
(GFR)

S. Best

Klinik Wilhelm Schulthess

CH 8032 Zürich
Neumünsterallee 3
Switzerland

H. E. Bock

Medizinische Universitätsklinik

74 Tübingen
(GFR)

R. Bonart

Technische Universität Berlin
Organische Werkstoffe/Polymer Physik

1000 Berlin 12
Englische Strasse 20
(GFR)

R. Bowitz

Pathologisches Institut
der Universität Heidelberg

69   Heidelberg
Berliner Strasse 5
(GFR)

G. Bublitz

Städtische Krankenanstalten
-Röntgenabteilung-

33   Braunschweig
Salzdahlumer Strasse 90
(GFR)

H. Chmiel

Helmholtz-Institut
Forschungsgesellschaft für Bio-
medizinische Technik der Rhein.-
Westf. Techn. Hochschule Aachen

51   Aachen
Goethestrasse 27-29
(GFR)

H. Czichos

Bundesanstalt für Materialprüfung

1000 Berlin 45
Unter den Eichen 87
(GFR)

H. Dalichau

Chirurgische Klinik -Abt. Thorax-
chirurgie der Medizinischen Hochschule Hannover

3000 Hannover
Karl-Wiechert-Allee 9
(GFR)

H.U. Debrunner

Inselhospital - Orthopädische Klinik

CH 3008 Bern
Switzerland

F. Erdmann-Jessnitzer

Institut für Werkstoffkunde
der Technischen Universität Hannover

3000 Hannover
Appelstrasse 24 A
(GFR)

P. Fietzek

Max-Planck-Institut für Biochemie

8033 Martinsried
(GFR)

R. Fricke

Medizinische Hochschule Hannover
Department Innere Medizin

3000 Hannover
Karl-Wiechert-Allee 9
(GFR)

Y.C. Fung

University of California, San Diego
Department of AMES (Bioengineering)

La Jolla, California 92037
(USA)

G.H. Göttner

Institut für Erdölforschung

3000 Hannover
Am kleinen Felde 30
(GFR)

H. Greiling

Klinisch-chemisches Zentral-
laboratorium der Medizin. Fakultät
an der Rhein.-Westf. Techn. Hochschule Aachen

51   Aachen
Goethestrasse 27
(GFR)

H. Groh

Institut für Biomechanik der
Deutschen Sporthochschule Köln

5000 Köln-Müngersdorf
Carl-Diem-Weg 5
(GFR)

E. Gruber

Institut für Makromolekulare Chemie
der Technischen Hochschule Darmstadt

61   Darmstadt
Alexanderstrasse 24
(GFR)

M.H. Hackenbroch

Orthopädische Klinik der
Universität München

8000 München 90
Harlachinger Strasse 51
(GFR)

F. Hartmann

Medizinische Hochschule Hannover
Department Innere Medizin

3000 Hannover
Karl-Wiechert-Allee 9
(GFR)

C. Hartung

Abteilung für Biomedizinische Technik
und Krankenhaustechnik der
Medizinischen Hochschule Hannover

3000 Hannover
Karl-Wiechert-Allee 9
(GFR)

E. Heidemann

61   Darmstadt
Schloßgartenstrasse 4-6
(GFR)

M.I. Ionescu

The General Infirmary
Department Cardiothor. Surgery
Great George Street

Leeds 1
(England)

M. Jäger

Orthopädische Klinik der
Universität München

8000 München 90
Harlachinger Strasse 51
(GFR)

M.I.V. Jayson

University of Bristol
Department Medicine

Bristol
(England)

I. Karababa

Institut für Physik und Chemie der
Grenzflächen

7000 Stuttgart 1
Römerstrasse 32 a
(GFR)

E. Killmann

Institut für Technische Chemie der
Technischen Universität München

8000 München 2
Arcisstrasse 21
(GFR)

J. Klein

Institut für Chemische Technologie
der Technischen Universität
Braunschweig

33 Braunschweig
Hans-Sommer-Strasse 10
(GFR)

W. Klofat

Deutsche Forschungsgemeinschaft

53 Bonn-Bad Godesberg
Kennedyallee 40
(GFR)

R. Kölbel

Orthopädische Klinik
der Freien Universität Berlin

1000 Berlin 33 (Dahlem)
Clayallee 229
(GFR)

B. Krempien

69 Heidelberg
Berliner Strasse 5
(GFR)

J. Krämer

Orthopädische Klinik der Universität
Düsseldorf

4000 Düsseldorf
Moorenstrasse 5
(GFR)

W. Küsswetter

Orthopädische Klinik der
Universität München

8000 München 90
Harlachinger Strasse 51
(GFR)

B. Kummer

Anatomisches Institut der
Universität Köln

5000 Köln-Lindenthal
Lindenburg
(GFR)

E. Kuss

Institut für Erdölforschung

3000 Hannover
Am kleinen Felde 30
(GFR)

K. Lederer

Institut für Makromolekulare Chemie
der Technischen Hochschule Darmstadt

61   Darmstadt
Alexanderstrasse 24
(GFR)

H. Lippert

Abteilung für funktionelle und angewandte Anatomie der Medizinischen
Hochschule Hannover

3000 Hannover
Karl-Wiechert-Allee 9
(GFR)

H. Louis

Institut für Werkstoffkunde B der
Technischen Universität Hannover

3000 Hannover
Appelstrasse 24 A
(GFR)

O. Mahrenholtz

Lehrstuhl B für Mechanik der
Technischen Universität Hannover

3000 Hannover
Appelstrasse 24 B
(GFR)

R. Mathys

Instrumentenfabrik

CH 2544 Bettlach
Switzerland

P. Müller

Max-Planck-Institut für Biochemie

8033 Martinsried
(GFR)

H. Muir

The Mathilda and Tevence Kennedy
Institute of Rheumatology-
Bute Gardens Hammersmith

London W 6 7 DW
(England)

A. Nachemson

Sahlgren Hospital, Orthopaedic Surgery I

S 41345 Göteborg
Sweden

A. Naylor

3 Mornington Villas Manningham Lane

Bradford BD 8 7 HE /Yorkshire
(England)

Th. Nemetschek

Pathologisches Institut
der Universität Heidelberg

69   Heidelberg
Berliner Strasse 5
(GFR)

P. Otte

Orthopädische Klinik und Poliklinik
der Johann-Gutenberg-Universität

65   Mainz
Langenbeckstrasse 1
(GFR)

A.J. Palfrey

Charing Cross Hospital, Medical School
Department Anatomy
Fulham Palace Road

London W 6 8 RF
(England)

I. Paul

Mass. Institute of Technology
Department Mechanical Engineering
Biomed. Engineering

Boston /Massachusetts 02114
(USA)

W. Pechold

Institut für Physik II der Universität

79   Ulm
(GFR)

B. Pfeiffer

Abteilung für Biomedizinische Technik
und Krankenhaustechnik der
Medizinischen Hochschule Hannover

3000 Hannover
Karl-Wiechert-Allee 9
(GFR)

C.F. Phelps

University of Bristol
Department Biochemistry

Bristol BS 8 1 TD
(England)

K. Preuß

Deutsche Forschungsgemeinschaft

53 Bonn-Bad Godesberg
Kennedyallee 40
(GFR)

W. Puhl

69   Heidelberg-Schlierbach
Schlierbacher Landstrasse 200 a
(GFR)

E.L. Radin

Harvard Medical School
Department Orthopaedic Surgery

Boston/Massachusetts 02114
(USA)

H.J. Refior

Orthopädische Klinik der
Universität München

8000 München 90
Harlachinger Strasse 51
(GFR)

I.E. Richter

Institut für allgemeine und
experimentelle Pathologie der BW

65   Mainz
Friedrich-Schneider-Strasse 14
(GFR)

J.A. Szirmai

Grunder 5

Amsterdam 1127
Netherlands

L.C. Schulz

Institut für Pathologie der
Tierärztlichen Hochschule Hannover

3000 Hannover
Bischofsholer Damm 15
(GFR)

H. Tscherne

Unfallchirurgische Klinik der
Medizinischen Hochschule Hannover

3000 Hannover
Karl-Wiechert-Allee 9
(GFR)

M. Ungethüm

Orthopädische Klinik der
Universität München

8000 München 90
Harlachinger Strasse 51
(GFR)

A. Unsworth

University of Leeds
Rheumatism Research Unit
School of Medicine
44. Clavendon Road

Leeds
(England)

H.G. Vogel

Farbwerke Hoechst

6230 Frankfurt 80
Postfach 800320
(GFR)

C. Wagner

Max-Planck-Institut
für Systemphysiologie Dortmund

46   Dortmund
Rheinlanddamm 201
(GFR)

K. Walcher

St. Josephskrankenhaus
Chirurgische Abteilung II

1000 Berlin 42
Bäumerplan 24
(GFR)

W. Wegener

Institut für Tierzucht der
Tierärztlichen Hochschule Hannover

3000 Hannover
Bünteweg 17
(GFR)

H.G. Willert

Orthopädische Klinik der
Universität Frankfurt

6000 Frankfurt/Main
(GFR)

V. Wright

University of Leeds
Rheumatism Research Unit
School of Medicine
44. Clavendon Road

Leeds
(England)

M. Zech

Abteilung Anatomie der Medizinischen
Fakultät an der Rhein.-Westf.Techn.
Hochschule Aachen

51   Aachen
(GFR)

H. Zeidler

Medizinische Hochschule Hannover
Department Innere Medizin

3000 Hannover
Karl-Wiechert-Allee 9
(GFR)

I. Die in Gelenken auftretenden Kräfte/Forces Occuring in the Joints

Die Kräfte bei menschlicher Körperbewegung

H. Groh

Seit einer Reihe von Jahren bemühen wir uns, bei der physikalisch-
quantitativen Analyse von menschlichen Bewegungsabläufen herauszutre-
ten aus dem Stadium der Analyse statischer Verhältnisse und dem Stadium von Laborbedingungen. Wir versuchen Einblick zu bekommen in die
Größenordnungen und den Verlauf einmal der dynamischen Kräfte, welche
die menschliche Körperbewegung bewirken, zum andern der realen bela-
stenden und verformenden Kräfte, die am Gelenk, am Knochen und an der
Sehne angreifen. Lassen Sie mich in Kürze einige uns als wesentlich
erscheinende Besonderheiten aufzählen, welche allen menschlichen Körperbewegungen – soweit es sich um physikalische Analysen handelt –
zu Grunde liegen.

1. Körperbewegungen werden nicht nur bestimmt durch Muskelkräfte.
   In wechselndem Maße sind folgende Kräfte beteiligt: Äußere <u>Reak-
   tionskräfte</u>, z.B. die Stützkräfte der Beine – <u>Gewichtskräfte</u> der
   Teilmassen des Rumpfes und der Glieder – <u>Trägheitskräfte</u> bei den
   Gliederrotationen – <u>Elastische</u> und <u>Reibungskräfte</u> der Muskeln, Seh-
   nen, Bänder und der Gelenkflächen.

2. Der Mensch kann aufgrund seiner im Bewegungsapparat verankerten
   Strukturen ausschließlich <u>Rotationsbewegungen</u> ausführen. Alle
   translatorischen Bewegungen setzen sich zusammen aus einer Vielzahl von "Gelenkrotationen", die in Wirklichkeit <u>Pendelbewegungen</u>
   der Glieder darstellen.

3. Die Anwendung physikalischer Gesetze auf das biologische Grund-
   phänomen "Körperbewegung" ist immer nur unter Abstraktion, ver-
   einfachenden Bedingungen und auch dann nur mit einer sehr be-
   schränkten Annäherung an die Gesetze der Technik und der Physik
   möglich. Es bleibt – wenn man so sagen darf – eine große <u>Unbe-
   stimmtheitsrelation</u>, als heute noch grundsätzliche Unterscheidung
   zwischen dem toten Material der Technik und dem biologischen Material alles Lebenden.

4. Menschliche Körperbewegung ist charakterisiert einmal durch einen
   komplizierten <u>Regelmechanismus</u>, zum andern durch den ständigen
   <u>Wechsel von Beschleunigung und Verzögerung</u> durch die verschiedenen Formen von Kräften.

5. Man sollte daran denken, daß Muskelkräfte – als <u>innere Kräfte</u> –
   nicht meßbar sind. Sie können nur aus ihren Wirkungen berechnet
   werden.

Zur physikalisch-quantitativen Analyse von Körperbewegungen wenden
wir 4 Meßmethoden an und sprechen daher von einer <u>komplexen Bewegungs-
analyse</u>. Die dabei benutzten Meßgeräte wurden im Institut entwickelt:

Bestimmung der Lage der Gelenkachsen (GROH und KALFHUES) - Schwerpunktwaage (Dipl.-Phys. GALBIERZ, DALMUS und PEUCKER) - Chronocyclografische Kamera (Dipl.-Phys. BAUMANN) - Ortsfeste Kraftmeßplatten (Dipl.-Phys. BAUMANN) - Bewegungselektromyografie mit Hautelektroden (Dipl.-Phys. KLAUCK) (Abb.1).

KOMPLEXE BEWEGUNGSANALYSE

SOMATOMETRIE   KÖRPERSCHWERPUNKT
TRÄGHEITSMOMENTE

KINEMETRIE   WEG-ZEIT-MERKMALE
UND IHRE ABLEITUNGEN

DYNAMOMETRIE   BEWEGENDE KRÄFTE

ELEKTROMYOGRAFIE   KOORDINATION DER
MUSKELKRÄFTE

Abb.1: Komplexe Bewegungsanalyse

Die Kenntnis der Lage des KSP und der Teilschwerpunkte der Glieder ist unerläßliche Voraussetzung bei der Berechnung von Bewegungsabläufen. Von fast allen Untersuchern wird die Schwerpunktbestimmung mit der analytischen Methode durchgeführt. Es handelt sich bei den dabei benutzten Relativgewichten und relativen Schwerpunktradien der Körperteile um die Meßdaten von 24 Leichen (FISCHER, 189o - 3 Leichen; DEMPSTER, 1955 - 8 Leichen; CLAUSER, 1969 - 13 Leichen). Die Werte dieser Leichen ergeben eine Streuung der Bestimmung des KSP von 7 cm! Abgesehen von dem Fehler der kleinen Zahl sind die Leichenwerte - da es sich fast ausschließlich um abgemagerte, alte Menschen gehandelt hat - auf gesunde Erwachsene nicht übertragbar (Abb.2).

	RELATIVE GLIEDERTEILGEWICHTE (MITTELWERTE)	RELATIVE SCHWERPUNKTRADIEN (MITTELWERTE)
KOPF+HALS	7,5	45,2
RUMPF	46,7	39,7
O-ARM	2,7	46,8
U-ARM	1,8	41,1
HAND	0,7	50,6
O-SCHENKEL	11,9	38,8
U-SCHENKEL	4,7	41,1
FUSS	1,5	44,1

NACH: FISCHER (1890, 3 LEICHEN); BERNSTEIN (1936, 152 LEBENDE)
DEMPSTER (1955, 8 LEICHEN); CLAUSER (1969, 13 LEICHEN)

Abb.2: Relative Teilgewichte und relative Schwerpunktradien

Die Benutzung der Schwerpunktdaten von FISCHER, DEMPSTER oder CLAUSER müssen zwangsläufig zu erheblichen Fehlern in den übrigen Berechnungen führen. Zur Gewinnung brauchbarer Daten für die Lage des KSP führen wir derzeit eine vergleichende, simultane analytische und experimentelle KSP-Bestimmung bei 5o Sportstudenten durch. Der KSP wird in 9 verschiedenen Stellungen bestimmt, sowohl analytisch aus Körpermeßdaten wie experimentell mit einer von uns entwickelten Schwerpunktwaage (Abb.3).

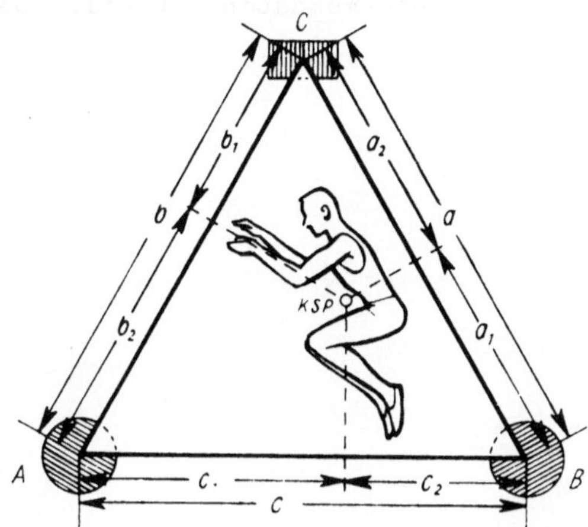

Abb.3: Körperschwerpunktwaage (nach HOCHMUTH, 1967)

Alle Körperbewegungen resultieren aus Rotationen des Rumpfes und der Glieder um ihre Gelenkachsen. Auch die Translation des KSP setzt sich zusammen aus einer Vielzahl einzelner Gelenkrotationen. Bei allen Rotationsbewegungen müssen wir - statt mit einer konstanten Masse m wie bei der Translationsbewegung - mit einer variablen Drehmasse $m.r^2$ rechnen, also einem variablen Trägheitsmoment θ oder J (inertia). Das Trägheitsmoment ändert sich in der 2. Potenz des Abstandes r der Masse m von der Drehachse (Abb.4).

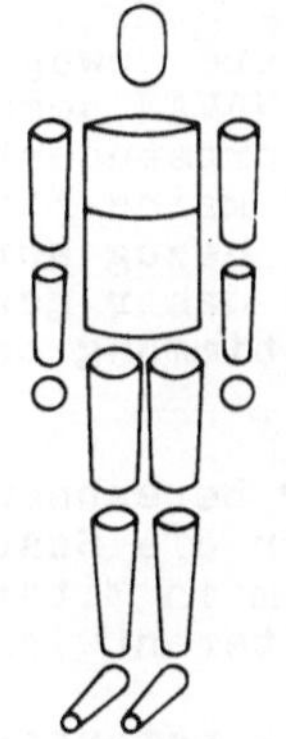

Modell nach HANAVAN

Abb.4: Modell nach HANAVAN (1964) zur analytischen Bestimmung der Trägheitsmomente des Körpers

HANAVAN benutzte sein Modell zur Bestimmung der Trägheitsmomente des Gesamtkörpers in bezug auf die 3 Hauptträgheitsachsen durch den KSP: Längsachse, Breitenachse, Tiefenachse. Die Kenntnis der Trägheitsmomente wurde benötigt für die Steuerung der Bewegungen der Raumfahrer

im Zustand der Schwerelosigkeit. Die Körperteile wurden vereinfachend
als Modelle <u>rotationssymmetrischer Körper</u> aufgefaßt: Kugel, Sphäroid,
Zylinder, Kegelstumpf (Abb.4). Die Trägheitsmomente dieser regelmäßigen Körper lassen sich aus entsprechenden Körpermeßdaten mit Hilfe bekannter Formeln berechnen (Abb.5).

KUGEL

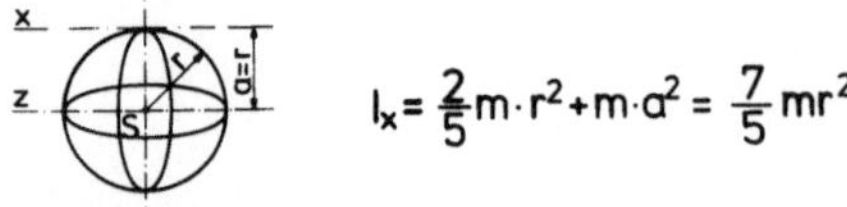

$$I_x = \frac{2}{5} m \cdot r^2 + m \cdot a^2 = \frac{7}{5} mr^2$$

ZYLINDER

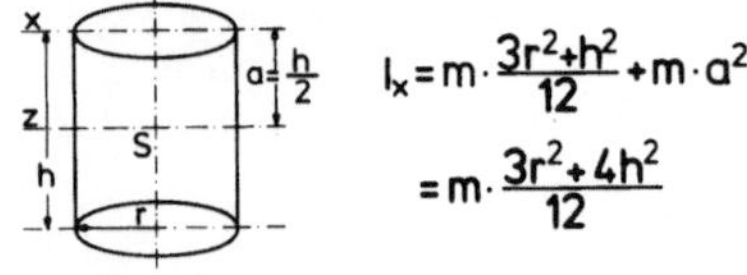

$$I_x = m \cdot \frac{3r^2 + h^2}{12} + m \cdot a^2$$
$$= m \cdot \frac{3r^2 + 4h^2}{12}$$

KEGEL

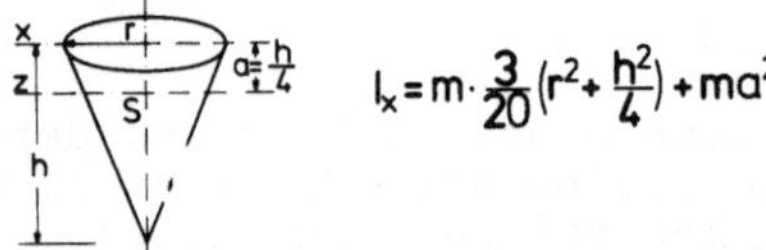

$$I_x = m \cdot \frac{3}{20} \left(r^2 + \frac{h^2}{4} \right) + ma^2$$

TRÄGHEITSMOMENTE

Abb.5: Formeln zur Berechnung der Trägheitsmomente von Kugel, Zylinder und Kegel in bezug auf die proximalen Drehachsen

Die Werte der Trägheitsmomente von HANAVAN sind für unsere Bewegungs-
analysen nicht brauchbar, einmal weil die 52 Vpn von HANAVAN somato-
metrisch einer anderen Grundgesamtheit als unsere 5o Sportstudenten
angehören (eigene Untersuchung), zum andern hat HANAVAN keine Einzel-
daten angegeben,und die Trägheitsmomente der Glieder in bezug auf ihre
proximalen Gelenkachsen wurden nicht bestimmt. Wir sind daher gezwun-
gen, ein neues, eigenes somatometrisches Modell zur Bestimmung der
Trägheitsmomente zu entwickeln.

Zur weitgehenden Eliminierung der Fehlerbreiten bei der Berechnung von
Beschleunigungen aus 16-mm-Filmbildern (Fehlerbreite für die Beschleunigung der Kniegelenkrotation beim Lauf etwa 5 g!) hat mein Mitarbei-
ter BAUMANN das Verfahren der <u>Chronocyclofotografie</u> weiterentwickelt.

Die chronocyclografische Kamera erzeugt durch eine mit konstanter Geschwindigkeit rotierende 8-Loch-Scheibe ein <u>Lichtpunktfotobild</u> vom
Format 6 x 6 cm.

Das <u>Kinegramm</u> zeigt die Wegmerkmale des Bewegungsablaufs. Die <u>Zeit-
merkmale</u> werden den Dynamogrammen der Stützkräfte der Beine entnommen: Dauer von Stütz-, Schwung- und Doppelstützphase (Abb.6).

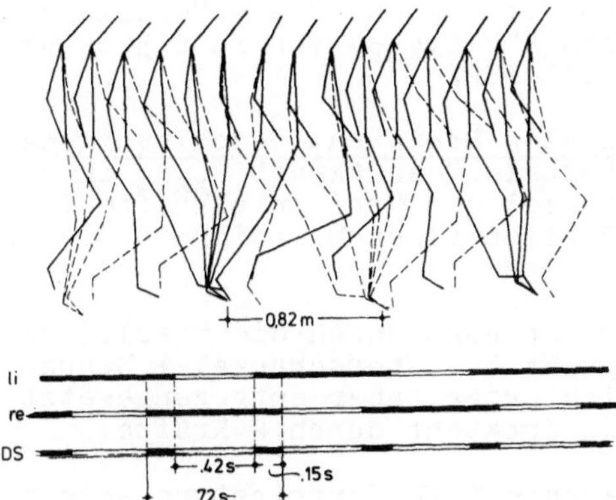

Abb.6: oben: Kinegramm in der Gangebene
       unten: Zeitmerkmale der Gangphasen

Die <u>Stützkräfte</u> beider Beine werden als äußere Reaktionskräfte durch
2 ortsfeste <u>Kraftmeßplatten</u> 3-dimensional aufgezeichnet (Eigenent-
wicklung BAUMANN) (Abb.7).

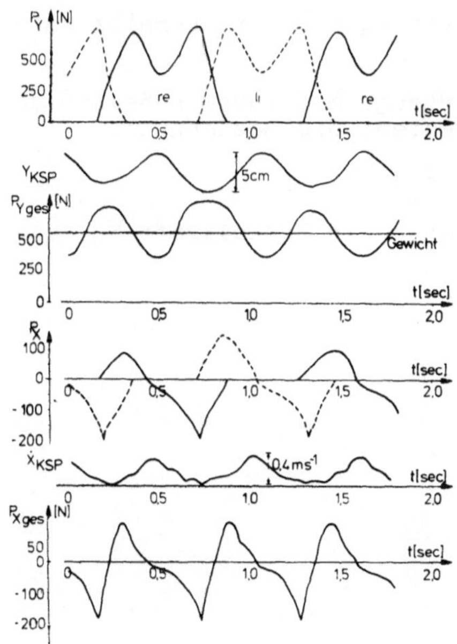

Abb.7: Gesamte vertikale und horizontale Stützkräfte (P_{yges}, P_{xges}.)
       und KSP-Bewegung

Die vektorielle Addition der <u>vertikalen Stützkräfte</u> des rechten und
linken Beines zeigt den sinusoiden Verlauf der vertikalen Gewichtskraft P_{yges}, mit einem Maximum von 75o N. Charakteristisch ist das

Schwanken um das Körpergewicht der Vpn von 52o N. Diese Vertikalkraft P_{yges} bewirkt die Vertikalbewegung des KSP (y_{KSP}) von rund 5 cm um die Mittellage (Abb.7) (BAUMANN und GALBIERZ).

Die vektorielle Addition der <u>horizontalen Brems-und Beschleunigungskräfte</u> beider Beine ergibt die horizontale Gesamtkraft P_{xges} in und entgegen der Gangrichtung. Dieser Wechsel der Horizontalkräfte (1oo - 15o N) erzeugt einen Wechsel der Horizontalgeschwindigkeit des KSP von o,4 m/sec (Abb.7).

Die Kniegelenkbewegung (Achse A) wird erzeugt durch die resultierende Kraft $\overline{P}_R$. Im Unterschenkelschwerpunkt B (Unterschenkel + Schuh + Fuß) greift die entsprechende gleich große, aber entgegengesetzt gerichtete Kraft $-\overline{P}_R$ an.Die Kraft $\overline{P}_R$ entsteht durch 2 Kräfte:

1. Die Beschleunigung der Kniegelenkachse A in Gangrichtung erzeugt im Unterschenkelschwerpunkt B die Trägheitskraft $-m \cdot \overline{b}$.

2. Das Gewicht $\overline{G}$ von Unterschenkel, Fuß und Schuh greift als vertikale Gewichtskraft ebenfalls im Unterschenkelschwerpunkt B an.

Daher gilt: $\overline{P}_R = m \cdot \overline{b} - \overline{G}$

Damit läßt sich die Verlaufskurve von $\overline{P}_R$ in der Schwungphase des Beines errechnen. Die resultierende Kraft $\overline{P}_R$ erzeugt mit ihrem Hebelarm $\overline{r}_m$ ($\overline{r}_m = \overline{AB}$) das <u>Drehmoment</u> $\overline{M}_{PR} = \overline{P}_R \cdot \overline{r}_m$.

Darin ist das Drehmoment der Gewichtskraft $\overline{M}_G = \overline{G} \cdot \overline{r}_m$ bereits enthalten.

Die Streckkraft $\overline{P}_{RZ}$ des m. quadriceps erzeugt mit ihrem Hebelarm das entgegengesetzte Drehmoment $\overline{M}_{Rz}$. Es besteht die Beziehung:

$$\overline{M}_{Rz} = \Theta \cdot \vec{\beta} - (\overline{P}_R \cdot \overline{r}_m)$$

Damit läßt sich der Verlauf des Drehmoments der Muskelkraft $\overline{M}_{Rz}$ berechnen (Abb.8).

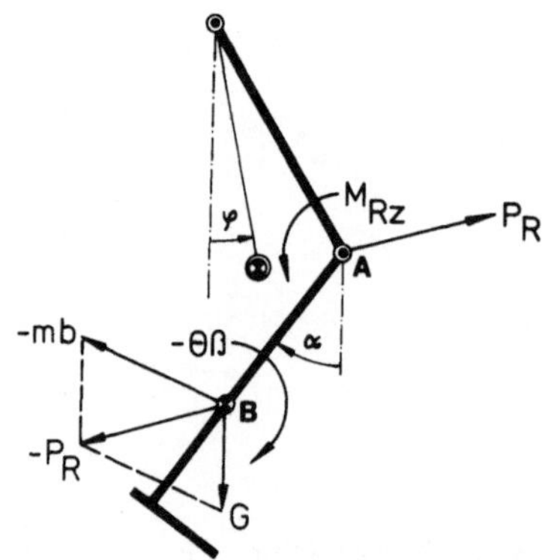

$$\sum \vec{K}_i = 0: \quad \vec{P}_R = m\vec{b} - \vec{G}$$

$$\sum \vec{M}_i = 0: \quad \vec{M}_{Rz} = \Theta\vec{\beta} - (\vec{r}_m \times \vec{P}_R) \qquad \vec{r}_m = \overline{\mathbf{AB}}$$

Abb.8: Modell der Kräfte und Drehmomente in bezug auf das Kniegelenk in der Schwungphase des Beines

Die Summe der 4 Drehmomente aus Trägheitskraft, Gewichtskraft, Boden-
reaktionskraft und Muskelkraft erzeugt die Winkelbeschleunigung β
der Unterschenkelrotation bei praktisch konstantem Trägheitsmoment Θ:

$$M_T + M_G + M_B + M_K = \Theta \cdot \beta \qquad (Abb.9)$$

Das unbekannt Moment aus der Muskelkraft wird dabei aus den anderen
gemessenen bezw. errechneten Daten ermittel:

$$M_K = \Theta \cdot \beta - (M_T + M_G + M_B)$$

In der Stützphase erzeugt das Körpergewicht ein großes Moment der Bo-
denkraft im Sinne der Kniegelenkbeugung. Dieses Beugemoment wird durch
das positive, streckende Drehmoment (entgegen dem Uhrzeigersinn) der
Streckmuskeln abgefangen und es kommt zur Kniegelenkstreckung. Am Ende
der Stützphase erfolgt dann eine geringe Kniegelenkbeugung von 20°.
Die Winkelbeschleunigung β bleibt dabei im ganzen gering (Abb.9).

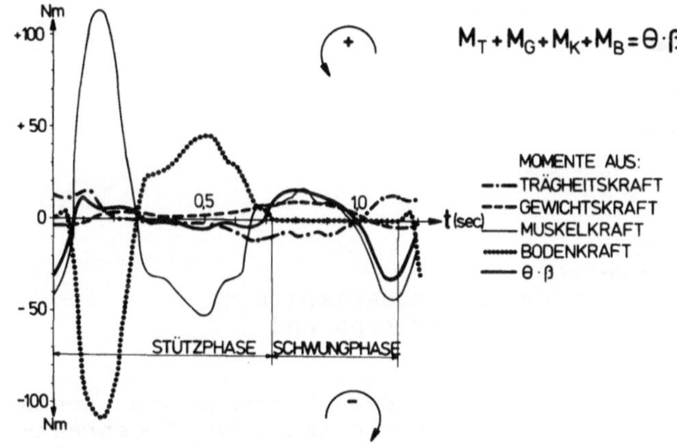

Abb.9: Drehmoment aus Trägheitskraft, Gewichtskraft, Muskelkraft und
       Bodenreaktionskraft und die dadurch erzeugte Winkelbeschleu-
       nigung β des Unterschenkels um die Kniegelenkachse in der Stütz-
       und Schwungphase des Ganges

Die kürzer dauernde Schwungphase zeigt zunächst ein streckendes Moment der Muskelkraft und der Gewichtskraft, um die Beugung durch die
Trägheitskraft abzubremsen. In der 2. Hälfte erfolgt dann die Kniegelenkstreckung durch Trägheitskräfte, die durch die Muskelkraft der
Beuger und Gewichtskraft abgebremst werden (Abb.9).

Die Korrelation der Kniegelenkbewegung ($\propto_{Knie}$) in der Schwungphase
mit dem Verlauf des Muskelkraftmoments und elektromyografische Muskel-
aktivität zeigt Abb.1o.

Im Beginn der Schwungphase erfolgt kurzdauernd eine Weiterbeugung von
20° auf 70°. Dabei wirken die Streckmuskeln im Sinne der Verzögerung.
Die darauffolgende volle Kniegelenkstreckung bis 0° wird durch die
Beuger verzögert. Die Gelenkbeugung von 20° - kurz vor Beginn der
Stützphase - wird dann durch eine beschleunigende Aktion der Beuger
bewirkt. Die gleichzeitige Oberschenkelstreckung (im Hüftgelenk) erfolgt durch eine beschleunigende Aktion des m. glutaeus max. (Abb.1o).

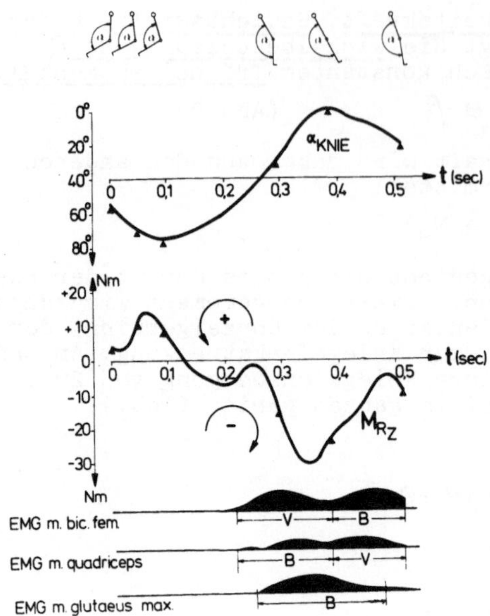

Abb.1o: Schwungphase des Beines:
      oben : Kniegelenkwinkel α
      Mitte: Moment der resultierenden Muskelkraft M_{Rz}
      unten: EMG von m. biceps, m. quadriceps und
            m. glutaeus max.

Die Hauptaktivitäten des m. quadriceps und des m. biceps sind Brems-
vorgänge der Gelenkrotationen, die durch Gewichtskräfte, Bodenreak-
tionskräfte und Trägheitskräfte erzeugt werden. Ausschließlich die
volle Kniegelenkstreckung in der Mitte der Stützphase ist eine Beschleunigung durch den Kniegelenkstrecker (Abb.11).

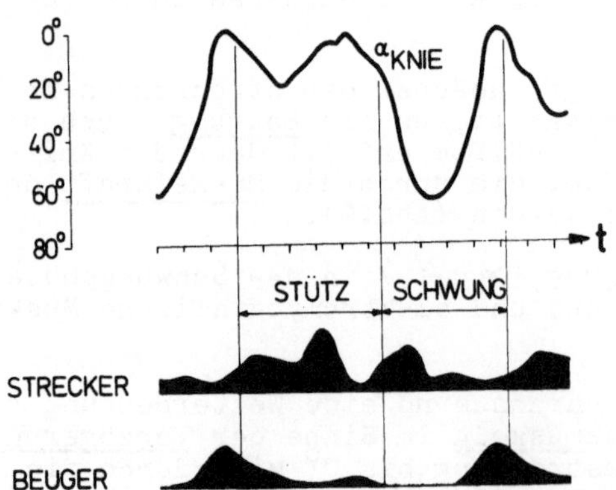

Abb.11: oben: Kniegelenkbewegung in der Stütz-und Schwungphase α_{Knie}
       unten: EMG der Strecker und Beuger

Wesentlich erscheint bei dieser Analyse der am Kniegelenk angreifenden Momente und Kräfte folgendes:

Am Kniegelenk greifen nicht nur Muskelkräfte sondern gleichzeitig im
wechselnden Spiel Trägheitskräfte, Gewichtskräfte und Bodenreaktions-
kräfte an. Es ist möglich, die Größenordnung dieser Momente - bei
Kenntnis der Länge der Hebelarme auch die auftretenden Kräfte - im
gesamten Verlauf der Bewegung nach Betrag und Richtung zu erfassen.
In der Schwungphase erzeugen kleine Momente relativ große Winkelbe-
schleunigungen. In der Stützphase erzeugt die Gewichtskraft des Körpers über ein großes Stützkraftmoment einmal ein großes Drehmoment
der Streckmuskeln, und einen nur kleinen Betrag der Winkelbeschleunigung.

Die Kniegelenkmuskeln werden alternativ sowohl im Sinne der Beschleunigung der Gelenkrotation, als auch im Sinne der Verzögerung der Gelenkrotation, wechselweise eingesetzt.

Literaturverzeichnis:

BAUMANN, W.: Über ortsfeste und telemetrische Verfahren zur Messung
    der Abstoßkraft des Fußes. Biomechanics I. 1. Int. Seminar, Zürich
    1967, pp. 78-82 (Karger, Basel/New York 1968)
BERNSTEIN, N.: The Coordination and Regulation of Movements. Perga-
    mon Press, Oxford 1967
BRAUNE,W., FISCHER, O.: Über den Schwerpunkt des menschlichen Kör-
    pers mit Rücksicht auf die Ausrüstung des deutschen Infanteristen.
    Abhandlungen der math.phys.Klasse der königl.-sächs.Gesellschaft
    der Wissenschaften, Bd. 15, Nr. VII, 1889
CLAUSER, Ch.E.et al.: Weight, Volume, and Center of Mass of Segments
    of the Human Body. AMRL Technical Report 69-7o. Wright-Patterson
    Air Force Base, Ohio 1969
DEMPSTER, W.T.: Space Requirements of the Seated Operator. WADC TR
    55-159, WPAPB, Ohio 1955
GROH, H.: Komplexe Analyse von Bewegungsabläufen. Kongreßbericht.
    1. Int. Kongreß für Prothesentechnik und funktionelle Rehabilita-
    tion, Wien 19.-24.3.1973
GROH, H., BAUMANN, W.: Kinematische Bewegungsanalyse. Biomechanics I
    1. Int. Seminar Zürich 1967, pp. 23-32 (Karger, Basel/New York 1968)
GROH, H., BAUMANN, W.: Über einige Grundfragen biomechanischer Unter-
    suchungen. Med.Welt 22 (N.F.): 275-28o (1971)
HANAVAN, E.P.: A Mathematical Model of the Human Body. AMRL TR 64-1o2,
    WPAFB, Ohio 1964
HOCHMUTH, G.: Biomechanik sportlicher Bewegungen. Sportverlag Ber-
    lin, 1971
KALFHUES, B.: Die Länge der Gliederachsen und die Projektion der
    Gelenkachsen auf die Haut. Diplomarbeit an der DSHS Köln, WS 197o/71
KLAUCK, J.: Die Elektromyografie als biomechanische Untersuchungs-
    methode: Möglichkeiten und Grenzen. Perspektiven der Sportwissen-
    schaft, Jahrbuch der DSHS 1972. Verlag Hofmann, Schorndorf 1973
KLEPPE, I.: Bestimmung der Trägheitsmomente des Körpers. Diplomarbeit
    an der DSHS Köln, SS 1973

DISTRIBUTION OF PRESSURE IN LOADED ANIMAL JOINTS

Eric L. Radin

Animal joints are extremely resistant to wear from rubbing. Such articulations,
oscillated under maximal loads, show themselves to be almost completely wear free
(10). Joints have a coefficient of friction approximating 0.001, an extremely
low frictional resistance by engineering standards. Joints under high loads are
lubricated by a fluid film composed of the joint lubricant (synovial fluid) and
small amounts of cartilagenous interstitial fluid which is squeezed out of the
cartilage under compression (5), preferentially into the areas peripheral to the
zone of impending contact (11). The "self pressurized" lubrication, being hydrostatic, will increase its efficiency as the pressure increases (9). Articular
cartilage is not very permeable. The bony plate upon which it rests is relatively impervious. Thus cartilage, under compression, tends to lose interstitial
fluid toward the surface. The compressibility and elasticity of articular cartilage creates a squeeze film. In the presence of water cartilage will not wear
from friction.

If one looks at the structure of articular cartilage one is impressed that it is
constructed to be maximally resistant to compression.

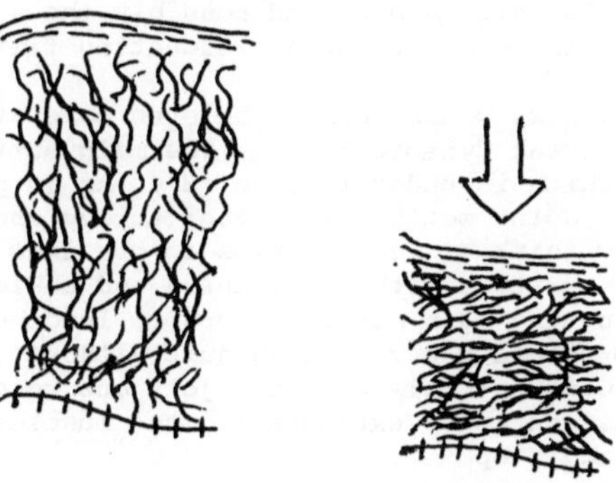

Figure 1. The middle zone fibers of articular cartilage, under com-
           pression, are squeezed down and tend to become aligned at
           right angles to the load.(after McCall ref. 5).

Cartilage can act as a viscoelastic damper because of its pressure-dependent relationship with water. In the joint, however, where cartilage thickness never
exceeds but a few millimeters, it is relatively ineffective a damper of peak
dynamic forces at physiological loading rates. The same is true of the highly
viscoelastic and thixotropic synovial fluid which exists in layers at best only
several thousand angstroms thick. Articular cartilage and synovial fluid, in a
whole joint configuration, have been shown not to be effective physiological
shock absorbers (8).

The articular cartilage sits on a bed of cancellous bone, made up on interconnected thin sheets which create multiple small chambers, filled with marrow and

fat. The breaking strength in bending of a single trabecular of this cancellous
bone is low and the overall integrity of the structure is altered by the fracture of trabecula (7). It is thus important to have the major support trabeculae aligned parallel to the resultant forces acting on the joint, and to provide
a mechanism for minimizing the stress on the bony framework. The fluid-filled
cartilage does just that. It is furthermore mounted on a thin bony plate which
covers the trabecular bone. The whole structure has a low enough modulus of
elasticity to provide some deformation under load without effecting permanent
strain (8). The viscous synovial fluid may also play a similar role, but probably to a much lesser extent.

In life joint loading is intermittent. The activities of daily living create
impulsive loads. Static loading is never part of the physiological condition.
Since both _in vitro_ and _in vivo_ experiments have shown articular cartilage is
extremely sensitive to impulsive loads (10,12), articular cartilage's usually
long service life suggests certain protective mechanisms exist to spare it from
impulsive compression.

The shock absorbing mechanisms for joints can be thought of in two main groups -
active and passive. Gross fracture of bone is the most efficient passive
mechanism but occurs in normal bone only under conditions of high loads. Under
physiological loading conditions, which can locally exceed the elastic deformation capabilities of bone, microfracture has been shown to occur in cortical (2)
and cancellous bone (1). Experimentally the marrow and fluid which are contained in the hollow interior of the bone seem to play no meaningful role in
shock absorption (13). Bone although is not as deformable per unit of stress as
is cartilage, exists in thick enough layers so that it does act in a meaningful
way. The shafts of the long bones can bend under physiological stress without
obviously breaking apart. Cancellous bone and possibly the soft tissues as well
also attenuate peak dynamic force by acting as resonating filters (6).

The active protecting mechanisms would seem to be even more significant than the
passive ones in attenuating peak dynamic force. The main active mechanism is
the lengthening of muscle which is under tension (3). As in pulling on a rubber
band this consumes energy. Joint motion is another active energy absorbing
mechanism. One has only to think of what happens in our legs when we land from
a jump. We try to land on our toes with hips, knees and ankles flexed and then
straighten them out, causing the main muscle groups to lengthen. If prepared
for landing one is able to tolerate a very high jump without gross fracture or
even an unpleasant jolt. Contrast this with the jolt one receives by walking on
one's heels with the ankles and knees extended and the muscles tightened. A
jolt is experienced with each step.

In summary the joint is subjected to two sorts of loads. Shear for which the
articular cartilage and its associated lubricating mechanism are quite capable
of handling and longitudinal loading, which physiologically is of an impulsive
nature. Measurements of peak dynamic force attenuation in whole joints shows
that this function is carried on mainly by the soft tissue and bone. These
structures act to protect the articular cartilage from these loads. Articular
cartilage has shown itself to be extremely susceptible to fatigue failure from
longitudinal impulsive loading, but unprotected, articular cartilage will de-
generate rapidly under such stress.

REFERENCES

1. Arnold, J.S. Quantitation of Bone Mineralization as an Organ and Tissue in Osteoporosis in Dynamic Studies of Metabolic Bone Disease. (Ed. O.M. Pearson and G.F. Joplin), 59-76, Blackwells, Oxford (1964).

2. Frost, H.L. The Presence of Microscopic Cracks _in vivo_ in Bone. Henry Ford Hospital Bulletin, _8_:25-35, (1960).

3. Hill, A.V. Production and Absorption of Work by Muscle. Science, _131_:897-903, (1960).

4. McCall, J. Load Deformation Response of Microstructure of Articular Cartilage. p. 39-48 in Lubrication and Wear in Joints, (ed. V. Wright), J.P. Lippincott, Philadelphia (1969).

5. McCutchen, C.W. Mechanism of Animal Joints: Sponge-hydrostatic and Weeping Bearings. Nature, _184_:1284-5, (1959).

6. Pugh, J.W.; Rose, R.M.; Paul, I.L. and Radin, E.L. Mechanical Resonance Spectra in Human Cancellous Bone. Science, _181_:271-2, (1973).

7. Pugh, J.W.; Rose, R.M. and Radin, E.L. A Structural Model for the Mechanical Behavior of Trabecular Bone. _J. Biomechanics_, 6:657-70, (1973).

8. Radin, E.L. and Paul, I.L. Does Cartilage Compliance Reduce Skeletal Impact Loads? The Relative Force Attenuating Properties of Articular Cartilage, Synovial Fluid, Peri-articular Soft Tissues and Bone. Arthritis and Rheumatism, _13_:139-144, (1970).

9. Radin, E.L.; Paul, I.L. and Pollock, D. Animal Joint Behavior Under Excessive Loading. Nature, _226_:554-5, (1970).

10. Radin, E.L. and Paul, I.L. Response of Joints to Impact Loading. I. _In Vitro_ Wear. _Arthritis and Rheumatism_, 14:356-62, (1971).

11. Radin, E.L. and Paul, I.L. A Consolidated Concept of Joint Lubrication. Journal of Bone and Joint Surgery, _54A_:607-16, (1972).

12. Simon, S.R.; Radin, E.L. and Paul, I.L. The Response of Joints to Impact Loading. II. _In Vivo_ Behavior of Subchondral Bone. J. Biomechanics, _5_:267-72, (1972).

13. Swanson, S.A.V. and Freeman, M.A.R. Is Bone Hydraulically Strengthened? Medical and Biological Engineering, _4_:433-38, (1966).

This work was done in collaboration with Igor L. Paul, Sc.D. of the Department of Mechanical Engineering, and Robert M. Rose, Sc.D., of the Department of Metallurgy and Materials Sciences at the Massachusetts Institute of Technology, Cambridge, Mass., U.S.A. The work was in part supported by the National Institutes of Health. The Huntington Hartford Foundation in part supports Dr. Radin.

II. Biomechanik der Gelenke/Biomechanics of Joints

Biomechanik der Gelenke (Diarthrosen)
<u>Die Beanspruchung des Gelenkknorpels</u>

B. KUMMER

In dem folgenden Beitrag zur Biomechanik der Gelenke muß ich mich auf
ein Teilgebiet beschränken, da allein der Versuch einer umfassenderen
Übersicht den gegebenen Rahmen weit überschreiten würde. Wichtig
- weil auch von erheblichem klinischen Interesse - erscheint mir vor
allem das Problem der Gelenkbeanspruchung; mit ihm möchte ich mich
deshalb eingehender auseinandersetzen und dabei das Hauptgewicht auf
die Erörterung der theoretischen Grundlagen legen. Es soll zunächst
von sehr einfachen und daher leicht überschaubaren Modellen ausgegangen werden, die dann in einigen Eigenschaften den biologischen Vor-
bildern schrittweise besser angepaßt werden. Obwohl zur Zeit eine
ganz exakte und vollständige theoretische Behandlung der Mechanik
biologischer Gelenke mangels hinreichend genauer und allgemein gülti-
ger Angaben über morphologische Daten und Materialkonstanten noch
nicht möglich ist, liefert jedoch eine derartige Modelluntersuchung
in den letzten Näherungsschritten bereits wichtige Erkenntnisse, die
uns dem Verständnis der Gelenkmechanik näherbringen kann.

Unter "Gelenken" sollen hier Diarthrosen (Juncturae synoviales) verstanden werden. Sie sind Diskontinuitätsstellen im Skelett und durch
das Vorhandensein einer Gelenkhöhle charakterisiert. Die an den Gelenkspalt angrenzenden Flächen der knöchernen Skelettelemente sind mit
Gelenkknorpel (bei den Abgliederungsgelenken unseres Skeletts handelt
es sich im allgemeinen um Hyalinknorpel) bedeckt. Die gesamte überknorpelte Fläche wird in der anatomischen Nomenklatur als Gelenkfläche
(Facies articularis) bezeichnet. Sie muß beim einzelnen Skelettelement
keineswegs mit der Kontaktfläche identisch sein, in der sich zwei oder
mehr Gelenkflächen benachbarter Skelettelemente berühren. Aus der
Definition dieser Begriffe geht hervor, daß die Kontaktfläche zweier
artikulierender Skelettelemente niemals größer sein kann, als die
kleinere der beiden Gelenkflächen.

Wir gehen von einem Modellgelenk aus, dessen glatte Oberfläche und
gute Schmierung ein absolut reibungsfreies Gleiten der Gelenkflächen
aufeinander garantieren mögen. Unter dieser Voraussetzung können
über den Gelenkspalt hinweg nur Normalkräfte übertragen werden,

d.h. Kräfte, die an jeder Stelle genau senkrecht auf die Gelenkoberfläche auftreffen. Jener Bezirk, in dem auf diese Weise Kräfte von einem artikulierenden Element auf das Nachbarelement übertragen werden, sei hinfort als Tragfläche des Gelenks bezeichnet. Es ist ohne weiteres einsehbar, daß die Tragfläche niemals größer sein kann als die Kontaktfläche in einem Gelenk.

Wenn vollständig kongruente Gelenkflächen überall gleichmäßigen Kontakt miteinander haben und das Material der Gelenkkörper dem HOOKEschen Gesetz folgt, dann entspricht die Spannungsverteilung in den Gelenkflächen der Verteilung der übertragenen Normalkräfte. Größe und Verteilung dieser Normalkräfte hängen von folgenden Parametern ab:

1. Von der Größe der Gesamtbelastung des Gelenks,
2. von der Größe der Tragfläche,
3. von der Lage des Durchstoßpunktes der Wirkungslinie der Gesamtbelastung in der Tragfläche und
4. von der örtlichen Neigung der Tragfläche gegen die Auftreffrichtung der Partialkräfte, in die Gesamtbelastung zerlegt werden kann.

Die Gesamtbelastung wird durch die Gelenksresultierende R repräsentiert. Sie ist die vektorielle Summe aus dem Körpergewicht (oder einem Teilgewicht des Körpers) und allen Muskelkräften, die das betreffende Gelenk im Gleichgewicht halten. An ihrem Durchstoßpunkt steht sie senkrecht zur Gelenkfläche; bei Gelenken mit regelmäßiger Krümmung der Oberfläche verläuft sie durch das momentane Drehzentrum (R.FICK, 1910).

Um die Normalkräfte p_{in}, die über den Gelenkspalt übertragen werden, zu berechnen oder graphisch zu ermitteln, kann die Gelenksresultierende R zunächst in die Partialkräfte p_i zerlegt werden (Fig.1). Diese Partialkräfte verlaufen parallel zur Wirkungsrichtung von R und verteilen

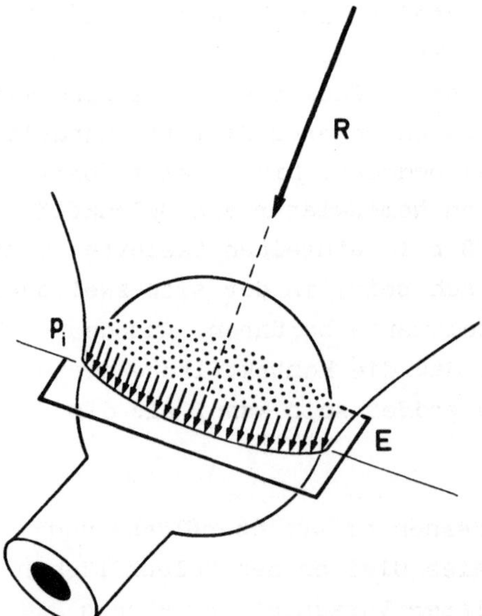

Fig.1 Zentrische Lage der Gelenksresultierenden R in der projizierten Kontaktfläche (Ebene E) und gleichmäßige Verteilung der Partialkräfte p_i.

sich über die Projektion der Kontaktfläche in einer zur Wirkungslinie
von R senkrechten Ebene E derart, daß ihre Momentensummen um den
Durchstoßpunkt von R symmetrisch verteilt sind, d.h. daß sich die
Momentensummen einander gegenüberliegender Flächenanteile jeweils zu
null addieren. Ferner gilt die Bedingung, daß die Summe aller Partialkräfte p_i gleich der Gelenksresultierenden R sein muß. Durchstößt die
Wirkungslinie r der Kraft R die Projektionsfläche im Zentrum, so sind
die Partialkräfte p_i überall und untereinander gleich groß:

$$p_i = p = \frac{R}{F} \left(= \frac{\text{Gelenksresultierende}}{\text{Projektion der Kontaktfläche}}\right).$$

Liegt der Durchstoßpunkt P' der Wirkungslinie r exzentrisch in der
Projektionsfläche, so müssen die Partialkräfte p_i untereinander
ungleich groß sein, damit die zuvor definierte Gleichgewichtsbedin-
gung der Momentensummen erhalten bleibt. Für unsere weiteren Rechnungen werde vorausgesetzt, daß sich die Größe p_i in einer beliebigen
Schnittebene jeweils nur linear ändere, daß also die Intergrations-
fläche eine trapezförmige Gestalt besitze (Fig.2).

Die Normalkräfte p_{in} ergeben sich aus
einer Zerlegung der Partialkräfte p_i,
denn diese können in je eine tangentiale Komponente p_{it} und eine normale
Komponente p_{in} aufgespalten werden
(Fig.3).

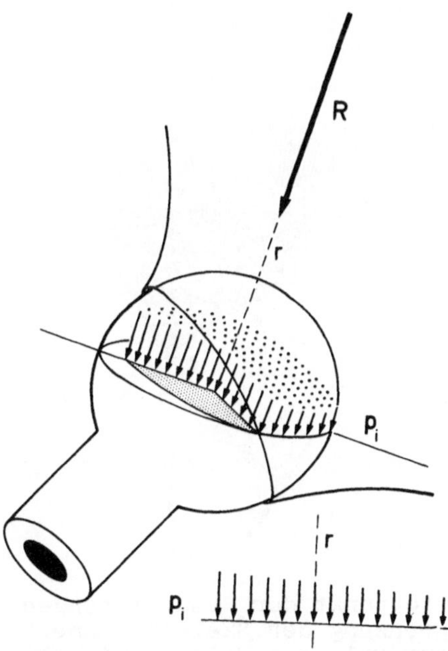

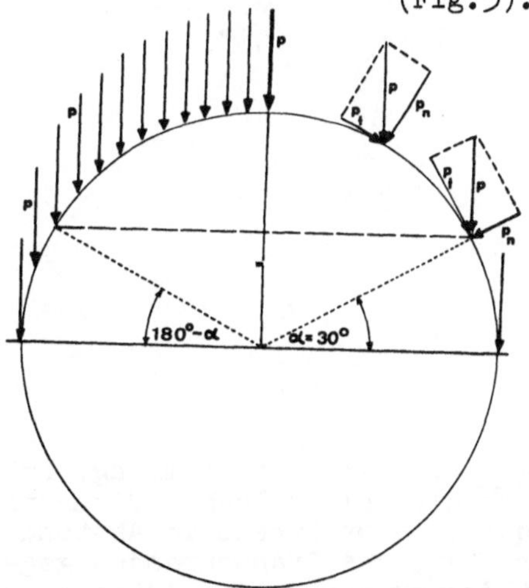

Fig.2 Die Wirkungslinie r liegt
exzentrisch in der Projektionsfläche und die Partialkräfte p_i
sind ungleich groß.
Rechts unten: Verteilung der p_i in
einem Schnitt in der Symmetrieebene.

Fig.3 Zerlegung der Partialkräfte $p(=p_i)$ in Tangentialkräfte
$p_t(=p_{it})$ und Normalkräfte $p_n(=p_{in})$

Dabei hängen die Größen der Tangential- bzw. Normalkomponente von dem
Winkel ab, unter dem die Gelenkfläche am Zerlegungsort gegen die zur
Gelenksresultierenden normalen Projektionsebene gezeigt ist. Ein Gelenk befindet sich dann im Gleichgewicht, also in Bewegungsruhe, wenn
die Summe der linksdrehenden Tangentialkomponenten gleich der Summe
der rechtsdrehenden Tangentialkomponenten ist. Unter diesen Bedingungen hat dann das Diagramm der Normalkomponenten p_{in} einer zentrisch
belasteten halbkugeligen Gelenkfläche etwa Halbmondform. Gleichzeitig
geht aus dieser Zerlegung hervor, daß in einem Kugelgelenk, bei dem
die Pfanne die Ausdehnung von mehr als einer Halbkugel besitzt, die
Tragfläche dennoch günstigstenfalls genau eine Halbkugel umfassen kann.

Ist der Durchstoßpunkt der Gelenksresultierenden jedoch um weniger
als 90° vom Pfannenrand entfernt, so ist die Tragfläche dieses Kugelgelenks in der Regel ein Kugelzweieck, das einerseits vom Pfannenrand
andererseits vom Äquator begrenzt wird (Fig.4). In einem solchen Fall
können die Spannungen in der Gelenkfläche (die den aufzunehmenden
Normalkräften p_{in} entsprechen) nach dem Pfannenrand hin beträchtlich
ansteigen (vergl.PAUWELS, 1965, 1973).

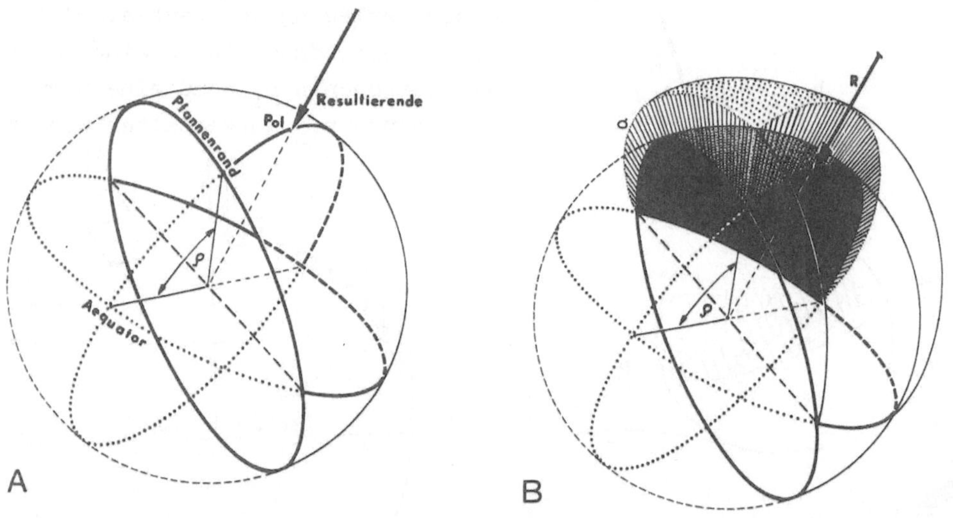

Fig.4 A. Begriffsbestimmung: Pol = Durchstoßpunkt der Resultierenden
durch die Gelenkfläche. Pfannenrand = Begrenzung der Skelettpfanne.
Aequator = Großkreis im Abstand von 90° zum Pol. ϱ = Neigungswinkel
der Ebene des Pfannenrandes gegen die Aequatorialebene. Eingezeichnet
ist ferner der Nullmeridian = auf dem Pfannenrand rechtwinklig stehender Großkreis durch den Pol.
B. Theoretische Verteilung der Spannungen ♂ im Kugelgelenk bei ex-
zentrischer Lage der Resultierenden R. Die Tragfläche ist ein Kugelzweieck. Die Spannungen sind nur über der dem Beschauer abgewandten
Hälfte der Tragfläche dargestellt.

Im folgenden soll nun untersucht werden, welche Auswirkungen eine re-
gelmäßige Inkongruenz zwischen Kopf und Pfanne haben kann. Wir gehen
dabei von der Voraussetzung aus, daß der Gelenkknorpel bei Belastung
im Sinne des HOOKEschen Gesetzes proportional zur lokalen Spannungs-
größe deformiert werde. Es wird nun die Behauptung aufgestellt, daß
ein Ausmaß der Inkongruenz denkbar ist, bei dem die sonst ungleich-
mäßig verteilten Spannungen nunmehr gleichmäßig über die gesamte Tragfläche verteilt sind.

Für diese Überlegungen gehen wir zunächst wieder vom kongruenten Kugelgelenk aus. Der gemeinsame Krümmungsmittelpunkt sei C, der Krümmungsradius, jeweils bis zur Gelenkoberfläche gemessen, r. Im folgenden wird nun jeweils der Krümmungsmittelpunkt des Gelenkkopfes mit
C_h und der Krümmungsradius bis zur Gelenkoberfläche des Kopfes mit
r_h, dagegen der Krümmungsmittelpunkt der Gelenkpfanne mit C_s und ihr
Krümmungsradius mit r_s bezeichnet. Im kongruenten Kugelgelenk hat
das Diagramm der Normalkräfte an der Gelenkfläche zunächst wieder
die bekannte Halbmondform. Es wird nun ein zweites Modell postuliert,
bei dem der Krümmungsradius r_h des Gelenkkopfes genau um die Dicke
einer Gelenkknorpelschicht größer sei als der innere Krümmungsradius
r_s der Pfanne (Fig.5). Werden nun unter Deformation der Gelenkknorpel die beiden Gelenkkörper soweit einander genähert, daß die Kopf-
oberfläche in der Tiefe der Pfanne deren Knorpeloberfläche gerade berührt, so ergibt sich unter Zugrundelegung des HOOKEschen Gesetzes
aus der Deformation der Gelenkknorpel das mit p_{ic} bezeichnete Diagramm

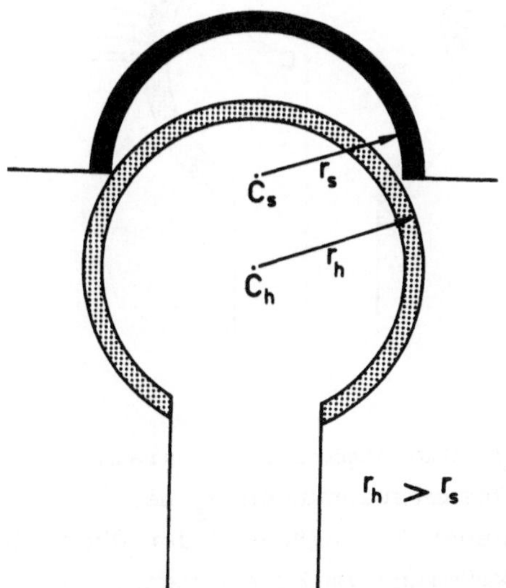

Fig.5 Inkongruenz der Krümmungen
von Gelenkkopf (Knorpelbelag punktiert) und Pfanne (Knorpelbelag
schwarz). C_s = Krümmungsmittelpunkt der Pfanne; r_s = Krümmungsradius der Pfanne; C_h = Krümmungsmittelpunkt des Kopfes; r_h = Krümmungsradius des Kopfes.

der durch die Deformation bedingten Spannungen (Fig.6). Wenn nun der Maximalwert von p_{ic} gerade genau so groß ist wie der Maximalwert der Normalspannungen p_{in} im kongruenten Gelenk mit gleichen Eigenschaften, so summieren sich die Spannungen an der gesamten tragenden Oberfläche zu dem Summenwert p_{is}. In praxi wird allerdings dann der Kopf tiefer in der Pfanne stehen, so daß sich die Zentren von beiden wiederum decken und der Knorpel im gesamten Bereich der tragenden Fläche gleich stark komprimiert ist (Fig.7).

PAUWELS (1950) hat am Beispiel des menschlichen Schulterpfannenknorpels gezeigt, daß die Deformation des belasteten Gelenkknorpels zu einer Ausrichtung der oberflächennahen Kollagenfasern in die Zugspannungstrajektorien führt. Mit Hilfe der LANGERschen Spaltlinienmethode zeigte er die Hauptverlaufsrichtung der Tangentialfasern im Gelenkknorpel und verglich diese mit im spannungsoptischen Versuch an Gelatinemodellen erhaltenen Zugspannungstrajektorien. Diese Untersuchung, die jahrzehntelang als einziger Beweis für die zugrundeliegende Hypothese galt, ist inzwischen mit dem gleichen Ergebnis auch an anderen Gelenkknorpeln wiederholt worden (Facies lunata des

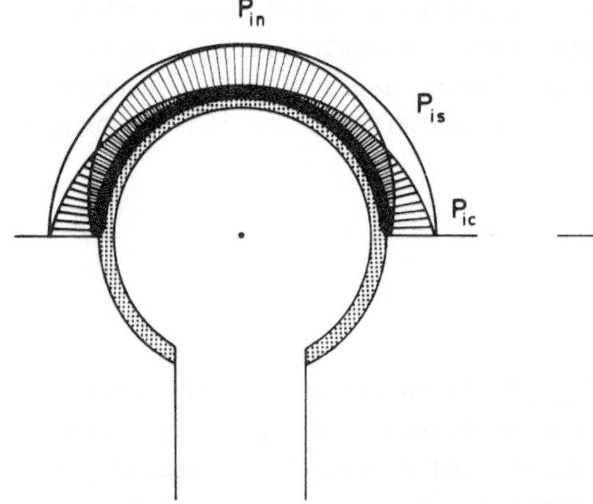

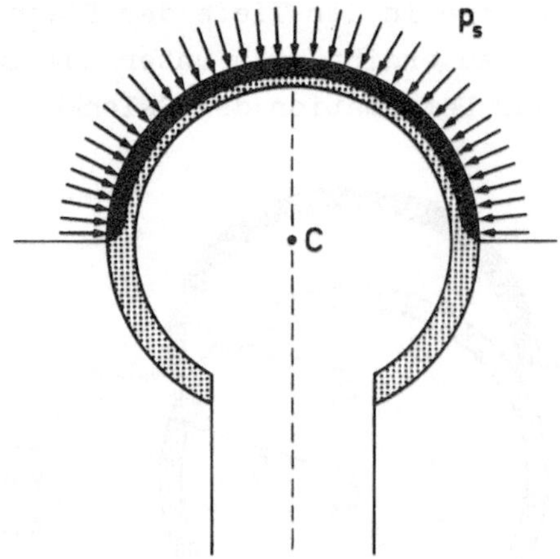

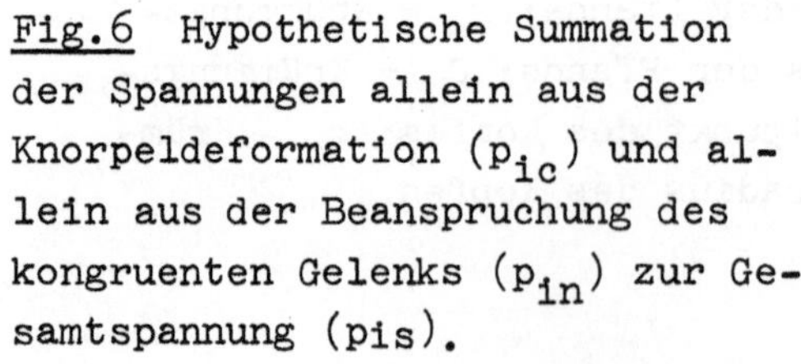

Fig.6 Hypothetische Summation der Spannungen allein aus der Knorpeldeformation (p_{ic}) und allein aus der Beanspruchung des kongruenten Gelenks (p_{in}) zur Gesamtspannung (pis).

Fig.7 Gleichmäßiges Diagramm der Gesamtspannungen p_s bei "ausgewogener Inkongruenz" der Oberflächenkrümmung im Kugelgelenk.

Hüftgelenks, MOLZBERGER, 1973; proximale Gelenkfläche des Naviculare
pedis und Gelenkfläche des Caput tali, KONERMANN, 1971). Bei allen
bisher untersuchten Gelenken konnte außerdem nachgewiesen werden,·
daß eine Änderung der Beanspruchung oder der Kontur der Gelenkfläche
auch eine entsprechende angepaßte Änderung des Trajektorienbildes
und des Fibrillenmusters zur Folge hat.

Ein weiteres interessantes Problem ist die Frage nach jenen Faktoren,
die Ausdehnung und Gestalt der anatomischen Gelenkflächen bestimmen.
Bei logischer Übertragung der von PAUWELS als "kausale Histogense"
bezeichneten Prinzipien der Differenzierung und Anpassung der Stützgewebe läßt sich darauf eine befriedigende Antwort geben.

Das Prinzip der "kausalen Histogenese" besagt, daß unter dem Einfluß von <u>Dehnung</u> im Mesenchym Fibrillen entstehen, die sich zugleich
in die Hauptdehnungsrichtung, also trajektoriell, einstellen. <u>Hydro-
statischer Druck</u> wird demgegenüber von PAUWELS als spezifischer
Stimulus für die Entstehung von Chondronen, also von Knorpelgewebe
angesehen. Da gleichzeitig auch die reichliche Bildung von Chondroitin-
sulfat beobachtet wird, muß also postuliert werden, daß hydrostatischer Druck den Zellstoffwechsel in entsprechender Weise verändert.

Bei anhaltendem reinen hydrostatischen Druck persistiert Knorpelgewebe beim Menschen jedoch nicht, sondern es wird auf dem Wege der
chondralen Ossifikation zunächst abgebaut und dann durch Knochengewebe ersetzt. Ebenfalls nach der PAUWELSschen Hypothese bleibt
Hyalinknorpel beim Menschen nur dann erhalten, wenn dieser Ossifi-
kationsvorgang verhindert wird. Hierfür soll vor allem intermittierende Deformation verantwortlich sein, die sich dem hydrostatischen Druck überlagert. Allerdings muß sich diese Deformation innerhalb bestimmter Grenzen halten, denn bei zu starker Dehnung entdif-
ferenziert sich Knorpel zu Bindegewebe, bei zu geringer Deformation
überwiegt die Wirkung des hydrostatischen Drucks, die Knorpelzellen
beginnen zu quellen und die chondrale Ossifikation wird damit einge-
leitet. Wendet man diese Überlegungen auf den Gelenkknorpel an, so
ist zu fordern, daß die überknorpelte anatomische Gelenkfläche jeweils die Summe aller in den verschiedenen Gelenkstellungen zu be-
obachtenden Tragflächen darstellt. Hierbei ist allerdings zu beachten, daß nur jene Flächenbezirke in Frage kommen, in denen die tat-
sächlichen Spannungen einen Minimalwert σ_u nicht unterschreiten und
einen Maximalwert σ_o nicht übersteigen. Im ersteren Fall reicht der

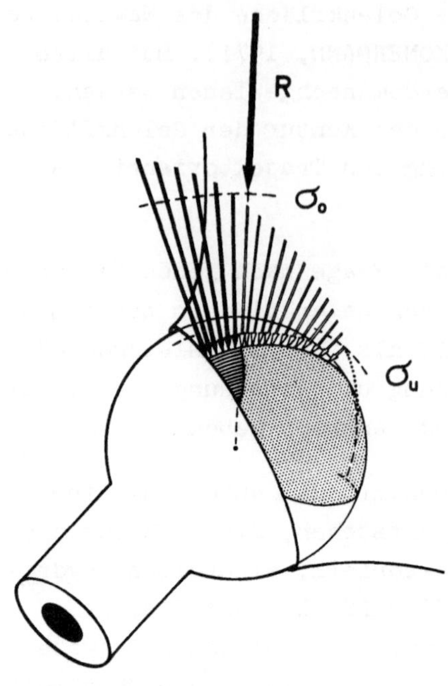

Fig.8 Erhaltung des Gelenkknorpels im Toleranzbereich zwischen einer unteren Spannungsgrenze σ_u und einer oberen Spannungsgrenze σ_o. Die "theoretische Tragfläche" des Gelenks ist punktiert; im schraffierten Bezirk (dicke schwarze Pfeile) geht der Knorpel unter zu großer Spannung (über σ_o) zugrunde.

Stimulus für die Erhaltung von Knorpelgewebe nicht aus, im letzteren Fall wird der Gelenkknorpel durch chronische Überbeanspruchung zugrunde gehen (Fig.8).

Um die Konsequenzen dieser Hypothese zu testen, kann man eine Überlagerung und Summation derartiger einzelner Tragflächen in einem fotografischen Verfahren modellmäßig simulieren. Angenommen sei eine Tragfläche eines Kugelgelenks in Form eines sphärischen Zweiecks. Vergrößert man nun den Ausschlagswinkel der Resultierenden R und die Zahl der sich überlagernden einzelnen Tragflächen, so entsteht auf der Kugeloberfläche eine "anatomische Gelenkfläche" die mehr und mehr Hufeisen- oder C-Form annimmt. Bei einem Schwenkungswinkel, der Resultierenden von mehr als 300° schließt sich die gesamte "überknorpelte" Fläche zu einem Ring. Eine Gegenüberstellung dieser beiden theoretischen Formen erweckt stark den Eindruck der Gelenkflächen von Facies lunata des Hüftgelenks und Caput femoris mit der ausgesparten Fovea capitis (vergl.KUMMER, 1969).

Ausgehend von dieser Arbeitshypothese gelang es TILLMANN (1969), die verschiedenen Formen der Facies lunata des Menschen und ihre Abwandlungen durch entsprechende Änderungen der Größe oder lokalen

Verweildauer der Hüftgelenksresultierenden widerspruchsfrei zu erklären. Eine Gelenkpfanne mit derart gestalteter überknorpelter Gelenkfläche besitzt nun eine tatsächliche Tragfläche, deren Ausdehnung naturgemäß von der für die Einzelposition der Gelenksresultierenden geltenden knorpelstimulierenden Druckzone abweichen muß; denn
in die echte Tragfläche sind auch jene Zonen des an sich vorhandenen
Knorpels einbezogen, in denen in der Einzelposition der Resultierenden die Druckgröße zur Erhaltung des Knorpelgewebes nicht ausreichen
würde. Liegt die Resultierende zentrisch, d.h. in der Mitte des
Knorpelstreifens der Facies lunata, so resultiert ein Spannungs-
diagramm mit gleichmäßiger Druckverteilung. Rückt die Resultierende
jedoch einem Rand der Gelenkfläche beträchtlich nahe, so kann es
zu enorm hohen Spannungsspitzen kommen. Dies läßt sich aus den zuvor beschriebenen Gleichgewichtsbedingungen erklären und hat zwei
wesentliche Gründe: Wegen des Gleichgewichts der Momentensummen
müssen die Spannungen zwischen dem Durchstoßpunkt der Resultierenden und dem Pfannenrand, wo sie nur sehr kleine Hebelarme besitzen,
beträchtlich ansteigen. Ist diese Strecke gar sehr klein, so kann
aus dem gleichen Grund des Momentensummengleichgewichts nicht die
gesamte gelenkeinwärts zur Verfügung stehende Gelenkfläche als Tragfläche ausgenutzt werden, denn das Diagramm erreicht dort schon
früher das Nullniveau, wie in der unteren Skizze sehr deutlich gezeigt ist. Damit ist nun aber innerhalb der zur Verfügung stehenden
Fläche die Tragfläche weiterhin drastisch reduziert und durch die
Konzentration der Gelenksresultierenden auf diesen eingeschränkten
Bezirk wird ein weiteres Ansteigen der gesamten Spannungen bedingt.

Ich hoffte, mit diesen Ausführungen zu zeigen, daß die mechanische
Beanspruchung eines Gelenks, bzw. eines Knorpelbelags nicht allein
von der Größe der beanspruchenden Kraft und von der Ausdehnung der
druckaufnehmenden Fläche abhängt, sondern ganz wesentlich auch
durch die Lage der Kraft innerhalb der Gelenkfläche und durch die
Form der Gelenkfläche bestimmt wird. Es wird nun vor allem Aufgabe
der experimentellen Biomechanik sein, quantitative Angaben über
die entscheidenden mechanischen Eigenschaften des Gelenkknorpels
zu liefern, um eine wirklichkeitsnahe Berechnung der Spannungsverteilung im biologischen Gelenk zu ermöglichen. Dann könnten schließlich mehr als nur qualitative Aussagen über die Folgen einer morphologischen Veränderung auf Beanspruchung und Überlebensfähigkeit des
Gelenkknorpels gemacht werden.

L i t e r a t u r

AMTMANN, E.,
KUMMER, B.: Die Beanspruchung des menschlichen Hüftgelenks. II. Größe und Richtung der Hüftgelenksresultieren-den. Z.Anat.Entwickl.-Gesch. 127, 286-314 (1968)

FICK, R.: Handbuch der Anatomie und Mechanik der Gelenke. 2.Allgemeine Gelenk- und Muskelmechanik. Jena (1910).

KONERMANN, H.: Funktionelle Analyse der Knorpelstruktur des Talo-Navikulargelenks. Z.Anat.Entwickl.-Gesch. 133, 1-36 (1971)

KUMMER, B.: Die Beanspruchung des menschlichen Hüftgelenks. I.Allgemeine Problematik. Z.Anat.Entwickl.-Gesch.127, 277-285 (1968)

KUMMER, B.: Die Beanspruchung der Gelenke, dargestellt am Beispiel des menschlichen Hüftgelenks. Verh.Dtsch.Orthop.Ges. 55.Kongreß Kassel 1968, 301-311 (1969)

MOLZBERGER, H.: Die Beanspruchung des menschlichen Hüftgelenks. IV. Analyse der funktionellen Struktur der Tangentialfaserschicht des Hüftknorpels. Z.Anat.Entwickl.-Gesch. 139, 283-306 (1973)

OBERLÄNDER, W.: Die Beanspruchung des menschlichen Hüftgelenks. V. Die Verteilung der Knochendichte im Acetabulum. Z.Anat.Entwickl.-Gesch. 140, 367-384 (1973)

PAUWELS, F.: Die Struktur der Tangentialfaserschicht des Gelenkknorpels der Schulterpfanne als Beispiel für ein verkörpertes Spannungsfeld. - Verh.Anat.Ges. 48.Vers., Kiel (1950) - auch in Ges.Abh. 1965

PAUWELS, F.: Gesammelte Abhandlungen zur funktionellen Anatomie des Bewegungsapparates. - Springer; Berlin, Heidelberg, New York 1965

PAUWELS, F.: Atlas zur Biomechanik der gesunden und kranken Hüfte. Springer, Berlin, Heidelberg, New York 1973

TILLMANN, B.: Die Beanspruchung des menschlichen Hüftgelenks. III. Die Form der Facies lunata. Z.Anat.Entwickl.-Gesch. 128, 329-349 (1969)

Von der Entstehung gelenkkopfähnlicher, knorpelbedeckter Gebilde auf den Stumpfenden der teilresezierten Rattenfibula im Experiment

Kurt ALTMANN

Die Voraussetzungen

Die Abb. 1 zeigt den halbschematischen Längsschnitt durch eine winkelig stehende Schaftfraktur, deren zusammengesetzter Callus bereits ein gewisses Reifestadium erreicht hat. In der Konkavität des Frakturwinkels liegt ein massiges Knorpelpolster, an das nach oben und nach unten je ein konsolenförmiger Aufbau aus neugebildetem Knochen (im Schnitt: Spongiosakeil) mit scharfer Grenze anschließt. Die Basen der beiden Spongiosakeile sind dem Knorpelpolster zugekehrt, ihre freien Breitseiten fallen in ganz flachen Bögen zur Corticalis der beiden Bruchschäfte ab. Alle drei Gebilde sind an ihrer (im Bild rechten) Oberfläche von einer gemeinsamen Fasermembran bedeckt, die sich ab den Spitzen der Spongiosakeile in das Periost der beiden Bruchschäfte hinein fortsetzt.

Das gleiche Bild zeigt der zusammengesetzte Callus auch über der Bruchkonvexität, nur daß hier die Spongiosakeile viel niedriger sind und das Knorpelpolster bedeutend schmächtiger ist.

Diese im grundsätzlichen stets gleiche Zusammensetzung des Frakturcallus' aus Knorpel- und Knochengewebe hat W. ROUX folgendermaßen kausal zu deuten versucht: " An der

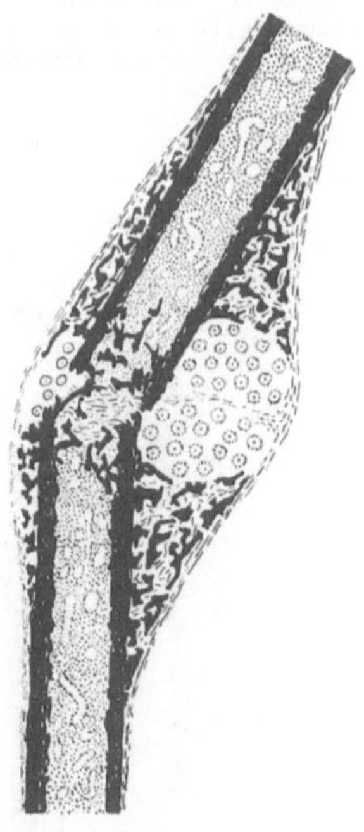

Abb. 1. Schematischer Längsschnitt durch eine abgewinkelte Schaftfraktur. Verteilung der Callusmassen.- Schwarz: Knochen. Kreishaltige Partien: Knorpelgewebe. Erklärung s. Text

Stelle starken Druckes mit Reibung (somit Abscherung) entsteht ... der Knorpel, an
der ruhigeren Stelle daneben der Knochen ..." (ROUX 1895, Bd. I, S. 812). ROUX hatte
demnach angenommen, daß das Regenerationsblastem an der Bruchstelle von Seiten der
beiden gegeneinander beweglichen Bruchstümpfe komprimiert wird, wobei gleichzeitig
seine Materialteile im Innern "in parallelen Schichten gegen einander verschoben werden" (Scherung oder Schub). Denn "Druck mit Abscherung verbunden" soll der "funktionelle Reiz" für die Bildung von Knorpelgewebe sein (ROUX 1895, Bd. I, 808).

Dieser Hypothese, die die knorpelige Differenzierung als Folge einer "funktionellen Anpassung" an die direkte Einwirkung von Druck- und Scherkräften auffaßt, ist der
Orthopäde F. PAUWELS (1960) im einzelnen nachgegangen. Auch sein Modell war der zusammengesetzte Frakturcallus. Das Ergebnis seiner Überlegungen ist aber ganz anders
ausgefallen.

Das folgende ist der Versuch, PAUWELS' Gedankengänge in den Grundzügen kurz nach-
zuzeichnen. Dabei müssen wir ganz von vorne beginnen, nämlich mit dem Frakturtrauma
selber und mit dessen allererste Folgen. Diese sind: 1. das lokale Wundödem und 2.
die Bildung des bekannten periostalen Callusblastems. Das Letztere ist eine örtliche
Anhäufung eines zellreichen, mesenchymähnlichen Gewebes, das erfahrungsgemäß sehr
rasch an Masse zunimmt. Diese Massenzunahme hat folgende Quellen: Zell- und Grundsub-
stanzvermehrung sowie lokale Hyperämie, die sich aus der sofort einsetzenden Entwicklung eines dichten und alsbald strotzend gefüllten Gefäßapparates ergibt. Dies alles
- zusammengefaßt unter dem Sammelbegriff "Volumzunahme" - braucht je länger desto mehr
Platz, und dieser ist an der Bruchstelle und in ihrer näheren Umgebung nur sehr begrenzt vorhanden. Soll demnach das Frakturblastem überhaupt einen größeren Umfang annehmen, so muß es den dazu nötigen Platz selber schaffen, indem es die anliegenden
Weichteile verdrängt und bis zu einer gewissen Grenze vor sich herschiebt.

Diesen Vorgang hat PAUWELS an Hand eines Modellversuches folgendermaßen abgeleitet
(s. Abb. 2):

Über ein mittlings geteiltes Rohr ist ein dünnwandiger Gummischlauch gezogen, der
in gleichen Abständen von der Trennstelle durch je eine Manschette festgeklemmt ist.
Wird nun Wasser eingepumpt, so tritt es aus dem Querspalt zwischen den beiden Rohrhälf-

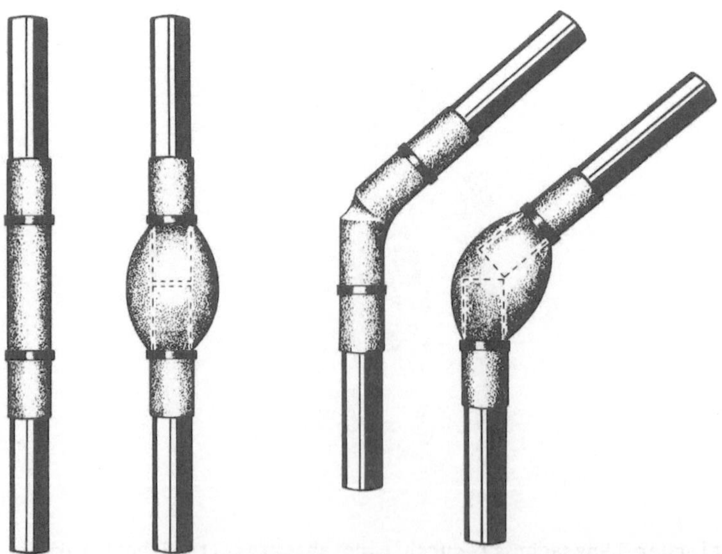

Abb. 2. Modellversuch zur Verteilung der Callusmassen. Linke Hälfte bei achsrecht stehenden, rechte Hälfte bei abgewinkelten Bruchschäften. Nach PAUWELS (1960)

ten heraus und baucht den Schlauch zu einer symmetrischen Spindel auf. (Dies entspricht der Callusform bei achsrecht stehenden Bruchstümpfen).- Werden die beiden Rohrhälften vor der Füllung etwas gegeneinander abgewinkelt, so wird der Gummischlauch über dem Winkelscheitel entsprechend gedehnt (d.h. angespannt), in der Winkelöffnung dagegen entsprechend gestaucht (d.h. entspannt). Wird nun Wasser eingefüllt, so wird es sich vorzugsweise dort ansammeln, wo der Widerstand (= Spannung) am geringsten ist, also in der Winkelkonkavität. Dieser asymmetrischen Ausbauchung des Schlauches entspricht die asymmetrische Verteilung der Callusmasse beim winkelig stehenden Schaftbruch, s. Abb. 1.

Wie man sieht, stimmen Form und Lage der Gummiblase im Modellversuch mit der typischen Form und der charakteristischen Topographie des primären Fracturcallus vollkommen überein. Infolgedessen liegt es nahe, aus den bekannten mechanischen Bedingungen des Modells auf die gesuchten mechanischen Umstände der Callusentwicklung folgendermaßen zu schließen:

In beiden Fällen handelt es sich um die Volumzunahme eines inkompressiblen Mediums (Wasser bzw. Zellen plus dünn- visköses Grundsubstanzgel);
in beiden Fällen ist Volumzunahme nur möglich, wenn ein äußerer Widerstand aktiv überwunden, d.h. wenn der Expansionsdruck von innen heraus kontinuierlich gesteigert wird;

in beiden Fällen entspricht der Endzustand einem Gleichgewicht zwischen dem inneren Flüssigkeitsdruck und dem Dehnungswiderstand (d.h. der Spannung) der umgebenden Hülle.

Daraus folgt: Mit "äußeren Kräften" (ROUX) hat dies alles nicht das geringste zu tun. Maßgebend sind allein die lokalen hydrostatischen Verhältnisse. Mithin ist der Primärcallus weder seiner Form, noch seiner Lage nach "funktionell bedingt" (ROUX) sondern er ist eine reine Wuchsform. Und der Druck, um den es sich dabei handelt, entstammt nicht einer Kompression von außen her, sondern er ist expansiver Wachstumsdruck. -

Nehmen wir an, der traumatische Schaden sei nur mäßig gewesen (glatter Querbruch ohne größere Weichteilzerreißungen), so spielen sich die weiteren Vorgänge folgendermaßen ab:

Die über dem Blastembuckel zuerst gebildete, dünne Hüllmembran wird alsbald auf das benachbarte, unversehrte Periost übergreifen und mit diesem fest verwachsen. Auf diese Weise wird der provisorische Bindegewebscallus von einer einheitlichen, zunächst noch zarten Faserhülle rings umschlossen. Danach setzt ein Geschehen ein, das - eine weitere, kontinuierliche Massenzunahme des Callusblastems vorausgesetzt - Differenzierungsvorgänge einleitet, und zwar zuerst im Bereiche der Callusperipherie. Die hier gelegenen Zellen werden nämlich - dem Binnenwachstum entsprechend - mehr und mehr in konzentrische Schichten gedrängt, ihre Leiber werden abgeplattet und zunehmend in der Fläche gedehnt. Und weil Dehnung der adäquate mechanische Reiz ist, auf den die junge Bindegewebszelle (der Fibroblast) mit Fibrillenbildung reagiert, so wird die anfangs dünne und zartfaserige Callushülle rasch immer dichter und derber; ein Vorgang, der für die Zellen des Binnenraumes nicht ohne Folgen bleibt.

Von hier an nämlich gibt es - theoretisch - die beiden folgenden Möglichkeiten:

a) die zentralen Zellen des Callus' stellen Vermehrung und Grundsubstanzproduktion ein; d.h. der in diesem Stadium erreichte Gleichgewichtszustand von Expansionsdruck und Dehnungswiderstand der Hülle wird stationär.

b) Die zentralen Calluszellen finden sich - aus was für Gründen immer - mit diesem Zustand nicht ab, sondern sie versuchen, den Ausdehnungswiderstand aktiv zu überwinden; ein Vorgang, bei dem ein weiterer, sprunghafter Anstieg des Binnendruckes einen gewissen Schwellenwert überschreitet. Was dies bedeutet, werden wir im folgenden sehen.

Die mechanischen Verhältnisse im Blasteminnern sind - wie gesagt - von denen an der Blastemperipherie verschieden. Während nämlich die Außenzellen bedeutende Verformungen ihrer Plasmaleiber in Kauf nehmen müssen (s. oben), bleiben die Leiber der Binnenzellen formkonstant. - Warum?

Sie sind in einem dünnen, sehr flüssigkeitsähnlichen Grundsubstanzgel suspendiert, in welchem - den Regeln der physikalischen Hydrostatik gemäß - Drucke sich nach allen Seiten hin gleich stark fortpflanzen, bzw. an jeder beliebigen Stelle gleich groß sind. Infolgedessen können die Zellen unter diesen hydrostatischen Verhältnissen ebenso wenig verformt oder gar zerquetscht werden wie z.B. Meerestiere in sehr großer Tiefe.- Das bedeutet:

1. Die Zelle im Callusinnern kann - ohne die geringste Gefahr für die Zellmembran (Zerreißung!) - beliebig hohe Drucke aushalten.

2. Die Zelle kann sozusagen "merken" daß der Druck in ihrem Plasmaleib immer mehr ansteigt, während sich die Spannung ihres Plasmalemms nicht im geringsten ändert. Unter allen denkbaren, sonstigen mechanischen Reizen ist dieser einzigartig und somit spezifisch.

Auf diesen spezifischen Reiz (hydrosatischer Druck jenseits einer gewissen Schwelle, s. oben) reagieren die Zellen folgendermaßen: Sie stellen die Grundsubstanzproduktion ein und kugeln sich ab. Danach nehmen sie Wasser in ihren Plasmaleib auf, so daß sie innerhalb kurzer Zeit auf das Mehrfache ihres vorherigen Volumens anschwellen. Gleichzeitig umgeben sie sich mit einer Kapsel. Auf diese Weise rücken sie einander immer näher; zuerst bis zu gegenseitiger Berührung, danach sich aneinander zu polyedrischen Körpern abplattend: Das Stadium des sogenannten großblasigen, grundsubstanzarmen Zellknorpels ist erreicht. -

Was der eigentliche Grund für diese komplizierte Umgestaltung der Zellen unter hydrostatischem Druck ist (Änderung der Membranpermeabilität?), das weiß man nicht; und genauso wenig bekannt ist der Grund, aus dem sie daraufhin selber zu hoch quellungsfähigen Einzelelementen werden. Gleichviel - die im grundsätzlichen stets gleiche Architektur des Frakturcallus', selbst bei äußerlich verschiedenen Frakturformen (z.B. Stellung der Bruchstümpfe), besonders aber die nie fehlende, widerstandsfähige Umgrenzung (Spongiosakegel, faseriger Blastemsack) des später knorpeligen Anteils: all dies ließ immer gewisser vermuten, daß hinter dem gleichen Gestaltungs- und Differenzierungsmodus auch dasselbe Primum movens zu suchen ist: nämlich der hydrostatische Wachstumsdruck selber, sobald er einen gewissen Schwellenwert überschritten hat. Mit PAUWELS' eigenen Worten: Hydrostatischer Druck kann in einem mesenchymähnlichen Gewebe ... durch innere Wachstumskräfte ... entstehen, wenn eine Volumzunahme des Gewebes, die durch Substanzvermehrung oder Quellung bedingt sein kann, gegen allseitigen Widerstand erfolgt."

Ob diese Annahme zutrifft, das konnte selbstverständlich nur an der Erfahrung geprüft werden; zum Beispiel, indem das zu erwartende periostale Regenerationsblastem gleich von Anfang an und künstlich unter die Bedingungen versetzt wurde, die es zu prüfen galt: ein starres Gehäuse mit glatten Wänden, in welchem das kräftig expandierende Gewebe auf Widerstand stoßen mußte, sobald es seinen begrenzten Entwicklungsraum vollständig erfüllte.

In einem verzweifelten Einzelfall (Abb. 3), in welchem auch auf den bescheidensten Ansatz zur Wiederherstellung der Form "aus eigenen Mitteln" nicht mehr zu hoffen war, hat PAUWELS folgende, ganz neue Operation gewagt (s. die Werkskizze in Abb. 4.):

Nach Resektion eines Knochenkeiles aus dem Femurschaft (schraffiert) wurde der (um die Knochenzacke unten rechts verkleinerte) Schenkelhalsrest etwas nach medial verschoben, aufgerichtet und mit einer Drahtschlinge fixiert (s.Abb. 5.). Danach wurde eine Plexiglaskappe mit sphärischem Dach in eine neu gefräste Pfanne derart eingestellt, daß rings um das angefrischte Stumpfende herum ein freier Raum für das sich entwickelnde Granulationsgewebe verblieb. Die gewünschte Stellung erhielt ein Marknagel aufrecht, s. Abb. 5 (Aufnahme im Gips, gleich nach der Operation). Nach weniger mehr als drei Monaten war der Stumpf zu dem wohlgerundeten Kopf herangewachsen, den die Abb. 6. zeigt. Der hier noch breite Spalt zwischen der Kopfkalotte und dem Kappengewölbe hatte sich nach weiteren acht Monaten ganz gleichmäßig verschmälert, d.h. der

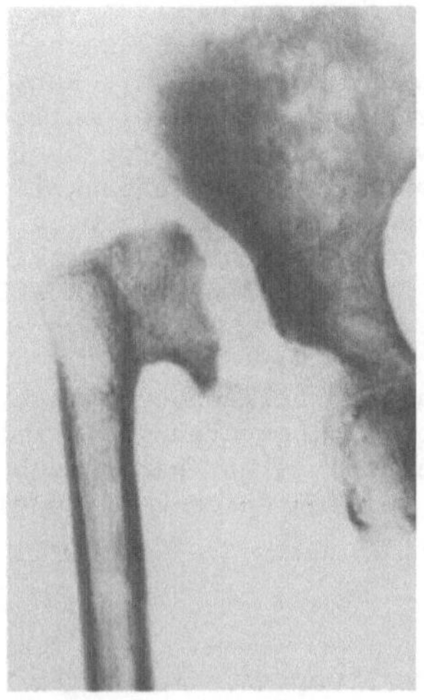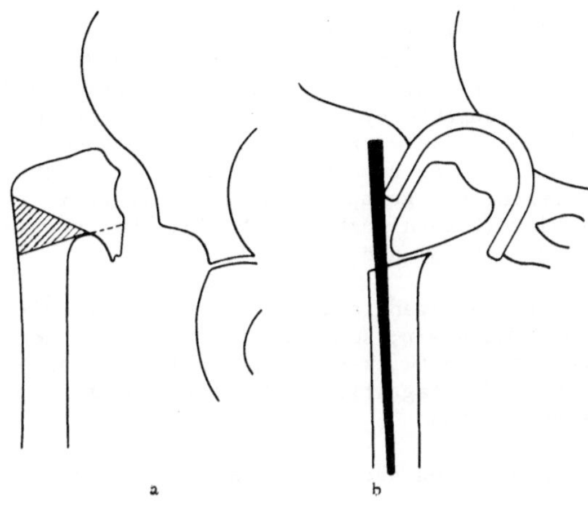

Abb. 3.Coxales Femurende eines 5jährigen Kindes. Zustand nach Säuglingscoxitis. Nach PAUWELS (1960)

Abb. 4.Operationsskizze zu Abb. 3, Erklärung im Text. Nach PAUWELS (1960)

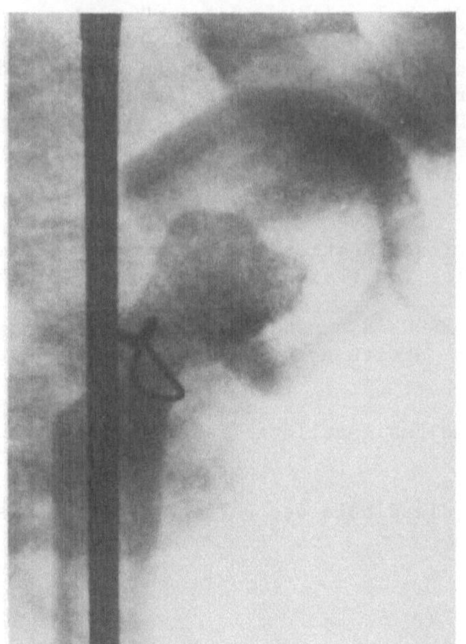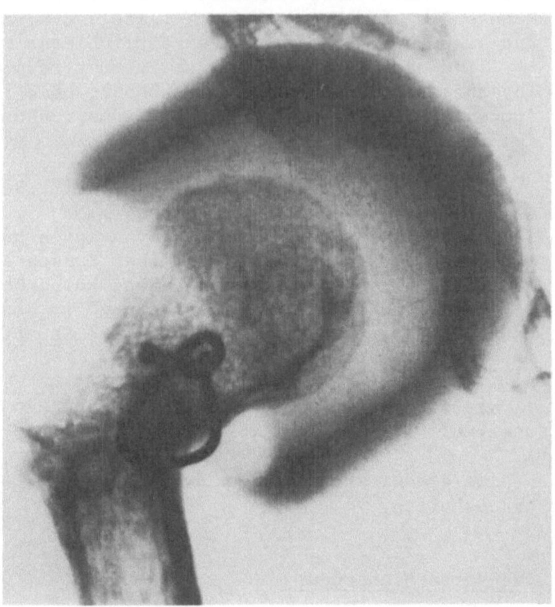

Abb. 5.Stellung unmittelbar nach der Operation, Röntgenaufnahme im Gipsverband. Nach PAUWELS (1960)

Abb. 6.Zustand 3 Monate u. 1 Woche nach dem Eingriff. Nach PAUWELS (1960)

neu gebildete Gelenkkopf hatte sich bei voller Wahrung seiner Form noch weiter vergrößert, aller Wahrscheinlichkeit nach auf der Grundlage enchondralen Knochenwachstums. Der Beweis hierfür wurde gefunden, als elf Monate nach der Operation die Kunststoffkappe durch eine andere mit größerem Durchmesser ersetzt wurde (der Kopf sollte weiter ungehindert wachsen können). Bei dieser Gelegenheit wurde senkrecht zur Oberfläche des Regenerates bis auf den Knochen eingeschnitten und ein dünner Gewebskeil von 6 mm Höhe entnommen. Die histologische Untersuchung ergab echtes Knorpelgewebe mit allenthalben gekapselten Zellen in teils rein hyaliner, teils noch nicht ganz maskierender (Fasern noch sichtbar!), aber einwandfrei basophiler Grundsubstanz (s. PAUWELS 1960, Abb. 32 a-d, S. 509).

Dieses Ergebnis war in der Tat verblüffend. Nicht nur, daß Knorpelgewebe überhaupt entstanden war; sondern vielmehr, daß hier zwei verschiedene Bildungsvorgänge (primäre Knorpelentwicklung mit nachfolgend enchondraler Verknöcherung) derart harmonisch ineinander gegriffen und auf regenerativem Wege einen solch idealen Gelenkkopf modelliert hatten.

Die beiden nächstliegenden Fragen lauteten:

Auf welche Weise hatte sich das anfangs ganz mißgestaltete Stumpfende zu dieser glatten Kopfform gerundet?

Wie hatte sich das deckende Granulationsgewebe zu dieser einheitlichen Knorpellage differenziert?

Noch größere Neugier aber mußte das Folgende erregen: Wie PAUWELS selber angibt, war der künstlich zugerichtete "Femurkopf" nach der Entfernung des Nagels (nach 3 Monaten) rund 8 Monate lang belastet, d.h. also "funktionell beansprucht" worden. Und hieraus ergab sich die eigentlich erst kardinale Frage:
Ist dieser Knorpelbelag das Produkt reinen Wachstums gegen allseitigen Widerstand (hydrostatischer Druck nach PAUWELS), oder ist er das Ergebnis einer "funktionellen Anpassung" an eine "spezifische Beanspruchung" (Druck- und Scherkräfte von außen her) im Sinne W.ROUX's?

Hier konnten nur Tierexperimente weiterhelfen, und diese mußten den beiden folgenden Erfordernissen gerecht werden:
1.) Ein operativ hergestellter, von außen her periostgedeckter Knochenstumpf mußte entsprechend der Abb. 4 b frei in einer Kunststoffhülse von gleicher Hohlraumform (Glocke) hineinragen, ohne irgendwo die Wand zu berühren.
2.) Eine "funktionelle Beanspruchung" im Sinne W. ROUX's, insbesondere eine Druckwirkung auf das Regenerationsblastem des Stumpfendes, durfte es vom Anfang bis zum Ende des Versuches nicht geben.

Wie aber war dies am Tier, d.h. ohne künstliche Ruhigstellung (Nagel, Gips), anzustellen?

Aus dieser methodischen Zwickmühle sollte mir die Fibula des Rattenunterschenkels heraushelfen.

Die Versuchsanordnung

Wie die schematische Abb. 7 zeigt, hat die Fibula der Ratte zwei bemerkenswerte Besonderheiten:
1. hebt sie sich in weitem Bogen von der Tibia ab, und das macht sie rings herum sehr gut zugänglich.
2. reicht sie nicht bis ans Sprunggelenk heran, sondern sie geht ein Stück weit oberhalb davon synostotisch in die Tibia über, und das macht sie außerordentlich stabil. Einer Fixaktion nach ihrer Durchtrennung bedarf es infolgedessen gar nicht.

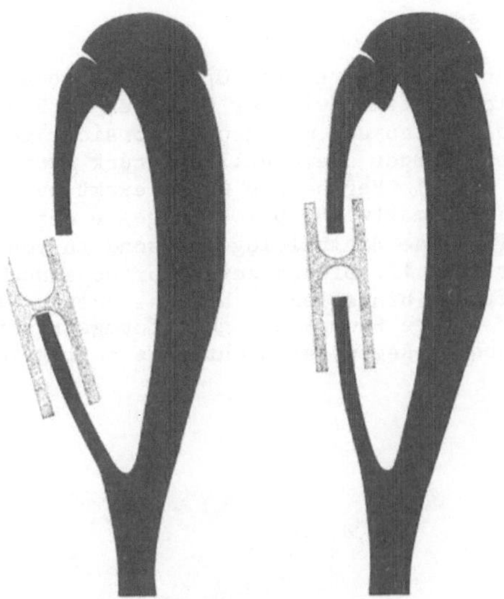

Abb. 7. Umrißzeichnungen des Rattenunterschenkels. Fibula teilreseziert. Kunststoffhülse punktiert. Technik der Hülsenimplantation, s. Text

Insgesamt 14 Tier wurden entsprechend der Abb. 7 operiert:

Ein Kunststoffzylinder (Länge= 9.0 mm) mit 2 verschieden langen Bohrungen (lichte
Weite = 2.0 mm) wurde nach Freilegen des Knochens und nach genau bemessener (Hülsen-
länge!) Abtrennung der in seiner Konkavität inserierenden Muskulatur bei sorgfältiger
Schonung des Periosts folgendermaßen implantiert:

Aus der Fibula wurde ein genau bemessenes Stück (Stechzirkel!) reseziert derart,
daß der obere Hülsenteil samt Zwischensteg in die Lücke eben hineinpaßte. Sodann wurde der untere Stumpf ganz vorsichtig abgebogen. so daß sich der untere Teil der Hülse
darüber schieben ließ, s. Abb. 7. Danach wurde reponiert und der obere Hülsenteil über
den proximalen Stumpfe geschoben. (Die Wand des unteren Hülsenteiles hatte unterhalb
ihrer Kuppel 2 kleine, einander gegenüberliegende, in die Abbildung nicht eingezeich-
nete Bohrlöcher. Durch diese hindurch wurde vor der Implantation ein Kunststoffaden
gezogen, der die Hülse in Form einer langen, ganz lockeren Schlinge in weiter oben
gelegenen Weichteilen aufhängen und am Herabgleiten verhindern sollte; eine Vor-
sichtsmaßnahme, die sich hinterher als unnötig herausstellte.)

Für die spätere Deutung der Versuchsergebnisse ist folgendes sehr wichtig: Wie
zuerst die Röntgenbilder, dann aber ganz sicher die histologischen Schnitte zeigten,
wurde die Hülse von ihrem muskulären Implantationsbett ringsherum derart "in der
Schwebe" gehalten, daß die Bruchstümpfe stets achsrecht und ungefähr zentral in der
Lichtung lagen; d.h. zu einer Berührung zwischen den Knochenstümpfen und den Hülsen-
wänden kam es <u>nie</u>.

Plexiglas läßt sich auf gewöhnlichen Mikrotomen nicht schneiden. Deshalb wurde die
Hülse noch vor der histologischen Fixierung der Präparate folgendermaßen entfernt:
Ihre meist derbe Faserhülle wurde längs gespalten und bis zum halben Umfang aufge-
klappt. Nachdem die Tibia etwa mittlings durchsägt war, konnten die beiden Stümpfe
nach einander aus ihrem Hülsenteil herausgezogen werden. Ein so gewonnenes Totalpräparat zeigt die Abb. 12.

Die wichtigsten Ergebnisse

Bereits die Isolierung der allerersten Operationsprodukte war überraschend: Die Stumpfenden saßen nämlich so fest "wie der Pfropfen im Flaschenhals", so daß es nur mit Hilfe zweier Hakenpinzetten und mit großer Vorsicht gelang, sie unbeschädigt herauszuziehen. Welch ein Turgor oder Quellungsdruck mußte dahinter stecken!- Das weitere zeigt die Abb. 12: Die Regenerate waren exakt zylindrisch, ihre Oberfläche spiegelnd glatt, ihre Farbe mattweiß-opak. (Entgegen der schematischen Abb. 7 waren die beiden Hülsenkuppeln keine Hohlhalbkugeln, sondern von Kegelstumpfform, s. das untere Regenerat in der Abb. 12. Dieses zeigt übrigens auch die Spuren, die der hindurchgezogene Kunststoffaden hinterlassen hat, s. oben). Wie aus derselben Abbildung hervorgeht, ist nur der untere Stumpf ein ganz formgetreuer Ausguß, s. seine Endkappe. Die letztere ist beim oberen Regenerat nicht ganz so regelmäßig geformt, sonst aber vollkommen glatt.

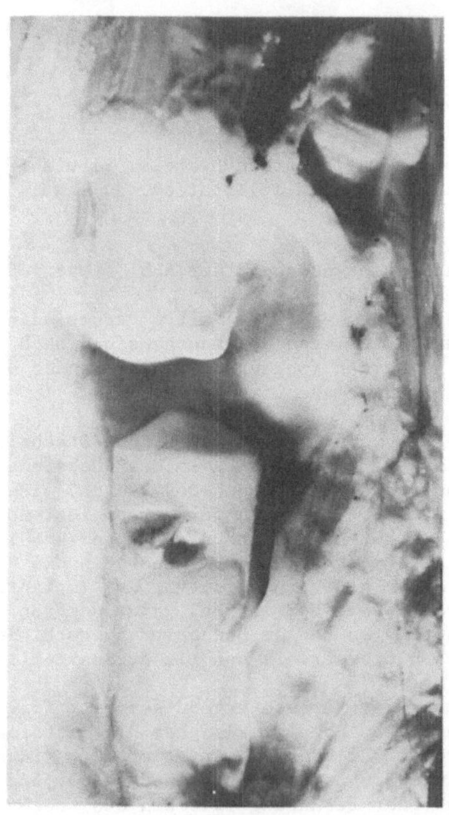

Abb. 12. 10 Wochen altes Totalpräparat nach Entfernung der Kunststoffhülse. (Die leichte seitliche Verschiebung der beiden Regenerate gegeneinander ergibt sich aus der Durchtrennung der vorher stabilisierenden Fibula, s.Text)

Wie mochten diese Gebilde in ihrem Innern aussehen? Die Antwort gab gleich das erste Experiment: nämlich eine Binnenstruktur, wie sie organischer und vollkommener kaum gedacht werden kann, s. Abb. 8. Der Fibulastumpf - im Bild links gelegen und an seiner dicken Compacta zu erkennen - hat einen beträchtlichen seitlichen Anbau erhalten. Auf der rechten Seite ist eine neue Compactaschale angeschnitten, die zwischen ihrer Innenwand und der ehemaligen Fibulaoberfläche einen neuen, großen Markraum

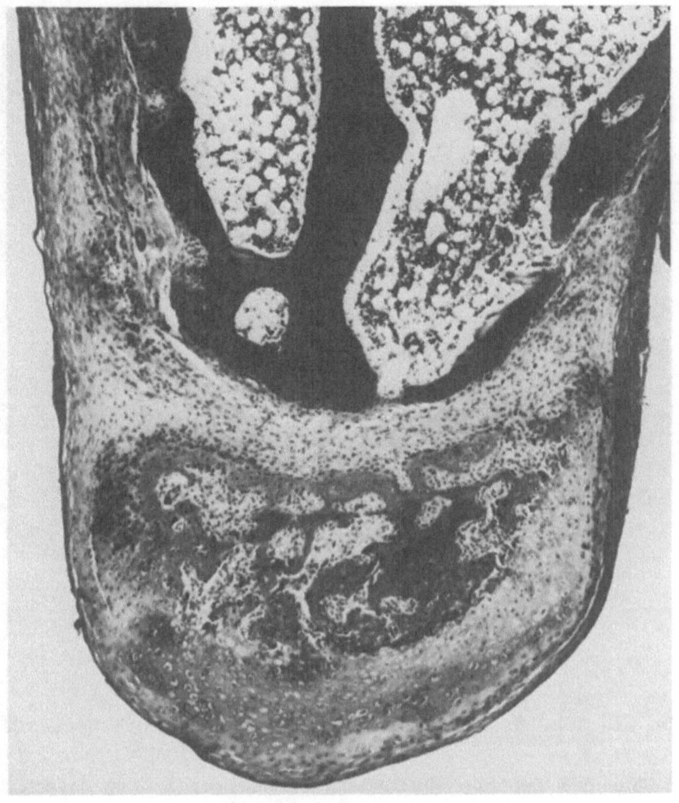

Abb. 8. Proximaler Fibulastumpf nach 6 Wochen Versuchsdauer, Übersicht. (Zur Orientierung, vgl. Abb. 12)

einschließt. (Dieser Knochen muß, als Periostabkömmling, sehr schnell in die Dicke gewachsen und fast ebenso geschwind von innen her wieder abgebrochen worden sein - eine Erscheinung, die mir bei umhülsten Fibulaschäften regelmäßig untergekommen ist, s. Abb. 11 und 14. Einen vernünftigen Grund für dieses, aus mechanischer Sicht völlig unmotivierte Breitenwachstum der Fibula weiß ich nicht zu nennen.)

Von diesem verbreiterten Stumpfende der Fibula durch eine dickere Zwischenlage lokkeren, jungen Bindegewebes getrennt, liegt weiter distal der Anschnitt eines regelrechten spongiösen Knochenkernes mit Markräumen. Seine Konvexität bedeckt eine dicke Gewebsschicht, deren Knorpelcharakter unverkennbar ist, s. Abb. 9. Ihre Grundsubstanz ist allenthalben durchaus homogen, die eingeschlossenen Zellen sind allesamt blasig und gekapselt. Fehlte nicht die sogenannte territoriale Gliederung und wäre die äußerste Randpartie (besonders rechts unten) nicht faserig aufgeblättert, so wäre beim ersten Anblick die Ähnlichkeit mit einem echten embryonalen Gelenkkopf täuschend.

Trotzdem sind gewisse Besonderheiten nicht zu übersehen. Beim normalen wachsenden Gelenkknorpel zum Beispiel ist über der knöchernen Unterlage die Basophilie der Grundsubstanz kräftiger, sind die Zellen größer und mehr gequollen, ihre Kapseln dikker und dunkler als in den mehr oberflächennahen Zonen des Knorpelgewebes; d.h. dessen Reife zeigt von der Tiefe nach der Oberfläche hin ein deutliches Gefälle. In der Abb. 9

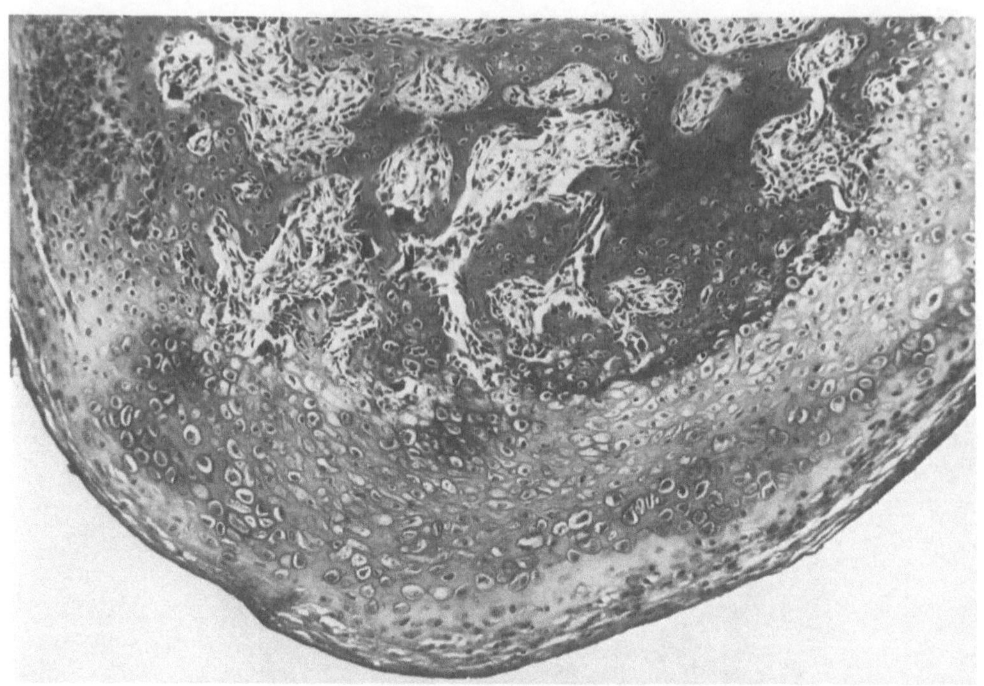

Abb. 9. Dasselbe wie Abb. 8. Knochenkern und knorpelige Endkappe, stärker vergrößert

dagegen liegen über dem Knochen (besonders rechts) eindeutig "jünger", d.h. weniger differenziert aussehende Zellen als zum Beispiel innerhalb des weiter außen liegenden, dunklen Mittelstreifens. Und nahe der Oberfläche sieht man keineswegs den gleitenden Formenübergang von rundlichen über mehr ovale zu schließlich fast platten Zellen, die sich mit ihren Längsachsen zur Oberfläche tangential eingestellt haben – lauter Merkmale, deren man erst bei genauerer Betrachtung gewahr wird, die aber vom Normalbild unverkennbar abweichen; so wie alles künstlich Gezüchtete letztlich doch etwas anders zu sein pflegt als das natürlich Gewachsene.

Wie aus den Abb. 9 und 10 hervorgeht, sind die Gestaltungsvorgänge auf diesem Entwicklungsstadium noch in vollem Zuge. An mehreren Stellen nämlich ist die Knochen-Knorpelgrenze aufgebrochen von gefäßführendem, jungem Bindegewebe, in dem dunkel gefärbte, unregelmäßig-großlappige Gebilde auffallen. Es handelt sich um vielkernige Riesenzellen, die – von den Markräumen herkommen und der enchondralen Verknöcherung den Weg bereitend – ihre Resorptionslakunen in die Knorpelgrundsubstanz hineinfressen – genau so, wie dies vom knöchernen Ersatz knorpelig präformierter, embryonaler Skelettstücke her bekannt ist; allerdings auch hier wieder mit einem bemerkenswerten Unterschied. Denn im Bereiche "normaler" Aufbruchzonen des Knorpels ist dessen Grundsubstanz stets ganz tief dunkel gefärbt und häufig sogar von schwärzlichen Sprenkeln durchsetzt – alles Zeichen der voraufgegangenen präparativen Verkalkung, die hier durchaus fehlen. Vielleicht ist auch dies eine Absonderlichkeit dieses "Zuchtknorpels".

Im übrigen aber zeigt die Abb. 10 vielerorts das histologische Gütezeichen echter Knorpelzellen, nämlich die charakteristische Retraktilität ihrer Plasmaleiber. Diese liegen dann entweder als kernhaltige Plasmahügel auf nur einer Seite der Zellhöhle, oder sie haben sich mehr konzentrisch retrahiert, so daß sie wie mit einem zierlichen Strahlenkranz an ihrer Kapselwand aufgehängt erscheinen.-

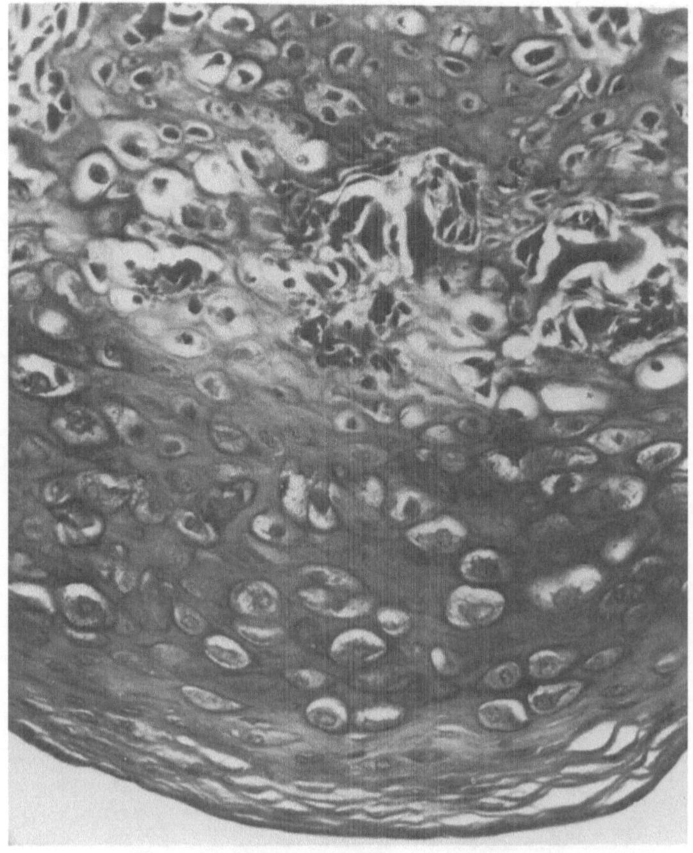

Abb. 10. Dasselbe wie Abb. 8, stark vergrößerter Ausschnitt

Alles zusammengenommen darf man wohl sagen: ein Volltreffer. PAUWELS' neue Theorie hatte sich überzeugend bewährt. Der Knochenkern, erst recht aber der Kopfknorpel sind so gründliche Beweise, daß jeder Zweifel ausgeschlossen ist. Denn auf einem rings von Weichteilen umgebenen, gewöhnlichen Frakturstumpf, also ohne die formgebende Matrize, wäre etwas ähnliches ganz sicher niemals entstanden.

Nicht minder überzeugend dürfte aber auch bewiesen sein, daß es sich bei diesem Regenerat um eine ganz reine <u>Wuchsform</u> handelt. Denn unter den erzwungenen, extrem afunktionellen Versuchsbedingungen kann von formativen <u>mechanischen</u> Reizen im Sinne äußerer Einwirkungen, insbesondere von Scher- oder Schubkräften (ROUX), nicht im entfernten die Rede sein. Dieser Kopfknorpel kann eine "funktionelle Beanspruchung", die der eines natürlich gewachsenen Gelenkkopfes vergleichbar wäre, niemals erfahren haben.

Nach diesem spektakulären Anfangserfolg war ich begreiflicherweise höchst neugierig zu erfahren, ob die bindegewebigen Anteile des Knochenstumpfes immer so bereitwillig in die ihnen gestellte Falle gehen, d.h. ob sie sich regelmäßig derart "wunschgemäß" differenzieren würden.

Jedoch erbrachte gleich das nächste Experiment ein Ergebnis, das mir im ersten Schrecken als geradezu fürchterlicher Fehlschlag erscheinen mußte, s. Abb. 11.

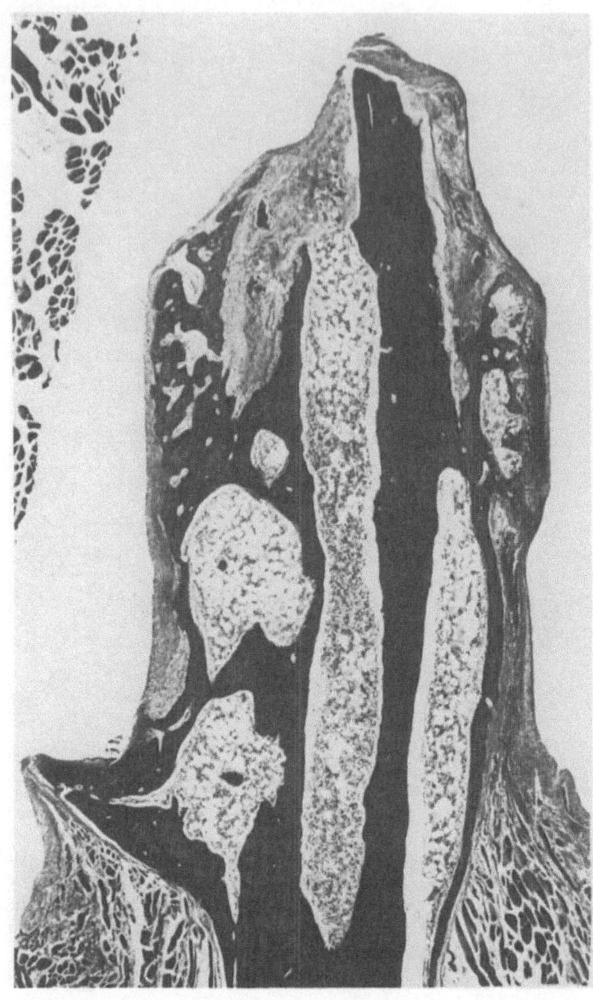

Abb. 11. Distaler Stumpf nach 6 Wochen Versuchsdauer.- Obere Hälfte: links knöcherne Spongiosa, rechts Anschnitt eines Knorpellagers.- Größter Querdurchmesser in diesem Bereich = 2.0 mm

Und das bei der genau gleichen Operationstechnik und bei übereinstimmender Versuchsdauer!

Allem Anschein nach war hier nach einem recht beträchtlichen regenerativen Anlauf die Entwicklung nicht nur auf halbem Wege stehen geblieben, sondern die Stützgewebsbildung mußte alsbald von resorptiven Vorgängen abgelöst worden sein, besonders am freien Ende des Fibulastumpfes: Auf der linken Seite sieht die Compacta in Breite und Höhe wie abgeschmolzen aus. An dem Spongiosalager oben links tut sich allem Anschein nach nichts mehr: es endet nach lateral vor einer hier schon ziemlich derbfaserigen Bindegewebshülle, die bis zu dem vorkragenden Compactabalkon unten links herunterreicht. Errichtet man in Gedanken auf der Spitze dieser Nase die Senkrechte,

so hat man eine zutreffende Vorstellung von der Lage (und der Dicke) der Hülsenwand.
Das Ganze ist nichts weiter, als ein recht mißratener Amputationsstumpf.-

Jedoch: auf der rechten Seite oben ist ein Spongiosaerker angeschnitten, der nach
außen zu ganz scharf begrenzt und nicht von faserigem Bindegewebe bedeckt ist. (Der
schmale, unvollständige Belag ist im Präparat eine homogene, zell- und faserfreie
Masse unbekannter Beschaffenheit, wahrscheinlich ein eiweißhaltiges Gerinnsel.) Hier
lag die Hülsenwand; und an diese reicht das neugebildete Knochengewebe erfahrungsgemäß niemals nackt heran (vgl. die Abb. 14, rechts), sondern es ist von ihr durch eine
- wenn auch noch so dünne - bindegewebige Fasermembran stets geschieden. Und in der
Tat handelt es sich an dieser Stelle um Knorpelgewebe, dessen Zellen als rundliche,
dicht gepackte Aussparungen in der tief dunklen Grundsubstanz auf diesem Bilde eben
noch zu erkennen sind.

So ganz daneben gegangen war dieser Versuch also doch nicht, denn Knorpelgewebe
hatte sich nachweislich entwickelt; zwar in vergleichsweise sehr bescheidenem Ausmaß,
dafür aber an der - nach PAUWELS - typischen Stelle, nämlich im engen Spalt unter
"hydrostatischen Bedingungen" (s. auch weiter unten).

Dieses Versuchsergebnis - es war das dürftigste der ganzen Reihe - erteilt trotzdem eine recht aufschlußreiche Lehre. Zum Beispiel, daß in allen Fällen, in denen es
um die Hintergründe der kausalen Knorpelbildung geht, man sich niemals mit einigen
wenigen Experimenten begnügen darf. Denn wie die weiteren Versuche je länger desto
deutlicher zu erkennen gaben, kann die Streubreite der "guten" und der weniger guten
Treffer, der "vollkommenen" und der unvollständigen Regenerate erheblich variieren.
Ein einigermaßen zutreffendes Bild kann nur die größere Serie liefern. Das ist auch
gar nicht verwunderlich. Denn wenn die Versuchsanordnung nur den <u>Raum</u> zur Entwicklung
anbietet, während der wesentliche Faktor das Wachstum selber ist, dann bleibt es im
Einzelfalle allemal ganz ungewiß, ob und wie das Regenerationsblastem von seinen Möglichkeiten Gebrauch machen wird. Das Einzige, womit sich rechnen läßt, ist die mehr
oder minder große Wahrscheinlichkeit; und auch das erst dann, wenn ein hinreichend
großes Beobachtungsmaterial vorliegt.

Die beiden folgenden Präparate sind wieder vollständige Ausgüsse der Matrize, so
wie die Abb. 8. Aber während sie in ihren apikalen Teilen einander recht ähnlich sind
(spongiöse Knochenkerne mit Knorpelüberzug), unterscheiden sie sich in ihren Schaft-
teilen erheblich voneinander. Dies betrifft nicht nur die gegenseitigen Verhältnisse
von Knochen- zu Knorpelgewebe, sondern auch ganz besonders die unterschiedliche Entstehungsgeschichte dieser beiden Stützgewebe in den beiden Regeneraten.

In der Abb. 13 sieht man auf der rechten Seite im Schaftbereich einen tief dunklen
Streifen, der nach außen zu ganz scharf begrenzt ist, während er nach innen hin mit
spießartigen Fortsätzen in seiner knöchernen Unterlage gleichsam wurzelt. In Wirklichkeit jedoch haben sich diese Spieße keineswegs eingesenkt, sondern sie sind, wie der
dunkle Randstreifen insgesamt, nichts anderes als die Reste einer Knorpellage, die
ehemals von der Fibulaoberfläche bis an die Hülsenwand herangereicht haben muß. Die
zahlreichen basophilen Einsprengsel in der Knochengrundsubstanz - es handelt sich um
eingemauerte Reste verkalkter Knorpelbälkchen - erlauben keine andere Annahme, als
daß an dieser Stelle ein großes Knorpellager von basal her aufgelöst und auf dem Wege
enchondraler Verknöcherung ersetzt worden ist. Auch von diesem Ersatzknochen sind nur
noch Reste vorhanden; seine Masse hat der Markhöhle Platz machen müssen, die sich über
der Fibulacompacta von oben nach unten erstreckt.- Auf der linken, gegenüberliegenden
Seite muß sich ganz ähnliches abgespielt haben, nur daß hier die Resorptionsvorgänge
oberflächenwärts noch weiter vorgedrungen sind.

Die Kopfkappe des Regenerates macht einen durchaus knorpeligen Eindruck. Die Homogenität und die Basophilie der Grundsubstanz sowie die Kapselung der von dunklen Höfen
umgebenen Zellen ist eindeutig. Und doch sieht das Ganze etwas absonderlich aus: die
Basophilie der Grundsubstanz ist ungewöhnlich zart, und die Zellkapseln sind gar nicht
so scharf gezeichnet wie etwa in dem gleichfalls "künstlichen Knorpel" in den Abb. 9 und
10. Ob dieses Gewebe seinen Anlauf zur Verknorpelung nicht zu Ende geführt hat, sondern schon vorher bei dieser etwas matten Hyalinisierung seiner Grundsubstanz (wenig

Abb. 13. Axialer Längsschnitt durch das distale Regenerat der Abb. 12, Schnittrichtung senkrecht zu deren Papierebene. Das "Hörnchen" oben rechts ist ein aus der Bohrung herausgewachsener Bindegewebsstrang, s. oben unter "Versuchsanordnung". - Querdurchmesser des Regeneratzylinders = 2.0 mm

Chondroitinschwefelsäure!) stehen geblieben ist, das erscheint zwar möglich, ist aber nicht beweisbar Vergleichsmöglichkeiten habe ich einstweilen nicht; denn in der ganzen Versuchsreihe ist diese Sorte "atypischen" Hyalinknorpels der einzige, etwas kuriose Ausnahmefall.

Freilich wiederholt sich etwas ganz Ähnliches in der Kopfspongiosa des gleichen Bildes, deren Bälkchen bereits bei dieser Vergrößerung eine hellere Außenzone von einem dunkleren Binnengerüst unterscheiden lassen: das Letztere teils in Form länglicher Streifen, teils in Form verschieden großer, unregelmäßiger Flecken. Wie eine höhere Auflösung enthüllt, handelt es sich hier tatsächlich um jene bekannten "basophilen Inseln", die stets die knorpelige Abkunft eines Knochengewebes verraten. Allerdings ist auch hier die Zeichnung viel zarter und viel weniger scharf, als die z.B. im Schaftteil unten rechts zu sehen ist (vgl. auch unten Abb. 15).

Immerhin darf man diesem letzteren Befund sicher entnehmen, daß irgendwann vorher
einmal der ganze Kopf aus dem gleichen Material bestanden hat wie jetzt noch die apikale Gewebskappe, die demnach von einem ausgedehnten enchondralen Verknöcherungsvor-
gang übrig gelassen worden ist.-

Die Abb. 14 zeigt zwar einen Totalausguß wie das vorige Präparat auch, aber an miteinander vergleichbaren Stellen weitgehend anders gebaut. Der rein desmal entstandene
(keine basophilen Einsprengsel!) apikale Knochenkern stützt sich wie ein frei vorra-
gendes Dach rechts auf eine spongiös-knöcherne Teilwand, in seiner Mitte mit ganz
schmächtiger Spongiosabrücke auf das freie Ende des Fibulastumpfes.

Auf der (im Schnitt) linken Seite ist nur in der unteren Hälfte periostale Spongiosa entstanden, deren seitliche Wand sich mit schräg aufwärts gerichteter Spange an
der Fibulacompacte abstützt. Die ganze Gewebsmasse zwischen diesem "Schwibbogen" und

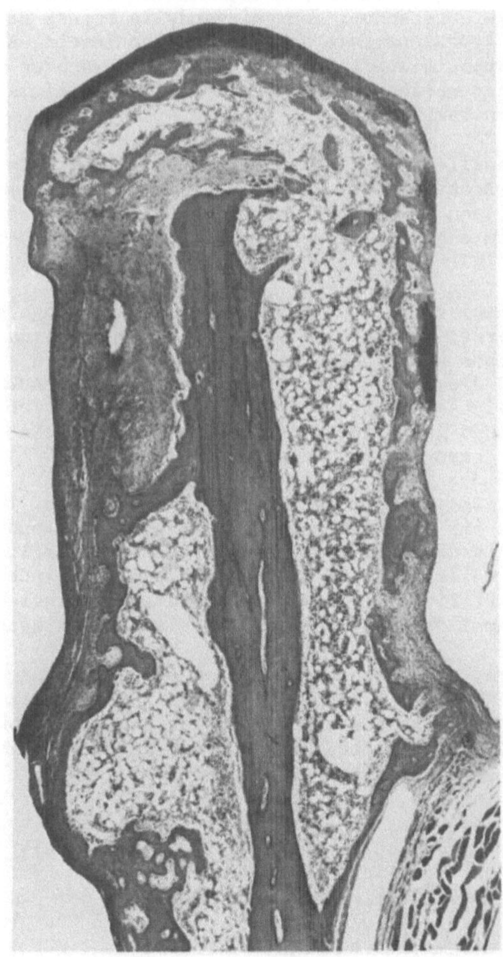

Abb. 14. Proximales Regenerat, 5 Wochen alt. Beschreibung s. Text

dem hervorragenden Dach des apikalen Knochenkernes ist ein sehr dichtes, zellreiches
Stroma. Von da an, wo die festere Unterlage (s. oben und unten) zu Ende ist, hat sich
diese Bindegewebsmasse (infolge entwässerungsbedingter Schrumpfung) retrahiert und
ist zu einer flachen Wanne eingesunken. Weshalb diese Seite - verglichen mit ihrem
Gegenüber - sich so völlig passiv verhalten und auch kein Knochengewebe hervorge-
bracht hat, das ist einstweilen ganz unbekannt.-

Als ob in den rechts angeschnittenen Spongiosastreifen zuerst zwei flach- schüssel-
förmige Vertiefungen eingegraben und danach niveaugleich mit einem anderen Material
wieder aufgefüllt worden wären: so finden sich hier zwei Inseln von Knorpelgewebe; die
eine tief basophil, die andere deutlich heller, so daß auf verschiedene Differenzie-
rungshöhe geschlossen werden darf. Sie liegen, genau wie die knorpelige Kappe des apikalen Knochenkernes, zwischen ihrer knöchernen Unterlage und der Innenwand der Kunststoffhülse.

Auf welchem Wege sind der Kopf- und die beiden Inselknorpel entstanden?

Wie schon diese Übersichtsaufnahme sehen läßt (und wie stärkere Vergrößerung eindeutig bestätigt), ist der gesamte neugebildete Knochen in diesem Regenerat auf rein
bindegewebiger Grundlage entstanden; denn nirgends in seinen Bälkchen finden sich
Reste verkalkter Knorpelsubstanz, die sog. basophilen Inseln. Als Bildungsprodukt des
Fibulaperiosts muß er appositionell auf die Hülse zu gewachsen und gleichzeitig von
innen her wieder abgebaut worden sein, wie wir dies schon einmal gesehen haben (vgl.
Abb. 8 und dazugehörigen Text).

Bei diesem appositionellen, in die Kuppel und auf die rechte Wand der Hülse sich
vorschiebenden Knochenwachstum dürfte es dann einmal so etwas wie eine "kritische
Distanz" gegeben haben, von wo an energisches Weiterwachsen des Mantelblastems zu
hydrostatischem Druck im engen Spalt geführt hat, so daß die Osteogenese in Knorpelbildung "umschlug".

Demnach waren hier, genetisch betrachtet, die Bildungsvorgänge ganz anders abgelaufen
als beim vorigen Regenerat, s. Abb. 13: Dort war der Knorpel das Primäre, auf dessen
Resten die Knochensubstanz sich enchodral abgelagert hatte. Hier dagegen war zuerst
der Knochen da, und auf diesen hat sich - und zwar an nach PAUWELS typischer Stelle
- das Knorpelgewebe gleichsam "aufgepfropft", als Ergebnis eines plötzlichen Diffe-
renzierungsumschlages. Und das heißt: Hier ist der Knorpel ein echtes, sekundäres
Neugebilde, im vorigen Regenerat ist er eindeutig <u>Rest.</u>

Allerdings: Weshalb sind auf der rechten Seite in der Abb. 14 nur die beiden
Knorpelinseln und nicht ein ebenso geschlossener Belag entstanden wie z.B. im Kup-
pelbereich, wo doch den ganzen Randsaum herunter ganz einheitliche Verhältnisse und
Bedingungen angenommen werden dürfen? Hier sind wir nicht minder auf die Unterstel-
lung unterschiedlicher Proliferations- und Wachstumsgeschwindigkeiten angewiesen, als
dies bereits früher einmal der Fall war (s. Abb. 11 und den dazugehörigen Text.)

Zum Schluß das untere, etwas schräg zu seiner Längsachse angeschnittene Ende eines
erst 22 Tage alten Regenerates, s. Abb. 15. Über der Corticalis des Fibulastumpfes
erhebt sich rechts unten ein ziemlich hoher Sockel aus Knochenbälkchen, dessen Außenoberfläche von einem bis zur Hülsenwand reichenden, dicken Knorpelpolster bedeckt
ist. Obwohl hier schon sehr weitgehende Umbauprozesse abgelaufen sein müssen, läßt
sich die Entstehungsgeschichte des ganzen Gebildes ohne weiteres aus dem selben In-
diz wie in der Abb. 13 zuverlässig herleiten. Denn die Knochenbälkchen enthalten
allesamt in ihrem Innern die scharf konturierten Reste verkalkter Knorpelgrundsubstanz; teils in Form eines zierlichen Netzwerkes, teils in Form unregelmäßiger Schol-
len oder Zwickel. Demnach muß die seitliche Knorpellage der Rest einer vorher mächti-
gen Knorpelgesamtmasse sein, die ursprünglich den ganzen Raum von der Fibulaoberfläche bis zur Hülsenwand ausgefüllt hatte, danach aber in einem geradezu stürmischen
Auflösungs- und Umbauprozeß - nämlich in weniger als 2 Wochen - knöchern ersetzt worden sein muß.

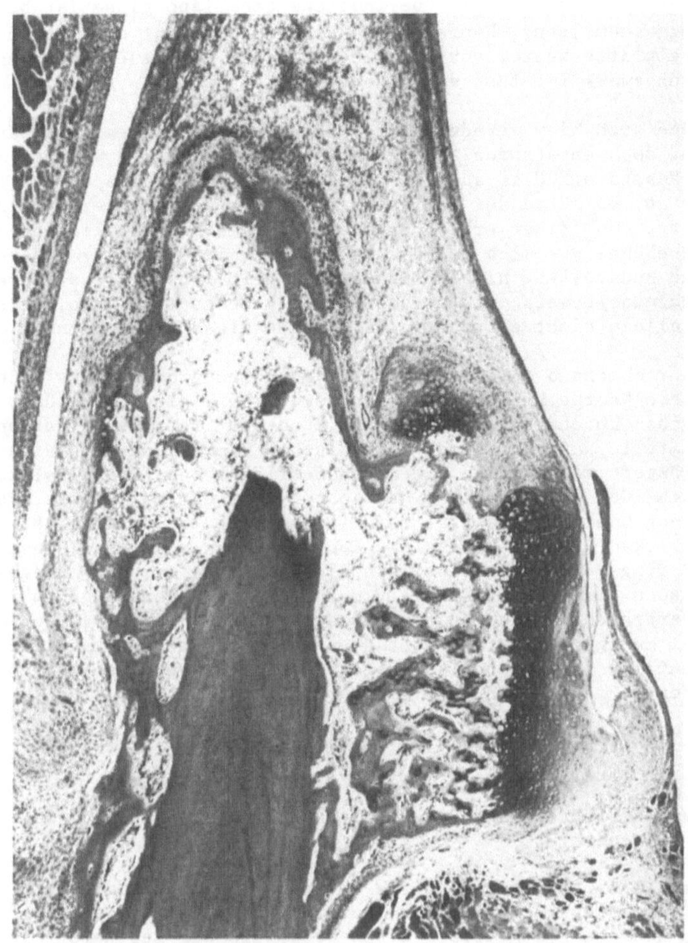

Abb. 15. Knorpelige Anteile (rechts unten und etwas oberhalb davon) eines schräg ge-
schnittenen Regeneratzylinders, 22 Tage alt. Der Fibulastumpf liegt nur mit seinem
unteren Teil in der Schnittebene. Näheres s. Text

   Auch dem Ersatzknochen scheint keine lange Schonfrist beschieden zu sein. Denn zwischen dem Stumpfende der Fibula und der davon lateral- oben angeschnittenen Knochenplatte liegt eine weite Öffnung, durch die hindurch der große einheitliche Markraum
über dem Fibulafragment mit den Markräumen des Spongiosasockels in Verbindung steht.
Hier dürfte nämlich die Einbruchspforte für die Abbauelemente gelegen haben, denen
der Großteil dieser Knorpelmasse so schnell zum Opfer gefallen ist. Der Abbau geht

immer noch weiter. Die ehemals hier befindliche Sockelspongiosa ist bereits bis auf
wenige Reste weggeschmolzen. Ebenfalls von hier aus scheint der Prozeß dann bis zur
lateralen Knorpelplatte weiter vor und von unten her in diese eingedrungen zu sein.
Das Unterminierungswerk ist fast vollendet.-

Die Frage, die sich hier geradezu aufdrängt, ist, ob dieses ganze Knorpelgebilde
nicht vielleicht doch entstanden sein könnte auf Grund irgend welcher mechanischer
Reize, die die Kunststoffhülse an dieser Stelle auf das Fibulaperiost ausgeübt hat.
Nehmen wir dies an, so müßte der unmittelbar aus dem Periost hervorgegangene Knorpel
allerdings sofort, von seiner ersten Entstehung an, die ihm anliegende Hülse wie eine
hydraulische Hebebühne vor sich hergeschoben haben, immer weiter und weiter bis in
die gegenwärtige Endstellung hinein. So unwahrscheinlich dies aus mehreren Gründen
ist: der überzeugende Beweis, daß es so niemals gewesen sein kann, läßt sich aus dem
Situationsbild allein nicht erbringen. Wir müssen diese Frage demnach offen lassen.

Nun liegt aber oberhalb des eben beschriebenen Spongiosasockels eine weitere, freilich viel kleinere Knorpelbildung, die sich wie eine kleine Kuppe über einer ganz,
schmalen, spongiös- knöchernen Basis erhebt. Und hier ist die Situation eindeutig;
denn an dieser Stelle kann von einer mechanischen Einwirkung ganz sicher nicht die
Rede sein. Verlängert man nämlich die Außenoberfläche des Knorpelpolsters rechts unten (= Innenfläche der Hülse) weiter nach oben, so sieht man sofort, daß die Hülse vom
Entstehungsort der Knorpelkuppe viel zu weit entfernt ist, als daß sie hier mechanisch hätte einwirken können. 2. ist die Knorpelkuppe nach links, oben und rechts
(also fast ganz ringsherum) von einem ganz jungen, zellreichen Bindegewebe umgeben,
das eine - wie auch immer vorstellbare - nennenswerte "Beanspruchung" weder auszuhal-
ten, noch zu übertragen im Stande gewesen wäre.- Nein: dieser mitten im Weichgewebe
gelegene Knorpel muß ganz spontan entstanden sein: aus ebenso unerfindlichen Gründen
wie andere, ebenfalls in Weichteilen aufgefundene "heterotopische" Knorpelgebilde
auch (z.B. in den Gaumenmandeln oder im Ovar).

Gesamtergebnis und Conclusio

Bei aller Variabilität in den Einzelheiten zeigen die Versuche überzeugende Übereinstimmung im folgenden:

1. In sämtlichen Fällen handelte es sich zweifelsfrei und eindeutig um Wachstumspro-
dukte, die die angebotene Hohlform entweder ganz oder zum Teil ausfüllten. Daraus folgt:
Die geometrisch getreue Zylinderform eines Großteils der Regenerate ist auf die Versuchsanordnung und nur auf diese zurückzuführen.

2. Das experimentell erzeugte Knorpelgewebe entstand in fast allen Fällen am mutmaß-
lichen Ort: nämlich zwischen einer periostal entstandenen Knochenschale und der Innenwand der Matrize, und zwar in einem Spalt von einer gewissen "kritischen Breite".

3. In drei Fällen waren die künstlich erzeugten Gelenkköpfe ihrer äußeren Form und
ihrer inneren Architektur nach natürlichen, embryonalen Bildungen verblüffend ähnlich
insofern, als je ein spongiöser Knochenkern an seiner Konvexität einen geometrisch
exakten Überzug aus hyalin- basophiler Grundsubstanz mit darin eingelagerten, typisch
gekapselten Zellen trug.

4. Jedes einzelne dieser drei gelenkkopfähnlichen Gebilde war unter Bedingungen herangewachsen, unter denen eine Druckwirkung von außen her unwahrscheinlich war, und unter
denen eine Scher- oder Schubwirkung (ROUX) ganz sicher nicht angenommen werden kann.

5. Ziel der Untersuchungen war, eine neue Theorie der kausalen Histogenese des Callus-
knorpels (PAUWELS) auf ihre Tauglichkeit zu prüfen. Nach dieser ist der Callusknorpel
keine von äußeren, qualitativ- spezifischen Kräften (Druck plus Scherung) direkt bewirkte "abhängige Differenzierung" (ROUX); sondern er entsteht, sobald das Regenerationsblastem unter hydrostatischen Druck gerät. Das heißt, wenn es a) entweder von
allen Seiten her gleich stark komprimiert wird, oder wenn es b) gegen allseits gleich
großen Widerstand expansiv wächst.

Die Versuchsanordnung war allein nach dieser letzteren Bedingung (b) ausgerichtet.

6. Drei Versuchsbeispiele, von denen jedes für sich allein zum Beweis hingereicht hätte, stimmten mit dem zum Vorbild gewählten Testfall (S. Abb. 6) im grundsätzlichen so vollständig überein, daß F. PAUWELS' "Neue Theorie" als mit der experimentellen Wirklichkeit übereinstimmend, d.h. als bestätigt gelten darf.

7. Ein Frühstadium von 22 Tagen lieferte zwei Ergebnisse, die sich vom Allgemeinverhalten der Regenerate deutlich unterschieden: 1. ein massiges Knorpelpolster, das unmittelbar aus dem Fibulaperiost entstanden und als "primäres" Knorpelgebilde von allem Anfang an in einen leeren Hohlraum hinein gewachsen war. 2. ein kleiner Knorpel- "kern", der sich mitten in einem Weichteillager aus jungem, bindegewebigem Stroma quasi "kondensiert" hatte.
  In beiden Fällen müssen wir uns einstweilen mit der Verlegenheitsbezeichnung "Spontandifferenzierung" behelfen, deren Prima causa genau so rätselhaft bleibt, wie viele andere, sogenannte heterotopische Knorpelgebilde auch. Der neuen Theorie (PAUWELS) gegenüber verhalten sie sich völlig neutral, d.h. sie stehen zu ihr nicht in erkennbarem oder gar nachweislichem Widerspruch.-

Zur Diskussion

Die einschlägigen Publikationen St. KROMPECHER's sind mir bekannt. Nach seiner These ist "der Mechanismus der Knorpelbildung" - und zwar ganz allgemein - so zu verstehen, "daß das unter Druck gesetzte Granulationsgewebe durch die mechanische Kompression der Gefäßcapillaren oxygenarm und bradytroph wird" (KROMPECHER 1960, S.7). An anderer Stelle ist die Rede von einer "Gefäßpauperisation" und von "lokaler Hypoxie", aus der sich die "Anreicherung saurer Mucopolysaccharide" (1964, s. 268) und damit der eigentliche Anstoß zur Knorpeldifferenzierung ergibt.- Verfolgt man KROMPECHER's Gedankengänge ohne Scheu vor der letzten Konsequenz, so ist die Knorpelbildung letztlich nichts anderes, als die "qualitative Adaptation" an einen andauernden, ausgesprochenen Mangelzustand, nämlich die chronische "Hypoxybiose".

Gegen diese Auffassung sträubt sich das biologische Denken. Denn so stoffwechselträge, so "bradytroph" wie KROMPECHER dies anzunehmen scheint, kann das Knorpelgewebe unmöglich sein. Man denke z.B. an die Knorpel der Wachstumsfugen oder an die Gelenkknorpel noch wachsender Skeletteile. Beide sind ganz sicher alles andere als nur passive Druckpolster: sie wachsen und expandieren mit großer Kraft, und zwar entgegen der niemals aussetzenden Muskelwirkung, die sie unaufhörlich zusammenzudrücken strebt. Und zu dieser Leistung, zu diesem Wachstum gegen anhaltenden Widerstand, sollte ein sozusagen "auf Notration" gesetztes Gewebe im Stande sein?

Im übrigen habe ich in einer ausführlichen Abhandlung (ALTMANN 1964) eine ganze Anzahl von experimentellen Knorpelbildungen beschrieben und abgebildet, bei denen von "lokaler" Druckwirkung" genau so wenig die Rede sein kann, wie z.B. bei dem oben beschriebenen und abgebildeten Knorpelknötchen, s. Abb. 15 und dazugehörigen Text.

Literatur

PAUWELS, F.: Eine neue Theorie über den Einfluß mechanischer Reize auf die Differenzierung der Stützgewebe. Z. Anat. u. Entw.- Gesch. 121, 478 - 515 (1960).- ALTMANN, K.: Zur kausalen Histogenese des Knorpels. W. ROUXs Theorie und die experimentelle Wirklichkeit. Ergebn. d. Anat. u. Entw.- Gesch. 37, 1 - 167 (1964).- KROMPECHER, St.: Die Beeinflußbarkeit der Gewebedifferenzierung der granulierenden Knochenoberflächen insbesondere der Callusbildung. Langenbeck's Arch. u. Dtsch. Z. Chir. 281, 472 - 512 (1956); Hypoxybiose und Mucopolysaccharidbildung in der Differenzierung und Pathologie der Gewebe sowie der Zusammenhang zwischen Schilddrüsenfunktion und Mucopolysacchariden. Nova Acta Leopoldina, Neue Folge 22, 3 - 56 (1960).- KROMPECHER, St. u. L. THÒT: Die Konzeption von Kompression, Hypoxie undkonsekutiver Mucopolysaccharidbildung in der kausalen Analyse der Chondrogenese. Biophysikalische Versuche als Kritik der "hydrostatischen" Theorie von PAUWELS. Z. Anat. u. Entw.- Gesch. 124,

268 - 288 (1964).- ROUX, W.: Gesammelte Abhandlungen über Entwicklungsmechanik der
Organismen, Bd. I u. II. Leipzig: Wilh. Engelmann 1895.-

<u>Oberflächengestaltung und Lastverteilung in</u>
<u>Hüft- und Kniegelenk</u>

Anthony Unsworth

In the papers of Professors Groh and Kummer we have already
seen how human joints have to transmit large dynamic forces.
Paul (1967), showed that in normal walking, these forces reached values
of over 4 times the body weight acting across the hip. However equally
important is the fact that these forces act for relatively short
periods and in between such loads, the joints experience fairly light
loads of between almost zero and body weight. During walking the peak
loads only act for 2 periods of about one fifth of the duration of
the whole cycle.

A similar pattern has been shown in the knee (Morrison 1968). In this
case the loads reach about 3 times bodyweight in normal walking. However
we often associate joint damage with more violent activity than walking.
In jumping from a vertical height of about 1 metre, assuming a soft "knees
bend" landing, Smith (1972) showed that the force at the knee reached over
25 times bodyweight at the moment the foot touched the ground. Another
peak developed as the heel struck the ground and then the force fell as
the energy was taken by further flexing of the legs.

We have seen from Professor Kummer's paper that the hip joint, in spite
of its ball and socket configuration, can distribute the high loads more
evenly over the entire acetabulum by having the diameter of the femoral
head greater than the acetabular diameter (Walker,1969). In this way the
stress level in the equatorial region of the acetabulum is increased thereby
reducing that in the polar region which from Hertzian theory would be very
highly stressed if the ball (femur) was smaller in diameter than the
acetabular cup.

However in the knee we have an entirely different situation. The
condyles of the human knee joint are not conforming. Indeed the lateral
tibial condyle is often convex (Seedhom et al., 1973) thus presenting two
convex surface together since the femoral condyles are also convex. This
would give rise to very high Hertzian stresses were it not for the special
action of the menisci. The menisci of the knee joint sit between the
perimeter of the condyles in contact with both the tibia and the femur.
Seedhom (1973) has shown that when a joint is loaded, the menisci carry
a considerable proportion of the load which is passing through the joint.
He showed this by loading human knee joints and measuring the deflection
of the combined joint with the menisci intact and with the menisci removed.
For comparable deflections he found that the load carried by the medial
condyles with intact meniscus was 70 per cent greater than the same condyles
without the meniscus.

The lateral condyles followed a similar pattern by carrying a load which was 150 per cent greater when the meniscus was intact than when it was removed. The full results showed that the lateral meniscus carried between 60 - 70 per cent of the load and the medial meniscus between 40 - 50 per cent. By means of the menisci then, the knee joint manages to spread the load passing through it over a large area whilst retaining the anatomical shape consistant with a high degree of flexion. Removal of the menisci by surgery will lead to more severe stress levels in articular cartilage, which in turn may contribute to joint damage.

References:

Paul. J.P. (1967) Forces transmitted by joints in the human body
Proc. Inst.Mech Engers, 181

Morrison.J.B.(1968)   Bioengineering analysis of force actions
transmitted to the knee joint.
Bio Medical Engineering, 3, 164.

Smith, A. (1972)   A study of forces on the body in athletic
activities with particular reference to jumping.
Ph.D thesis, Leeds University, England.

Walker, P.S.(1969)   On the lubrication and wear of human joints.
Ph.D. thesis, Leeds University, England.

Seedhom, B.B. Longton, E.B. Dowson, D. Wright V. (1973)
Biomechanics background in the Design of a total
replacement knee prosthesis.

Acta orthop belg.   39, 164

Individuelle Belastungs- und Verletzungsgrenzen des menschlichen Beins

Ernst Asang

Einer der jüngsten medizinischen Forschungszweige der Naturwissenschaften ist die Biomechanik. Mit der Entwicklung der elektronischen Prüftechnik ist das aktive und passive Verhalten organischer Strukturen in allen Details meßbar geworden. Auch individuelle Unterschiede am gleichen Organ lassen sich meßtechnisch erfassen und mit Hilfe der elektronischen Datenverarbeitung statistisch auswerten. Unsere Aufgabe als Ärzte ist es, drängende Problemstellungen richtig zu erkennen und das Experiment mit seinen meßtechnischen Ergebnissen der Praxis der angewandten Biomechanik dienstbar zu machen.

Ohne auf Einzelheiten der Untersuchungstechnik näher einzugehen, soll am Beispiel der Verletzungsgrenzen des menschlichen Beins gezeigt werden, welche Fülle neuer und exakter Informationen die experimentelle Biomechanik zu liefern vermag. Die noch vollkommen unbekannten Verletzungsgrenzen des menschlichen Beins wurden mit dem ganz besonderen Ziel einer Abklärung des individuellen Belastungsverhaltens qualitativ und quantitativ untersucht. Die unter möglichst naturgetreuen Bedingungen durchgeführten Experimente am Leichenknochen sollten eine Voraussage der Verletzungsgrenzen des Beins am Lebenden ermöglichen. Ausgegangen wurde dabei von der Tibia als dem schwächsten Glied in der Kraftübertragungskette von Rumpf auf den Fuß. Um statistisch verwertbare Ergebnisse zu gewinnen, haben wir über 5oo Schienbeine untersucht: Biegebelastungen in verschiedener Richtung, reine Drehbelastungen und mit Biegevorlast kombinierte Drehbelastungen wurden elektronisch aufgezeichnet und ausgewertet.

Als Maß für die geringste individuelle Belastungsfähigkeit des Schienbeins wurde generell die schwächste Stelle des Knochens festgestellt. Sie liegt etwa im körperfernen Drittelpunkt des Schienbeinschaftes. Da sich jedoch beim Lebenden am Knochen in diesem Bereich nicht maßnehmen läßt, mußte eine Ersatzgröße gefunden werden. Als einzige hierfür brauchbare Größe hat sich der frontale Durchmesser des Schienbeinkopfes erwiesen. Diese Meßstelle hat den Vorteil, den Durchmesser des Schienbeinschaftes in etwa gleichmäßig vergrößertem Maßstab bei allen Menschen wiederzugeben. Meßfehler werden dadurch verringert. Die Knochenabmessungen der Frakturstelle am Schaft und des Durchmessers am Schienbeinkopf wurden den Versuchsergebnissen gegenübergestellt und miteinander verglichen. Auch die (außerordentlich aufwendige) Berechnung der individuellen Widerstandsmomente des Knochens wurde dazu herangezogen. Dabei hat sich der frontale Schienbeinkopfdurchmesser statistisch und mathematisch als geeignete Ersatzgröße erwiesen.

Die Belastungsdiagramme in verschiedenen Belastungsrichtungen und bei verschiedenen Belastungsgeschwindigkeiten (statisch und dynamisch) haben sich als qualitativ außerordentlich konstant erwiesen: Der Knochen besitzt - in Abhängigkeit von seinem Durchmesser - ein überraschend konstantes Maß an elastischer Verformbarkeit. Das ergibt sich aus der mit den Belastungskurven zur Deckung gebrachten Hooke'schen Geraden, die in der Technik ganz allgemein das elastische Materialverhalten kennzeichnet. Weit weniger konstant ist die plastische Knochenverformung bis zur Fraktur. Innerhalb dieser gesteigerten Belastungszone treten bereits Schäden in der Feinstruktur auf. Wiederholte Belastungen über die (in den Abbildungen durch Kreis markierte) Elastizitätsschwelle hinaus, reduzieren sowohl diese als auch die Frakturgrenze: Sie führen zum sog. Ermüdungsbruch.

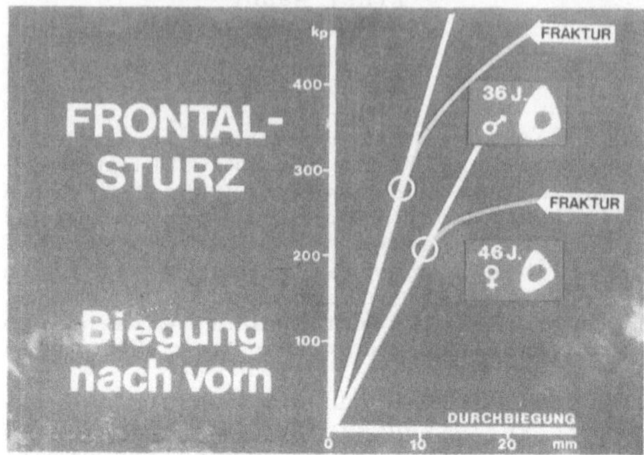

Statische Biegebelastungen nach vorne, wie sie beim Frontalsturz mit fixiertem Fuß erfolgen, ergeben die in Abb. 1 dargestellten Belastungsdiagramme. Die quantitative Abhängigkeit sowohl der Bruchgrenze als auch der Elastizitätsschwelle ist durch maßstabgerechte Wiedergabe des Originalquerschnittes an der Bruchstelle deutlich gemacht.

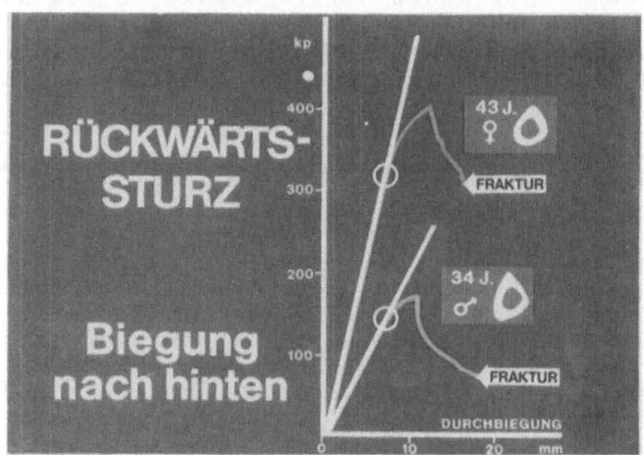

Bei Biegung der Tibia nach hinten, etwa durch einen Rückwärtssturz (Abb. 2) oder bei seitlicher Biegung, erfolgt die Belastung nicht über eine Kante des Schienbeins, sondern über eine Basis seines äußeren Dreiecksquerschnittes. Aus diesem Grunde bricht die Tibia dann nicht bei Maximalbelastung, sondern es kommt zunächst zu einer - beim Versuch hör- und sichtbaren - Zugfissur an der Schienbeinkante. Erst später, bei weiterer, aber bereits wieder absinkender Druckbelastung, entsteht der Durchbruch der Dreiecksbasis, die Fraktur. Die Grenzbelastungen liegen um etwa 15 % niedriger als bei Biegung über eine Kante.

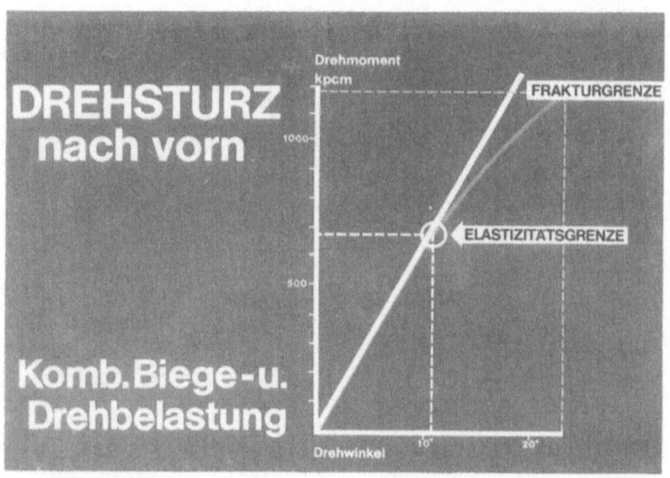

Auf Biegung ist die Belastbarkeit des Schienbeins fast 3-mal so
groß wie auf <u>reine Drehung</u> - nach außen oder innen. Die Ausspren-
gung von Knochenkeilen - wie sie in der Traumatologie häufiger vor-
kommt - kann man durch exzentrische Drehbelastung willkürlich erzeugen. Sie erfordert keine größeren Kräfte als der einfache Spiral-
bruch. Bei Unfällen muß man vielfach annehmen, daß gleichzeitig
Dreh- und Biegekräfte zur Wirkung kommen. Wegen der gegenüber der
Biegefestigkeit um beinahe 2/3 geringeren Drehfestigkeit war unter
diesen Umständen das Verhalten bei solchen kombinierten Belastungen
besonders zu prüfen. In einer Reihe von Experimenten haben wir deshalb zusätzlich eine (über der Elastizitätsschwelle gelegene) Biege-
last aufgebracht und dann sofort die Drehbelastung durchgeführt.
Immer entstehen dabei Drehbrüche. Qualitativ ändert sich an den Be-
lastungsdiagrammen nichts, aber quantitativ vermindern sich Dreh-
bruchmoment und Elastizitätsschwelle gegenüber der reinen Drehbelastung im Mittel um 12 %. Für die Definition der unteren Verletzungsgrenzen ist es daher zweckmäßig, die Grenzmomente für reine Drehung
zu vernachlässigen und sie durch die etwas niedrigeren Werte für
<u>kombinierte Belastung</u> zu ersetzen. In Abb. 3 ist ein typisches kom-
biniertes Belastungsdiagramm dargestellt: Drehung nach außen bei
gleichzeitiger Biegung nach vorne. Die gestrichelten Linien erlauben,
die Energie für die elastische Verformung des Knochens und für den
gesamten Bruchvorgang abzulesen.

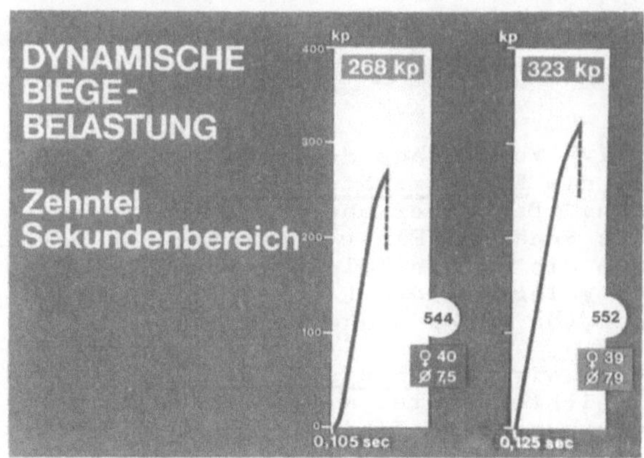

<u>Dynamische Belastungen</u> im <u>Zehntelsekunden</u>-Bereich (Abb. 4) ergeben
eine Steigerung der Elastizitätsschwelle und der Bruchgrenze um
durchschnittlich 5 %.

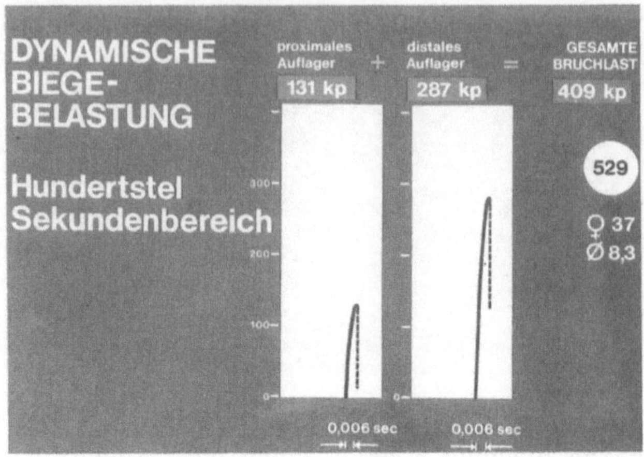

Im <u>Hundertstelsekunden</u>-Bereich (Abb. 5) zeigt sich sogar ein durchschnittlicher Anstieg der Grenzwerte auf etwa 2o %. Der Knochen ist
also gegenüber stoßförmigen und schlagartigen Belastungen weniger
empfindlich als gegenüber langsamen Belastungen (Abb. 6).

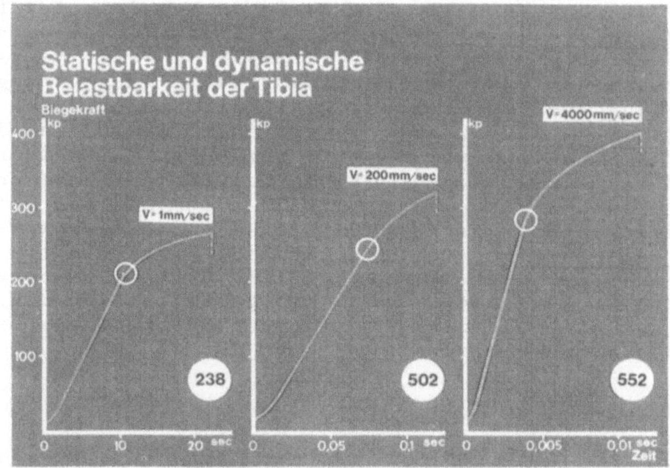

Für die quantitative Vorhersage der individuellen Belastungsgrenze
beim Lebenden ist die <u>Elastizitätsschwelle</u> maßgebend - und zwar bei
langsamer Belastung. Bei ihrer Überschreitung entstehen - wie nachgewiesen - bereits Schäden. Einer statistischen Berechnung der Verletzungsgrenze muß die untere Toleranzgrenze der Elastizitätsschwelle zugrunde gelegt werden (Abb. 7), un einen möglichst großen
Bereich abzudecken (8o % der Grundgesamtheit).

Verständlicherweise wird zur <u>Prognose der Verletzungsgrenzen am Le-
benden</u> auch der Weichteilmantel mitgemessen. Deshalb hat man zum
reinen Knochendurchmesser am Tibiakopf beim Mann durchschnittlich
5 - 1o mm, bei der Frau 1o - 15 mm zu addieren (Abb. 8). Die ange-
gebenen Verletzungsgrenzen gelten für gesunde Erwachsene vom 18.
bis zum 6o. Lebensjahr. Bei alten Menschen wie bei Kindern sind die
Verletzungsgrenzen niedriger: bei diesen wegen der Wachstumsvor-

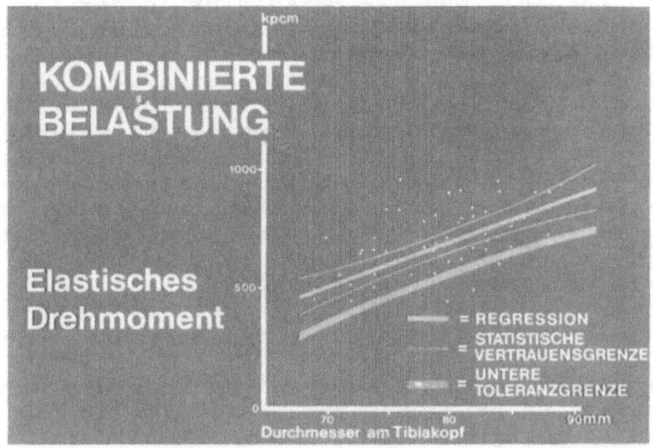

gänge, bei jenen wegen der nachlassenden körperlichen Aktivität.
Beide Altersgruppen waren Gegenstand gesonderter Untersuchungen,
deren Ergebnisse hier nicht zur Diskussion stehen.

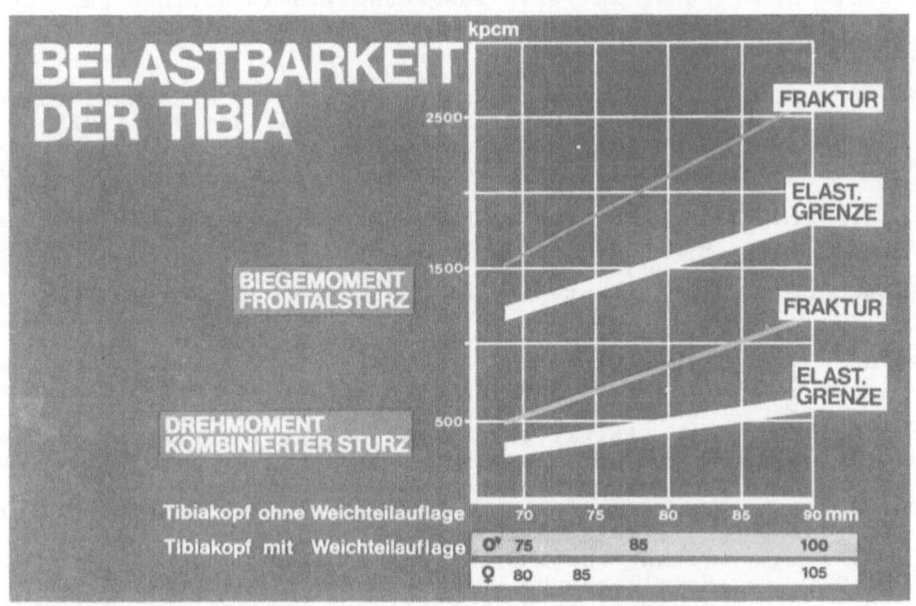

Elektronische Messungen der <u>Muskelkräfte</u> und -drehmomente unter
gleichzeitiger Ableitung von Oberflächenelektromyogrammen haben gezeigt, daß die Muskelkräfte je nach Trainingszustand mehr oder minder weit unter der individuell berechneten Elastizitätsschwelle des
Knochens liegen. Die dynamischen Muskelkräfte übersteigen in der
Regel die statischen bedeutend. Das entspricht den Befunden am Knochen. Verständlicherweise ist die Steigerung vom statischen in den
dynamischen Bereich bei den Drehkräften zur Außen- und Innenrotation
des Fußes infolge der ungünstigeren Muskelansätze wesentlich geringer als bei den Zugkräften zur Plantar- und Dorsalflexion des Fußes.

Diese Untersuchungen und eine Vielzahl weiterer, die kein allgemei-
nes Interesse beanspruchen, wurden im Laufe mehrerer Jahre durchgeführt, um einen wirksamen Verletzungsschutz beim Skisport aufzubauen.
Die typischen Skiverletzungen des Beins entstehen nämlich in der Regel durch nur geringfügige Überschreitung der Belastungsgrenzen,
nicht durch Gewalttraumen.

Es besteht kein Zweifel, daß die Muskulatur in der Lage ist, den
Knochen aktiv zu schützen. Die Zuggurtungswirkung der Agonisten
und Antagonisten vermag besonders in Mittelstellung der Gelenke
(Wirkungsmaximum der Muskulatur) die Belastbarkeit des Beins wesentlich zu steigern - besonders bei gutem Trainings- und Konditions-
zustand. Beim Skisport trifft diese günstige Situation für den
sog. kontrollierten Sturz zu, der nicht zu Verletzungen, jedenfalls
nicht zu typischen Verletzungen führt. Für die Prognose der individuellen Belastungsgrenzen muß jedoch die Muskulatur außer Betracht bleiben: Ihre Schutzwirkung kann infolge Ermüdung, Auskühlung oder Endstellung der Gelenke nicht oder nicht rechtzeitig wirksam werden.
Dann aber kommen "unkontrollierte", verletzungsgefährliche Stürze
zustande, bei denen das Bein vom Ski gelöst werden muß, wenn sich
seine Belastung der Verletzungsgrenze des Knochens nähert.

Die meßtechnischen Untersuchungsergebnisse über die Belastungs-
grenzen des Beins sind heute bereits Grundlage der individuellen
Einstellung des Auslösegrenzwertes von Skisicherheitsbindungen.
Sie wurden ergänzt durch fortlaufende Aufzeichnung von telemetri-
schen Kraftmessungen und Elektromyogrammen beim Skisport selbst.
Aus der experimentellen Biomechanik des Beins wurden die techni-
schen Anforderungen an verletzungssichere Skibindungen abgeleitet:
Angewandte Biomechanik im Verletzungsschutz beim alpinen Skisport.

<u>LITERATUR</u>

ASANG, E.:   Biomechanische Untersuchungen am menschlichen Bein.
                    Hefte zur Unfallheilkunde <u>114</u>, 31o-313 (1973)
-                   Experimental biomechanics of the human leg. Bio-
                    mechanics IV, Medicine and Sport Vo.9, Univ. Perk
                    Press, Baltimore, 1974
-        ,G.WITTMANN, H.HÖPP, P.WATZINGER: Experimentelle und praktische
                    Biomechanik des menschlichen Beins. Med. und Sport,
                    <u>8</u>, 245-255 (1973)
ENGELBRECHT, R.:   Experimentelle Untersuchungen zur Torsionsfestig-
                    keit des menschlichen Schienbeins. Inaug. Diss.
                    Technische Universität München, 197o
HÖPP, H.:   Elastizität und Bruchfestigkeit der menschlichen
                    Tibia bei kombinierten Biege- und Drehbelastungen.
                    Inaug. Diss. Technische Universität München, 1974
KUHLICKE, V.:   Elastizität und Bruchfestigkeit der menschlichen
                    Tibia bei dynamischen Biegebelastungen. Inaug. Diss.
                    Technische Universität München, 1974
POSCH, P.:   Experimentelle Untersuchungen zur Biegebruchfestig-
                    keit des menschlichen Schienbeins. Inaug. Diss.
                    Technische Universität München, 197o
SCHERM, G.:   Vergleichende Untersuchungen statischer sowie
                    dynamischer Drehkräfte des menschlichen Beins im
                    Mechanogramm und Elektromyogramm. Inaug. Diss.
                    Technische Universität München, 1974
SCHIPEK, E.:   Vergleichende Untersuchungen statischer sowie
                    dynamischer Zugkräfte des menschlichen Beins im
                    Mechanogramm und Elektromyogramm. Inaug. Diss.
                    Technische Universität München, 1974
SCHWESINGER, G.:   Untersuchungen zur Zug- und Drehmuskelkraft des
                    menschlichen Beins. Inaug. Diss. Technische Uni-
                    versität München, 197o
TER WELP, P.:   Experimentelle Untersuchungen zur Schlagfestigkeit
                    und Härte des menschlichen Schienbeins. Inaug.
                    Diss. Technische Universität München, 197o

WATZINGER, P.:   Elastizität und Bruchfestigkeit der menschlichen
Tibia bei Biegebelastungen in ventraler und
dorsaler Richtung. Inaug. Diss. Technische Universität München, 1974

Zusammenfassung der Diskussion zu I und II

Zu den Experimenten von Altmann weist Kummer auf die Übereinstimmung mit
der Hypothese von Pauwels hin: die Epiphysenkerne der Röhrenknochen entstehen wie die Knochenkerne in der Plexiglashülse von Altmann an einer Stelle
hohen hydrostatischen Drucks. Eigene Versuche am caput femoris haben bei
hohen Drucken zu zwei Druckmaxima und zu zwei Epiphysenkernen im Ober-
schenkelkopf geführt.

Otte erinnert an die nach Krompecher notwendige Anwesenheit eines pluri-
potenten Mesenchyms für die Knochenneubildung: der Druck verengert die
Kapillaren und erzeugt dadurch eine Hypoxie; unter den Bedingungen eines
anaeroben Stoffwechsels bilden die Mesenchymzellen Proteoglycane statt Fasern.
Ähnliches geschieht, wenn sich bei Inkongruenzen zwischen Pfanne und Kopf
im Hüftgelenk ein Vakuum bildet: aus einer bindegewebigen Vorstufe entsteht
ein verkalkender Faserknorpel; es bilden sich knöcherne Randwülste. Das
geschieht z.B. bei Subluxationsstellungen bei Arthrosen.

Herrn Altmann fällt es schwer, sich vorzustellen, dass unter den Bedingungen
von durch Druck verminderter Durchblutung und Sauerstoffarmut das Mesenchym Höchstleistungen seines Stoffwechsels vollbringt.

Muir wendet gegen die Meinung von Kummer, dass die Faserrichtung sich
auf den mechanischen Zug einstellt,ein, dass schon im fetalen Knorpel die
Spaltlinien des Knorpels in gleicher Richtung verlaufen wie im Knorpel des
Erwachsenen.

Jayson konnte im Knorpel von arthrotischen Gelenken biochemisch keine
vermehrte Bildung von Kollagen finden. Kummer hält den Druck auch im
fetalen Knorpel schon für hinreichend hoch, um der Faserbildung eine
Richtung zu geben.

Puhl hat bei der Heilung experimenteller Knorpelwunden ein an kollagenen
Fasern reiches Ersatzgewebe in den gelenknahen Schichten gefunden.
Wenn ein Defekt in der Tiefe des Knorpels gesetzt wird, ähnelt das
histologische Bild des dort entstehenden Regenerationsgewebes dem
epiphysären Knochen. Das wird mit dem hydrostatischen Druck erklärt,
der in dem allseitig abgeschlossenen Wundgebiet entsteht; dieser Druck bewirkt die Differenzierung der Mesenchymzellen zu Knorpelzellen, während
die Zugkräfte an der Oberfläche die Bildung von Fasern anregen und diese
ausrichten.

Debrunner gibt zu bedenken, dass in der Versuchsanordnung von Altmann
ausser Druck auch Bewegungskräfte zwischen Plexiglashülse und Knochenstumpf entstehen und die histologischen Vorgänge beeinflussen können.

III. Biorheologie der Wirbelsäule/Biorheology of the Spine

Lumbar intradiscal pressure
Results from in vitro and in vivo experiments with some clinical implications

Alf Nachemson

The importance of the low back pain problem is obvious. The multi-factorial background of the disease as well as the societies' economical burden are also well-known.

Although it might be argued how important mechanical factors are in producing low back pain syndromes, it becomes clear to everyone suffering from this ailment that their pain will become worse when they subject their lumbar spines to increased mechanical load.

In this paper some of the results will be presented derived from more than twenty years of research on the normal and pathological mechanics of the lumbar discs.

I will also, later in this text, correlate the mechanical factors to the known clinical and biological facts of this disease. Based on our present knowledge a simplified form of treatment called "the low back pain school" will be presented.

Earlier investigations

Long ago it was said that the low back pain syndrome was the price man paid for becoming erect. Many veterinarians have, however, been able to demonstrate that also quadripeds suffer from back pain syndromes (OLSSON 1951, HANSEN 1959, BUTLER 1967, 1968). The common denominator in the investigations presented so far has been that we obtain at least the disc hernias – a definite pain producing pathological entity – from those areas of the spines of the different animals that are subjected to the heaviest mechanical stresses (HANSEN and OLSSON 1954). In this context mechanical stresses include not only vertical forces or forces along the spine but also rotational and bending stresses.

Earlier theoretical calculations of the load of the lumbar spine have been much too high; they resulted in forces above the known fracture load of cadaver spines already when lifting of 20 kg (ARMSTRONG 1952, BAYER 1954, MATTIASH 1956, PEREY 1957). Clinical observations have shown that normal lumbar spines can withstand around 1.000 kg of vertical load before fracturing (RUFF 1950, HIRSCH and NACHEMSON 1961). The load relieving effect of an increased intra-abdominal and intra-thoracic pressure has been shown by many authors (BARTELINK 1957, MORRIS et al 1961, EIE 1966). In most instances the calculated loads of these authors also seem rather excessive, 500–1.000 kg, with our present knowledge of the strength of the vertebral bodies (PEREY 1957, JAYSON et al 1973).

JAYSON et al (1973) demonstrated that most discs subjected to high vertical loads burst directly into the vertebral body. This occurred both with discographically normal as well as with irregular nuclei pulposi.

These authors also showed that in osteoporotic spines the pressure necessary to fracture such a specimen could be rather low, approaching figures that can be obtained during intravital disc pressure measurements.

It is obvious from these reports as well as from the experimental findings of MARKOLF (1972) and FARFAN and collaborators (1972) and FARFAN (1973) regarding the mechanism for posterior anulus weakening that a fresh look has to be taken on the mechanical background for disc hernia.

Measurements of disc pressure

The nucleus pulposus, the gelatinous centre of the disc, has been postulated to act hydrostatically (VIRGIN 1951). Although this seems reasonable to assume from its high water content, 85 per cent (PüSCHEL 1930, HIRSCH, PAULSON et al 1952), it was not proved until 1960 (NACHEMSON). The nucleus pulposus was punctured with a specially constructed hollow needle covered by an elastic polyethylene tubing and connected to an electro-manometer.

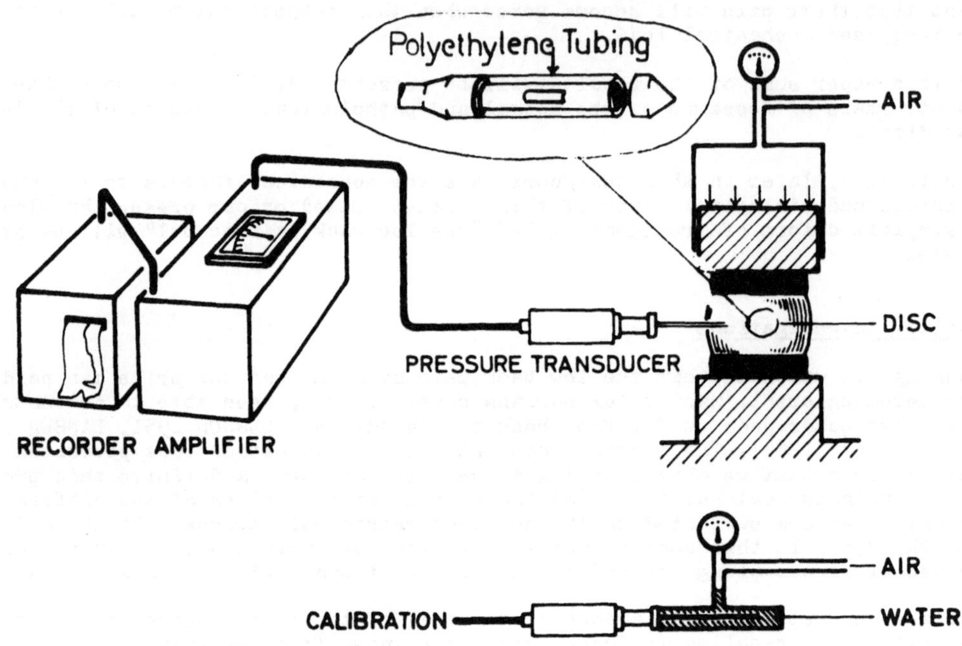

Figure 1. Schematic drawing of method for measuring intravital pressure in vitro.

By turning the opening of the needle in the three directions of principal stress in the loaded disc it was possible to prove that the nuclei of normal and also of slightly degenerated discs behave hydrostatically (NACHEMSON 1960, 1962, 1963). Pressures in the normal discs were 1.5 times the vertical load applied per unit area and there was a linear increase in pressure for external loads up to 200 kp/cm^2. It was also possible to relate the forces acting in the nucleus to the forces acting in the anulus, the fibrous structure surrounding it. The vertical stress in this structure is approximately 50 per cent of the applied external load per unit area while the tangential, tensile strain is four to five times the applied external load.

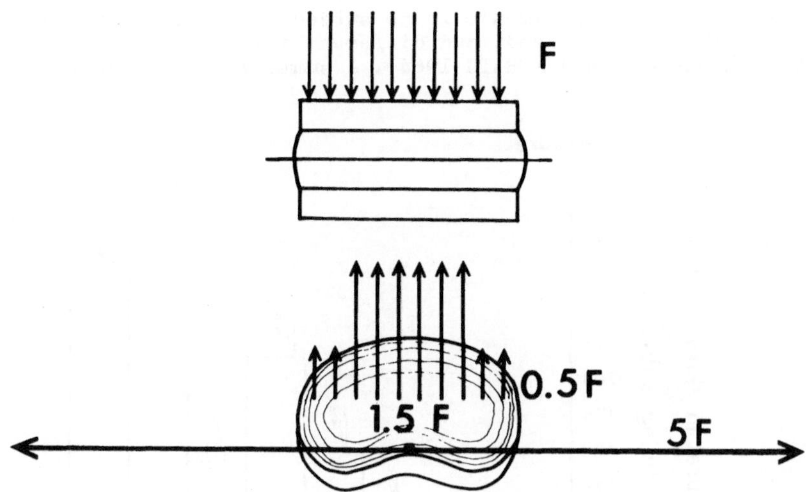

Figure 2. Approximately relationship between vertical stress and mechanical strain in different parts of normal lumbar discs.

Also in the discs of cadaver spines there exist an intrinsic pressure of about 1 kp/cm^2. This was already noted by VIRGIN (1951). It was later demonstrated that the ligamentum flavum, situated between the posterior arches and facets, prestresses the disc by a force of around 1.5 kp/cm^2 (NACHEMSON and EVANS 1968). Because this ligament is situated at a distance from the motion centre of the disc (ROLANDER 1966) it creates an intradiscal pressure of about 1 kp/cm^2. In this manner some intrinsic stability of the spine is provided - the spine is slightly prestressed (LUCAS and BRESSLER 1960).

The in vitro experiments provided a basis for intravital disc pressure studies.

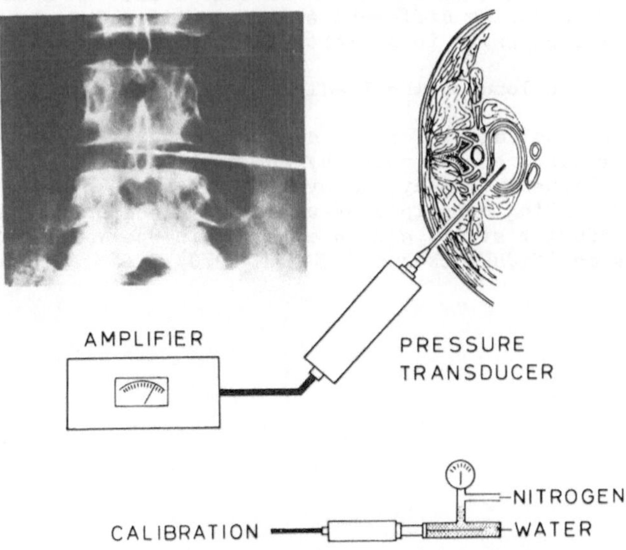

Figure 3. Schematic visualization of method for measuring intravital pressure in vivo.

In the first series of experiments in 50 subjects a needle built on the principles described above was used, and different static positions of the body
were studied (NACHEMSON and MORRIS 1964). A summary of the results is seen in
Figure

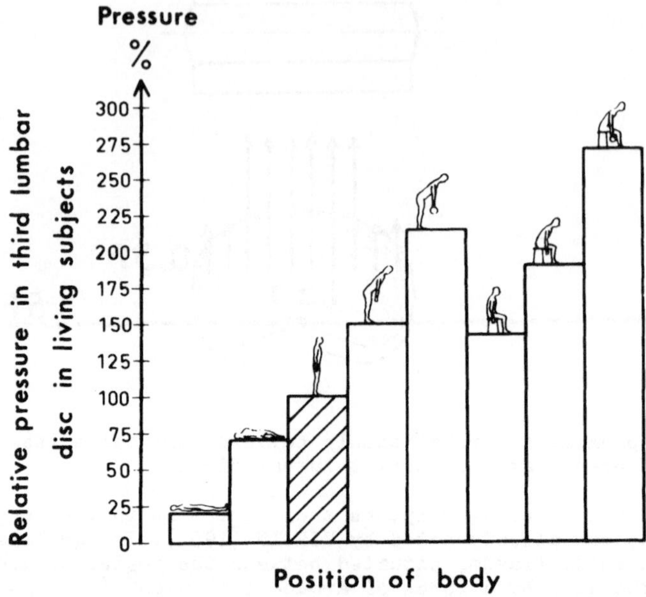

Figure 4. Relative increase and decrease in intradiscal pressure in different
supine, standing and sitting postures compared to the pressure in upright standing (100 per cent).

The pressure changes observed in the third lumbar disc in a subject with the
body weight of 70 kg during different static positions has been percentage-
wise related to the pressure in upright standing.

In absolute value the load on the L3-disc in this position is about 70 kp.

The system used did not allow for any dynamic measurements because of the poor
dynamic characteristics of the polyethylene membrane. With the help of Toyota
Research and Development Company, Nagoya, Japan, a new pressure gauge has been
developed, the operating principle of which is based on the piezoresistive
effect of semiconductor strain gauges embedded in epoxy resin in the tip of a
needle, 0.8 mm wide (NACHEMSON and ELFSTRÖM 1970).

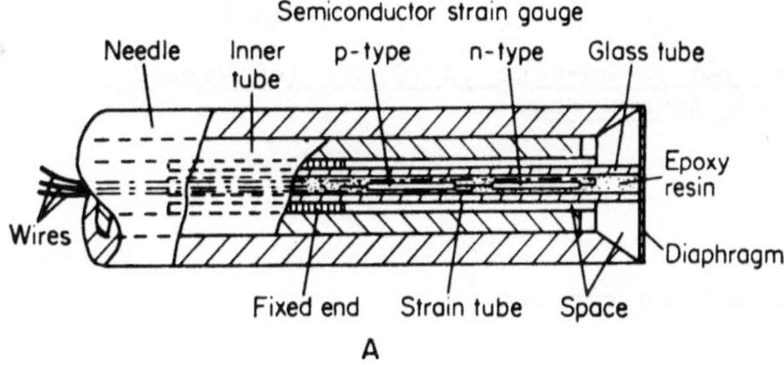

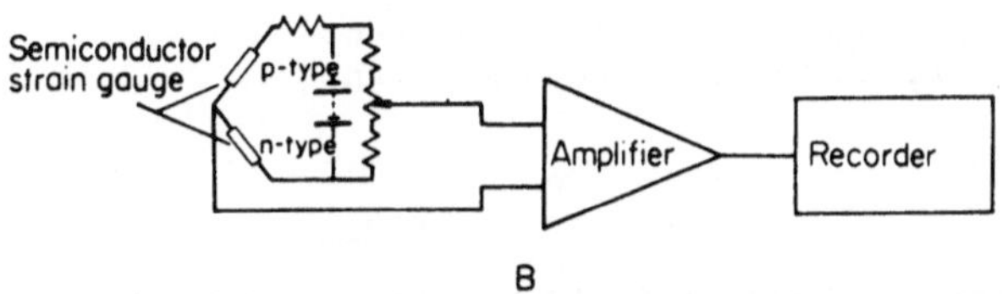

Figure 5. Schematic drawing of the subminiature pressure transducer. Principal diagram of the pressure-measuring system.

The frequency response of the pressure needle allows measurements of pressure changes up to at least 5.000 Hz. The frequency limit of the system is thus set by the recorder, the upper frequency limit of which is about 500 Hz.

The calibration of the transducer is always performed before and after every experiment and on no occasion has any difference been noted (NACHEMSON and ELFSTRÖM 1970, ANDERSSON et al 1974). Lately, we have observed that a slight difference in balance was obtained when the bridge was balanced with the needle in air compared with the needle in the disc tissue. This we have found to be due to self heating of the transducer. In order to reach a temperature equilibrium state during measurements the needle has to be zero-balanced in the subject's body (ANDERSSON et al 1974). The results obtained in the earlier investigations show a disc pressure that is 2-3 kp/cm^2 in excess of the true value. In Figure 4 the relation between different postures has been related to the upright standing posture where the load is approxiamtely 70 kp. (Not 100 kp as said in earlier papers (NACHEMSON and MORRIS 1964, NACHEMSON and ELFSTRÖM 1970)).

With this subminiature pressure transducer it has been possible to measure the pressure in the disc and calculate the approximate loads on the lower lumbar spine in some common movements, manoeuvres and therapeutic exercises (NACHEMSON and ELFSTRÖM 1970). Some of the results are seen in Tables I and II, where again attention should be directed more to the relation between different movements than to the absolute values. The loads have, however, been corrected, taking into consideration the zero-balance error described above.

<u>Table I</u>

<u>Approximate load on L3-disc in 70 kg. Individual in different positions,
movements, and menoeuvres.</u>

<u>Activity</u>	<u>Load, kg</u>
Supine	30
Standing	70
Upright sitting, no support	100
Walking	85
Twisting	90
Bending sideways	95
Coughing	110
Jumping	110
Straining	120
Laughing	120
Bending forward 20°	120
Lifting of 20 kg, back straight, knees bent	210
Lifting of 20 kg, back bent, knees straight	340

<u>Table II</u>

<u>Approximate load on L3-disc in 70 kg. Individual in different positions and
exercises.</u>

<u>Activity</u>	<u>Load, kg</u>
Standing	70
Bending forward 20° with 10 kg, in each hand	185
Supine	30
Supine in traction (30 kg)	10
Bilateral straight leg raising, supine	120
Sit-up exercise with knees bent	180
Sit-up exercise with knees extended	175
Isometric abdominal muscle exercise	110
Active back hyperextension, prone	150

It is also possible to record the forces to which the lumbar spine is subjected
in different work situations. In a recently completed study we recorded the
influence of various support parameters and various tasks during sitting
(ANDERSSON et al 1974, ANDERSSON 1974).

In these studies we again found that the disc pressure was considerably lower
in standing than in unsupported sitting. Of the different unsupported sitting
positions investigated the lowest pressure was found in sitting with the back
straight. A further decrease was achieved by supporting the arms on the thighs.
In posterior sitting the disc pressure was about the same as in relaxed sitting.
In anterior sitting, on the other hand, there was a substantial increase in
pressure up to 8 kp/cm^2. This was the position studied in earlier reports
(NACHEMSON and MORRIS 1964, NACHEMSON and ELFSTRÖM 1970).

The disc pressure was influenced considerably by several of the support parameters. When the inclination of the backrest was increased, disc pressure
decreased.

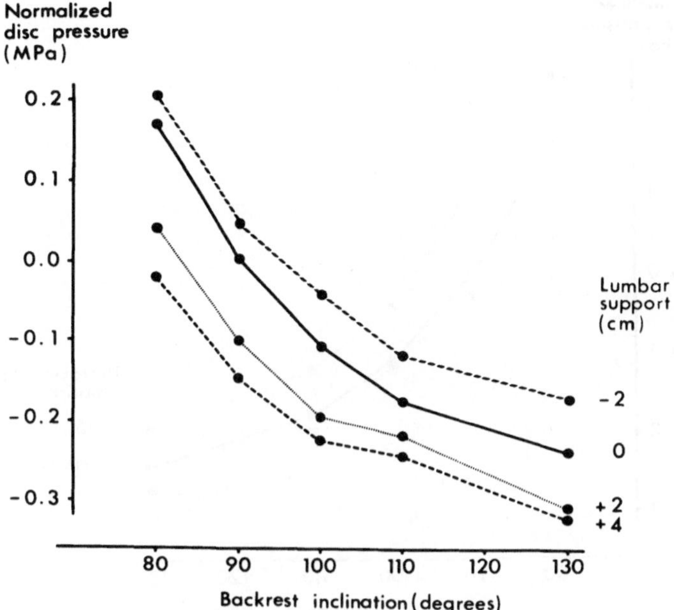

Figure 6. Mean values of normalized disc pressure in MPa[*]. Thoracic support and seat inclination 0°. At each backrest inclination values are given for -2, 0, +2, and +4 of lumbar support.

The larger the inclination, however, the less the decrease. An increase in lumbar support also resulted in a decrease in pressure. This decrease was larger when the backrest-seat angle was small. The use of the thoracic support increased the disc pressure. An increase in seat inclination, on the other hand, was usually followed by a decrease in pressure.

---

[*]Pascal (Pa) is the name of the pressure unit in the International System of Units (SI).
1 Pa = 1 N/m^2 (newton per square metre)
1 MPa = 10^6 Pa = 10.2 kp/cm^2 = 145 lbf/in^2
(approximately 1 kp/cm^2 = 0.1 MPa = 14.5 lbf/in^2)

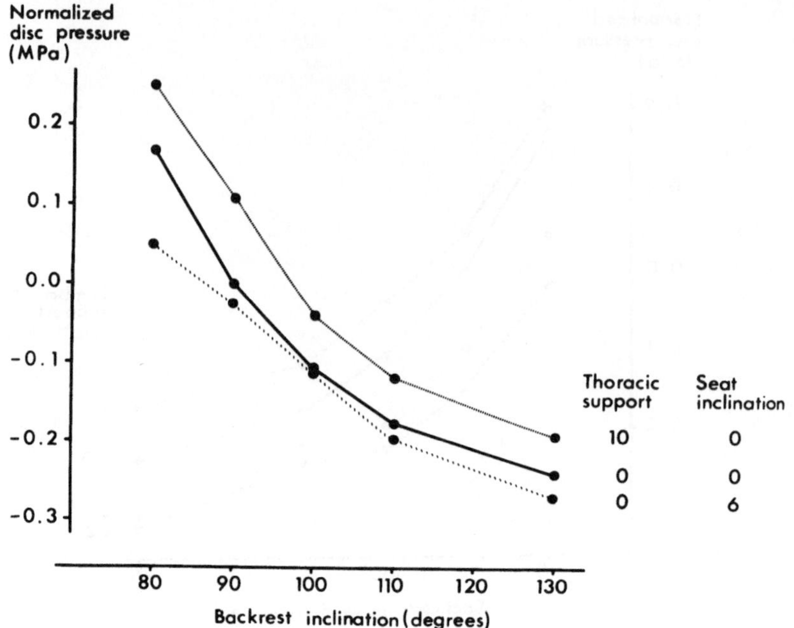

Figure 7. Mean values of normalized disc pressures. Lumbar support 0 cm.
The decrease obtained by increased seat inclination as well as the increase
obtained by increased thoracic support is demonstrated.

When driving a car the disc pressure was found to increase 0.5 kp/cm^2 when the
gear was shifted and still more when the clutch pedal was depressed, about
1 kp/cm^2 (ANDERSSON et al 1974).

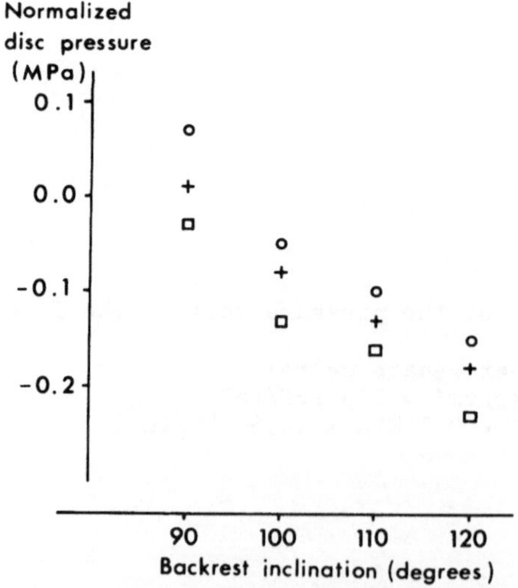

Figure 8. Mean normalized disc pressure values, when the backrest inclination
was varied. The lumbar support was 0 cm and the seat inclination 10°.
□ , relaxed sitting; +, shifting gears; o , depression of clutch pedal.

In general it could be concluded that the lumbar support should distribute the
pressure over the largest possible area. Within the limits of the investigation
less disc pressure was found the more the lumbar spine was moved towards the
subject's own natural lordosis. The level of the back at which the support is
placed was of importance. When placed in the upper lumbar region the effect was
less than when placed in the lower lumbar region. Too low position of the support,
has only limited influence on the posture of the spine as the seated subject is
pushed forwards on the seat surface. In order to reach the best effect in all
individuals a lumbar support should be capable of variation both in size and in
height above the seat (ANDERSSON 1974).

Discussion

Intravital disc pressure measurements with the method described above has been
used also by Russian and Japanese investigators, who have been able to verify
our own findings (KANEMATSU 1970, OKUSHIMA 1970, UMEZAWA 1971, TZIVIAN et al
1971). It must, however, be pointed out here that as the hydrostatic properties
of the nucleus are lost when the disc becomes severely degenerated there is an
obvious limitation of the investigation material. Disc pressure measurements can
only be performed in subjects with normal or nearly normal discs.

It might be argued whether the data obtained can help to clarify the etiology
of low back pain. From the knowledge gained by the autopsy experiments, the
tensile stresses in the posterior part of the anulus fibrosus can be calculated.
They are three to four times the measured pressure. The strength of these
posterior fibres has been demonstrated by GALANTE (1967) to be as low as 100
kp/cm^2. As shown in Figure 9 lifting a weight the wrong way will increase the
pressure up to above 30 kp/cm^2 which gives a tensile strain in the posterior
part of the anulus approaching the 100 kp/cm^2.

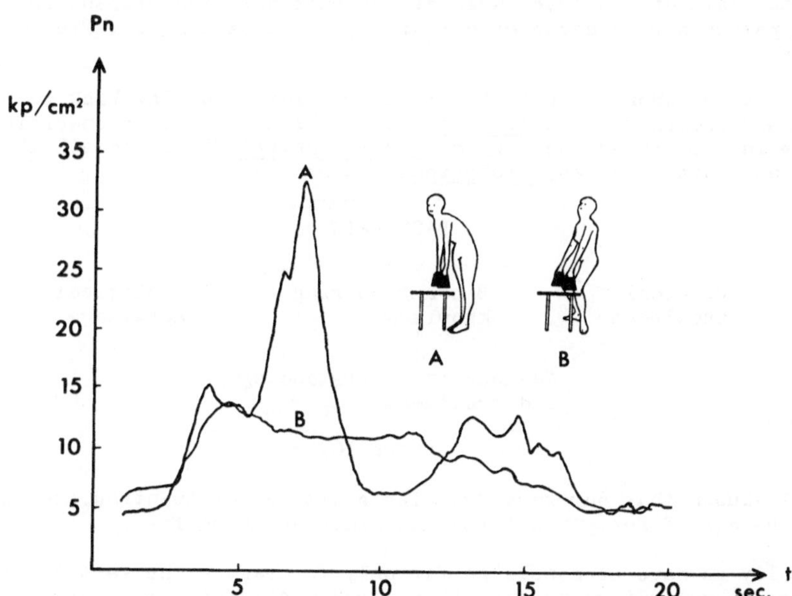

Figure 9. Pressure recorded from the L3-disc in a 25-year-old male lifting
20 kg with bending of back and knees straight, with back straight and bending
of knees. (1 kp/cm^2 = 1 kgf/cm^2).

At present it is not known whether such ruptures, which obviously may occur in everyday life, in themselves can cause pain or if they allow chemically irritating substances to leak out from the inside of the disc (NAYLOR 1962, FEFFER 1963, HIRSCH et al 1963, PEYRON 1967, NACHEMSON et al 1968, NACHEMSON 1969, JAYSON et al 1973).

From a mechanical as well as from a clinical point of view the response to mechanical forces of the trabeculae of the vertebral bodies should be mentioned.

Recently two independent investigators (FREEMAN 1973, RADIN et al 1973) have demonstrated micro-fractures of the subchondrally located trabecula after repeated mechanical stress. FREEMAN (1973) also observed these in some vertebrae. It is possible that in some patients these micro-fractures, invisible on ordinary radiograms, could be of importance for the production of low back pain.

From a clinical point of view this suggestion seems appealing at least for the many older patients with osteoporosis and back pain. These patients also have normal appearing discs.

Thus, even if the pressure measurements can only hypothetically be used to explain the etiology of low back pain, the information obtained by disc pressure measurements is, however, of direct value in treating patients with low back pain, since we now know more about the forces to which the patients' discs are subjected when they perform various tasks and exercises. How this information can be used clinically will be described below.

The information obtainable by intravital discometry should also be important in the study of different work situations, since some jobs obviously create more back-troubles than other (HORAL 1969, MAGORA 1970, 1972, 1973, WESTRIN 1973).

<u>Implications for treatment</u>

We are uncertain of the true cause of low back pain and present day method of treating patients with acute or chronic low back pain suffer from this lack of knowledge.

I have tried to demonstrate in Figure 10 regarding the low back pain problem that we need information on <u>clinical</u> facts which have to be co-ordinated with knowledge in the bio-engineering or <u>bio-mechanical</u> field and all this has to be correlated with the many <u>biological</u> factors.

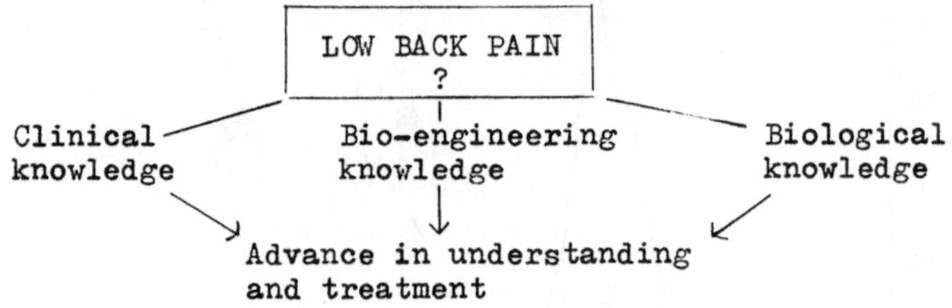

Figure 10.

It is well-known that our back-troubles start in the twenties, reach a maximum between the age of forty and fifty and diminish thereafter.

Intravitally we have been able so far only to measure the vertical forces by disc pressure recordings as described. From a clinician's point of view it is obvious when looking at the Tables I and II that in those situations, postures, movements or exercises, when the disc pressure exceeds that in standing by more than 40 per cent they cause increased back pain in our patients. As a matter of fact, clinicians use mechanical tests to rule out other than spinal causes for the patient's back pain!

Most likely the origin of our pain syndromes is to be looked for in the area of
the lower intervertebral discs. The indirect proofs for this has been earlier
described (NACHEMSON 1969, NACHEMSON 1971). Combining the clinical facts with
the bio-engineering knowledge and the biological changes occurring in the area
will lead up to a plausible theory for the production of pain. Here we have
avascularity and defective diffusion mechanism (MAROUDAS et al) as a plausible
explanation for disc degeneration. This can lead up to early degeneration of both
anulus and nucleus which subjected to the heavy mechanical forces that have been
measured can create further degeneration and ruptures which in turn enhance the
histological changes. When a rupture through the anulus has reached the outer
border of the disc either the rupture itself or the leakage of some substances
can produce pain. It is well-known that a wide variety of chemical pain producing
substances exist suggesting that the peripheral sensory structures are non-
specific chemoreceptors (WERLE and ZICKGRAF-RUEDEL 1972). It is less likely,
however, that the pain has a pure mechanical background. The pain chemoreceptors
seem to be identical with sensory nerves adjacent to the blood vessels which are
present all over the body and terminate in the interstitial space near capillaries and venules. Pain substances discussed in this context have been the hydrogen ion, lactic acid and histamine-like substances (LINDAHL 1961, NACHEMSON et
al 1968, MARSHALL and TRETHEWIE 1973).

The most commonly prescribed remedy for these patients, at least by orthopaedic
surgeons and doctors of physical medicine, is various types of physical exercises (HANRAETS 1959, KOTTKE 1961, HADLEY 1964, FLINT 1965, WILLIAMS 1965,
KNAPP 1967, PEARCE and MOLL 1967). Different flexion and extension exercises
have been recommended in order to increase the mobility of the spine and the
strength of abdominal and back muscles. Many of these exercises, however, increase the load of the lumbar spine to such an extent that it reaches magnitudes as high as those measured in standing and leaning forward with weights in
the hands (NACHEMSON and ELFSTRÖM 1970). (See Tables I and II.) There is general agreement that such a position should be avoided by back patients!

With regard to the disc pressure isometrically performed exercises seem less
dangerous (NACHEMSON and ELFSTRÖM 1970). Two different controlled studies have
demonstrated that such exercises alone or in combination with traction gave
better clinical results than ordinary flexion and extension programs (KENDALL
and JENKINS 1968, LIDSTRÖM and ZACHRISSON 1970).

The intradiscal pressure has been shown to increase both from passive motion
and from muscular activity (NACHEMSON and ELFSTRÖM 1970, ANDERSSON et al 1974).
By avoiding the motion some of the pressure increase is also avoided.

It remains to be shown that strong muscles protect the back from painful
episodes (HULT 1954, HANSEN 1964, HORAL 1969) and no evidence has been presented that subjects with low back pain possess particularly weak muscles, except
when they have been kept off work for a longer period of time. On the other
hand it is known that in certain situations, i.e. while lifting and carrying
heavy objects the increase of intraabdominal and intrathoracic pressure, from
contraction of abdominal and costal muscles, will help to relieve some of the
load of the lumbar spine (BARTELINK 1957, MORRIS et al 1961, DAVIS and TROUP
1964, EIE 1966). It should therefore be regarded as rational to perform isometric abdominal muscle exercise in patients who are in a rehabilitation pro-
gram after a longer period of low back pain.

Also in these subjects, special reference should be given to the training of the
quadriceps muscles, as they take more load when lifting weights the "proper"
way than the "wrong" way, as demonstrated in Figure 9.

In subjects with a "weak" back, probably the most important task for the physiotherapist is to give ergonomical advice, i.e. to carefully instruct the patients
to avoid certain movements and postures in his daily life that we know increase
the load more than others (ARMSTRONG 1952, BAYER 1954, EIE and WEHN 1962,

NACHEMSON and MORRIS 1964, DAVIS et al 1965, WILLIAMS 1965, NACHEMSON 1966, KNAPP 1967, GLOVER 1968, NACHEMSON and ELFSTRÖM 1970). From that point of view straight standing is better than unsupported sitting (NACHEMSON and MORRIS 1964, WORDEN and HUMPHREY 1964). In sitting the back should have a good lumbar support and the hip and knee-joints be kept well flexed (ANDERSSON 1974). Forward bending should be avoided as much as possible and especially for longer periods of time. When lifting weights great advantage, from a mechanical point of view, is obtained by teaching the patient to avoid flexion of the back. He should be instructed to flex the knees and keep the spine as straight as possible, so when lifting make use of the knee extensors. The difference in load on the third lumbar disc between lifting 20 kg the "right" way versus the "wrong" way has been measured at about 150 kg in individuals slim built and is certainly even more in heavier people.

Movements like walking, twisting and sideways bending some 20 degrees are less pressure inducing than coughing, straining and jumping (NACHEMSON and ELFSTRÖM 1970). From a clinical point of view the former movements have also been said to be of minor importance in producing pain in back patients (ARMSTRONG 1952), while the latter maneouvres are known often to exaggerate the symptoms (ARMSTRONG 1952, HULT 1954, HORAL 1969). Compared to the pressure in standing the increase noted in the first group of movements averages 20 per cent, in the second 50 per cent, corresponding to load increases of about 20 kg and 40 kg, respectively.

In the rehabilitation of patients with back problems the particular working situation and position thus should be carefully considered and proper arrangements made for changes that with our present knowledge lessen the mechanical stresses on the lumbar spine.

All this has led up to what we in Sweden have called "the low back pain school" which was compiled and tested by Marianne Zachrisson (1974). The purpose of this is to:

1) create confidence for the patient to be able to cope with his back troubles; 2) avoid excess therapy; 3) decrease the expenses both for the individual and the society.

The back school consists of four group sessions with six patients led by a physiotherapist. The first and second lessons give information on the anatomy and function of the spine, present knowledge on low back pain, its etiology, frequency and therapeutic efforts. The mechanics of the spine is explained, based on low pressure measurements and movements and positions are analysed. The importance of decreasing the load on the back is stressed, at work, at home, at rest.

The third lesson is a practical application of the previous theoretical lessons. Individual advice regarding working and resting positions is given. Abdominal muscle exercises and leg exercises are taught.

The last lesson is mainly a repetition of the course including an exam to avoid misunderstandings, and stress the importance of self confidence for the future. Physical activities, sports and plays are encouraged to improve psychological and physical tolerance of pain and stress.

The physiotherapist's primary task is to teach ergonomics and to help the patients to cope with their back troubles on their own.

Naturally, the basic therapeutic principle should be rest in the semi-fowler position combined with analgesics, postural and ergonomic advice. Since most of the patients get well within a couple of weeks irrespective of treatment, this seems to me to be most logical without knowledge of the specific cause of the back pain.

In the therapeutic field today the introduction of a new drug is practically
impossible without clinical and laboratory tests to prove its effectiveness and
we are increasingly alert and critical to different types of pharmacological
side-effects. The same stand should be taken with regard to the different forms
of treatment of low back pain and our present methods should be given a critical
look.

Thus, while awaiting further knowledge of the back problem it is most fair to
our patients and ourselves to prescribe simple and inexpensive methods of treatment where the known clinical, biological and mechanical factors can guide our
advice. In that respect special attention should be given to ergonomics both
at home and at work, both by the physician and the physiotherapist. Also a plea
is made for all of us to evaluate our belief in a statistically sound manner.
Only by investigative efforts by clinicians, by engineers and by chemists and
patologists it is likely that the etiological as well as the therapeutic problems of low back pain may be solved in the future.

Summary

By measurement of intradiscal pressure in vitro, the hydrostatic properties
of the nucleus pulposus of normal lumbar intervertebral disc was proven. The
stress distribution within normal discs subjected to vertical load was also
explained, demonstrating the high tangential strains occurring in the posterior
part of the anulus fibrosus.

Intravitally performed measurements of disc pressure have demonstrated how the
load on the lumbar disc varies according to the position of the subject's body.
Compared to the pressure - or load - in the upright, standing position reclining
reduces the pressure by 70 per cent, while unsupported sitting increased the
load by 40 per cent, forward leaning and weight lifting by more than 100 per
cent. Similar relatively large augmentations of the load was observed in subjects performing various commonly used muscle strengthening exercises.

Measurement of intradiscal pressure is instrumental in explaining, from a
mechanical point, the occurrence of posterior ruptures in the lumbar discs,
and provide a basis for the rational treatment of patients with low back pain
in so far these exhibit increase of pain on increased mechanical loads.

For the majority of patients with low back pain the cause is unknown, although
most evidences so far presented link the lumbar intervertebral disc to the pain
syndromes. Results of recent studies have shown that both chemical and mechanical
factors are probably of importance. So far we cannot successfully treat the
chemical part of the disc syndrome. Since all of our patients exhibit more pain
when the spine is mechanically loaded, knowledge gained from intravital disc
pressure measurements provides a basis for successfully treating the mechanical
part of the condition. Since none of the frequently prescribed, more spectacular,
remedies has ever been proven statistically superior to any of the others, it is
most fair to our patients and to ourselves to use simpler, less expensive, less
dangerous programs such as bed-rest, administration of salicylates and proper
ergonomic advice. Based on a scientific approach the low back pain school which
substitutes previous therapeutic efforts for low back pain patients in general
has the purpose to create confidence for the patient to be able to cope with
these back troubles, avoid excess therapy and decrease the expenses both for
the individual and for the society.

References

ANDERSSON, B.J.G.: On myoelectric back muscle activity and lumbar disc pressure
    in sitting postures. Thesis. The University of Göteborg, Sweden, 1974.
ANDERSSON, B.J.G., ÖRTENGREN, R., NACHEMSON, A., ELFSTRÖM, G.: Lumbar disc
    pressure and myoelectric back muscle activity during sitting. I. Studies on
    an experimental chair. To be published in Scand. J. Rehab. Med., 1974.

ANDERSSON, B.J.G., ÖRTENGREN, R., NACHEMSON, A., ELFSTRÖM, G.: Lumbar disc
  pressure and myoelectric back muscle activity during sitting. IV. Studies on
  a car driver's seat. To be published in Scand. J. Rehab. Med., 1974.
ARMSTRONG, J.R.: Lumbar disc lesions. Livingstone Ltd., Edinburgh, 1952.
BARTELINK, D.L.: The role of abdominal pressure in relieving the pressure on
  the lumbar intervertebral discs. J. Bone Joint Surg. 39B, 718 (1957).
BAYER, H.: Mit welchen Kräften wirken die Rückenstrecker auf die Lendenwirbel-
  säule ein. Z. Orthop. 84, 607 (1954).
BROWN, T., HANSEN, R.J., YORRA, A.J.: Some mechanical tests on the lumbosacral
  spine with particular reference to the intervertebral discs. J. Bone Joint
  Surg. 39A, 1135 (1957).
BUTLER, W.F.: Age changes in the nucleus pulposus of the non-ruptured inter-
  vertebral disc of the cat. Res. Vet. Sci. 8, 151 (1967).
BUTLER, W.F.: Histological age changes in the ruptured intervertebral disc of
  the cat. Res. Vet. Sci. 9, 130 (1968).
DAVIS, P.R., TROUP, J.D.G.: Effects on the trunk of handling heavy loads in
  different postures. Ergonomics 7, 323 (1964).
DAVIS, P.R., TROUP, J.D.G.: Pressures in the trunk cavities when pulling,
  pushing and lifting. Ergonomics 7, 465 (1964).
DAVIS, P.R., TROUP, J.D.G., BURNARD, J.H.: Movements of the thoracic and lum-
  bar spine when lifting: a chronocyclophotographic study. J. Anat. 99, 13
  (1965).
EIE, N., WEHN, P.: Measurements of the intra-abdominal pressure in relation to
  weight bearing of the lumbosacral spine. J. Oslo City Hosp. 12, 205 (1962).
EIE, N.: Load capacity of the low back. J. Oslo City Hosp. 16, 73 (1966).
FARFAN, H.F., HUBERDEAU, R.M., DUBOW, H.I.: Lumbar intervertebral disc dege-
  neration. J. Bone Joint Surg. 54A, 492 (1972).
FARFAN, H.F.: Mechanical disorders of the low back. Lea & Febiger, Philadelphia,
  1973.
FEFFER, H.L.: A physiological approach to lumbar intervertebral disc derange-
  ment. In Adams, J.P. (ed): Curr. Pract. Orthop. Surg. 1: 111, 1963. C.V.
  Mosby Co., St. Louis.
FLINT, M.: EMG study of abdominal muscular activity during exercise. Res. Quart.
  Amer. Hlth. Phys. Educ. 36, Jan. (1965).
FREEMAN, M.A.R.: Personal communication, 1973.
GALANTE, J.O.: Tensile properties of the human lumbar annulus fibrosus. Acta
  Orthop. Scand., Suppl. 100, 1967.
GLOVER, J.R.: Back pain in industry. Medical News Magazine, Aug., 7 (1968).
GLOVER, J.R., MORRIS, J.G., KHOSLA, T.: Back pain: a randomized clinical trial
  of rotational manipulation of the trunk. Brit. J. Industr. Med. 31, 59 (1974).
HADLEY, J.: Exercises in the treatment of lumbar intervertebral disc protrusions.
  Physiotherapy 50, 296 (1964).
HANRAETS, P.R.M.: The degenerative back and its differential diagnosis.
  Elsevier Publishing Co., Amsterdam, 1959.
HANSEN, H-J, OLSSON, S-E.: The effect of a single violent trauma on the spine
  of the dog. Acta Orthop. Scand. 24, 1 (1954).
HANSEN, H-J.: Comparative views on the pathology of disc degeneration in ani-
  mals. Lab. Invest. 8, 1242 (1959).
HANSEN, J.W.: Postoperative management in lumbar disc protrusions. Acta Orthop.
  Scand., Suppl. 71, 1964.
HIRSCH, C., PAULSON, S., SYLVÉN, B., SNELLMAN, O.: Biophysical and physiological
  investigations on cartilage and other mesenchymal tissues. VI. Characteristics
  of human nuclei pulposi during ageing. Acta Orthop. Scand. 22, 175 (1952).
HIRSCH, C., NACHEMSON, A.: Clinical observations on the spine in ejected pilots.
  Acta Orthop. Scand. 31, 135 (1961).
HIRSCH, C., INGELMARK, B-E, MILLER, M.: The anatomical basis for low back pain.
  Acta Orthop. Scand. 33, 1 (1963).
HORAL, J.: The clinical appearance of low back disorders in the city of Gothen-
  burg, Sweden. Acta Orthop. Scand., Suppl. 118, 1969.
HULT, L.: The Munkfors investigation. Acta Orthop. Scand., Suppl. 16, 1954.

HULT, L.: Cervical, dorsal and lumbar spinal syndromes. A field investigation of a nonselected material of 1200 workers in different occupations with special reference to disc degeneration and so-called muscular rheumatism. Acta Orthop. Scand., Suppl. 17, 1954.

JAYSON, M.I.V., HERBERT, C.M., BARKS, J.S.: Intervertebral/discs: nuclear morphology and bursting pressures. Ann. Rheum. Dis. 32, 308 (1973).

KANEMATSU, H.: An experimental study of intradiscal pressure. J. Jap. Orthop. Ass. 44, 589 (1970).

KENDALL, P.H., JENKINS, J.M.: Exercises for backache: A doubleblind controlled trial. Physiotherapy 54, 154 (1968).

KNAPP, M.E.: Practical physical medicine and rehabilitation. Postgrad. Med. 41-A, 131 (1967).

KOTTKE, F.: Evaluation and treatment of low back pain due to mechanical causes. Arch. Phys. Med. 42, 426 (1961).

LIDSTRÖM, A., ZACHRISSON, M.: Physical therapy on low back pain and sciatica. Scand. J. Rehab. Med. 2, 37 (1970).

LINDAHL, O.: Experimental skin pain. Acta Physiol. Scand., Suppl. 179, 1961.

LUCAS, D.B., BRESSLER, B.: Stability of the ligamentous spine. Biomechanics Laboratory, Technical Report No. 40, University of California, San Francisco, 1960.

MAGORA, A.: Investigation of the relation between low back pain and occupation. Industr. Med. Surg. 39, 504 (1970).

MAGORA, A.: Investigation of the relation between low back pain and occupation. 3. Physical requirements: sitting, standing and weight lifting. Industr. Med. Surg. 41, 5 (1972).

MAGORA, A.: Investigation of the relation between low back pain and occupation. 4. Physical requirements: bending, rotation, reaching and sudden maximal effort. Scand. J. Rehab. Med. 5, 191 (1973).

MARKOLF, K.L.: Deformation of the thoracolumbar intervertebral joints in response to external loads. J. Bone Joint Surg. 54A, 511 (1972).

MAROUDAS, A., NACHEMSON, A., STOCKWELL, R., URBAN, J.: In vitro studies of the diffusion of glucose into the intervertebral disc. To be published in Ann. Rheum. Dis.

MARSHALL, L.L., TRETHEWIE, E.R.: Chemical irritation of nerve-root in disc prolapse. LANCET, Aug., 320 (1973).

MATTIASH, H-H: Arbeitshaltung und Bandscheibenbelastung. Arch. Orthop. Unfall-chir. 48, 147 (1956).

MORRIS, J.M., LUCAS, D.B., BRESSLER, B.: Role of the trunk in stability of the spine. J. Bone Joint Surg. 43A, 327 (1961).

NACHEMSON, A.: Lumbar intradiscal pressure. Acta Orthop. Scand., Suppl. 43, Munksgaard, Copenhagen, 1960.

NACHEMSON, A.: Some mechanical properties of the lumbar intervertebral discs. Bull. Hosp. Joint Dis. (New York) 23, 130 (1962).

NACHEMSON, A.: The influence of spinal movements on the lumbar intradiscal pressure and on the tensile stresses in the annulus fibrosus. Acta Orthop. Scand. 33, 183 (1963).

NACHEMSON, A., MORRIS, J.M.: In vivo measurements of intradiscal pressure. Discometry, a method for the determination of pressure in the lower lumbar discs. J. Bone Joint Surg. 46A, 1077 (1964).

NACHEMSON, A.: The load on lumbar discs in different positions of the body. Clin. Orthop. 45, 107 (1966).

NACHEMSON, A., EVANS, J.: Some mechanical properties of the third human lumbar interlaminar ligament (ligamentum flavum). J. Biomechanics 1, 211 (1968).

NACHEMSON, A., DIAMANT, B., KARLSSON, J.: Correlation between lactate levels and pH in discs of patients with lumbar rhizopathies. Experientia 24, 1195 (1968).

NACHEMSON, A.: Intradiscal measurements of pH in patients with lumbar rhizopathies. Acta Orthop. Scand. 40, 23 (1969).

NACHEMSON, A., ELFSTRÖM, G.: Intravital dynamic pressure measurements in lumbar discs. A study of common movements, maneuvers and exercises. Almqvist & Wiksell, Stockholm, 1970.

NACHEMSON, A.: Low back pain. Its etiology and treatment. Clin. Med., Jan., 18 (1971).

NAYLOR, A.: The biophysical and biochemical aspects of intervertebral disc
  herniation and degeneration. Ann. Roy. Coll. Surg. Eng. 31, 91 (1962).
OKUSHIMA, H.: Study on hydrodynamic pressure of lumbar intervertebral disc.
  Arch. Jap. Chir. 39, 45 (1970).
OLSSON, S-E: On disc protrusion in dog. Acta Orthop. Scand., Suppl. 8, 1951.
PEARCE, J., MOLL, J.M.H.: Conservative treatment and natural history of acute
  lumbar disc lesions. J. Neurol. Neurosurg. Psychiat. 30, 13 (1967).
PEREY, O.: Fracture of the vertebral endplates in the lumbar spine. An experi-
  mental biomechanical investigation. Acta Orthop. Scand., Suppl. 25, 1957.
PEYRON, J-G: Biologie due disque intervertébral. Sem. Hop. Paris 43, 3318 (1967).
PüSCHEL, J.: Der Wassergehalt normaler und degenerierter Zwischenwirbelscheiben.
  Beitr. Path. Anat. 84, 123 (1930).
RADIN, E.L., PARKER, H.G., PUGH, J.W., PAUL, I.L., STEINBERG, R.S., ROSE, R.M.:
  Response of joints to impact loading-III. Relationship between trabecular
  microfractures and cartilage degeneration. J. Biomechanics 6, 51 (1973).
ROLANDER, S.D.: Motion of the lumbar spine with special reference to the
  stabilizing effect of posterior fusion. Acta Orthop. Scand., Suppl. 90, 1966.
RUFF, S.: Brief acceleration: Less than one second. In German Aviation Medicine,
  World War II, U.S. Government Printing Office, Washington, D.C., 1, 584
  (1950).
TZIVIAN, I.L., RAYHINSTEIN, V.H., MOTOV, V.F., OVSEYCHIK, J.G.: Results of
  clinical study of pressure within the intervertebral lumbar discs. Orthop.
  Travmatol. Protez. No. 6, 31 (1971).
UMEZAWA, F.: The study of comfortable sitting postures. J. Jap. Orthop. Assoc.
  45, 1015 (1971).
VIRGIN, W.J.: Experimental investigations into the physical properties of the
  intervertebral disc. J. Bone Joint Surg. 33B, 607 (1951).
WERLE, E., ZICKGRAF-RUEDEL, G.: Intrinsic pain-producing substances of the
  body. Sandorama 1972. Sandoz Ltd, Basle, Switzerland.
WESTRIN, C-G: Low back sick-listing. A nosological and medical insurance in-
  vestigation. Scand. J. Soc. Med., Suppl. 7, 1973.
WILLIAMS, C.P.: The lumbosacral spine. Mc-Graw-Hill, New York, 1965.
WORDEN, R.E., HUMPHREY, T.L.: Effect of spinal traction on the length of the
  body. Arch. Phys. Med. 45, 318 (1964).
ZACHRISSON, M.: The low back pain school. Danderyd's Hospital, Danderyd,
  Sweden, 1974.

CURRENT INVESTIGATIONS ON THE BIOCHEMICAL ASPECTS OF
INTERVERTEBRAL DISC DEGENERATION AND HERNIATION

A. Naylor, R. D. Shentall, and D. C. West

The human intervertebral disc is a specialised connective tissue structure which
is evolved to absorb and redistribute forces applied to the vertebral column.
The three main structural components, in common with other connective tissues
are collagen fibres which are embedded in an amorphous ground substance
between cells.   The proportions and types of these components vary between
different connective tissues to enable them to undertake specialised functions.
The purpose of our investigations is to show the differences which occur in the
constituents of aged and herniated specimens and the biochemical interaction of
the three basic components.

I.   Alterations in the Ground Substance

The main structural feature of the ground substance is found in the soluble
proteoglycan complexes which are aggregates formed between non-collagenous
glycoprotein link and proteoglycan subunits, the latter being glycosaminoglycans
attached to a non-collagenous protein core.   These complexes are suspended in
the interstitial fluid which also bathes the cells and provides a vehicle for the
transport of cell nutrients, metabolites and minerals.

The nucleus has been shown to have a moisture content at birth of about 88%,
but decreases during life to 65% in old age[1].   By comparison the annulus
decreases from 78% at birth to 70% in middle age.   Similar reductions have been
shown in the sodium and potassium contents expressed on a dry weight basis. [2]

Direct chemical investigations have shown the presence of chondroitin sulphates
A and C, [3, 4] keratan sulphate, [4, 5, 6, 7], small quantities of hyaluronic acid[8]
and heparin[9] in the nucleus whilst the annulus contains chondroitin and keratan
sulphates and hyaluronic acid[10].   Dermatan sulphate has been reported in
prolapsed nucleus[11].   The changes in glycosaminoglycans which we have
observed may be summarised as a decrease in ester sulphate[12], chondroitin
sulphate and keratan sulphate with age and prolapse, although there exists an
increase in the keratan sulphate to chondroitin sulphate ratio with ageing.   The
latter may be observed with herniated specimens[13] but contamination with a
glucosamine containing glycoprotein cannot yet be ruled out.   Other differences
found have been a decrease in the limiting viscosity number of isolated proteoglycans in ageing and in herniation compared with age matched subjects. [16]

Non-collagenous protein may be derived from a variety of sources.   In the
structural sense a classical division can be made between (a) core protein to
which the polysaccharides are glycosidically linked in the proteoglycan subunit
and (b) glycoprotein link which aggregates the proteoglycan subunits.   However,
cellular components and, for example antibodies would contribute to the total
non-collagenous protein and neutral carbohydrate content.   Increases in the
non-collagenous protein content with age and prolapse have been shown by
elevated tyrosine contents[14, 2].   Further the incidence with ageing and prolapse
of a diffuse 4.65 Å x-ray pattern, indicative of a non-collagenous protein in the
cross β form, which may be removed by trypsin, would indicate the incidence of
at least one type of non-collagenous protein[15].

2.　Changes in Collagen with Age

From x-ray crystallography, electron microscopy and histology, there can be no doubt that collagen provides the fibrous framework of the intervertebral disc. Polarising microscopy has been used to show in the annulus alternating sheets of collagen set at an interstriation angle which varies between 40° and 70° to permit absorption of compression[18]. The nucleus has been shown to possess a more random arrangement of collagen fibres, but increases in crystallinity have been noted with age. The annulus shows a reasonably constant collagen content throughout life whereas the nucleus may increase in collagen content in the first decade and then remain constant.

Dickson et al[17] found using Differential Thermal Analysis that the denaturation temperature, a guide to the stability of collagen, markedly decreased with age. In other tissues it has been found that the shrinkage temperature increases with age, which has been attributed to increases in cross-linkages or perhaps collagen concentration. High speed homogenisation of normal annulus and nucleus followed by centrifugation at 15000 g for 1 hr. at 4°C removed up to 90% of hexuronate in the annulus and young nucleus, and up to 80% in the aged nucleus. Under these conditions, less than 1% of the collagen was found in the supernatant, and the residue produced, when subjected to Differential Thermal Analysis, showed no appreciable age trend (Fig. 1 and 2). It was therefore concluded that the interaction between proteoglycans and collagen affected the thermal stability of collagen, and further the proteoglycans are more able to stabilise collagen fibrils in the young material than aged material either because of the decrease in polysaccharide content with age, or by decreased efficiency, which would support the findings by viscometric measurements.[16]

Amino acid analyses have shown that the collagen from the intervertebral disc, isolated by trypsin treatment of insoluble residues, is similar to the ranges shown for other collagen. The higher degree of hydroxylysine (14-18 residues per thousand) for annulus and nucleus would indicate, with the difficulties in solubilising collagen, that the collagen was cartilagenous in nature. The degree of glycosylation has been measured for both annulus and nucleus Table I.

Variation in Glycosylation with Age[19]

g. Galactose plus Glucose attached to collagen per 14 g hydroxyproline

	Annulus	Nucleus
1st Decade	2.4	4.5
2nd Decade	2.0	3.7
3rd Decade	2.0	4.3
4th Decade	1.8	4.3
5th Decade	-	-
6th Decade	-	4.2
7th Decade	1.7	4.0

TABLE I

A decrease in glycosylation with age has been noted for the annulus, whereas the nucleus remains constant at roughly twice the level of the annulus. The degree of the glycosylation thought to influence the fibril diameter[20, 21] does not correlate with the increase in average fibril diameter found in the nucleus, or the decrease in annular average fibril diameter. (Table 2).

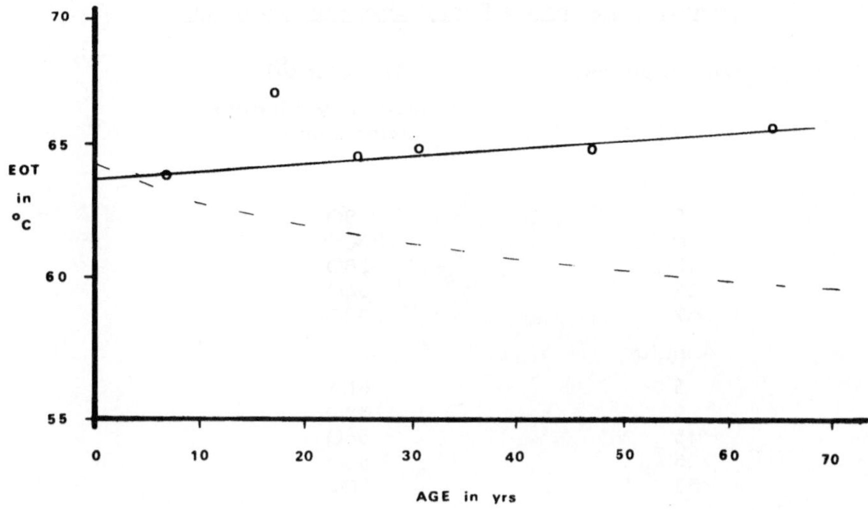

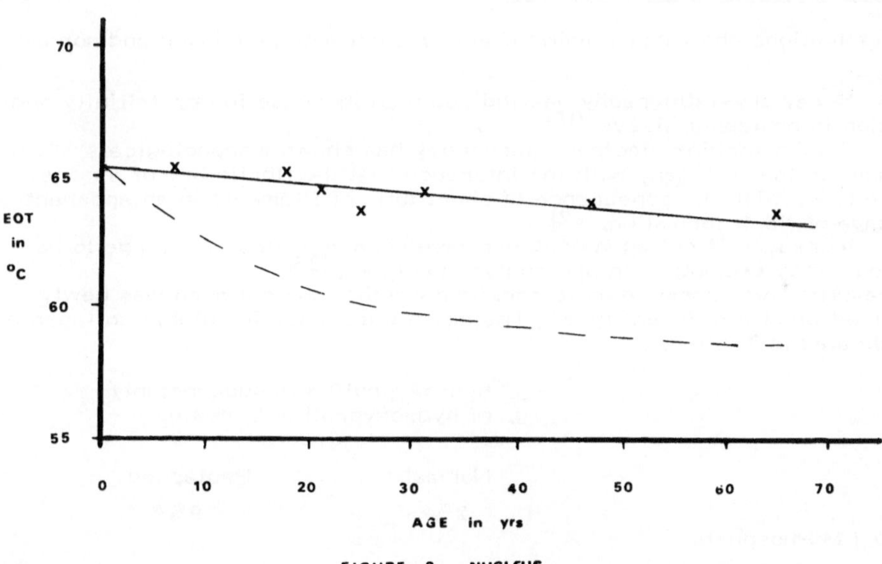

<u>Figures 1 and 2.</u>   Average Extrapolated Onset Temperatures (EOT) Measurement of "Shrinkage" for Homogenised Tissue (———) $\pm$ O. 7°C and Intact Tissue (-----) $\pm$ I. I°C.

<u>Changes in Average Fibril Diameter with Age</u>

Age in years	Diameter (Å) Measured by Electron Microscopy
Nucleus	
5	280
9	300
15	280
33	340
67	380
Annulus	
5	610
9	620
15	560
36	430
65	500

TABLE 2

3.   <u>Changes in Collagen with Prolapse</u>

Our investigations show three main differences between prolapsed and normal tissue.

    1.   X-ray crystallography has indicated an increase in crystallinity and orientation in prolapsed tissue. [15]

    2.   Freeze etching electron microscopy has shown morphological differences in the collagen, with the inference that the fibrils are of a more immature type, with the appearance of short tufts of filaments in an apparent early stage of fibril formation. [22]

    3.   Increases in collagen contents have been reported, too large to be accounted for by decreases in proteoglycan content. [23]

These results have prompted us to consider whether the collagen was newly synthesised or of a different type.   The marked increase in soluble collagen has been indicated in Table 3.

	g. hydroxyproline in supernatant/ g. of hydroxyproline in residue $\times$ 100	
	Normal	Prolapsed
Trypsin 37°C, 0.1 M Phosphate pH 7.4	2 %*	9 %*
Pepsin 4°C, 0.1 M Acetic acid	0.1 %*	5 %*
Collagenase 35°C, 0.1 M phosphate pH 7.4	2–3 %**	23 %**

  *   Insoluble homogenates

**   Intact tissue.

TABLE   3

Samples of insoluble collagen residues from high speed homogenisation (or intact tissue in the case of collagenase) were weighed into tubes, digested with the enzyme in the ratio of 10:1 substrate : enzyme and hydroxyproline determinations by the method of Stegemann[24] made on the supernatants and residues formed after centrifugation at 15000 g for one hour. The supernatants from the pepsin treatment were taken and solid sodium chloride added to give a final concentration of 5%. Only the prolapsed nucleus showed signs of fibril formation when a residue formed on the surface of the liquid. The extract was centrifuged at 25000 g for 2 hours and the residue collected from the centrifuge tube, suspended in acetic acid, precipitated by addition of sodium chloride to 5% and recentrifuged at 25,000 g for 2 hours. The residue was dissolved in sodium acetate buffer pH 4.74 $\Gamma/2$ O.O17, denatured at 45°C for 15 mins. and subjected to electrophoresis in 15% starch gel – $\Gamma/2$ O.O17 pH 4.74 acetate buffer[25]. It was found that the subunit structure was similar to calf skin collagen, including the fastest moving band chromatographically similar to the α2 chain. There appeared to be no other bands running outside the normal limits of collagen sub-units, indicative of a reasonably clean collagen. On this evidence it is suggested that prolapsed collagen may contain not only type II collagen which has been inferred by amino acid analysis, but also type I collagen. Clearly further work is required on this subject.

4. Cells and subcellular Components

Electron micrographs which have been published of cells from the annulus, show the cell nucleus frequently pyknotic or absent and fine fibrils in the cytoplasm, some of which show characteristic collagen type banded structure. Small dense granules may also be observed enmeshed in the fibrils, particularly at the ends of the cells. Nucleus pulposus cells, while often pyknotic, are in a more globular form and dense granules are found around the cell periphery, producing collagen fibrils in a radial manner[26].

One difference found between normal nucleus pulposus and prolapsed nucleus pulposus has been the increased level of DNA for the latter on a dry weight basis. Table 4.

Changes in Cell Concentrations[27]

	Age	mg DNA/g wet
Nucleus	7	O. 30
Nucleus	21	O. 50
Nucleus	42	O. 61
Prolapsed Nucleus	36	1. 61
Articular Cartilage Comparison	–	1. O

TABLE 4

The primary agent in the cell degradative mechanisms related to tissue changes has been the lysosomes, which contain enzymes implicated in tissue breakdown (see J. T. Dingle reference (28) for a review). We have shown[27] for disc tissue, (and other tissues) that either freezing of thawing (10 cycles) or addition of Triton X-100 (Calbiochem) ruptures the lysosomal membrane and releases appreciable quantities of acid phosphatase((29, 32)) β glucuronidase((30)) β galactosidase((31)) β glucosaminidase((31)) and acid protease((33)), the figures in double parentheses referring to the method employed. The lysis could be depressed by cortisone treatment.

In order to determine some of the properties of disc proteolytic enzymes in situ, samples of disc were subjected to autolysis. The nucleus and intermediate region of a mixed sample of discs between 40 and 65 years of age were weighed (100 mg) into individual tubes and washed with 10 volumes of isotonic saline for 24 hours at 4°C. The washed tissue was collected by centrifugation and stored at -20°C until use. To each tube was added 0.3 ml of phosphate-acetate-formate buffer[34] containing 0.17% Triton X-100 and 0.005% toluene. A further 0.2 ml of distilled water was added to one half of the tubes (Medium I) and 0.2 ml of 2.5 mM EDTA plus 2.5 mM Dithio threitol (DTT) to the other half (Medium II). The tubes of Medium I were divided into two groups A and B which were incubated for 24 hours at 37°C and 4°C respectively. A similar subdivision was made for Medium II. After incubation, the solutions were centrifuged and the supernatant analyses for release of glycosaminoglycans by the turbidimetric method of Diferrante[35] using chondroitin 6 sulphate standard. The average differences of two experiments carried out in triplicate between incubation 'A' (37°C) and 'B' (4°C) were plotted against the pH values (Figure 3). The 'B' incubation gave approximately 40% the result of the 'A' incubation. The optimal release of chondroitin sulphate was of the order of 40% of the total in the original tissue which was in general agreement with other workers using cartilage.

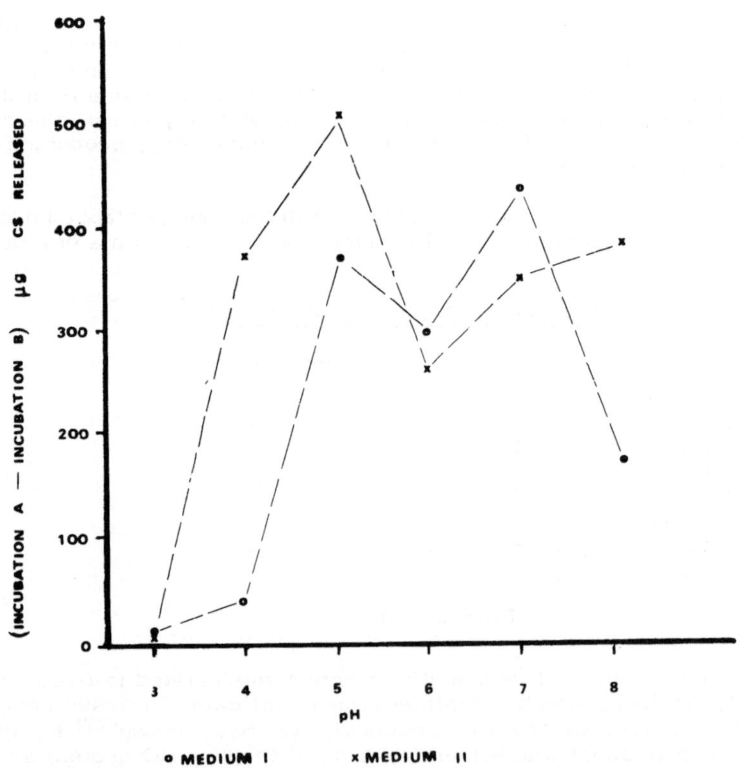

<u>Figure 3</u>. Comparison of Autolysis at 37°C and 4°C in Medium I and Medium II for Intervertebral Disc Tissues (see Text).

It may be observed that two regions of activity occur at pH 4-5 and pH 7-8.
The protease activity at pH 4-5 can be depressed by 65% by the addition of anti
cathepsin D antibody (a gift from Dr. A. J. Barrett, Strangeways Laboratory,
Cambridge). The activity at pH 4-5 appeared to be enhanced by EDTA and DTT
which are known to activate cathepsin B. Further studies of substrates benzoylarginine p-nitro aniline and benzoylarginine amine have indicated the presence of
cathepsin B in disc extracts. The proteolytic activity at pH 7 indicated that
degradation of proteoglycans was possible at the pH of the normal disc tissue,
similar to the results found in cartilage[36]. Hence it is possible that two
systems are present; the acid proteases act inside the cell and the neutral
protease capable on grounds of pH optimum are active extracellularly. It is
not certain that the neutral protease activity is derived from the lysosomes.
Another source which has been suggested is the cell nucleus, and it is of
interest to note that a proteolytic enzyme with neutral optimal activity has been
found in leucocytes. [37]

Attempts to find either collagenase or hyaluronidase have not been successful in
disc tissue so far, and it is possible that they occur in bound forms.

The release and digestion of proteoglycans may not be the only consequence of
lysosomal enzymes as it has been reported that normal bovine chondrocytes from
articular cartilage produce Type I collagen when grown in the presence of
lysosomal enzymes and indeed Type I collagen has been found in osteoarthritic
cartilage. [38]

5. Immunology

The above results for degenerative and prolapsed discs have prompted analogies
to other connective tissue diseases and have given consideration to autoimmunity
as a basis of the symptoms. Our measurements of the IgA, IgM and IgG levels
in serum patients confirmed at surgery to be suffering from prolapsed discs
compared to blood donors have been made using a radial immunodiffusion
technique on Bering plates. The results in Table 5 have indicated that there is
a significant increase in production of IgG and IgM. Our laboratory[39] has been
unable to show the presence of serum-type proteins from either prolapsed or
normal discs using immunoelectrophoresis in barbitone buffer. This may be
because antibodies if present are firmly bound to disc tissue or perhaps have
denatured on extraction. Studies on the antigenicity of disc tissue by Bobechko
and Hirsch produced similar results[40]. The appearance of a 4.65 Å diffuse
x-ray ring with degeneration and prolapse could support this theory, because
the protein giving rise to this reflection has similar solubility, density, x-ray
diffraction, incidence and constitution to amyloid deposited in for example
rheumatoid arthritis and derived from immunoglobulins[41]. Further reaction
between IgM and protein polysaccharides has been shown to have similar
properties to the cross β protein in the disc[42]. The mechanism by which the
immunoglobulins could penetrate the disc is obscure as the 15 Å pore size[43]
would exclude large molecules. It is possible that the annular fissures followed
by repair through ingrowth of granulation tissue could lead to the vascularisation
and antibody interchange necessary for the development of an auto immune process.

It is possible that a triggering stimulus or minor trauma may activate an unstable
reticulo endothelial system to produce excess antibodies to disc components or a
variety of antibodies, as the disc tissue is catabolised and in doing so induces
greater numbers of antigenic determinants. The antibody antigen complex may
induce a cycle of events[44] whereby lysosomal enzymes are released, degrading
the tissue which in turn induces the appearance of substances which damage
lysosomes. A schematic representation has previously been described[45].

SERUM IMMUNOGLOBULIN LEVELS IN RELATION TO PROLAPSED DISC SYMPTOMS

Results expressed as mg of protein $\pm$ 2 S. D. per 100 ml serum using Tripartigen plate Immunodiffusion.

Figures in parentheses represent number of cases studied.

Immunoglobulin						Significance
IgM	Prolapsed	189	$\pm$	42	(56)	P < 0.001
	Normal	121	$\pm$	62	(83)	
IgG	Prolapsed	129	$\pm$	24	(64)	0.025 > P > 0.01
	Normal	116	$\pm$	24	(92)	
IgA	Prolapsed	252	$\pm$	90	(63)	not significant
	Normal	233	$\pm$	58	(72)	(P > 0.2)

TABLE   5

Summary

1.   Normal disc nucleus collagen appears to contain cartilage (type II)collagen.
2.   Prolapsed disc nucleus contains increased levels of enzymatically less resistant collagen, similar in nature to type I collagen which has been found in osteoarthritic cartilage.
3.   Prolapsed nucleus contains higher levels of DNA, similar to osteoarthritic cartilage.
4.   The role of acidic and neutral (lysosomal) proteases in the degradation of matrix has been studied.
5.   The sera of patients confirmed at surgery to suffer from prolapsed disc contains significantly more IgG and IgM than blood donors.
6.   The possibility of a connection between increases in disc non-collagenous protein and serum immunoglobulin levels is discussed.

We wish to thank Dr. R. L. Turner and Professor F. Happey for many valuable discussions.

References

1.   J. Puschel, Beitr. Path. Anat. (1930) 84 p. 123.
2.   K. Murayama, J. Jap. Orthp. Assn. (1972) 46 p. 81.
3.   H. Malmgren and B. Sylven, Biochim. Biophys. Acta (1952) 9 p. 706.
4.   G. Bernardi, F. Happey and A. Naylor, Nature (1957) 180, p. 1341.
5.   S. Gardell and S. Rastgeldi, Acta Chem. Scand. (1954) 8 p. 362.
6.   S. Gardell, Acta. Chem. Scand. (1957) 11, p. 668.
7.   A. Hallen Acta Chem. Scand. (1958) 12 p. 1958.
8.   P. F. Lloyd, G. P. Roberts and K. O. Lloyd, Biochem. J. (1960) 75 p. 14P
9.   S. A. Barker, R. C. E. Guy and C. N. D. Cruickshank, Carbohydrate Research (1965) 1 p. 312.
10.   J. A. Szirmai in "Chemistry and Molecular Biology of the Intercellular Matrix" ed. E. A. Balazs (1970) Vol. 3 p. 1279 Academic Press (Lond. & N. Y.)
11.   E. A. Davidson and B. Woodhall, J. Biol. Chem. (1959) 234 p. 2951.
12.   F. Happey, A. Wiseman and A. Naylor, Nature (1961) 192 p. 868.
13.   A. Naylor, Annals Roy. Coll. Surg. Eng. (1962) 31 p. 91.

References contd/

14. I. R. Dickson, F. Happey, C. H. Pearson, A. Naylor and R. L. Turner, Nature (1967) 215 p. 52.
15. P. R. Blakey, F. Happey, A. Naylor and R. L. Turner, Nature (1962) 195 p. 23.
16. H. Lyons, E. Jones, F. E. Quinn and D. H. Sprunt, Lab. Clin. Med. (1966) 68 p. 930.
17. I. R. Dickson, F. Happey, C. H. Pearson, A. Naylor and R. L. Turner, Nature (1967), 215 p. 50.
18. A. Naylor, F. Happey and T. P. Macrae, J. Amer. Geriatrics Soc. (1955) 3 p. 964.
19. C. H. Pearson, F. Happey, A. Naylor, R. L. Turner, J. Palframan and R. D. Shentall, Annals Rhem. Dis. (1972) 31 p. 45.
20. P. H. Morgan, J. G. Jacobs, J. P. Segrest and L. W. Cunningham, J. Biol. Chem. (1970) 245 p. 5042.
21. M. E. Grant, I. L. Freeman, J. D. Schofield and D. S. Jackson, Biochim. Biophys. Acta (1969) 117 p. 682.
22. R. M. Render, M. Sc. Thesis, University of Bradford (1971).
23. A. Naylor, Orthopaedics: Oxford (1970) Vol. 3, p. 7.
24. H. Stegemann and K. Stalder Clin. Chim. Acta (1967) 18 p. 267.
25. V. Nanto, J. Maatela and E. Kulonen, Acta Chem. Scand. (1963) 17 p. 1604.
26. F. Happey, A. G. Johnson, A. Naylor and R. L. Turner, J. Bone Jt. Surg. (1964) 46B p. 563.
27. J. M. Osborn, Ph. D. thesis, University of Bradford (1971).
28. J. T. Dingle and H. B. Fell in "Lysosomes in Biology and Pathology" (1969) North-Holland.
29. C. H. Fiske and Y. Subbarow, J. Biol. Chem (1925) 66 p. 375.
30. W. H. Fishman in "Methods of Biochemical Analysis" Vol. 15 p. 77 (1967) Interscience (N. Y.).
31. O. Z. Sellinger, H. Beaufay, P. Jacques, A. Doyen and C. de Duve, Biochem. J. (1960) 74 p. 450.
32. C. de Duve, B. C. Pressman, R. Gianetto, R. Wattiaux and F. Appelmans, Biochem. J. (1955) 60 p. 604.
33. M. K. Anson, J. Gen. Physiol (1934) 22 p. 79.
34. A. J. Barrett, Biochem. J. (1967) 104 p. 601.
35. N. Diferrante, J. Biol. Chem. (1956) 220 p. 303.
36. A. I. Sapolsky, R. D. Altman and D. S. Howell, Fed. Proc. (1973) 32 p. 1489.
37. G. Weissmann and D. T. P. Davies, Arthritis Rheumat. (1969) 12 p. 702.
38. K. Deshmukh and M. E. Nimni, Biochem. Biophys. Res. Comm. (1973) 53 p. 424.
39. C. H. Pearson, F. Happey, R. D. Shentall, A. Naylor and R. L. Turner, Gerontologia (1969) 15 p. 189.
40. W. P. Bobechko and C. Hirsch, J. Bone Jt. Surg. (1965) 47B p. 574
41. A. S. Cohen in "Chemistry and Molecular Biology of the Intercellular Matrix" ed. E. A. Balazs (1970) Vol. 3 p. 1517 Academic Press (Lond. & N. Y.).
42. J. Lindner in "Rheumatoid Arthritis" ed. W. Muller et al. (1971) p. 286 Academic Press (Lond. & N. Y.).
43. B. Sylven, S. Paulson, C. Hirsch and O. Snellman, J. Bone Jt. Surg. (1951) 30A p. 333.
44. G. Weissmann in "Rheumatoid Arthritis" ed. W. Muller et al (1971) p. 141 Academic Press (Lond. & N. Y.).
45. A. Naylor, Clin. Orthopaed. North Amer. (1971) 2 p. 343.

<u>The concept of the chondron as a biomechanical unit</u>

J.A. Szirmai

Five decades have passed since the publication of a series of classical papers by BENNINGHOFF (1922,1924,1925a,1925b) in which he
introduced the concept of the chondron as a fundamental unit of
cartilage tissue. Although considerable progress has been made
during the recent years in the understanding of the structure and
the chemical composition of cartilage and, furthermore, the field
of biomechanics and bioengeneering has opened many new perspectives, the problem of the mechanical properties of cartilage in
relation to its structural organization is still far from being
completely elucidated. It is remarkable how little attention has
been paid in this respect to the possible significance of the
chondron, which - in the conception of BENNINGHOFF - should be an
important element in the reaction of cartilage to mechanical
stress. The purpose of this brief paper is to attempt to answer
three questions in this connection: What exactly meant BENNING
HOFF by his concept of chondron ? What is the explanation of the
fact that this concept apparently fell into discredit ? What is
the significance of the chondron when it is reexamined with
present-day tools ?

Careful reading of the papers of BENNINGHOFF - which some students
of cartilage seem to have neglected - shows that this conception
was of three-fold origin. First, he observed the ubiquitous occurrence in cartilage of cell groups, surrounded by a joint and
concentrically arranged sequence of extracellular elements;these
elements, together with the cells, he recognized as an <u>anatomical
unit</u>. Second he correctly concluded that the cells of such a
group have a common histogenetic origin (a pure clone in present-
day terms),which indicated that the cells of the chondron constitute a <u>histogenetic unit.</u> Third, his careful histological observations on various samples of load-bearing cartilage,showing essentially an arcade-like arrangement of the chondrons, as well as
his birefringence studies of the collagenous frame in cartilage
suggested to him that forces perpendicular to the cartilage surface are ultimately transformed to tensile strain on the interconnected collagen fibrils which concentrically enveloppe the
chondron; this meant that the chondron must ultimately absorb the
mechanical impact on the cartilage surface,thus indicating that
it behaves as a <u>mechanical unit.</u>

Unfortunately the results of BENNINGHOFF's birefringence studies
could not be reconciled with the histochemical staining pattern
observed in his days (the so-called basophilic "halo" around the
cells of a chondron was always smaller than the birefringent perilacunar rim),the meaning of which apparently remained obscure
both to him and to his critics.The lack of understanding of the
background of the staining pattern of hyaline cartilage with its
characteristic "basophilic" and "acidophilic" zones (in fact classical examples of histological misconceptions even in present
times) must be largely responsible for this. Another difficulty
lies in the complex nature of the three-dimensional collageneous
frame-work in cartilage, the proper tracing of which even today
tends to escape our tools. A simple magnifying glass is probably

a more appropriate tool for such a purpose than the electron
microscope - the latter is definitely unfit to explain and elucidate phenomena such as the split-lines on the cartilage surface
(so succesfully traced by BENNINGHOFF by the naked eye) - all this
very much opposing the tendencies of our present-day research
philosophy.

In a number of our own studies during the past decade we have
collected a number of data which might throw some light on many
questions concerning the concept of the chondron. Only a few
salient aspects are given here and reference is made to more detailed publications elsewhere. As a basis for the clarification
of the controversies around the histochemical staining of cartilage we have studied the interaction between cationic dyes and
anionic glycosaminoglycans such as the chondroitin sulphate of
cartilage in model systems (BALAZS and SZIRMAI 1958 a, 1958 b,
SZIRMAI and BALAZS 1958). In these studies we could establish
the stoichiometric nature of this interaction,provided that the
anionic groups are free and the reaction is carried out at neutral
pH. The interaction of native cartilage tissue with cationic dye
at low pH resulted in a markedly suppressed dye-uptake; subsequent studies showed that this suppression is due to blocking of
the interaction by proteins present in the system (SZIRMAI and
DOYLE 1961, SZIRMAI 1963). Since for the histological and histochemical staining of cartilage cationic dyes are routinely applied at low pH, the suspicion arose that the staining result
cannot reflect true differences in the concentration of glycosaminoglycans in different areas of cartilage tissue, such as can
be observed along the concentric structures around the cartilage
cells or the chondrons. The fact that the typical staining pattern - alternating "basophilic" regions - appears only with
staining at low pH and is virtually absent at neutral pH, and
furthermore, the observation that histochemical staining for
proteins reveals a pattern complementary to that obtained with
cationic dyes at low pH indicated that this latter is an artefact
due to blocking by locally different protein concentration
(SZIRMAI 1969). Microchemical studies on dissected cartilage
areas confirmed indeed that the area of the chondron and the
interterritorial space have an identical glycosaminoglycan content (SZIRMAI 1963).

When searching for the nature of the material which must be
responsible for the blocking reaction our attention was focused
on the extremely high dry mass concentration (up to 50%) at the
narrow perilacunar rim, observed by interferometric studies of
native sections (GALJAARD and SZIRMAI 1961, GALJAARD 1962,
GALJAARD and SZIRMAI 1965). Subsequent studies of native cartilage sections by the polarizing microscope and of fixed and
metacrylate-embedded sections by the phase-contrast and electron
microscope (the latter in agreement with many authors in the
recent years) clearly established that the area which coincides
with the outer wall of BENNINGHOFF's chondron unit contains a
very dense mesh of collagen fibrils (SZIRMAI 1969). Similarly,
studies of freeze-etched replica's of cartilage tissue from
various sources, prepared without previous fixation or other
alteration of the native state confirmed the reality and the
constancy of this marked concentration of the collagen fibrils
around the chondron (SZIRMAI 1970). Since the above studies com-
prized cartilage from many anatomical areas (nasal,tracheal,epi-
physeal, vertebral plate and articular cartilage of man and different animals),we feel justified to conclude that the basket-

like arrangement of collagen fibrils around the chondrons in the
deeper layers of cartilage is a general occurrence, thus confir-
ming in anatomical sense the criteria postulated by BENNINGHOFF
for the architecture of the chondron wall.

That statements to the contrary still tend to appear sparcely
even in recent literature might find its explanation most likely
in not using the proper experimental approach; after all, one
should not be surprized if the architecture of a steel bridge is
not clarified by - however careful - studies of a small area of
steel surface by a magnifying glass - although many electron
microscopists look astonished when one points out that this is
in fact exactly what they are doing ! Similarly, one is not
justified to conclude that "in articular cartilage no dense
'basket' of collagen exists around the cells", just because by
means of X-ray microprobe analysis no differences have been found
in the dry mass per unit thickness of a slice of wet tissue
(MAROUDAS, 1973,l.c. p.137). Whereas new research tools tend to
open new avenues of approach, old observations still have the
virtue of providing numerous detailed facts which one should
not neglect. Such a fact is the intricate and genuine architecture of cartilage tissue with elements like the tangential arrangement of the collagen fibres beneath the surface, their
arcade-like course towards the deeper layers and the basket-like
arrangement of collagen around the chondrons. Not only our own
observations, but even more the careful detailed studies by past
investigators like MÖRNER (1888), HANSEN (1905) or the wealth of
minuscule details in the survey of SCHAFFER (1930) merit more
than a superficial historical glance. They certainly merit to be
included in the package of information to be handed over to the
bio-engineer whose task it will be in the future to determine
whether or not the chondron plays a mechanical role in load-
bearing cartilage.

To conclude this brief discussion two observations should be mentioned which point to the exceptional mechanical properties of
the chondron. One of these concerns the results of studies of
high-speed homogenates of nasal cartilage, in which a large number of seemingly intact chondrons could be observed (SZIRMAI,1969,
fig.11,p.176), thus indicating a great mechanical resistance of
the chondron wall in contrast to the surrounding cartilage structures. A second observation of similar nature was made in the
case of a fatal traffic accident, where the subject, an eleven-
years-old boy, received a heavy mechanical trauma of the knee.
Examination of fresh-frozen sections of the epiphyseal cartilage
plate of the tibia revealed numerous discontinuities in the forms
of clefts and crevices. The cleavage plane was predominantly
across the columnae of the hypertrophic layer, but almost without
exception avoided the chondron structures. In other words, the
chondron was never cleaved, but always the extracellular space
around it (see Fig.1 and 2). This observation again clearly
points to the marked mechanical strength of the perilacunar rim
of the chondron, _i.e._ the collagen basket, thus providing support
for the thought that this intricate architectural element of cartilage might play an important role in the biomechanics of this
tissue.

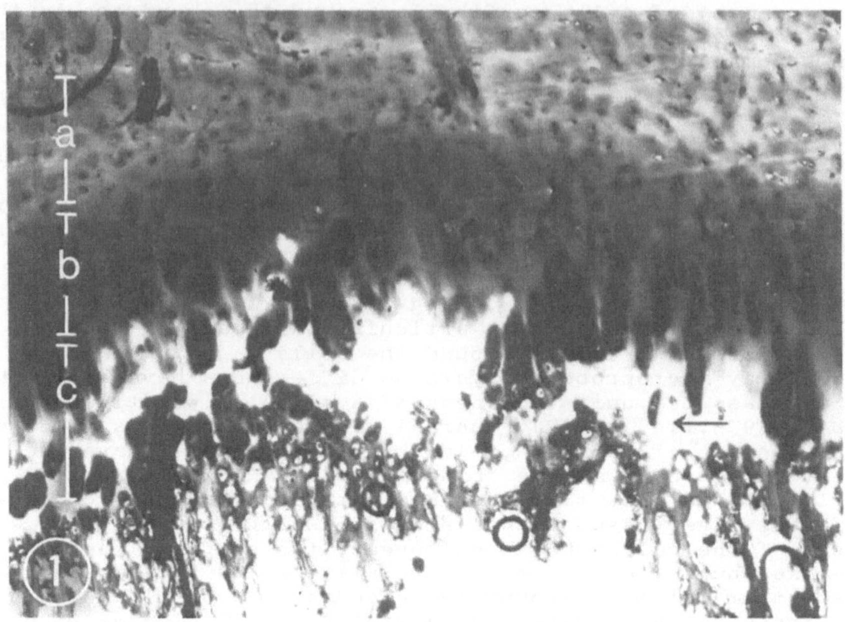

FIG.1. Epiphyseal cartilage plate of the tibia of an 11-years-
old boy after heavy mechanical trauma. Unfixed frozen section,
stained with azure A at pH 2. Magn.appr. 40 x; a, resting
zone; b, proliferating zone; c, hypertrophic zone. Note the
artificial cleavage of the tissue accross the hypertrophic
zone. Arrow points to an intact chondron (enlarged in fig.2).

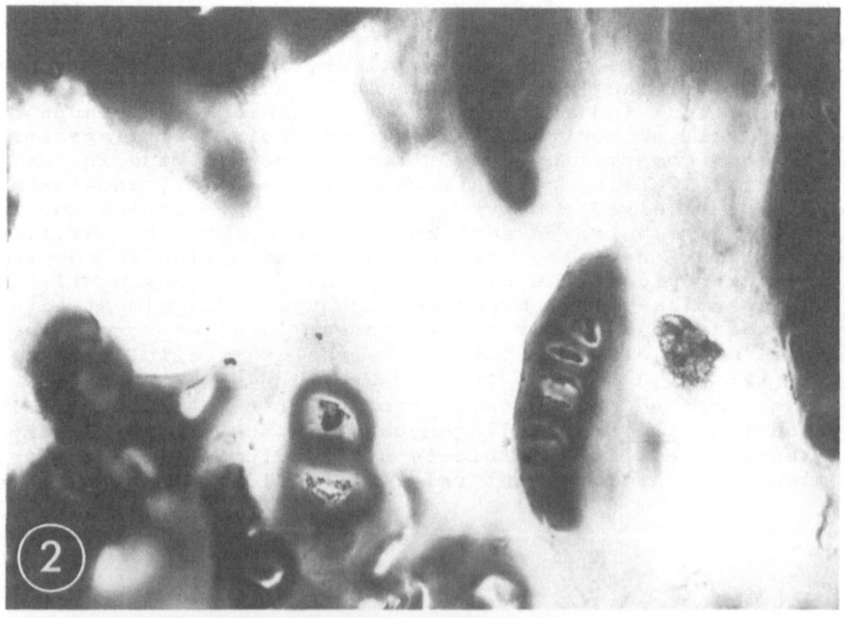

FIG.2. Intact chondron in traumatized epiphyseal cartilage.
Detail of fig.1,magn.appr. 250 x.

References.

BALAZS, E.A., SZIRMAI, J.A.:Quantitative determination of catio-
nic dyebinding in connective tissue. J.Histochem.Cytochem.
6,278-289 (1958a).
BALAZS, E.A., SZIRMAI, J.A.: Dyebinding and mucopolysaccharide
content in connective tissue. J.Histochem. Cytochem. 6,416-
424, (1958b).
BENNINGHOFF,A.:Uber den funktionellen Bau des Knorpels. Anat.
Anz. 55, Erg. Heft 250-267,(1922).
BENNINGHOFF,A.: Experimentelle Untersuchungen über den Einfluss
verschiedenartiger mechanischer Beanspruchung auf den Knorpel.
Verh.anat.Ges. Jena, 33, 194 (1924).
BENNINGHOFF,A.: Die modellierenden und formerhaltenden Faktoren
des Knorpelreliefs. Z.Anat.Entw.Gesch., 76, 43 (1925a).
BENNINGHOFF,A.: Form und Bau der Gelenkknorpel in Ihren Bezie-
hungen zur Funktion.
Zweiter Teil: Der Aufbau des Gelenkknorpels in seinen Be-
ziehungen zur Funktion. Z.Zellforsch.,2, 783-862 (1925b).
GALJAARD,H.: Histochemisch en interferometrisch onderzoek van
hyalien kraakbeen. Thesis, University of Leiden (1962).
GALJAARD,H., SZIRMAI, J.A.:Interferometric studies on cartilage
sections. J.Histochem.Cytochem.,9, 611-612 (1961).
GALJAARD,H., SZIRMAI, J.A.: Determination of the dry mass of
tissue sections by interference microscopy. J.roy.micr.Soc.,
84, 27-42 (1965).
HANSEN, Fr.C.C.:Untersuchungen über die Gruppe der Bindesub-
stanzen. I. Der Hyalinknorpel. Anat.Hefte, 27, 538-820 (1905).
MAROUDAS, A.: Physico-chemical properties of articular cartilage.
In: M.A.R. Freeman (Ed.),Adult articular cartilage. Pitman
Medical,London (1973).
MORNER, C.Th.; Histochemische Beobachtungen über die hyaline
Grundsubstanz des Trachealknorpels. Hoppe-Seylers.Z.physiol.
Chem.,12, 396-404 (1888).
SCHAFFER, J.: Die Stützgewebe.In Handbuch der mikroskopischen
Anatomie des Menschen, Bd II.Editor: W.v.Möllendorff,Springer
Verlag,Berlin (1930).
SZIRMAI, J.A.: Quantitative approaches in the histochemistry
of mucopolysaccharides. J.Histochem.Cytochem.,11, 24-34(1963).
SZIRMAI, J.A.: Structure of Cartilage.In: Aging of Connective
and Skeletal Tissue,Engel,A. and Larsson,T.(eds).T.Nordiska
Bokhandelns Förlag,Stockholm (1969).
SZIRMAI, J.A.,Structure of the intervertebral disc. In: Chemistry
and Molecular Biology of the Intercellular Matrix,E.A.Balazs
(ed.),Vol.3, Academic Press,London and New York (1970).
SZIRMAI, J.A.,BALAZS,E.A.: Metachromasia and the quantitative
determination of dyebinding. Acta histochem. Suppl.Bd.,56-79
(1958).
SZIRMAI, J.A., DOYLE,J.: Quantitative histochemical and chemical
studies on the composition of cartilage. J.Histochem.Cytochem.,
9, 611,(1961).

Die Expansion des Discus intervertebralis bei Osteoporose

P. Otte

Die Expansion des Discus intervertebralis (D.i.) ist in exzessiver
Form ein schon lange bekanntes Phänomen bei der schweren Osteoporose (Fischwirbel). Die leichtere bikonkave Einbuchtung der Schlußplatten der Wirbelkörper fand als pathognomonisches Röntgen-Krite-
rium erst später Beachtung (BARNETT u. NORDIN). Für uns ist die
Discusexpansion unter zwei verschiedenen Aspekten interessant. Es
sind dies
   1. das regelwidrige Verhalten der Biopolymere und
   2. die biomechanische Auswirkung auf das Bewegungssegment.

Übereinstimmend werden regressive Veränderungen beschrieben, die
auf eine altersabhängige Verminderung der Proteoglykane (BUDDECKE
u. SZIEGOLEIT, GOWER u. PEDRINI, HALLEN, LYONS et al., NAYLOR)
und eine Wasserverarmung (HENDRY, PÜSCHEL) hinauslaufen. Zweifel-
los ist die Verminderung des Quellungsvermögens und des intradiskalen Druckes Ausdruck der gleichen Tendenz. Vergleichende Untersuchungen der Bandscheiben bei Osteoporose liegen nicht vor. Es
sind lediglich in den hohen Altersgruppen einige Ausnahmen vom
Trend zur Wasserverarmung aufgefallen (COVENTRY et al.)

Wir haben an ausgesuchten seitlichen Röntgenbildern der Lendenwirbel-
säule mit regulärem Befund versucht, die Volumenveränderungen des
D.i. radiometrisch zu erfassen (GOIHL). Bei je 50 Männern und
Frauen in fünf Altersklassen wurden die vorderen (v.) und hinteren
(h.) Wirbelkanten-Distanzen und der sagittale Durchmesser vermessen
(Abb. 1).

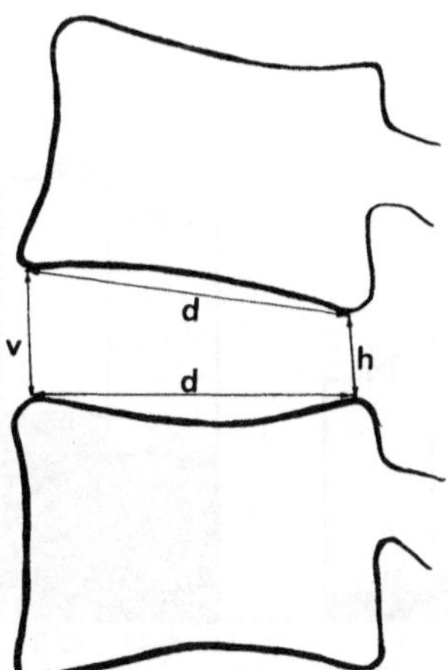

Abb. 1 Meßstrecken für die Radiometrie des Discus

Aus den Daten ergab sich auch in grober Annäherung ein Maß für die
Abbildungsfläche des D.i. (F). Die Ergebnisse sind als Mittelwerte graphisch dargestellt (Abb. 2)

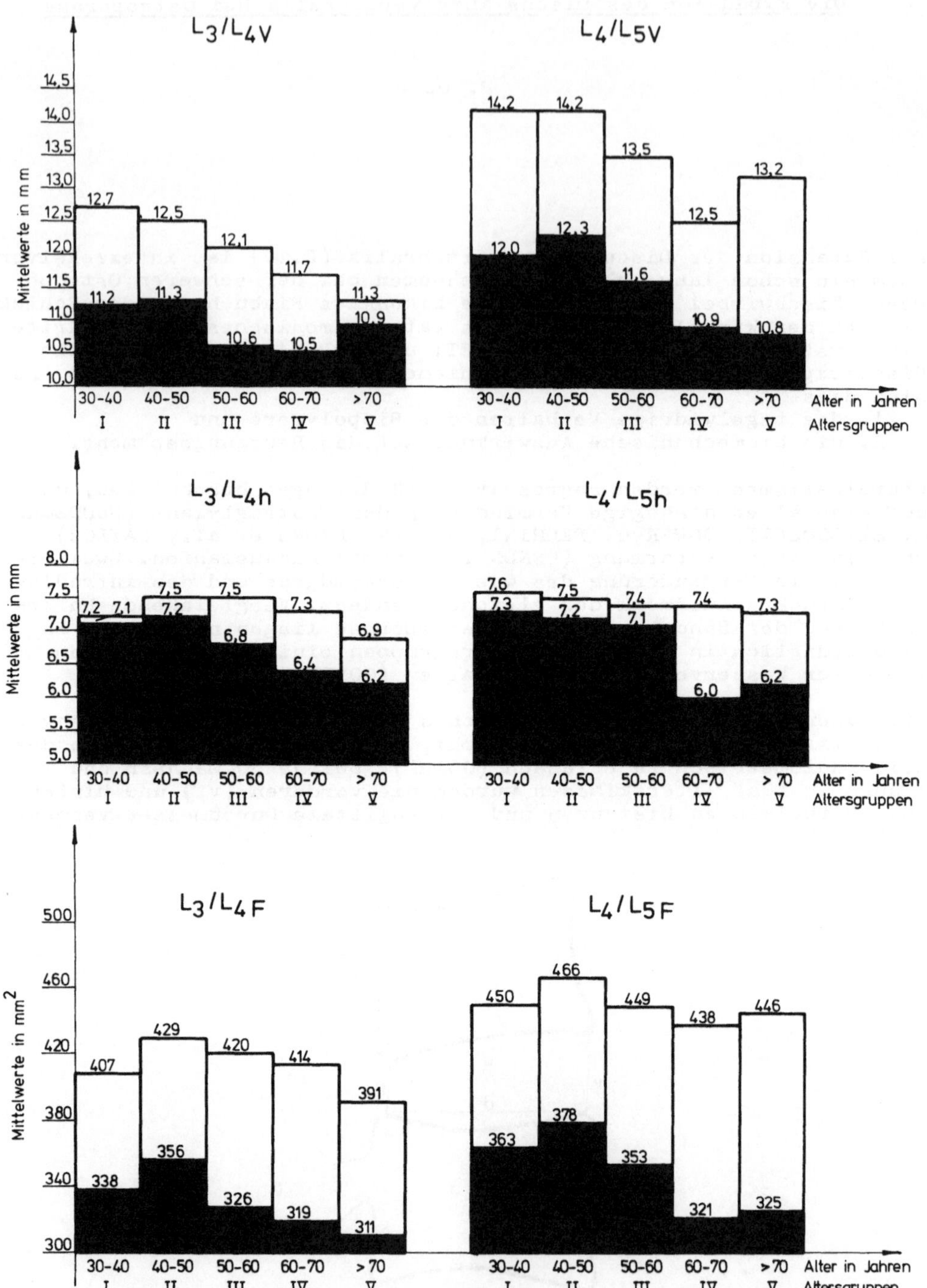

Es zeigt sich bei L 3/4 deutlicher als bei L 4/5

1. ein Gipfel bei der 2. Altersgruppe und
2. bei der erwarteten Altersregression eine Uneinheitlichkeit in der 5. Altersgruppe.

Der Gipfel zwischen dem 40. und 50. Lebensjahr paßt zwar nicht zu
den zahlreichen Beschreibungen der Morphologen von der viel früher
einsetzenden Desintegration des Discus (Übersicht bei KUHLENDAHL
u. RICHTER(, besonders des Nucleus pulposus (HORTON). Andererseits
spiegelt er aber die biochemischen und physikalisch-chemischen
Daten der "Hochwassermarke" (ÜBERMUTH), so den Maximalgehalt an
Hexosamin (MITCHELL et al.) oder den größten intradiskalen Quellungsdruck (BUSH et al.) um das 40. Lebensjahr.

Die bei den über 70-jährigen wieder ansteigenden Mittelwerte könnten
die unter Normalbefunden versteckten Discusexpansionen andeuten.
Die einfache Methode der Radiometrie eignet sich somit hinreichend
zur Registrierung von Zustandsänderungen des D.i.

Auf dem Hintergrund dieser Mittel- (und Normal-) Werte konnten wir
bei frühen und mittelgradigen Osteoporosen Verbreiterungen von
Zwischenwirbelräumen feststellen, bei denen die Wirbelkanten-Distanzen außerhalb der doppelten Standardabweichung lagen (Abb. 3).

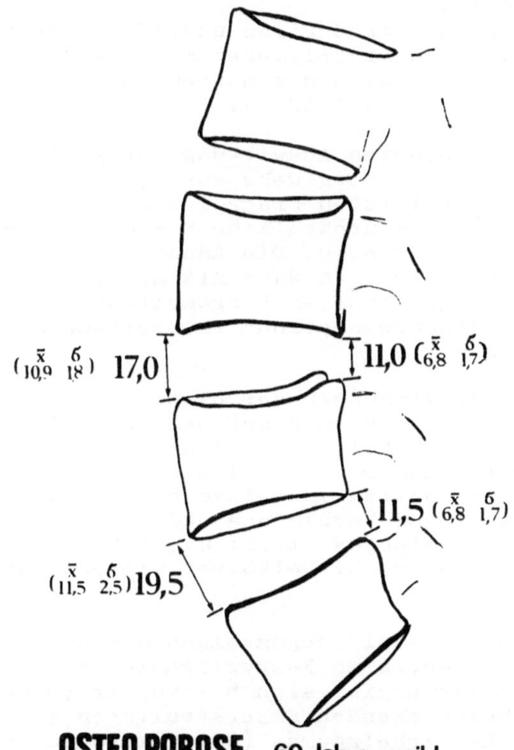

Abb. 3 Röntgenskizze mit Discusexpansion (Wirbelkantendistanz
        außerhalb der doppelten Standardabweichung der Normalwerte)

Diese Befunde ermöglichen die Ablehnung der bisher allgemein akzep-
tierten Deutung im Sinne einer komplementären Raumausfüllung. Hierbei soll lediglich der präexistente Quellungsdruck durch die osteo-
porotische Nachgiebigkeit der Schlußplatten ausgeglichen werden.
Statt dessen zeigt die "Liftung" eine aktuell hervorgebrachte Raumforderung an, und zwar schon vor der Möglichkeit zur Konkavierung
der Wirbelkörper.
Zum Zwecke einer eindeutigen Bestätigung des Sachverhaltes hat

JUNG auf meine Veranlassung über 200 Osteoporose-Fälle der Rheuma-
Klinik Bad Kreuznach mit erweitertem Programm radiometrisch untersucht und einer Kontrollgruppe gegenübergestellt. Die Diagnose war
unabhängig von uns aufgrund der üblichen Kriterien (vermehrte
Transparenz, strähnige Bälkchenzeichnung und stärker hervortreten-
de Rahmenstruktur im Sinne eines gesteigerten corticospongiösen
Kontrastes) gestellt worden. In allen Fällen lag der Bikonkavitäts-
Index innerhalb der Normgrenze von 80% (BARNETT u. NORDIN). Alle
gemessenen Strecken und Flächen, die Rückschlüsse auf das Volumen
des D.i. zulassen, lagen signifikant (Institut für medizinische
Statistik und Dokumentation Mainz) über der Kontrollgruppe.

Wir ziehen aus den Ergebnissen den Schluß, daß dem Prozeß der
Osteoporose Veränderungen im Bindegewebssystem der Bandscheibe
parallel gehen, die einen Massenzuwachs bewirken. Hieraus ergeben
sich folgende Fragen:
1. Beruht die Discusexpansion bei der Osteoporose auf einer
   Änderung der äußeren Quellungsparameter oder liegt eine
   Veränderung im Syntheseprogramm der Biopolymere vor mit
   den Möglichkeiten:
   a) Steigerung der Produktion unveränderter Biopolymere
   b) Produktion von Biopolymeren mit gesteigerter Wasser-
      bindungskapazität und erhöhtem Quellungsdruck,
   c) Kombination von a) und b).

2. Ist die Discusexpansion Auswirkung der gleichen Störung, die
   am mineralisierten Stützgewebe zur Osteoporose führt?
Die Berechtigung zu der letzten Frage ist aus den vergeblichen
Bemühungen abzuleiten, das ursächliche Moment in einer Störung
des Kalzium-Haushalts zu finden. Die Annahme einer generalisierten
Normabweichung von Biopolymeren wäre als Arbeitshypothese berech-
tigt, wenn sich die Eigenschaften "Begünstigung der Quellung" und
"Begünstigung der Knochenresorption" theoretisch auf eine SToff-
gruppe beziehen lassen.

Die biomechanischen Auswirkungen der Discusexpansion schlagen in
den klinischen Bereich durch. Die auf den anatomischen aufbau
projizierbare Aufgabe des D.i. besteht darin, zwei benachbarte
Wirbel beweglich miteinander zu verbinden und dabei mit ausreichen-
der Festigkeit die Freiheitsgrade einzuschränken. Der Faserring
bewirkt die Festigkeit der Verbindung und die Limitierung der
Bewegung. Der Nucleus pulposus stellt das inkompressible Hypomoch-
lion dar, auf dem der obere Wirbelkörper wippend oder schaukelnd
gelagert ist (Abb. 4).

Im Lendenteil der Wirbelsäule begünstigen die Dehnungs- (Entfal-
tungs-) Reserven der ventralen Faserringanteile die lordosierende
Bewegung (FICK). Daraus ergibt sich bei voller (hydrostatischer)
Anspannung aller überbrückenden Faserstrukturen eine lordosierende
Spreizung des Zwischenwirbelraumes (Spreizlordose) (Abb. 5) mit
zunehmender Einengung der Kyphosierbarkeit (OTTE). Schließlich
entsteht eine fixierte Lendenlordose, die insofern irreversibel
ist, als die Raumforderung des D.i. bestehen bleibt. Der Drehpunkt
verlagert sich dabei dorsalwärts und ist am Ende im Kontaktbereich
der Dornfortsätze zu lokalisieren.

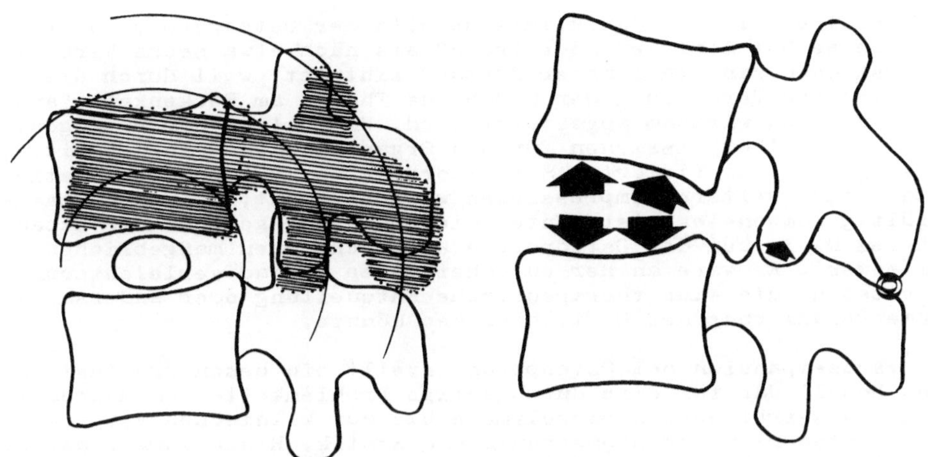

Abb. 4 Schematische Darstellung der Hypomochlion-Funktion des
Nucleus pulposus.

Abb. 5 Die Spreizwirkung der Discus-Expansion (Spreizlordose)
mit Verlagerung des Drehpunktes auf den Dornfortsatz-Kontakt.

Die zunehmende Hyperlordose kommt in Konflikt mit der Statik.
Zur Balance ist eine Vorverlagerung der Schwerelinie notwendig,
was zunächst durch eine Vorbeugung des Rumpfes mit Kyphosierung
der Brustwirbelsäule angestrebt wird. Hierbei verlagert sich jedoch das Kräftespiel zwischen dem Expansionsdruck des D. i. und
dem Gegendruck der Schlußplatten des Wirbelkörpers zu Ungunsten
der knöchernen Elemente. Letztere geben dem druckfesten Discus
allmählich (Konkavierung durch remodellierenden Umbau oder Micro-
frakturen) oder abrupt (Kompressionsbruch) nach. Hierzu sind die
Belastungen und Bewegungen des täglichen Lebens ausreichend.
(Abb. 6)

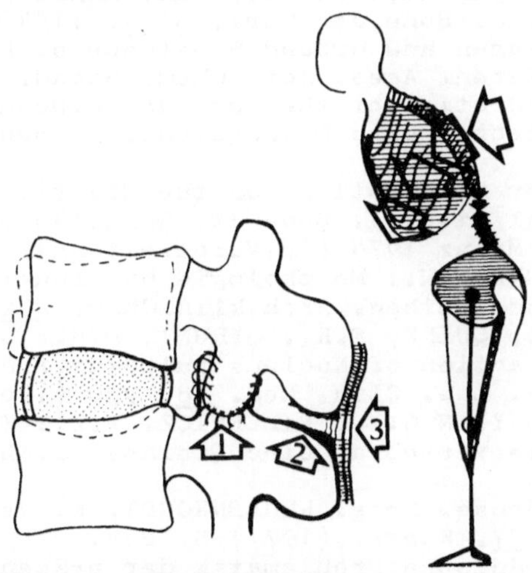

Abb. 6 Die Biomechanik der Wirbelkompression auf dem Boden der
fixierten Spreizlordose einerseits und der Korrektorbestre-
bung durch Kyphosierungstendenz des Rumpfes andererseits.

Nach URIST et al. ist das klinische Bild der Osteoporose insofern ein sich selbst limitierender Prozeß als nach etwa sechs Wirbelkompressionen ein stationärer Zustand eintritt, weil durch die resultierende Verkürzung der knöcherne Thorax am Beckenkamm "ankommt" und nun wirksam abgestützt wird. Wir halten dem entgegen, daß die Wirbelkompressionen für den Organismus das einzige Mittel zum Ausgleich der fixierten Spreizlordose darstellen. Der stationäre Zustand ohne weitere Kompressionen wird erreicht, wenn die Statik endgültig kompensiert ist. Unter diesem Aspekt gewinnt die Expansion des D. i. bei der Osteoporose klinisch einen maßgeblichen Stellenwert. Er wäre an der entscheidenden Verlaufserleichterung zu ermessen, die eine therapeutische Entquellung oder andersartige Volumenreduzierung des D. i. bewirken könnte.

Die Discusexpansion bei Osteoporose stellt ein besonders instruktives Modell dar für eine durchgängige Problemkette vom Makromolekül der wasserbindenden Biopolymere bis zur klinischen Symptomatik in den Kategorien der Biomechanik und Statik. Hinzu kommt, daß sie einen Ansatzpunkt für die Interpretation der Osteoporose als generalisierte Affektion der Biopolymere liefert.

Literatur

BARNETT, E., NORDIN, B.E.C.: The Radiological Diagnosis of Osteoporosis. Clin. Radiol. 11, 166 (1960).

BUDDECKE, E., SZIEGOLEIT, M.: Isolierung, chemische Zusammensetzung und altersabhängige Verteilung von Mucopolysacchariden menschlicher Zwischenwirbelscheiben. Hoppe-Seyler's Zschr.physiol. Chem. 337, 6678 (1964).

BUSH, H.D., HORTON, W., SMARE, D., NAYLOR, A.: Fluid Content of the Nucleus pulposus as a Factor in the Disc Syndrome. Brit.Med.J. 2, 81-83 (1956).

FICK, R.: In Handbuch der Anatomie und Mechanik der Gelenke, Tl. III. Jena 1911.

GOIHL, M.L.: Radiometrische Untersuchungen zum Normalverhalten der unteren lumbalen Zwischenwirbelräume. Diss. Hamburg 1971.

GOWER, W.E., PEDRINI, V.: Age Related Variations in Proteinpolysaccarides from Human Nucleus Pulposus, Annulus Fibrosus and Costal Cartilage. J. Bone Jt. Surg. 51 A, 1154-62 (1969).

HALLEN, A.: The Collagen and Ground Substance of Human Intervertebral Disc at Different Ages. Acta Chem. Scand. 16, 705 (1962).

HENDRY, N.G.: The Hydration of the Nucleus Pulposus and it's Relation to Intervertebral Disc Derangement. J. Bone Jt. Surg. 40 B, 132 (1958).

HORTON, W.G.: Further Observations on the Elastic Mechanism of the Intervertebral Disc. J. Bone Jt. Surg. 40 B, (1958).

JUNG, H.: -.- Diss. Mainz 1974 (in Vorbereitung).

KUHLENDAHL, H., RICHTER, H.: Morphologie und funktionelle Pathologie der Lendenbandscheiben. Arch.klin.Chir. 272, 519 (1952).

LYONS, H., JONES, E., QUINN, F.K., SPRUNT, D.H.: Changes in the Polysaccharide Fraction of Nucleus pulposus from Human Intervertebral Disc. J. Lab. Clin. Med. 68, 930 (1966).

MITCHELL, P.E.: HENDRY, N.G.W., BILLEWICZ, W.Z.: The Chemical Background of Intervertebral Disc Prolaps. J. Bone Jt. Surg. 43 B, 141 (1961).

OTTE, P.: in Osteoporose. Hrsg. KUHLENKORDT, F. Verh. Dtsch.Ges. Orthop. Traumat. 57. Kongr. (1971) S. 239.

OTTE, P.: Die orthopädische Problematik der präsenilen Osteoporose. Zschr.Rheumaforschg. 31, 388-400 (1972).

OTTE, P.: Biomechanische Aspekte der präsenilen Osteoporose. Orthop. Praxis (in Druck).

PÜSCHEL, J.: Der Wassergehalt normaler und degenerierter Zwischen-
   wirbelscheiben. Beitr.path. Anat. 84, 123-130 (1930).
ÜBERMUTH, H.: Die Bedeutung der Altersveränderungen der menschlichen
Bandscheiben für die Pathologie der Wirbelsäule. Arch.Klin.Chir.
   156, 567 (1929).
URIST, M.R., GURVEY, M.S., FAREED, D.O.: Long Observations on
   Aged Women with Pathologic Osteoporosis. Osteoporosis, Hrsg.
   U.S. BARZEL, New York 1970, S. 3

<u>Biomechanische Veränderungen im Zwischenwirbelabschnitt des Menschen und ihre Bedeutung für die Behandlung und Prävention bandscheibenbedingter Erkrankungen</u>*

J. Krämer

Die Bandscheiben des erwachsenen Menschen zählen auf Grund ihrer Blutgefäßlosigkeit zu den sogenannten bradytrophen Geweben.

Im Gegensatz zu anderen Geweben dieser Art, wie zum Beispiel beim Rippen-, Ohr- und Synchondrosenknorpel, bestehen die biomechanischen Besonderheiten des Bandscheibengewebes darin, daß beim Stofftransport von den paravertebralen Blutgefäßen zu den Fibroblasten und Knorpelzellen im Bandscheibenzentrum lange Wegstrecken und semipermeable Grenzschichten zu überwinden sind und daß der Zwischenwirbelabschnitt anhaltenden Druckbelastungen ausgesetzt ist.

Unter diesen Bedingungen müssen Stoffwechselsubstrate, wie Glukose, freie Fettsäuren, Aminosäuren, Salze, Wasser und andere niedermolekulare Stoffe, in den Bandscheibeninnenraum gelangen, andererseits werden die Stoffwechselschlacken wieder abtransportiert.

Wir haben mit autoradiographischen Untersuchungen und Farbdiffusionsversuchen nachweisen können, daß dieser Stoffaustausch im Zwischenwirbelabschnitt bestimmten Gesetzmäßigkeiten unterliegt und durch eine Art Pumpmechanismus gefördert wird.

Die Versuche haben gezeigt, daß der Zwischenwirbelabschnitt ein osmotisches System darstellt (Abb. 1). Druckabhängige Flüssigkeitsverschiebungen fördern den Stoffaustausch in der Bandscheibe. Selektiv-permeable Grenzschichten, das sind Anulus fibrosus und Knorpelplatten, trennen intra- und extradiscales Interstitium. Auf der Bandscheibe lastet ein ganz bestimmter hydrostatischer Druck. Das Makromolokülgemisch im Bandscheibeninnenraum, bestehend vorwiegend aus Mucopolysacchariden, übt einen ganz bestimmten kolloidosmotischen bzw. onkotischen Druck aus, den man auch als Ansaugkraft bezeichnen kann.

---

* Aus der Orthopädischen Klinik und Poliklinik der Universität Düsseldorf
Direktor: Prof. Dr. Kh. Idelberger

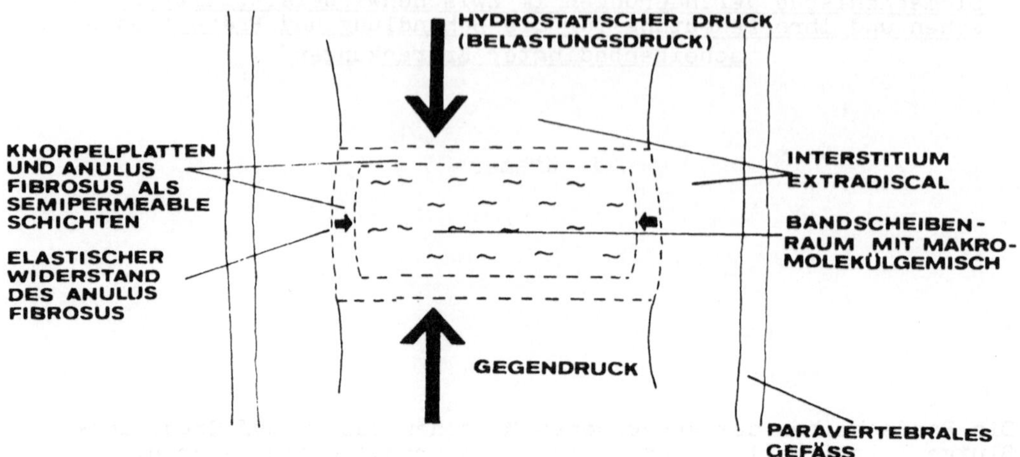

Abb. 1   Der Zwischenwirbelabschnitt als
osmotisches System

Auf Grund der Konzentrations- und Druckunterschiede im Zwischenwirbelabschnitt ergibt sich folgende Wechselbeziehung zwischen in-
tra- und extradiscalem Raum:

Hydrostatischer Druck extradiscal mal onkotischem Druck intradiscal
stehen im Gleichgewicht mit dem hydrostatischen Druck intradiscal
mal onkotischem Druck extradiscal.

Das heißt, der Gewebsdruck in der Bandscheibenumgebung zusammen mit
der Ansaugkraft des Bandscheibengewebes stehen auf der einen und
Gewebsdruck in der Bandscheibe bzw. intradiscaler Druck zusammen
mit der Bandscheibenumgebung auf der anderen Seite. Gewinnt ein
Partner das Übergewicht, so kommt es zu Flüssigkeits- und Substanz-
verschiebungen.

Variabel in diesem System ist vor allem der hydrostatische Druck
intradiscal, das heißt der Bandscheibenbelastungsdruck oder kurz
intradiscaler Druck genannt.

Belastung über 80 kp bedeutet Flüssigkeitsabgabe, bei einem intradiscalen Druck unter 80 kp wird Flüssigkeit aufgenommen. Übertragen
auf die intradiscalen Druckmessungen von NACHEMSON sieht es so aus,
daß die Banscheiben beim Liegen Flüssigkeit aufnehmen und beim Stehen, Sitzen, Tragen usw. Flüssigkeit abgeben.

Der Stoffaustausch im Zwischenwirbelabschnitt wird durch regelmäßigen Wechsel zwischen Be- und Entlastung beschleunigt. Jede Haltungskonstanz, sei es im Sitzen, Liegen oder Stehen, führt nach einer bestimmten Zeit zum Sistieren der druckabhängigen Flüssigkeitsverschiebungen.

Haltungskonstanz wirkt sich besonders dann nachteilig auf den Stoffaustausch im Zwischenwirbelabschnitt aus, wenn Körperpositionen
eingenommen werden, bei denen der intradiscale Druck sehr groß ist,
wie zum Beispiel in der vorderen Sitzhaltung mit Vertikaleinstel-
lung der Wirbelsäule in Totalkyphose (Abb. 2).

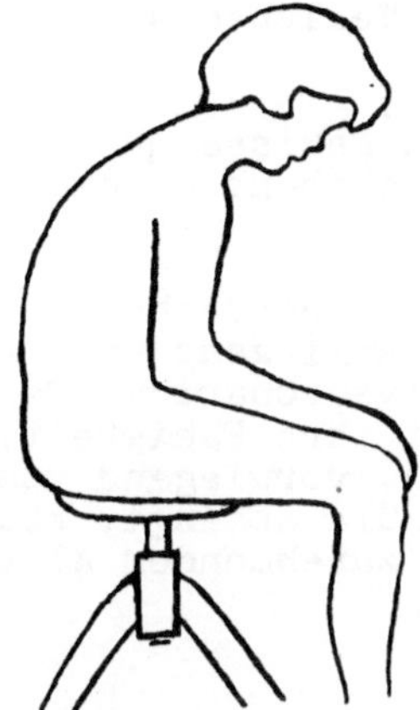

Abb. 2   Vordere Sitzhaltung,
           hoher Bandscheibeninnendruck

Geeignet für die Bandscheiben erscheinen zum Beispiel alle Sitzhaltungen, bei denen der intradiscale Druck niedrig ist, wie zum Beispiel in der entlastenden Sitzhaltung mit 45° Schrägstellung der Rückenlehne (Abb 3). Auch rhythmische Streckübungen, Schwimmen und Bewegungsübungen aller Art bedeuten eine bessere Durchsaftung des Bandscheibengewebes.

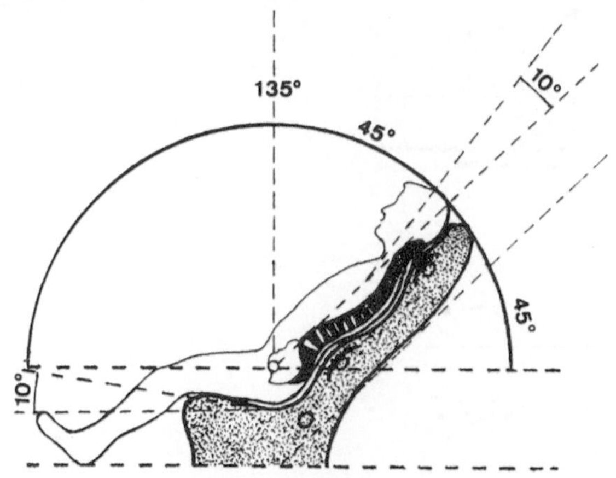

Abb. 3   Entlastende Sitzhaltung,
           niedriger Bandscheibeninnendruck

Entsprechend der vorhin aufgestellten Wechselbeziehung zwischen hydrostatischem und onkostatischem Druck haben auch biochemische Veränderungen im Bandscheibengewebe Rückwirkungen auf die Biomechanik des Bewegungssegmentes.

Zunahme der Teilchenzahl, vor allem der osmotisch wirksamen Moleküle, bedeutet vermehrte Ansaugkraft mit Flüssigkeitsaufnahme und

Quelldruckerhöhung. Abnahme der Teilchenzahl bedeutet Wasserverlust und Austrocknung.

Im Laufe des Lebens stellen sich gewisse qualitative und quantitative Veränderungen in der Bandscheibenbiochemie ein, die das osmotische System beeinflussen.

Ein charakteristisches Zeichen der Bandscheibenalterung beim Menschen ist neben der Zunahme des Kollagens und der nichtkollagenen Proteine die Abnahme der Mucopolysaccharide. Da die Hydrationskraft der Bandscheibe, das heißt ihre Fähigkeit, Wasser auch bei starker Druckbelastung zu halten, vorwiegend von der Anzahl und Größe der Mucopolysaccharidmoleküle abhängt, reduziert sich der intradiscale onkotische Druck mit zunehmendem Alter; die Bandscheiben trocknen aus.

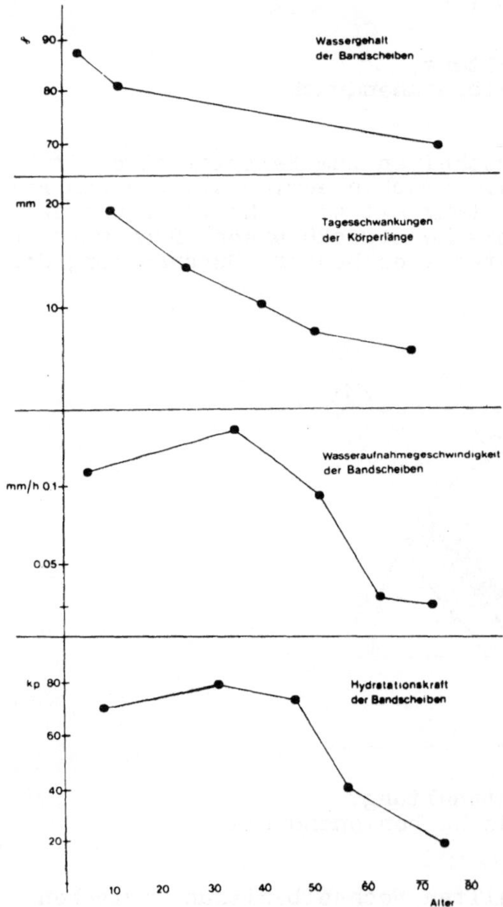

Abb. 4   Veränderungen im Wasserhaushalt der Bandscheiben mit zunehmendem Alter

Die Abnahme der wasseranziehenden Mucopolysaccharide im Zwischenwirbelabschnitt ist auch an der Verringerung der Wasseraufnahmegeschwindigkeit und der Hydratationskraft der Bandscheiben zu erkennen (Abb. 4).

Wir haben den Quelldruck und die Wiederaufrichtungsgeschwindigkeit von komprimierten Bandscheiben bei Individuen verschiedener Altersgruppen gemessen. Erwartungsgemäß war die Quellkraft der Bandscheiben bei Jüngeren größer als bei Älteren; aber auch Bandscheiben von Individuen mittlerer Altersgruppen zeigten erstaunlich hohe Quelldruck- und Wiederaufrichtungsdruckwerte. Im mittleren Lebensalter kommt es durch vermehrten Zerfall von Makromolekülen im Bandscheibeninnenraum über eine Zunahme der Molekülzahl, nämlich der Spaltprodukte, zu einer vorübergehenden Steigerung des onkotischen Druckes und damit auch des Quelldruckes.

Ein hoher Quelldruck im Bandscheibengewebe ist zwar vorteilhaft für die Elastizität und Beweglichkeit des Zwischenwirbelabschnittes; es sind jedoch auch Gefahren damit verbunden. Bei vermindertem Widerstand der begrenzenden Bandscheibenstrukturen kann es dort zu Einbrüchen und Vorwölbungen kommen, wie wir sie bei osteoporotischen Wirbelkörpereindellungen, Schmorl'schen Impressionen und Bandscheibenprotrusionen bzw. -prolapsen sehen. Der Quelldruck des Bandscheibengewebes bestimmt außerdem Ausmaß und Härte einer Protrusion.

Zwischen dem 30. und 50. Lebensjahr haben wir die biomechanische Konstellation, daß der Bandscheibenring bereits Risse und Lockerungen zeigt, die Quellkraft des Gallertkernes jedoch noch weitgehend erhalten bzw. sogar erhöht ist. Die Folge, es kommt leicht zu Verlagerungen von Bandscheibengewebe, eventuell zum Bandscheibenvorfall.

Die experimentell ermittelten Werte stimmen mit der klinischen Beobachtung überein, daß behandlungsbedürftige Bandscheibensyndrome, vor allem lumbale Bandscheibenvorfälle, um das 40. Lebensjahr herum besonders häufig vorkommen.

Um die Phase der größten Beschwerdehäufigkeit abzukürzen bzw. nicht erst entstehen zu lassen, kann man die Austrocknung und Fibrosierung der gefährdeten Zwischenwirbelabschnitte durch Instillation geeigneter Substanzen in die Bandscheiben vorzeitig erreichen. In erster Linie gilt es, den hohen Quelldruck des Bandscheibengewebes im mittleren Lebensabschnitt zu reduzieren.

Diese Möglichkeit besteht zum Beispiel mit der Instillation des Chymopapains. Es handelt sich hierbei um proteolytisches Ferment, das zu einer enzymatischen Auflösung des Bandscheibengewebes führt. Der Behandlungserfolg soll laut Literaturangaben in 76 % der Fälle gut sein. Diese Methode ist nicht ganz ungefährlich, da das Chymopapain paradiscal oder sogar intrathecal appliziert ebenso zerstörend wirkt wie in der Bandscheibe. Als Nebenwirkung werden subarachnoidale Blutungen, diffuse Hämorrhagien, Nekrosen und Rückenmarkalterationen beschrieben.

Wir testen zur Zeit eine Reihe von Substanzen, die den Quelldruck des Bandscheibengewebes herabsetzen, ohne eine so starke zerstörerische Wirkung zu entfalten wie das Chymopypain.

So wissen wir zum Beispiel jetzt schon vom Protamin, Toluidinblau und Trasylol, daß sie die Sulfatgruppen der Mucopolysaccharide besetzen und deren Wasserbindungskapazität reduzieren. Unsere experimentellen Untersuchungen haben gezeigt, daß der Ausdehnungsdruck des Bandscheibengewebes durch diese Substanzen signifikant erniedrigt wird.

In Abb. 5 sieht man den mittleren Quelldruck, in kp gemessen, von lumbalen Bandscheiben nach Instillation von Trasylol - unten die durchgehende Linie - und darüber der Quelldruck von unvorbehandelten Kontrollbandscheiben.

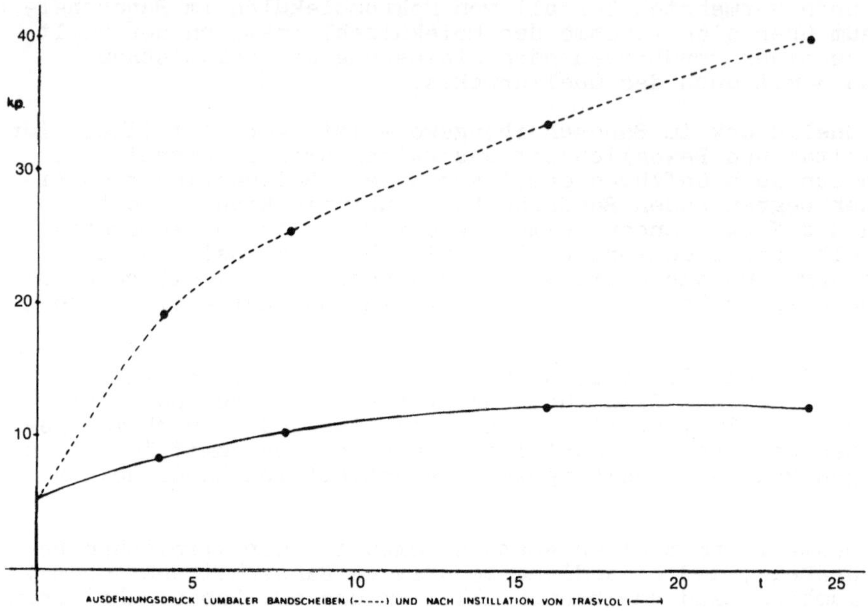

Abb. 5

Die klinischen Untersuchungen dauern zur Zeit noch an. Patienten mit lumbalen Bandscheibenprotrusionen, denen wir das Trasylol in die erkrankte Bandscheibe instillierten, gaben bisher eine deutliche Beschwerdebesserung an.

Die Zahlen und Beobachtungszeiträume sind bisher allerdings noch zu klein, um eine gültige Aussage über diese Behandlungsmethode machen zu können.

Das Trasylol ist im Vergleich zum Chymopapain eine relativ harmlose Substanz, die schon lange im klinischen Gebrauch ist und nach intramuskulöser, intravenöser und sogar intrathecaler Applikation keine Schäden anrichtet.

Abschließend ist festzustellen, daß Biochemie, Biomechanik und klinische Symptomatik in der Bandscheibe eng aneinander gekoppelt sind. Es ergeben sich sowohl auf orthopädischem Gebiet, wie zum Beispiel durch bestimmte Verhaltensweisen beim Sitzen und durch den regelmäßigen Wechsel zwischen Be- und Entlastung, als auch auf biochemischem Gebiet, wie zum Beispiel mit der Instillation geeigneter Substanzen, Hinweise für eine wirksame Therapie und Prophylaxe bandscheibenbedingter Erkrankungen.

Zur Vertiefung der bisher gewonnenen Erkenntnisse sind allerdings noch weitere klinische und experimentelle Untersuchungen erforderlich, die wir mit Hilfe der Deutschen Forschungsgemeinschaft auch weiterhin durchführen wollen.

<u>English Summary</u>

Fluid exchange in the intervertebral disc

Because of missing vessels the human intervertebral disc is nourished by diffusion simular to other bradytrophic tissues as for instance articular cartilage and cartilage of the ribs or ear. Special circumstances make the diffusionrate in the intervertebral disc difficult.
First there are long distances between the next para- and intervertebral vessels and the nucleus pulposus. Second there are selective permeable and dense tissue structures in the borders of the disc, between the dic and its surroundings and third the disc tissue ist constantly comprimed by pressures between 100 and 1 000 kp. Under these conditions expecially the cells in the disc - as there are Fibroblasts and chondrocyts - suffer and produce tissue of low quality and quantity. For the synthesis of the extracellular structural elements the disc-cells need low molecular substrates like Glucose, Aminocids, Salts etc.
On the other side the waste materials have to leave the disc.
The metabolism in the disc is not so bradytrophic as estimated.
The metabolic turnover of the connective tissue in the disc counts days and weeks.
The half-life of the most mucopolysaccharid-molecules is only a few days, of the collagen a few weeks.
By autoradiographic investigations of transverse sections of intervertebral discs and other diffusion-experiments we found out, that the exchange of water and low molecular substances in the borders of the disc depend on a pumpmechanism of burdening and unburdening. These investigations have shown, that the inside of the disc, the vertebral cartilage, anulus fibrosus, paravertebral tissue and the spongiosa of the vertebral bodys represent an osmotic system.
Selective permeable tissues in the borders of the discs with dense structures divide the interstice intradiscal from the interstice extradiscal.
Based on the differences of concentration and pressure in the disc and its surroundings following relation can be formed up:

The hydrostatic pressure extradiscal	equalize	the hydrostatic pressure intradiscal
and		and
the oncotic pressure intradiscal		the oncotic pressure extradiscal

That means the hydrostatic pressure in the surroundings of the disc together with the suction power of the disc tissue are on one side and the hydrostatic pressure in the disc - the intradiscal pressure - together with the suctionpower of the tissue around the disc are on the other side.
Changing one of these factors means exchange of fluid and low molecular substances between the disc and its surroundings.
As we know of the invivo intradiscal measurements of NACHEMSON the hydrostatic pressure in the disc - that means the intradiscal pressure - has a great variability depending on the position of

the body.
Increasing of intradiscal pressure above 80 kp as for instance by
standing or sitting squeezes out the fluid and decreasing the pressure below 80 kp for instance by lying means uptake of fluid and
low molecular substances into the disc.
The frequent change between burdening and unburdening accelerates
the pumpmechanism and improves the metabolism of the intervertebral disc.

Literatur

KRÄMER, J.   Biomechanische Veränderungen im lumbalen
                                Bewegungssegment, Bd. 58 der Reihe "Die
                                Wirbelsäule in Forschung und Praxis,
                                Stuttgart 1973, Hippokrates.

Krämer, J.   Bandscheibenschäden, verhüten durch Vorbeu-
                                gen, München 1973, Goldmann

Krämer, J.   Stoffaustausch an der Bandscheibengrenze,
                                Berlin 1972, Verh. Dtsch. Orth. Ges.

NACHEMSON, A.   In vivo discometry in lumbar discs with ir-
                                regular nucleograms. Some difference in
                                stress distribution between normal and mo-
                                derately degenerated disc.
                                Acta Orthop. Scand. 36, 418-434, 1965

NACHAMSON, A.   The effect of forward leaning on lumbar
                                intradiscal pressure.
                                Acta Orthop. Scand. 35, 314-328, 1965

NACHEMSON, A.   Intradiscal measurements of pH in patients
                                with lumbar phizopathies.
                                Acta Orthop. Scand. 40, 23-42

NACHEMSON, A.,   In vitra diffusion of dye through the end-
LEWIN, T.,   plates and the anulus fibrosus of human
MAROUDAS, A.,   lumbar intervertebral discs.
FREEMAN, R.   Acta Orthop. Scand., 589-607, 1970

NAYLOR, A.   Changes of the disc with age.
                                Proc. Roy. Soc. Med. 51, 573, 1958

NAYLOR, A.   The biophysical and biochemical aspects of
                                intervertebral disc herniation and degene-
                                ration.
                                Annals of the Royal College of Surgeons of
                                England, 31, 91, 1962

Zusammenfassung der Diskussion zu III

Jayson bestätigt die Häufigkeit von Schmerzfasern an den Rückseiten der
Zwischenwirbelscheiben. Schmerzen können durch Vorwölben des Anulus
fibrosus nach hinten auch dann entstehen, wenn das hintere Ligament
dadurch nur gezerrt wird, aber nicht selbst beschädigt ist. Dieses Schmerzen
verursachende Vorwölben der Zwischenwirbelscheibe ist am Übergang von L 5
zu S 1 - von Lendenwirbelsäule zum Kreuzbein- leichter möglich, weil der
Gallertkern (nucleus pulposus) dort exzentrisch hinten liegt; in der oberen
Lendenwirbelsäule liegt er zentral. Wenn man Zwischenwirbelscheiben bis zum
Bersten belastet, so brechen sie in die Deckplatten der Wirbelkörper ein.
(Knorpelknötichen nach Schmorl und Junghans). Wenn die Zwischenwirbelscheiben
Defekte ihres Faserrings aufweisen, brechen sie an den Stellen dieser Defekte
wie bei einem Prolaps der Bandscheiben. Naylor bestätigt, dass nur die nach
hinten prolabierenden Diskushernien schmerzhaft sind. Muir weist auf Arbeiten
hin, aus denen hervorgeht, dass bei jungen Tieren das Kollagen des nucleus
pulposus vom Knorpeltyp ist, das des anulus fibrosus aber vom Kollagentyp I.
Bei älteren Menschen findet man eine Mischung beider Kollagentypen. Vielleicht
dringt Kollagen aus dem nucleus pulposus in den beschädigten anulus fibrosus
ein ?

IV. Biorheologie von Fasern/Biorheology of Fibers

Biorheologie fast reiner Faserstrukturen im Vergleich mit Probe-
stücken aus hyalinen Knorpel

G. ARNOLD und M. ZECH

A. Einleitung

Das Bindegewebe entwickelt sich aus dem Mesenchym und differenziert
sich in verschiedene Formen mit unterschiedlichen Funktionen. Nach
von ZAWISCH-OSSENITZ teilen wir die Bindegewebe in zwei große Gruppen ein : I. zellreiche Bindegewebe, II. faserreiche Bindegewebe.
Die letztgenannte Gruppe besteht aus 1. gallertartigen 2. lockeren
3. geflechtartigen und 4. straffen Bindegeweben. Unter fast reinen
Faserstrukturen sind Bindegewebe der II. Gruppe zu verstehen, bei
ihnen stehen die mechanischen Funktionen der Fasern im Vordergrund.

Bindegewebsfasern haben mechanische Aufgaben und dementsprechend
mechanische Eigenschaften. Es liegt daher nahe die Bindegewebsmechanik zu untersuchen. Solche Untersuchungen sind schon im vorigen
Jahrhundert und vereinzelt auch früher vorgenommen worden. Hinsichtlich der historischen Entwicklung sei auf die Veröffentlichung-
en hingewiesen von ELLIOT (1965), FUNG (1968) und HARTMANN (1966,
1972). - In den letzten Jahren ist die Bindegewebsmechanik stärker
als früher beachtet worden. Sie stellt schon aus der Sache heraus
ein interessantes Gebiet dar. Die Ergebnisse erweitern unsere Vor-
stellungen von der Funktionellen Anatomie. In einigen anwendungs-
orientierten Gebieten sind gewebsmechanische Untersuchungen an
Bindegewebsstrukturen (Sehnen, Bänder, Haut, Fascien u.a.) erforderlich, so z.B. in der Orthopädie, Sportmedizin sowie in der plastischen und Transplantationschirurgie. Am Rande seien Gerichtsme-
dizin und Unfallforschung erwähnt. - In den folgende Ausführungen
soll über unsere experimentellen Untersuchungen an faserreichen
Bindegeweben und die aus ihnen abgeleiteten Ergebnisse berichtet
werden.

B. Befunde

I. K r a f t - L ä n g e n ä n d e r u n g s - D i a g r a m m :
Spannen wir eine Sehne in eine elektronische Zugprüfmaschine ein
und üben einen Zug im einfachsten Fall mit konstanter Geschwin-
digkeit aus, so steigt die Kraft in charakteristischer Form an.
Bei graphischer Registrierung des Vorganges erhalten wir ein Kraft-
Längenänderungs-Diagramm (P-ΔL-D), das auch Kraft-Längenzunahme-
oder Kraft-Verlängerungs-Diagramm genannt wird. Ist die vorgegebene
Längenzunahmegeschwindigkeit (Eingangsfunktion, Eingangssignal)
konstant, so läßt sich gemäß der Beziehung Geschwindigkeit gleich
Weg- durch Zeitdifferenz mit entsprechender Skalierung ein Kraft-
Längenänderungs-Diagramm leicht in ein Kraft-Zeit-Diagramm und um-
gekehrt verwandeln. Ein bis zur vollständigen Kontinuitätsdurch-
trennung abgelaufenes Kraft-Längenänderungs- bzw. Kraft-Zeit-Dia-
gramm bezeichnet man als Zerreiß-Diagramm. An Sehnen, Fascien und
Bändern sind wiederholt Dehnungs- und Zerreißversuche vorgenommen
worden : WÖHLISCH, du MESNIL de ROCHEMONT und GERSCHLER 1927,
CRONKITE 1936, ROLLHÄUSER 1950, STUCKE 1950, ELDEN 1964, BENEDICT,
WALKER und HARRIS 1968, VIIDIK 1969, BLANTON und BIGGS 1970 sowie
JÄGER 1970. In diesem Zusammenhang sei auf einige beachtenswerte
Punkte hingewiesen. Über die Schwierigkeiten, biologische Gewebe
einzuspannen, haben wir früher berichtet (ARNOLD 1972, ARNOLD und

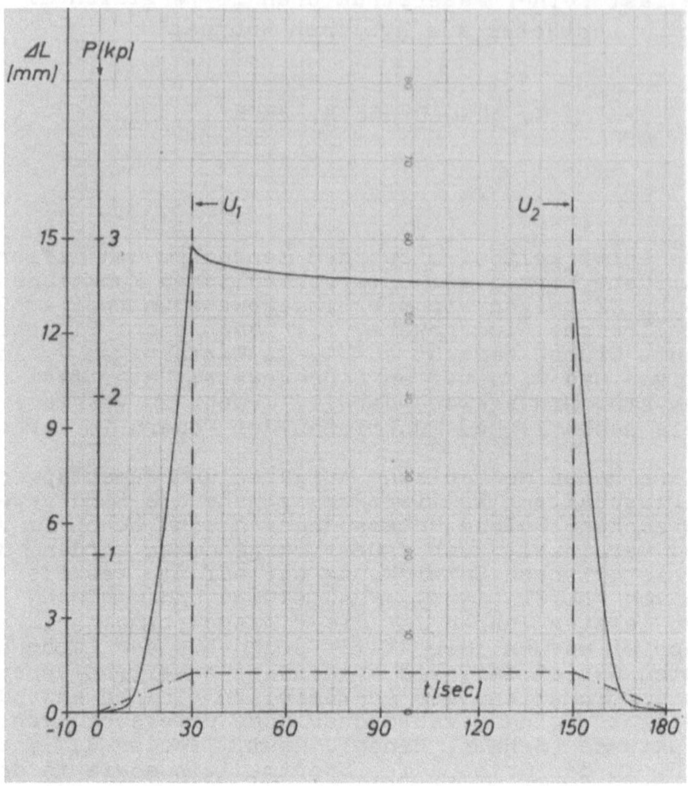

Abb. 1 : Sehne des M. extensor digitorum longus V sinister (Sehne des langen Zehenstreckmuskels zur V. Zehe am linken Fuß) einer 40 jährigen sezierten Frau. Weg-Zeit-Diagramm (Strich-Punkt-Linie) als Eingangssignal (Eingangsfunktion). Kraft-Zeit-Diagramm (ausgezogene Kurve) als Ausgangssignal (Ausgangsfunktion) : von O bis U_1 unter konstanter Längenzunahme, von U_1 bis U_2 bei konstanter Länge (Relaxation) und von U_2 bis 180 unter Längenabnahme (Entdehnung). Einspannlänge 20mm, Registrierpapiervorschubgeschwindigkeit 60mm/min, Längenänderungsgeschwindigkeit 30mm/min, Ausgangsquerschnittsfläche der Sehne (distal) $7mm^2$. Die Sehne befand sich aufgrund von Vorbelastungen und neutraler Pause vor dem Versuch im viskoelastischen Gleichgewichtszustand.

HARTUNG 1972, HARTUNG und ARNOLD 1973). - Bei Sehnen ist der fast-
lineare Kurventeil des Kraft-Längenänderungs-Diagramme besonders
gut ausgeprägt und verhältnismäßig lang. Die Steigung einer Geraden
in diesem Bereich nennt man nach VIIDIK (1969) Tangentenmodul oder
"apparent tangent modulus". Er ist um so größer, je kürzer und
dicker die Sehne, je höher das Lebensalter, der Grad der Austrocknung, die Längenzunahmegeschwindigkeit und je ausgeprägter das
"preconditioning" (FUNG 1973) ist. - Sehnen sind als multifile und
Multicomponentenfasern (KOCH 1970) aufzufassen. Sie lassen ein
Reißmuster (rupture pattern) erkennen, bei denen nach und nach
Bündel kollagener Fasern einreißen.

Nach Abschluß des Kollagenreißvorganges bleibt ein Kraftrest, der
flach linear abfallend erst nach einer erheblichen Wegzunahme die

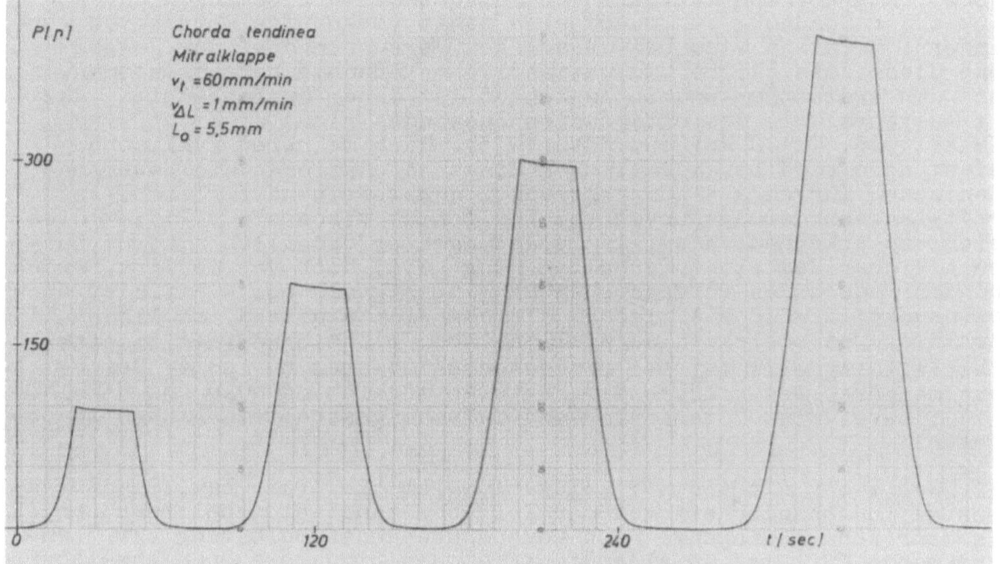

Abb. 2 : Kraft-Zeit-Diagramme unter Längenzunahme, konstanter Länge, Längenabnahme (Entdehnung, Verkürzung) auf schrittweise gesteigerten Niveaus. Die Kraft-Zeit-Diagramme während der Längenzu-
und Abnahme entsprechen Kraft-Längenänderungs-Diagrammen. Chorda
tendinea (Sehnenfaden) zur Mitralklappe. Abszisse Zeit t [sec] ,
Ordinate Kraft P [p]. Einspannlänge 5,5mm, Längenänderungsgeschwindigkeit 1mm/min, Registrierpapiervorschubgeschwindigkeit 60mm/min.

Abszisse berührt. Er ist bedingt durch geringe Adhäsionskräfte
zwischen den auf verschiedener Höhe gerissenen kollagenen Faserbündeln sowie den unversehrten elastischen Fasern, die aufgrund
ihrer starken Dehnungsfähigkeit von 100 bis 140% erst in der Endphase des vollständigen Kraft-Längenänderungs-Diagrammes reißen.
Das entsprechende Diagramm eines multifilen Perlonfadens z.B. unterscheidet sich bezüglich des aufsteigenden Kurventeils und des
Endteiles von Sehnen erheblich, nur der Zerreißvorgang ist ähnlich.
- Die Kraft-Längenänderungs-Diagramme können vermessen und ausgewertet werden indem man die Koordinaten von charakteristischen
Punkten bestimmt (ARNOLD, in Vorbereitung). So beträgt z.B. die

Reißkraft (Reißfestigkeit) der Sehne des M. extensor hallucis longus (lange Großzehenstecksehne) durchschnittlich 54,6 kp,ihre Zugfestigkeit (Reißnennspannung) 9,9 kp/mm^2: Zwischen unterem und oberem Übergangspunkt (U_u und U_o) beträgt die Dehnung für die genannte Sehne durchschnittlich 7,7%. – Zerreiß-Diagramme von membranösem Bindegewebe (z.B. Peritoneum parietale) sind in der Kurvenform ähnlich denjenigen von Sehnen, quantitativ ergeben sich aber erhebliche Unterschiede (AXELRAD, ATAK und PROVAN 1973, FUNG 1973, ARNOLD, BLUME und SASSE 1973).

II. V i s c o e l a s t i s c h e r   G l e i c h g e w i c h t s - z u s t a n d ,   H y s t e r e s e   u n d   E l a s t i z i t ä t s - g r e n z e : Die meisten faserreichen Bindegewebe insbesondere die parallelsträhnigen stehen in vivo unter einer Spannung, die im Ruhezustand niedrig ist (Ruhetonus). Bei der Herausnahme von Bindegewebsstrukturen kann man durch entsprechende Vorrichtungen das Absinken der Spannung auf O und eine damit verknüpfte Retraktion verhindern. Meistens wird bei derartigen Versuchen aber das Gewebe ohne diese zusätzliche und umständliche Maßnahme herausgenommen. Nach den ersten Be- und Entlastungen ist daher zu beobachten, daß die Ausgangslänge des entspannten Zustandes nicht erreicht wird (NUNLEY 1958, TKACZUK 1968, FUNG 1973). Nach mehreren zyklischen Belastungen sind bei identischen Eingangsfunktionen die gewebsmechanischen Kurven als Ausgangsfunktion untereinander gleich. An Kraft-Längenänderungskurven vom Peritoneum viscerale z.B. ist dies leicht zu erkennen. Wieviele Belastungen erforderlich sind um Kurven gleicher Gestalt zu erhalten hängt u.a. auch von der Art, Größe und den Pausen des vorgegebenen Eingangssignals ab. – Befindet sich das Gewebe im viscoelastischen Gleichgewichtszustand, so lassen sich Hystereseschleifen darstellen (Abb. 3). Die Definition einer Elastizitätsgrenze ist bei biologischen Geweben nur unter Beachtung mehrerer beeinflussender Faktoren möglich (ARNOLD und HARRING 1974). Dabei sind Vorspannung und zwischengeschaltete Pausen zu beachten.

III. R e l a x a t i o n : Relaxation ist die Kraft bzw. Spannungsabnahme in Abhängigkeit von der Zeit bei konstant gehaltener Länge (isometrische Bedingung) nach vorausgegangener Belastung bzw. Längenzunahme. Sie ist an allen faserreichen Bindegeweben nachweisbar und schon wiederholt unter verschiedenen Fragestellungen untersucht worden (RIGBY, HIRAY, SPIKES und EYRING 1959, WALKER, HARRIS und BENEDICT 1964, HARRIS, WALKER und BASS 1966, JAMISON, MARANGONI und GLASER 1968, VIIDIK 1968, ARNOLD und VOGT 1972, VOGEL 1970). Es sollen daher nur die Ergebnisse unserer Versuche erwähnt werden : Je größer die Ausgangskraft ist, um so stärker ist die Relaxation. Diese Beziehung ist in sehr weiten mittleren Bereichen bei Sehnen linear. Je größer die vorausgegangene Belastungsgeschwindigkeit ist, um so deutlicher ist die Relaxation ausgeprägt. Dieser Vorgang ist nicht linear, eine sehr starke Erhöhung der vorausgehenden Längenzunahmegeschwindigkeit hat keine wesentliche Verstärkung zur Folge (VOGT, ARNOLD, LIPPERT 1973). Ist eine zug- oder druckbelastete Probe des Binde- und Stützgewebes während mehrerer Sekunden bis Minuten nicht belastet worden, so ist die Relaxation deutlicher als im viscoelastischen Gleichgewichtszustand. Bei Geweben mit hohen viscösen Anteilen (Knorpel) ist dies besonders deutlich (ARNOLD und HARTUNG 1973). Relaxationskurven sind auf Abb 1, 2, 4, 6 und 7 dargestellt.

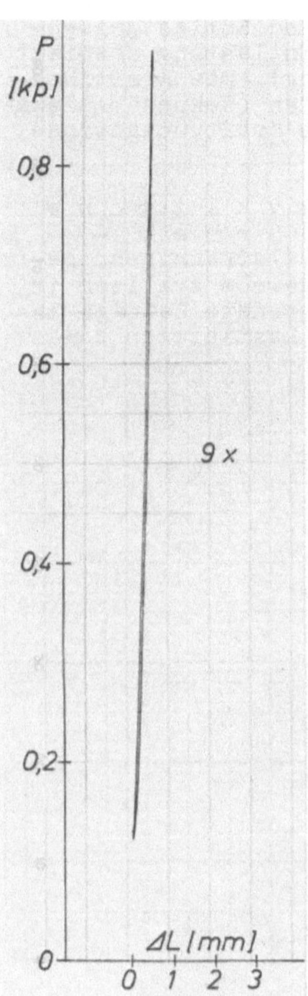

Abb. 3 : 9 mal übereinander ge-
schriebene Hystereseschleifen nach
Einstellung des viskoelastischen
Gleichgewichtszustandes einer Chorda tendinea mitralis (Sehnenfaden
an der Mitralklappe) einer 80 jährigen sezierten Frau ohne wesentliche krankhafte Veränderungen am
Herzen. Einspannlänge 5,5mm, Längenänderungsgeschwindigkeit 20mm/min.
Abszisse : Längenänderung ΔL [mm],
Ordinate : Kraft P[kp].

IV. K r a f t r ü c k g e w i n n : Wird ein zug- oder druckbelas-
tetes Stück des Binde- oder Stützgewebes um einen Teilbetrag entlastet und seine Länge dann konstant gehalten, so steigt die Kraft
in zeitlicher Abhängigkeit. Diese Erscheinung ist auf Abb. 4 bis
7 dargestellt. Sie wird Kraftrückgewinn, mechanische Erholung, inverse Relaxation, recovery, recovery force oder Nachwirkung (nicht
zu verwechseln mit der elastischen Nachwirkung, KOHLRAUSCH 1866)
genannt (WORTHMANN, ARNOLD und LIPPERT 1973). Das in der Physik
der Hochpolymeren und Gefäßphysiologie (Abb. 5) bekannte Phänomen
ist bemerkenswert, da nach allen Teilentlastungen von Sehnen, Bändern, Knorpel, Knochen und andern Gebilden des Binde- oder Stützgewebes der Tonus dadurch ansteigt daß die in den elastischen Elementen gespeicherte Rückstellkraft allmählich frei wird. Beim hyalinen Knorpel (Abb. 6) ist der Kraftrückgewinn (letzter Teil der
Kurve) aufgrund der hohen Anteile an viskösen Elementen besonders
deutlich. Die Form der Kraftrückgewinnkurven hängt von vielen Faktoren ab, so von der Entlastungshöhe, Geometrie des Bindegewebs-
stückes, seinen elastischen und viskösen Anteilen, zwischengeschal-

teten Relaxationen, von der vorausgehenden Be- und Entlastungsge-
schwindigkeit, dem Kraftniveau in dem sich die Entlastung abspielt
und vom viskoelastischen Zustand (preconditioning). Die Kraftrück-
gewinnkurve kann nach einiger Zeit wieder abfallen (Sekundärrelaxa-
tion). Mit zunehmenden Alter verringert sich die Kraftrückgewinn-
erscheinung.

V. K o n s t a n t   w e g b e g r e n z t e   z y k l i s c h e
B e l a s t u n g e n   i m   Z u g - o d e r   D r u c k -
s c h w e l l b e r e i c : Wird Knorpel, parallelsträhniges, ge-
kreuzt flächenhaftes oder durchflochtenes Bindegewebe zyklisch im
Zug- bzw. Druckschwellbereich um konstant wegbegrenzte Beträge be-
und entlastet, so fallen die oberen und unteren Lastspitzen zunächst deutlich und dann allmählich ab.

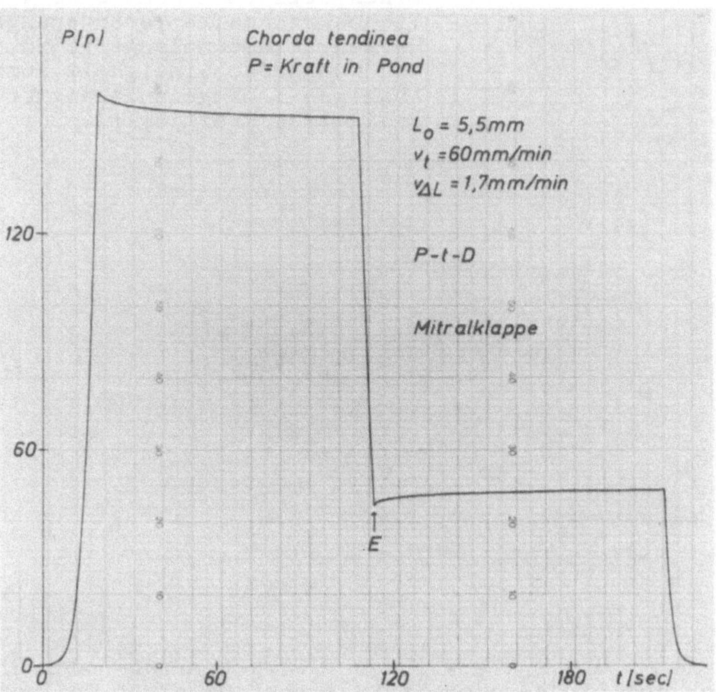

Abb. 4 : Kraft-Zeit-Diagramm (P-t-D) einer Chorda tendinea mitralis. 1. Teil Dehnungsphase, 2. Teil Relaxation, 3. Teil unvollständige Entdehnung, 4. Teil Kraftrückgewinn, 5. Teil Entdehnung
auf O kp. Einspannlänge L_0 = 5,5mm, Längenänderungsgeschwindigkeit
1,7mm/min, Registrierpapiervorschubgeschwindigkeit V_t = 60mm/min.
Abszisse Zeit t [sec] , Ordinate Kraft P[p].

Bei hyalinem Knorpel ist dieser Abfall sehr stark ausgeprägt, wie
überhaupt der hyaline Knorpel ein hochsensibles rheologisches Verhalten aufweist, das auch sehr deutlich zum Ausdruck kommt in der
Abhängigkeit der genannten zyklischen Kurven von der unmittelbar
vorausgehenden Belastungsvorgeschichte. Je länger die vorgeschal-
teten Pausen sind und je niedriger das Spannungsniveau ist um so

größer ist bei der anschließenden konstant wegbegrenzten zyklischen
Belastung die Kraft- bzw. Spannung und um so deutlicher ist der in-
nitiale Abfall (Dekrement) der oberen und unteren Kraft- bzw. Spannungsspitzen.

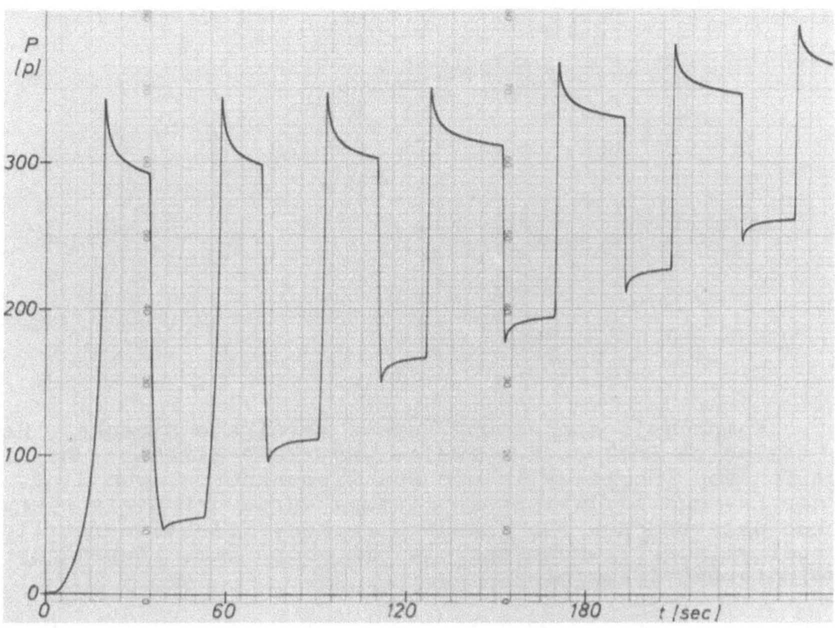

Abb. 5 : Zyklische Belastungen mit zwischengeschalteten Pausen
unter konstanter Länge und schrittweise gesteigerten unteren und
oberen Kraftspitzen eines hantelförmigen Probestücks in Längsrichtung aus dem distalen Bereich des Arcus aortae (17 Jahre,
weiblich, Sektion nach tödlicher Unfallverletzung, kein krankhaf-
ter Befund an den Gefäßen). Längenänderungsgeschwindigkeit 50mm/min,
Registrierpapiervorschubgeschwindigkeit 60mm/min. Abszisse Zeit
t [sec], Ordinate Kraft P [p].

VI. I n v e r s e   r h e o l o g i s c h e   P h ä n o m e n e
b e i   k o n s t a n t   w e g b e g r e n z t e r   z y k l i -
s c h e r   B e l a s t u n g : Wird eine Sehne angespannt oder
ein Knorpeldruckbelastet und die Deformation dann konstant gehalten, so entsteht die bekannte Relaxation. Wenn nun teilweise entlastet wird und das Gewebsstück unmittelbar anschließend konstant
wegbegrenzten zyklischen Belastungen ausgesetzt wird derart, daß die
oberen Kraftspitzen deutlich unterhalb des Kraftwertes am Ende der
Relaxation liegen, so entsteht eine zyklische Kraft-Zeit-Funktion,
deren Spitzen anfangs deutlich und später langsam ansteigen, schließlich konstant bleiben und dann langsam abfallen. Wir haben diese Erscheinung Spitzenanstiegsphänomen genannt. Sie läßt sich einordnen
in die Gruppe der inversen rheologischen Kurven, zu denen auch der
Kraftrückgewinn gehört.

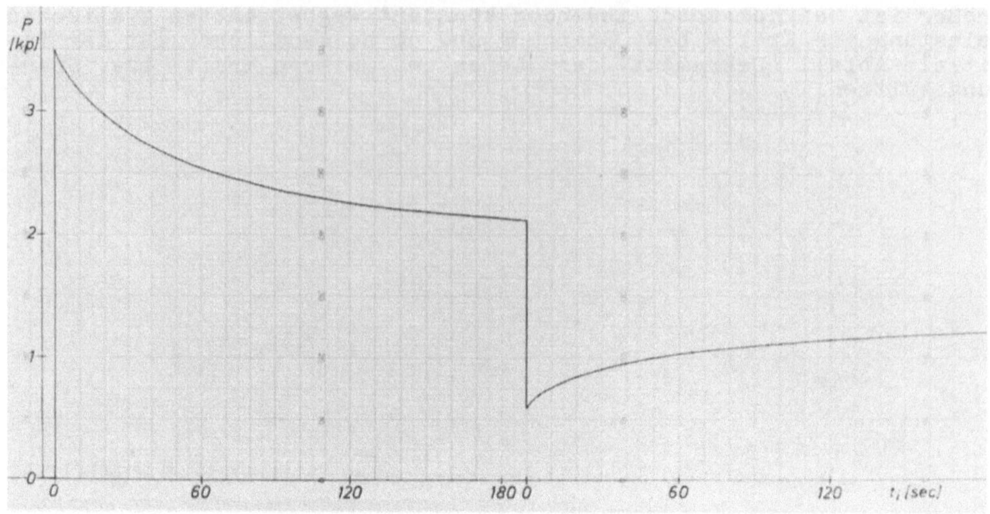

Abb. 6 : Kompressionsbelastung (erste vertikale Strecke), Relaxation, teilweise Entlastung (zweite vertikale Strecke) und Kraftrückgewinn von Knorpelzylindern aus Rippenknorpel vom Rind. Während der Be- und teilweisen Entlastung wurde der Registrierpapier-
vorschub unterbrochen (vertikale Strecken, Selektivdarstellung).
3 Knorpelzylinder, Durchmesser je 5mm, Höhe 5mm. Längenänderungsgeschwindigkeit 1,2mm/min.

C. Besprechung

Der Begriff des faserreichen Bindegewebes umfaßt eine Vielzahl von
anatomischen Gebilden mit sehr verschiedenen Aufgaben. Die Tela
subserosa des Peritoneums z.B. stellt membranöses Bindegewebe dar,
dessen kollagene und elastische Fasern ein irreguläres Netzwerk
bilden   . Das gekreuzt-flächenhafte Bindegewebe z.B. in der Sub-
stantia propria corneae, Lamina auterior vaginae musculi recti ab-
dominis oder der Fascia glutea ist durch ein geordnetes, reguläres
Muster gekennzeichnet. Sehnen und Bänder gehören zum Typ des parallelsträhnigen Bindegewebes. Alle faserreichen Bindegewebe besitzen
ein Spektrum rheologischer Eigenschaften, von denen eine Reihe
leicht im Zugversuch bestimmt werden können. Die quantitativen Unterschiede zwischen den verschiedenen faserreichen Bindegeweben
sind erheblich. Schwierigkeiten entstehen bei der Messung der geometrischen Dimensionen von Gewebsprobestücken. Ist sie möglich, so
lassen sich die mechanischen Eigenschaften eines Probestückes aus
Bindegewebe durch eine Reihe von rheologischen Versuchen charakte-
risieren. Derartige Untersuchungen können auch an muskelarmen oder
- freien Gefäßen sowie Organkapseln, Gelenkknorpel und Knochen
vorgenommen werden. Die Ergebnisse gewebsmechanischer Versuche erweitern unsere Kenntnisse der Funktionellen Anatomie des Bewegungssystems und der Bindegewebe. In der Transplantationschirurgie ist
die Kenntnis der mechanischen Beschaffenheit von Geweben wichtig.
Vergleichsuntersuchungen mit rheologischen Methoden zwischen normalen und pathologisch   veränderten Bindegeweben geben nur Auf-
schluß über die mechanischen Zusammenhänge und Folgen z.B. bei

Veränderungen der elastischen und viskosen Wandeigenschaften von
Blutgefäßen.

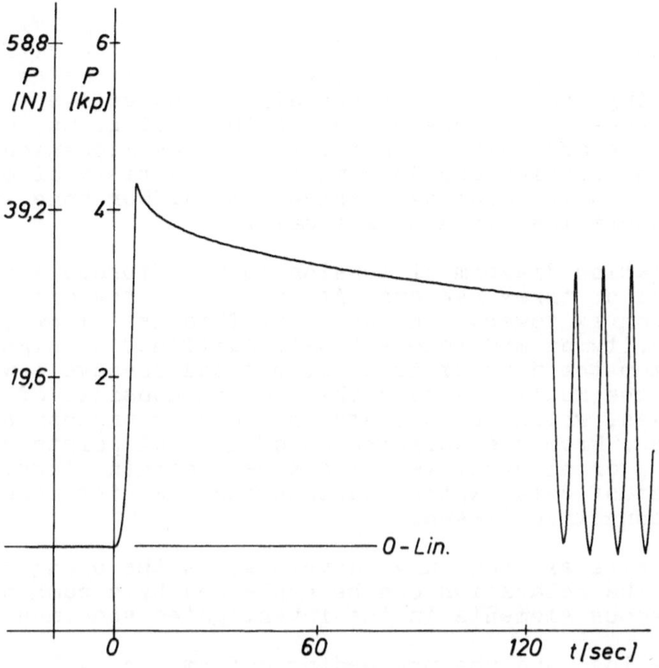

Abb. 7 : Kompressionsbelastung eines Knorpelstückes aus dem Rippenknorpel (hyalin) vom Rind. O-Lin.=Null-Linie, Abszisse Zeit t
in Sekunden, erste Ordinate Kraft P in Newton, zweite Ordinate
Kraft P in Kilopond. Unter Druckbelastung steigt die Kraft; nachdem etwa 4,3 kp erreicht worden waren, wird die Deformation konstant gehalten, der Knorpel relaxiert infolgedessen; nach Entlastung und zyklischer Belastung unter konstanter Deformationsbegren-
zung zwischen O und der gleichen Verformung während der Relaxation
sind Spitzenüberhöhung und Spitzenanstieg zu beobachten. Im vorliegenden Fall handelt es sich um einen Spitzenanstieg nach Relaxation bei identischer Deformation.

An Binde- und Stützgeweben gewonnene rheologische Kurven führen
auf die Frage wie sie mit makrorheologischen oder strukturrheolo-
gischen Modellen erklärt werden können. Einfache rheologische Modelle (Maxwell, Kelvin-Voigt, Poynting-Thomson, Letherisch, Schwed-
hoff, Maxwell-Ketten) reichen zur Erklärung nicht aus. Erweiterte
und nichtlineare Modelle sind angegeben worden (FRISEN, MÄGI,
SONNERUP und VIIDIK 1968, ZECH 1973). Von einer makrorheologischen
Theorie ist zu fordern, daß sie alle rheologischen Erscheinungen
des Bindegewebes widerspruchsfrei erklärt. Zur Theorie von Faser-
systemen hat AXELRAD (1972) ein Modell vorgeschlagen, das die Bindungen zwischen den Fasern berücksichtigt, die Rheologie der Ein-
zelfasern beachtet und die statistische Mechanik und Wahrscheinlich-
keitstheorie einbezieht (GÖRITZ und MÜLLER 1973, MARRUCCI, TITO-

MANLIO und SARTI 1973). Gegenwärtige Bemühungen in der Rheologie des Kollagens haben zum Ziel das rheologische Verhalten aus der Struktur der intermolekularen Verbindungen heraus zu erklären.

D. Summary

Connective tissues exist in many different types with different functions. We divide connective tissues into two large groups : I. cell containing and II. fibres containing connective tissues. Nearly pure fibrous structures belong to the last group. Connective tissue fibres have mechanical functions and thus mechanical properties. These properties are determined by a variety of methods. The tension test is the most expressive method. For bone and cartilage the pressure test is also suitable.

The force-elongation diagram of tension loaded fibrous structures basicly consists of three regions. At low stress the diagram is nonlinear and convex towards the abcissa. This is followed by a region of linearity at moderate stress conditions. At high stress up to the maximum the diagram is nonlinear and concave towards the abcissa. After the maximal stress the diagram consists of falling stairs and spikes, which demonstrate the tearing process of single groups of fibres. From the coordinates of typical points on the force-elongation or alternatively the stress-strain diagram, we can obtain a set of data, which characterize the histomechanical behaviour of connective tissue.

After loading, a relaxation curve develops, as the elongation is kept constant. The relaxation can be explained by a combination of elastic and viscous elements in the investigated specimen.

The heavier the load and the preceeding deformation velocity, the more pronounced is the relaxation. After a partial unloading a recovery force develops under constant length. In isometric conditions and with a corresponding stress-strain history, the force increases as a function of time, approaches a maximum and decreases finally in a secondary relaxation. Numerous facts influence the force-recovery curves : the point of unloading, the force level, preconditioning, age, velocity and the shape of the specimen.

When specimen of cartilage or fibrous structures are loaded cyclically by limiting deformations, a decrease of the upper and lower force peaks can be observed. If the cyclical loading with limited deformations is preceeded by a relaxation at a higher force level, the force peaks increase at first, rest at a constant level and finally decrease slowly.

Simple macrorheological models cannot explain these rheological curves (MAXWELL, KELVIN-VOIGT, POYTING-THOMPSON). Composed and nonlinear models are necessary to understand those rheological phenomenons of connective tissue. (FRISEN, MÄGI, SONNERUP und VIIDIK 1969, ZECH 1973).

E. Literatur

1. ARNOLD, G.: Festigkeit und Kraft-Längenänderungs-Verhalten der Strecksehnen des menschlichen Fußes (in Vorbereitung).

2. ARNOLD, G.: Mechanische Eigenschaften von Sehnen. Verh. Anat. Ges., Zagreb 1971, Anat. Anz., Ergänzungsh. Bd. 130, 499-504 (1972).

3. ARNOLD, G., G. BLUME und D. SASSE: Zur Histomechanik des menschlichen Peritoneum parietale. Anat. Anz. 134, 298-508, (1973).

4. ARNOLD, G. und I. HARRING: Zur Bestimmung der Elastizitätsgrenze von Bindegewebsstrukturen in vitro. Experientia (im Druck).

5. ARNOLD, G. und C. HARTUNG: Methoden und Ergebnisse rheologischer Untersuchungen am hyalinen Knorpel. Z. Orthop. 111, 153-159 (1973).

6. ARNOLD, G. und C. HARTUNG: Histomechanische Eigenschaften der Chordae tendineae des menschlichen Herzens. Z. Biomed. Techn. 17, 169-173 (1972).

7. ARNOLD, G. und C.-H. VOGT: Untersuchungen zur Relaxation menschlicher Sehnen. Res. exp. Med. 159, 50-57 (1972).

8. AXELRAD, D.R., D. ATAK und J.W. PROVAN: Microrheology of fibrous systems. Rheol. Act. 12, 170-176 (1973).

9. BENEDICT, J.V., L.B.WALKER und E.H. HARRIS: Stress-strain characteristics and tensile strength of unembalmed human tendons. J. Biomech. 1, 53-63 (1968).

10. BLANTON, P.L. und N.L. BIGGS: Ultimate tensile strength of fetal and adult tendons. J. Biomech. 3, 181-189 (1970).

11. CRONKITE, A.E.: The tensile strength of human tendons. Anat. Rec. 64, 173-186 (1936).

12. ELDEN, H.R.: Hydratation of connective tissue and tendon elasticity. Biochem. Biophys. Act. 79, 592-599 (1964).

13. ELLIOT, D.H.: Structure and function of mammalian tendon. Biol. Rev. 40, 392-421 (1965).

14. FRISEN, M., M. MÄGI, L. SONNERUP und A. VIIDIK: Rheological analysis of soft collagenous tissue. Part I a. II. J. Biomech. 2, 13-28 (1969).

15. FUNG, Y.-C.: Biorheology of soft tissues. Biorheol. 10, 139-155 (1973).

16. FUNG, Y.-B.: Biomechanics, its scope, history, and some problems of continuum mechanics in physiology. Appl. Mech. Rev. 21, 1-20 (1968).

17. GÖRITZ, D. u. F.H. MÜLLER: Zustandsänderungen von polymeren Netzwerken bei Orientierung. Kolloid-Z. u. Z. Polymere. 251, 679-688 (1973).

18. HARRIS, E.H., L.B. WALKER und B.R. BASS: Stress-strain studies in cadaveric human tendon and an anomaly in the Youngs Modulus thereof. Med. biol. Engng. 4, 253-259 (1966).

19. HARTMANN, F.: Ärztliche Fragen an eine Molekularbiologie der Bindegewebe. Z. Rheumaforschg. 31, 42-67 (1972).

20. HARTMANN, F.: Ordnung und Unordnung in den Bindegeweben des Menschen. Niedersächsisches Ärztebl. 39. Jg., No 4, 1-4 (1966).

21. HARTUNG, G. und G. ARNOLD: Histomechanische Eigenschaften peripherer Nerven. Der Nervenarzt. 44, 80-84 (1973).

22. JÄGER, M.: Homologe Bindegewebstransplantation. Georg Thieme Verlag, Stuttgart 1970.

23. JAMISON, C.E., R.D. MARANGONI und A.A. GLASER: Viscoelastic properties of soft tissue by discrete model characterization. J. Biomech. 1, 33-46 (1968).

24. KOCH, P.-A.: Bikomponentenfasern. Textil-Industrie 72, 253-256 (1970).

25. KOHLRAUSCH, F.: Beiträge zur Kenntnis der elastischen Nachwirkung. Annalen der Physik und Chemie. No. 5, Bd. CXXVIII, 1-498 (1866).

26. MARRUCCI, G., G. TITOMANLIO und G.C. SARTI: Testing of a constitutive equation for entangled networks by elongational and shear data of polymer melts. Rheol. Acta 12, 269-275 (1973).

27. MAYERSBACH, H.v. und E. REALE: Grundriß der Histologie des Menschen. Bd. 1. Allgemeine Histologie. Gustav Fischer Verlag, Stuttgart 1973.

28. NUNLEY, R.L.: The ligamenta flava of the dog. A study of the tensile and physical properties. Am. J. Physical Med. 37, 256-268 (1958).

29. RIGBY, B.J., N. HIRAY, J.D. SPIKES und H. EYRING: The mechanical properties of rat tail tendon. J. Gen. Physiol. 43, 265-283 (1959).

30. ROLLHÄUSER, H.: Die Festigkeit menschlicher Sehnen nach Quellung und Trocknung in Abhängigkeit vom Lebensalter. Morph. Jb. 90, 180-191 (1950).

31. STUCKE, K.: Über das elastische Verhalten der Achillessehne im Belastungsversuch. Langenbecks Arch. und Dtsch. Z. Chir. 265, 579-599 (1950).

32. TKACZUK, H.: Tensile properties of human lumbar ligaments. Act. Orthop. Scand. Suppl. 115, 23 (1968).

33. VIIDIK, A.: Tensile strength properties of achilles tendon systems in trained and untrained rabbits. Act. Orthop. Scand. 40, 261-272 (1969).

34. VIIDIK, A.: A rheological model for uncalcified parallelfibred collagenous tissue. J. Biomech. 1, 3-11 (1968).

35. VOGEL, H.G.: Stress relaxation in rat skin after treatment with hormones. J. Med. 4, 19-27 (1973).

36. VOGEL, H.G.: Beeinflussung der mechanischen Eigenschaften der Haut von Ratten durch Hormone. Arzneimittelforschg. (Drug Res.). 20, 1849-1857 (1970).

37. VOGT, C.-H., G. ARNOLD und H. LIPPERT: Relaxationseigenschaften menschlicher Sehnen. Europ. J. appl. Physiol. 32, 87-98 (1973).

38. WALKER, L.B., HARRIS, E.H. u. BENEDICT, J.V.: Stress-strain-relationship in human cadaveric plantaris tendon: A preliminary study. Med. Electron. Biol. Engng. Vol.2, 31-38 (1964).

39. WÖHLISCH,E.,DU MESNIL DE ROCHEMONT, R. u. GERSCHLER, H.: Untersuchungen über die elastischen Eigenschaften tierischer Gewebe. Z. Biol. 85, 325-341 (1926); Z. Biol. 85, 567-587 (1927).

40. WORTHMANN,W.,G. ARNOLD und H. LIPPERT: Spannungsrückgewinn menschlicher Sehnen nach Entlastung (mechanische Erholungseigenschaft). Int. Z. angew. Physiol. 31, 77-88 (1973).

41. ZECH, M.: Biorheologische Modelle. Hannover 1973.

Struktur und Dehnungsverhalten von Kollagen

Renate BOWITZ und Th. NEMETSCHEK[+]

Das Biopolymer Kollagen erfüllt als Hauptbestandteil der Sehnen und
Bänder die Funktion eines Muskelkraftüberträgers und zeichnet sich
deshalb durch eine relativ hohe Zugfestigkeit aus. Diese mechanische
Eigenschaft wird durch eine zueinander versetzte Parallelaggregation
der nicht durchgehenden, sondern nur $\sim$2900 Å langen Monomereinheiten
erreicht, so daß auch Querbindungskräfte zur Längsverfestigung der
Moleküle innerhalb einer Fibrille beitragen.
Die zu Sehnenfasern gebündelten Fibrillen sind größtenteils parallel
zueinander ausgerichtet und lassen an entspannten Fasern eine planare
und nicht wie gelegentlich behauptet schraubenartige Welligkeit erkennen, die polarisationsoptisch (1) und lichtmikroskopisch in Fig.1
nach experimentell verstärkter Welligkeit nachzuweisen ist (2).

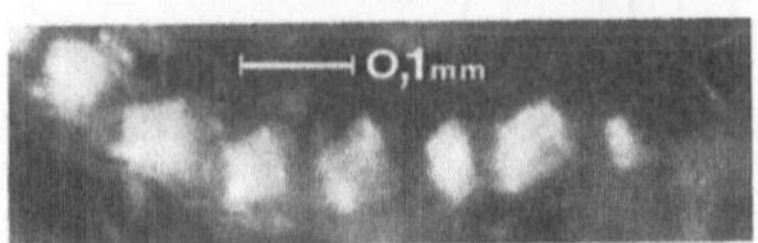

Fig. 1: Zupfpräparat einer verstärkt
welligen Faser nach Kontrak-
tion (Aufnahme Derks)

Das Anlegen einer Zugkraft an eine solche Faser führt:
1) zu einer unelastischen, d.h. bleibenden Dehnung,
2) bei weiterer Belastung zu einer elastischen Dehnung und
3) nach Überschreiten des elastischen Bereichs zum Reißen der Faser.

<u>Unelastische Dehnung</u> Im Verlauf der unelastischen Dehnung kommt es
zu einer Parallelausrichtung und bereits nach einer Längenzunahme von
0,7 - 1 % zur reversiblen Glättung ursprünglich wellig verlaufender
Fibrillen ($\lambda \approx 200\,u^{(1)}$). In dieser Größenordnung liegt auch der plastische Dehnungsanteil konditionierter, d.h. vorgespannter nativ
feuchter Fasern, so daß dieser Anteil nahezu ausschließlich auf Glättung der Fibrillenwelligkeit zurückzuführen ist. Dieser Vorgang ist
im Röntgenweitwinkeldiagramm nativ feuchter Fasern aus Rattenschwanzsehnen durch einen Übergang sichelförmiger in strichförmige Äquatorreflexe angezeigt.
Bei dem in Fig. 2a dargestellten Faserzustand (Fibrillendurchmesser =
1000 - 5000 Å) sind die Polypeptidketten je nach Auslenkungswinkel,

---

[+] Herrn Prof. Dr. W. DOERR zum 6o. Geburtstag gewidmet.

den der betreffende Wellenabschnitt mit der Faserachse bildet, mehr
oder weniger schräg orientiert, was zur Folge hat, daß die Summe senkrecht zur Faserachse auftretenden Weitwinkelreflexe einen sichelför-
migen Verlauf nehmen (Fig.2b). Bei experimentell gestauchten Fasern
schließen sich diese Reflexe zu Debye - Scherrer - Ringen.

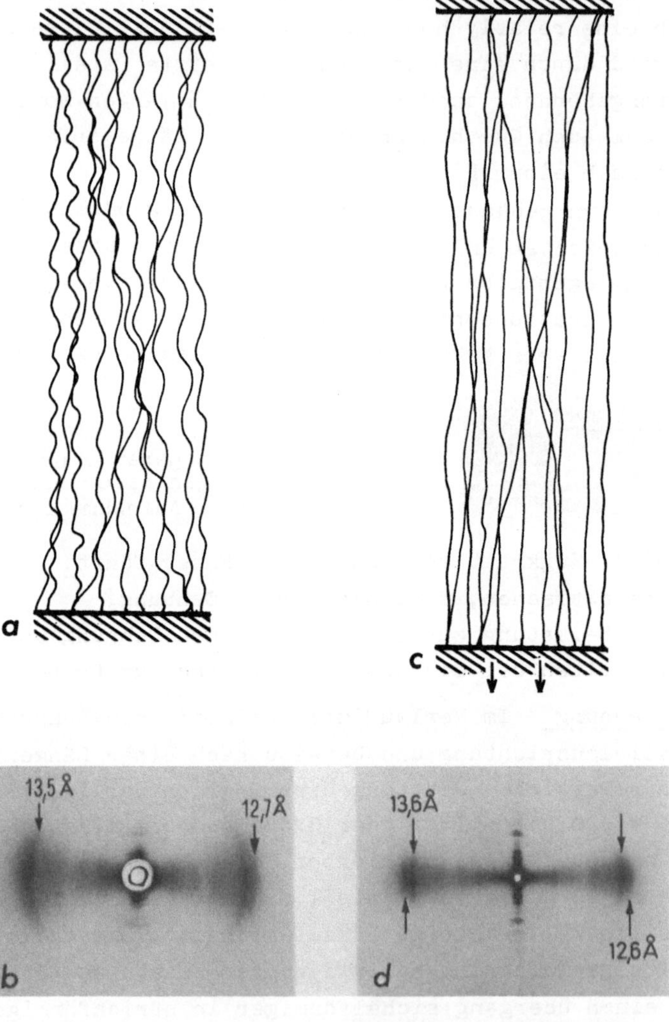

Fig. 2a und c : Schematische Darstellung des Fibrillenverlaufs in
einer entspannten und in einer gestreckten Faser. In b und d die
dazugehörigen Weitwinkelröntgendiagramme mit den für nativ feuch-
tes Kollagen aus Rattenschwanzsehnen charakteristischen Äquator-
reflexen.

Im Verlauf der plastischen Dehnung nimmt die Orientierungsverteilung
ab, verbunden mit einem Anstieg der lateralen Ordnung, der durch den
Übergang in strichförmige Äquatorreflexe angezeigt ist (Fig. 2d).

Nach Dehnungsversuchen von Rigby (3) an nativ feuchten Fasern aus
Rattenschwanzsehnen ist der Verlauf der Kraft-/Dehnungskurven nach
einer Mindestrelaxationszeit der entspannten Faser reproduzierbar,
sofern der obere Grenzwert von 3,5 % Dehnung nicht überschritten wurde. Diese Fasereigenschaft kann auf einen netzartig aufgebauten fi-
brillären Fasermantel zurückgeführt werden, der so angeordnet ist,
daß die Faserachse die Winkelhalbierende des Verwebungswinkels bildet. Die beim Konditionieren der Faser resultierende bleibende Längenzunahme (~ 0,6 %) könnte dann der plastischen Dehnung unter
gleichzeitiger Abnahme des Verwebungswinkels dieser netzartigen Faserhülle zugeschrieben werden.
Bei weiterem Verstrecken der Fasern werden die Fibrillen des Netz-
geflechtes sowie alle nicht mehr wellig verlaufende Fibrillen elastisch gedehnt. Hierdurch läßt sich das quasi-plastische Dehnungsverhalten verbunden mit einer reversiblen Faserwelligkeit im unteren
Belastungsbereich erklären.

Elastische Dehnung Erfolgt die Zugbelastung der Fasern über den
plastischen Bereich hinaus, so erfahren diese eine elastische Dehnung, die nach Überschreiten der Grenze von ~ 3,5 % Längenzunahme
mit dem irreversiblen Ausfall der Faserwelligkeit verbunden ist. Im
Weitwinkelröntgendiagramm (Fig.3a) zeichnen sich diese Objekte durch

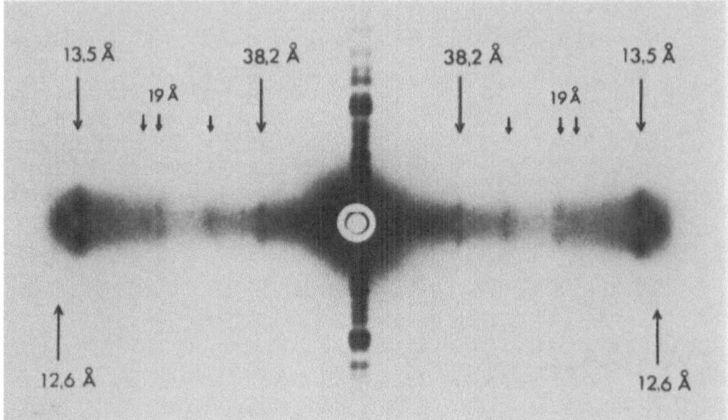

Fig.3a: Weitwinkelröntgendiagramm einer nativ feucht verstreckten
Faser. Man beachte die Aufspaltung äquatorialer u. meridionaler Reflexe. Kiesig-Kammer unter Helium,Filmabstand:2ol,5mm;Cu-Kα-Strahlung.

eine charakteristische Reflexaufspaltung (4) aus, die auf in Bezug zur Faserachse verkippte Einheiten (Fig.3b) zurückgeführt wird (5).

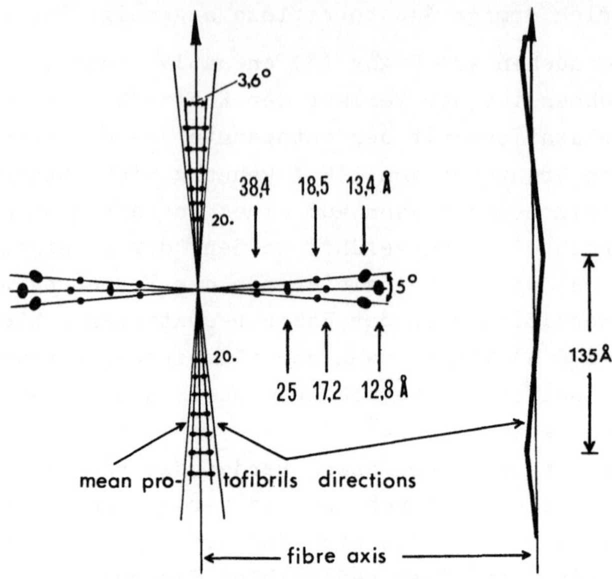

Fig.3b: Analyse der Reflexaufspaltung aus 3a und Ableitung einer Verkippung molekularer Einheiten.

Auffälligerweise ist die elastische Dehnung nativ feuchter Fasern mit keiner meßbaren Änderung der Langperiode im Kleinwinkelröntgendiagramm (Fig.4) korreliert. D.h. einer verstreckten Faser entspricht wie einer unverstreckt gebliebenen eine Langperiode mit der 1.Ordnung bei 670 Å . Dieser Befund führte zu der Annahme eines inhomogenen

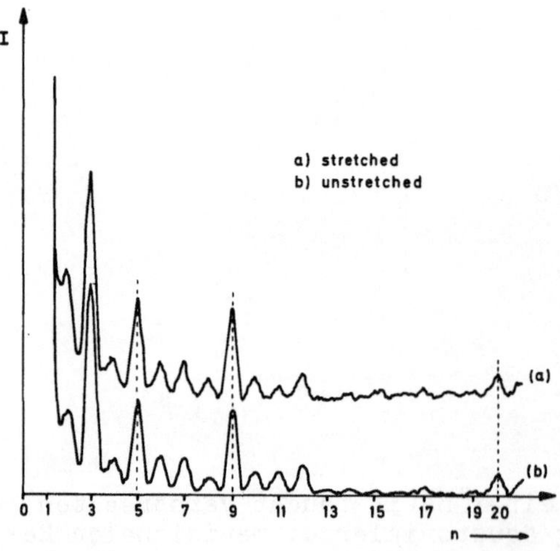

Fig.4: Photometerkurven längs des Meridians von Kleinwinkelröntgendiagrammen. a) nativ feucht verstreckte Fasern; b) nativ feucht unverstreckt. Kratky-Kammer. Filmabstand 233 mm; Cu-Kα -Strahlung.

Dehnungsverhaltens von Kollagen (6), das darauf beruhen könnte, daß
in Längsrichtung dehnbare und weniger gut dehnbare Fibrillen- und/
oder Subfibrillenbereiche alternieren. Über die molekularen Ursachen,
die hierfür verantwortlich zu machen wären, herrscht noch keine Klar-
heit. Ein Zusammenhang mit der räumlichen Anordnung sog. Vernetzungs-
peptide erscheint jedoch schon jetzt recht wahrscheinlich.
Im Unterschied zu nativ feuchten Fasern führt eine Verstreckung im
lufttrockenen Zustand, wie bereits Randall (7) beschrieben hatte, zu
einem Anstieg der Langperiode annähernd proportional zur Faserdehnung.
Der meridionale Reflex bei 2,86 Å bleibt allerdings bis zu einer Dehnung von ~3% unverändert, um aber darüber hinaus eine Linearität an-
zuzeigen. Die Dehnung trockener Fasern scheint also homogener zu verlaufen als die nativ feuchter Fasern, gewissermaßen in Analogie zu
der Dehnung einzelner Fibrillen unter den Bedingungen des Elektronen-
mikroskopes (8). Trotz einer Streuung der Identitätsperiode zwischen
620 und 1200 Å beträgt dort die mittlere Abweichung der relativen Lage der Einzelstreifen < 3 % und spricht somit ebenfalls im Sinne einer
recht einheitlichen Verstreckung der die Fibrillen aufbauenden Einheiten. Das unterschiedliche Dehnungsverhalten feuchter Fasern beruht also offenbar auf dem Einfluß des Wassers als Weichmacher, wodurch nicht
nur bestimmte Einheiten (Subfibrillen oder auch einzelne Dreierschrau-
ben) aneinander vorbeigleiten können, sondern evtl. auch der Kraftfluß
über bevorzugte Regionen (Scherbänder) ausweichen kann.

Viskoelastisches Verhalten von Kollagen   Beim Verstrecken kollagener
Fasern tritt nach abgeschlossener Belastung (bei konstanter Dehnungsgeschwindigkeit) ein Spannungsabfall, der eine Funktion der Zeit ist,
auf. Diese Erscheinung ist für sog. viskoelast. Systeme signifikant,
die in Anlehnung an ein Modell von Burgers (9) durch eine Kombination
elastischer (Hooke'sche Körper) und viskoser (Newton'sche Körper)
Elemente beschrieben werden kann (Fig.5).

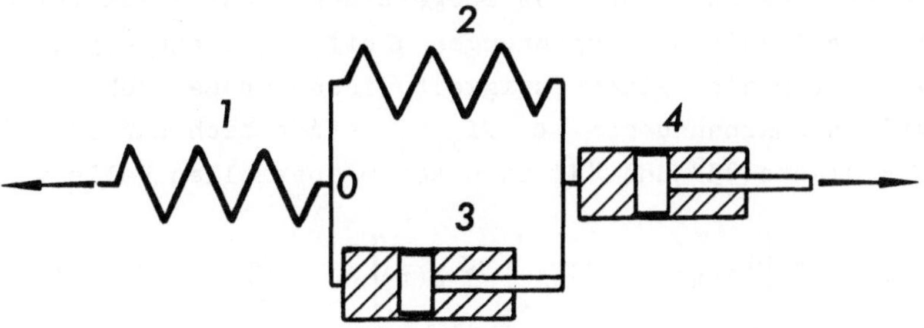

Fig.5: Modell eines viskoelastischen Körpers nach Burgers (9).

Die an kollagenen Fasern beobachtete assymptotische Zeitabhängigkeit des Spannungsabfalls während des Relaxationsvorganges steht in
guter Übereinstimmung mit den mechanischen Eigenschaften des Burgers-
schen Modells und kann deshalb theoretisch abgeleitet werden:
Die Längenzunahme der Faser während des Relaxationsprozesses ist in
dem zeitabhängigen Fließen der viskosen Komponenten "3" und "4" begründet.

$$\Delta l_{ges.} = \Delta l_4 + \Delta l_2 = \Delta l_4 + \Delta l_3$$

(Δl_x = Längenzunahme der Komponente x)

Unter Voraussetzung isometrischer Bedingungen muß dieser Translationsbetrag durch eine Längenabnahme von Element "1" vom Betrag Δl_{ges} kompensiert werden.

Der Translationsbetrag im Zeitintervall dt der Komponente x ($dl_x(t)$)
hängt ab von der Viskosität des Dämpfungsgliedes x (η_x), entsprechend der zu überwindenden Reibungskraft und von der effektiven Zugspannung, die auf das Element x wirkt. Die exakte mathematische Ver-
knüpfung dieser Variablen leitet sich aus der Newton'schen Gleichung
für räumlich begrenzt (durch Rohr) strömende Flüssigkeiten ab. Hier-
nach besteht direkte Proportionsalität zwischen Geschwindigkeitsgefälle bzw. Schergeschwindigkeit $\frac{dv}{dt}$ (v = Geschwindigkeit der strömenden Flüssigkeit; y = Richtung senkrecht zur Strömungsrichtung) und
der Schubspannung σs:

$$[1] \qquad \sigma_s = \eta \frac{dv}{dy}$$

(η = Viskosität der strömenden Flüssigkeit)
Der Schergeschwindigkeit proportional ist die Deformationsgeschwin-
digkeit $\frac{dl}{dt}x$, wenn auf ein System x gleicher Viskosität eine Zugspannung σ angelegt wird, so daß Gleichung [1] geschrieben werden
kann.

$$[2] \qquad \sigma = k \cdot \eta_x \cdot \frac{dl}{dt}x \qquad oder \qquad \frac{dl}{dt}x = \frac{1}{k} \cdot \frac{\sigma}{\eta x}$$

Für σ sind bei Anwendung auf das Burgers'sche Modell die für die
Komponente x effektiven Zugspannungen $\sigma eff_{x(t)}$ einzusetzen, wobei
der Index (t) für die Zeitabhängigkeit dieser Größe steht.
Die effektiven Zugspannungen $\sigma eff_{x(t)}$ setzen sich nun für die Newton'schen Elemente "3" und "4" in unserem speziellen Falle wie folgt
zusammen:

$$[3] \quad \sigma eff_{3(t)} = \left[\sigma_{1(t)} - \frac{1}{L_{\overline{02}}} \cdot \sigma_{2(t)} \right] \cdot \frac{1}{L_{\overline{03}}} - dl_4 \cdot f_1$$

$$[4] \quad \sigma eff_{4(t)} = \sigma_{1(t)} - f_1 \cdot dl_3$$

($\sigma_{x(t)}$ = Zugspannung des Elementes x zur Zeit t

f_x = Federkonstante des Elementes x

$L_{\overline{Ox}}$ < 1 = Lastarm vom Kraftangriffspunkt O bis Lastangriffspunkt der Komponente x

(dl_x = Translationsbetrag der Komponente x)

In Gleichung [3] wird $\sigma_{1(t)}$ reduziert durch proportional steigende Federspannung $\sigma_{2(t)}$ und durch den gleichzeitigen Gleitvorgang der Komponente "4". Dieser ist wiederum abhängig von $\sigma_{1(t)}$ und außerdem vom Betrag dl_3 im gleichen Zeitintervall dt.
Bei einer Relaxationszeit t = 0 sind die Größen

$$dl_4 \cdot f_1 = dl_3 \cdot f_1 = \sigma_{2(o)} = 0$$

d.h. $\sigma eff_{3(o)}$ und $\sigma eff_{4(o)}$ sind die maximalen Zugspannungen, die auftreten können. Eine große Zugspannung $\sigma eff_{x(t)}$ hat nach Gleichung [2] eine proportionale Veränderung von $\frac{dl_x}{dt}$ im infinitesimalen Zeitintervall dt zur Folge. Dieser aus dl_3 und dl_4 zusammengesetzte Gleitvorgang bewirkt nach Gleichung [3] und [4] eine dementsprechende Verringerung der effektiven Zugspannung $\sigma eff_{3(t)}$ und $\sigma eff_{4(t)}$. Diese reduzierten Spannungen rufen ihrerseits nach Gleichung [2] einen verminderten Fließvorgang hervor usw. Der Wert $\left|\frac{dl}{dt}x\right|$ nimmt also mit der Zeit ab (Fig.6).

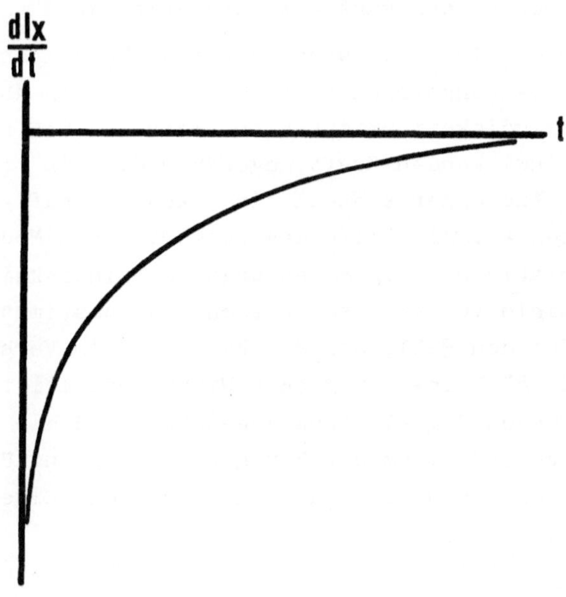

Fig. 6:

Die integrierte Funktion $\frac{dl}{dt}x = f(t)$ hat den in Fig.7 dargestellten Verlauf.

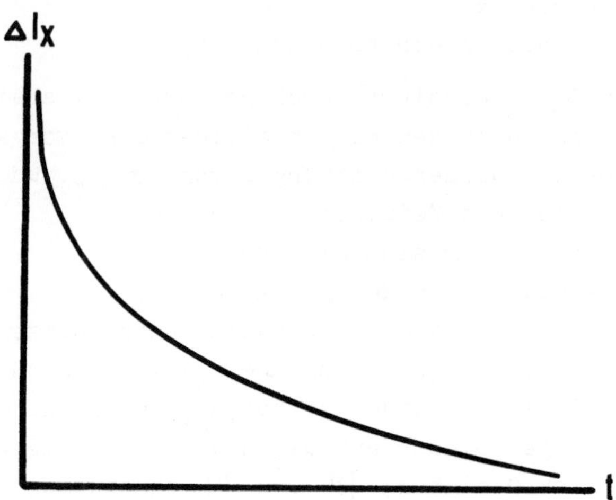

Fig.7:

In unseren Relaxationsversuchen wurden die Fasern bis in den elastischen Bereich verstreckt, in dem die Proportion

$$\sigma = K \quad . \quad \Delta l \qquad (t = 0)$$

erfüllt wird. Die Funktion Spannungsabfall = f(Zeit) stellt sich dabei wie in Fig.7, jedoch um den Faktor K verstärkt dar.

Darüber hinaus vermag das in Fig.5 wiedergegebene Modell auch zum besseren Verständnis des Dehnungsverhaltens von Kollagen in Abhängigkeit von der Dehnungsgeschwindigkeit beizutragen. Während sich nämlich die Faser einer langsam einwirkenden Kraft gegenüber wie ein hochviskoser Körper verhält, nimmt sie einer schnell einwirkenden Kraft gegenüber Festkörpereigenschaften an. Mit Hilfe des Burgers'schen Modells ergibt sich, daß bei relativ niedrigen Dehnungsgeschwindigkeiten das Verhalten in erster Linie vom viskosen Element "4" bestimmt wird und vom Element "3" nur für den Fall, daß die Feder "2" im Verhältnis zu den Elementen "3" und "4" keinen zu großen Widerstand leistet.
Einer schnell einwirkenden Zugbelastung gegenüber sind die viskosen Elemente "3" und "4" zu träge, um der Bewegung zu folgen. Unter diesen Bedingungen wird der Dehnungsvorgang nur durch die Eigenschaften der Feder "1" bestimmt.
Die unterschiedliche Verteilung der Dehnungs- bzw. Spannungsanteile auf beide Hooke'schen Elemente kann an Hand des Burgers'schen Modells auch eine Grundlage zum Verständnis der Abhängigkeit des prozentualen

Relaxationsbetrages von der Dehnungsgeschwindigkeit menschlicher
Sehnen (1o) darstellen. Bei hohen Verstreckungsgeschwindigkeiten
resultiert aufgrund der hohen Federspannung "1" ein starkes Fließen
der Newton'schen Elemente "3" und "4". Langsames Dehnen ermöglicht
eine gleichzeitige Längung der Feder "2", wodurch sich das Hooke'sche
Element "1" auf einen geringeren Spannungswert einstellt. Der von
Feder "2" getragene Spannungsanteil bewirkt jedoch im Gegensatz zu
Feder "1" nur ein Fließen des viskosen Elementes "3". Bei gleicher
Vorspannung ist also eine verminderte Relaxation zu erwarten.

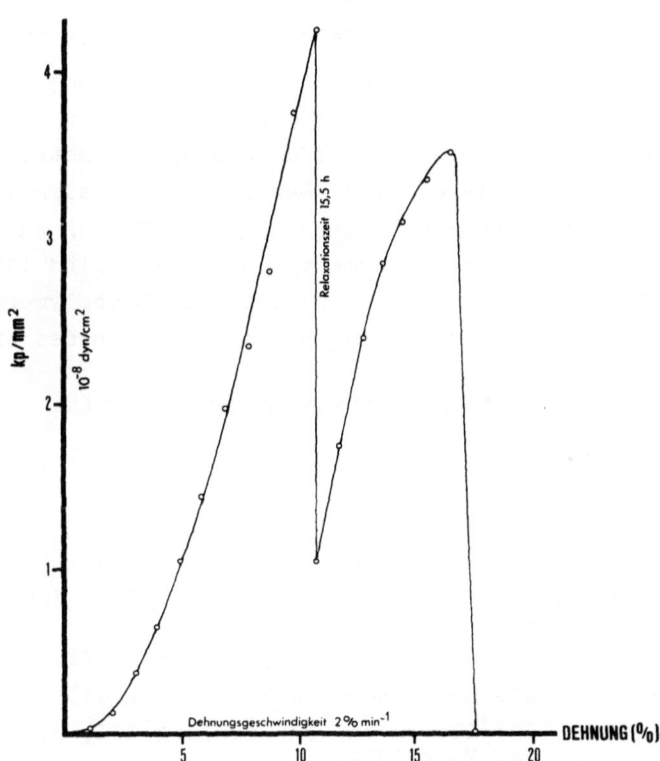

Fig.8: Kraft-/Dehnungsdiagramm einer nativ feuchten Faser aus Ratten-
schwanzsehne (♂ 1¹/2 Jahre alt). Die Faser wurde in einer geschlos-
senen Küvette mit Meßwertaufnehmern und Spannvorrichtung in Ringer-
lösung mittels eines Schrittmotors bei konstanter Dehnungsgeschwindigkeit von 2 %min⁻¹ bis in den elastischen Dehnungsbereich verstreckt;
nach einer Relaxation von 15,5 h unter isometrischen Bedingungen
Fortsetzung der Dehnung bei gleicher Dehnungsgeschwindigkeit bis zum
Reißpunkt.

Mit Hilfe dieses Modells läßt sich schließlich ebenfalls in Analogie
zu exp. Befunden zeigen, daß bei Entlastung eines nicht extrem schnell
verstreckten Systems (Faser) sich allein Feder "1" sofort entspannt
(elastischer Dehnungsanteil), während die Entspannung von "2" durch
das Dämpfungsglied "3" verzögert abläuft(Spannungsrückgewinn).
Fig.8 zeigt ein signifikantes Verhalten einer relaxierten Kollagenfaser.
Der Spannungsabfall unter isometrischen Bedingungen zeigt eine assymptotische Zeitabhängigkeit und konnte nach ca. 15 h als praktisch Null
angenommen werden. Bemerkenswert an dem in Fig.8 dargestellten Span-
nungs-/Dehnungsdiagramm erscheint die Proportionalität im zweiten
Dehnungsvorgang mit nahezu gleichem Elalstizitätsmodul. Die Faser
reißt jedoch, ohne den Vorspannungswert zu erreichen (~ 83 %).

Zielsetzung laufender Untersuchungen ist die Aufklärung molekularer
Mechanismen, die sowohl für das inhomogene Dehnungsverhalten als
auch für das Phänomen des Spannungsabfalls einer isometr. belasteten
Faser verantwortlich zu machen sind. Dabei erweisen sich Vergleiche
mit Beobachtungen an Urethan-Elastomeren, deren Ketten aus alternie-
renden sog. harten und weichen Segmenten aufgebaut sind (11), besonders nützlich (12), zumal sich zeigen läßt, daß Biopolymere und
technische Polymere vergleichbare Grundeigenschaften besitzen (13).

Mit Unterstützung der Deutschen Forschungsgemeinschaft.

Literatur

1. Dale, W.C., Baer, E., Keller, A. und Kohn, R.R.: Experientia,
    28, 1293 (1972)

2. Nemetschek, Th.: Kolloid. Z. Z. Polymere 251, 672 (1973)

3. Rigby, J.: Nature (London) 2o2, 1o72 (1964)

4. Nemetschek, Th.: In: Altern und Entwicklung III, p.38 (Stuttgart-
    New York 1971)

5. Nemetschek, Th. und Hosemann, R.: Kolloid.Z.Z. Polymere, 251,
    1o44 (1973)

6. Hosemann, R., Bonart, R. und Nemetschek, Th.: Kolloid.Z.Z. Poly-
    mere (i. Druck)

7. Randall, J.T.: J. Soc. Leather Trades'Chem. 38, 362 (1954)

8. Nemetschek, Th., Graßmann, W. und Hofmann, U.: Z. Naturforschung
    1ob, 61 (1955)

9. Burgers, J.M.: In First Report 1935.

lo.   Vogt, C.-H., Arnold, G. und Lippert, H.:   Europ. J. appl.
                              Physiol. $\underline{32}$ (1973)
11.   Bonart, R.:   Kolloid. Z. Z. Polymere $\underline{199}$, 136 (1964)
12.   Hosemann, R.:   Endeavour $\underline{32}$, 99 (1973)
13.   Flory, P.J.:   Angew. Chem. $\underline{86}$, lo9 (1974)

Diskussionsbemerkungen zur Deutung der Röntgenkleinwinkeleffekte bei der Dehnung
von nativ-feuchtem Kollagen

R.Bonart

Problemstellung

Bei der Dehnung von Kollagen treten makroskopisch gesehen die gleichen viskoelastischen
Effekte auf, wie bei synthetischen Polymeren 1). Entsprechend der andersartigen
chemischen Struktur hat man jedoch mit grundsätzlich anderen molekularen Deforma-
tionsmechanismen zu rechnen. Zur Untersuchung dieser Mechanismen stehen u.a. die
Elektronenmikroskopie sowie die Röntgenfeinstrukturforschung zur Verfügung, wobei
letztere den Vorteil hat, daß sie praktisch keinerlei Probenpräparation voraussetzt.
Insbesondere ist es nicht nötig, die Proben wie bei der Elektronenmikroskopie zu
trocknen. Vielmehr kann das Kollagen röntgenographisch auch direkt im nativ-feuchten
Zustand beispielsweise in Abhängigkeit von der Belastung 2) untersucht werden.

Das Röntgenkleinwinkeldiagramm des Kollagens ist durch Langperiodenreflexe auf dem
Meridian des Diagrammes gekennzeichnet 3), die von der elektronenmikroskopisch sichtbaren Querstreifung 4) herrühren. Der Zusammenhang ist durch die Bragg-Gleichung

$$\frac{2 \sin \theta_l}{\lambda} = l \cdot \frac{1}{c}$$

gegeben, wobei $2\theta_l$ der Streuwinkel des Kleinwinkelreflexes l .Ordnung ist, bzw.
c die Periode der Querstreifung. λ ist die Wellenlänge der Röntgenstrahlung
und l die Ordnungszahl des jeweils betrachteten Reflexes.

Bereits Randall 5) hat darauf hingewiesen, daß gewisse Unstimmigkeiten auftreten
zwischen der makroskopischen Dehnung ε einer Probe, der im Röntgenkleinwinkeldiagramm
beobachtbaren Langperiode c und der Aufweitung der Kettenkonformation, wie sie sich
aus dem Röntgenweitwinkeldiagramm ergibt. Er bezieht sich dabei allerdings auf ge-
trocknetes Kollagen.

Nemetschek und Hosemann 2) haben kürzlich an nativ-feuchtem Kollagen beobachtet, daß
die röntgenographische Langperiode c trotz einer makroskopischen Probendehnung von
ca. 10 % konstant bleibt. Gleichzeitig macht sich eine gesetzmäßige Desorientierung
der Fibrillen bemerkbar und zwar in einer Aufspaltung der Meridian- sowie einiger
Weitwinkeläquatorreflexe. Hierfür sollen im folgenden einige Deutungsvorschläge zur
Diskussion gestellt werden.

Zur Konstanz der Langperiode

Die Konstanz der röntgenographisch beobachtbaren Langperiode könnte u.U. darauf zurückzuführen sein, daß die makroskopische Dehnung des Kollagens statt auf einer Längung
der einzelnen Fibrillen auf einem Aneinanderabrutschen benachbarter Fibrillen beruht,
wobei die Fibrillen selber ungedehnt bleiben. Problematisch ist dabei allerdings, wie
die Elastizität der Dehnung verstanden werden kann, wenn man nicht annehmen will,daß
benachbarte Fibrillen durch einzelne Molekülketten miteinander verbunden sind, die
gleichsam eine elastische Matrix bilden.

Ohne Rückgriff auf eine hypothetische "Matrix" kann der Befund auch wie folgt verstanden werden, wenn man von einer inhomogenen Dehnung der Fibrillen ausgeht. Wenn nämlich die makroskopische Dehnbarkeit des Kollagens auf der elastischen Nachgiebigkeit
der einzelnen Fibrillen beruht, so bedeutet dies noch nicht, daß sich die Fibrillen

über ihre gesamte Länge gleichmäßig dehnen. Vielmehr müssen auch eventuelle abschnittsweise Dehnungen berücksichtigt werden, bei der ungedehnte Fibrillenabschnitte erhalten bleiben. Daß derartige abschnittsweise Dehnungen prinzipiell möglich sind,
geht u.a. aus älteren Beobachtungen von Nemetschek 6) hervor.

Je nachdem ob die gedehnten Fibrillenabschnitte länger als die ursprüngliche Periode
c bzw. kürzer als diese oder mit ihr vergleichbar sind, hat man unterschiedliche
Interferenzeffekte im Röntgendiagramm zu erwarten. Ferner ist zu beachten, daß die
Moleküle in den gelängten Abschnitten eine neue, definierte Konformation annehmen
oder ob sich Zufallskonformationen einstellen. Aus Gründen, die hier nicht näher
erläutert werden können, soll zunächst nur der einfachste Fall betrachtet werden,
daß nämlich die gelängten Abschnitte kürzer als die ursprüngliche Periode sind,

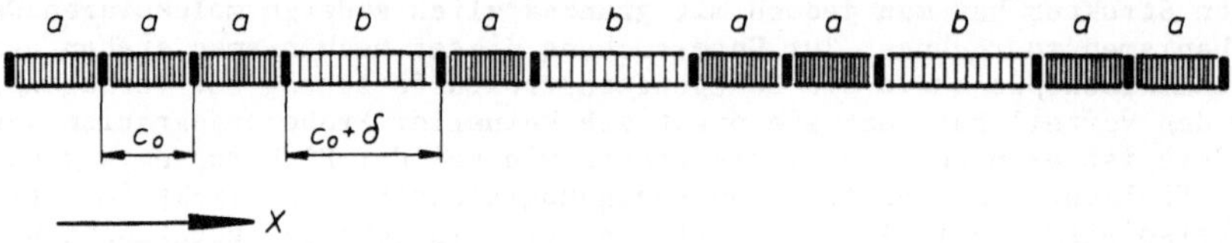

Abb. 1: Inhomogene Dehnung einer anfangs idealperiodischen Struktur. Mit fortschreitender Dehnung gehen mehr und mehr Konformationen a) in gelängte Konformationen
b) über.

daß die gelängten Moleküle wieder eine definierte Konformation annehmen und daß
die gelängten Fibrillenabschnitte rein statistisch auftreten. Es ergibt sich so
eine inhomogen aufgeweitete Struktur entsprechend Abb.1 die nach den Gesetzmäßigkeiten eines idealen Parakristalles 7) behandelt werden kann. Auf eine Berechnung
des Interferenzeffektes soll hier verzichtet werden (vergl.8)). Zur qualitativen
Veranschaulichung ergibt Abb. 2 jedoch einige spezielle Rechnungen wieder, die davon
ausgehen, daß sich 5%, 10%, 15% bzw. 20% aller Periodenabschnitte um ca. 60% gelängt

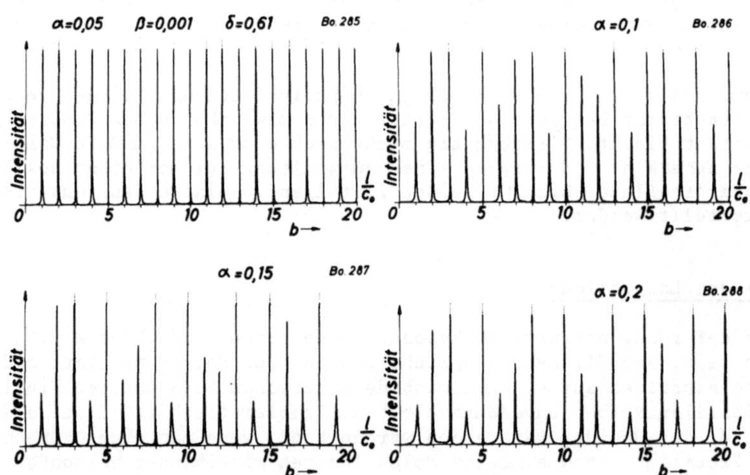

Abb. 2: Berechneter Interferenzeffekt inhomogen gedehnter, anfangs idealperiodischer
Strukturen.   α = relativer Anteil der gelängten Konformationen, δ = relative
Aufweitung der Konformationen b) gegenüber den Konformationen a) (s.Abb. 1). Trotz
der Strukturaufweitung beobachtet man keinerlei Reflexverschiebung.

haben. Damit ergeben sich Gesamtaufweitungen der Struktur von 3%, 6%, 9% und 12%. Trotzdem ist in keinem der schematisch wiedergegebenen Interferenzdiagramme eine Reflexverschiebung beobachtbar. Vielmehr werden lediglich Reflexe breiter und diffuser, während andere Reflexe unendlich scharf bleiben. Falls die Änderung der Reflexbreiten beispielsweise aus experimentellen Gründen nicht beobachtbar ist, bleibt die Aufweitung der Struktur im Röntgendiagramm verborgen.

Wählt man andere Parameterwerte für die inhomogene Dehnung, so bleibt das prinzipielle Bild unverändert. Die Verbreiterung wirkt sich allerdings auf andere Reflexe aus als im wiedergegebenen Beispiel.

Als Konsequenz ergibt sich, daß die experimentell beobachtete Konstanz der Langperiode keinesfalls dahingehend interpretiert werden muß, daß die einzelnen Fibrillen ungedehnt bleiben. Stattdessen kann eine inhomogene Dehnung der Fibrillen vorliegen, sofern die Dehnungszonen die oben genannten Bedingungen erfüllen.

Zur gesetzmäßigen Desorientierung der Fibrillen

Eine eventuelle abschnittsweise Dehnung der Fibrillen setzt entsprechende seitliche Einschnürungen voraus, da anderenfalls die Dichte in den gelängten Abschnitten in unrealistischer Weise absinken würde. Derartige Einschnürungen treffen jedoch auf umso größere Schwierigkeiten, je kürzer die Dehnungszonen bzw. Dehnungsbänder verglichen mit der Fibrillendicke sind, wie man sich an Hand der Abb. 3 leicht klarmachen kann (vergl. hierzu 9).

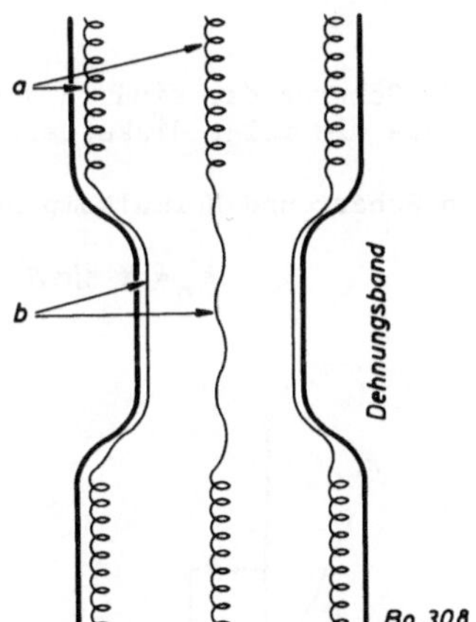

Abb.3: Dehnungsband mit starker Dehnung
der achsfernen gegenüber den achsnahen Ketten.
Mit zunehmender Fibrillendicke wächst die
unterschiedliche Belastung achsferner und achs-
naher Ketten an.

Abb. 3 gibt schematisch die Einschnürstelle einer Fibrille wieder. Im ungedehnten Teil besitzen die Moleküle die Konformation a, im gedehnten Teil dagegen die längere und schlankere Konformation b. Moleküle, die in der Nähe der Fibrillenachse liegen, werden weniger stark gedehnt als achsferne Moleküle. Der Unterschied zwischen achsfernen und achsnahen Ketten wächst mit der Fibrillendicke an, bis die hohe notwendige Verstreckung der Randzone die Verstreckung der Kernzone blockiert.

Wesentlich einfacher liegen die Verhältnisse dagegen, wenn sich statt des Dehnungs-
bandes ein Scherband entsprechend Abb.4 ausbildet. Unabhängig von der Fibrillendicke
und unabhängig von der Länge im Fibrillenquerschnitt ergibt sich für alle beteiligten
Moleküle die gleiche Situation, so daß der Ausbildung eines Scherbandes auch bei
dicken Fibrillen keine prinzipiellen Schwierigkeiten entgegenstehen.

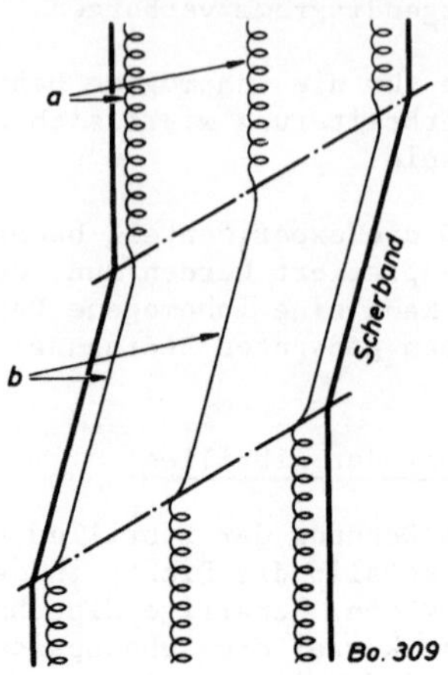

Abb.4: Scherband mit gleicher Dehnung
aller Ketten unabhängig von ihrer Lage
im Fibrillenquerschnitt.

Schräg zur Zugrichtung liegende Scherbänder sind in der allgemeinen Werkstoffkunde
als Lüderslinien 10) bekannt, die wie folgt diskutiert werden.

Jede Zugkraft K kann formal in Scher- und Normalkomponenten K_s bzw. K_n

$$K_s = K \cdot \cos\beta \qquad\qquad K_n = K \cdot \sin\beta$$

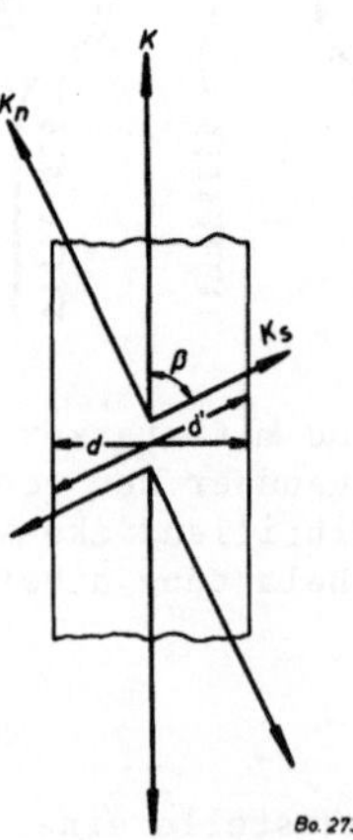

Abb.5: Zerlegung der Zugkraft K in Scher- und Normalkomponenten K_s bzw. K_n. Für $\beta = 45°$ besitzt die
Scherspannung ein Maximum.

zerlegt werden (s.Abb.5). Dividiert man K_s durch den entsprechenden Probenquerschnitt

$$d' = d/\sin\beta$$

so findet man, daß die Scherspannung

$$\sigma_s = \frac{K_s}{d'} = K \cdot \sin\beta \cdot \cos\beta$$

für $\sin\beta = \sqrt{\tfrac{1}{2}}$ d.h. für $\beta = 45°$ ein Maximum besitzt. Dementsprechend treten die Lüderslinien bevorzugt mit einem Neigungswinkel von 45° gegenüber der Zugrichtung auf, ohne daß dies in irgendeiner Weise durch die molekulare Struktur des Materials bedingt ist. Abweichungen von dem "idealen" Neigungswinkel von 45° sind u.a. dann zu erwarten, wenn neben der Scherspannung wegen der speziellen molekularen Gegebenheiten auch eine ausreichend hohe Normalspannung wirken muß, ehe die Deformation eintritt.

Während die Scherspannung für β = 45° ein Maximum hat, steigt die gleichzeitig wirkende Normalspannung für $\beta >$ 45° an bzw. fällt für $\beta <$ 45° ab. Infolgedessen sind Neigungswinkel, die größer sind als 45° gegenüber solchen, die kleiner als 45° sind, bevorzugt.

Trotz eventueller Scherbänder erfolgt die Kraftübertragung in Richtung der mittleren Fibrillenachse. Die gelängten und die ungelängten Fibrillenabschnitte müssen sich deshalb in entgegengesetztem Sinne gegen die Belastungsrichtung neigen. Insofern ist die Existenz von Dehnungsbändern direkt mit einer systematischen Desorientierung der ungelängten Fibrillenabschnitte verknüpft.

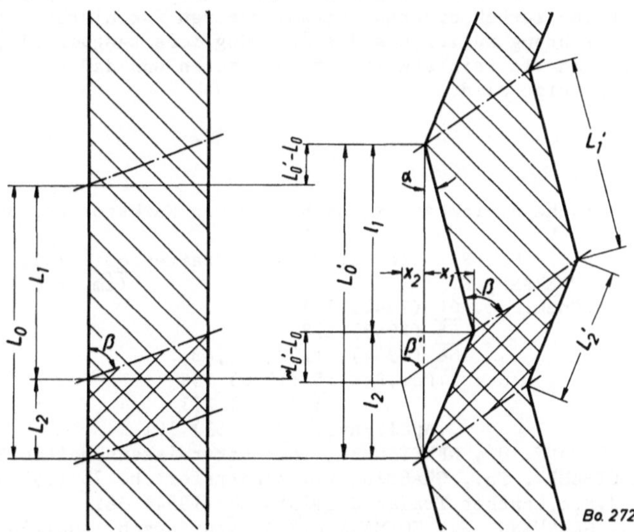

Abb6.: Geometrie im Scherband zur Abschätzung der Verkippung der undeformierten Fibrillenabschnitte.

An Hand der Abb. 6 und eines willkürlich gewählten Rechenbeispiels mögen die skizzierten Zusammenhänge veranschaulicht werden. Hierzu nehmen wir an,daß bei einer rel. Gesamtdehnung von ca. 5% etwa alle 10 000 Å ein Scherband auftritt, das ca. 400 Å lang und ca. 45° gegen die Fibrillenachse geneigt ist. Für die Summe der seitlichen Auslenkungen x_1 und x_2 (s.Abb. 6) gilt dann

$$x_1 + x_2 = L_0' \cdot \sin\alpha = 10\,400 \cdot \sin\alpha$$

Andererseits hat man für die Neigung des Scherbandes

$$tg\ \beta \approx tg\ \beta' \approx 1 \approx \frac{x_1 + x_2}{L_0' - L_0} = \frac{x_1 + x_2}{\varepsilon \cdot L_0}$$

oder

$$x_1 + x_2 = \varepsilon \cdot L_0$$

Für die systematische Neigung des ungedehnten Fibrillenabschnittes ergibt sich damit

$$sin\ \alpha \approx \varepsilon \approx 0{,}05 \qquad\qquad \alpha = 3{,}0°$$

Dies ist gerade die Größenordnung, die man auch experimentell beobachtet 2). Gleichzeitig erkennt man, daß weder die Länge noch die Häufigkeit der Scherbänder einen wesentlichen Einfluss auf die Neigung der ungedehnten Fibrillenabschnitte hat. Wie weit die Desorientierung tatsächlich unmittelbar durch die rel.Dehnung ε gegeben ist, konnte bisher noch nicht experimentell geprüft werden.

Zusammenfassung

Durch die Annahme von Scherbändern im gedehnten, nativ-feuchten Kollagen gelingt es, die Konstanz der Langperiode und die gesetzmäßige Desorientierung der Fibrillen auf eine gemeinsame Ursache zurückzuführen. Vorauszusetzen ist hierbei, daß die Scherbänder in Fibrillenrichtung kürzer als die ursprüngliche Langperiode, d.h. kürzer als ca. 700 Å sind, daß sie rein statistisch auftreten und daß sie um ca. 45° gegen die Fibrillenachse geneigt sind.

Literatur

1. OBERST, H.: Elastische u.viskose Eigenschaften von Werkstoffen, Beuth-Vertrieb, GmbH, Berlin
2. NEMETSCHEK, Th., HOSEMANN, R.: Die Naturwissenschaften 60(1973), 304
   NEMETSCHEK, Th., HOSEMANN, R.   ......   (im Druck)
3. BEAR, R.S. J.Amer.Chem.Soc. 64 (1942) 727
            "   65 (1943) 1784
            "   66 (1944), 1297, 20,43
   BOLDUAN, O.E.A, BEAR, R.S.: J.Pol.Sci. 5 (1950) 159
                                          6 (1951) 271
                        J.Appl.Phys. 22 (1951) 191
4. GRASSMANN, W., HOFMANN, U., NEMETSCHEK, Th.: Naturwissenschaften 39 (1952) 215
   HOFMANN U., NEMETSCHEK, Th., GRASMANN W.: Z.Naturforsch. 7b (1952) 509
5. RANDALL, I.T.: J.Soc.Leather Trades'Chemists 38 (1954) 362
6. NEMETSCHEK, Th., GRASMANN, W., HOFMANN U.: Z.Naturforsch. 10b(1955) 61
7. HOSEMANN R., BAGCHI, S.N.: Direct Analysis of Diffraction by Matter", North-Holland Publ.Comp. 1962
8. BONART, R.: Lineare Parakristalle mit bimodaler Koordinationsstatistik (in Vorbereitung)
9. BONART, R., SCHULTZE-GEBHARDT: Die Angew.MAKROMOL.CHEM. 22 (1972), 41
10.GUY, A.: Metallkunde für Ingenieure,Akadem.Verlagsges. 1970
11.HODGE, A.J., SCHMITT, F.O.: Leder 11 (1960) 74
   KÜHN, K., ZIMMER, E.: Z.Naturforsch. 16b (1961), 648
   KÜHN, K.: Leder 11 (1960) 110

Piezoelectric Constants of the Calcified Collagen Fibril in Human Cortical Bone

B. Pfeiffer

Introduction

During the last 16 years the piezoelectric polarisation of several connective tissues has been investigated. Among others the piezoelectric constants for bone, tendon and skin were published in [1] [4] [3] [5] [10]. All these treatises were based on homogenity and an anisotropy only given by a macroscopic orientation of the collagen fibers.

The measurements of the piezoelectric constants of compact human bone which we carried out, agreed with the results of ANDERSON and ERIKSSON [1] only in the coefficient d_{33} or d^{333} in terms of tensor calculus. This coefficient indicates the polarisation in the direction of the bone axis, when a defined stress is applied in the same direction. The other coefficients -measured by intergration over the whole sample surface- varied about $\pm$ 1000%. This is caused by the different number and position of the cut osteon systems in the charge producing surface.
Therefore we tried to develop a model for the osteon layer system assuming an idealized anisotropy and homogenity. This model was used to determine the piezoelectric tensor of the calcified collagen fibril including the interfibrillar ground substance. The tensor components for human bone tissue should not be taken from other more primitive structures because those have different composition of amino acid residues as well as different quality-factors of fiber orientation.

Assumptions in this Model

1. The osteon canals and Volkmann canals(interosteonic canals) can be neglected as local pertubations of a mechanical continuum according to SAINT-VENANT´s principle. This is allowed at distances between the canal and the sample surface, which are large compared with the dia - meter of the canal.

2. In a first and rather rough approximation the stresses in a cubic sample are uniform and given by the boundary conditions, when the sample is compressed between two parallel plates.

3. The apatite - coated collagen fibril belongs to the point group C_6 as for instance used by FUKADA [5].

4. Concerning the physiological wet state information about the stress induced polarisation gained from <u>dried</u> bone is useful for example for calculating the structure of a double layer on collagen surfaces or for investigating electrolytical transport phenomena in bone tissue. The small degree of bone collagen swelling seems to indicate an un - important structural change by drying.

5. Deviations of the assumed fiber orientation are random and do not

change the charge distribution.

Transformations

For the cortical bone cylinder we chose the orthonormal vectorbase g_j^M as shown in figure 1. The index M stands for main system. The coordinates R_i and Φ_i describe the position of the osteon i in the bone cylinder, radius R and angle Φ the position of a point P in the osteon. The tensor components in the main system do not depend on the bone-axis coordinate Z. In figure 2 a single idealized osteon is shown with the orthonormal vector base g_j^F (index F for fibril) which has been chosen so that the g_3^F - axis directs to the preferred fiber orientation.

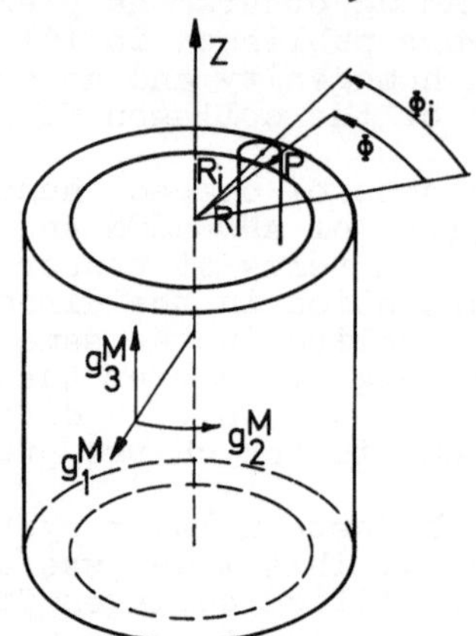

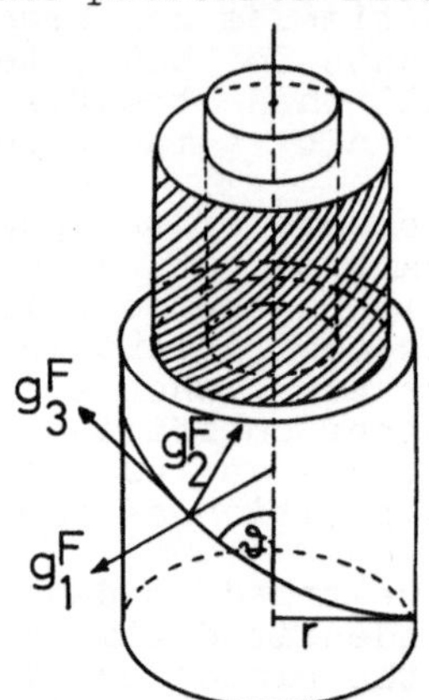

Figure 1 Cortical bone cylinder with adapted vector base g_j^M and osteon system i.

Figure 2 Osteon i with radius-r-dependent angle of inclination θ and vector base g_i^F .

At a point P with the radius r the angle θ indicates the inclination of the g_3^F - axis relative to the g_3^M - axis. Equation (1) represents the transformation of the main cylinder base to the fibril base.

$$(1) \qquad g_j^F = c_j^i \, g_i^M \qquad , \text{ wherein}$$

$$(2) \qquad c_j^i = c_{ji} = \begin{pmatrix} \cos\gamma & \sin\gamma & 0 \\ -\sin\gamma\cdot\cos\theta & \cos\gamma\cdot\cos\theta & -\sin\theta \\ -\sin\gamma\cdot\sin\theta & \cos\gamma\cdot\sin\theta & \cos\theta \end{pmatrix}$$

with

$$(3) \qquad \cos\gamma = \frac{R - R_i\cos(\Phi - \Phi_i)}{r}$$

$$\sin\gamma = \frac{R_i\sin(\Phi - \Phi_i)}{r}$$

$$r = \sqrt{R^2 - 2RR_i\cos(\Phi - \Phi_i) + R_i^2}$$

As usual in tensor calculus a twice appearing index in products stands for accumulation with i = 1,2,3. From the rule of transformation for tensors of rank three we find for the components :

$$(4) \qquad d_M^{ijk} = c_l^i c_m^j c_n^k \, d_F^{lmn}$$

So the tensor components d_M^{ijk} are linear equations of the fibril parameters d_F^{lmn} , which are not functions of the position. The point group C_6 of the collagen fibril implicates a tensor in matrix representation of the type :

$$(5) \qquad d_{ik}^F = \begin{pmatrix} 0 & 0 & 0 & d_{14} & d_{15} & 0 \\ 0 & 0 & 0 & d_{15} & -d_{14} & 0 \\ d_{31} & d_{31} & d_{33} & 0 & 0 & 0 \end{pmatrix}$$

$$\text{with } d_{ik}^F = \begin{cases} 2d_F^{imn} & , \text{ if } m \neq n \\ \\ d_F^{ikk} \end{cases} \quad \begin{array}{l} k = 4, \text{ if } mn = 23 \text{ or } mn = 32 \\ k = 5, \text{ if } mn = 13 \text{ or } mn = 31 \\ k = 6, \text{ if } mn = 12 \text{ or } mn = 21 \end{array}$$

Now (4) means that d_M^{ijk} is a linear combination of the four nonzero parameters d_{14}, d_{15}, d_{31} and d_{33} at every point.

Fibril Inclination

On principle the helix angle $\pi/2 - \theta$ can be measured by means of polarisation microscopy at each point in the osteon [7]. To reduce the experimental effort, we tried to describe θ by the analytical expression

$$(6) \qquad \theta = \frac{\theta_o}{1 + Br^8} \cdot \sin(\pi r/q)$$

neglecting the osteon canal. The first term, similiar to a Lorentz - function , enables the several osteon systems to be joined together with $\theta = 0$ in the range of transition. The trigonometric term stands for the periodical change of θ with increasing radius r; q is the layer thickness of about 8 μm.

Method of Evaluation and Measurement

After measuring the position function $d_M^{122}(\vec{r})$ and the integral parameter $\langle d_M^{333} \rangle_A$ the d_F^{ijk} can be determined with regression methods and the aid of:

$$(7) \quad A \cdot \langle d_M^{333} \rangle_A = \int_A d_M^{333} dA = (2d_F^{113} + d_F^{311}) \int_A \cos\theta \, \sin^2\theta \, dA + d_F^{333} \int_A \cos^3\theta \, dA$$

and

$$(8) \quad d_M^{122}(R\Delta\Phi) = 2\cos\gamma\cdot\cos\theta\cdot\sin\theta\cdot d_F^{123} + \cos^2\gamma\cdot\sin\gamma\cdot\sin^3\theta\cdot(2d_F^{113}-d_F^{333})$$
$$-(\cos^2\gamma\cdot\sin\gamma\cdot\cos^2\theta\cdot\sin\theta + \sin^3\gamma\cdot\sin\theta\,)d_F^{311}, \quad R=\text{const.}$$

where A is a surface area perpendicular to the g_3^M – axis. The $d_M^{ijk}(\vec{r})$ will be evaluated according to the piezoelectric equation without external field :

$$(9) \qquad D^i = d_M^{ijk}\cdot\sigma^{jk}$$

Application of the dynamic stress $\sigma^{jk} = \sigma^{22}$ and determination of the produced surface charge density ω_1 on the surface 1 leads to d_M^{122} because D^1 , the component of the dielectric displacement normal to the surface 1 , is equal to ω_1.

The prepared, dried and polished sample is compressed dynamically and a suitable osteon system near the surface is located microscopically. In figure 3 the area of interest can be seen between the small arrows. Here a metal sphere electrode is attached. The surface charge is scanned in S-direction, amplified and rectified.

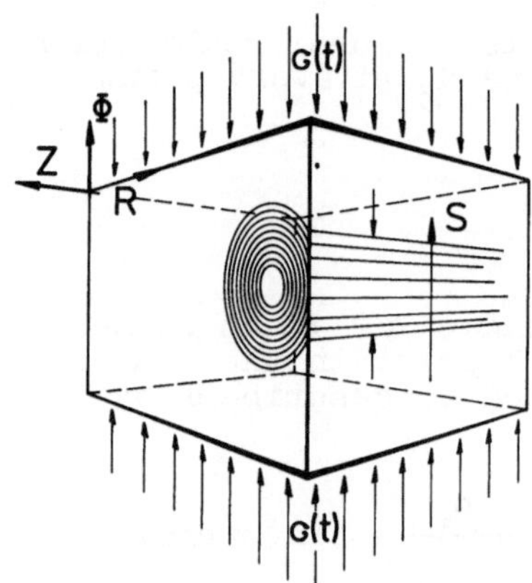

<u>Figure 3</u> Periodically compressed sample and eccentrically cut osteon with electrode scan direction S; scan area between the small arrows.

The area of contact is circular, the circle diameter 2a is about 75 um. Therefore the measured charge distribution is the "true" one, folded with the electrode profile. From (8) we find :

$$(10) \quad \overline{d_M^{122}}\,(R\Delta\Phi) = \text{const}\cdot\int_{-a}^{a} 2\cdot\sqrt{a^2 - h^2}\cdot d_M^{122}\,(R\Delta\Phi - h)dh$$

Using this smearing method of measurement we must fit the d_F^{ijk} to $\overline{d_M^{122}}$ with the aid of (10).

Measurement and best fit by the least error square method are shown in figure 4. The "true" , calculated surface charge distribution without convolution is shown in figure 5. The dimension of the evaluated coefficients d_{ijk} of the fibril corresponds to single charge measurements made on some extremely large osteons.

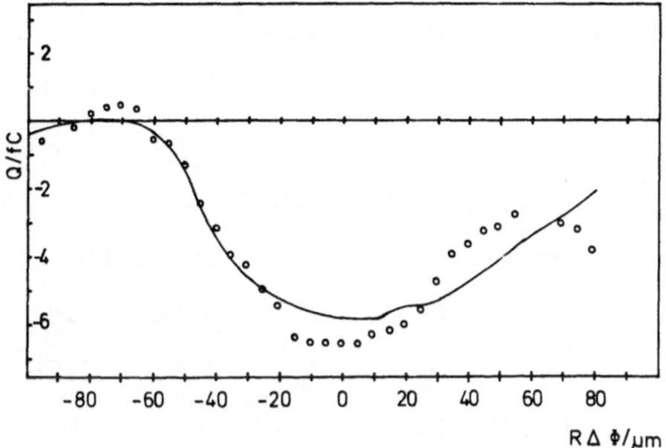

<u>Figure 4</u> Typical charge measurement (o) and best fit of (10) to these results.

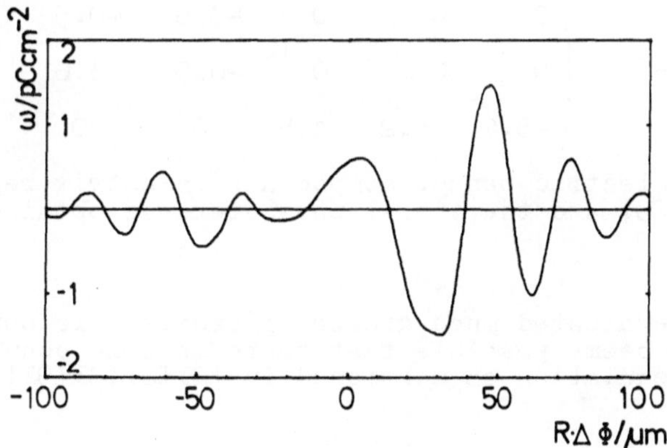

<u>Figure 5</u> Desmeared piezoelectric charge density distribution over the cut osteon system with parameters gained by the best fit in figure 4, if a stress $\sigma = 1\ Ncm^{-2}$ is applied.

Results and Discussion

Our preliminary results are listed in figure 6 together with FUKADA´s data for horse femur and bovine Achilles tendon. Because of the different surface- and therefore electric contact-qualities of the sample as well as the inexact description of the inclination angle and mainly because of variations of osteon geometry the results must be regarded as given with an inaccuracy of factor 4 respectively 0.25.

Evidently the piezoelectric polarisation of the calcified collagen fibril in bone is much greater than shown by investigations based on a parallel fiber orientation in which largely integrating methods were used. In addition FUKADA´s small values can be explained by a greater part of random oriented fibers in horse bone. The values of the piezoelectric constants of tendon and fibril range in the same order. From our model the maximal absolute coefficient is $|d_{31}|$ instead of FUKADA´s

$|d_{14}|$ for tendon. Assuming the transverse isotropy C_∞ the results of our measurements could not be approximated with equation (10) with $d_F^{123}=0$.

Horse femur according to FUKADA

$$\overline{d_{ik}} = \begin{pmatrix} 0 & 0 & 0 & -0.21 & 0.04 & 0 \\ 0 & 0 & 0 & 0.04 & 0.21 & 0 \\ 0.003 & 0.003 & 0.003 & 0 & 0 & 0 \end{pmatrix}$$

Bovine Achilles tendon according to FUKADA

$$\overline{d_{ik}} = \begin{pmatrix} 0 & 0 & 0 & -2.66 & 1.4 & 0 \\ 0 & 0 & 0 & 1.4 & 2.66 & 0 \\ 0.09 & 0.09 & 0.07 & 0 & 0 & 0 \end{pmatrix}$$

Human femur, calcified collagen fibril from our model

$$d_{ik}^{F} = \begin{pmatrix} 0 & 0 & 0 & -3.6 & -0.5 & 0 \\ 0 & 0 & 0 & -0.5 & 3.6 & 0 \\ -5.2 & -5.2 & 1.5 & 0 & 0 & 0 \end{pmatrix}$$

<u>Figure 6</u> Piezoelectric tensor components in matrix representation of FUKADA's data [5] and the fibril parameters as obtained from the model in pCN^{-1}.

Regarding the evaluated much greater piezoelectric constants for human bone tissue it seems possible that there is some connection with the bone-dynamic-regulation as mentioned in [2] [6] [8] [9] [10].

References

[1] Anderson,J.C.,Eriksson, C.: Piezoelectric Properties of Dry and
     Wet Bone. Nature 227, 491-492 (1970)
[2] Dulce, H.J. : Biochemie des Knochens. In: Handbuch der med.Radio-
     logie , Berlin, Heidelberg, New York   (1970)
[3] Fukada,E. , Yasuda,I. : On the Piezoelectric Effect of Bone.
     J. Phys. Soc. Japan 12,10 ,1158-1162   (1957)
[4] Fukada,E. , Yasuda,I. : Piezoelectric Effect in Collagen. Japan J.
     app. Phys. 3,2 ,117-121   (1964)
[5] Fukada,E. : Mechanical Deformation and Electrical Polarisation in
     Biological Substances. Biorheology 5 , 199-208 (1968)
[6] Gjelsvik,A.: Bone Remodelling and Piezoelectricity I+II. J.Biomech.
     6 , 69-77 and 187-193 (1973)
[7] Knese, K.H. : Struktur und Ultrastruktur des Knochengewebes. In :
     Handbuch der med. Radiologie, Berlin,Heidelberg,New York (1970)
[8] Marino,A.A.,Becker, R.O. Soderholm, S.C. : Origin of the Piezo-
     electric Effect in Bone. Calc.Tiss.Res. 8, 177-180   (1971)
[9] McLean,F.C. , Urist, M.R. : Bone. Chicago, London (1968)
[10]Shamos,M.H. , Lavine,L.S. : Piezoelectricity as a Fundamental
     Property of Biological Tissues. Nature 213 , 267-269 (1967)

Dependence of Relaxation of Rat Tail Tendons
on the Milieu and on the Influence of a Cytostatic Treatment

R. FRICKE

Treatment of chronic inflammation by cytostatic agents has,for various reasons, raised the question, which influence it beares on the growth of connective tissues. Application of cytostatic agents to children makes an evaluation of the effect on the development of connective tissue even more important.

For a model to study the influence of cytostatic agents on the growing connective tissue we chose the growing rat tail tendon. New born rats were fed cyclophosphamide 3 mg/kg after the second week of age by a pipet.

Relaxation was measured according to the method described by Arnold (1). The tendons were stretched at a given speed to the designated preload in a technical tensile testing machine produced by Zwick & Co Einsingen/Ulm, Germany.

In the first part of the investigation basic data were collected on the influence of growth and of the milieu on the relaxation of rat tail tendons. In a second part of the investigation the influence of cyclophosphamide, an alkylating agent, on the growing rat tail tendon was tested.

Relaxation dependent on age:

Rat tail tendons of different age exhibit a distinct difference in relaxation. The younger the animal, the higher the relaxation (fig.1). The same relation is found, when different preloads are applied.

Relaxation dependent on the milieu:

When the tendon is turning dry relaxation is irregular. This is demonstrated in fig. 2. The registration of relaxation reveals a saw tooth like curve.

Application of buffers of different pH leads also to a different response of relaxation. At an acidic pH relaxation is most distinct (fig. 3). It decreases with increasing p H. This is demonstrated in the alkaline region of pH 9.5 (fig. 4).

When applying different temperature, relaxation increases with raising temperature. At higher temperatures the tendons rupture already at low preloads (fig. 5). This is an indication for the fact, that the tensile strength decreases.

We chose after these experiments pH 7,36 and room temperature for the method to test the relaxation of rat tail tendons after treatment with cyclophosphamide.

Tendons of rats, treated with cyclophosphamide,showed far more relaxation than the controls. The tendons even ruptured at the attempt to apply the highest preload used in these experiments. It indicates a lower tensile strength than in the control tendons (fig. 6).

The investigations of the relaxation of rat tail tendons have revealed, that conditions of environment have a distinct influence on the results. For an experiment, in which tendons of different origin will be compared, parameters of the milieu are essential.

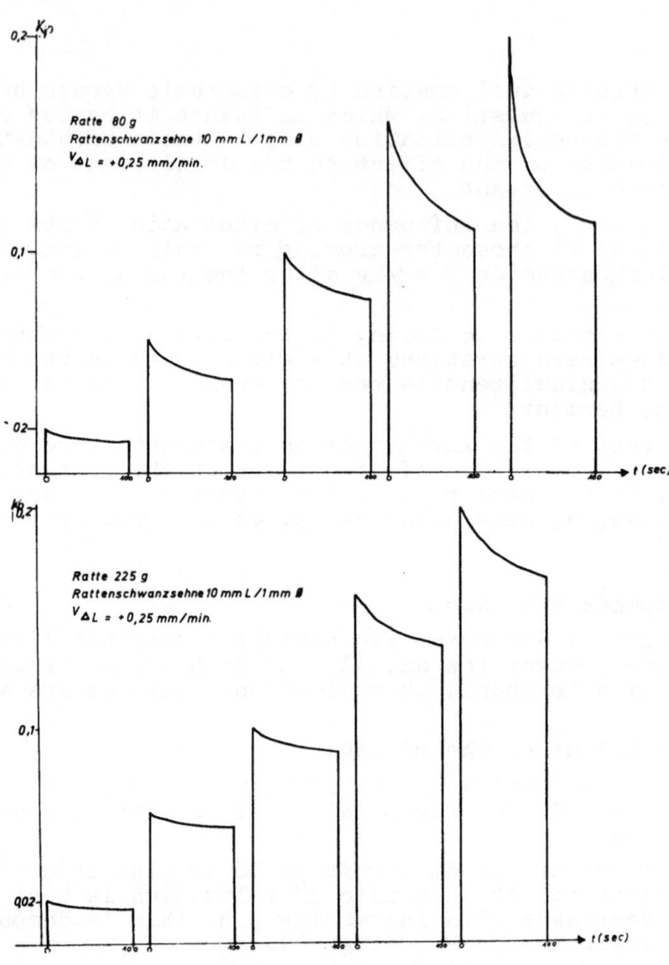

Fig. 1. Difference of relaxation of rat tail tendons
at different age

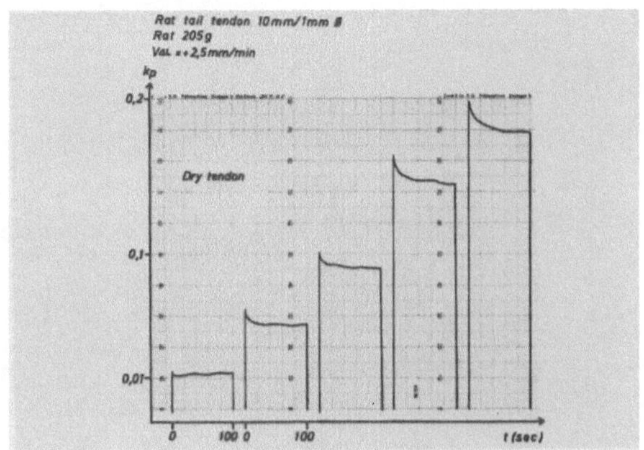

Fig. 2. Relaxation of a drying rat tail tendon

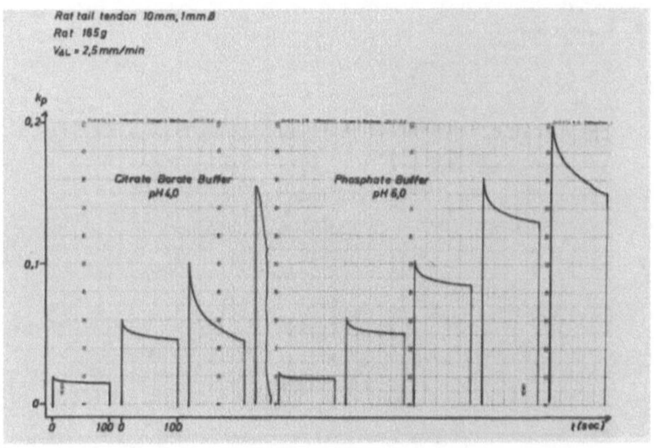

Fig. 3. Relaxation of rat tail tendons at acidic pH

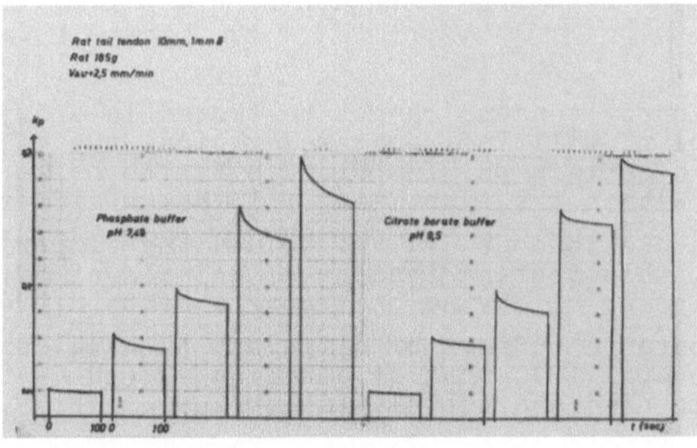

Fig. 4. Relaxation of rat tail tendons at neutral and
alkaline pH

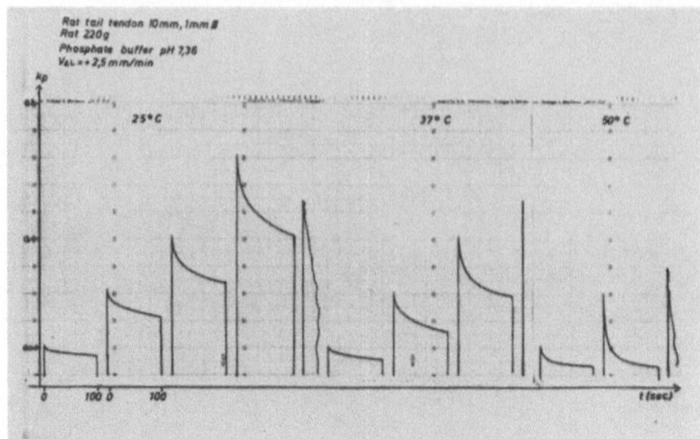

Fig. 5. Relaxation of rat tail tendons at different
temperature

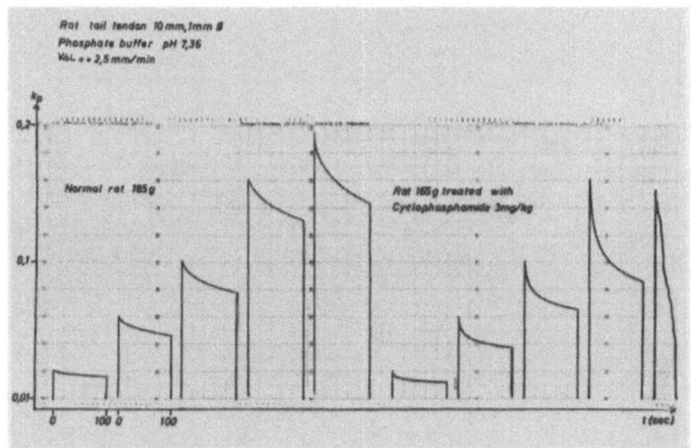

Fig. 6. Relaxation of rat tail tendons after treatment
of the growing animal with cyclophosphamide, as
compared to controls

The relaxation of tendons cannot be tested in a dry state. As a
difference of pH will influence relaxation, the milieu has to be kept
constant at a certain pH. Temperature has to be kept constant also,
as a change within the experiment will cause different results.

One therefore has to consider the pH and the temperature of the liquid
environment, when testing tendons of animals of different age, of a
different disease or having undergone a certain treatment.

The experiments in buffers of different pH have confirmed the observation of Chvapil (2), that at alkaline pH (pH 8-10) the stability
of tendons is high and the elasticity low.

The observation, that the treatment of growing rats with the alkylating agent cyclophosphamide results in a higher relaxation of tendons,
than in the controls, is comparable to the difference between relaxation of old and young rats. One may conclude, that tendons of animals
treated during growth with cyclophosphamide resemble in a way those
of younger animals as compared to the controls. These data are confirmed by the fact, that collagen fibrils of rat tail tendons of
young animals reveal the pattern of younger tendons than the controls
after treatment with cyclophosphamide (3).

The investigation was supported by the Deutsche Forschungsgemeinschaft.

References:

(1) Arnold G. Biorheologie fast reiner Faserstrukturen im Vergleich
            mit Probestücken aus hyalinem Knorpel.
            7. Wissenschaftl. Konferenz der Ges. Deutscher Natur-
            forscher und Ärzte, Verhandlungsbericht, Springer
            Verlag, im Druck

(2) Chvapil M. Der Einfluß der Wärme und des pH der Umgebung auf
            die mechanischen Eigenschaften der kollagenen Struk-
            turen. Z.Rheumaf. 21, 340-349 (1962)

(3) Fricke R. Der Einfluß von Cyclophosphamid auf die Fibrillen-
            durchmesser wachsender Rattenschwanzsehnen. Unver-
            öffentlichte Ergebnisse.

M. Jäger

Biomechanical Examinations for the Usefulness of Grafts with Different Structural and Conservational Connective Tissue Properties in Orthopedic Surgery

In orthopedic surgery there are three main indications for the flexible connective tissue transplant: as spacer in degenerative defects, as suture material in the operative treatment of congenital and aquired malformations of the musculosceletal system and as interposition material in reconstructive joint surgery, especially on the upper extremities.

Autologous fascia has been and is still being used exclusively as transplant material. There are certain disadvantages inherent in this material: unnecessary extension of the surgical procedure, lack of sufficient material after several procedures, additionally cosmetic disadvantages, risk of muscle herniation, and refusal of this additional procedure by the patient.

It seems practical to use prepared homologous connective tissue instead to avoid these disadvantages. Only occasionally skin (cutis) or in a number of cases dura mater were used instead of fascia.

Previous reports both clinical and experimental have only commented on the connective tissue texture and methods for conservation.

Critical examinations, comparing the mechanical properties of the individual connective tissue textures are still lacking, just like animal experiments for the biomechanical changes after transplantation.

Our experiments were geared to examine the biomechanical basis to delineate the indications for use of differently structured and prepared homologous connective tissue transplants of dermis, dura and fascia for clinical purposes.

A homologous connective tissue transplant has to fulfill two important criteria:
1. A spacer function, i.e. the mechanical preservation of a certain distance by the transplant and

2. a guide function, i.e. until replacement by fibroblasts of the host as functional local connective tissue takes place.

The following therefore are criteria for the successful use of these transplants: little expansibility, sufficient elasticity and flexibility, good suture holding ability and good tissue tolerance plus rapid replacement.

Primarily, experiments were undertaken to examine the age and preparation dependence of the mechanical properties of the transplants.

The mechanical examinations were performed with the universal testing apparatus of INSTRON. Attention was paid to create tension free of elongation or elastic deformity . This was achieved by a special technique, for which the

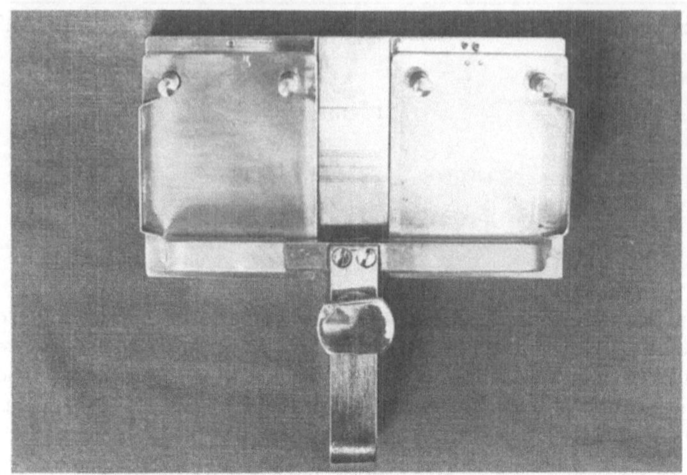

Fig.1 Design to tighten the sample within a frame free
from elongation, sliding or infraction of the texture.

Fig.2 This picture shows tearing of
the sample at the center.

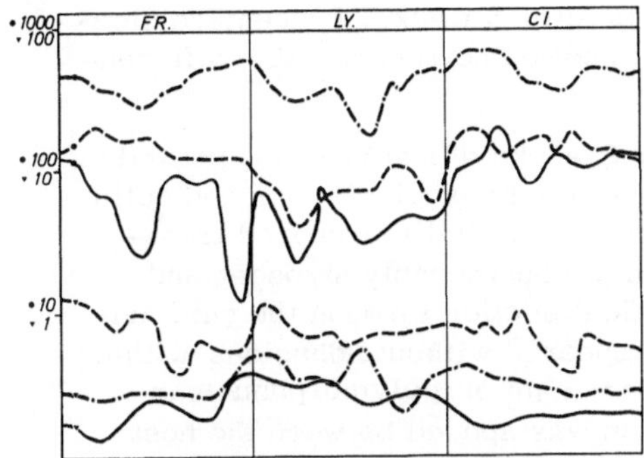

—·—·— Fascia
————— Dura
— — — Skin
Fr = native implant
Ly = freeze dried implant
Ci = Cialit prepared implant

Fig.3 Graphic demonstration in
simple logarithm of tensile
strength and percentage elongation

tearing at the center of the transplant is proof (fig. 1 and 2). In this series,
including preparatory and main experiments, 420 individual tests were performed including human dura, fascia, and skin in native, Cialit-prepared and
lyophilisized gamma sterilised preparations. Mechanical values were recorded as tangential modulus for the expression of maximal resistence of a certain material against deforming forces, the tensile strength and the percentage elongation. The results were statistically secured by simple valence analysis and the Mosteller test. With regard to tensile strength and percentage
elongation of the different connective tissues, fascia has the best properties,
while skin and dura show less strength and seem to be almost equal among
each other, although skin shows more of an unwanted percentage elongation
which could not be lowered by preparatory elongation as was done in our series. Lyophilisation in connection with gamma radiation lowers the mechanical
properties of the transplant as opposed to cialitpreparation. There were minor
age dependent differences in the selected groups (between 30 and 60 years)
which had no clinical relevance (fig.3).

To determine the replacement in dependence of preparation and time of the
transplant within the host organism, animal experiments were performed.
All together 27 two-year old female Merino sheep were operated on both hind
extremities. Homologous sheep dura was implanted, half of which had been
Cialit-prepared, half dry-freezed and gammasterilised. The transplants were
removed after 2, 6, 9, 12 and 24 weeks after implantation. Mechanical testing of the removed transplants showed with regard to tensile strength that
lyophilisized dura implants give higher values already after 2 weeks than
Cialit-prepared implants. After 12 or 14 weeks, the mechanical properties
of the differently prepared implants differed considerably less. The considerable increase of tensile strength between th 2nd and 6th week seems remarkable. A significant strengthening occurs at this time, an observation which
bears importance with regard to clinical fixation. After the 6th week the tensile strength remains fairly constant until the 24th week. The maximal tensile

strength was achieved by the fascial transplants after 6 weeks. Percentage elongation and tensile strength (at maximum load) showed no recognizable differences between different preparations.

Macro- and microscopical examinations after 2 weeks of implantation proved that all lyophilisized gamma-irradiated grafts showed vascularisation and cellular connective tissue within the reticulum of the dura. Cialit-prepared transplants showed 2 and 6 weeks after implantation a considerably stronger and tougher reaction of the transplants. After vertical section through the surrounding connective tissue sheath, the transplant appeared without adhesions within this sheath. On histological examination a broad seam of polymorphnuclear cells as evidence of a demarcating inflammation was spaced between the host and graft. The reticulum of the dura gave no evidence of a fibroblast reaction. The removed lyophlisized gamma-irradiated transplants appeared already macroscopically like definite fascia with properties of the replaced tissues after 6 weeks, and even more so after 12 weeks. Perivascular round-cell infiltrations were interpreted as remnants of a fading inflammation. BRÜCHLE proved through his experiments that the concentration of the cialit solution is responsible for the slow process of graft replacment. After 24 weeks the lyophylisized transplants were separated from the surface only by a transparent connective tissue layer and moving freely. They had properties of fascia. In contrast, Cialit-prepared transplants were considerable more adherent. The transplant itself showed no organized fibers as did the lyophylisized gamma-irradiated graft. We conclude from these experiments that inspite of initially poorer tensile strength the lyophylisized gamma-irradiated transplant has to be given preference over the Cialit-prepared because of its more rapid transformation into functional cennective tissue. This quicker transformation enables rapid mobilisation and abbreviates the postoperative fixation and hospitalisation - important considerations for operative procedures.

In order to prevent misunderstandings: naturally we prefer autologous, local, functionally structured connective tissue, preferably as graft with a broad base. If no autologous material is available, our experimental data suggest indications for clinical use of differently structured and prepared connective tissue material. Besides these, important clinical considerations come into play, for example the thickness for interposition arthroplasties. Cutis can be used only for shoulder - or elbowplasties because of its thickness, where-as dura because of its thinner material can be used for hand or finger joints. Dura has a limited transplant size of maximal 6 by 14 cm which restricts its use. Fascia which has very good tensile strength values, even when lyophylized and gamma-irradiated, has poor suture properties because of its longitudinal fibers. This makes it obsolete especially with small surgical objects. Under these considerations indications can be worked out for different textures.

Zusammenfassung der Diskussion zu IV

Jäger fragt nach der geeigneten Einspannvorrichtung für Sehnen und Nerven,
weil es nach seiner Erfahrung schwierig ist, die Proben durch das Ein-
spannen nicht zu beschädigen. Arnold hat für die Messungen an Nerven die
Kanten der Klemmen abgerundet und die Länge mit Dehnungsmeßfühlern bestimmt. So eliminiert man das Rutschen der Probe in den Klemmen. Bei runden
Objekten wurden die eingeklemmten Enden mit Messingdraht umwickelt.
Eine andere Hilfe ist eine Art Schmirgelpapier. Wenn die Proben hinreichend
lang sind, eignen sich sogenannte Muschelklemmen, bei denen die Enden über
Walzen gelegt werden. Cordae tendineae wurden mit Histacryl - N - blau
angeklebt.

Zur Faltstruktur von Kollagen fragt Fietzek nach der Definition von amorphen
und kristallinen Bereichen. Pechold geht davon aus, dass kristalline Bereiche
bei der Schmelztemperatur entstehen; diese steigt mit dem Alter an. Die
Kollagenfaser bildet sich in der Nähe der Schmelztemperatur, ähnlich wie
synthetische Polymere bei dieser Temperatur kristalline oder teilkristalline
Strukturen ausbilden. Im Kollagen wäre ein kristalliner Bereich gegeben,
wenn die 640 Angström langen Abschnitte von mehreren Kollagenfibrillen
sich parallel einander zuordnen. Das 3000 Angström lange Tropokollagen
ist ein steifes Molekül und kann nicht knicken. Die Frage bleibt offen, ob
und wo Faltung in einer Kollagenstruktur möglich ist.

V. Biorheologie von Herzklappen/Biorheology of Heart Valves

Biological tissue heart valve replacement

Marian I.Ionescu, Brojesh C.Pakrashi, David A.S.Mary,
and Geoffrey H.Wooler

ABSTRACT

Between April 1969 and September 1973 241 patients had heart valve
replacement with frame-mounted autologous or homologous fascia lata
or with heterologous pericardial grafts. There were 131 single aortic
103 single mitral and 7 tricuspid valve replacements.

The incidence of each hospital and late mortality for the entire
series was 10% and the main causes were myocardial failure and infective endocarditis.

The majority of patients obtained significant symptomatic improvement.
In patients with aortic replacement there was a statistically significant reduction in cardio-thoracic ratio and in the voltage of the
electrocardiogram.

Regurgitant murmurs developed in 12.6% of aortic patients and in 45.5%
after mitral replacement (in 33.1% the murmur has not increased in
intensity while in 12.4% it has gradually progressed). None of these
mitral patients require reoperation. Grafts in the tricuspid position
have not shown signs of dysfunction or failure. Graft failure has not
occurred in the aortic replacement series. From the mitral position
6 grafts have been removed due to failure. All 6 were made of autologous fascia and all showed varying degrees of thickening and retraction
of cusps. There were 6 episodes of peripheral embolisation (5 transient) and one left atrial thrombosis. All 7 patients are alive.
Anticoagulants were not used.

The results of haemodynamic studies and invitro hydrodynamic experiments are discussed and an explanation for graft dysfunction in the
mitral position is presented.

The actuarial analysis of this series of patients over a period up to
57 months post-operatively has shown encouraging results.

Clinical material

Between April 1969 and September 1973 274 patients had heart valve
replacement with 297 tissue grafts made of either autologous or homologous fascia lata, or of heterologous pericardium.

Thirty-three patients in this series had multiple valve replacement,
single tricuspid valve replacement, or unmounted grafts inserted in
the aortic position.

This report will analyse patients with isolated aortic or mitral valve
replacement and will briefly present the results of a small group of
patients who had tricuspid valve replacement. In the single aortic
valve replacement group there were 131 patients aged 13 to 69 years.
Ninety-four were males and 37 females. In the single mitral valve
replacement group there were 103 patients aged 9 to 68 years. Forty-
five were males and 58 females. Seven patients (4 men and 3 women)
aged 29 to 48 years had tricuspid valve replacement either alone or in
combination with other cardiac surgical procedures.

At the time of heart valve replacement the majority of patients were
in Grade II and III as assessed according to the New York Heart Association (N.Y.H.A.) classification.

At the time of aortic valve replacement 45 patients had concomitant
operative procedures for associated cardiac or coronary artery lesions.
Seven patients had previous aortic valve replacement. In the mitral
replacement group 38 patients had one or two previously performed
closed mitral valvotomies and 5 patients had previous mitral valve
replacement. Twenty-five patients had other cardiac abnormalities in
addition to the mitral valve lesion.

Three basically similar types of tissue grafts were used in this
series. The three cusp valve grafts were made of biological tissue
attached to Dacron covered titanium frames. The following table shows
the type of tissue and the period of time when used.

TYPE OF VALVE	TIME OF USE	A	M	T	TOTAL
Autologous fascia lata	1969-1970	25	50	3	78
Homologous fascia lata	1970-1971	43	21	1	65
Heterologous pericardium	1971-1973	63	32	3	98
TOTAL		131	103	7	241

A = Aortic, M = Mitral, T = Tricuspid.

   The homologous fascia was sterilized and preserved in either 0.2%
buffered glutaraldehyde or in 4% buffered formaldehyde. The pericardial valves were treated with either 0.2% buffered glutaraldehyde or
were given the complex chemical treatment described by Carpentier and
Dubost.

Valve graft sizes varied from 16 to 24 mm diameter for aortic replacement. For mitral or tricuspid replacement the grafts used had an
internal diameter of from 22 to 30 mm.

Results

There were 12 hospital deaths in patients with aortic valve replacement
and 15 in patients with mitral replacement. Eleven patients with aortic and 12 with mitral replacement died 2 to 33 months postoperatively.
The main causes of hospital and late mortality were myocardial failure
and infective endocarditis in both aortic and mitral groups. None of
the deaths occurred as a direct result of valve graft failure. There
have not been early or late deaths in patients with tricuspid valve
replacement.

Actuarial representation of survival among patients who were discharg-
ed from hosoital and followed for a period up to 57 months showed 90.8%
in patients with aortic and 86.4% in patients with mitral replacement.
The incidence of infective endocarditis is shown in the following table.

YEARLY INCIDENCE OF INFECTIVE ENDOCARDITIS

	Year of surgery	1969	1970	1971	1972	1973
131	AORTIC	0/10	4/28	2/38	1/28	0/27
103	MITRAL	0/37	2/31	2/11	0/16	0/8
234	TOTAL	0/47	6/59	4/49	1/44	0/35

(row label at left, rotated: First 6 post-op. months)

6 - 48 post-op. months - 3 MITRAL 4 AORTIC

Two patients with aortic replacement have developed transient hemi-
paresis. In patients with mitral replacement there have been three
episodes of peripheral embolisation without sequelae, one hemiplegia
and one left atrial thrombus. There has not been any clinical evidence
of thrombo-embolism in patients with tricuspid replacement. Anticoagulants were not used.

None of the patients showed clinical signs of haemolysis irrespective
of the sizes of the valve graft. Laboratory evidence of haemolysis,
however, was present in patients with aortic regurgitation.

Aortic diastolic murmurs developed in 15 of 119 patients (12.6%) who
survived the operation. The murmurs appeared in the first 8 months
after surgery. Aortic root angiograms were performed. Eight patients
were found to have trivial, one mild, and three moderate aortic regurgitation. A higher incidence of aortic regurgitation was noted in
patients with previous aortic valve replacement and in those who
received autologous fascia lata grafts.

Mitral systolic murmurs developed in 45.5% of operative survivors. In
all cases the murmur appeared during the first 12 months post-operatively. The murmur has not increased in intensity in 29 patients while
in 11 it has gradually progressed. Angiographic studies in some of
these patients have shown that not every systolic murmur is associated
with mitral graft regurgitation.

On clinical criteria, all tissue valves in the tricuspid position are
competent.

There has not been any instance of valve graft failure in either the
aortic or the tricuspid position.

There have been 6 instances of graft failure in the mitral position.
Mitral systolic murmurs were heard in these cases in the first 6 post-
operative months. The grafts were removed at 10 to 38 months after
insertion. All 6 patients survived reoperation and prosthetic mitral
valve replacement. All 6 grafts which were originally made of autologous fascia lata showed retraction and severe thickening of one cusp
and slight to moderate thickening of the other two cusps of the graft.
There was no relationship between the severely retracted cusp and the
circumferential position of that cusp as regards the left ventricular
outlet. The failed grafts removed from patients were fixed, sectioned,
stained and examined microscopically. They showed a central, slightly
fragmented band of necrotic-looking connective tissue and a superficial
narrow band of fibrous tissue along the surface of the central band.
The superficial band appeared viable and its fibres were thickened and
hyaline. The thickening of the cusps can be accounted for by the

formation of a thick hyaline fibrous sheath.

All patients who are alive and have been followed up for 6 to 57 months post-operatively were analysed.

Post-operative effort tolerance with respect to dyspnoea has greatly improved in 90% of patients.

In patients with aortic valve replacement there was a statistically significant reduction in the summation of voltage of R in V_6 and S in V_1post-operatively. In patients with mitral or tricuspid valve replacement the electrocardiographic changes were not statistically significant.

There has been a variable decrease in the cardiothoracic ratio in most cases of aortic valve replacement. The mean reduction was statistically significant in all patients except those with isolated aortic valve stenosis pre-operatively. In patients with mitral or tricuspid valve replacement the mean reduction in cardiothoracic ratio was not statistically significant.

Calcification of the tissue valves has not been noted in any of the patients during the follow-up period of 6 to 57 months postoperatively.

Haemodynamic studies were performed at 6 months following aortic valve replacement in 10 patients with competent grafts. There was no statistically significant change in cardiac output as compared with the pre-operative values. The cardiac output response relative to oxygen uptake during exercise, however, was normal in the majority of cases. The pulmonary wedge pressure (P.W.P.) showed a significant reduction at rest and during exercise. There was a slight reduction in the pulmonary artery pressure (P.A.P.) at rest and a significant reduction during exercise. The peak systolic gradient across the aortic valve grafts ranged from 0 to 30 mm Hg at rest and did not increase significantly during exercise.

Haemodynamic studies following mitral valve replacement with fascia lata grafts were performed at 6 months and at a mean interval of 38 months after surgery, at rest and during exercise, in 10 patients with competent grafts. Cardiac output did not change significantly from the pre-operative values during the post-operative studies and cardiac output response in relation to the oxygen uptake during exercise remained impaired. The mean P.W.P.and P.A.P. showed a significant reduction during the first post-operative study, at rest and during exercise. During the second post-operative study there was further significant decrease in the P.W.P. and P.A.P. at rest although some individual values still remained above normal limits and the normal response of these parameters to exercise, as observed during the first study, remained unchanged. The end-diastolic gradient across the mitral valve graft was 6 ± 1 mm Hg at rest and 20 ± 4 mm Hg during exercise.

These data indicate that following mitral valve replacement there is a significant haemodynamic improvement in the early post-operative period and that this improvement is maintained at least up to 3 years after surgery. However a degree of obstruction to the forward flow at the mitral valve is apparent especially during exercise.

Discussion

The results obtained over a period of 57 months with our first 241 patients with frame-mounted fascia lata and pericardium grafts have shown a different pattern of valve graft function between the aortic and the mitral position.

The aortic diastolic murmurs in our series (12.6%) have appeared in the first 8 months after surgery. Only three patients out of 60 with heterologous pericardial grafts have trivial aortic diastolic murmurs. The follow-up of this group of patients with pericardial grafts extends from 6 to 34 months and 40 patients have a follow-up longer than 10 months.

In the mitral position there have been 6 instances of graft failure. In these patients the clinical deterioration was progressive but slow and reoperation was performed as a scheduled procedure. In each of these 6 cases there was retraction and severe thickening of one cusp and slight to moderate thickening of the other two cusps of the autologous fascia lata valves. The fact that no relationship could be established between the circumferential position of the retracted cusp and the left ventricular outlet supports the view that the flow pattern in the left ventricular outlet cannot be entirely responsible for valve graft failure.

Another observation was the fact that the degree of pathological changes was similar in all 6 failed grafts although the time of their removal varied widely from 10 to 38 months post-operatively.

Mitral systolic murmurs developed in 40 patients. None of them are presently in need of further surgical treatment. The murmur appeared during the first 12 post-operative months. In the majority of cases it has not increased in intensity and the clinical condition of the patients is good.

Although the follow-up of patients with heterologous pericardial grafts in the mitral position does not exceed 34 months the absence of regurgitant murmurs in these cases is encouraging.

From the present series it became apparent that the same type of autologous fascial graft which has failed in 6 instances in the mitral position continues to function well in the aortic position up to 57 months after implantation. It seems conceivable that biological factors alone cannot explain the failure phenomenon and that mechanical factors in valve graft construction and haemodynamic differences between the mitral and the aortic areas are equally if not principally responsible.

The closing mechanism of three cusp valves has been studied extensively while the opening mechanism of these valves, especially in the mitral position has not received enough attention.

Using a steady state flow rig and several pulse simulators we have studied a large number of frame mounted, three cusp, tissue valves. The conclusions of these investigations can be summarised as follows:
1. In virtually all valves examined the cusps opened in a sequential manner and the order in which the cusps of a particular valve opened was maintained irrespective of the circumferential position of the cusps as regards the left ventricular outlet in the testing apparatus.

2. Under the conditions prevailing in the experiment the sequential opening of the cusps seemed to be inherent to the design of the valve. Irregularities in the size and shape of the cusps or in the physical properties of the material accentuated this phenomenon.

3. Fully open valves were geometrically similar and the relationship between pressure gradient, flow rate and valve diameter has the form: $pd^4 = 4600 \ Q^2$. This formula will apply to all such valves tested in water irrespective of material or size, provided that they are fully open.

4. The pressure gradient across the valve increases rapidly as the diameter of the valve is reduced and with reduction in valve diameter complete valve opening can be achieved by a smaller flow rate.

5. It is postulated that in patients with post-operative low cardiac output, large grafts in the mitral position may not open fully and consequently the cusps with little or no mobility may undergo structural changes leading to fibrosis with thickening or atrophy when the valve is made of "living", biologically active tissue, such as fresh autologous fascia lata.

6. In order to avoid sequential opening, the three cusps of the valve must be absolutely identical in thickness, pliability and shape.

7. The construction of a perfect, frame mounted, three cusp, tissue valve is a real technical challenge.

8. All the factors mentioned above are less important for aortic valve grafts because in the aortic area complete opening of every cusp of the valve is facilitated by the forceful left ventricular ejection.

The average aortic peak blood flow velocity as well as the force applied to the aortic valve to open are higher than in the mitral area. The maximum ejection time of blood in the aortic root is considerably shorter than the period of rapid inflow from the left atrium through the mitral valve. The size of an aortic valve graft is always smaller than the size of a mitral valve. For the same cardiac output, considering that structurally and geometrically both valves are the same, the aortic valve has to open more fully.

The viability of the transplanted fibroblasts is uncertain and there is evidence that the stained nuclei visible on the surface and between the collagenous fibers of fascial grafts removed from the heart are invading, potentially active host cells. Under these circumstances, attempts to maintain the viability of the graft become unnecessary.

The construction of the graft in the operating theatre during surgery, with a limited amount of time available, does not offer the best conditions for the preparation of a perfect valve.

For these two reasons we have replaced the autologous fascia lata with homologous fascia. Preparation of the graft in the laboratory gives ample time to a skilled assistant to select the most suitable piece of tissue and to construct the valve meticulously and unhurriedly. It can be inspected, tested, and then retained for clinical use only if it fulfills the criteria mentioned.

Preserved heterologous pericardium was later on used instead of fascia

lata because it was considered that the thinness and pliability of
the pericardium are more important qualities for good valve functioning
than the greater tensile strength of fascia lata.

Several changes in graft construction have evolved from the clinical
and experimental experience. For the small-size aortic valves the
prongs of the supporting frame have been splayed, and thereby the
outflow or the secondary orifice of the graft has been increased to
equal the inflow opening at the base of the frame.

In order to prevent the unpredictable change in valve cusp shape
during surgical insertion, the suturing rim is attached to the support
frame only after the tissue graft has been stitched to the frame.
Changes in position of the suturing rim can no longer distort the
geometry of the graft. These technical improvements have contributed
to improvement in clinical results.

Conclusions

The results obtained over a period of 57 months with the first 241
patients with frame mounted fascia lata and pericardial valves have
shown differences between the function of the grafts in the two main
implantation positions, the mitral and the aortic areas.

The experience with patients with aortic valve replacement has demonstrated good valve function with no graft failure up to 57 months post-
operatively. The incidence of aortic regurgitation has been low.
Valves made of preserved heterologous pericardium have shown the lowest
incidence of aortic diastolic murmurs.

The clinical results in patients with mitral valve replacement have
been good although six grafts had to be removed due to failure and
almost half the patients who left hospital have developed mitral systolic murmurs.

However, long term survivors with aortic as well as with mitral tissue
valve replacement have obtained considerable symptomatic improvement.

The incidence of thrombo-embolism has been low although anticoagulants
were not used.

In a small series of patients with tricuspid replacement the follow-up
has shown very good valve function with no failure or dysfunction, no
thrombo-embolic complications and considerable clinical improvement.

It is considered that if the physical properties conferred on the
heterologous pericardium by the chemical treatment described are maintained and if host tissue ingrowth does not occur, the pericardial
grafts should continue to function adequately for extended periods of
time as heart valve replacement. There are some clinical and laboratory data which support the veracity of this presumption.

By means of improved techniques and materials for valve construction
it is anticipated that post-operative valve regurgitation could be
reduced and the long term function of the grafts maintained. The construction of a perfect valve graft is crucial for its long term
function. The merits of this method of heart valve replacement will
continue to be evaluated as the period of follow-up increases.

References

Bartek, I.T., Holden,M.P., and Ionescu, M.I. (1974). Frame-mounted
Tissue Heart Valves: Technique of Construction. Thorax (in print).

Dave, K.S., Madan, C.K., Pakrashi, B.C., Roberts, B.M., and Ionescu,
M.I. (1972). Chronic Hemolysis Following Fascia Lata and Starr-
Edwards Aortic Valve Replacement. Circulation 46: 240.

Freeman, R. (1973). Microbiological aspects of open heart surgery:
Diagnosis and management, in Ionescu, M.I., and Wooler, G.H. editors:
Current Techniques in Extracorporeal Circulation, London, Butterworth
& Co. Ltd. (in print).

Ionescu, M.I., Deac, R.C., Whitaker, W., Wooler, G.H., Holden, M.P.
and Petrila, P.A. (1972). Fascia Lata Heart Valves, in Ionescu, M.I.,
Ross, D.N., and Wooler, G.H.editors: Biological Tissue in Heart Valve
Replacement, London, Butterworth & Co.Ltd. p.617.

Ionescu, M.I. and Ross, D.N. (1969). Heart Valve Replacement with
Autologous Fascia Lata. Lancet 2: 335.

Ionescu, M.I., Ross, D.N., Deac, R.C., and Wooler, G.H. (1970).
Heart Valve Replacement with Autologous Fascia Lata. J. thorac.
cardiovasc. Surg. 60: 331.

Ionescu, M.I., Ross, D.N., Wooler, G.H., Deac, R.C., and Ray, D.
(1970). Replacement of Heart Valves with Autologous Fascia Lata:
Surgical Technique. Br. J. Surg. 57: 437.

Swales, P.B., Holden, M.P., Dowson, D., and Ionescu, M.I. (1973)
Opening characteristics of Three Cusp Tissue Heart Valves.
Thorax 28, 286.

<u>Bio-Rheologie der durch autologes Bindegewebe ersetzten Herzklappen</u>
<u>Mechanische und biologische Ursachen für ihr Versagen</u>

Harald Dalichau

Die im Jahre 1955 von PEER in "Transplantation of Tissues" vertrete-
ne Auffassung, daß autologes Gewebe von keinem anderen biologischen
Material in seinem Transplantatverhalten übertroffen werde, hat sich
auf den Herzklappenersatz durch biologische Substitute (Tab.1) nur
beschränkt übertragen lassen. Obwohl nämlich die klinische Anwendung
<u>autologer Klappentransplantate</u> grundsätzlich bestätigt hat, daß ein
lebensfrisch verpflanztes autologes Gewebe auch im cardiovasculären
System nach der Transplantation seine Lebensfähigkeit zu bewahren imstande ist und dadurch seine organische Inkorporation und seine kontinuierliche strukturelle Erhaltung und Erneuerung selbst zu vollzie-
hen vermag, konnte sich nur die Übertragung körpereigener Klappen
auf andere Klappenpositionen (ROSS) als ein von biologischen Einflüssen unabhängiges Verfahren erweisen. Die <u>Klappenkonstruktion aus autologem Material</u> (IONESCU and ROSS) konnte dagegen nicht mit einer vergleichbaren Erfolgschance praktiziert werden, obwohl sie unter ad-

<u>HERZKLAPPENERSATZ MIT BIOLOGISCHEM MATERIAL</u>

1. TRANSPLANTATION VON HERZKLAPPEN

   Autologes Transplantat

   Homologes Transplantat

   Heterologes Transplantat

2. KLAPPENKONSTRUKTION MIT AUTOLOGEM MATERIAL

   Fascia lata

   Pericard

   Dura mater

   Rectusscheide

   Venenwand

Tab.1 : Klinisch angewandte Verfahren des Herzklappenersatzes durch
biologisches Material

äquaten Transplantationsbedingungen wie die autologe Pulmonalklappen-
umpflanzung vorgenommen wurde:
1. Transplantatentnahme unmittelbar vor der Verpflanzung, wodurch die
   Viabilität des Materials gewährleistet wurde,
2. Gewinnung des Gewebes unter sterilen Kautelen, um die Lebensfähigkeit des Substituts nicht durch einen Sterilisationsvorgang zu be-
   einträchtigen,
3. keine Gefährdung der strukturellen Integrität des Transplantats
   durch Abstoßungsreaktionen infolge fehlender immunbiologischer Aktivität.

Bei der Auswahl von <u>Fascia lata</u> als Material für die <u>Totalkonstruk-</u>

<u>tion künstlicher Herzklappen</u> waren neben ihrer Verfügbarkeit in aus-
reichender Menge und der Entnahmemöglichkeit ohne Schaden für das Do-
nororgan die physikalischen Qualitäten - insbesondere gute Biegsam-
keit bei hoher Reißfestigkeit - ebenso bedeutsam wie die Tatsache,
daß es sich um ein zellarmes Gewebe mit geringem Metabolismus handelte, von dem eine optimale Eigenversorgung aus dem umgebenden Blutstrom
erwartet werden konnte. Darüberhinaus hatten experimentelle und klinische Erfahrungen der rekonstruktiven Allgemeinchirurgie Fascia lata
bereits als ein geeignetes Gewebe ausgewiesen, das

1. bei autologer Verpflanzung keiner Abstoßung, Resorption oder Nekro-
   tisierung verfiel (GALLIE; GALLIE and Le MESURIER; KIRSCHNER; NEU-
   HOF),
2. nur eine geringgradige Tendenz zu degenerativem Umbau und zur Retraktion zeigte, wenn es nach der Übertragung einer angemessenen
   mechanischen Beanspruchung ausgesetzt war (LEWIS; WIERZEJEWSKI),
3. noch Jahre nach der Verpflanzung makroskopisch und histologisch
   eine normale Gewebsarchitektonik besaß (BARSKY, KHAN and SIMON;
   GALLIE; GALLIE and Le MESURIER; KIRSCHNER; McARTHUR; PEER; PIERCE;
   PULLINGER and PIRIE) und
4. der Viabilität seiner zellulären Bestandteile nicht verlustig ging
   (BUNNELL; WOODRUFF).

Im Verhalten autologer Faszie als Klappensubstitut bestand überraschen-
derweise jedoch keine Übereinstimmung mit diesen Beobachtungen. Die
Mehrzahl der implantierten Klappen verfiel einem progredienten degenerativen Materialschaden und wurde durch Beweglichkeitsverlust und unterschiedlich starke Schrumpfung der Segel schließlich funktionsuntüch-
tig.

Wie konnte diese unterschiedliche Verhaltensweise des gleichen viablen
Materials innerhalb und außerhalb des cardiovasculären Organsystems interpretiert werden ?

Als Ursachen für die beobachtbaren strukturellen Veränderungen der als
Kunstklappe implantierten Faszie mußten mechanische, hämodynamische
und biologische Faktoren sui generis wie auch hinsichtlich ihres patho-
genetischen Zusammenwirkens diskutiert werden.

Betrachten wir zunächst die möglichen <u>mechanischen Einflüsse</u>: Fascia
lata repräsentiert den Prototyp eines straffen kollagenen Gewebes, das
zwar sehr reißfest und in Relation zu seiner Dicke auch genügend bieg-
sam ist, jedoch über keine Elastizität verfügt. Das wird aus Abb.1 ersichtlich, in der die Dehnungsfähigkeit von Fascia lata und anderen
biologischen Geweben im Vergleich mit normalem Segelmaterial dargestellt ist (MUNDTH, WRIGHT and AUSTEN).

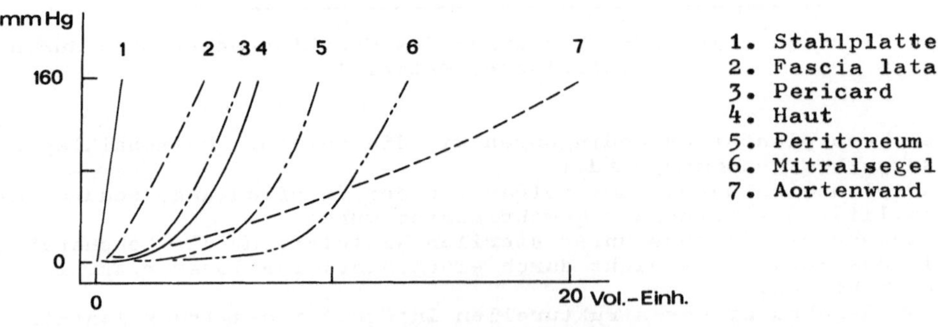

Abb.1 : Dehnungsfähigkeit frischer menschlicher Faszie (Kurve 2) und
anderer biologischer Gewebe im Vergleich mit Segelmaterial (Kurve 6)

Fascia lata unterscheidet sich mithin durch Gewebsarchitektur und physikalische Eigenschaften erheblich von normalem Klappengewebe. Die funktionelle und biologische Qualität einer natürlichen Herzklappe kann daher auch bei sorgfältigster morphologischer Nachbildung mit einem solchen Material nicht erreicht werden. Dazu kommt, daß selbst nach exakter Konstruktion (Abb.2 und Abb.3) die verwandte Faszie die für die Erhaltung ihrer normalen Organstruktur erforderliche adäquate mechanische Beanspruchung verliert, die im Verband der aktiven Extremität in einer kontinuierlichen zweidimensionalen Spannung in longitudinaler und vertikaler Richtung besteht. Bei einer Benutzung als

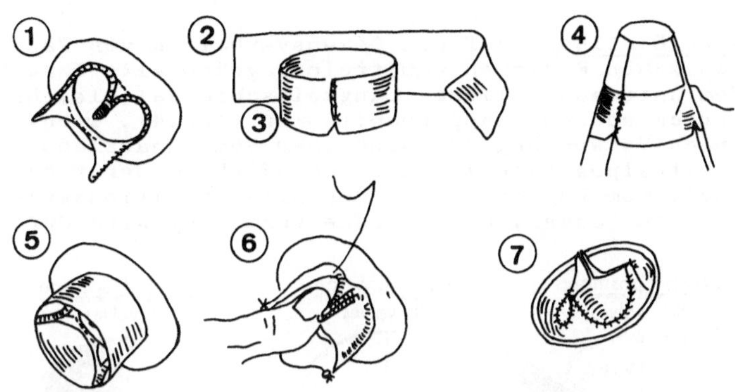

Abb.2 : Konstruktion einer dreisegeligen Semilunarklappe aus körpereigener Faszie nach IONESCU-ROSS : 1. Klappengerüst nach IONESCU-ROSS, 2. exzidierter und 3. zu einem Zylinder geformter Faszienstreifen, 4. Markierung der Kommissuren der künftigen Klappe, 5. und 6. Montage des Faszienzylinders auf dem Gerüst, 7. implantationsfertige Klappe

Abb.3 : Implantationsfertige Faszienklappe vom IONESCU-ROSS-Typ

Klappenmaterial kann diesen natürlichen Belastungsrichtungen nicht entsprochen werden, selbst wenn bei Exzision und Formung des Faszienstreifens dem Faserverlauf Rechnung getragen wird. So gelangen bei der Montage zwangsläufig einzelne Areale unter eine normale oder erhöhte, andere hingegen unter eine zu geringfügige Spannung, wie es die Beweglichkeit von Klappensegeln erfordert. Je geringgradiger der mechanische Stimulus auf das Gewebe jedoch ist, umso mehr ist die Gewebscharakteristik gefährdet. Aus der rekonstruktiven Klappenchirurgie ist

dieser Prozeß hinlänglich bekannt, nachdem sich bei Inkorporation kol_
lagener Gewebsstücke zur Segelverlängerung oder Defektüberbrückung gezeigt hat, daß randständig implantierte Faszien- oder Pericardstrei-
fen infolge der ungleichförmigen Beanspruchung wesentlich stärker re-
traktionsgefährdet sind als solche, die sich allseitig von normalem
Segel umgeben finden (SAUVAGE, WOOD, BERGER and CAMPBELL). In Analogie dazu werden ganz offensichtlich die am meisten beweglichen Segel-
abschnitte einer künstlichen Klappe am ehesten von Schrumpfungsvorgän-
gen betroffen, so daß man gewöhnlich eingerollte, verdickte und ver-
kürzte freie Segelränder antrifft, die in der Endphase schließlich wie
eine Instrumentensaite zwischen zwei Gerüstbeinen straff gespannt erscheinen.

Hämodynamische Einflüsse auf das Gewebsverhalten von Faszie sind mit
diesen mechanischen Faktoren unmittelbar gekoppelt: Ihre Bedeutung er-
hellt aus dem unterschiedlichen Langzeitschicksal gleichartiger Prothesen in verschiedenen Klappenpositionen (Abb.4), wobei schlechtere
Ergebnisse nach Verwendung dreisegeliger Semilunarklappen vom IONESCU-
ROSS-Typ in Mitralposition auf die Abhängigkeit der funktionellen Leistungsfähigkeit vom korrekten und vor allem positionsgerechten Klappen-
bauplan schließen lassen. Eine solche Vermutung wird durch hämodynami-

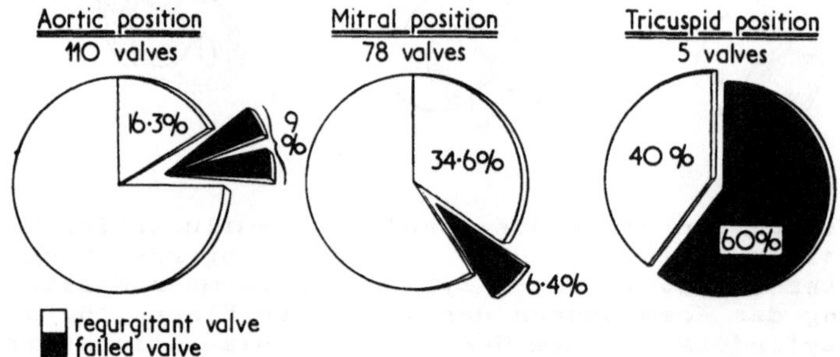

Abb.4 : Graphischer Vergleich des Funktionsverhaltens von Faszienklap_
pen nach IONESCU-ROSS in den verschiedenen Klappenpositionen im Zwei-
jahresverlauf (aus H.Dalichau, L.Gonzalez-Lavin and D.N.Ross: Thorax
27 : 18 / 1972)

sche Klappenstudien im künstlichen Herz-Kreislauf-Modell evident, wie
sie von BELLHOUSE und BELLHOUSE, IONESCU und Mitarbeitern, REUL und
SCHOENMACKERS durchgeführt worden sind. Dabei hat sich gezeigt, daß
eine dreisegelige Klappe dem normalen Mitralmechanismus deshalb nicht
entsprechen kann, weil

1. die Anordnung der artefiziellen Segel den Strömungsverhältnissen
   im linken Herzen nicht gerecht werden kann und
2. der für die Öffnung der Klappe verfügbare niedrige Druck im linken
   Vorhof nicht immer dafür ausreicht, daß alle drei Segel simultan
   öffnen und ihre diastolische Endposition erlangen, wobei sich unterschiedliche Dicke und Flexibilität der Segel ungünstig auswirken.

Die letztgenannte ungleichförmige Klappenöffnung mag dazu führen, daß
sich einzelne Segel retrahieren und infolge der nunmehr noch geringeren
Mobilität in einer halboffenen Position verharren. Die aus Mitralregion
nach längerer Implantationsdauer entfernten Faszienprothesen zeigen daher oft noch ein gut erhaltenes, normale Struktur aufweisendes und zwei
geschrumpfte und miteinander verschmolzene Segel, so daß der ·Eindruck
einer natürlichen Anpassung an Morphologie und Funktion der normalen
Mitralklappe vorgetäuscht wird. Formgerechte zweisegelige Klappennach-

bildungen, wie sie von EDWARDS und von ROSS in kleinen Serien klinisch
erprobt worden sind, scheinen nach den begrenzten Erfahrungen eine bessere Dauerleistung zu ermöglichen. Sicherlich ist die mangelnde Form-

Abb.5 : Faszienklappe 6 Monate nach Implantation in Mitralposition.
Das strukturell erhaltene und noch ausreichend biegsame Segel (links)
befand sich in subaortaler Lage, entsprach funktionell also dem normalen anterioren Mitralsegel (Ansicht vom Vorhof).

identität zwischen Substitut und Originalklappe nicht der entscheidende Faktor des Klappenversagens, da auch Prothesen in Aortenregion davon betroffen sind, wenn auch nach einem längeren Intervall nach ihrer
Einpflanzung. Man muß daher wohl

   inadäquates Klappendesign und
   inadäquate mechanische Materialbeschaffenheit

als einen Ursachen-Komplex ansehen.

Welche biologischen Faktoren dabei eine Rolle spielen, ist auch anhand
der bei.Reoperation oder Obduktion gewonnenen Spezimen nur zu vermuten.
Es gibt keinen schlüssigen Beweis dafür, daß Faszie nach ihrer Transplantation auf die Dauer ein viables Gewebe bleibt, auch wenn sie nach
den bisherigen Untersuchungen als ein "living tissue" imponiert. An den
gewonnenen Präparaten finden sich bei makroskopischer Betrachtung gewöhnlich verdickte, an ihren freien Rändern eingerollte und retrahier-
te Segel und Fibrindepositionen auf den Oberflächen, besonders auf der
"rauhen", ehemals dem Subcutangewebe zugekehrten Seite (Abb.6). Mit
fortschreitender Implantatdauer werden diese Fibrinbeläge organisiert,
wobei sich vor allem nahe der Fasergrenze Fibroblasten und Makrophagen
nachweisen lassen. Histologisch nimmt die Zellzahl bis zum 3.Monat nach
Einpflanzung kontinuierlich ab (LINCOLN; YATES), später sind zellarme
und zellreiche Areale anzutreffen, die zellärmeren vornehmlich an Stellen geringer mechanischer Belastung. Autoradiographisch sind diese Zellen lebensfähig, bezüglich ihrer Herkunft können sie jedoch nicht eindeutig differenziert werden. Die Faserstruktur selbst ist erheblich auf-
gelockert und durch Neubildung vermehrt, die parallelfaserige Anordnung
ist jedoch verloren gegangen. Vergleicht man elektronenmikroskopische
Bilder von frischer und als Klappenmaterial benutzter Faszie, dann wird
man auf folgenden Befund aufmerksam: Bei frischer Faszie imponiert die
exakte Orientation der kollagenen Fasern in Richtung ihrer mechanischen
Belastung (Abb.7 und Abb.8). Sie ist selbst an den neugebildeten Fibril-

len nachweisbar. Nach längerer Implantationsdauer als Klappenmaterial fällt dagegen die strukturelle Desorganisation ins Auge (Abb.9). Die Fasern sind dreidimensional und ohne überwiegende Richtung angeordnet.

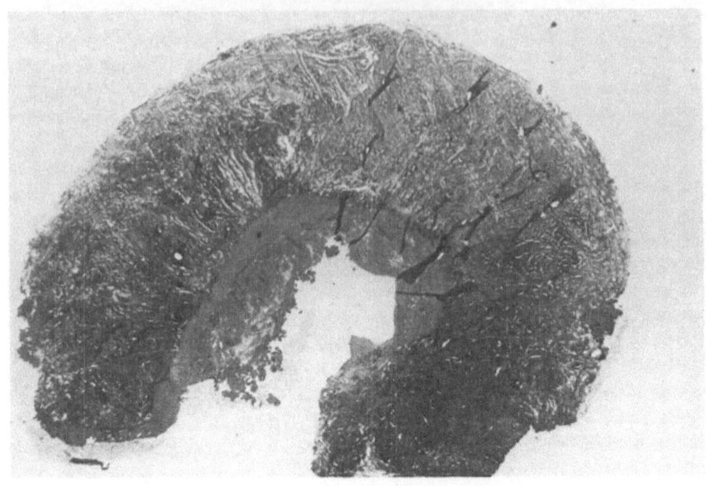

Abb.6 : Histologisches Bild eines Fasziensegels 2 Jahre nach Implantation in Aortenregion: Starke Gewebsauflockerung, Faservermehrung und Fibrindeposition auf der aortalen Fläche.

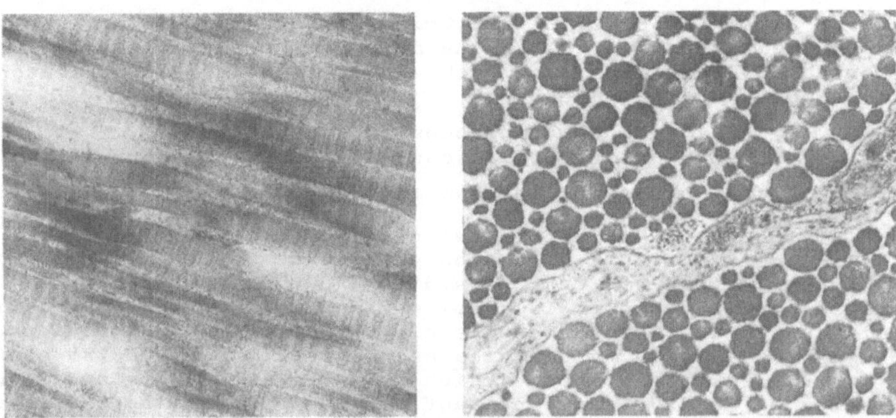

Abb. 7 und Abb.8 : Elektronenmikroskopische Bilder von frischer Faszie im Längs- und Querschnitt (elektronenoptische Vergrößerung 20.000 : 1)

Das beweist, daß die mechanische Beanspruchung nicht nur den kontinuierlichen Ersatz der Bauelemente, sondern auch den funktionsbezogenen spezifischen Strukturplan von Fascia lata induziert und kontrolliert. An der Textur der als Klappensubstitut verwandten Faszie läßt sich somit die Vielfalt mechanischer Stimulationen ablesen, auf die von den lebenden Fibroblasten mit stärkerer oder schwächerer Faserneubildung reagiert wird. Experimentelle Untersuchungen haben zeigen können, daß lebende Fibroblasten unter variierbaren Bedingungen , zum Beispiel im elektromagnetischen Feld, die neugebildeten Fibrillen immer kontrolliert in

Übereinstimmung mit der vorliegenden Beanspruchung orientieren. Diese Beobachtungen könnten dahingehend gedeutet werden, daß in der erhaltenen Viabilität des implantierten Materials unter den gegebenen mechanischen und hämodynamischen Bedingungen die Hauptursache für das Klappenversagen zu finden sein könnte. Dann müßte man sich jedoch von der

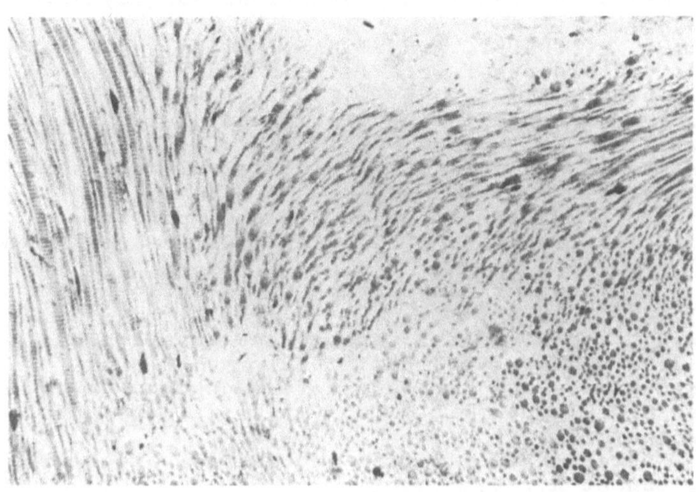

Abb.9 : Elektronenmikroskopisches Bild von Fascia lata 6 Monate nach Verwendung als Klappenmaterial in Mitralposition. Man erkennt die völlige Desorganisation des Fasermaterials in drei Dimensionen.

bisherigen Vorstellung und Konzeption trennen, daß ein lebensfrisches autologes Material das ideale Transplantat darstelle und folgerichtig beim Herzklappenersatz devitalisierter Gewebe bedienen. Bei der Implantation homologer Klappen hat sich ein solches Vorgehen allerdings nicht bewähren können. Möglicherweise bringen die von IONESCU vorgenommenen klinischen Untersuchungen mit vorbehandeltem Bindegewebe als Klappensubstitut neue praktikable Aspekte.

Literatur

BARSKY, A.J., S.KHAN and B.E.SIMON : Principles and practice of plastic surgery. McGraw Hill, Inc., New York 1964, S. 103

BELLHOUSE, B.J. : Fluid mechanics of a model mitral valve and left ventricle. Cardiovasc.Res. $\underline{6}$: 199 (1972)

BELLHOUSE, B.J., and F.H.BELLHOUSE : Fluid mechanics of the mitral valve. Nature $\underline{224}$: 615 (1969)

BUNNELL, S. : Fascial graft for dislocation of acromioclavicular joint. Surg.Gynec.Obstet. $\underline{46}$: 563 (1928)

DALICHAU, H., L.GONZALEZ-LAVIN and D.N.ROSS : Autologous fascia lata transplantation for heart valve replacement. Thorax $\underline{27}$: 18 (1972)

EDWARDS, W.S. : Late results with autogenous tissue heart valves. J.cardiovasc.Surg. $\underline{13}$: 276 (1972)

GALLIE, W.E. : Fascial grafts. In E.R.Carling and J.P.Ross "British Surgical Practice" , Butterworth, London, 1948, Vol.4 : 70

GALLIE, W.E., and A.B.Le MESURIER : The transplantation of the fibrous tissues in the repair of anatomical defects. Brit.J.Surg. $\underline{12}$: 289 (1924)

De GASPERIS, C. : persönliche Mitteilung

IONESCU, M.I., and D.N.ROSS : Heart valve replacement with autologous
fascia lata. Lancet 16 : 335 (1969)
IONESCU, M.I., D.N.ROSS and G.H.WOOLER : Biological Tissue in Heart
Valve Replacement. Butterworth, London, 1971
KIRSCHNER, M. : Die praktischen Ergebnisse der freien Fascien-Trans-
plantation. Arch.klin.Chir. 92 : 888 (1910)
LEWIS, D. : Fascia and fat transplantation. Surg.Gynec.Obstet. 24 :
127 (1917)
LINCOLN, J.C.R., P.A.RILEY, A.REVIGNAS, M.GEENS, D.N.ROSS and J.K.ROSS
Viability of autologous fascia lata in heart valve replacement.
Thorax 26 : 277 (1971)
McARTHUR, L.L. : Transplantation of tissues. Int.Chir. 1 : 146 (1913)
MUNDTH, E.D., J.E.C.WRIGHT and W.G.AUSTEN : Development of a method
for stress/strain analysis of cardiac valvular tissue. Curr.Top.Surg.
Res. 3 : 67 (1971)
NEUHOF. H. : The transplantation of tissue. Appleton, New York, 1923
PEER, L.A. : Transplantation of Tissues. Williams and Wilkens, Balti-
more, 1955, Vol. 1
PIERCE, E.C. : Autologous tissue tubes for aortic grafts in dogs.
Surgery 33 : 648 (1953(
PULLINGER, B.D., and A.PIRIE : Chronic inflammation due to implanted
collagen. J.Path.Bact. 54 : 341 (1942)
REUL, H. : Funktions- und Strömungsuntersuchungen an natürlichen und
künstlichen Herzklappen mit Hilfe von Kreislaufsimulatoren. Disser-
tation, Aachen, 1971
ROSS, D.N. : Replacement of aortic and mitral valves with a pulmonary
autograft. Lancet 2 : 956 (1967 b)
SAUVAGE, L.R., J.W.WOOD, L.E.BERGER and A.A.CAMPBELL : Autologous peri-
cardium for mitral leaflet advancement (findings in the human after
56 months). J.thorac.cardiovasc.Surg. 52 : 849 (1966)
SCHOENMACKERS, J. : Pathologische Anatomie des insuffizienten Herzklap-
penapparates. Verh.Dtsch.Ges.Kreislaufforsch. 31 : 15 (1965)
WIERZEJEWSKI, I. : Die freie Faszienüberpflanzung. Münch.med.Wschr.
63 : 875 (1916)
WOODRUFF, M.F.A.: The transplantation of tissues and organs. Thomas,
Springfield, Ill. , 1960
YATES, A.K. : persönliche Mitteilung

Für die Anfertigung und Überlassung der elektronenmikroskopischen Be-
funde bin ich den Herren Prof.Dr.REALE vom Anatomischen Institut der
Medizinischen Hochschule Hannover und Dr.DeGASPERIS vom Anatomischen
Institut der Universität Mailand zu großem Dank verpflichtet.

Herzklappen aus künstlichen Werkstoffen

H. Adamczak

Mitteilung aus dem Institut für Kunststoffverarbeitung an der Rheinisch Westfälischen Technischen Hochschule Aachen.
Institutsleiter: Prof. Dr.-Ing. G. Menges.

Seit durch den Einsatz von Herz-Lungen-Maschinen eine Operation am offenen Herzen möglich ist, können Herzklappenfehler im chirurgischen Eingriff behoben werden.
Lassen bei schwerstgeschädigten Herzklappen konservative Maßnahmen weder Heilung noch ausreichende Besserung erwarten, bleibt als letzte Möglichkeit die Entfernung der kranken Klappe und der Einsatz einer Prothese.
Dies kann durch natürliches Transplantat oder mit Hilfe eines künstlichen Werkstoffs geschehen. So wurden allein in Deutschland bisher rund 10.000 künstliche Herzklappen implantiert (1).
Auf die Behandlung natürlicher Gewebe als tragender Werkstoff sei hier verzichtet (siehe 1.12). Weiterhin sei vermerkt, daß die folgenden Ausführungen in weiten Teilen für künstliche Herzpumpen insgesamt gelten.

1. Anforderungen an die künstlichen Klappenwerkstoffe

1.1 Geringes Gewicht

Vom Blutstrom bewegte Teile von künstlichen Herzklappen sollten in etwa die Dichte des Blutes haben. Unter dieser Bedingung sind Trägheitskräfte und damit verbundene Hämolyse vertretbar. Die meisten Kunststoffe liegen in der Dichte etwas über der des Blutes. Polyäthylen hoher Dichte oder Polypropylen erfüllen genau diese Forderung. Metallteile, ob Kugeln oder Linsen, stellt man hohl her, so daß die resultierende Dichte der des Blutes entspricht.

1.2 Nachgiebigkeit zum Zwecke ausreichender Dichtung.

Bestehen die Dichtflächen der stehenden und bewegten Teile aus Metall oder unelastischen Kunststoffen, so vergrößern geringe Ablagerungen Rückstrom und damit die Herzbelastung.

1.3 Minimale Geräuschbelästigung

Die Werkstoffe gegeneinanderstoßender Teile müssen eine Mindestdämpfung aufweisen, damit der Patient nicht jederzeit auf seinen Zustand aufmerksam gemacht wird. Bei Metallteilen, läßt sich dies z.B. durch Kunststoffbeschichtungen erreichen; derartige Schichten neigen aber nach längerer Zeit zur Ablösung.

1.4 Elastizität des Basismaterials

Künstliche Klappen sollen in der Basis nachgiebig sein, um die Tätig-
keit der Herzmuskel nicht zu behindern. Dies ist nur mit Elastomeren
möglich.

1.5 Sterilisierbarkeit

Zur Sterilisierbarkeit sind relativ hohe Temperaturen ohne Form- und
Qualitätsänderungen mehrere Stunden zu ertragen.

1.6 Dauerhaltbarkeit

Bei gegeneinander sich drehenden oder abwälzenden Teilen muß die Dauer-
verschleißfestigkeit hoch sein. Diese Forderung wird durch Stellit-Le-
gierungen und Polyacetal ausreichend erfüllt.
Auf Biegung beanspruchte Teile,wie z.B. Flügel und Taschen, müssen
eine ausreichende Dauerbiegewechselfestigkeit vorweisen. So beträgt
die Lastwechselzahl bei durchschnittlich 70 Schlägen je Minute im
Jahr 37 Mill. Eine 5 jährige Funktionszeit wäre als Mindestforderung
anzusehen.
Die mangelnde Dauerfestigkeit von Elastomeren ist wohl einer der
wesentlichsten Gründe, warum sich künstliche Taschenklappen (Bild 1),
Nachbildungen der Natur, noch nicht durchsetzen konnten.

Bild 1: Künstliche Taschenklappe aus Siliconkautschuk (R 471 VF,
        Wacker-Chemie), etwa 2 x vergrößert (2) .

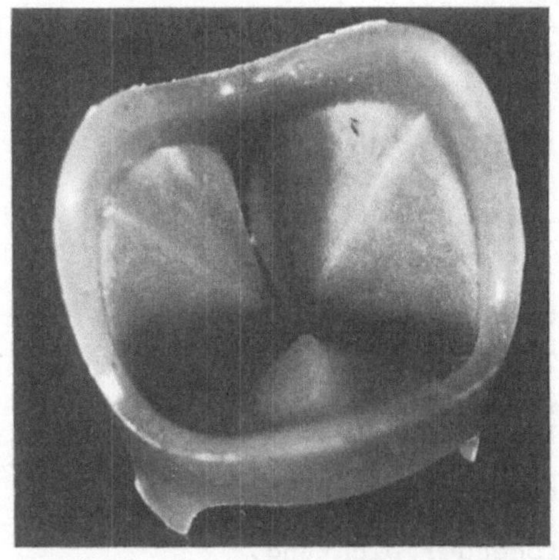
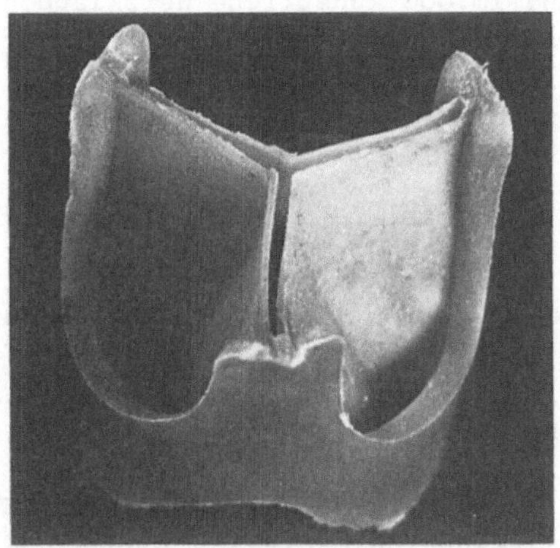

Ansicht in Durchflußrichtung   Ansicht der Ausflußseite

1.7 Weiterreißfestigkeit

Die Weiterreißfestigkeit muß mindestens so hoch sein, daß nach Bemerken
eines Anrisses durch entsprechende Symptome, dem Patient noch Zeit bis
zur Operation bleibt. Ebenso darf eine Befestigung bis zum Einwachsen
in natürliches Gewebe nicht ausreißen.

1.8 Geringe Quellneigung

Die Funktion, z.B. von Kugeln als Schließkörper, darf auch nach langer
Zeit durch Quellen des Werkstoffs nicht behindert werden.

1.9 Guter Verbund mit dem natürlichen Gewebe

Hier haben sich perforierte Anschlüsse bewährt. Das natürliche Gewebe
wächst durch die Perforationen hindurch, die so zu bemessen sind, daß
ein Bluttransport möglich ist.

1.10 Vermeidung von blut- und kunststoffschädigenden Reaktionen

Technische Kunststoffe enthalten vielfach blutschädigende Substanzen,
so Weichmacher in Polyvinylchlorid (PVC), unverbrauchte Vernetzer in
Siliconkautschuk (SI) oder eingelagerte Aktivatoren in Polyurethanelastomeren (PUE). Sind derartige Substanzen nicht zu vermeiden oder
ist eine Nachbehandlung - z.B. Temperung - zur Entfernung nicht möglich, so können diese Kunststoffe nicht eingesetzt werden.
Andererseits können Proteine die Molekülstruktur aufbrechen, wie das
bei Polyurethanelastomeren schon nach einigen Tagen feststellbar ist.

1.11 Vermeidung von Thrombosen

Bei Fremdkörpern, wie sie Herzklappen aus künstlichen Werkstoffen
darstellen, liegt der gleiche Mechanismus zur Thrombenbildung vor wie
beim verletzten Gewebe. Die Verletzungen rufen einen elektrischen
Ladungsaustausch im umliegenden Gewebe von "Minus" nach "Plus" hervor.
Die negativ geladenen Thrombozyten werden nun von der Gefäßwand ange-
zogen und führen so zu Agglomeration. Daher müssen zur Vermeidung von
Thromben die Oberflächen von Polymeren und anderen Werkstoffen negativ
geladen sein.
Eine zweite Theorie besagt, daß die freie Oberflächenenergie minimal
sein soll.

Bild 2: Preßwerkzeug zur Herstellung von Taschenklappen aus Siliconkautschuk

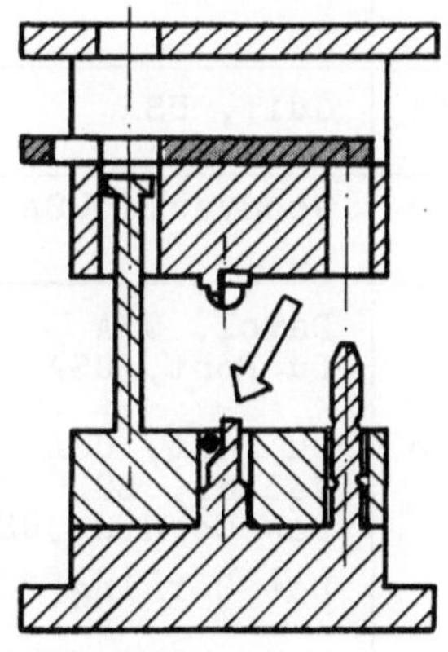

Einlegen des unver-
netzten Silicon-
kautschuks

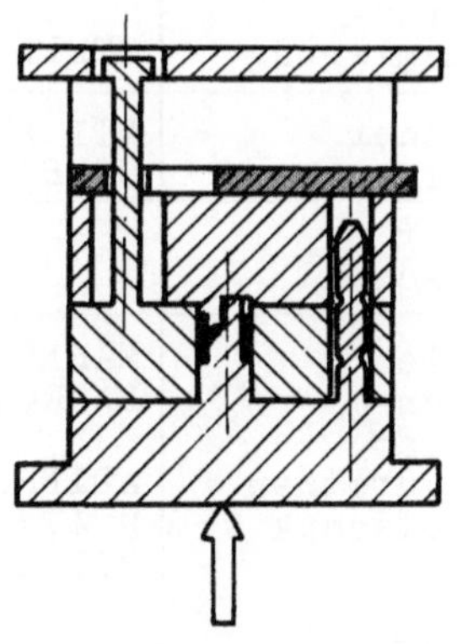

Vernetzen durch
Pressen und Heizen

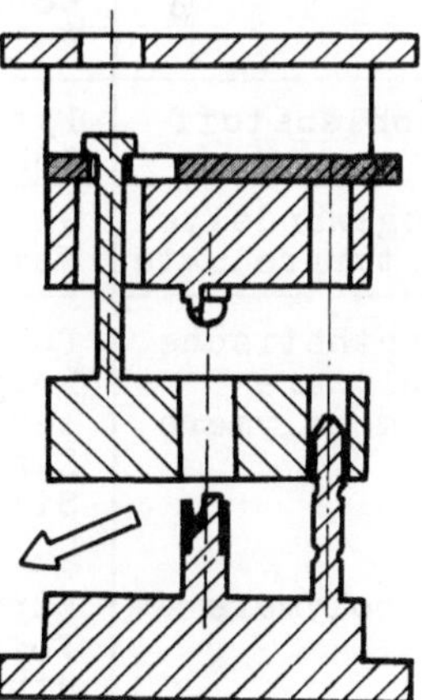

Entformen

1.12 Reproduzierbare Fertigung

Klappen aus menschlichem oder tierischem Gewebe (Collagen) zeigen gute
Versuchsergebnisse, was die Verträglichkeit und die Schädigung des
Blutes anbetrifft.
Hinsichtlich nichtkonstanter Werkstoffstruktur und einer weitgehend
nur von Hand durchzuführenden Fertigung sind reproduzierbare Massen-
teile schwerlich denkbar. Bild 2 zeigt eine reproduzierbare Fertigung,
das Pressen von Taschenklappen aus Siliconkautschuk (2)

Obwohl in den letzten Jahren insbesondere in den USA intensiv und in
großer Breite an biokompatiblen Werkstoffen gearbeitet wurde, gibt es
z. Zt. keinen Werkstoff, der die Summe der zuvor geschilderten Anforderungen erfüllt. Wir müssen uns mit Teillösungen zufrieden geben.

2.   Mögliche künstliche Werkstoffe

Tafel 1 zeigt eine Gliederung der künstlichen Werkstoffe, die der Forderung nach Blutverträglichkeit entgegen- oder nahekommen. Wo bekannt,
wurden kommerzielle Hinweise zur evt. Beschaffung gemacht.

2.1 Metalle

Bei Metallen besteht ein von Sawyer nachgewiesener Zusammenhang zwischen der Funktionsdauer bzw. Thrombosebefall und dem Normalpotential (3) .

Tafel 1: Künstliche, blutverträgliche Werkstoffe für Herzklappen

	Beispiele		
	Allgemeine Bezeichnung	Kommerzielle Bezeichnung	Hersteller
Metalle	Titan Cobalt-Chrom- Wolfram-Legierung	STELLIT 21	
Kohlenstoff	Pyrolytischer Kohlenstoff	LTI PYROLITE CARBON	Gulf, USA
Abgewandelte Naturprodukte	Gereinigter Naturkautschuk		Goodyear, USA
Synthetische Polymere Homopolymere	Polypropylen Polyäthylen- tere phtalat Elast.Polyurethan Siliconkautschuk	MARLEX DACRON ADIPRENE 1oo R 471 VF SILASTIC	Davol, USA Du Pont, USA Du Pont, USA Wacker, BRD Dow Corning,USA
Copolymere	Diphenylsiloxan Polyhydroxy- äthylmethacrylat		Dow Corning Hema, GB
Mischpolymere	Fluorsilicon- Kautschuk Polyurethan-Siloxan- Mischpolymerisat	AVCO-THANE	Avco, USA

Je unedler das Metall, desto besser sind die antithrombogenen Eigen-
schaften bei Verschlechterung der Korrosionsbeständigkeit. Als opti-
mal hinsichtlich dieser Eigenschaften haben sich Titan, Tantal und
Legierungen aus Cobalt, Chrom, Wolfram und Molybdän herausgestellt.
Aus diesen Metallen werden Schließkörper (Kugeln, Linsen, Flügel),
Basisringe und Käfige hergestellt.

2.2 Kohlenstoff

Hinsichtlich Antithrombogenität bzw. Protein- und Gewebeverträglichkeit gilt heute pyrolytischer Kohlenstoff als einer der brauchbarsten
Werkstoffe. Er ist allerdings nur für starre Teile anwendbar und für
dünne Beschichtungen, die kolloidal aufgetragen werden.
Pyrolytischer Kohlenstoff ist schwach kristallisiert. Er wird durch
thermische Zerlegung von Propan bei Temperaturen bis 2000°C hergestellt (6) und ähnelt mit polierter Oberfläche einem Metall. V.L.
Gott u.a. stellten im Vena-Cava-Ring-Test auch nach zwei Wochen keine
Thromben auf der Innenseite des Ringes fest(7) . Ähnliches Verhalten
zeigen lediglich noch Hydrogele.

2.3 Abgewandelte Naturprodukte

Normal bekanntes Naturgummi ist zur Implantation kaum geeignet, da es
mit dem Gewebe reagiert, zur Blutgerinnung führt und das Blut schädigt.
Von Proteinen und anderen Latexkomponenten durch zweifaches Zentrie-
fugieren gereinigt, weist Naturkautschuk nahezu die Gerinnungszeiten
wie Siliconkautschuk (SILASTIC) auf (8) .

2.4 Syntetische Polymere

2.4.1 Polyolefine

Das Polyäthylen hoher Dichte (PE-hD), als widerstandsfähig gegenüber
Säuren, Laugen und Alkoholen bekannt, hält, implantiert, den Proteinen
auf die Dauer nicht stand. Normale Sterilisationstemperaturen beein-
trächtigen die Dimensionsstabilität. Obwohl dies bekannt ist, findet
man Teile an künstlichen Klappen aus PE.
Nicht nur wegen höherer chemischer Resistenz, sondern auch wegen
besserer Sterilisierbarkeit und Antithrombogenität ist das Polyäthylen
durch Polypropylen (PP) zu ersetzen. Tafel 2 zeigt Vergleichswerte in
Form von relativen Spontangerinnungszeiten (RSGZ), die von Brauner,
Schaldach u.a. gemessen wurden (4) .
Polyolefine sind im Extrusionsverfahren zu Halbzeugen (Borte, Fäden)
und im Spritzgießverfahren zu Fertigteilen (Schließkörper, Basisringe,
Käfige) zu verarbeiten.

Tafel 2: Relative Spontangerinnungszeiten verschiedener Kunststoffe

Kunststoff		Typ	Modifikation	RSGZ
Polyvinylchlorid	PVC	HOSTALIT	unbehandelt	17,2
Polyäthylen	PE	HOSTALEN	"	21,7
Polypropylen	PP	AMEFA	"	31,6
Polytetrafluorät.	PTFE	HOSTAFLON TF	"	22,9
Polydimethylsilox.	Si	WACKER R660VF	"	22,3
Polyurethan	PUE	ESTANE 57o7FI	Tetrahydrofuran	22,5
Polyurethan	PUE	"	Dimethylformamid +1,5%FePc	32,1

2.4.2 Polytetrafluoräthylen

Dieses Polymer hat sich chemisch als äußerst beständig erwiesen, besitzt nichthaftende Eigenschaften und ist von Körperflüssigkeiten schwer benetzbar.
Wegen der hohen Temperaturbeständigkeit ist es gut sterilisierbar. Es zeigt sich aber eine größere Thromboseanfälligkeit gegenüber PP (siehe Tafel 2). Polytetrafluoräthylen ist in zwei Variationen erhältlich, als PTFE und PFEP. Erstere Type ist nur im Sinterverfahren zu extrudieren und zu pressen, zweitere wegen des niedrigeren Schmelzpunktes im normalen Extrusions- und Spritzgießverfahren zu Halbzeugen und fertigen Formteilen. PTFE und PFEP dienen zur Beschichtung von Metallteilen, Siliconkautschuktaschen und Polyestergeweben sowie zur Herstellung von Nahtborten und Schließkörpern.

2.4.3 Gesättigte oder thermoplastische Polyester

Gesättigte Polyester, so das Polyäthylenterephthalat (PETP), kommen durchweg als dichtes Gewebe zur Anwendung, zur Verstärkung von Siliconkautschuk, von Polyurethanelastomeren und PTFE. Sie besitzen relative hohe Zug- und Biegefestigkeiten und sind mit natürlichen Geweben gut verträglich. So beflocken Bernard und Farge (5) zur besseren Haftung von Fibrin- und Zellniederschlägen Elastomeroberflächen mit Polyesterfasern. Die Gerinnungszeiten bei Polyesteroberflächen sind nicht befriedigend.

2.4.4 Polysiloxan- oder Polysiliconelastomere

Silicon - Elastomere (Si) sind bis etwa 180°C dauerwärmefest, können daher normal sterilisiert werden. Als Implantat ohne direkten Kontakt zum Blut hat es sich seit Jahren bewährt. Leichte Reizungen des Gewebes sind möglich. Ohne besondere Maßnahmen zur Erzeugung einer ausreichend negativ geladenen Oberfläche tritt, nach Angaben von Hufnagel aus üblichem Dimenthylsiloxan nach zwei Stunden Stenose ein.
Besserung bringen Co- und Mischpolymerisate des Silicons (siehe Abschnitt 3.1).
Weitere Schwächen des Materials sind die noch geringe Weiterreißfestigkeit und die Quellneigung. So sind Todesfälle nach zweijährigem Einsatz durch Verklemmen von gequollenen Kugeln in Kugelklappen festzustellen.
Silicon-Elastomere werden für Schließkörper und zur Beschichtung von starren Basisringen und Käfigen genommen, dienen verstärkt und unverstärkt zur Herstellung von Taschenklappen (Bild 1).
Dabei sind folgende Verfahren anwendbar:
1. Eintauchen von Geweben in niedrig viskose unvernetzte Massen.
2 Gießen in definierte Werkzeughohlräume.
3. Pressen in definierte Werkzeughohlräume, wobei die Vernetzung von Druck, Temperatur und Zeit abhängt.
Die nach dem letzten Verfahren hergestellten Si-Elastomere zeigen infolge höherer Vernetzung bessere mechanische Eigenschaften.

2.4.5 Polyurethanelastomere

Durch Polyaddition von Polyäther oder Polyester mit Isocyanat, in linear elastischer Einstellung gewonnen, besitzt Polyurethan (PUE) sehr gutes Verformungsverhalten und eine hohe dynamische Festigkeit. Die Verträglichkeit mit Blut ist über längere Zeit noch unbefriedigend, da Proteine die Molekülstruktur aufbrechen können. Ebenso führen Poly-

urethanelastomeroberflächen zur Koagulation, wobei die Polyäthertypen
besser abschneiden. Im Vena-Cava-Ring-Test zeigte nach zwei Wochen
der Polyäthertyp einige Koagulationsstellen, während der Polyestertyp
völlig belegt war (7) . Flexible Klappen wie der Taschentyp sind aus
Polyurethanelastomere herstellbar, dabei sind drei Verfahren anwendbar:
1. Eintauchen eines Formpositivs in gelöstes Polyurethangranulat.
2. Gießen auch von dickeren Wandstärken in definierte Werkzeughohlräume.
3. Spritzgießen aufgeschmolzenen Granulats.

Hier sei ein Polyurethan-Siloxan-Mischpolymer unter der kommerziellen
Bezeichnung AVCO-THANE (Avco, USA) eingereiht, daß ohne Einbindung
von Antigerinnungsmitteln sehr gute Blutverträglichkeit aufweisen soll.
AVCO-THANE ist nach dem Tauchverfahren in einem möglichst staubfreien
Raum zu verarbeiten (5) .

2.4.6 Polyelektrolyte

Polyelektrolyte und deren Komplexe zeigen in ihrem Oberflächenverhal-
ten große Ähnlichkeit mit der Intima. Teile aus diesen Kunststoffen
weisen, implantiert, auch nach langer Zeit keine Gerinnungsstellen
auf.
Als Beispiel dienen die Bemühungen von Costello u.a. (10) Äthylen-
acrylatsäure-Copolymere durch Anlagern von Ionomeren (Na^+ , Ca^{++} u.a.)
zu neutralisieren. Die dabei entstehenden Salze dissoziieren, erhöhen
den PH-Wert, der für die Koagulationsresistenz verantwortlich zu sein
scheint.
Von den Elektrolyt-Komplexen, den Hydrogelen, seien hier nur erwähnt:
Poly-natrium-styrol-sulfonat   ⎱ IOPLEX 101
Poly-vinyl-benzyl-trimethyl-ammonium-chlorid   ⎰ Amicon, USA   (7)

Hydrogele können sehr viel Wasser und andere schwellende Agenzien aufnehmen. Die Moleküle werden derart auseinandergedrückt, daß die mechanischen Eigenschaften auf einen unbefriedigenden Stand absinken. Verstärkt mit Polyester und anderen Fasern sind Hydrogele auch für künstliche Herzklappen eine vielversprechende Alternative.

3. Möglichkeiten zur Verbesserung der Blutverträglichkeit und der Antikoagulation von künstlichen Werkstoffen

Tafel 3 zeigt eine Zusammenfassung der Maßnahmen zur Verbesserung der
Blutverträglichkeit und (oder) der Antikoagulation.

Bild 3: Modifikation der Siloxan-Struktur

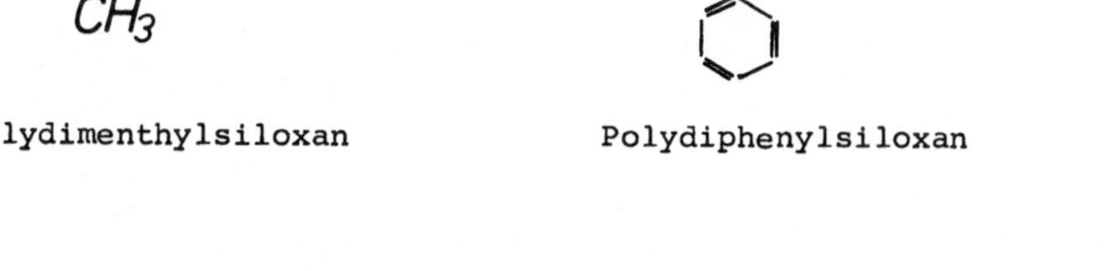

Polydimenthylsiloxan   Polydiphenylsiloxan

3.1 Änderung der Polymerstruktur

Die Polymerstruktur ist so zu beeinflussen, daß sie negative Außen-
gruppen aufweist. Als Beispiel sei die Umstrukturierung von Siloxanen
gezeigt. Musolf u.a. (9) haben die Methylradikale durch elektrisch
negativere Radikale ersetzt (Bild 3).

Tafel 3: Maßnahmen zur Verbesserung der Blutverträglichkeit
und Antikoagulation von künstlichen Werkstoffen

Chemische Maßnahmen	Negative Molekülenden (z.B. durch Copolymerisation Selbsttätiges Reduzieren
Physikalische Maßnahmen	Oberfläche elektrisch laden (Elektrete) Mischen von Polymeren in der Schmelze
Imprägnieren	mit Heparin (z.B. HEPACON) mit Polyalkylenen (PLURONIC)
Beschichten — künstlich	collodial (GBH-Coating)
— natürlich	Zellenbewuchs (Diploid WI-38)

Die Veränderung der sich daraus ergebenden Ladung der Oberfläche
zeigt Tafel 4(9).

Tafel 4: Normalpotential verschiedener Silicon-Strukturen

Polymertyp	Chemische Formel	Allgem.Name	Molver- hältnis	Normal- potential mV
Homo- polymer	$[CF_3CH_2CH_2MeSiO]x$	Fluor-Sili- conkautschuk	1oo	+ 1,3
	$[Me_2SiO]_x$	Dimethyl-Si	1oo	− 1,1
Misch- polymer	$[HOOCCHCH_3CH_2MeSiO]_x$ $+ [Me_2SiO]_y$	Carboxyl-Si +Dimethyl-Si	$\frac{17}{83}$	− 1,8
Copolymer	$[\emptyset_2SiO/Me_2SiO]_x$ Me $\widehat{=}$ CH_3, $\emptyset$ $\widehat{=}$ C_6H_5	Diphenyl-Si +Dimethyl-Si	$\frac{17}{83}$	− 2,4

3.2 Selbsttätiges Reduzieren

Für eine zeitlich unbegrenzte Antithrombogenität wird von Brauner u.a.
die Verwendung eines Redoxkatalysators zur stetigen Regenerierung des
Ladungszustandes an der Oberfläche vorgeschlagen (4).
Das Eisen-Phthalocyanin zeigt eine nahe chemische Verwandschaft zum
Häm des Hämoglobins, das als Redoxkatalysator im Blut auf natürliche
Weise wirkt. Der Katalysator wird dispergiert und dem gelösten Polyure-
than zugemischt.

3.3 Elektret-Effekt

Polymere werden im geschmolzenen Zustand einem elektrischen Feld ausgesetzt und dabei abgekühlt. Die negative Seite des Formteils wird
dann dem Blut ausgesetzt (6). Die aufgebrachten Ladungen sind nicht
unbegrenzt haltbar; sie können sich sogar umkehren. Silicone, Polyurethan u.a. wurden bisher zu Elektreten verwandt.

3.4 Imprägnieren

Die bisher meist angewendete Methode zur Verbesserung der Antithrombogenität ist das Einlagern von Antikoagulatien.
Die Oberfläche eines Polymers wird mit colloidalen Graphit beschich-
tet; der Graphit adsorbiert positive Ammoniumchloridgruppen, an die
wiederum das Heparin ionisch gebunden ist (11). Diese Beschichtung
ist wenig verschleißfest und blättert leicht ab, ist also nur für
starre Klappenteile verwendbar. Heparin kann aber auch direkt an kati-
onische Stellen einer Polymeroberfläche gebunden werden (12).
        Kovalent gebundenes Heparin, so an Siliconelastomeren, hält
zwar länger, wirkt aber nicht in dem Maße der Koagulation entgegen
wie ionisch gebundenes Heparin (13). Vermerkt sei hier, daß hepara-
nisierte Oberflächen bei den meisten Polymeren erhöhte Hämolyseraten
zeigen (13).
Ein Polyoxalkylen-Derivat, angeboten unter dem Namen PLURONIC (Mon-
santo, USA), wesentlich billiger als Heparin, ist ein hydrophiles
Imprägniermittel. Eine dünne Wasserschicht vermeidet das Anlagern der
Blutzellen (6).
Imprägnierungen obengeschilderter Art dürften für dauerhafte Implantate kaum einzusetzen sein, da sie sich mit der Zeit verbrauchen.

3.5 Bewachsen von Polymeroberflächen mit natürlichen Zellen

Eine Schicht natürlicher Zellen auf der Polymeroberfläche verwehrt
den Blutzellen den Zutritt zum Polymer und kann sich regenerieren;
eine kontrollierte Beendigung des Wachstums ist aber schwierig.
Die Polymeroberfläche erhält zunächst eine Schicht sehr dünner Fasern,
z.B. aus Polyester. Hierin verankern sich kleine Blutgerinsel, die
dann zusammenwachsen und die Grundlage für das Aufwachsen von Gewebe-
zellen bilden.
Nuwayser z. Mitarb. untersuchten das Wachstum der menschlichen Diploid
WI-38-Zellen und menschlichen Fibroblasten auf Polyamid, Kohlenstoff,
Polyester und PARYLENE C, die zu einer Mikrofaser-Struktur ($<1\,\mu$)
verarbeitet waren (5). Die besten Ergebnisse zeigten Polyester mit
WI-38-Zellen und Polyamid mit Fribroblasten.
Das völlige Überwachsen kann über 16 Wochen dauern, während dessen
kann sich die Koagulation fatal auswirken. William u. Bernard redu-
zierten den Prozeß auf vier Wochen, in dem sie vor der Implantation
in eine Schicht verfilzter Mikrofäden Fetuszellen einsetzten (6).
Zellen, die in vitro angebracht werden, können aber infolge mangel-
hafter Nährstoffversorgung Schaden nehmen (1).

4. Welcher Werkstoff für welche Klappen ?

Anhand des Anforderungskataloges, nach Festlegung allgemein anerkannter Mindestforderungen und der zur Verfügung stehenden Werkstoffe könnten alle Klappenkonstruktionen diskutiert werden. Ständen Werkstoffblätter mit medizinischen und mechanischen Werten nach genormten Prüfverfahren zur Verfügung, wie dies in der Technik schon lange üblich ist, wäre aus der Vielzahl der Werkstoffmöglichkeiten schneller auszuwählen.

Literatur

(1) Bücherl, E.S.: Organersatz beim Menschen in VDI-Zeitschrift,
        Bd. 116 (1974), Nr. 1, S. 1
(2) Schulze, H.: Schlußbericht 197o/1971 zum Forschungsauftrag
        Me 272/28 "Kardiovaskuläres System" an die DFG
(3) Sawyer, P.N., Brattain, W.H., Boddy, P.J.: Electrochemical
        criteria in the choise of materials used in vascular
        prothesis, in Biophys. Mechan. in vasc. Homeost. a. intra-
        vasc. Thromb. Appleton-Century-Crafts, New York, 1965,
        S. 337
(4) Brauner, H., Schaldach, M., Thüll, R., Blaser, R.: Antithrom-
        bogenes Polyurethan durch dispergiertes Redoxsystem, im
        Tagungsband zur Jahrestagung 1973 der Deutschen Ges. für
        Biomed. Technik, Mai 1973, S. 11
(5) Köhler, J., Reul, H., Kivelitz, H.: Reisebericht an die DFG
        über die 19. Jahrestagung der Amer. Soc. Artif. Int. Organs,
        Boston, April 1973, S. 16
(6) N.N.: Polymers in artificial organs in Polymer News, Vol.I,
        No. 8/9/1o, S. 3
(7) Bruck, S.D.: Biomaterials in medical devices, in Trans.Amer.
        Soc. Artif. Int. Organs, Vol. XVIII, 1972, S. 1
(8) Imai, Y., von Bally, K., Nose, Y.: New elastic materials for
        the artificial heart in Trans. Amer. Soc. Artif. Int.
        Organs, Vol. XVI, 197o, S. 17
(9) Musolf, M.C., Hulce, V.D., Bennett, D.R., Ramos, M.:
        Development of blood compatible silicone elastomers in
        Trans. Amer. Soc. Artif. Int. Organs, Vol. XV, 1969, S. 18
(1o) Costello, M. u.a.: Correlations between electrochemical and
        antithrombogenic characteristics of polyelektrolyte mate-
        rials in Trans. Amer. Soc. Artif. Int. Organs, Vol. XVI,
        197o, S. 1
(11) Gott, V.L. u.a.: Graphite-benzalkonium-heparin coating on
        plastics and metals, in Materials in Biomedical Engineering,
        Ann NY Acad Sci 146, Art. 1, S. 21
(12) Lagergren, H.R., Eriksson, J.C.: Plastics with a stable sur-
        face monolayer of crosslinked heparin, in Trans. Amer. Soc.
        Artif. Int. Organs, Vol. XVII, 1971, S. 1o
(13) Lee, H., Neville, K.: Handbook of biological plastics, Pasa-
        dena Technology Press, / Pasadena, 1971, S. 3-17, S. 3-25
(14) Schultheis, R.: Konstruktion und Funktion bekannter künst-
        licher Herzventile, Unveröffentlichte Arbeit am Institut
        für Verfahrenstechnik, TH Aachen

VI. Biorheologie von Gefässen/Biorheology of Vessels

Biorheology of Loose Connective Tissues, Especially Blood Vessels

Y. C. Fung

Introduction

To understand the physiological function of vital organs we must know the
mechanical properties of the tissues. Experimental determination of the
mechanical properties of living tissues has many difficulties, such as the small
size of the specimens, large deformation, active contraction, damage due to
dissection, disturbances in nervous and enzymatic actions, inaccessibility of
the material, the non-existence of a unique "natural state," and the necessity
of keeping the specimens alive in an environment as much as in vivo as possible.
These difficulties make the collection of data in biorheology a nontrivial endeavor.
At present, biorheology is in an initial stage of development. In this article,
major features of the rheology of loose connective tissues, especially the blood
vessels, are summarized. A brief description of some new testing equipment
will be given. A comparison between in vivo and in vitro experiments will be
discussed. Differences of the mechanical properties of different tissues will be
considered in relation to their materials of construction and geometric organization. Some comments about the mathematical description of the mechanical
properties of soft tissues is offered to serve as a starting point for the analysis
of the function of the organs.

New Test Equipment for Biaxial Stretching

To determine the stress-strain relationship of "one-dimensional" specimens in
a "uniaxial" stress state, an ordinary testing machine, such as the Instron, or
the MTS, is sufficient. Such one dimensional results are useful in character-
izing the tissues, providing data for normal and pathological specimens, etc.,
but they are insufficient for the purpose of deducing a three-dimensional constitutive equation. For the latter purpose it is necessary to test tissues in two-
or three-dimensions: in "triaxial" stress states. If a piece of tissue is naturally "two-dimensional", such as the skin, the pulmonary alveolar septum, the
cell membrane, etc., then a series of two-dimensional tests will suffice.

Very few investigators dealt with two-or three-dimensional tests of living
tissues. Lee, Frasher and Fung, (1967, 1968) tested blood vessels under controlled extension and inflation. Doyle and Dobrin, (1971) similarly investigated
the carotid artery of the dog. Blatz, Chu and Wayland (1969) investigated fan-
shaped segments of the intestinal mesentery of cats and rabbits. Patel and
Janicki (1970) investigated the in-vitro static properties of both the left circum-
flex coronary artery and the common cartoid artery of the dog. Lanir and Fung,
(1974) tested the two-dimensional mechanical properties of rabbit skin. This
seems to be the whole list as far as we know.

The main difficulty of testing soft tissues in 2-or 3-dimensions is large deformation. Soft tissues are capable of being stretched 50, 100 or 200% from the no-
load state. The problem is how to stretch a test specimen to such an extent and
still keep the state of stress and strain reasonably uniform.

The solution provided by Lanir and Fung (1974) for thin specimens of rectangular plan form is illustrated in Fig. 1. It consists of four independent units: a milieu measurements and control unit, a stretching and force measurements unit, an electronic dimensional analysis unit, and an electronic feedback system which controls the streteching unit.

The milieu measurement and control unit controls the temperature and pH of the bath. The electronic feedback controls the stretching. These are conventional. The stretching mechanism is described as follows:

The specimen is hooked along its four edges by means of small staples (up to 68 in number). Each hook is connected by means of a silk thread to a screw on one of the four force-distributing platforms. This set up allows individual adjustment of the tension of each thread. The force-distributing platforms are bridged over the edges of the saline tray in an identical manner for both directions (Fig.1,2): One platform is rigidly mounted to the carriage of a sliding mechanism (Unislide, Model A-1500 by Velmex, Inc., New York) and the opposite platform is horizontally attached to a force transducer (Statham silver cell; force 0-60 gr, max. displacement-0.12 mm) while at the same time hanging vertically from a cantilevered support. Both the support and transducer are rigidly connected to the carriage of another sliding unit. A pulley system on this carriage allows the force distributor to be pulled by a constant weight on top of the force exerted by the transducer. The carriages of the opposite sliding units are displaced by means of an interconnected threaded drive-shaft. The threads of the left and right sliding units are pulled by the drive shaft at equal rate in opposite directions so that the specimen can be stretched or contracted without changing its location. This set-up can perform two general types of stretching: a controlled stretching at a slow rate and a quick stretching.

The loading strings are approximately parallel when the equipment is in operation. For a specimen varying in size from 3 x 3 cm to 6 x 6 cm the maximum deviation of the loading strings from the centerline is less than 0.05 rad. Thus at the very corners of the rectangular specimen a shear stress of the order of 1/20th of the normal stress may exist at the maximum stretch. However, the distance between the "bench marks" (the black rectangular marks) whose dimensional changes are measured is approximately half of the overall dimensions, therefore the maximum shear stress acting at the corners of the bench marks is expected to be no more than 2 or 4 percent of the normal stress. These strings are "tuned" (in the manner of piano tuning by turning a set of screws) at the beginning (during the preconditioning process) in such a way that the rectangular bench marks made on a relaxed specimen remain rectangular upon loading, without visible distorsion. It was found that this can be achieved without undue difficulty after some practice.

The deformation of the strings is negligible compared with the stretch of the specimen in the physiological stress range examined in the present investigation (tensile stress of the order of 2 g/mm^2). If higher stresses were considered, more rigid loading strings would have to be used. Note that the physiological stress range is far below the tearing strength or ultimate strength of the skin, which may be three orders of magnitude larger.

The dimensions of the specimen are continuously measured and monitored by a Video-Dimension-Analyzer (VDA). This system consists of three units: a television camera, a video processor and a television monitor. The Video processor provides an analog signal proportional to the horizontal distance between independently selectable levels of optical density, in two independent areas (windows) in the televised scene. (Fig.2).

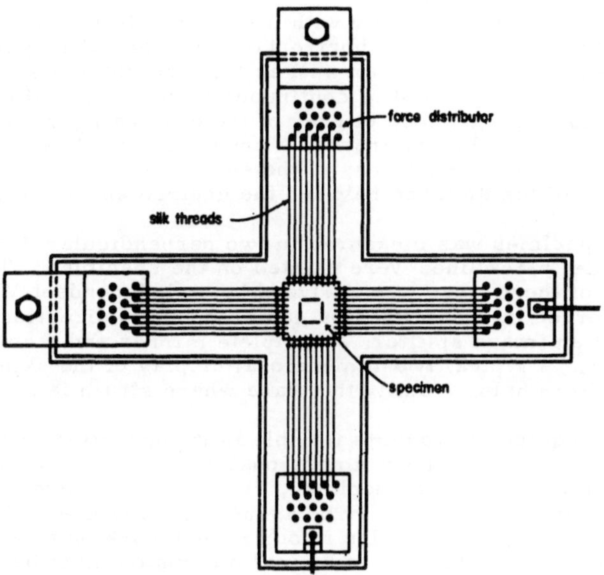

Fig. 1. A schematic drawing showing how a planar tissue specimen is hooked along its edges and connected by silk threads to four force distributors. The specimen and the distributor are placed in a Kreb-Ringer bath which is thermally controlled. The tray of the bath is shown.

Fig. 2. The x and y dimensions of a rectangular region at the center of the specimen are monitored by two television cameras. This data gives the strain. As the force distributors are moved at controlled rates, the forces are monitored as a function of time. Thus the relationship between stresses, strains, and strain rates can be examined.

The video processor operates directly with the composite video signal from the
camera. It utilizes the vertical and horizontal synchronization pulses to define
the X-Y coordinates of the windows as well as their height and width. When
video signal is within the window it is continuously compared with a preselected
voltage which corresponds to shade of grey of the edge being measured. When
the raster voltage exceeds this reference, a counting circuit is started. This
circuit is stopped by a similar process in the second window, and the count thus
becomes a measure of the distance between the desired shades of grey.

The strain in the specimen was measured in two perpendicular directions.
Two pairs of parallel black lines were painted on the specimen. The distance
between each pair of these lines was analyzed by an independent VDA. The
specimen was observed by two television cameras in two directions by an optical
setup consisting of an image splitter, a complete mirror and a cold-light pro-
jector. See Fig. 2. A typical two-dimensional display of the skin specimen on
the television monitors helps identify the place where strain is measured.

It is clear that this equipment is quite flexible in its operation. It is sufficiently
accurate for most purposes. Since dimensional changes are measured in a
small area near the center of the specimen, "edge effects" are diffused, and a
uniform state of stress and strain may be assumed. It is useful for flat specimens such as the skin. It is used also in our recent work on the elasticity of
the lung parenchyma, for which one additional dimension must be measured,
namely, the thickness changes of the specimen. This is accomplished by using
a pair of "proximeters", which measures the change of distances by changing
inductances.

General Lessons Learned

All living tissues are composite materials. Therefore, in general:

   (1) They have complex rheological behavior,

   (2) The existence of a "natural" state is questionable,

   (3) The constitutive equation for loading is different from that for
   unloading, and

   (4) They are anistropic.

Of these properties, item (2) causes the greatest difficulty. A biological
specimen, when loaded in certain manner, does not necessarily return to its
original configuration after the loads are removed. In other words, a unique ·
"no-load, no-strain" state (the so-called "natural" state) does not exist. This
implies that the tissue cannot be called "elastic". It does not qualify for the
definition of "elasticity", which requires a one-to-one correspondence between
the state of stress and the state of strain.

If a biological tissue is not elastic, there is no natural state to serve as a unique
refererence state to measure the strain and stress. The best we can hope for is
to obtain a repeatable response for a specific loading procedure. Such a state
in vivo is called a homeostatic state; in vitro, it is called a preconditioned
state. Preconditioning is a necessary step in rheological testing of biological
tissues.

A century ago, in the 1850's and 1860's, Claude Bernard developed the idea
that the living state is a state of internal chemical equilibrium. In 1929, W. B.
Cannon coined the word "homeostasis" to describe such a state. The Greek
word homoios means like, resembling; whereas stasis means position. Hence
homeostasis means the maintenance of a steady state in an organism by coordi-

nated physiological processes. The mechanical state of a living body, as well
as the chemical state, is variable, but it is a remarkable fact that the variation
is quite small. It is expected that everytime a tissue is strained, its mechanical structure is disturbed; but upon repeated strain a homeostatic condition will
be reached so that the stress-strain relationship becomes unique again. Preconditioning is a laboratory procedure parallel to the establishment of homeostasis in vivo. As far as the mechanical states of soft tissues are concerned,
it is found that if a definite loading and unloading procedure is repeatedly applied
onto a tissue a large number of times, the tissue response becomes predictable
in the sense that a unique relationship exists between stress and strain in loading,
and another unique stress-strain relationship exists in unloading. In this case,
we can treat the tissue as an elastic material in loading, and as another elastic
material in unloading. These elasticity laws are, of course, somewhat elusive,
because they will be affected by any changes in the procedure of loading and unloading. They are nevertheless useful to the study of physiology, because many
physiological processes, such as the beating of the heart and the breathing of
the lung, are themselves repetitious.

Although the lack of unique natural state of a living tissue is inconvenient
for physiological analysis, one need not despair. A similar situtation exists in
conventional engineering mechanics all along. Although treatises in engineering
mechanics usually do not emphasize the point, the fact is that most engineering
materials do not have a natural state. Nylon is a typical example. Those people
driving a car with nylon tires know that the tires become noisy in the morning
because after a night's rest a flat spot developes on each tire at the point of contact with the ground. This is caused by the creep of the material. After driving
on the road for a while, the tire becomes round again - it is "preconditioned".
Other rubbery materials behave similarly. For linear elasticity we must turn
to metals such as steel or brass. Metals are reputed to be elastic if the stress
level is below the proportional limit. But, strictly speaking, even metals are
not elastic. For example, if one stresses a perfect crystal of zinc, the number
of dislocations increases with the strain, and the mechanical property changes.
Most pure metal crystals do not have a linear elastic characteristics because of
this reason. Polycrystalline steel, in which the movements of dislocations are
arrested at the crystalline grain boundaries, shows the closest approximation
to linear elasticity. But when the stress level reaches the "yield point", an
irreversible avalanche of dislocations occurs, and the steel loses its elasticity.
Living tissues are analogous. The arrangement of the collagen and elastin
fibers and ground substances may change with strain, and these changes may
not be reversible. If an irreversible change occurs in the fine structure of the
tissue, its natural state changes.

In testing a piece of excised tissue in vitro, preconditioning is necessary in
order to obtain repeatable results. If a certain procedure of testing
(stressing or straining) is decided upon, we follow that procedure a number of
times until the response becomes steady. Then the specimen is said to be preconditioned. When a testing procedure is changed, a new process of preconditioning must be followed. For example, if the amplitude of a cyclic stretching
of a strip of skin is changed, the specimen must be preconditioned again.

In an earlier paper Fung [13] showed that for a mesenteric membrane in vitro
subjected to a cyclic loading (stretching) and unloading (return) at constant
amplitude and at constant velocity (triangular pulses), a steady state is not
reached even after a large number of cycles. (see Fig. 6 of [13]). However,
the difference between stress responses in successive cycles does diminish
with the number of cycles. Chu et al., [9] claimed that the situation is better
in vivo. They tested floating mesentery of the cat in vivo without cutting off
the blood flow, and showed that the specimen preconditions rather fast. They
showed that if one allows a waiting period of 5 min between successive cycles,
a tissue is immediately preconditioned in vivo, but not so in vitro.

Comparison of in Vivo and in Vitro Test Results

Whenever there is no way of knowing what stress and strain act in a piece of tissue in an organ in vivo, it is necessary to excise the tissue and perform rheological experiments in vitro.

Tissues in vivo are often stressed.   When an artery is cut it retracts from the cut surface, revealing tension in normal condition.   When a single cut is made on the skin of the abdomen the wound opens up, showing tension in the skin.   It is not surprising that in living tissues a tension can be maintained, because it can be controlled by the contractile elements, nervous control, interfacial tension, fluid movements, and the mechanisms of cellular growth, death, and removal.   These stresses are comparable to the "residual stresses" or "initial stresses" in metals in ordinary machine design.   It is generally very difficult to measure these residual stresses.   In metals we cut up the machine and measure the chance in strain in order to determine the residual stresses.   In tissues we excise them and test small strips in order to assess the state of stresses in vivo.

A common crucial shortcoming in testing excised tissues in vitro is the failure to maintain blood flow.   This does not necessarily mean the death of the tissue, because for small specimens the nutritional needs of the tissue and its viability can be maintained by diffusion of oxygen and CO_2 and other ions from a suitable environmental bath.   In testing heart papillary muscles in a bath in our laboratory we often kept it contacting at a steady state for 30-40 hrs.   These muscles may be tested passively without stimulation and actively with stimulation, alternatively and repeatedly.   For ureters we have sometimes kept it in a refrigerator for a few days, and then saw it initiating peristaltic contraction in a testing machine after a few stretches; thus it must have been alive.   But it is always difficult to assess the viability of tissues in excision.

To compare the mechanical properties of a tissue in vivo and in vitro, one should use the same specimen.   There are only a few studies made on the same pieces of tissues both in situ and in excision.   Lee et al (1968) made such a study on dog's carotid artery.   They implanted two cuffs on an artery at a distance approximately 5 cm apart.   After healing the cuffs were anchored on the arter.   A lateral load could then be imposed on the artery at the mid-point between the anchors (where a cuff should also be provided) and the load deflection curve was measured.   The initial slope of the curve is related to the tension in the artery; the nonlinear load deflection curve reflects the elasticity of the artery.   The artery was then cut at points beyond the cuffs and the experiment was repeated on the excised specimen.   A comparison of results before and after excision showed that within the experimental accuracy there is no significant difference between the arterial elasticity in situ and in excision.   See Figs. 2 and 3 of Ref. [22].   But the sensitivity of this experiment was not high.

Chu, Frasher, and Wayland (1972) documented the hysteretic behavior of the cat's mesentery both in situ and in excision.   They used two parallel clamps and performed a strip-biaxial-stretch test on the mesentery which was floated in a physiological solution.   Tests were done both before and after excision.   They found that (1) the act of excision shifted the stress-strain curves so that at a given extension ratio   the force became smaller, and that (2) the difference between successive cycles was increased on the excised specimen.   Chu et al. observed that if 5 min were allowed between loading cycles for the tissue to recover, the in situ tissue would either completely or largely recover, whereas the excised tissue did not.

On excising a tissue the following changes are introduced: (a) loss of tethering to surrounding tissue, (b) loss of blood, (c) severing nerves, (d) loss of pressure in the blood vessels, (e) fluid moves between tissue space and blood vessels due to changes in pressure and solutes concentration in the blood vessels, (f) tissue metabolites are altered. The influence of items (b) and (e) can be significant. Depending on the colloidal osmotic pressure in the blood vessel after excision, the tissue may swell or shrink because of water movement. If the bath were strictly isotonic, then because of a loss in blood pressure, water must move out from the tissue space into the (open) blood vessels. This, in conjunction with the loss of blood, must mean that the tissue changes its dimensions.

It is clear that further work in this direction would be needed. In particular, enzymatic action accompanying with the dissection of a living tissue should be monitored.

Rheological Features of Living Tissues in Simple Elongation

It is well known that if a strip of connective tissue is stretched uniaxially at a constant rate, the stress-strain relationship is nonlinear. Let T denote the Lagrangian stress (load divided by the original cross sectional area) in the test specimen, and λ denote the stretch ratio (extended length divided by the original length). For the rabbit mesentery, T and λ are related approximately by the following formula

$$\frac{dT}{d\lambda} = \alpha(T + \beta) \qquad (a \leq T \leq b) \qquad (1)$$

which integrates to

$$T = (T^* + \beta)\, e^{\alpha(\lambda - \lambda^*)} - \beta \qquad (\text{for } \lambda_a \leq \lambda \leq \lambda_b) \qquad (2)$$

if

$$T = T^* \quad \text{when} \quad \lambda = \lambda^*. \qquad (2a)$$

Thus we have an exponential stress-stretch relationship in loading or unloading in a specified range of load and stretch. (This equation is not valid for very small and very large values of T.) One could easily hypothesize upon an arrangement of the collagen fibers in the tissue matrix which will yield such a stress-strain relationship. All one has to do is to make sure that the number of fibers that is effectively brought into action at each increment of stretch be linearly proportional to the tension in the tissue.

It is an interesting fact that many tissues behave like the mesentery in uniaxial stretching. The skin in the physiological range of stresses, the ureter, the heart muscle in the passive state, and a number of other tissues behave this way. The values of the constants α and β for the ureter and heart muscle, together with the range of validity of Equation (1), are tabulated by Yin and Fung [30] and Pinto and Fung [23, 24].

Large blood vessels (aortas), on the other hand, do not fit this pattern. Fig. 3 shows the stress-stretch relationship for the aorta of the dog when stretched in circumferential direction, plotted in two different ways. The $dT/d\lambda$ -vs- T plot on the left appear curved when T is smaller than 200 g/cm^2. The log-log plot shown on the right yields straightline segments each of which may be represented by equations of the form

$$T = \gamma(\lambda - 1)^K \qquad (\lambda_a \leq \lambda \leq \lambda_b). \qquad (3)$$

Extensive tabulation of the constants γ and k are given in Tanaka and Fung [28].

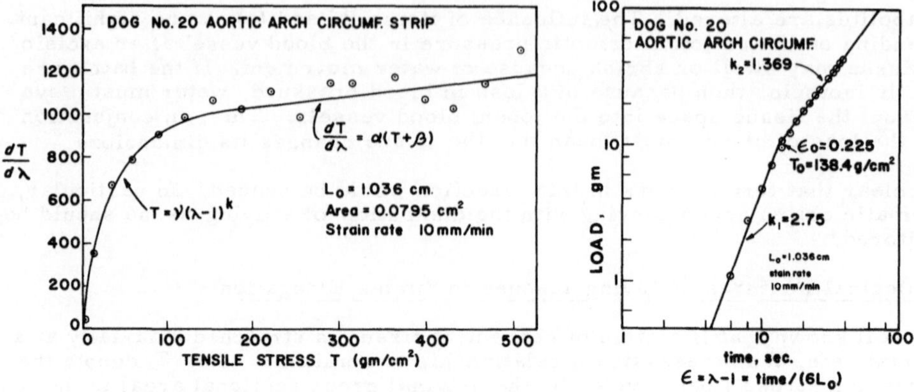

Fig. 3. Two different plots of the load-stretch data of a circumferential stip of dog's aorta. T is Lagrangian stress, i.e., load divided by relaxed cross sectional area. λ is stretch ratio.

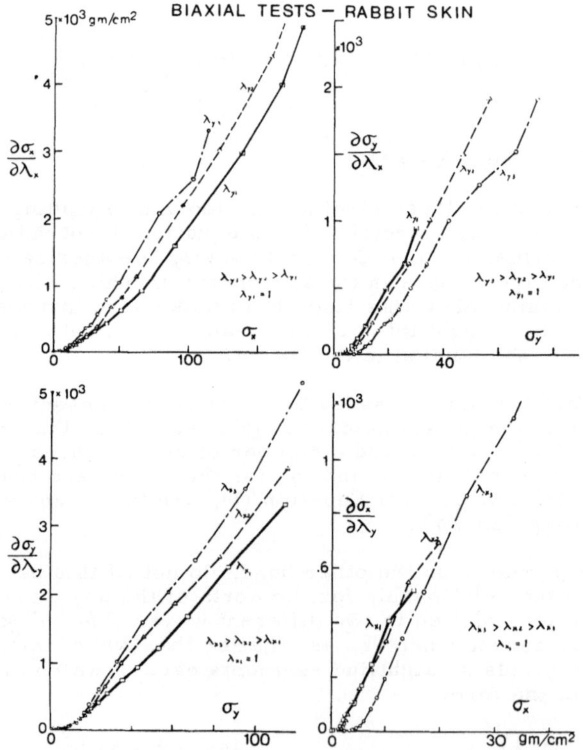

Fig. 4. Plots of incremental moduli of elasticity of rabbit skin in biaxial tests.

A very important feature is that the stress-stretch relation for loading is very different from that for unloading. The constants α, β; γ and k for loading are very different from those for unloading. At the instant when the strain rate is reversed, the slope $dT/d\lambda$ is increased more than 3-fold when the process is changed from loading to unloading. This feature of accelerated unloading is quite general; but the ratio of $dT/d\lambda$ for unloading to $dT/d\lambda$ for loading depends on the specific tissue and the stress level. It is not very difficult to theorize how this comes about. If it is the stiffer components of the composite material that carries the load, one could seize upon the buckling characteristics of these stiffer components to provide the needed change in the rheological property in loading from unloading. In this connection, consider a bicycle chain: when it is pulled straight and then suddenly compressed, the tension will be lost immediately as the linkages buckle, so that a small negative change in $d\lambda$ causes a large negative change in dT. By considering various configurations of the chain and various levels of friction in the linkage, a wide variety of $dT/d\lambda$-vs-T curves in loading and unloading can be obtained for such a chain. A more sophisticated analog can be constructed for biological tissues; but such a mathematical game is not of great interest.

Another interesting fact is that the loading and unloading curves are almost strain-rate independent. When a strip of tissue is stretched cyclicly, the hysteresis loop formed by the loading and unloading curves vary but slightly with the frequency. Within the frequency range tested, (with periods varying from 1 to 1000 sec) this was found to be the case for all the tissues tested in our laboratory: the mesentery, the arteries, the skin, the muscles, the ureter.

Relaxation and creep phenomena are found in all living tissues. The stress relaxation is surprisingly extensive for the ureter and the muscle, see Figs. 4-6 of [30]. For arteries the creep is surprisingly small, see Ref.[28]. For all the tissues tested, except for the mesentery at a very low stress level, no horizontal asymptote was found for the relaxation and creep curves when the elapsed time was plotted in logarithmic scale. Interpretation of these characteristics in terms of the structure of the composite material must include the nodal pattern of the stiffer elements (collagen) and the viscoelastic property of the supporting matrix (elastin and ground substance).

<u>Response to shear strain</u>

The results on shear was reported earlier by Fung et al.[19]. It was shown for rabbit mesentery that the shear modulus does not remain constant, but increases octohedral shear stress. If the relationship between shear stress (σ_{ij}) and shear strain (e_{ij}) is written as

$$\sigma_{ij} = Ge_{ij}, \quad (i \neq j). \tag{4}$$

Then it is shown that under the hypothesis of isotropy the experimental data can be fitted reasonably well by setting

$$G = G_o + f_1(I_1) + c_2(I_2)^{1/2} \tag{5}$$

where G_o, c_2 are constants, and I_1, I_2 are the first and second <u>stress</u> invariants:

$$I_1 = \sigma_{11} + \sigma_{22} + \sigma_{33},$$
$$I_2 = \frac{1}{6}[(\sigma_{11} - \sigma_{22})^2 + (\sigma_{22} - \sigma_{33})^2 + (\sigma_{33} - \sigma_{11})^2] + \sigma_{12}^2 + \sigma_{23}^2 + \sigma_{31}^2 \tag{5a}$$

Anistropy - As Exemplified by
Skin under Biaxial Stretching

Using the biaxial stretching testing equipment described above, Lanir and Fung (1974) tested the mechanical properties of the abdominal skin of the rabbit. Specimens from 47 albino male rabbits, weighing between 2.2 and 2.8 Kg were tested. A rectangular specimen from an area exterior to the nipple line was separated from the fatty layer and removed. Prior to this its dimensions in situ while the rabbit was lying on its side with legs in normal angle to the body were measured. After relaxation, a rectangular specimen of 35 x 35 mm was cut out in such a manner that two boundaries were parallel to the body length direction and two boundaries were normal to it. The specimen was then stapled on its edges by 36 equally spaced small staples (TOT 50 Swingline), which were connected by silk threads to 4 force distributors inside a specially designed temperature controlled bath tray. Sudan black dissolved in alcohol was used to paint two pairs of straight black lines on the top (epidermis) side of the skin for dimensional measurements. The specimen was floated in a temperature controlled normal saline solution

Many things were learned from such an experiment. First consider the question of the existence of a unique unstressed configuration of a skin specimen, i.e. a natural state. It was found that if a specimen is allowed to relax for a sufficiently long time after a biaxial testing, the dimensions of the specimen will return to those of the initial,unstressed configuration,provided that at no point during the testing was any surface dimension allowed to decrease below its value in the initial unstressed configuration. The condition of the absence of negative strain seems to be quite imperative with regard to the uniqueness of unstressed configuration. Note that this condition is not met in an uniaxial tension test, in which the lateral dimensions are allowed to shrink. It is not surprising, then, that a specimen often fail to return to the unstressed state after uniaxial tension tests.

The skin specimens swell in the saline bath. As a result their volume increased. Most of the swelling takes place within 3-4 hours after immersion. In order to eliminate swelling as a parameter in the results, data were taken after each specimen was soaked for 4 hours.

We have suggested that for soft tissues in a wide range of strain rates the stress-strain relationships is insensitive to the strain rate in a constant strain-rate test, but is different in loading and unloading (Fung, [14]). This was found to be the case for the rabbit skin in biaxial stretching.

A typical set of results is given in Fig. 4 . Here x refers to the head to tail direction, and y the transverse direction. σ_x is the stress in the x direction, σ_y that in the y-direction; λ_x , λ_y are the stretch ratios in the x, y directions respectively, both referred to the relaxed state of the specimen. The biaxial stretch test was performed at constant rates of stretch on the same specimen in two different directions: first stretched in the x-direction, then stretched in the y-direction. The results in which the transverse stretch ratio was kept at 1 are shown by solid curves in Fig. 4 . The results in which the transverse dimension was kept at other constant ratios are shown by dotted and chain-dot curves. The tension-stretch curves were used to compute the slopes $\partial \sigma_x / \partial \lambda_x$, $\partial \sigma_y / \partial \lambda_x$, etc, and these are plotted against the stresses in Fig. 4 . All stresses are Lagrangian, obtained by dividing the tension with the original cross sectional area.

It is clear that the stress-strain relations are nonlinear. The stiffness of the tissue increases with increasing strain. But the slope-vs-stress curves are not quite straight lines. In particular, they appear very soft near the origin, where the stress is very small. Tong and Fung (1974) have shown that the skin data can best be represented by the following expressions:

$$\sigma_1 = \alpha_1 e_1 + \alpha_4 e_2 + C\,[a_1 e_1 + a_4 e_2 + e_2\,(\beta_1 e_1 + \tfrac{1}{2}\beta_2 e_2)]\ \mathrm{Exp}\,(\quad)$$
$$\sigma_2 = \alpha_4 e_1 + \alpha_1 e_2 + C\,[a_4 e_1 + a_2 e_2 + e_1\,(\tfrac{1}{2}\beta_1 e_1 + \beta_2 e_2)]\ \mathrm{Exp}\,(\quad) \tag{6}$$

where

$$\mathrm{Exp}\,(\quad) = \mathrm{Exp}\,[a_1 e_1^2 + a_2 e_2^2 + 2a_4\,e_1 e_2 + e_1 e_2\,(\beta_1 e_1 + \beta_2 e_2)] \tag{6a}$$

These expressions are derived from a strain-energy function

$$W = \tfrac{1}{2}\,(\alpha_1 e_1^2 + 2\alpha_4 e_1 e_1 + \alpha_1 e_2^2) + \tfrac{1}{2}C\ \mathrm{Exp}[a_1 e_1^2 + a_2 e_2^2 + 2a_4 e_1 e_2$$
$$+\ e_1 e_2\,(\beta_1 e_1 + \beta_2 e_2)] \tag{7}$$

so that

$$\sigma_1 = \frac{\partial W}{\partial e_1}\,, \qquad\qquad \sigma_2 = \frac{\partial W}{\partial e_2}\,. \tag{8}$$

In these equations, σ_1, e_1 refer to the Lagrangian stress and strain in the longitudinal direction, σ_2, e_2 refer to corresponding traverse quantities. The strains are related to the stretch ratio as follows:

$$e_1 = \tfrac{1}{2}(\lambda_1^2 - 1), \qquad e_2 = \tfrac{1}{2}(\lambda_2^2 - 1)$$

From Eqs (6) we have

$$\frac{\partial \sigma_1}{\partial e_1} = \alpha_1 + C\,[a_1 + \beta_1 e_2 + 2\{a_1 e_1 + a_4 e_2 + e_2(\beta_1 e_1 + \tfrac{1}{2}\beta_2 e_2\}^2]\ \mathrm{Exp}\,(\quad) \tag{10}$$

$$\frac{\partial \sigma_2}{\partial e_1} = \alpha_4 + C\,[a_4 + \beta_1 e_1 + \beta_2 e_2 + 2\{a_1 e_1 + a_4 e_2 + e_2\,(\beta_1 e_1 + \tfrac{1}{2}\beta_2 e_2)\} \cdot$$
$$\{a_4 e_1 + a_2 e_2 + e_1(\tfrac{1}{2}\beta_1 e_1 + \beta_2 e_2)\}]\,\cdot$$
$$\cdot\ \mathrm{Exp}(\quad)$$

which can be used to check against the experimental data of the type shown in Fig.   . The constants α_1, a_1 etc can be determined by matching the theoretical expression with the experimental data.

A typical set of constants are, for experiment No. 40,

$$\begin{aligned}
&\alpha_1 = 13.8 && \alpha_4 = 7.8 \\
&a_1 = 3.904 && a_2 = 11.28 \\
&a_4 = -13.97 \\
&\beta_1 = 24.85 && \beta_2 = 32.77 \\
&C = 0.0164
\end{aligned} \tag{11}$$

This set of constants exhibits the <u>anisotropy</u> of the skin tissue in the most definitive form. If the tissue were isotropic, then we should have $a_1 = a_2$, $\beta_1 = \beta_2$. That a_1 differs quite a bit from a_2 is an evidence of anisotrophy.

So is the difference of β_1 and β_2.

Variation with Individual and Locality– Example of the Aorta of the Dog

The variation of the rheological properties of the same tissue from individual to individual is rather great. So is its variation from one location to another in the same organ. This can be exhibited by collecting data on the same tissue from many animals, and presenting both the mean and the standard deviation of the statistics. Differing from the standard error of the mean, the standard deviation is a property of the statistical distribution of the variable in question, and is not a function of the number of observations.

We shall present some of these statistics for the aorta of the dog, obtained in our laboratory (Tanaka and Fung, [28]). Data were obtained immediately after sacrifice from dogs of about 20 Kg weight that were used in other physiological experiments. The specimens were placed in Krebs-Ringer solution with 95% O_2 and 5% CO_2 gas mixture bubbling continuously through it. Longitudinal and circumferential strips of aorta were obtained and tested. Figure 5 shows the sites where the specimens were taken. An Instron testing machine was used. Data are reduced in terms of Lagrangian stress, T, and strain, λ , as defined before. Aorta are relatively stiff at zero load that the dimensions of the specimen at the relaxed state can be measure without difficulty.

Test results show that the stress-strain relationship when the specimens were stretched at a constant strain rate is insensitive to the strain rate within a very wide range available from the testing machine. The relationship may be regarded as unique for each specimen after preconditioning. Figure 7 shows the variation of the tensile modulus $dT/d\lambda$ as a function of the tensile stress T, for circumferential strips of aorta from different sites along the aortic tree. If the portion of the curve for T greater than 200 gm/cm^2 is approximated by a straight line,

$$\frac{dT}{d\lambda} = \alpha T + E_o \ , \tag{12}$$

then the mean values of α and E_o vary along the tree as shown in Fig 6 Here the open circles refer to circumferential segments, whereas the filled circles refer to longitudinal segments. The variation of α and E_o along the aortic tree is related to the change in the composition of the aorta (e. g. the collagen and elastin contents), and in their fine structure, such as the degree of coiling of the fibers, the number and distribution of the nodes, and the interference between the fibers and the ground substances. It is seen that the longitudinal and the circumferential structures vary in different ways along the aortic tree.

Figure 8 shows the variation of the reduced relaxation function along the aortic tree. As it is the case with other tissues, the relaxation function of the aorta depends on the stress level. In the physiological range with stress $T > 200 \ g/cm^2$, the relaxation function appears to be normalizable. Therefore we assume that it is possible to express the stress response to a step change in strain in the form

$$T(t, \lambda) = G(t) \cdot T^{(e)} (\lambda) \tag{13}$$

where G(t) is normalized by the condition

$$G(o) = 1 \tag{14}$$

We call G(t) the normalized relaxation function, and $T^{(e)}(\lambda)$, a function of

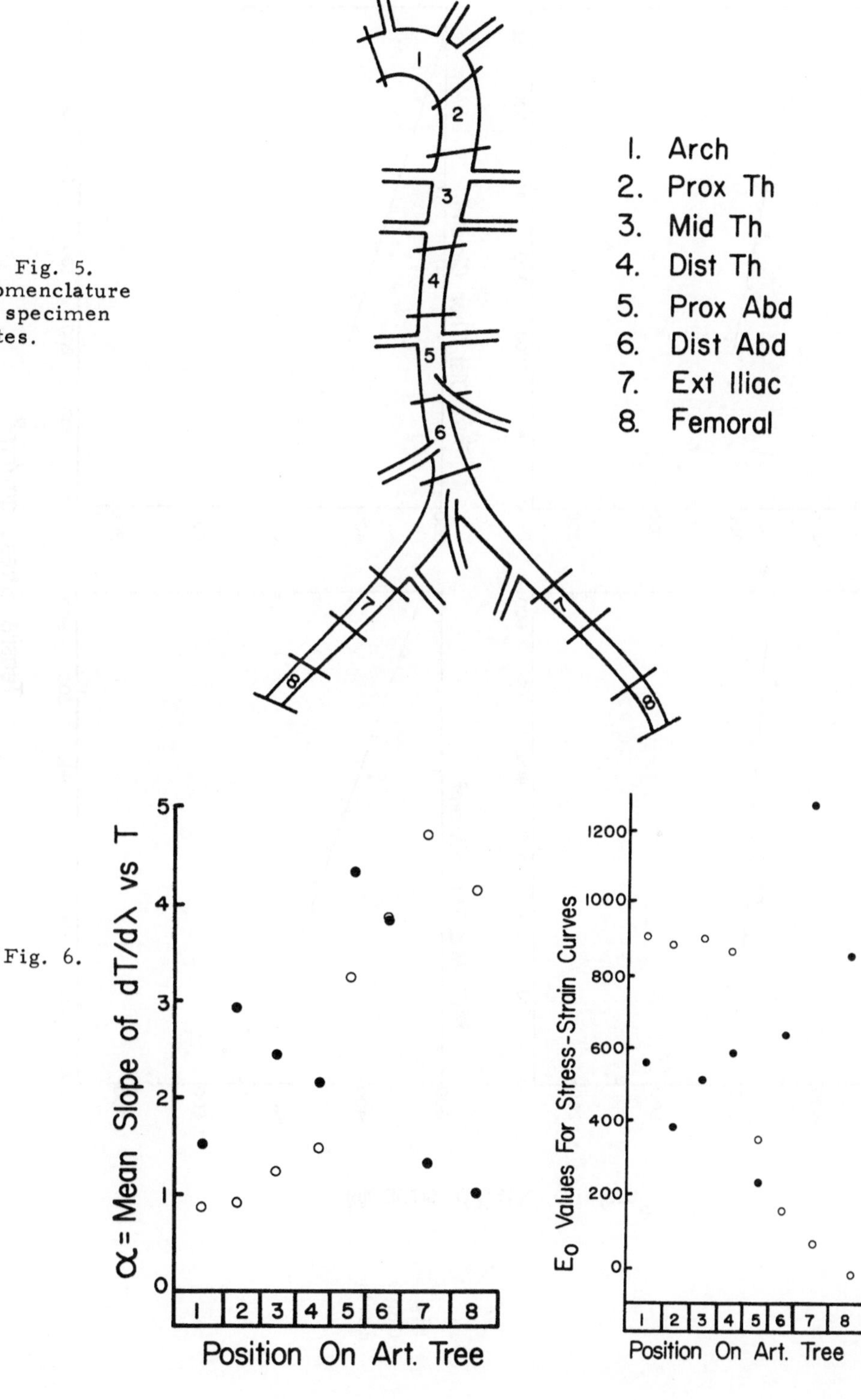

Fig. 5. Nomenclature of specimen sites.

Fig. 6.

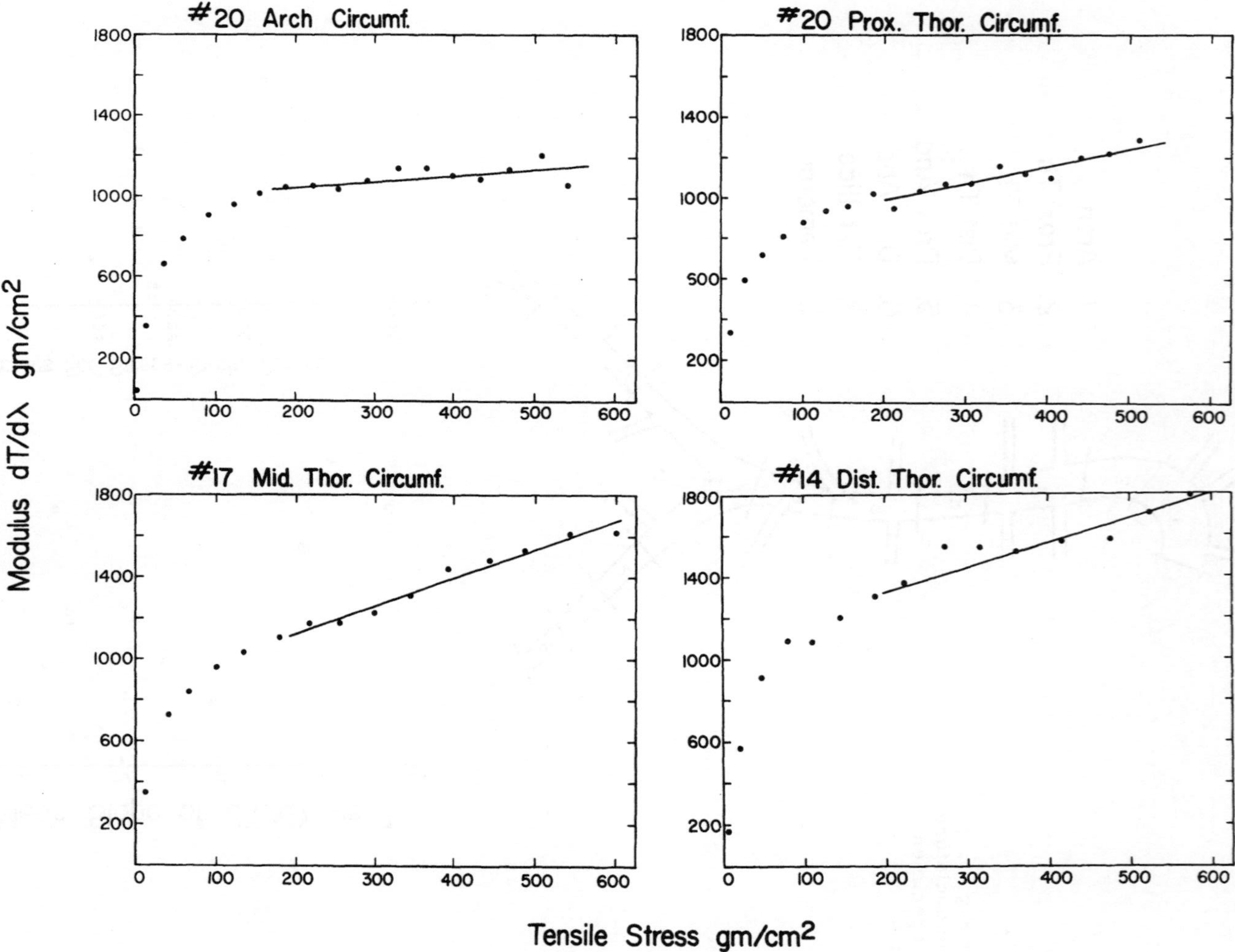

Fig. 7.
Dog's
aorta

Aortic Arch
Prox. Thoracic Artery
Mid Thoracic Artery
Distal Thoracic Artery
Prox. Abdom. Artery
Distal Abdom. Artery
Ext. Iliac Artery
Femeral Artery
Reduced Relaxation Function G(t)
Time (sec.)

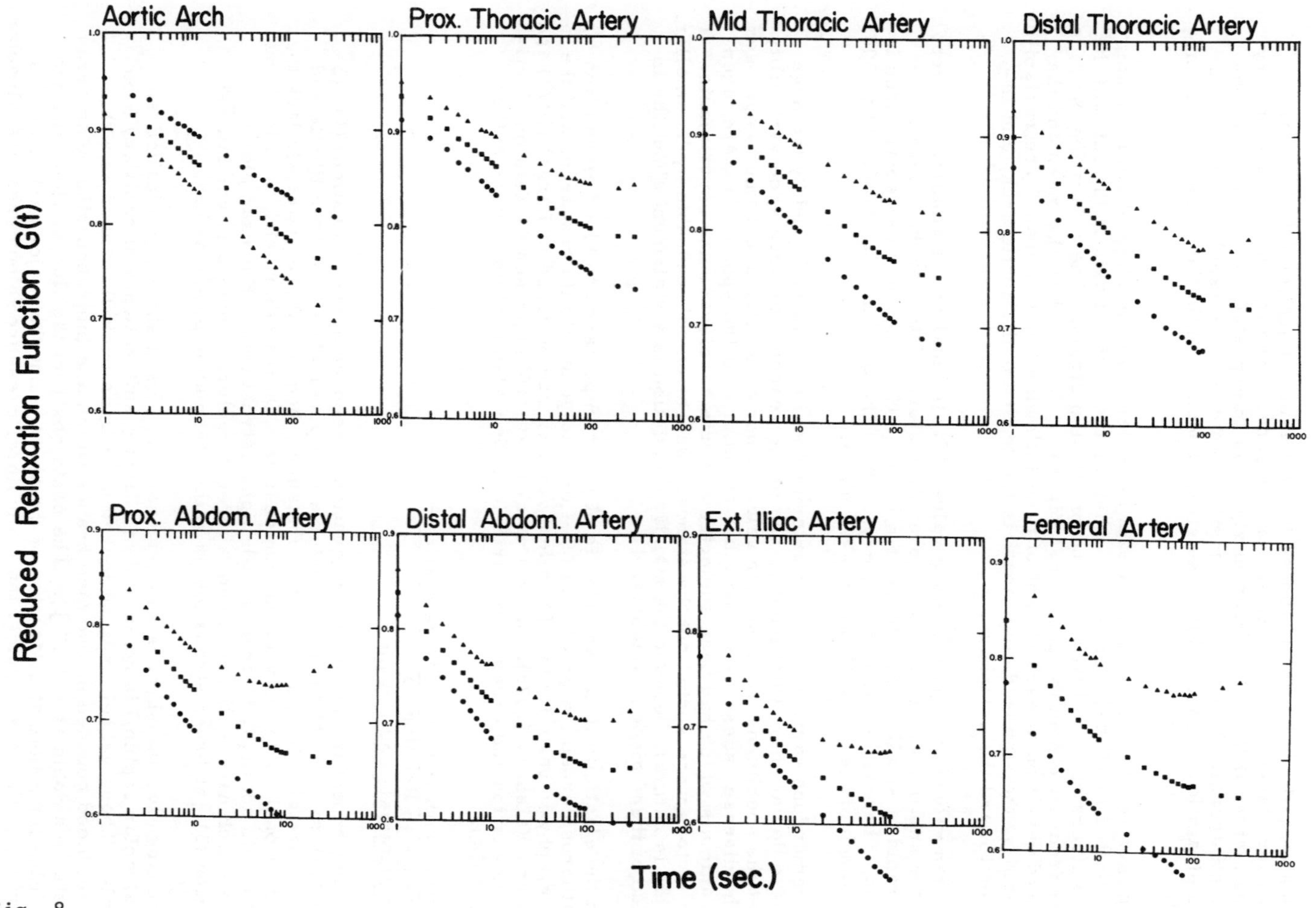

Fig. 8.

strain alone, the "elastic" response of the tissue. Equation (13), though defined for step-function of strain, can be generalized to apply to an arbitrary loading history if the multiplication sign"."is interpreted as a sign for a convolution integral. The actual experiment was done by a rapid loading to a selected strain level, then holding the strain constant while the tension was monitored.

In Figure 8 the horizontal axis indicates the time elapsed after the step load, plotted in a logarithmic scale, whereas the vertical axis is the ratio of the tensile stress at t to that at the end of the step strain. The relaxation function varies from specimen to specimen. Figure 8 show the mean and the standard deviation at each instant of time following the step load. The variability, indicated by the standard deviation , is the least for the aortic arch, and increases toward the periphery.

The mean values of $G(t)$ at a given value of t is smaller for smaller arteries. Thus the smaller arteries relax more and faster. Note that the relaxation is quite rapid at small time. When $t = 1$ sec., 9% of tension in an aortic arch is relaxed, whereas in a femoral artery, 20% of the tension is relaxed. At $t= 300$ sec., much of the relaxation has taken place.

The tremendous variability of the arterial specimens is reflected by the huge standard deviations. Undoubtedly, one of the reasons for such wide variability is that the specimens were neither selected nor classified according to age, sex, health, disease, anesthesia, and other trauma. All the specimens were taken from animals which had been subjected to acute cardiovascular experiments. If these factors were sorted out the standard deviation will undoubtedly be smaller. But this is natural, because the standard deviation is a statement about the influence of these hidden variables.

Since the elasticity of the arteries is of great importance to blood circulation and atherosclerosis, a great deal of effort has gone into its research, and the bibliography is very large. Excellent reviews can be found in Bergel (1972) and Patel and Vaishnav (1973). Azuma et al (1970, 1971) presented data on elasticity, relaxation and creep on the arteries. See also a review by the author. Fung (1974).

Variation with Degree of Organization –
Difference in Rheology of
Basic Materials and Organs

We do not expect the constitutive equations proposed above, Equations (1), (2), (4) and (6), to apply to the basic materials in purer state (collagen fibrils and fibers, pure elastin, pure ground substance), because these materials lack the organizational complexity of the composites. On the other hand, we also know that they do not apply to organs with higher structures. For example, the aortas which have well-organized layered structures, obey a power law [see Equation (3)]at lower stress levels rather than an exponential law.

Pulmonary alveolar sheet is another example. Each sheet (often called an interalveolar septum) is composed of a tightly knit network of capillary blood vessels. These vessels may be looked upon in an overall manner as a thin sheet of blood bounded by two membranes which are interconnected by an array of posts (see Sobin et al [27]). The posts obstruct the flow of blood and provides elasticity against distension of the sheet. But the major part of the distensibility of the sheet against the transmural pressure (blood pressure-alveolar gas pressure) comes from the tension in the stretched alveolar membranes, in a manner directly analogous to the rigidity of a musical drum against lateral load (Fung and Sobin [18]). In the case of a drum the tension times curvature equals the lateral pressure, so that the load-deflection relationship is linear.

The same is the case of the lung. Measurements of the mean sheet thickness of
the pulmonary alveolar sheet of the cat show (see Sobin et al [27]) that when the
transmural pressure Δp is positive the thickness h increases linearly with
increasing pressure according to the formula

$$h = h_o + \alpha \Delta p .\qquad\qquad (15)$$

When the transmural pressure is negative it is a good approximation to take the
thickness h as zero. These are illustrated in Ref 18, p.471. The physiological
implications of such a linear thickness-pressure relationship have been discussed at length by Fung and Sobin [18].

It is clear that the linear elasticity of the alveolar sheet with respect to blood
pressure is due to the structure of the alveolar sheet and the fact that it is
tightly stretched due to inflation of the lung. The compliance constant α in
equation (15) is inversely proportional to the tension in the membranes, and
has little to do with the elastic modulus of the membrane material.

In general, the more highly structured an organ is, the more likely its rheological behavior will depend on the structural organization. This raises the semantic
question: what is a tissue? at what level can we treat a tissue as a continuum
and describe its rheological property by a constitutive equation? There is no
simple, general answer to this question. All depends on the objective of an investigation. When we try to understand arterial waves, the arterial wall can be
treated as a single entity. When we try to understand the blood flow in the lung,
each sheet may be thought of as a unit. It's in this spirit that the various soft
tissues treated in this article are considered as composite materials. The data
on skin can be used for pathological diagnosis, surgical planning, wound healing.
The data on papillary muscle may be used to analyze cardiac dynamics. It's
for these purposes that our proposed constitutive law is to be used.

Summary and Conclusions

We have presented above the salient features of the biorheological properties of
connective tissues and blood vessels. It is seen that these tissues have complex
properties. They cannot claim to be elastic. When they are unloaded, they do
not always return to the same configuration. However, for a cyclic loading and
unloading procedure, a homeostatic state may be reached in vivo, for which a
unique stress-strain relationship exists in loading, and another in unloading. For
an excised specimen, such a state may be reached in vitro by preconditioning
through repeated application of a specific loading and unloading procedure. Experiments on biaxial stretching of the skin in a new biaxial testing equipment
reveal that the specimen always returns to an unloaded relaxed configuration if
neither direction is ever allowed to contract. When contraction does occur, the
unloaded configuration does change, thus explaining why in one-dimensional experiments (simple elongation or uniaxial tension) the relaxed length of the specimen changes with the cycles of loading.

For most soft tissues the stress-strain relationship is insensitive to strain rate
if the specimen is tested by loading and unloading at constant strain rates. Thus
the notion of "elastic response" is proposed. This has been verified to be true
for the mesentery, the skin, and the muscle in the passive state. Following this
notion, the author proposed a quasi-linear relaxation law for soft tissues.
According to this law the relaxation function (in response to a step change in
strain) may be expressed as a product of a function of the time alone (the reduced relaxation function) and another function of the strain alone. The response
to an arbitrary strain history is then given by a convolution integral as in the
theory of ordinary linear viscoelasticity. This quasi- linear viscoelasticity law
was shown to work well with the mesentery, (Chen and Fung, [8]),but not so

well with the skin (Lanir and Fung, [20]).

With this background, a mathematical formulation of the stress-strain relation-ship for <u>loading</u> is presented in simple elongation, simple shear, and in biaxial stretching. Data on the skin are presented to demonstrate the anisotropy of the material. Data on the aorta of the dog are presented to show the wide variation of biorheological constants along the aortic tree, and statistical dispersion from animal to animal.

Finally, it is pointed out that the mechanical behavior of a tissue or of an organ depends not only on the materials of construction, but also on its structure. Thus the mesentery, having a high degree of disorder in its internal structure of collagen fiber network, is governed by an exponential stress-strain law. The collagen fiber network in the skin and the aorta have a higher degree of order. The stress-strain relation of the skin and the aorta are better described by a strain-energy function which is an exponential function of a polynomial of the strain components of the second or higher degree. For the alveolar septa in the lung, we show that sheet thickness is a linear function of the distending pressure, in spite of the fact that the material of construction is highly non-linear.

If we assess the present status of biorheology, we see that the greatest need lies in collecting data in multiaxial loading conditions and formulating a theory for the general rheological behavior under stresses and strains which vary with time in an arbitrary manner. A vigorous assessment of any difference that may exist between in vivo and in vitro tests is also desired.

That reheology can serve as a powerful tool for diagnosis is well recognized. That organ function depends to a large extent on the rheological behavior of the organ structure is also well recognized. Our next job is to develop biomechanics in order to make organ physiology readily understandable in quantitative terms.

<u>Acknowledgement</u>

Support of research on biomechanics at UCSD by the U.S. National Science Foundation through Grant GK 32972X and USPHS NIH NHLI through Grant HL 12494 is gratefully acknowledged.

<u>References</u>

(1)   Azuma, T. and Hasegawa, M.: A rheological approach to the archi-tecture of arterial walls. Japan J. Physiol. 21, 27-47. (1971)

(2)   Asuma, T., Hasegawa, M. and Matsuda, T.: Rheological properties of large arteries. In Proceedings of the Fifth International Congress on Rheology. S. Onogi, (ed). University of Tokyo Press, Tokyo and University Park Press, Baltimore. pp. 129-141. (1970)

(3)   Bernard, C.: Cahier Rouge. Edition Integrale par Mirko Drazen Grmek, Gallimard. Translated by Grande and Visscher. (1967)

(4)   Bergel, D.H.: The properties of blood vessels. In Biomechanics: Its Foundations and Objectives. Y.C. Fung, (ed). Ch. 5. pp. 105-140. Prentice-Hall, Englewood Cliffs, N. J. (1972)

(5)   Bergel, D.H. and Schultz, D.L.: Arterial Elasticity and Fluid Dynamics. In Progress in Biophysics and Molecular Biology, Vol. 22. J.A.V. Butler and D. Noble, (eds), Pergamon Press, Oxford, (1971)

(6)   Blatz, P.J., Chu, B.M., Wayland, H.: On the mechanical behavior of elastic animal tissue. Trans. Soc. Rheology, 13:83-102. (1969)

(7)   Cannon, W.B.: Organization for Physiological Homeostasis. Physiol. Rev. 9:399-431. (1973)

References

(8)   Chen, Y.C. and Fung, Y.C.: Stress-strain-history relations of rabbit
        mesentery in simple elongation. In 1973 Biomechanics Symposium,"
        AMD-Vol.2. pp.9-10. American Soc. of Mechanical Engineers. (1973)
(9)   Chu, B.M., Frasher, W. G. and Wayland, H.: Hysteretic behavior of
        soft living animal tissue. Annals of Biomedical Engineering. 1:182-203,
        (1972)
(10)   Dobrin, P.B. and Doyle, J.M.: Vascular smooth muscle and the anistrophy
        of dog carotid artery. Circulation Res. 27:105-119. (1970)
(11)   Doyle, J.M. and Dobrin, P.B.: Finite deformation analysis of the re-
        laxed and contracted dog carotid artery. Microvascular Research.
        3:400-415. (1971)
(12)   Fung, Y.C.: Microscopic blood vessels in the mesentery. In Bio-
        mechanics, Y.C. Fung (ed), pp.151-166. Am. Soc. Mech.Engrs.,
        (1966)
(13)   Fung, Y.C.: Elasticity of soft tissues in simple elongation. Am. J. of
        Physiol. 213:1532-1544. (1967)
(14)   Fung, Y.C.: Stress-strain-history relations of soft tissues in elongation.
        In Biomechanics: Its Foundations and Objectives. pp. 181-208. Fung,
        Perronne, and Anliker, (eds). Prentice-Hall. (1972)
(15)   Fung, Y.C.: A theory of elasticity of the lung. Journal of Applied
        Mechanics - APM-R:1-7. (1973) Vol. 41, Ser. E. 8-14, (1974)
(16)   Fung, Y.C.: Biorheology of soft tissues. Biorheology 10:139-155. (1973)
(17)   Fung, Y.C.: Rheology of blood vessels. Chapter II. e. of "Microcircu-
        lation", B.M. Altura and G. Kaley, (eds). University Press, Baltimore,
        Md. In press. (1974)
(18)   Fung, Y.C. and Sobin, S. S.: Elasticity of the pulmonary alveolar sheet.
        Circ. Res. 30:451-469. (1972)also:Pulmonary blood flow, 30:470-490.
(19)   Fung, Y.C., Zweifach, B.W.and Intaglietta, M.: Elastic environment
        of the capillary bed. Circ. Res. 19:441-461. (1966)
(20)   Lanir, Y. and Fung, Y.C.: Two-dimensional mechanical properties of
        rabbit skin I. Experimental system. II. Experimental results.
        J. Biomechanics. In press. (1974)
(21)   Lee, J.S. Frasher, W.G. and Fung, Y.C.: Two-dimensional finite
        deformation experiments on dog's arteries and veins. Rept. AFOSR
        67-1980. Univ. Calif. San Diego. Aug. (1967)
(22)   Lee, J.S., Frasher, W.G. and Fung, Y.C.: Comparison of elasticity of
        an artery in vivo and in excision. J. Applied Physiology 25:799-801.
        (1968)
(23)   Pinto, J.G. and Fung, Y.C.: Mechanical properties of the heart muscle
        in the passive state. J. of Biomechanics. 6:597-616. (1973a)
(24)   Pinto, J.G. and Fung, Y.C.: Mechanical properties of stimulated
        papillary muscle in quick-release experiments. J. of Biomechanics.
        6:617-630. (1973b)
(25)   Patel, D.J. and Janicki, J.S.: Static elastic properties of the left
        coronary circumflex artery and the common carotid artery in dogs.
        Circulation Res. 27:149-158. (1970)
(26)   Patel, D.J. and Vaishnav, R.N.: The Rheology of Large Blood Vessels,
        In Cardiovascular Fluid Dynamics. D.H. Bergel (ed). Vol.2. Ch. 11,
        pp.2-65. New York, Academic Press. (1972)
(27)   Sobin, S.S., Fung, Y.C., Tremer, H. and Rosenquist, T.H.: Elasticity
        of the pulmonary interalveolar microvascular sheet in the cat. Circ.
        Res. 30:440-450. (1972)
(28)   Tanaka, T.T. and Fung, Y.C.: Elastic and inelastic properties of the
        canine aorta and their variation along the aortic tree. J. of Bio-
        mechanics. In press. (1974)

References

(29) Tong, P. and Fung, Y.C.: The stress-strain relation of rabbit skin.
      To be published. (1974)
(30) Yin, F.C.P. and Fung, Y.C.: Mechanical properties of isolated
      mammalian ureteral segments. American J. of Physiology 221:
      1484-1493. (1971)

<u>Vascular Tissues - a Twophase Material?</u>

C. Hartung

The papers carried out already show in an impressive manner the variety of biophysical phenomena of connective tissue systems particular of loose connective tissues as blood vessels. If we try to ar-
range these phenomena in respect of the point of view of continuum
mechanics they can be outlined as follows:

- with respect to their histostructure vascular tissues are multiphase,
  inhomogeneous, and anisotropic,
- their biomechanical laws are of non-BOLTZMANN type,
- historheologically they are nonlinearily viscoelastic or elastoviscid
  depending on whether the properties of elastic solids or viscous fluids are prevailing having little plastic properties,
- and finally they are prestressed by active elements, a property which
  is highly time-dependent.

Biomechanical concepts and models in biomedical sciences are usefull if
applied methodically, e.g. measurements can be analyzed and complicated
processes can be simulated by them. They can help the physician and the
engineer in their medical research work and their clinical practise.
Any attempt, however, to unify the mentioned vasco-mechanical properties in a single model which completely describes the manysided aspects
of these phenomena is doomed to failure for lack of experimental data,
by ignorance of the biophysical mechanism, and by mathematical complexity when treating the problem itsself. These circumstances must necessarily lead to an approach restricted to those vasco-mechanical phenomena which prevail.

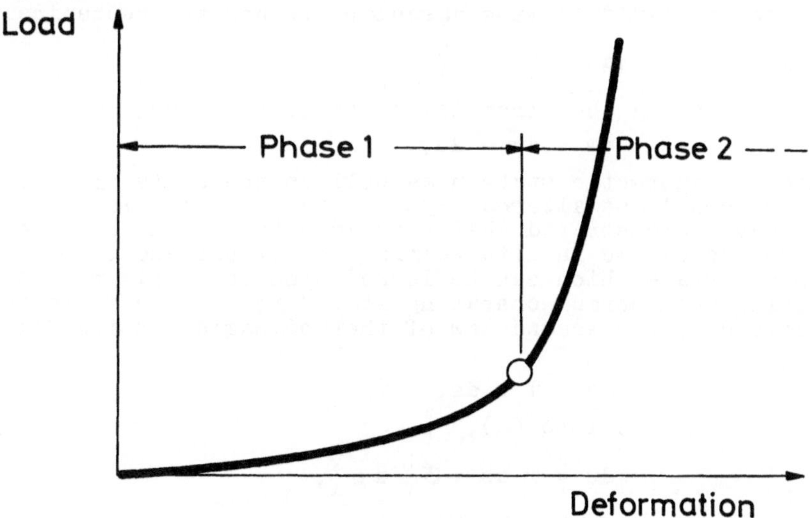

Fig. 1 Typical load - deformation behaviour of connective tissues.

In 1880, ROY, studying aortic segments from dogs and rabbits, observed
that the material of the aortic wall did not obey HOOKE's law. These

observations were confirmed time and again when investigating strips
and segments of blood vessels but even when testing other connective
tissue systems as tendons, ligaments, muscles, bones, cartilage, and
skin: vascular tissues in their passive state, namely, are exhibiting
a <u>nonlinear</u> load-deformation behaviour which consists of two phases.
During a first phase the specimens freely deform under more or less negligible stresses until a certain strain level is reached. From this
point on, however, when increasing the load a second phase takes place
during which the vascular stiffness increases sharply. This peculiarity
is particularly apparent in pressure-volume diagrams of smaller blood
vessels, for beyond this marked point they behave quasi rigid (WEZLER,
SCHLÜTER 1953, BAEZ et al. 1960, CARO 1965, MALONEY et al. 1970). This
twophase vasco-mechanical behaviour follows from the histoanatomy of
the vessel wall and is caused by the mechanical interplay of tissue
elements, smooth muscles, collagen, elastin, and a nonfibrous matrix,
the groundsubstance. The individual character of these deformation phases depends on the presence of tissue elements, their individual mechanical properties, and their structure. In this connection elastic and
collagen fibres are of particular mechanical significance. Light and
electron microscopic studies of quasi pure fibre structures as tendons
and ligaments (ABRAHAMS 1967, TKASZUK 1968) as well as of the aortic
wall (WOLINSKY, GLAGOV 1964) have shown that during the first phase
elastic and collagen fibres become aligned, coming into action at the
transition to the second phase and that the bearing function is gradually transferred from elastin to collagen fibres the latter of which
are by far stiffer.

On the occasion of this short discussion a simple biomechanical model
shall be introduced by which the mentioned twophase material behaviour
of vascular tissues can be described with the aim to analyze the states
of stresses and deformations within the vessel wall and to make dates
available for the simulation of more complicated processes in the circulatory system.

When incrementally deforming vascular tissues the mechanical strain work

$$dw = \sigma^i_k \, d\varepsilon^k_i \tag{1}$$

is done. Following the first law of thermodynamics,

$$dw = du - dq, \tag{2}$$

the internal energetic state u as well as the state of applied heat q
will consequently be altered. Hysteretic investigations on vascular
tissues have demonstrated that they lose their irreversible properties
if exposed to cyclic in situ bearing conditions and tend towards a ther-
modynamical state which can be looked upon as mainly reversible. Therefore during the "normal operating state" the tissue approximately can
be described by the second law of thermodynamics in its differential
form:

$$dq = T \cdot ds. \tag{3}$$

Putting (3) and (1) into (2),

$$du = T \, ds + \sigma^i_k \, d\varepsilon^k_i, \tag{4}$$

and by making use of the LEGENDRE-transformation

$$T \, ds = d \, (Ts) - s \, dT \tag{5}$$

as well as of the definition of HELMHOLTZ' free energy

$$a = u - T \, s, \tag{6}$$

this yields:

$$da = - s \, dT + \sigma_k^i \, d\varepsilon_i^k. \tag{7}$$

By introducing HELMHOLTZ' free energy

$$a = a(\varepsilon_i^k, T) \tag{8}$$

as a state function of two independent state variables, namely the strains of the tissue and its absolute temperature, its total differential exists as well:

$$da = \frac{\partial a}{\partial \varepsilon_i^k} \, d\varepsilon_i^k + \frac{\partial a}{\partial T} \, dT. \tag{9}$$

Hence by comparing (7) and (9) the constitutive equations (10) and the entropy equation (11) describing the first and second vascular deformation phase are given by:

$$\sigma_k^i = \frac{\partial a}{\partial \varepsilon_i^k} \quad \text{and} \quad s = - \frac{\partial a}{\partial T}. \tag{10,11}$$

We now split HELMHOLTZ' free energy up into two adding parts

$$a = a_1 + a_2, \tag{12}$$

a_1 and a_2 being the free energies of the first and second deformation phase respectively.

The second phase is introduced by the alignment of elastic and collagen fibres coming then into action. This process can phenomenologically be represented by the function

$$g(\varepsilon_i^k, T) = 0 \tag{13}$$

in the seven-dimensional strain and temperature space. Thus the deformation state of the vessel wall and the sequence of vascular deformation phases can be specified. If $g<0$ the vessel is in phase one, if $g\geq0$ it is in phase two, whereas $dg>0$ denotes vascular loading and $dg<0$ vascular unloading. Therefore it is obvious if we demand that the part a_2 of HELMHOLTZ' free energy caused by the alignment of elastin and collagen depends on this process only:

$$a_2 = a_2(g). \tag{14}$$

Taking (12), (13), and (14) into account (10) and (11) now can be written in the following forms:
1st deformation phase $g<0$:

$$\sigma_k^i = \frac{\partial a_1}{\partial \varepsilon_i^k} \quad \text{and} \quad s = - \frac{\partial a_1}{\partial T}, \tag{15,16}$$

2nd deformation phase $g\geq0$:

$$\sigma_k^i = \frac{\partial a_1}{\partial \varepsilon_i^k} + \frac{da_2}{dg} \cdot \frac{\partial g}{\partial \varepsilon_i^k} \quad \text{and} \quad s = - \frac{\partial a_1}{\partial T} - \frac{da_2}{dg} \cdot \frac{\partial g}{\partial T}. \tag{17,18}$$

Histomechanical investigations are usually carried out isothermally within the physiological range

$$dT = 0, \tag{19}$$

if in particular thermal effects on tissues are not taken into consideration. From (7) and (1) then follows that the increment of HELMHOLTZ' free energy is equal to the increment of the mechanical strain work and that the entropy equation then is meaningless. In this case the constitutive equations are given by:

1st deformation phase g<0:
$$\sigma^i_k = \frac{\partial w_1}{\partial \varepsilon^k_i},\qquad(20)$$

2nd deformation phase g≥0:
$$\sigma^i_k = \frac{\partial w_1}{\partial \varepsilon^k_i} + \frac{dw_2}{dg}\cdot\frac{\partial g}{\partial \varepsilon^k_i}.\qquad(21)$$

The vessel wall is inhomogeneous and seems to resemble orthotropic materials. Within the scope of this paper, however, we shall assume isotropy and homogeneity, i.e. we shall consider these material properties as "average" ones. If we use HENCKY's logarithmic strain tensor requiring that the volumetrical and the distortional changes are one to one correspondent to the hydrostatic pressure and the stress deviator respectively even under finite deformations and if we assume incompressibility of the vascular tissue (CAREW et al. 1968) the constitutive equations (20) and (21) represent deviatorical relations in which w_1, w_2, and g only depend on the second strain invariant:

$$I^+_2 = \frac{1}{2}\gamma^i_k\,\gamma^k_i.\qquad(22)$$

Hence, we have during the

1st deformation phase g<0:
$$\tau^i_k = \frac{dw_1}{dI^+_2}\gamma^i_k,\qquad(23)$$

2nd deformation phase g≥0:
$$\tau^i_k = \frac{dw_1}{dI^+_2}\gamma^i_k + \frac{dw_2}{dg}\cdot\frac{\partial g}{\partial \gamma^k_i}.\qquad(24)$$

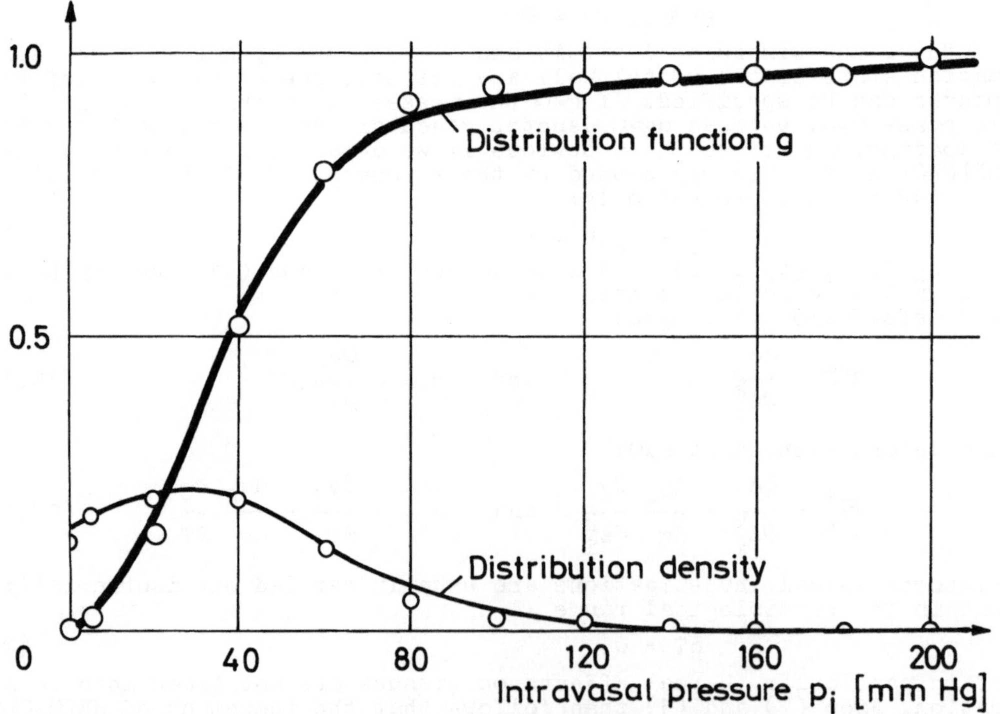

Fig. 2 Distribution density and distribution function g of fibres becoming and having become aligned, calculated from experimental results of WOLINSKY and GLAGOV (1964).

Using the results of WOLINSKY and GLAGOV (1964) we were able to determine the distribution density and the distribution function of the fibres becoming and having become straight respectively as a function of the intravasal pressure p_i as well as in dependency of the mean tissue strains $\gamma^2_{2(m)}$ in the circumferic direction of the vessel. In this connection we revealed that already a few fibres became straight at a nearly vanishing pressure p_i and that the distribution function g was quasi independent of the vessel radius. Besides we noticed that the contribution of the first deformation phase to the physical nonlinearities of the con-stitutive equations (24) were small and mainly caused by geometrical nonlinearities between displacements and strains whereas the physical nonlinearities in (24) were due to the alignment of elastic and collagen fibres during phase two. Thus we expand the two portions w_1 and w_2 of the work w done during the first and second phase into TAYLOR's series,

$$w = \sum_{1=1}^{r} b_1 \, I_2^{+1} + \sum_{1=1}^{k} c_1 g^1 \approx 2GI_2^+ + \sum_{1=1}^{k} c_1 g^1, \tag{25}$$

and put (25) into (24):

$$\tau_k^i = 2G \, \gamma_k^i + \sum_{1=1}^{k} 1 \, c_1 \, g^{1-1} \, \frac{dg}{d\gamma^2_{2(m)}} \qquad (\, g \geq 0 \,). \tag{26}$$

(26) represents the constitutive equations in their final form describing the first and the second deformation phase of vascular tissues.

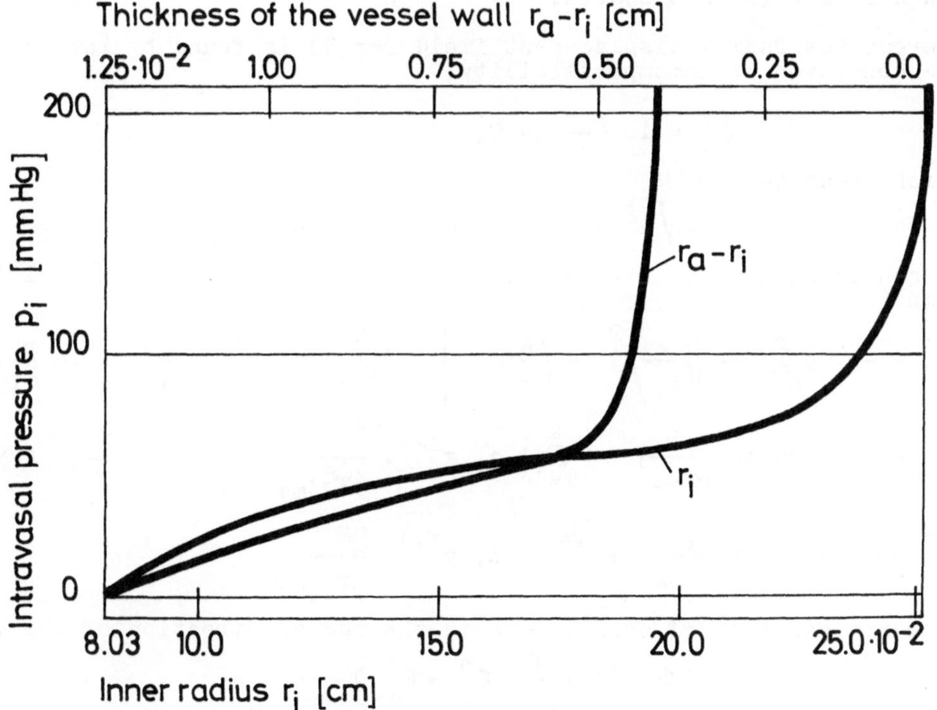

Fig. 3 Intravasal pressure in dependency of the vessel thickness and the inner radius of a rabbit's aorta after WOLINSKY and GLAGOV (1964).

In order to show the portion contributed to the vasco-mechanical behaviour by the fibres we have analyzed the experimental data of WOLINSKY and GLAGOV (1964) by assuming the vessel geometry shown in fig. 4 under the load of a transmural pressure gradient $\Delta p = p_i - p_a$. As we were concerned with a vessel of the arterial side of the circulatory system we have neglected the perivascular pressure p_a comparatively small to the intravasal pressure p_i. Besides the vascular tethering caused by the perivascular tissue was approximated by introducing a plane state of strains.

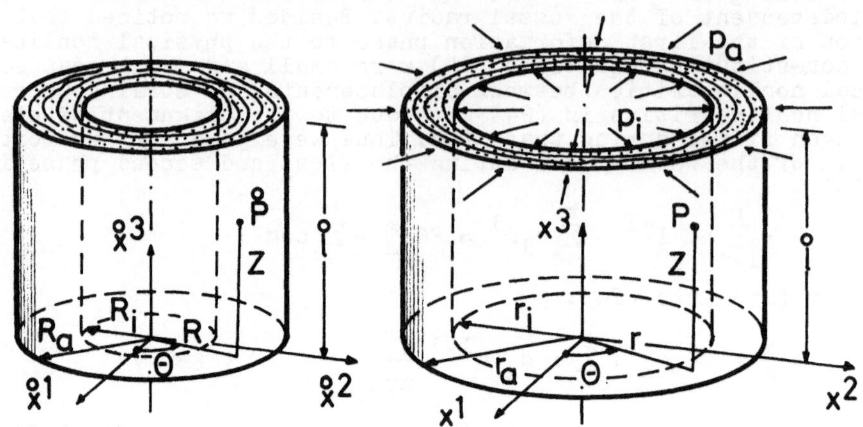

Fig. 4 Assumed geometry of the aortic segment in the undeformed (left) and deformed (right) states.

Whereas the radial displacement field $r=r(R)$ is found by integrating the condition of incompressibility,

$$\varepsilon_i^i = \ln \frac{r\, r'}{R} = 0, \tag{27}$$

which leads to

$$r = \sqrt{R^2 + A^2} \ , \quad A^2 = r_i^2 - R_i^2 = r_a^2 - R_a^2, \tag{28}$$

we can calculate the stresses in radial, circumferic, and axial direction

$$\sigma_1^1 = -p_i + \sum_{n=1}^{\infty} G \frac{1}{n^2}\left[\left(\frac{A}{r_i}\right)^{2n} - \left(\frac{A}{r}\right)^{2n}\right] + 2\sum_{l=1}^{k} 1 \ c_l \ g^{l-1} \frac{dg}{d\boldsymbol{\gamma}_{2(m)}^2} \cdot \ln \frac{r}{r_i}, \quad {}^{*)}$$

$$\sigma_2^2 = \sigma_1^1 + 2G \ln \frac{r^2}{r^2-A^2} + 2\sum_{l=1}^{k} 1 \ c_l \ g^{l-1} \cdot \frac{dg}{d\boldsymbol{\gamma}_{2(m)}^2} \ , \tag{29-31}$$

$$\sigma_3^3 = \sigma_1^1 + G \ln \frac{r^2}{r^2-A^2} + \sum_{l=1}^{k} 1 \ c_l \ g^{l-1} \cdot \frac{dg}{d\boldsymbol{\gamma}_{2(m)}^2} \ ,$$

from the equation of equilibrium in the radial direction of the vessel

$$(d\sigma_1^1)' + \frac{1}{r} (\tau_1^1 - \tau_2^2) = 0 \tag{32}$$

under consideration of the boundary condition $\sigma_1^1(r_i) = -p_i$ and the con-

---

${}^{*)}$The series converges if $\left(\frac{A}{r}\right)^2 \leqslant \left(\frac{A}{r_i}\right)^2 < 1$ what evidently is fulfilled.

stitutive equations (26). The material constants c_l and the shear modulus G then can be determined by putting the remaining boundary condition $\sigma_1^1(r_a)=0$ into (29)

$$p_i = G \sum_{n=1}^{\infty} \frac{1}{n^2} \left[\left(\frac{A}{r_i}\right)^{2n} - \left(\frac{A}{r_a}\right)^{2n} \right] + 2 \sum_{l=1}^{k} c_l \, g^{l-1} \cdot \frac{dg}{d\tau_{2(m)}^2} \cdot \ln \frac{r_a}{r_i} \qquad (33)$$

and fitting (33) on the pressure-radius diagr-am shown in fig. 3 by the least square method.*)

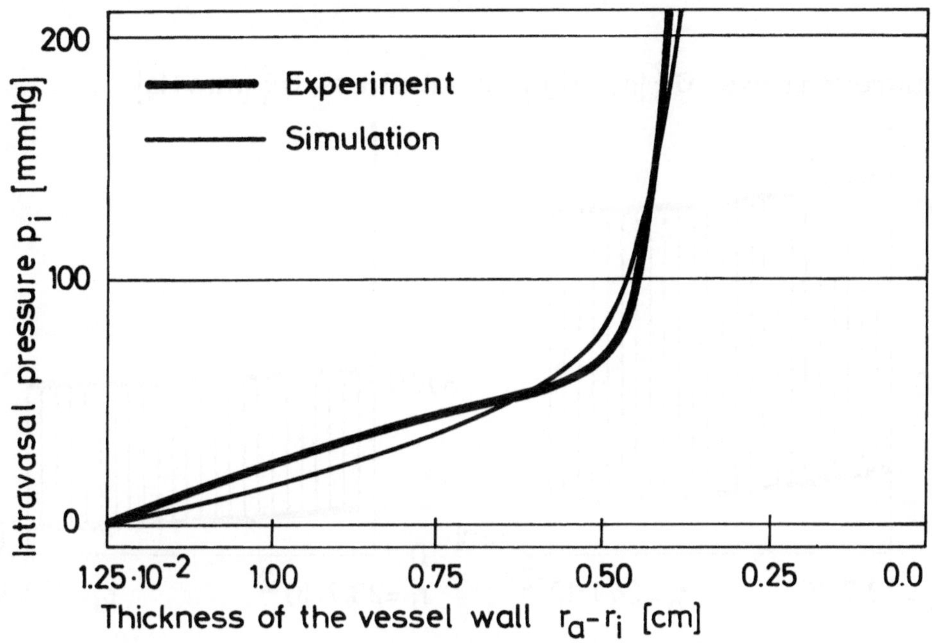

Fig. 5 Simulation of the wall thickness of the rabbit's aorta.

Fig. 5 shows the thickness of the vessel wall in dependency of the intravasal pressure and this process simulated by using the shear modulus G and by k=8 material constants of the polynomial which characterizes the portion of mechanical work done by the fibres.

The wall stresses in radial, circumferic, and axial direction of the vessel are plotted against the vessel radii in fig. 6 at a mean intravasal pressure p_i=100mmHg and at the same degree of approximation given in fig. 5. In radial direction we have compressive stresses whereas in circumferic and axial direction there are extremely high tensile stresses the amounts of which are 66 and 33 times respectively higher at the inner vessel margin than the amount of the radial stress under the circumstances chosen here. The portions of stresses caused by the fibres are hatched. A comparison with the non-hatched ordinates reveals the vasco-mechanical significance of the elastic and collagen fibres within the vessel wall. (It is obvious from fig. 2 that 95% of all fibres are straight at an intravasal pressure p_i=100mmHg.) This effect would certainly become more apparent under the assumption of a material orthotropy.

---

*)I am greatly indebted to my colleague Dipl-Math. V. LOHBERGER for having carried out extensive numerical calculations on the IBM 360/67 computer of the Medical College of Hannover.

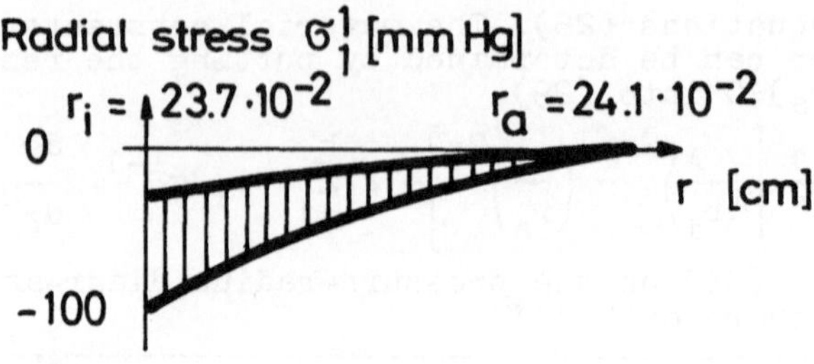

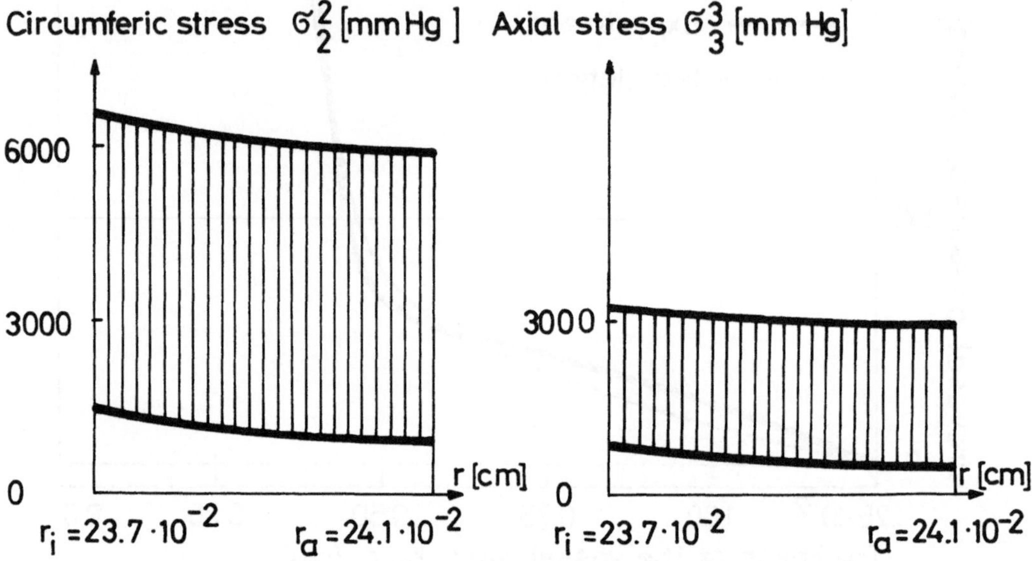

Fig. 6 Wall stresses in radial, circumferic, and axial direction of the aortic segment at an intravasal pressure p_i=100mmHg, stress portions of elastic and collagen fibres hatched.

The mechanical strain work (elastic potential, strain energy density) as a function of the mean radii quotient is given in fig. 7. The degree of approximation corresponds to the one given in fig. 5. During loading the strain energy density increases exponentially the fibres increasingly storing deformation energy. Here again, the proportions of energy clearly show that the second deformation phase is mainly influenced by the mechanical properties of the elastic and collagen fibres.

<u>Applied symbols and signs</u>

w	mechanical strain work	
u	internal energy	
q	applied heat	per unit undeformed volume
s	entropy	of the tissue
a	HELMHOLTZ' free energy	
T	absolute temperature	
ε^i_k	HENCKY's logarithmic strain tensor	

γ^i_k strain deviator appertaining

σ^i_k stress tensor

τ^i_k stress deviator

g   distribution function

c_1 material constants

G   shear modulus

$(\ldots)'$ denoting $\frac{d}{dr}(\ldots)$

In this paper EINSTEIN's summation convention has to be applied on identical mixed variant indices of tensors of rank two.

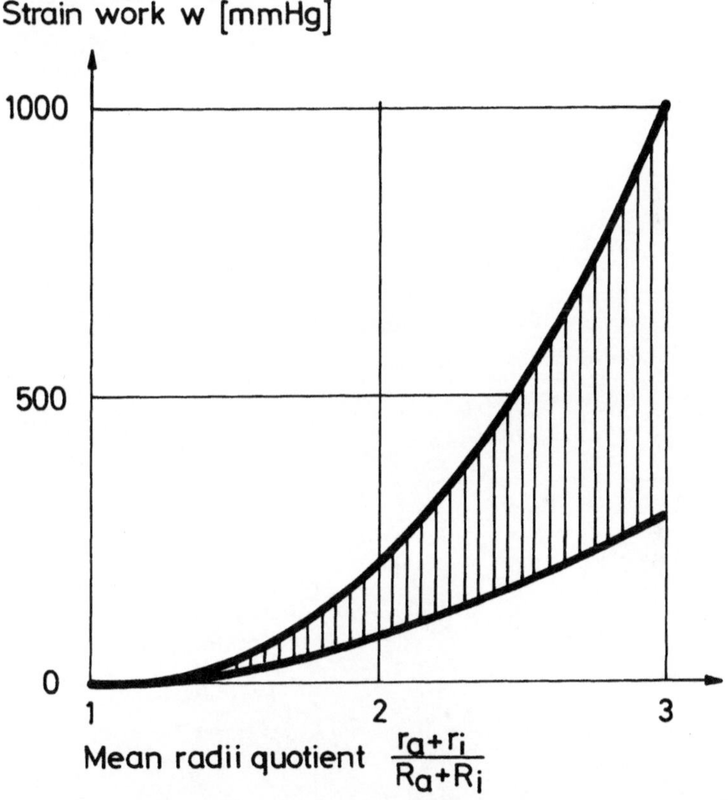

Fig. 7 Mechanical strain work in dependency of the mean radii quotient of the vessel wall, hatched, portion w_2 of the work done by elastic and collagen fibres.

<u>Literature</u>

ABRAHAMS, M.: Mechanical Behaviour of Tendon in Vitro. Med. Biol. Engng. 5, 433-443 (1967).
BAEZ, S., LAMPORT, H., BAEZ, A.: Pressure Effects in Living Microscopic Vessels, from Flow Properties of Blood, Editors COPLEY, A. L. and STAINSBY, G., Pergamon Press London 1960, 122-126.

CAREW, T. E., VAISHNAV, R. N., PATEL, D. J.: Compressibility of the
    Arterial Wall. Circ. Res. 23, 61-68 (1968).
CARO, C. G.: Extensibility of Blood Vessels in Isolated Rabbit Lungs.
    J. Physiol. 178, 193-210 (1965).
MALONEY, J. E., ROOHOLAMINI, S. A., WEXLER, L.: Pressure-Diameter Re-
    lations of Small Blood Vessels in Isolated Dog Lung. Microvasc. Res.
    2, 1-12 (1970).
ROY, C. S.: Elastic Properties of Arterial Wall. J. Physiol. 3, 125
    (1880-1882).
TKASZUK, H.: Tensile Properties of Human Lumbar Longitudinal Ligaments.
    Acta Orthop. Scand. Suppl. 115, (1968).
WEZLER, K., SCHLÜTER, F.: Die Querdehnbarkeit isolierter kleiner Arte-
    rien vom muskulären Typ. Akad. Wiss. Lit., Abh. math.-naturw. Kl. 8,
    413-492 (1953).
WOLINSKY, H., GLAGOV, S.: Structural Basis for the Static Mechanical
    Properties of the Aortic Media. Circ. Res. 14, 400-413 (1964).

<u>On the Flow of Viscous Fluids in Systems of Elastic Tubes</u>

O. H. Mahrenholtz

1. Introduction

Although the investigation of the French M.D., POISEUILLE, 130 years ago has been one of the starting points for experimental and analytical studies of technical pipe flow, an extensive investigation of blood flow in circulatory systems from a physical point of view was initiated just twenty years ago. Even to-day many questions are still open. This is not surprising, because there are many interrelated aspects of the problem.

Blood, considered as a suspension, is only to a first approximation a Newtonion fluid. Whereas in large tubes the model of a homogeneous liquid yields good results, it is necessary to take into account the deformation of the erythrocythes in considering blood flow through capillaries. New investigations have shown a change of the blood rheology when shear velocities are small [1].

The relative wall thickness of the blood vessels varies greatly and the cross section also varies from circular to elliptic. Within a wide range of wall thickness and shape of cross section the vessels are collapsible. The description of the viscoelastic behaviour of such vessels by application of appropriate laws of materials is under investigation [2].

This report will present some aspects concerning the pressure drop in systemic circulation which arise from histology. These questions are also related to venous flow.

2. Models of pressure drop in systemic circulation

As a first approach the blood flow can be treated as a POISEUILLE flow, due to the low range of REYNOLDS number. Viscoelastic wall behavior, branching of vessels, effects of pulsating flow and particularly the flow of particles in the capillary range contribute additionally to the pressure drop. But, on the whole, a branched POISEUILLE system should cover the physiological pressure field.

2.1 The KRAEMER model

KRAEMER [3] considers a regularly branched system. The branch points are n-furcations. The branches are denoted by the index m . Accordingly, one has

$$n^m \quad \text{vessels of order} \quad m \quad . \tag{2-1}$$

The cross section of a vessel at the location m changes by the amount

$$\varphi = \frac{n\, d_m^2}{d_{m-1}^2} \quad , \quad m = 1,2,\ldots, M \quad . \tag{2-2}$$

Therefore,

$$\varphi^m = \frac{n^m\, d_m^2}{d_o^2} \quad , \tag{2-3}$$

and with $n^M = N$ we find

$$\phi = \varphi^M = \frac{N\, d_z^2}{d_o^2} \tag{2-4}$$

In eq. (2-4), d_o represents the diameter of the starting or ending 'zero branch' and d_z is the diameter in the capillary region.

Lat ℓ_m be the length of a vessel of order m and assume

$$\lambda = \frac{\ell_m}{d_m} = \text{const} \tag{2-5}$$

Then, the total length of a path is

$$\ell = \sum_{m=o}^{M} \ell_m = d_o \cdot \lambda \sum_{m=o}^{M} \sqrt{\frac{\varphi}{n}}^{\,m} = d_o \cdot \lambda \frac{1 - \sqrt{\phi/N}\ \sqrt{\varphi/n}}{1 - \sqrt{\varphi/n}} \quad . \tag{2-6}$$

The total volume of the system is given by

$$V = \sum_{m=o}^{M} n^m \frac{\pi}{4} d_m^2 \ell_m = \frac{\pi}{4} d_o^3 \cdot \lambda \cdot \frac{1 - \phi \sqrt{\phi/N} \cdot \varphi \cdot \sqrt{\varphi/n}}{1 - \varphi \sqrt{\varphi/n}} \quad . \tag{2-7}$$

The partial volume flux in each vessel of order m follows as

$$\Delta \dot{V}_m = \frac{\dot{V}}{n^m} \quad , \tag{2-8}$$

and the total -POISEUILLE- pressure drop is then given by

$$\Delta p = \sum_{m=o}^{M} \Delta p_m = \frac{128\, \eta\, \dot{V}\, \lambda}{\pi\, d_o^3} \cdot \frac{1 - \phi \sqrt{\phi/N} \cdot \varphi \sqrt{\varphi/n}}{1 - \varphi \cdot \sqrt{\varphi/n}} \cdot \frac{1}{\phi \cdot \sqrt{\phi/N}} \tag{2-9}$$

where η is the dynamic viscosity . Solving (2-1) for λ and substituting into (2-9) leads to the following expression for total pressure drop:

$$\Delta p = \frac{512\, \eta\, V}{\pi^2\, d_o^3\, d_z^3\, N} \ \dot{V} \quad . \tag{2-10}$$

It is interesting that the branching type (n) does not come into the picture.

KRAEMER has applied his equation to the body circulation of man. Because the histological data available are poor, he has adapted data from a dog. The apparent viscosity

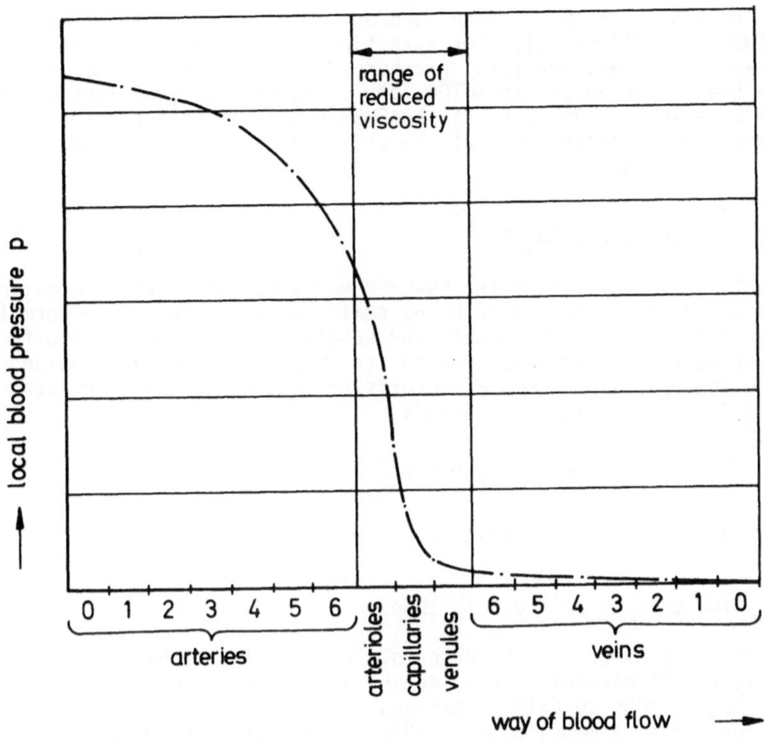

Fig. 1. Pressure drop in systemic circulation (after [3]) .

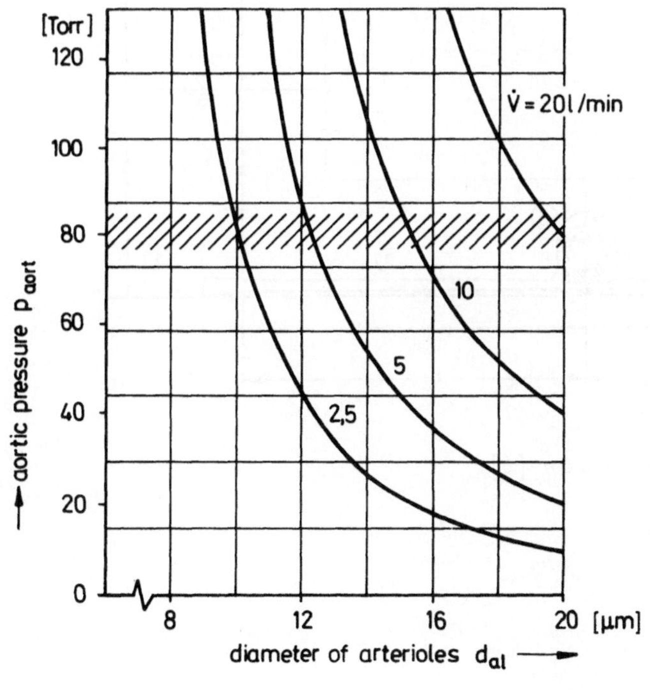

Fig. 2. Aortic pressure p_{aort} as a function of (contracted) diameter d_{al} of arterioles (after [3]).

has been taken generally as η = 3,5 cP and as η = 2,1 cP within the small vessel region (FAHRAEUS-LINDQUIST-effect). For a resting person a heart minute volume of $\mathring{V}$ = 5 ℓ/min can be assumed. The total pressure drop calculated is Δp $\approx$ 25 Torr, much less than the needed value Δp $\approx$ 100 Torr . The pressure gradient is particularly high in the arteriole range (Fig. 1). KRAEMER now is proposing a control of Δp by contraction of the diameter d_{a1} of the arterioles. As Fig. 2 shows, this can be a possible control mechanism.

2.2 The models of PESTEL and RANFT

PESTEL and RANFT [4] have modified the KRAEMER model by combining bifurcations, trifurcations and a fan. The fan is within the small vessel region. They form the circulatory system out of groups of vessels and subdivide these groups into families of vessels. This makes the system sensitive to its topology. The calculation, now done numerically, follows [3]. The somewhat surprising result is that the total pressure drop for $\mathring{V}$ = 5 ℓ/min is within the bounds

$$25 \text{ Torr} < \Delta p < 130 \text{ Torr}$$

under histologically defensible conditions.

3. Effects of flow through collapsible tubes

The high decrease of pressure in the arteriole range (Fig. 1) has led to the idea of a distal auxiliary pump mechanism: a pulsating arteriole is compressing a neighbouring venule (LIEBAU [5]). Under certain conditions a directed flow is possible. Fig. 3 shows in this connection a model after LIEBAU's idea, designed by v. BREDOW [6].

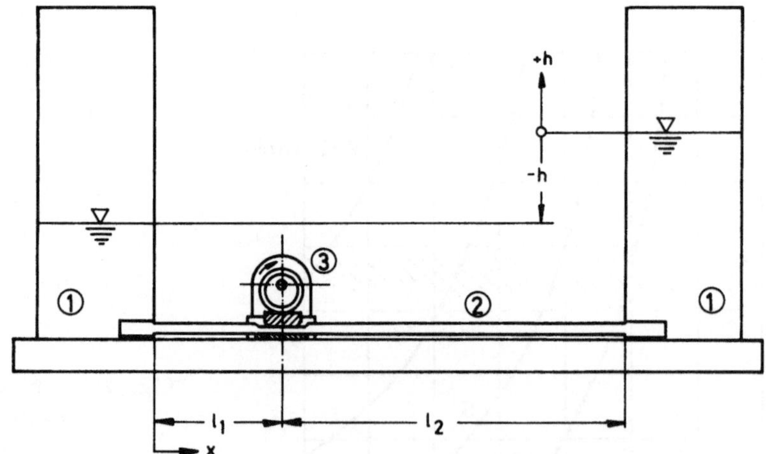

Fig. 3. Modified LIEBAU model (after [6])

① fluid container

② collapsible tube

③ driving system

Measurements [6] display the typical pumping effect depending on frequency f of excitation and length ℓ of the collapsible tube (Fig. 4).

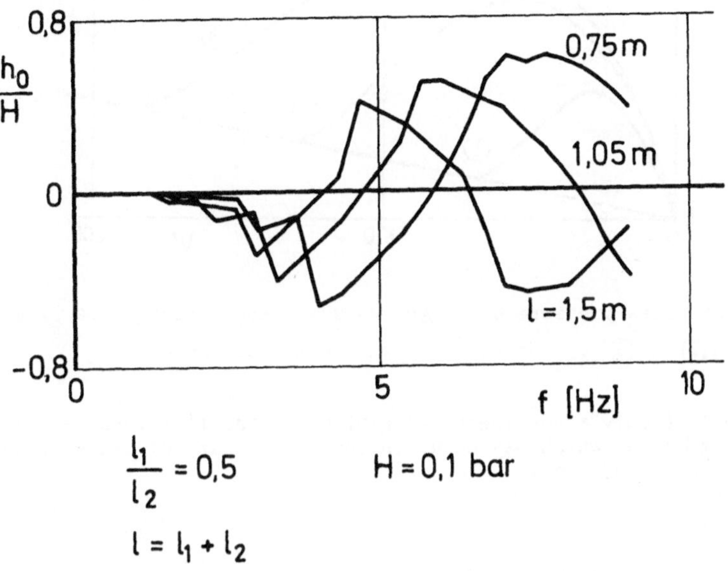

Fig. 4. Dimensionless pressure head h_o/H of the model of fig. 3 versus frequency f of excitation (after [6]) .

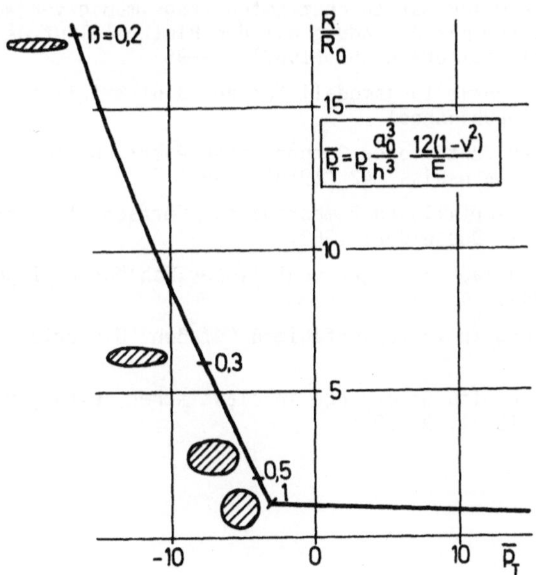

The resonance character of the curves suggests that the system may be treated as a multi degreee of freedom vibratory system [7]. In connection with this, an important role is played by the flow resistance, which depends on the transmural pressure

$$p_T = p_{outer} - p_{inner} \qquad (3\text{-}1)$$

when the vessel is collapsing (Fig.5) This leads to a typical pressure drop - flow rate relation as given in Fig. 6. In the range of negative slope there is a tendency to self excitation of the vessel. This could be observed in a model with a vessel of silicon rubber, and has been calculated by numerical integration of the describing system of partial differential equations [8].

Fig. 5. Dimensionless flow resistance R/R_o versus transmural pressure $\bar{P}_T$.

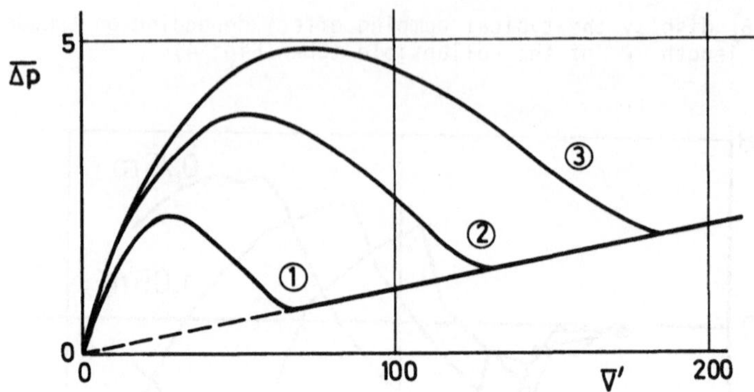

Fig. 6. Dimensionless pressure drop $\overline{\Delta p}$ versus dimensionless flow rate $\overline{V}'$.

① , ② , ③ : decreasing downstream resistance

It can be seen that only a nonlinear description of the flow-vessel-system leads to a pumping effect [7, 9] which may occur in the venous part of systemic circulation under physiological conditions.

4. References

[1] CHMIEL, H.: Zur Blutrheologie in Medizin und Technik. Habilitationsschrift TH Aachen 1973 .

[2] HARTUNG, Ch.: Zur Biomechanik weicher Gewebe. Habilitationsschrift MH Hannover 1974 .

[3] KRAEMER, K.: Der Druckabfall in einem laminar durchströmten, regelmäßig verzweigten Rohrleitungssystem mit Anwendung auf den Blutkreislauf des Menschen. Arch.Kreislaufforsch. 52 (1967), 79-95.

[4] PESTEL, R., RANFT, U.: Ein starres Rohrleitungsmodell für den Blutkreislauf. MH Hannover 1971 (unpublished).

[5] LIEBAU, G.: Prinzipien kombinierter ventilloser Pumpen, abgeleitet vom menschlichen Blutkreislauf. Naturwiss. 42 (1955), 339.

[6] v. BREDOW, H.J.: Untersuchung eines ventillosen Pumpprinzips. Fortschritts-Ber. VDI-Z. Reihe 7, Nr.9; Düsseldorf 1968.

[7] MAHRENHOLTZ, O.: Zur Pumpwirkung kollabierfähiger ventilloser Schläuche. Ingenieur-Archiv 43 (1974).

[8] SULZBACHER, W.: Pulsierende Strömung in kollabierfähigen Gefäßen. Dissertation TU Hannover 1974 .

[9] TEIPEL, I.: Nichtlineare Wellenausbreitungsvorgänge in elastischen Leitungen. Acta Mechanica 16 (1973), 93-106.

<u>Composition and properties of skin during the ageing process and under</u>
<u>the influence of desmotropic compounds</u>

H.G. VOGEL

The results presented here are part of the studies performed on the me-
chanical properties of connective and supporting tissues. Besides the
skin, various organs have been examined, using various experimental
models, for example, breaking strength of shaft bones (VOGEL 1969,
VOGEL & THER 1963, VOGEL & THER 1965), strength of epiphyseal plates
(THER et al. 1963, VOGEL 1964, VOGEL 1969, VOGEL & THER 1963, VOGEL
& THER 1964), tensile strength of tendons (VOGEL 1964, VOGEL 1969,
VOGEL & THER 1965), and strength of granulation tissue (VOGEL 1970 a+b).
Most of the data are derived from studies in rats; however, most of the
conclusions were confirmed by experiments in other animal species.
Ageing studies were also performed in samples from human skin.

For studies on mechanical properties of rat skin, a flap of dorsal skin
was removed and the skin thickness measured by use of a vernier. By
means of a punch, skin pieces were cut into double T-formed strips with
a width of 4 mm. The specimen was fixed between clamps of an INSTRON$^{(R)}$
instrument. By this means, various parameters were measured, for example,
ultimate load, tensile strength, elasticity module and ultimate strain,
as well as relaxation, retardation and hysteresis. The elasticity module
was calculated from the straight part of the stress strain curve according to HOOKE's law.

The mechanical properties of skin are influenced by various factors, e.g.

   1) species
   2) location
   3) skin wrinkles (direction of cleavage)
   4) age
   5) sex
   6) nutrition
   7) endocrine factors
      a) hormone deficiency
      b) hormone treatment
   8) general diseases
   9) local diseases
 10) physical factors (radiation, heat, etc.)
 11) treatment with drugs
      a) effect of pharmacological doses
      b) effect of toxic doses

When age-dependence was studied in rats (VOGEL et al. 1970), an increase of skin thickness during the entire life was found. Ultimate
load and even more tensile strength of rat skin showed a maximum at
an age of about four months. Later on, however, a small continuous decrease was found.

For studies in human skin (HOLZMANN et al. 1971), autopsy material from the Institute of Pathology of the University of Mainz was used. In almost all parameters studied so far, an age-dependent maximum was found. Skin thickness showed a maximum in adult life; this maximum, however, was not much pronounced. Ultimate load and even more tensile strength and elasticity module showed a sharp increase during childhood and a maximum at the age of puberty. Later on, a continuous decrease was found.

When the influence of strain rate on mechanical parameters was investigated in rat skin (VOGEL 1972 a) higher values were found at higher strain rates. This effect was studied at various strain rates, starting with creep velocities of 0.005 cm/min. up to a speed approximating free fall. Linear correlation between tensile strength and logarithm of strain rate was found. At any strain rate, skin specimens from aged rats and from rats treated with prednisolone acetate showed a higher tensile strength. Elasticity module in young and in prednisolone-treated rats also showed a linear correlation with logarithm of strain rate. This linear correlation, however, does not hold true for skin specimens of aged rats.

Out of all hormones, corticosteroids exert the most pronounced effects on mechanical parameters of rat connective tissue (VOGEL 1964, VOGEL 1969, VOGEL 1970 c, VOGEL 1971). This holds true not only for rats, but also for all other animal species studied so far. When rats were treated with pharmacological doses of glucocorticosteroids for several days, a sharp increase of ultimate load of rat skin was observed. At the same time, skin thickness decreased. Tensile strength and elasticity module rose sharply depending on the dose and duration of treatment. After continuous treatment with high doses of corticosteroids, the ultimate load decreased as compared to the controls and showed values below the controls. Due to thinning of skin, tensile strength declined again to control levels only. This phenomenon was found only after treatment with almost toxic doses for two months.

Besides corticosteroids, other hormones influence the mechanical properties of rat skin (VOGEL 1969, VOGEL 1970 c). Progesterone, being tested over a broad dose range, showed a dose-dependent increase of tensile strength. Gonadal hormones, as testosterone and oestradiol as well as thyroid hormones, showed a biphasic effect. A decrease after 2 days' treatment was followed by an increase after treatment for 10 days.

The physiological meaning of these observations was confirmed for corticosteroids by adrenalectomy. Adrenalectomized rats had lower values for the tensile strength of the skin than control animals of the same age.

In samples of rat skin, relaxation phenomena were studied (VOGEL 1973). The skin was strained to a certain degree and the decrease of load observed. This decrease was approximately dependent on logarithm of time. Skin strips of prednisolone-treated rats showed less relaxation effect than the controls, and skin strips of L-triiodothyronine-treated rats showed more relaxation effects.

In other experimental series (VOGEL 1972 b), D-penicillamine was compared to aminoacetonitrile, a well-known lathyrogenic compound. Aminoacetonitrile caused a decrease of the breaking strength of bones and of the

tensile strength of epiphyseal cartilage; however, the tensile strength
of skin and tendons was much less influenced. On the contrary, D-penicillamine decreased the tensile strength of skin and tendons considerably,but
it did not show an influence on the breaking strength of bones.

Several experimental series were performed in order to correlate biomechanical and biochemical parameters (VOGEL 1972 c). In rat skin a clear
correlation between the content of insoluble collagen and tensile strength
during the maturation and ageing process was found. Both parameters showed
a sharp increase up to an age of 4 months, followed by a decrease later
on. The same correlation between insoluble collagen and tensile strength
was found in the skin of corticosteroid-treated rats. On the contrary,
when glycosaminoglycans, e.g. hyaluronic acid, chondroitinsulphates and
heparinsulphate were measured, no correlation with the mechanical parameters was found. From these data, we may conclude that the major factor
for mechanical strength of the skin is the content of insoluble collagen.

References

H.HOLZMANN, G.W. KORTING, D. KOBELT, H.G.VOGEL
   Prüfung der mechanischen Eigenschaften von menschlicher Haut in Ab-
   hängigkeit von Alter und Geschlecht.
   Arch. klin. exp. Derm. 239, 355 (1971)
L.THER, H.SCHRAMM, G.VOGEL
   Über die antagonistische Wirkung von Trijodthyronin und Progesteron
   auf den Prednisoloneffekt am Epiphysenknorpel (Prüfung der Reiß-
   festigkeit).
   Acta endocr. (Kbh.) 42, 29 (1963)
G.VOGEL
   Veränderungen der mechanischen Eigenschaften des Bindegewebes
   unter dem Einfluss von Hormonen.
   11. Symp. d.Dt.Ges. f. Endokrinol., Düsseldorf 1964. Springer-Verlag,
   Berlin-Göttingen-Heidelberg-New York, p. 305
H.G.VOGEL
   Zur Wirkung von Hormonen auf physikalische und chemische Eigenschaf-
   ten des Binde- und Stützgewebes.
   Arzneimittel-Forsch. 19, 1495, 1732, 1790, 1981 (1969)
H.G. VOGEL
   Tensile strength of skin wounds in rats after treatment with cortico-
   steroids.
   Acta endocr. (Kbh.) 64, 295 (1970 a)
H.G.VOGEL
   Das Glasstabgranulom, eine Methode zur Untersuchung der Wirkung von
   Corticosteroiden auf Gewicht, Festigkeit und chemische Zusammensetzung
   des Granulationsgewebes an Ratten.
   Arzneimittel-Forsch. 20, 1911 (1970 b)
H.G.VOGEL
   Beeinflussung der mechanischen Eigenschaften der Haut von Ratten durch
   Hormone.
   Arzneimittel-Forsch. 20, 1849 (1970 c)

H.G.VOGEL
   Zur Wirkung von Hormonen, insbesondere Glucocorticoiden, auf die
   physikalischen und chemischen Eigenschaften normaler und traumati-
   sierter Haut.
   Acta endocr. (Kbh.) Suppl. 152 (1971) 19

H.G.VOGEL
   Influence of age, treatment with corticosteroids and strain rate
   on mechanical properties of rat skin.
   Biochim.Biophys.Acta 286, 79 (1972 a)

H.G.VOGEL
   Effects of D-penicillamine and prednisolone on connective tissue
   in rats.
   Conn. Tiss. Res. 1, 283 (1972 b)

H.G.VOGEL
   Attempts to correlate tensile strength of skin to solubility of
   collagen.
   Proceedings of the Workshop Conference Hoechst, Schloss Reisensburg
   21-22 April, 1972. International Congress Series No. 264,
   EXCERPTA MEDICA, Amsterdam, (1972 c)

H.G.VOGEL
   Stress relaxation in rat skin after treatment with hormones.
   J.Med. 4, 19 (1973)

H.G.VOGEL, D.KOBELT, G.W.KORTING, H. HOLZMANN
   Prüfung der Festigkeitseigenschaften von Rattenhaut in Abhängigkeit
   von Lebensalter und Geschlecht.
   Arch. klin. exp. Derm. 239, 296 (1970)

G.VOGEL, L. THER
   Tierexperimentelle Untersuchungen über den Einfluss von Hormonen
   auf physikalische Eigenschaften von Knochen.
   Verhandl. d.Dt. Ges. f. Pathol., 47. Tagung 1963 in Basel, G.Fischer
   Verlag, Stuttg., p. 167

G.VOGEL, L.THER
   Untersuchungen über den Einfluss endokriner Faktoren auf die Reiß-
   festigkeit bindegewebiger Strukturen.
   Arch.exp.Path.Pharmakol. 246, 72 (1963)

G.VOGEL, L. THER
   Über den Einfluss von einigen Hormonen auf mechanisch-physikalische
   Eigenschaften des Binde- und Stützgewebes.
   Verhandlungen der Anatomischen Gesellschaft, 60. Versammlung in
   Wien 1964.
   Erg.Heft zum 115. Bd. (1965) des Anatom. Anzeigers, p. 117

Veränderungen des Bindegewebes nach Einwirkung ionisierender Strahlen

G. Bublitz

Aus dem Zentralinstitut für Röntgendiagnostik und Nuklearmedizin (Chefarzt: Priv.-Doz.Dr.med. G.Bublitz), des Städt. Krankenhauses II, Braunschweig.

Es kommt bei der Strahlenbehandlung des Krebses zwar in erster Linie auf die unmittelbare Tumorzerstörung an, dennoch spielen die Reaktionen am Ort des Strahleneintritts und in der Tumorumgebung eine nicht unwichtige Rolle. Besondere Aufmerksamkeit unter den lokalen Strahlenschädigungen von Organsystemen erfordert die Haut und das darunter liegende Gefäßbindegewebe, die als Eintrittsort ionisierender Strahlen besonderer Belastung ausgesetzt sind.

Es kommt zu Unterhautindurationen, die streng auf das Bestrahlungsfeld begrenzt sind (Abb. 1) und besonders häufig im Bereich fettreicher Bauchdecken korpulenter Frauen nach Bestrahlung gynäkoligischer Tumoren beobachtet werden. (Birkner u. Hoffmann, 1961).

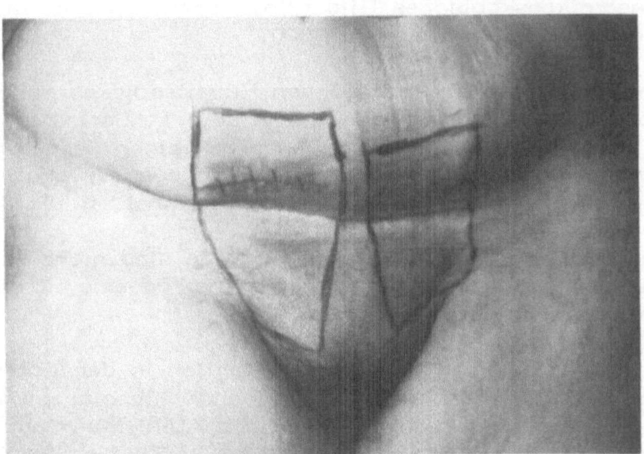

Abb. 1. Markierte Hautindurationsfelder entsprechend dem Bestrahlungsfeld. 8 Monate nach Bestrahlungsende. Excisionsnarbe im Zentrum der Indurationsplatte rechts.

Bei der Durchstrahlung anderer Organe, z.B. der Behandlung des Brust- oder Lungenkrebses treten derartige Veränderungen ebenfalls auf, die uns als Lungenfibrosen bekannt sind. (Bässler u. Buchwald 1966).
Angeregt durch die Mißerfolge der Behandlung schien es notwendig, in das Substrat dieser Strahlenwirkungen, die Fibrose, tiefer einzudringen. Die in zahlreichen histologischen Untersuchungen nachgewiesene Bindegewebsvermehrung ist hinreichend bekannt.

Nach neueren elektronenmikroskopischen Befunden, die in Zusammenarbeit mit Herrn Prof. Dr. Merker vom Anatomischen Institut der FU Berlin entstanden sind, ist das Substrat der Fibrose der Haut charakterisiert durch eine starke Zunahme kollagener Fibrillen. Neben der Vermehrung dünner Fibrillen ist auch ein gehäuftes Auftreten dickerer Fibrillen erkennbar. (Abb. 2)

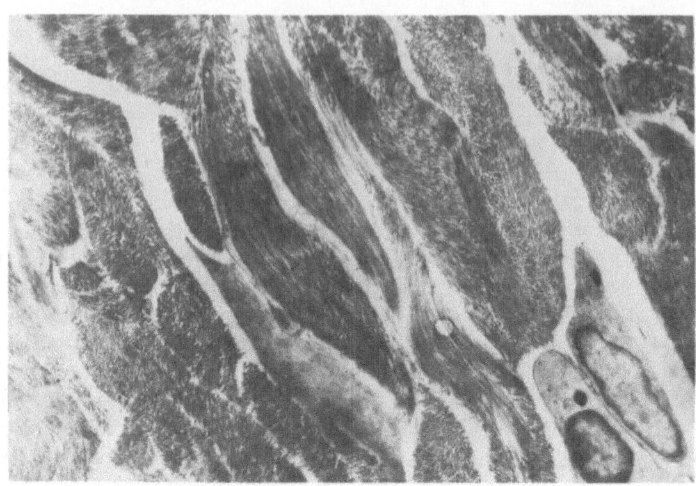

Abb. 2. Elektronenmikroskopisches Bild fibrotischen Gewebes mit dicken Bündeln kollagener Fibrillen (1 : 4000.)

Nach elektronenmikroskopischer Analyse der Fibrillendicken scheint im fibrotischen Gewebe sowohl der Haut wie der Lunge eine Tendenz zur Vermehrung dünner Fibrillen zu bestehen. Diese dürften Ausdruck einer überstürzten Neubildung
infolge bestrahlungsbedingter Aktivierung der Fibrilogenesevorgänge mit Vermehrung und Stimulation von Fibroblasten sein. (Frommhold u. Bublitz, 1967)

Struktur und Querstreifungsmuster dieser Fibrillen sind nicht verändert. In der
Faser- wie in der Texturbildung lassen sich keine für eine Strahlenfibrose typischen Veränderungen aufzeigen. (Bublitz, 1968)

Die Vermehrung und Ablagerung kollagener Fibrillen in der Lunge führt zu einer
Verbreiterung der Blutluftschranke (Raum zwischen Alveolarepithel und Endothel),
so daß bereits hierdurch ohne das Vorliegen von Atelektasen und Ödem eine Beeinträchtigung des Gasaustausches erfolgt. (Abb. 3) Eine weitere strahlenbeding-
te Strukturveränderung ist die Dickenzunahme der Basalmembran. Auch dieser
Befund ist Ausdruck der Fibrose, denn es kommt zur Ablagerung dünner ver-
flochtener Filamente, die in einer homogenen Matrix liegend als Kollagenstruk-
turen anzusprechen sind.

Ergänzend zu den morphologischen Befunden wurden am Modell der Rattenlunge
biochemische Untersuchungen der Strahlenfibrose durchgeführt. Die Analyse der
einzelnen Kollagenfraktionen mit chemischer Bestimmung des Hydoxyprolingehal-
tes diente als Maß für die Faserbestandteile des Bindegewebes. Es kommt zu
echten Vermehrungen des Kollagengehaltes bereits 24 Stunden nach Bestrahlung
mit stufenweisem Übergang von löslichem zu unlöslichem Kollagen. Bis zu 8 Tagen überwiegt das neutralsalzlösliche Kollagen. 4 Wochen nach Strahleneinwir-

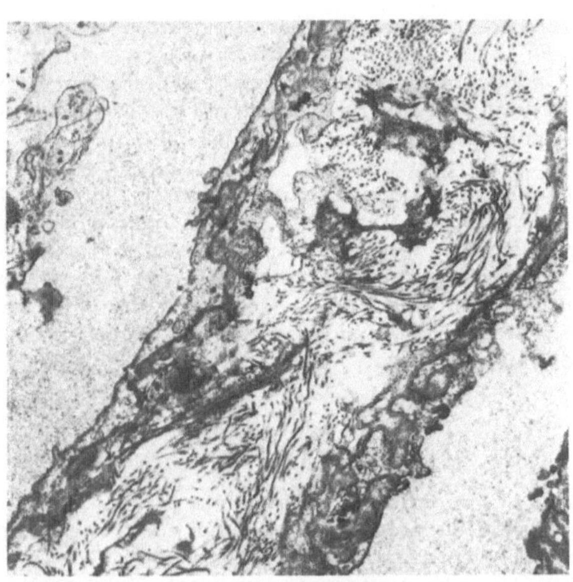

Abb. 3. Vermehrung kollagener Fibrillen zwischen Alveolarepithel und Endothel. Verbreiterung der Blutfluß-
schranke. (1 : 4800.)

kung hat das säurelösliche Kollagen seinen Höhepunkt erreicht. 8 Wochen nach
Bestrahlung zeichnet sich die Strahlenfibrose neben der insgesamt gesteigerten
Kollagenbildung auf dem Höhepunkt ihrer Entwicklung durch eine isolierte Ver-
mehrung unlöslichen Kollagens aus. (Abb. 4) Diesem stoffwechselträgen reifen
Kollagen entspricht elektronenmikroskopisch das Auftreten dickerer Fibrillen.
(Bublitz, 1973)

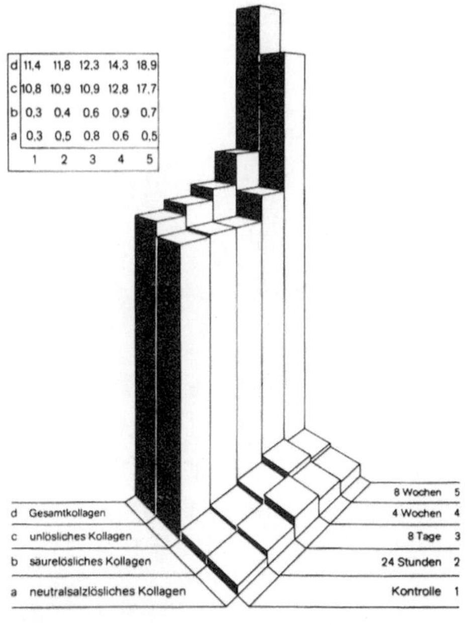

Abb. 4. Kollagenfraktionen der Rattenlunge gemessen als Hy-
droxyprolin in mg/g Trocken-
gewebe vor und nach Co-60
Bestrahlung.

Als Maß für das Verhalten der Zwischensubstanzen galten die Mukopolysaccharide, deren Menge durch den Gehalt an Uronsäuren und Aminozuckern ermittelt wurde. Der Faserbildung geht die Grundsubstanzbildung, ebenfalls phasenhaft verlaufend, zeitlich voraus, erreicht bereits 8 Tage nach Bestrahlung ihr Maximum und wird danach zugunsten der Faserbildung geringer. (Bublitz, 1973)

Die elektronenmikroskopisch und biochemisch quantitative Erfassung strahlenaktiver Veränderungen deckt neue Gesichtspunkte über das Wesen und die Beurteilung einer Fibrose auf. Sie soll zu weiterer interdisziplinärer Zusammenarbeit anregen, die über eine frühzeitige Erkennung das Fortschreiten der Fibrosierung verhindert, oder eine kausale Therapie ermöglicht. Die Hemmung der Fibrose als Teilproblem einer hochdosierten Strahlenanwendung wäre ein weiterer Schritt einer aussichtsreichen Krebsbehandlung.

Literatur

BÄSSLER, R. - BUCHWALD, W.: Experimentelle Entzündung und Fibrose des Lungengerüstes durch ionisierende Strahlen. Licht- und elektronenmikroskopische Unterstützungen. Fortschr. Röntgenstr. 104, 192 - 206 (1966)
BIRKNER, R. - HOFFMANN, B.: Unterhautindurationen nach Telekobalt-Therapie. Strahlentherapie: 116, 463 - 477 (1961)
BUBLITZ, G.: Die Wirkung ionisierender Strahlen auf die Ultrastruktur kollagener Fibrillen. Strahlentherapie: 116, 316 - 319 (1968)
BUBLITZ, G.: Morphologische und biochemische Untersuchungen über das Verhalten des Bindegewebes bei der strahlenbedingten Lungenfibrose. Normale und pathologische Anatomie, Monographien in zwangloser Folge, Heft 26, Georg Thieme-Verlag, Stuttgart 1973.
FROMMHOLD, W. - BUBLITZ, G.: Untersuchungen über Unterhautfibrosen nach Telekobalttherapie und ihre Behandlungsmöglichkeiten mit Dimethylsulfoxyd (DMSO). Strahlentherapie 133, 529 - 538 (1967)

Zusammenfassung der Diskussion zu VI

<u>Fung</u> antwortet <u>Hartung</u>, dass die Gewebe bei 37° fixiert wurden. Mit Kummer stimmt er darin überein, dass an der Oberfläche einer sich ausdehnenden Kugel sich die Fasern in allen Richtungen orientieren.

<u>Chmiel</u> trägt zu den Ausführungen von <u>Mahrenholtz</u> eigene Versuchsergebnisse bei, die Unterschiede zwischen Modell und Wirklichkeit erklären können: Blut ist eine nicht-Newtonische Flüssigkeit und hat mehrere Relaxationszeiten in der Grössenordnung von 1-2 Sekunden, z. B. die für die Desaggregation der roten Blutkörperchen. Der damit eintretende Druckverlust könnte biologisch zweckmässig sein. <u>Mahrenholtz</u> hält diesen Effekt für möglich; jedoch kann er schwer die Grösse der Abweichung erklären. Der elastische Effekt ist wahrscheinlich grösser als der visköse; nur wenn eine Flüssigkeit elastische Eigenschaften zeigt, dann neigt sie in nicht kreisförmigen Querschnitten zu sekundären Strömungen, z.B. auch in kollabierenden Venen.

VII. Anormales Fließverhalten von Hochpolymeren/ Abnormal Flow Behavior of High Polymers

Anormales Fließverhalten von Hochpolymeren

J. Klein

In diesem Referat wurde über allgemeine und spezielle Fragen zur
Rheologie von Hochpolymeren berichtet, die anderweitig bereits im
Schrifttum diskutiert sind. Daher soll hier nur ein kurzer Abriß
des Inhalts mit entsprechenden Literaturhinweisen gegeben werden.

Neben der rein beschreibenden Erfassung des viskosen und elastischen Verhaltens, welches Hochpolymere in Lösung und Schmelze unter bestimmten Beanspruchungs- und Verformungsbedingungen aufweisen, sollen rheologische Untersuchungen vor allem auch zur Entwicklung von Strukturmodellen der jeweiligen Fluide beitragen.

Lösungen und Schmelzen hochpolymerer Stoffe zeigen in der Regel
eine deutliche Abweichung vom Newtonschen Verhalten. Neben der
häufig sehr starken Abhängigkeit der Viskosität vom Schergefälle
werden vor allem auch Zeiteffekte und Elastizitätsphänomene von
Bedeutung. Zur Definition der verschiedenen Typen von Fließcharak-
teristiken (1), (2), (3).

Im Rahmen der Meßverfahren ist zwischen den Methoden der stetigen
Scherung (Rotations- und Kapillarviskosimeter) sowie der dynamischen Beanspruchung zu unterscheiden. Mit praktisch allen Viskosi-
metertypen können Information über Viskositäts- und Elastizitäts-
eigenschaften, möglicherweise auch in Abhängigkeit von der Bean-
spruchungszeit, erhalten werden. Zur Methodik der Rheologie (4), (5).

Verdünnte Polymerlösungen zeigen im Bereich geringer Scher-Bean-
spruchung in der Regel "normales" Newtonsches Fließen. Messungen in
diesem Bereich dienen zur Charakterisierung des Molekulargewichts
einerseits und der Polymer-Lösungsmittel-Wechselwirkung andererseits. Die entsprechenden Informationen sind in der jeweiligen Beziehung nach Staudinger-Mark-Houwink enthalten (6), (7).

Verdünnte Polyelektrolytlösungen können sich zwar auch Newtonsch
verhalten, sie zeigen jedoch häufig "anormale" Funktionen zur Kon-
zentrationsabhängigkeit der Viskosität (8), (9).

Das pseudoplastische, Nicht-Newtonsche Fließverhalten verdünnter
Polymerlösungen in einem weiteren Bereich der Scherdeformation kann
als Folge der Deformation und Orientierung der aus fadenförmigen
Molekülen gebildeten Polymerknäuel verstanden werden (10), (11).
Modellrechnungen stehen insoweit mit experimentellen Befunden im
Einklang.

Die Interpretation des pseudoplastischen Verhaltens konzentrierter
Lösungen und Schmelzen ist demgegenüber noch kontrovers. Dem Modell
der Netzwertbildung durch intermolekulare Verhakung (mechanischer
Effekt) (12) ist das Modell der "Vernetzung" durch Nebenvalenzkräf-
te (energetischer Effekt) gegenüberzustellen.

Über neuere Ergebnisse zum Fließverhalten konzentrierter Lösungen
(unter Einschluß von Polyelektrolyten), die im Sinne der zweiten
Hypothese interpretiert werden, wurde kürzlich berichtet (13).

Elastische Deformation, die im Rotationsviskosimeter als Normalspannung beobachtbar sind (14), äußern sich im Kapillarexperiment
in der sogenannten Strangaufweitung. Aus der Aufweitungsform und
der Struktur des Extrudats sind auch die Bedingungen für das Auftreten von Fließinstabilitäten abzuleiten (15).

Abschließend wurde auf die Tatsache verwiesen, daß grundlegende
rheologische Untersuchungen immer eine exakt definierte und möglichst einfache Geometrie erfordern. Wieweit derartige Ergebnisse
auf Deformationsvorgänge in medizinisch interessierenden Bereichen übertragbar sind, muß geprüft werden.

L i t e r a t u r :

(1) PHILIPPOFF, W.   Viskosität der Kolloide
                          Steinkopf-Verlag, Dresden (1942)

(2) REINER, M.   Rheologie in elementarer Darstellung
                          VEB Fachbuchverlag, Leipzig (1968)

(3) KLEIN, J.   Zum Mechanismus der Strukturviskosi-
                          tät von Polymeren
                          Chemiker Ztg. 88 (1965), 299-338

(4) VAN WAZER, I.R.   Viscosity and Flow Measurement
                          Intersc.Publ., New York (1963)

(5) SCHURZ, J.   Viskositätsmessungen an Hochpolymeren
                          Verlag Kohlhammer, Stuttgart (1972)

(6) STUART, H.A.   Das Makromolekül in Lösung
                          (Physik der Hochpolymeren Bd. II)
                          Springer-Verlag (1956), 544 ff.

(7) MEYERHOFF, G.   Fortschr. d. Hochpolym. Forschung
                          3/1 (1961), 59

(8) STUART, H.A.   e.c., S. 695 ff.

(9) KRUYT, H.R.   Colloid Science Vol. II
                          Elsevier Publ., New York (1949), 184 ff.

(10) STUART, H.A.   e.c., S. 564 ff.

(11) KUHN, W. und
     KUHN, H.   Helv. Chim. Acta 28 (1945), 1533

(12) BUECHE, F.   J.Chem.Phys. 20 (1952), 1959

(13) KLEIN, J. und   Kolloid Z. u. Z.f.Polymere (1974)
     SCHÄFER, H.G.   - im Druck -

(14) WEISSENBERG, K.   Proc. 1. Intern.Congr.Rheol.,
                          Amsterdam 1948

(15) BRENSCHEDE, E. und   Rheolog. Acta 9 (1970), 130-136
     KLEIN, J.

<u>The pressure-dependence of viscosity and its relation to lubrication</u>

E. K u s s

Though the mechanism of lubrication in human joints today can not be explained fully by elastohydrodynamical effects of a Newtonian lubricant (1), perhaps it is nevertheless useful, to regard shortly the influence of pressure on the lubrication of normal highly-stressed engineering components. I believe, some important suggestions can be received to the rôle of the molecular structure of the lubricant and to the great influence, which small changes in molecular structure can exert to the lubricating effect. After regarding Newtonian liquids it is also possible to estimate the effectiveness of deviations of the Newtonian behavior.
In this regard I believe to make two short remarks :

<u>A) The magnitude of the pressure dependence of viscosity as function</u>

<u>of the molecular structure.</u>

In a first approximation the viscosity of each liquid rises exponentially with increasing pressure. So it can be written :

$$\eta_p = \eta_0 e^{\alpha p} \qquad \text{with} \qquad \alpha = \frac{1}{\eta_p} \left(\frac{\partial \eta_p}{\partial p} \right)_t$$

α is called the viscosity-pressure coefficient. It is defined in an analogous way as the coefficient of compressibility.
The value of α enters into the elasto-hydrodynamic theory of lubrication (EHD-theory), in which only by consideration of the pressure dependence of viscosity and of the elastic distortion of the lubricated contacts the friction and the film thickness can be evaluated in the right order of magnitude.The classical theory of lubrication on the contrary has yielded values for the friction and the film thickness, which are wrong for high loads by a factor hundred or even thousand (2).

In order to recognize relations between the lübricating effect of a substance and the molecular structure of the compound, in the last decennium we have measured the viscosity-pressure behaviour of approximately 500 substances at pressures up to 2000 kp/cm^2. For this purpose two different high-pressure-viscosimeters were developped :

<u>a) a falling-ball viscosimeter for high pressures. (Fig.1)</u>

The substance under investigation is situated within the high pressure autoclave in a glasinlet G. A glaspiston K, ground in the glas-tube with a precision of 2μ , transfers the pressure from the surrounding mineraloil to the substance in the inside of the glasvessel.
By using this glasinlet the substance under investigation can be exchanged in very short time by another measuring substance. The application of a separate glastube in the inside of the high pressure chamber also has the advantage, that no correction is to be made because of the diameterchanging of the autoclave with pressure.
The whole autoclave with the inlet has an inclination of ten degrees related to the vertical (principle of Hoeppler). To repeat the measurement the ball is brought back again to the upper position not in

the usual way by turning the whole pressure chamber about 180 degrees
of angle. This gives troubles because of the thermostated waterbath,
the pressure-pipelines and the electric conductors. Instead of this
a coil M is moved hydraulically along a tube of unmagnetic spezial-
steel. Herewith the ball in the interior of the autoclave and the
glasinlet is transported to the upper position by the core N of soft
steel.
The determination of the transmission time of the ball is attained by
two registering coils R in a distance of 100 mm from each-other. The
ball entering one of the coils effects a detuning of a highfrequency
bridgecircuit. By this an electronic clock with 6 decimals is automatically switched on respectively off. At the end the result is prin-
ted out and the hydraulic of the magnetcoil M again is set in motion,
to repeat the measurement automatically.

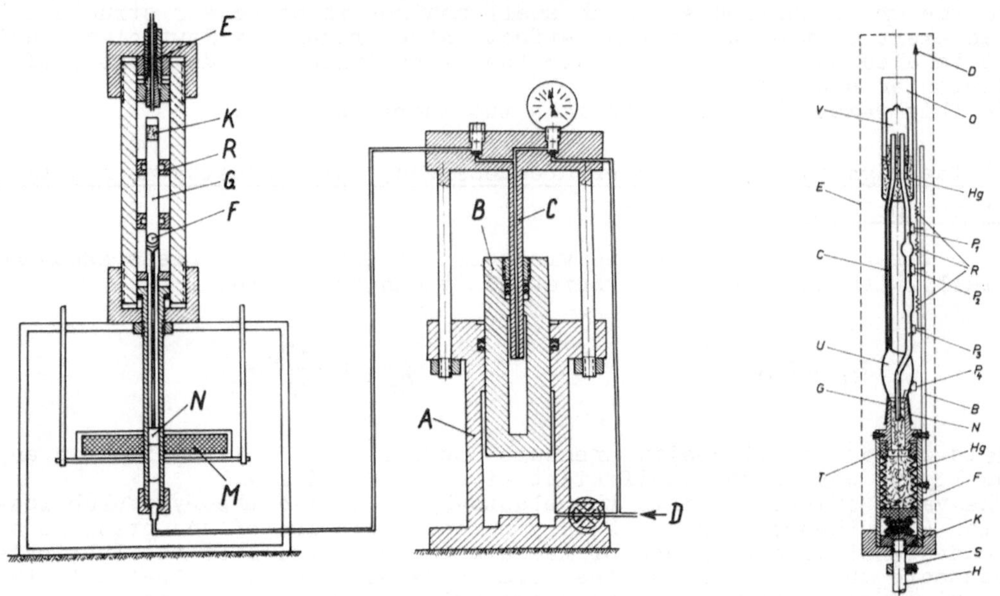

Fig.1 : The principle of the high-pressure
       falling-ball viscosimeter.

Fig.2 : The inlet of
      the HP-capil-
      lary-viscometer.

Pressures up to 2000 kp/cm^2 finally are produced by a self-construc-
ted pressure-transmitter, shown on the left side of Fig.1. It has a
stroke-volume of 450 ml in the high pressure part. At D pressures
till 100 kp/cm^2 are fed in by a motor-driven forpump. In the low-
pressure cylinder A the piston B, which is at the same time cylinder
of the high-pressure side, is moved. The ratio of the areas of the
high pressure piston C, which rests at his position, to low pressure
piston B is 1 : 20, thus getting 2000 kp/cm^2 on the high pressure
side. By this construction the high pressure transmitter has only one
moved part.

b) a high-pressure capillary viscometer (Fig.2).

With this instrument very low viscosities like those of the gases
methane and hydrogen can be measured at high pressures.
In the high pressure autoclave a glas inlet (Fig.2) is built in,

which contains the capillary C and a second extended limb with the measuring volume between the platinum contacts P. By means of an etching joint the inlet is connected with a teflon bellow filled with mercury.

<u>Results</u> : For mineraloils we found that by 2000 kp/cm^2 the viscosity was increased according to the origin and the preparation of the oil by factors between

$$\frac{\eta_{2000}}{\eta_1} = 30 \ldots \ldots 20000$$

Corresponding to this the viscosity-pressure coefficient α amounts between $\alpha \cdot 10^3 = 1,7 \ldots \ldots 5,0$.
In face of these very strong differences it suggests itself, to examine chemically pure substances with known molecular structure, to see, which parameter of molecular structure is responsible for the very high pressure dependence of viscosity.
To this only some examples :
<u>The chainlength of the molecule</u> effects -the first members of an homologeous series excepted- only the absolute value of viscosity but not the pressure coefficient α . Plotting the logarithm of viscosity in dependence of pressure by variation of chainlength straight lines parallelly displaced to eachother are received.

<u>Sidegroups of different size.</u> The existence of functional groups like Cl, OH, C=O or of greater alkyl- and cyclic groups, specially in the side branch of the molecule, increases the viscosity-pressure-coefficient in a remarkable manner. The geometric structure of the molecule plays a decisive part. This is shown in Fig.3 on cyclohexylmalonic-acid-diester for example.

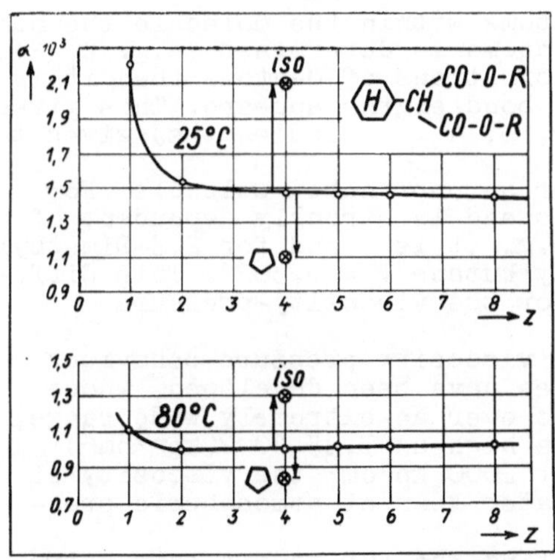

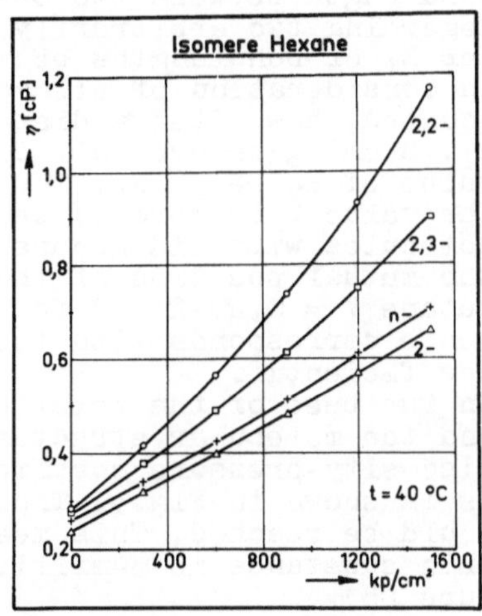

<u>Fig.3 : The viscosity-pressure coefficient of cyclohexylmalonicacid-diesters with different chainlength and branched endgroups.</u>

<u>Fig.4 : The viscosity-pressure behaviour of isomeric hexenes.</u>

At 25 and 80 $^\circ$C the viscosity-pressure coefficient α is beginning from ethylgroup independent of the chainlength. Replacing the n-buthylgroup by the isobuthylgroup the molecule becomes more bulky and therefore α increases remarkably. Interchanging the cyclohexyl- with a cyclopentylgroup gives a diminution of α.
For the homologeous series of these substances α is approximately $1{,}5 \cdot 10^{-3}(\text{kp}^{-1}\text{cm}^2)$. This corresponds to $\eta_{2000}/\eta_1 = 20$.

<u>The position of sidegroups within the molecule</u> : The position of sidegroups also plays an important part for the viscosity-pressure behaviour as it can be seen e.g. on 2,2- and 2,3-Dimethylhexene in Fig.4.
To characterise the geometric arrangement of sidegroups within the molecule in connection with the description of α in an earlier publication (3) for the "molecular degree of branching" V the following definition was proposed :

$$ V = \frac{\bar{R}_n^2}{\bar{R}_v^2} - 1 $$

Herein $\bar{R}_n^2$ and $\bar{R}_v^2$ are the mean square radii for the branched molecule (Index v) and the corresponding unbranched molecule (Index n) with the same number of C-atoms. The values of $\bar{R}_n^2$ and $\bar{R}_v^2$ can be calculated according to K. Altenburg (4) by :

$$ \bar{R}^2 = \frac{a_1^2}{N^2} \sum_{i=1}^{Z} n_i \left[2Z_i + \frac{3}{2}\left(\frac{1}{3}\right)^{Z_i} - \frac{3}{2} \right] $$

N is the total number of all C-atoms in the molecule and a_1 the bondlength between two C-atoms.
Regarding two arbitrarily chosen C-atoms within the molecule the number Z_i of bondlengths between these atoms is determined (e.g. $Z_i=2$). In consideration of all possible combinations of C-atoms then it is counted, how often a distance of two bondlengths appears. This gives n_i. Summing up over all distances (2, 3, 4 . . bondlengths) gives the value of R_v resp. R_n.
The value V is zero by definition for an unbranched molecule. For molecules with sidegroups V increases and is strongly dependent of the mutual position of the groups, e.g. it is found for 2,3-Dimethylbutane V = 0,2972 and for 3,3-Dimethylbutane V = 0,3628. This difference corresponds with those found for the viscosity-pressure coefficient α.
On the base of the relations between viscosity-pressure behaviour and the molecular structure substances have been developed, whose viscosity-pressure coefficient α varies over an extremely wide range, as is shown in Fig.5. Thus α values as high as $7{,}95 \cdot 10^{-3}(\text{kp}^{-1}\text{cm}^2)$ could be reached. This means, that at 2000 kp/cm^2 the viscosity of this substance is 8-million-fold greater than at atmospheric pressure (5).
For lubrication purposes and for testing the EHD-theory this extremely strong pressure-dependence of viscosity is of interest (6). To study the different influences effecting the lubrication individually an
<u>apparatus for measuring lubrication and wear at allround high pressure</u>
was constructed.
Within a high pressure autoclave a rotating steelball is pressed

with a known force against 3 other bearingballs. The loadforce is
measured by a wire strain gauge. The torsion moment is determined with
a special method within the high-pressure autoclave independent of
the friction within the stuffing box.
The rotational speed, the temperature and the load can be varied independent of each other. Furthermore without changing the testsystem
or the lubricant the viscosity can be increased over decimal powers
of ten by the hydrostatic pressure as was shown in Fig.5.
In Fig.6 the wear, characterised by the wear-cup diameter d_k, is
shown under constant load of 120 kp as function of the hydrostatic
pressure. At a certain pressure and herewith a certain viscosity there
is an abrupt transition from the high wear position to vanishing
wear. This limit of hydrodynamic lubrication shifts with the rotational speed.
In similar manner the abrupt transition from high to low wear at a
definite pressure can be shown in dependence of load, holding constant
the speed and the other parameters. Also friction can be measured and
finally the load can be raised untill a sudden welding of the balls
occurs.

	ρ_{40} [g/cm³]	η_{40} [cP]	$\alpha_{40}\cdot10^3$ [at⁻¹]
H_3C-O-◯	0,9757	0,768	0,54
hydriert $-$◯H	0,8479	0,764	0,71
$H-O-$◯	1,0586	5,054	(0,81) Fest
hydriert $-$◯H	0,9339	22,7	1,51
H_3C-O-◯$-\overset{CH_3}{CH}-$◯	1,0293	5,86	1,36
hydriert $-$◯H	0,9191	7,26	2,02
$H-O-$◯$-\overset{CH_3}{CH}-$◯	1,0741	80,0	2,61
hydriert $-$◯H	0,9583	842	3,56
H_3C-O-◯$-\overset{CH_3}{CH}-$◯, $H_3C-\underset{H}{C}-$◯	1,0441	102,0	3,86
hydriert $-$◯H	0,9403	859,0	6,09
$H-O-$◯$-\overset{CH_3}{CH}-$◯, $H_3C-\underset{H}{C}-$◯	1,0719	513	4,15
hydriert $-$◯H	0,9616	42 200	7,95

<u>Fig.5 : Substances with extreme
viscosity-pressure dependence.</u>

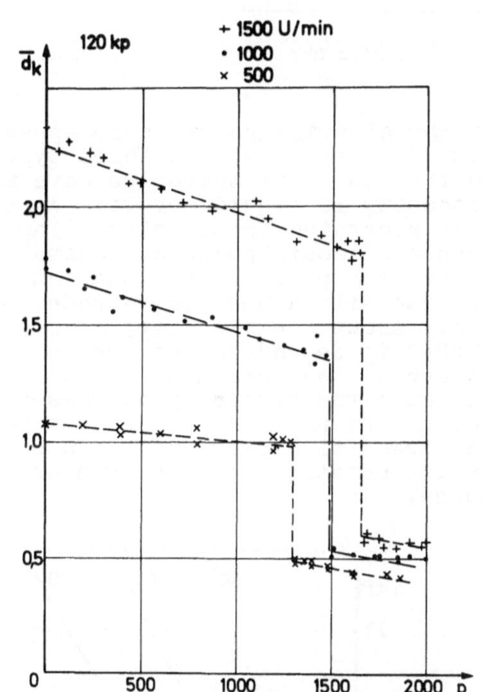

<u>Fig.6 : The change of wear, cau-
sed by the influence of pressure
on viscosity.</u>

With another inlet,at last,variations with sherrate and deviations
of Newtonian behaviour can be studied.

B) The viscosity of liquid crystals .

Contrary to the above treated influences of molecular structure there
is sometimes the possibility, that the mutual arrangement of the molecules itself have a decisive influence on the magnitude of viscosity. This may be my second remark.
The liquid crystals have recently gained a special importance, since
substances with melting- and clearing-temperatures in the region of
roomtemperature are available. Possible applications exist as solvents
in IR-spectrometry, in nuclear magnetic resonance, in television techniques, where liquid crystals can replace the screen valve, and in
medicine, to prove locally raised temperatures. The molecules of liquid crystals are long extended and in the liquid crystal phase between
melting- and clearing-temperature arranged in a characteristic manner.
There are the following three types :

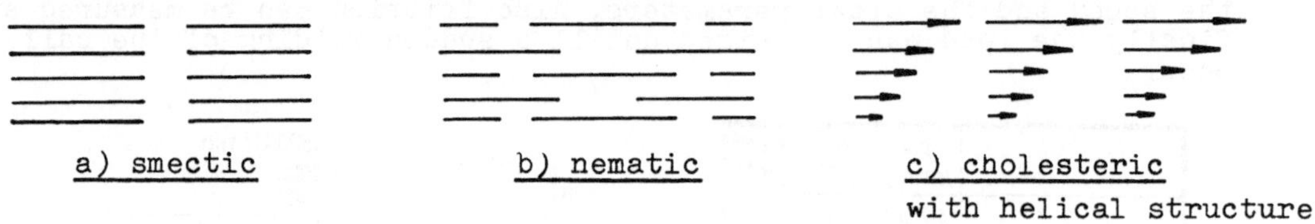

<u>a) smectic</u>   <u>b) nematic</u>   <u>c) cholesteric</u>

with helical structure

At the clearing point there appear characteristic changes in viscosity different for the three types of liquid crystals (7).
In the last five months we have measured the pressure dependence of
viscosity in liquid crystals at several temperatures. We have found,
that according to the state-diagram the transition of liquid crystal
phase/isotropic phase at constant temperature can be effectuated only
by varying pressure and that at the transition point abrupt changes
of viscosity appear in dependence of pressure.
Fig.7 shows the viscosity of p-Methoxybenzylidene-n-butylaniline
(MBBA) in dependence of pressure at several temperatures. At lower
pressures the substance is in the isotropic phase. At 50 °C for
instance the viscosity decreases sharply at 145 kp/cm^2, thereafter
-at higher pressures- the substance is in the nematic phase. At 90 °C
the transition-pressure amounts 1285 kp/cm^2. It is remarkable, that
in the nematic phase the viscosity is lower than in the isotropic
phase.

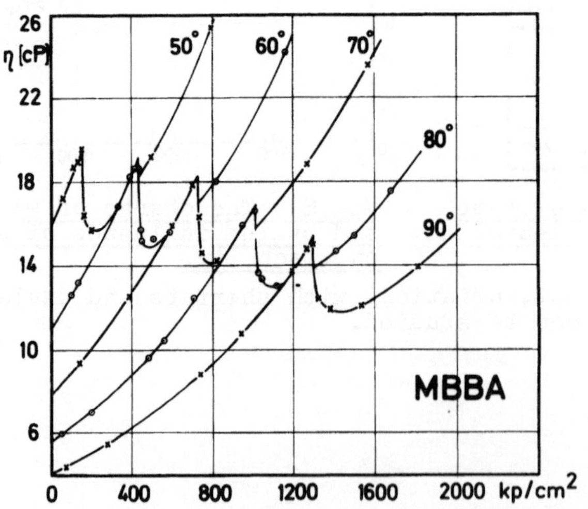

<u>Fig.7:</u>

The η-p behaviour

<u>of p-Methoxybenzy-</u>

<u>lidene-n-butylani-</u>

<u>line. (MBBA)</u>

A completely different course is found for a substance with transition from the isotropic to the cholesteric phase. For example in Fig.8 the pressure-viscosity-isotherms of cholesteryl-oleyl-carbonate are shown. At 50 °C for instance there is a sharp peak at 552 kp/cm^2, -the same pressure as found in the state-diagram for the transition isotrop/cholesteric- and at 70 °C there is one at 1000 kp/cm^2. After completion of the transition the viscosity in the cholesteric phase is continued in the magnitude of the isotropicphase and with the same expected pressure dependence.
The height of the viscosity peaks increases with increasing pressure and within the peaks there seem to be remarkable deviations from Newtonian behaviour.

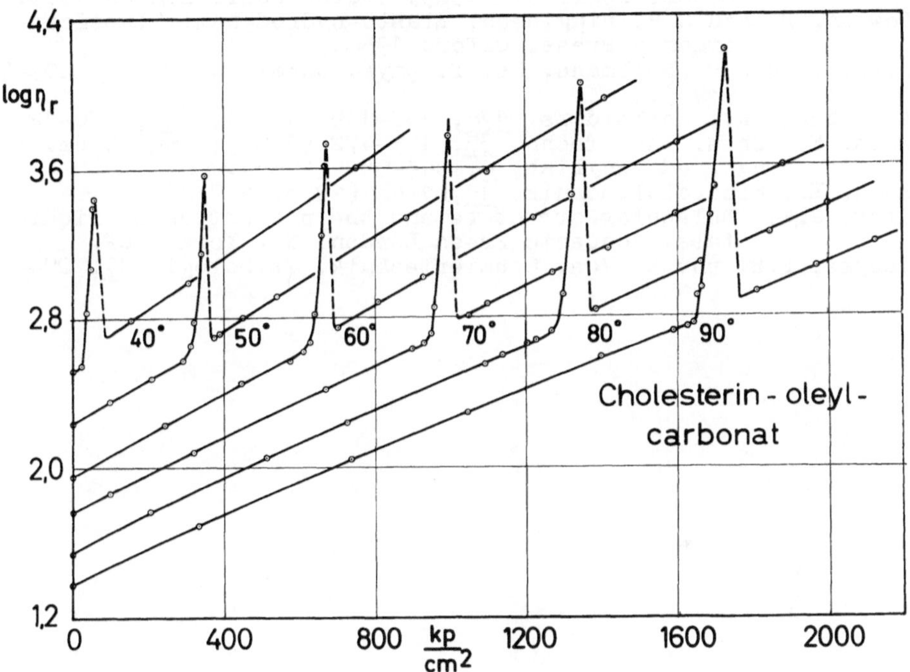

<u>Fig.8 : The viscosity-pressure-behaviour of cholesteryl-oleyl-carbonate (relative values)</u>

With regard to the diagrams it should be remarked, that the logarithm of viscosity is presented in connection with the relation
$$\eta_p = \eta_o \, \exp(\alpha p).$$
The viscosity itself changes at the transition point by a factor 10 and more. At the transition isotropic/smectic finally the viscosity changes abruptly by several powers of ten.
In some cases also the viscosity becomes anisotrop, that means it is very highly dependent of the direction of motion.
In the literature (1, 8) there is shown, that in human joints with small surface velocities and reciprocating points the lubrication

can not be pure hydrodynamic and that viscoelastic properties and anisotrop behaviour may play an important rôle. - Therefore the unusual properties of the liquid crystals may perhaps be of interest, particulary since it is also known, that substances with liquid crystal character exists in biological systems.

<u>Literature</u>

1) Wright, V., Lubrication and wear in joints. Proceedings of a symposium organized by the Biological Engineering Soc. Leeds, April 17 (1969) Sector Publ. London 1969.
2) Dowson, D. and G.R. Higginson, Elasto-hydrodynamic lubrication. Pergamon Press, Oxford 1966.
3) Kuss, E. und P. Pollmann, Zs. f. phys. Chemie N. F. <u>68</u>, 205-227 (1969).
4) Altenburg, K., Kolloid Zs. <u>178</u>, 112-119 (1961); <u>217</u>, 120-125 (1969).
5) Kuss, E., Chem. Ing. Techn. <u>37</u>, 465-472 (1965); Ang. Chem. internat. ed. english, 4, 944-950 (1965).
6) Kuss, E., Mineralöltechnik. <u>18</u>, 1-48 (1973, H 7/8).
7) Gray, G.W., Molecular structure and the properties of liquid crystals. Academic Press London, New York 1962.
8) Theyse, F.H. und R. Vos, Schmiertechnik, Tribologie <u>17</u>, 274-278 (1970).

Zur Adsorption makromolekularer Stoffe

E. Killmann

Die Polymeradsorption an Feststoffen aus ihren Lösungen ist nicht
nur von rein akademischem Interesse, sie ist vielmehr ein wichtiger
grundsätzlicher Effekt für eine Reihe von Anwendungen: Für die Adhäsion und Kohäsion, d.h. die Haftung von Kunststoffschichten und
Lacken, für die mechanisch elastischen Eigenschaften von gefüllten
und verstärkten Polymermassen, für die Stabilität und Viskosität
von kolloiden Suspensionen, für die Chromatographie von Polymeren
und nicht zuletzt im med. biolog. Bereich im Zusammenhang mit enzymatischen Reaktionen, mit trägerfixierten Enzymen, mit makromole-
kularen Trägern (carrier), mit der Struktur von Zellmembranen und
deren Wirkung und mit Problemen bei der Arzneimittelherstellung,
-verabreichung (Tabletten, Pasten, Cremes, Lotions) und -wirksam-
keit.

Die Fähigkeit des Makromoleküls aufgrund seiner großen Zahl gleicher
Segmente mehrfache Bindungen mit der Oberfläche einzugehen und die
Beweglichkeit der Segmente unterscheiden das Adsorptionsverhalten
der Makromoleküle von dem kleiner Moleküle beträchtlich. Als Extrem-
modelle der auf der Basis dieser Eigenschaften resultierenden Konformation der adsorbierten Makromoleküle lassen sich diskutieren (1-5):

1. Das mit vielen Haftstellen gebundene, flach aufliegend an die
   Oberfläche angeschmiegte Makromolekül

2. das borstenförmige mit nur einer oder sehr wenigen Endhaftstellen
   gebundene Makromolekül

3. das schlaufenförmig adsorbierte Makromolekül, bestehend aus adsorbierten Segmentgruppen (Brücken) und aus Segmentgruppen, die
   in die Lösung hineinragen (Schlaufen).

4. das knäuelförmige mit einigen Segmenten adsorbierte Makromolekül,
   das seine Form in Lösung mehr oder weniger beibehält.

Für die Beschreibung der Eigenschaften niedermolekularer Adsorptions-
systeme genügt es, zumeist die Adsorptionsisothermen und deren Tem-
peratur-Abhängigkeit (Clausius-Clapeyron-Isostere Enthalpie) zu kennen. Für die makromolekulare Adsorption ist daneben die Struktur der
Adsorptionsschicht bzw. die Konformation der adsorbierten Makromoleküle ein weiteres wichtiges Kriterium zur vollständigen Erfassung
der Eigenschaften der Schicht (5). Eine direkte Strukturermittlung
(etwa durch Röntgenbeugung, Elektronenmikroskopie u.ä.) ist bis jetzt
nicht bekannt. Repräsentative Größen zur Kennzeichnung der Struktur
sind die Dicke und die Konzentration der Adsorptionsschicht, die
Zahl der Haftstellen pro adsorbiertes Makromolekül und die Adsorptionsenthalpie.

Als geeignete Untersuchungsmethoden für die Ermittlung der einzelnen Parameter sind zu nennen:

a) Die Dicke der adsorbierten Schicht und deren Polymerkonzentration
   kann voraussetzungslos mit der Ellipsometrie erhalten werden (6-10).
   Daneben kann noch auf Dicken-Bestimmungen durch Viskositätsunter-
   suchungen in kapillaren Adsorptionssystemen hingewiesen werden,
   wobei die Radienverengung der Kapillare durch die Dicke der ad-

sorbierten Schicht erfaßt wird (11-15).

b) Die mittlere Zahl der Haftstellen am Adsorbens bzw. die mittlere Zahl der gebundenen Monomereinheiten der Polymerkette läßt sich in einigen Fällen quantitativ aus spektrometrischen IR-Messungen der bei der Adsorption beanspruchten bzw. verschobenen Banden der Oberflächengruppen des Adsorbens oder/und des adsorbierten Polymeren bestimmen (8, 16-24).

c) Durch direkte kalorimetrische Messungen der Adsorptions- und Immersionswärmen läßt sich unter Berücksichtigung der Adsorptionsisotherme und durch Vergleich mit niedermolekularen Substanzen ähnlicher chemischer Gruppierung die Bindungsenthalpie der adsorbierten Segmente und auch der Haftstellenanteil erhalten (25).

Es ist erkennbar, daß die in den jeweiligen Systemen vorliegenden spezifischen Wechselwirkungen zwischen Adsorbens und Polymer, Adsorbens und Lösungsmittel bzw. Polymer und Lösungsmittel, evtl. auch zwischen Polymer und Polymer, die miteinander energetisch konkurrieren entscheidend für die Adsorption, d.h. für die Konformation und die Bindungsstärke sind. Die Untersuchung der Einflußnahme dieser Wechselwirkungen durch gezielte Variation der Systeme Polymer-Lösungsmittel-Adsorbens ist deshalb von vorrangigem Interesse. Mögliche variierbare Größen sind die Polymerart, -zusammensetzung, -struktur und das Molekulargewicht, die Art des Lösungsmittels, die Temperatur und die Adsorbensart, neben der selbstverständlich notwendigen Variation der Konzentration zur Isothermenermittlung; in Polyelektrolytsystemen darüberhinaus die Variation von Ladung und Ionenstärke durch pH und Salzgehalt.

Im folgenden werden nun die angeführten Methoden kurz skizziert und über einige Experimente und Ergebnisse berichtet, die an verschiedenartigen Systemen gewonnen wurden.

A. Dicke und Konzentration polymerer Adsorptionsschichten.

Bei der Ellipsometrie dünner Schichten wird an einem Spiegel (Chrom, Quarz, Glas usw.) elliptisch polarisiertes Licht reflektiert. Der Spiegel ist zugleich das Adsorbens. Nach der Reflektion ist der Polarisationszustand gegenüber dem des einfallenden Lichtes verändert. Diese Amplituden- und Phasenänderung ist durch die optischen Eigenschaften des Untergrundspiegels bzw. der Adsorbensoberfläche gegeben. Wird die Oberfläche zusätzlich von einem transparenten Adsorptionsfilm bedeckt, so tritt eine zusätzliche Änderung im Polarisationszustand ein, aus der sich der Brechungsindex bzw. die Konzentration und die Dicke des adsorbierten Films bestimmen lassen. Die Adsorption der untersuchten Polymeren Polystyrol, Polyäthylenglycol und Polyvinylpyrrolidon (Abb. 1) erfolgte an Chromspiegeln, die durch Hochvakuumbedampfung von Quarz- bzw. Glasplatten hoher optischer Ebenheit hergestellt werden (9, 10).

Substanzen Abb. 1

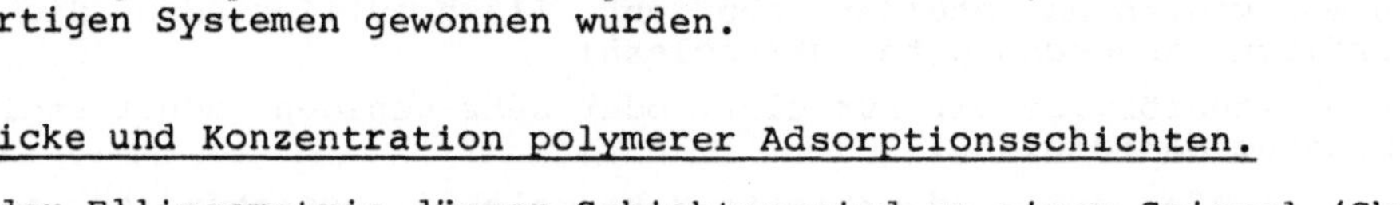

POLYSTYROL   POLYÄTHYLENGLYCOL   POLYVINYLPYRROLIDON

I. Polystyrol

Die Isothermen zeigen einen Anstieg von Menge und Dicke sowie einen Abfall der Konzentration mit steigender Polymerkonzentration in der Lösung (Abb. 2). Auch bei der höchsten Polymerkonzentration wird noch kein endgültiger Sättigungswert erreicht. Die Deutung für dieses Konzentrationsverhalten ist in einer Strukturänderung der Adsorptionsschicht zu suchen.

In einem ersten Schritt lagert sich das in der Lösung als statistisches Polymerknäuel vorliegende Makromolekül diffusionsbestimmt mit wenigen Haftstellen am Metallspiegel an, um sich in einem zweiten Folgeschritt zu entknäueln und auf der Oberfläche unter Tätigung weiterer Haftstellen auszubreiten. Die Folge davon sind sehr flache hochkonzentrierte Adsorptionsschichten, wie sie bei den niedrigsten Lösungskonzentrationen (0,01, 0,05 mg/ml) zu beobachten sind. Relativ wenigen Makromolekülen, die sich direkt am Adsorbens aufhalten, stehen viele Haftstellen zur Verfügung, die ungehindert besetzt werden können. Bei höherer Lösungskonzentration ist die im Gleichgewicht höhere Dicke und geringere Polymerkonzentration auf die Konkurrenz durch die anderen Makromoleküle zurückzuführen, die den Ausbreitungsvorgang nur bedingt zuläßt und deshalb zu höheren Schichtdicken und geringeren Konzentrationen führt.

Trägt man die Schichtdicken bei der höchsten gemessenen Konzentration 5 mg/ml nach $d_{rms} = K \sqrt{M}$ auf, so ergibt die Abbildung, daß diese Wurzelbeziehung gut erfüllt ist und danach das Polymere im Sättigungsbereich als Θ-Knäuel adsorbiert ist (Abb. 3).

Welch starken Einfluß die verschiedenen spezifischen Wechselwirkungen auf die Adsorption haben, zeigt die Tatsache, daß aus den gegenüber Cyclohexan besseren Lösungsmitteln Methyläthylketon und Dioxan keine Adsorption des Polystyrols ellipsometrisch festzustellen ist (s.a.26). Offenbar ist die Enthalpiebilanz, die sich aus der Bindung Polymersegment Oberflächenplatz einerseits, der Desorption des Lösungsmittels von diesem Platz und der Desolvatation des Lösungsmittels vom Polymersegment andererseits ergibt, ungünstig für die Adsorption.

II. Polyäthylenglycol

Die mit Polyäthylenglycol (PÄG) aus Wasser und Methanol durchgeführten ellipsometrischen Messungen am gleichen Adsorbens ergeben, daß das polare Polyäthylenglycol in gänzlich anderer Weise adsorbiert ist als das apolare Polystyrol.

Wie die Abb. 4 zeigt, adsorbiert das PÄG im gesamten Bedeckungsbereich in flacher, entknäuelter Konformation mit einer Schichtdicke < 30 A$^{\circ}$ (Abb. 4). Der errechnete Brechungsindex 1,48 der Schicht entspricht dem des reinen Polymeren, d.h. in der Schicht liegt praktisch reines Polymer vor.

Diese flache Auflage ist zurückzuführen

a) auf die hohe Energie der adsorptiven Wasserstoffbrückenbindung zwischen den Polyäthylenglycolsegmenten und den OH-Gruppen der Chromoberfläche

b) auf die gestreckte oder die mäanderförmige Konformation der Polyäthylenglycolkette in der Lösung (H_2O) selbst.

III. Polyvinylpyrrolidon

Trotz der Möglichkeit wie PÄG, H-Brücken mit den OH-Gruppen der
Chromoberfläche einzugehen, wird Polyvinylpyrrolidon demgegenüber
in wesentlich höheren Schichtdicken (350 - 450 Å) adsorbiert und die
Konzentration der Schicht ist gegenüber PÄG sehr viel geringer (Abb. 5).
Maßgebend können sein:

a) unterschiedliche Bindungsenergien der H-Brücken von PÄG und PVP,
   bedingt durch unterschiedliche Bindungsabstände

b) unterschiedliche Solvatationswechselwirkung mit dem Lösungsmittel
   als Konkurrenzeffekt

c) unterschiedliche, auf die Solvatationswechselwirkung zurückzu-
   führende Struktur in Lösung

d) möglicherweise auch die höheren mittleren Polymerisationsgrade
   von PVP K 90 ($\bar{P}$ = 16.000) gegenüber PÄG 40 000 ($\bar{P}$ = 920) und
   die breite Molekulargewichtsverteilung.

B. Haftstellenzahl

Die infrarotspektrometrischen Messungen der Haftstellenzahl erfordern ebenso wie die kalorimetrischen Messungen der Adsorptionsenthalpie Adsorbentien hoher spezifischer Oberfläche bzw. mit einer großen
Zahl von adsorptionsfähigen Oberflächengruppen um ausreichende,
quantitativ auswertbare Meßeffekte zu erzielen (24).

Deshalb wurde als Adsorbens Aerosil verwendet, ein fein verteiltes
amorphes Siliziumdioxid, dessen spezifische Oberfläche bei 200 $\pm$
25 m^2/g liegt, und dessen Oberfläche, wie die Elektronenmikroskopie
nachweist, sehr glatt und ohne Poren ist und sich deshalb als Modell-
adsorbens besonders eignet. Das vorbehandelte Aerosil zeigt eine
starke Absorptionsbande der Hydroxylgruppen bei 3.695 cm^{-1}, die mit
zunehmender Belegung durch adsorbierende Substanzen verschwindet,
wobei an ihrer Stelle eine Bande der für die Bindung verantwortlichen Wasserstoffbrücken bei 3.300 cm^{-1} auftritt (Abb. 6).

Adsorbiert wurden an diesen Adsorbentien die Polyäthylenglycole verschiedenen Molekulargewichts und zum Vergleich einige niedermolekulare Substanzen wie Äthylenglycol, Äthylalkohol, Diäthyläther, Äthylen-
glycoldiäthyläther. Die adsorbierten Mengen wurden aus der Konzentra-
tionsdifferenz der überstehenden Lösung gegenüber der Einwaagekonzen-
tration errechnet. Einige typische Isothermen sind in der Abbildung
aufgeführt (Abb. 7).

Die Konzentrationsbestimmung der Lösung erfolgte aus der IR-Extink-
tion der CH-Valenzschwingung bei 2900 cm^{-1}. Bemerkenswert ist der
steile Anstieg der Adsorptionsisothermen der Polymeren, der die hohe
Affinität der Polymeradsorption aufzeigt.

Zur Ermittlung der Haftstellenzahl wird in Abb. 8 die Extinktion
der für die adsorptiven Bindungen verantwortlichen Wasserstoffbrük-
ken gegen die adsorbierte Menge aufgetragen (Abb. 8). Die Extinktion
der H-Brücken nimmt mit steigender Belegung in immer geringerem Maße
zu.

In den Fehlergrenzen entsprechen die Sättigungsextinktionen der Poly-
äthylenglycole 600 und 6.000 der Sättigungsextinktion der monomeren
Vergleichssubstanz Äthylenglycol. Das bedeutet, daß die Zahl der
Haftstellen für alle Substanzen in der Sättigung nahezu gleich ist.
Nimmt man an, daß das niedermolekulare Äthylenglycol in der Sättigung
pro adsorbiertes Molekül eine Haftstelle zur Oberfläche tätigt, so

ergibt sich eine Haftstellendichte bzw. OH-Gruppendichte von 2,74
Haftstellen bzw. OH-Gruppen pro 100 $\overset{\circ}{A}{}^2$, in guter Übereinstimmung
mit Literaturwerten (27).

Aus dem Anfangsanstieg der Extinktion der Polymeren folgt, daß durchschnittlich jede zweite Monomereinheit des Makromoleküls in der Konformation bei niedrigen Bedeckungen gebunden sein muß.

Mit fortschreitender Bedeckung nimmt dann aufgrund des Extinktions-
verlaufs diese extrem hohe Haftstellenzahl ab, d.h. diese, wie das
Molekülmodell zeigt, flachstmögliche Konformation geht in eine weniger angeschmiegte Konformation über. Das Verhältnis der nicht direkt an die Oberfläche gebundenen Segmente (Schlaufen) zu den an die
Oberfläche gebundenen Segmenten (Brücken) beträgt dann höchstens
vier.

C. Adsorptionsenthalpie

Für die gleichen Polymer-Lösungsmittel-Adsorbens-Systeme wurden die
Adsorptionswärmen direkt in einem isoperibolischen Kalorimeter
(LKB-8700 Precision Calorimetry System) gemessen. Die Abb. 9 zeigt
den Verlauf der erhaltenen Enthalpiewerte mit der adsorbierten Menge,
der in der Charakteristik dem entsprechenden Verlauf der Wasserstoff-
brücken-Extinktion entspricht. Legt man den aus den IR-Messungen erhaltenen Wert von 2,74 OH/100 $\overset{\circ}{A}{}^2$ zugrunde, so ergibt sich aus der
Immersionsenthalpie von 9 cal/g für die Bindungsenthalpie 9,9 Kcal/
Mol OH-Gruppen der Oberfläche. Dieser Wert ist in guter Übereinstimmung mit Enthalpiewerten der Wasserstoffbrücken von Hydroxylgruppen in der Literatur.

Aus den Enthalpiewerten und -verläufen kann wieder gefolgert werden,
daß in der Anfangskonformation etwa jedes zweite Segment und in der
Sättigung jedes vierte Segment an der Adsorbensoberfläche gebunden
sein muß. Dies steht in Übereinstimmung mit dem IR-Ergebnis und bedeutet, daß das Polyäthylenglycolmolekül sehr flach auf der Adsorbensoberfläche adsorbiert ist, wie die ellipsometrischen Schicht-
dickenmessungen nachgewiesen haben.

D. Ausblick auf Polyelektrolyte

Neben die mit der eigentlichen Bindung konkurrierenden Wechselwirkungen der Solvatation und Benetzung tritt bei Polyelektrolyten die
elektrostatische Abstoßung der Ladungen. Über den Einfluß dieser
elektrostatischen Wechselwirkung auf die Konformation der adsorbierten Makromoleküle liegen nach meinem Wissen keine Untersuchungen
vor. Festgestellt wurde aber, daß die adsorbierte Menge von geladenen Polymeren wie Polyacrylsäuren und Polysulfonsäuren bei Erhöhung
der Ionisation bzw. der Ladungsdichte des Polyelektrolyten durch
Steigerung des pH-Wertes stark abnimmt (28) und bei Proteinen eine
Beziehung zum isoionischen Punkt besteht (29, 30). Bei sehr hohem
pH soll danach kein Polymer mehr adsorbiert sein. Eigene Messungen
wurden an einem Polyelektrolyten, der durch Adsorption von Blanko-
phor an Polyvinylpyrrolidonmolekülen in variierender Ladungsdichte
hergestellt wird, in Lösung durchgeführt. Es zeigte sich durch
Lichtstreuungs-, Viskositäts- und Ultrazentrifugenmessungen in Verbindung mit Elektrophorese- und Leitfähgikeitsmessungen, daß bei
Erhöhung der Ladungsdichte eine Vergrößerung des wirksamen Knäuel-
volumens und eine Streckung des geladenen Makromoleküls durch die
intramolekularen elektrostatischen Abstoßungen zwischen den geladenen Segmenten auftritt (31, 32). Zwischen den Makromolekülen tritt
auch eine intermolekulare elektrostatische Abstoßung auf, die zu einer

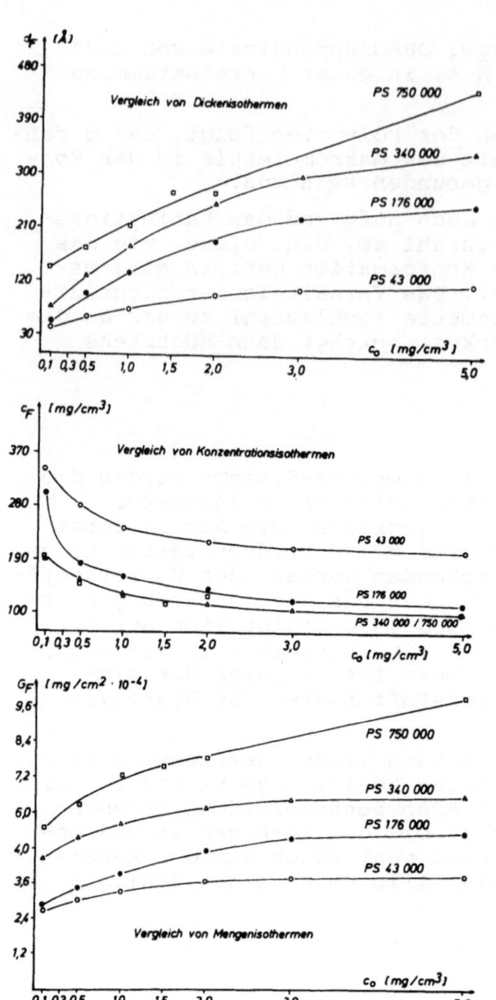

Abb. 2: Adsorptionsisothermen von
Polystyrol/C_6H_{12}/37°C

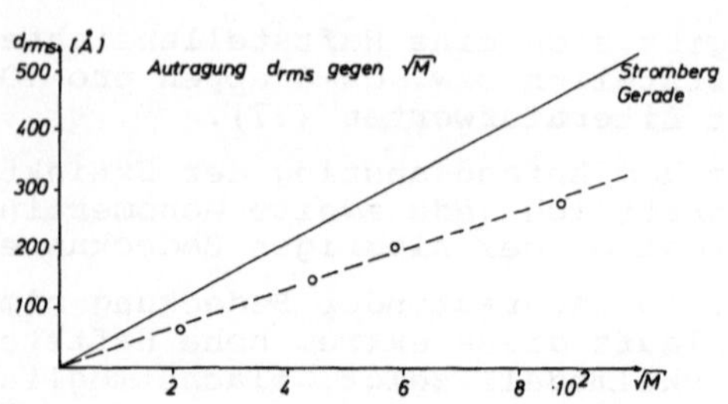

Abb. 3: Molekulargewichtsabhängig-
keit der Sättigungsmengen
von Polystyrol/C_6H_{12}/37°C

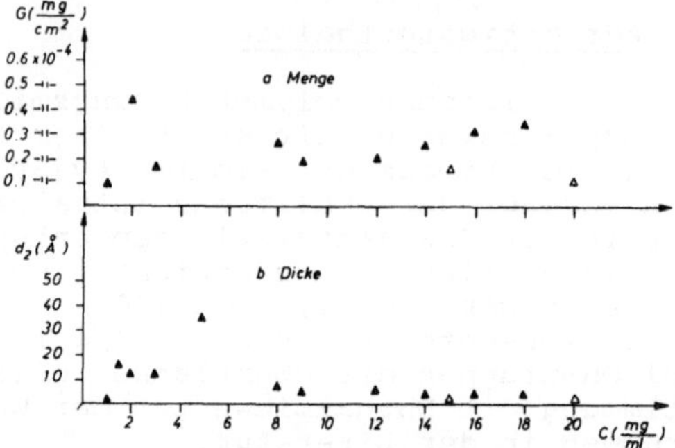

Abb. 4: Adsorptionsisothermen von
Polyäthylenglycol/H_2O/25°C

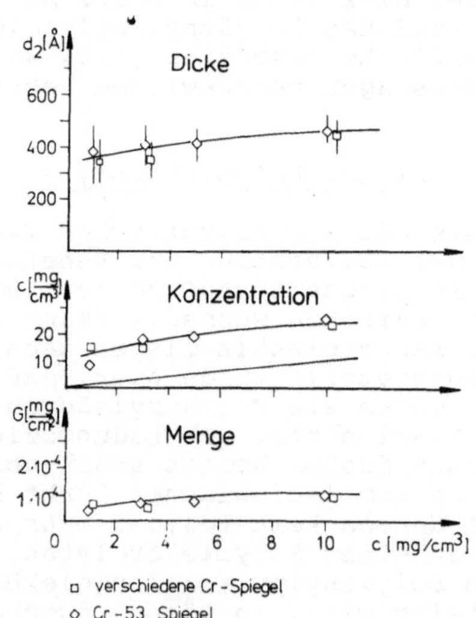

Abb. 5: Adsorptionsisothermen von
Polyvinylpyrrolidon/
H_2O/25°C

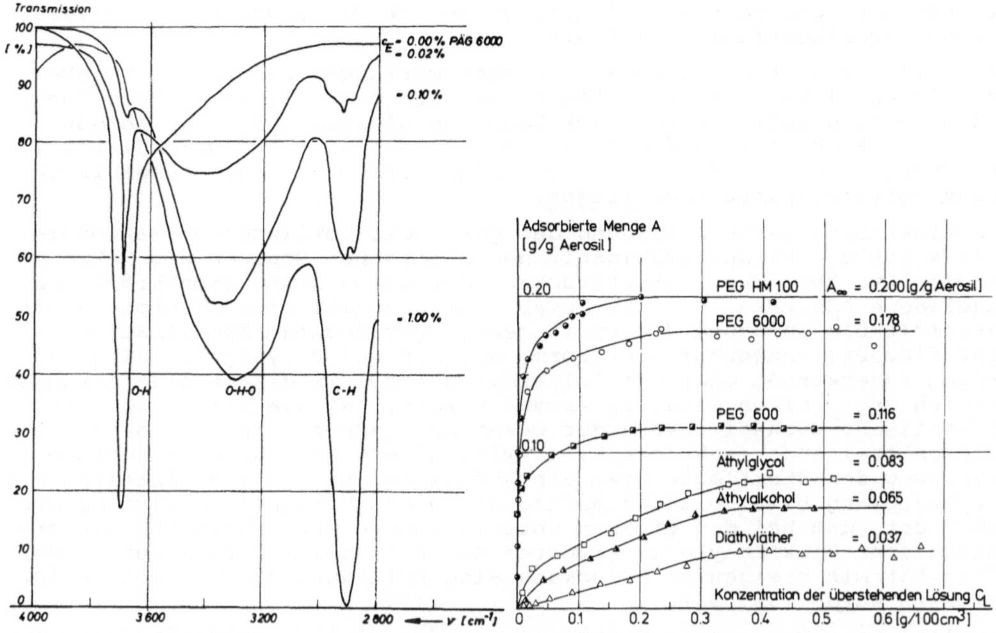

Abb. 6: IR-Spektrum von Poly-
äthylenglycol/Aerosil/CCl$_4$

Abb. 7: Mengenisothermen
Aerosil/CCl$_4$/25°C

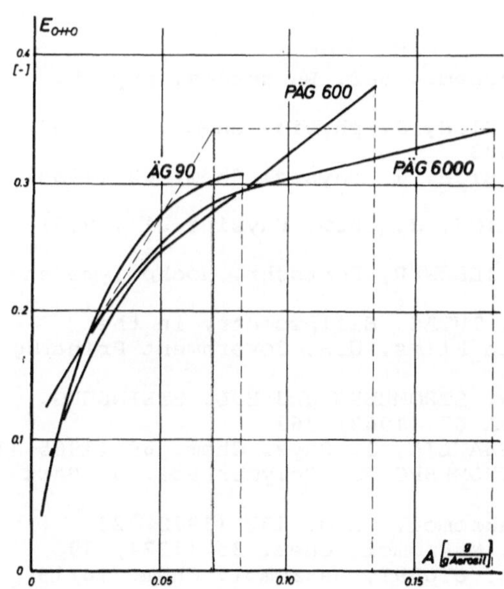

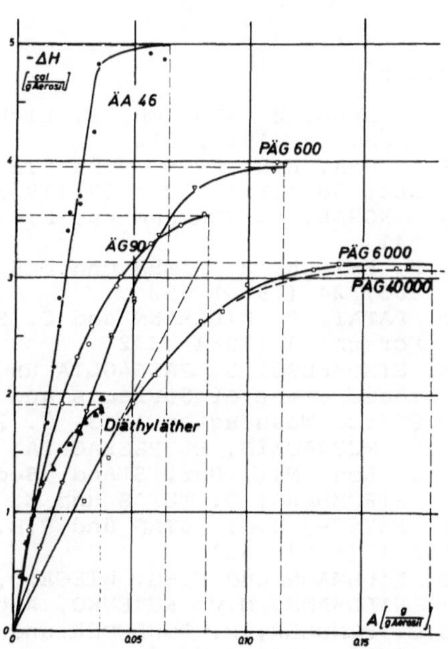

Abb. 8: Extinktion:
Aerosil/CCl$_4$/25°C

Abb. 9: Adsorptionsenthalpie:
Aerosil/CCl$_4$/25°C

Erhöhung des die zwischenmolekularen Wechselwirkungen charakterisie-
renden Virialkoeffizienten führt.

Die intra- und intermolekularen Wechselwirkungen werden bei Zugabe
von niedermolekularem Fremdelektrolyt, wie es im Debye-Hückelschen
Abschirmungsgesetz zum Ausdruck kommt, erniedrigt. Dadurch werden
bei hoher Elektrolytzugabe sogar Dimensionen der Makromolekülknäuel
in Lösung erreicht, die unter der Größe der ungeladenen Ausgangssub-
stanz Polyvinylpyrrolidon liegen.

Die elektrostatische Aufladung des gestreckt vorliegenden Makromoleküls setzt die Bindungsfähigkeit der chemischen Gruppen des Makromoleküls etwa über Wasserstoffbrücken oder durch Dispersionskräfte an
ungeladene Adsorbenten nicht herab. Damit sollte eine Adsorption der
Makromoleküle aufgrund der vorliegenden gestreckten Konformation in
sehr flacher, angeschmiegter Form, wie sie bei Polystyrol bei niedrigen Bedeckungen oder bei Polyäthylenglycol im gesamten Bedeckungsbereich angetroffen wird, zu erwarten sein. Ist die abstoßende elektrostatische Wechselwirkung der benachbart adsorbierenden Makromoleküle untereinander sehr stark, so wird allerdings nur eine geringe
Bedeckung der Oberfläche bzw. ein Abfall der Adsorptionsaffinität mit
der Bedeckung bzw. Beladung auftreten. Diese Vorstellung wird dadurch
begründet, daß bei den eigenen Untersuchungen der Adsorption niedermolekularer Elektrolyte an gelösten Makromolekülen dieser Abfall der
Affinität mit steigender Bedeckung, also Aufladung des Makromoleküls,
gemessen wurde (33, 34).

Komplizierter werden die Verhältnisse noch, wenn auch das Adsorbens
zusätzlich zum Polymer ionisierbare geladene Oberflächengruppen trägt,
die zu elektrostatischer Anziehung oder Abstoßung, je nach Vorzeichen
der Ladungen am Polymer und Adsorbens, führen, also eine zusätzliche
bindende oder antibindende Kraft auftritt.

Literatur

1. E. JENKEL, B. RUMBACH, Z. Elektrochem., Ber. Bunsenges. physik.
   Chem. 55 (1951) 612
2. R. SIMHA, H.L. FRISCH und F.R. EIRICH, J. physic. Chem. 57 (1953)
   584; 58 (1954) 507; 59 (1955) 633
3. J. KORAL, R. ULLMANN und F.R. EIRICH, J. physic. Chem. 62 (1958)
   541
4. L.H. FRISCH, R. SIMHA und F.R.EIRICH, J. chem. Physics 21 (1953)
   365; 24 (1956) 652
5. F. PATAT, E. KILLMANN und C. SCHLIEBENER, Fortschr. Hochpolymeren-
   Forsch. 3 (1964) 332
6. R. STROMBERG, E. PASSAGLIA und D. TUTAS, Ellipsometry in the
   measurement of Surfaces and Thin Films, U.S. Government Printing
   Office Washington 1963, S. 281
   F.L. MCCRACKIN, E. PASSAGLIA, R.R. STROMBERG und H.L. STEINBERG,
   J. Res. Nat. Bur. Stand. Sect. A 67 (1963) 363
7. R. STROMBERG, D. TUTAS und E. PASSAGLIA, J. Phys. Chem. 69 (1965)11
8. P. PEYSER, D.J. TUTAS und R.R. STROMBERG, J. Polymer Sci. 5, Part
   A-1 (1967) 651
9. E. KILLMANN und H.-G. WIEGAND, Makromol. Chem. 132 (1970) 239
10. E. KILLMANN, M.V. KUZENKO, Angew. Makromol. Chem. 35 (1974) 39
11. H.G. FENDLER, H. ROHLEDER und H.A. STUART, Makromol. Chem. 18/19
   (1956) 383
12. O.E. ÖHRN, J. Polym. Sci. 17 (1958) 137
13. F.W.ROWLAND und F.R.EIRICH, J. Polymer Sci. 4, Part A-1 (1966) 2401
14. V.T. CROWL und N.A. MALATI, Discuss. Faraday Soc. 42 (1966) 301

15. P. PEYSER und R.R. STROMBERG, J. physic. Chem. 71 (1967) 2067
16. C. THIESS, ACS Div. Polymer Chemistry 149th Meeting, 19 T (1965)
    6/1 (1965) 320
17. B.J.FONTANA und J.R. THOMAS, J. physic. Chem. 65 (1961) 480
18. B.J. FONTANA, J. physic. Chem. 70 (1966) 1801
19. C. THIESS, P. PEYSER und R. ULLMANN, IV. Int.Congress of Surface
    Activity, Brüssel Sept. 1964
20. C. THIESS, Amer. chem. Soc., Polymer Division, Meeting 152nd,
    New York, Sept. 1966
21. C. THIESS, J. physic. Chem. 70 (1966) 3783
22. C. Thiess, Macromolecules 1 (1968) 335
23. A.V. KISELEV, V.J. LYGIN, J.N. SOLOMONOVA, D.O. USMANOVA und YU
    A. EL'TEKOV, Kolloidnyi Shurnal 30 (1968) 386
24. E. KILLMANN, H.J. STRASSER, Angew. Makromol. Chem. 31 (1973) 169
25. E. KILLMANN, R. ECKART, Makromol. Chem. 144 (1971) 45
    E. Killmann, K. WINTER, Angew. Makromol. Chem. in Vorbereitung
26. J. HERD, A. HOPKINS, G. HOWARD, J. Pol. Sci. C 34 (1971) 741
27. H. RUPPRECHT, Mitteilungen der Deutschen Pharmazeutischen Ge-
    sellschaft 40, 1 (1970) 3
28. D. COLE, G.J. HOWARD, J. Pol. Sci. A-2, 10 (1972) 993, 1013
29. A.S. MICHELS, O. MORELOS, Ind. Eng. Chem. 47 (1955) 1801
30. A. DOUGLAS, MC LAREN, J. Phys. Chem. 58 (1954) 129
31. E. KILLMANN, R. BITTLER, Angew. Makromol. Chem. 22 (1972) 113, 131
    J. Pol. Sci. C 39 (1972) 247
32. E. KILLMANN, F. PREUSSER, Angew. Makromol. Chem. (1974) im Druck
33. E. KILLMANN, Koll. Z. 239, 2 (1970) 666
               Koll. Z. 242 (1970) 1103
               Koll. Z. 242 (1970) 1119
34. E. KILLMANN, F. FRIEDRICH, Ber. Bunsenges. f. phys. Chem. 76
    (1972) 143

Zusammenfassung der Diskussion zu VII

Bartz fragt aufgrund eigener experimenteller Erfahrungen mit Viskositäten
bei hoher Schubspannung oder bei höheren Konzentrationen der Makromoleküle
ob auch irreversible Veränderungen der Viskosität eintreten können, die die
Interpretation erschwerden.

Klein hält solche irreversiblen Veränderungen z.B. durch Bruch von Molekülketten für möglich. Sie treten tatsächlich auf, sind messbar, liegen im Bereich
weniger Prozente und gefährden die Interpretation der Fliesskurve nicht.

VIII. Biorheologische Eigenschaften des Gelenkknorpels/Biorheologic Properties of Joint Cartilage

<u>A BIOCHEMICAL STUDY OF EXPERIMENTAL AND NATURAL OSTEOARTHROSIS</u>

C.A. McDevitt and H. Muir

Studies of the biochemical changes that occur in osteoarthrosis in
man are hampered by the difficulty of obtaining appropriate controls,
because the composition of the articular cartilage of normal individuals is quite variable and unrelated to age or sex after skeletal
maturity is attained (MAROUDAS et al, 1969; KEMPSON et al, 1970,
1973) and also because the time of onset of the disease cannot be
established with certainty. An experimental model of osteoarthrosis
has been induced in the dog by sectioning the anterior cruciate
ligament of one knee, the other knee serving as a control. The
osteoarthrosis which develops resembles the natural disease in its
histological appearance at both the light and electron microscopic
levels (POND & NUKI, 1973). The operation and post-operative care
of the animals has been described (GILBERTSON, 1974).

Methods

The dogs, 15-30 Kg in weight, were of both sexes and of no selected
breed. Skeletal maturity and absence of osteoarthrosis were established by x-ray and clinical examination. The dogs were killed 3,6
9,22 and 48 weeks after surgery and the knee joints removed and stored
frozen in sealed plastic bags until required. The quality of the
articular surfaces was graded by the method of MEACHIM (1974) using
Indian ink, as follows:
  Grade 1: "Intact surface". Surface normal, no ink retained.
  Grade 2: "Minimal fibrillation". Ink retained as elongated specks.
  Grade 3: "Overt fibrillation". Velvety surface showing dark
                patches of ink.
The cartilage from the dog with natural osteoarthrosis was compared
with corresponding cartilage from the tibia, femur and patella of four
unaffected dogs used as controls.

Extraction of Proteoglycans: (A. Single Extraction). The cartilage of
the dog with natural osteoarthrosis and the dogs killed 6,9 and 22 weeks
after surgery was extracted with 2M $CaCl_2$ pH 6.8 for 48 hours at 4°C.
The extracts were dialysed and the cartilage residues digested with
papain (McDevitt et al, 1974). (B. Sequential Extraction). Cartilage
from the dog killed 48 weeks after surgery was extracted first with
0.15 sodium acetate pH 6.8 for 1.5 hours and then with 2M $CaCl_2$ pH 6.8
for 48 hours followed by 4M guanidinium chloride pH 4.5 for 24 hours.

Results and Discussion

The water content of the cartilage samples taken from dogs killed 6,9,
22 and 48 weeks after surgery is shown in Table 1. The three areas
from the tibia of the control joint showed little variation, and the
femur and patella were similar but contained about 8% less water than
the tibial cartilage. The cartilage from the operated knees generally
contained 2-5% more water than the corresponding controls, exceptions
being Area A from the tibia of dogs killed 9 weeks and 48 weeks after
surgery, both of which showed grade 3 lesions, and Area B (Grade 1)
of the tibia of the dog killed at 48 weeks. Enhanced hydration was

TABLE 1. Water content (%) of experimental and natural osteoarthrotic (OA) and control tissues. The cartilage of the dog killed 22 weeks after surgery was not divided into focal areas. The mean water content of the control tissue of the dogs with experimental OA was used as the control figure for the dog with natural OA.

TIME BETWEEN SURGERY AND DEATH (WEEKS)	TISSUE	TIBIA		TIBIA		TIBIA		FEMUR		PATELLA	
		OA	Control	OA	Control	OA	Control	OA	Control	OA	Control
6	AREA	A	A	B	B	C	C				
	GRADE	2	–	1	–	1	–	2	–	1	–
	% H_2O	75.3	68.9	73.8	69.1	77.0	70.8	66.6	62.2	65.8	61.0
9	AREA	A	A	B	B	C	C				
	GRADE	3	–	1	–	2	–	1	–	1	–
	% H_2O	73.2	74.4	76.6	73.1	76.4	74.2	79.6	66.6	72.6	66.2
22	% H_2O	A+B+C 69.5	A+B+C 67.3					66.0	64.9	71.0	72.9
48	AREA	A	A	B	B	C	C				
	GRADE	3	–	1	–	2	–				
	% H_2O	72.8	78.6	73.4	75.1	74.0	71.0	74.0	72.1	69.6	67.2

NATURAL OA	TISSUE	TIBIA		FEMUR		FEMUR		FEMUR		PATELLA	
		OA	Control	OA	Control	OA	Control	OA	Control	OA	Control
	AREA	A+B+C									
	GRADE	1		3		2		1		1	
	% H_2O	75.7	72.3	71.0	66.5	74.8	66.5	74.1	66.5	67.9	66.8

not confined to focal areas but was evident in almost every specimen
from the operated joints, even when there was no uptake of Indian ink
(Grade 1). Increased water content was also noted in the cartilage
of the natural disease.

The total uronic acid contents of control and experimental tissue
showed no consistent changes in the comparatively early stages of the
disease studied here. However, as shown in Fig. 1, proteoglycans
were invariably more readily extracted from cartilage of operated
knees than from control cartilage, irrespective of the degree of
staining, even where the cartilage surface was intact (Grade 1).
Thus a single extraction with 2M $CaCl_2$ brought into solution about
75% of the total uronic acid in the cartilage from operated joints
compared with 50% from control cartilage. Proteoglycans were also
much more readily extracted from the cartilage of dogs with natural
osteoarthrosis (Fig. 1), where in one area with a Grade 3 lesion
twice as much proteoglycan was extracted than from the cartilage of
normal dogs of similar size and age.

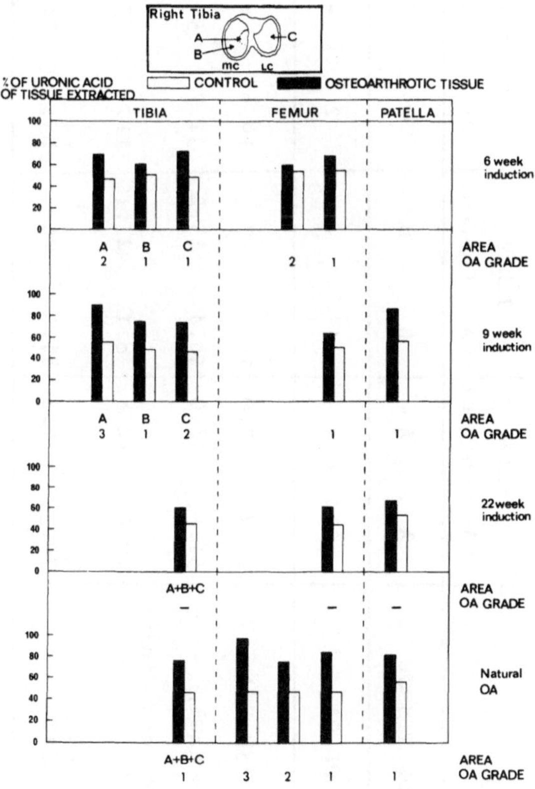

Fig. 1. Comparison of the relative amounts of proteoglycans extracted
by 2M $CaCl_2$ pH 6.8 from osteoarthrotic and control cartilage, expressed as a percentage of the total uronic acid. The areas of tibial
cartilage investigated are shown in the diagram at the top. MC and
LC indicate medial and lateral condyles respectively.

TABLE 2.   Sequential Extraction of Proteoglycans with   (A) 0.15M-sodium acetate pH 6.8,
(B) 2M-CaCl$_2$ pH 6.8 and   (C) 4M guanidinium chloride pH 4.5.   The dog was killed 48 weeks
after surgery and the yield of uronic acid in each extract is expressed as a percentage
of the total uronic acid in the tissue.

TISSUE	TIBIA		TIBIA		TIBIA		FEMUR		PATELLA	
	OA	Control	OA	Control	OA	Control	OA	Control	OA	Control
AREA OF TISSUE	A	A	B	B	C	C	–	–	–	–
GRADE OF OA	3	–	1	–	2	–	1+2	–	2	–
(A) 0.15M–NaAc	17.2	7.0	19.8	7.5	19.6	8.8	20.7	14.2	17.0	10.0
(B) 2M–CaCl$_2$	51.5	58.0	56.4	48.2	54.7	50.2	41.8	38.3	50.9	41.2
(C) 4M–Guanidinium Chloride	10.6	12.8	8.1	21.1	11.1	15.6	20.0	18.0	13.4	16.0
TOTAL URONATE EXTRACTED	79.3	77.8	84.3	76.8	85.4	74.6	82.5	70.5	81.3	67.2

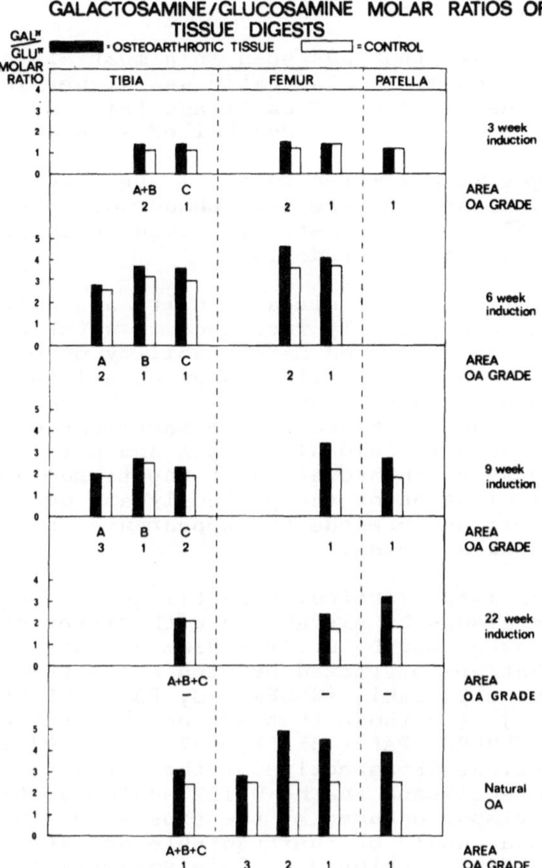

Fig. 2.   The galactosamine/glucosamine molar ratios of control and osteoarthrotic cartilage, after extensive papain digestion, followed by dialysis.   Areas of tibial cartilage A B C as in Fig. 1.

The proportion of the total uronic acid extracted sequentially from the cartilage of a single dog is shown in Table 2.   The difference between control and experimental tissue was most marked in the first extract (0.15M NaAc) which brought into solution 17–20% of the total uronic acid in the cartilage from the operated knee, compared with 7–14% of the total in cartilage of the control knee.   The second extract (2M $CaCl_2$) brought into solution about half the total uronic acid of the experimental and control cartilages, but 3–9% more was extracted from the cartilage of the operated knee, except from Area A of the tibia.   Difference between control experimental tissue was also seen in the third extract (4M guanidinium chloride) but in reverse, in that rather less was extracted from experimental than from control tissue.   Nevertheless, when the uronic acid in the sequential extracts is added together it can be seen (Table 2) that the uronic acid extracted from the cartilage of the operated knee was notably greater than from the cartilage of the control knee, a result which is consistent with those of Fig. 1, where the cartilage of several different dogs was extracted in one step with 2M $CaCl_2$.

Another consistent change that was seen in almost all cases was that the galactosamine/glucosamine molar ratio was higher in the cartilage of operated joints than in control cartilage (Fig. 2), except in the patella and femoral cartilage of a dog killed 3 weeks after surgery.

None of these changes were limited to focal areas in either experimental or natural disease but were seen throughout the cartilage showing all grades of Indian ink staining even in those areas where the surface was still intact (Grade 1).

While osteoarthrosis is a focal disease in its anatomical appearance, the changes observed here, namely increases in water content, galactosamine/glucosamine molar ratio and extractability of proteoglycans, were evident in all areas of cartilage showing all three grades of natural and experimental osteoarthrosis. Furthermore, the changes in these parameters were not confined to the cartilage of any one bone extremity, but were seen in femoral, tibial and patella cartilages. Thus, significant changes in hydration of the tissue and in the composition and organisation of the proteoglycans occur very early in the disease process and precede the appearance of fibrillation as revealed by Indian ink staining.

The proteoglycans of mature articular cartilage may be crudely separated into four groups by extraction with different solutions; (A) those that are extracted by 0.15M sodium acetate (BRANDT & MUIR, 1969) (B) those that are extracted by high concentrations of divalent salt solutions such as 2M $CaCl_2$ (ROSENBERG, PAL & BEALE, 1973); ŠIMŮNEK & MUIR, 1972) (C) those that are only extracted by 4M guanidinium chloride (ROSENBERG, PAL & BEALE, 1973) and (D) those that remain in the cartilage residue irrespective of the extractant employed. The higher yield of proteoglycans in the 0.15M sodium acetate extract of the osteoarthrotic tissue occured at the expense of those proteoglycans which in normal tissue would be inextractable or extractable only by 2M $CaCl_2$ or 4M guanidinium chloride. This suggests that the amount of proteoglycan-aggregates which are inextractable in salt solutions of low ionic strength (HARDINGHAM & MUIR, 1973) is decreased in early stages of experimental osteoarthrosis. Furthermore, the capacity of the proteoglycans to form large, protein-rich aggregates which are only extractable by 4M guanidinium chloride (ROSENBERG, PAL & BEALE, 1973) is also impaired, as are those factors which render about 25% of the proteoglycans of healthy articular cartilage inextractable.

The compressive stiffness of cartilage is correlated with its glycosaminoglycan content (KEMPSON et al, 1970), but it may also depend on the quality of the constituent proteoglycans, which would influence the degree of aggregation and association with collagen and hence their extractability. Thus in human osteoarthrosis where there were focal lesions, the compressive stiffness was reduced in visibly normal regions of cartilage adjacent to the lesions (KEMPSON et al, 1969), although the uronic acid content was similar to that of cartilage remote from the lesions (KEMPSON et al, 1973).

The increase in the galactosamine/glucosamine molar ratio of osteoarthrotic tissues indicates that qualitatively different proteoglycans were being synthesised that contained less keratan sulphate than normal, which may be less able to form aggregates and become associated with the collagen network of the tissue.

References

BRANDT, K.D., MUIR, H.:   Characterisation of protein-polysaccharides
of articular cartilage from mature and immature pigs.   Biochem.J.,
114, 871 (1969)

GILBERTSON, E.M.M.:   The development of peri-articular osteophytes
in experimentally induced osteoarthritis in the dog.   Ann.rheum.Dis.,
in press (1974)

HARDINGHAM, T.E., MUIR, H.:   Hyaluronic acid in cartilage and proteoglycan aggregation.   Biochem.J., 139, 565 (1974)

KEMPSON, G.E., MUIR, H., SWANSON, S.A.V., FREEMAN, M.A.R.:   Correlations between stiffness and chemical constituents of cartilage in the
human femoral head.   Biochim.biophys.Acta, 215, 70 (1970)

KEMPSON, G.E., MUIR, H., POLLARD, C., TUKE, M.:   The tensile properties of the cartilage of human femoral condyles related to the content
of collagen and glycosaminoglycans.   Biochim.biophys.Acta, 297, 456,
(1973)

KEMPSON, G.E., SPIVEY, C., FREEMAN, M.A.R., SWANSON, S.A.V.:   Indent-
ation stiffness in articular cartilage in normal and osteoarthritic
femoral heads.   in Lubrication and Wear in Joints. (V. Wright, Ed.),
p. 62, London Sector (1969)

McDEVITT, C.A., MUIR, H., POND, M.J.:   Biochemical events in early
osteoarthrosis.   in Symposium on Normal and Osteoarthritic Cartilage
(S.Y. Ali, M.W. Elves, D.H. Leaback, Eds.)   Stanmore, Institute of
Orthopaedics, in press (1974)

MAROUDAS, A., MUIR, H., WINGHAM, J.:   The correlation of fixed
negative charge with glycosaminoglycan content of human articular
cartilage.   Biochim.biophys.Acta, 177, 492, (1969)

MEACHIM, G.:   Light microscopy of Indian ink preparations of fibril-
lated cartilage.   Ann.rheum.Dis., 31, 457 (1972)

POND, M.J., NUKI, G.:   Experimentally-induced osteoarthritis in the
dog.   Ann.rheum.Dis., 32, 387 (1973)

ŠIMŮNEK, Z., MUIR, H.:   Changes in the protein-polysaccharides of
pig articular cartilage during prenatal life, development and old
age.   Biochem.J., 126, 515 (1972).

EXPERIMENTAL OSTEOARTHROSIS IN ANIMALS

Eric L. Radin

There are many ways of creating joint degeneration in animals but most do not
simulate the natural conditions which bring about the pathological changes.
Cartilage damage in and of itself does not cause joint destruction (6). Vascular occulsion, especially venous, has produced osteoarthrosis after a prolonged
period of time (2) and it has been observed with phlebograms that venous stasis
does exist in osteoarthritic bone (7). From a clinical standpoint, however, not
every patient with advanced degenerative arthritis has obvious venous occulsion.
Prolonged pressure or immobilization (10), or the surgical removal of half a
joint or alteration in the pressure distribution in a joint (13) will all cause
joint degeneration but again these really aren't very physiological. Surgi-
cally induced joint subluxation can also cause joint degeneration (4,5). This
is a known cause of joint degeneration, but not all osteoarthrosis is related
to such instability.

There has also been ample demonstration that lysosomal activity is increased in
degenerating joints and experimentally potentiating the release of lysosomes
enzymes within a synovial joint (3), or the installation of such enzymes (1)
are followed by arthritic changes. Again such experimental models are not helpful in studying the basic etiology of osteoarthrosis, only the mechanisms of its
common final pathway.

The concept of degenerative joint disease as simply a wear and tear phenomenon
has never been successfully substantiated. In spite of the obvious industrial
activity related localized arthritic changes, the reported absence of joint
degeneration in many persons who have been active and done heavy work all their
lives seems to diminish the possibility of mechanical factors as the cause. In
spite of the fact that joint degeneration and age are related, considerable
evidence has been accumulated to show that degenerative arthritis is not simply
a process of ageing (12).

Our group has been able to create cartilage destruction and the early signs of
joint degeneration in animals by subjecting them simply to poorly protected,
physiologically reasonable, mechanical loading. Such experiments have been
successfully carried out in both guinea pigs (11) and rabbits (8).

What was done was to suspend rabbits in a rack and to simply fatigue their
neuromuscular protective mechanisms, which normally function in the lower leg,
by repetitive loading of the animals foot from below at 1½ times its body-weight
60 times a minute. The load is physiologically reasonable. It was applied for
40 minutes per day. What was unphysiological was that a major protective
mechanism; namely the ability to lengthen muscles against tension was made in-
operative by fatigue, which occurs in the rabbit under these conditions within
the first few minutes of the experiment. Cartilage degeneration rapidly occurred with actual grossly visible changes within 2-3 weeks. This was associated with synovial effusion and increased lysomal enzyme activity in the synovium. What was interesting was the earliest cartilage changes were associated
with stiffening of the underlying subchondral bone. The mechanism of stiffening
was the healing of trabecular microfractures. This subchondral bony layer has
also been shown to act as a shock absorber for the articular cartilage. A
stiffened shock absorber is obviously less effective. It is of interest that a
similar relationship has been found between the stiffness of human subchondral
bone and the state of its overlying articular cartilage (9).

To our knowledge this is the first example of the production of cartilage degeneration in live animals without direct surgical or chemical intervention in a

joint, using a technique well within physiological possibility. It suggests that joint degeneration can occur from failure of appropriate shock absorbing mechanisms which normally protect the articular cartilage from impulsive-type loads. It further suggests that idiopathic osteoarthrosis can be created by an imbalance of the physiological state. This concept is more in keeping with clinical experience than is the idea that osteoarthrosis is a true disease.

REFERENCES

1. Barnett, C.H. Wear and Tear in Joints. Journal of Bone and Joint Surgery, 38B:567-75 (1956).

2. Bernstein, M.A. Experimental Production of Arthritis by Artificially Produced Passive Congestion. Journal of Bone and Joint Surgery, 15:661-73, (1933).

3. Chrisman, O.D.; Fessel, J.M. and Southwick, W.O. Experimental Production of Synovitis and Marginal Exostoses in the Knee Joints of Dogs. Yale Journal of Biological Medicine 37:409-12, (1965).

4. Hulth, A.; Lindberg, L. and Telhag, H. Experimental Osteoarthritis in Rabbits. Acta Orthopaedica Scandinavia, 41:522-530, (1970).

5. Ito, T.; Koksaki, M. and Nakamusu, M. Operative Treatment of Osteoarthritis of the Dysplastic Hip Joint. Acta Orthopaedica Scandinavia, 39:518-38, (1968).

6. Meachim, G. Effect of Scarification on Articular Cartilage in the Rabbit. Journal of Bone and Joint Surgery 45B:150-61, (1963).

7. Phillips, R.S. Phlebography in Osteoarthritis of the Hip. Journal of Bone and Joint Surgery, 15:661-73, (1933).

8. Radin, E.L.; Parker, G.H.; Pugh, J.W.; Steinberg, R.S.; Paul, I.L. and Rose, R.M. Response of Joints to Impact Loading. III. Relationship Between Trabecular Microfracture and Cartilage Degeneration. Journal of Biomechanics, 6:51-57 (1973).

9. Radin, E.L.; Paul, I.L. and Tolkoff, M.J. Subchondral Bone Changes in Patients with Early Degenerative Joint Disease. Arthritis and Rheumatism, 13:400-05, (1970).

10. Salter, R.B. and Field, P.J. Effects of Continuing Compression on Living Articular Cartilage. Journal of Bone and Joint Surgery, 42A:31-49, (1960).

11. Simon, S.R.; Radin, E.L. and Paul, I.L. Response of Joints to Impact Loading. II. In Vivo Behavior of Subchondral Bone. Journal of Biomechanics, 5:267-72 (1972).

12. Sokoloff, L. Elasticity of Aging Cartilage. Fed. Proceedings 25:1089-95, (1966).

13. Thompson, R.C. and Bassett, C.A.L. Histological Observations on Experimentally Induced Degeneration of Articular Cartilage. Journal of Bone and Joint Surgery. 52A:435-43, (1970).

This work was done in collaboration with Igor L. Paul, Sc.D. of the Department of Mechanical Engineering, and Robert M. Rose, Sc.D., of the Department of Metallurgy and Materials Sciences at the Massachusetts Institute of Technology, Cambridge, Mass., U.S.A. The work was in part supported by the National Institutes of Health. The Huntington Hartford Foundation in part supports Dr. Radin.

Zur Bio-Rheologie des Epiphysen- und Gelenkknorpels bei Tieren

W. Wegner

Der vorliegende Bericht soll einen kurzen Einblick in einige jüngste Untersuchungsergebnisse auf dem im Titel genannten Sektor in Veterinärmedizin und Tierzucht geben, welche auch für die vergleichende Medizin nicht ohne Bedeutung erscheinen.
Der tierzüchterisch und experimentell tätige Veterinärmediziner ist gegenüber dem
Humanmediziner in der glücklichen Lage, für rheologische, biomechanische Untersuchungen Zugang zu großen Kontingenten vergleichbaren, d. h. unter identischen Bedingungen aufgewachsenen, genetisch definierten Tiermaterials zu haben, die unter
konstanter Methodik verwertbar sind - ein im übrigen für die interdisziplinäre Zusammenarbeit noch weitgehend unerschlossenes Arbeitgebiet. Dabei sind Befunde am
Schwein als der dem Menschen hinsichtlich Körperdimension und Physiologie recht
nahestehenden Tierart am interessantesten und sollen hier vorrangig behandelt werden. Die gemachten Angaben basieren auf dem Datenmaterial von WEGNER(1968, 1969,
1971), FRANKEN(1973) und BÜCKMANN(1973), auf die bezüglich ausführlicherer Information betreffs Methodik und Tiermaterial verwiesen sei.

a) Zerreißkraft und Zugfestigkeit der Epiphysenfugen von Fußknochen wachsender Schweine

Da organisches Stützgewebe schwächer gegenüber Zug als gegenüber Druck ist, stellen Zugfestigkeitstests offenbar brauchbare Prüfungen mechanischer Widerstandskraft
dar (KRAUS, 1968), zumal eine intravitale, zerstörungsfreie Bestimmung des Elasti-
zitätsmoduls das Experimentierstadium noch nicht ganz verlassen zu haben scheint
(JURIST, 1970). Bei frischer, sorgfältiger Verarbeitung von Sektionsmaterial sollte
eine gute Vergleichbarkeit mit Verhältnissen in vivo gewährleistet sein (VIIDIK u.
Mitarb., 1965). Wenn dieses von sehr herkunftsheterogenen Proben aus menschlichen
Sektionen angenommen wird (ARNOLD, 1972; ARNOLD u. QUAKULINSKI, 1972), so
gilt es sicher noch vielmehr von einem homogenen Versuchsmaterial.
In den Test gelangten Fußknochen von insgesamt 676 Mastschweinen der Dt. Landrasse
und Belgischer Fleischschweine, die unter den Mastvorschriften der Mastprüfungsanstalten gemästet und im Gewicht von 100 bezw. 110 kg geschlachtet wurden. Es handelte sich um Tiere aus Nachkommengruppen bekannter Eber und Sauen. Mittels einer
Zwick-Zugprüfmaschine 1441 wurde die Zerreißkraft (separation force) des intakten
Systems Mittelfußknochen-Fesselgelenk-Fesselbein von Vorder- und Hinterfüßen gemessen, welches man 24 Stunden nach der Schlachtung und Aufbewahrung im Kühl-
raum ohne Alteration von Knochen, Knorpel und Gelenk freipräparierte und zerriß.
Nur selten erwies sich das Gelenk als schwächstes Glied dieses Systems - in ca. 90 %
der Tests war es die knorpelige Fuge des Mittelfußknochens bezw. des Fesselbeins.
Die Zugfestigkeit dieser Fugen wurde durch Bezug ihrer Zerreißkraft (kp) auf die
zerrissene Querschnittsfläche (cm^2) ermittelt (Planimetrie), ähnlich dem Vorgehen
bei MORSCHER(1968). Die erhaltenen Mittelwerte, Standardabweichungen und Diffe-
renzen in beiden Schweinepopulationen mit verschiedenem Alter und Körpergewicht
sind in Tabelle 1 niedergelegt.
Neben der Tatsache, daß die Zerreißkraft des geprüften Systems etwa dem Körperge-

Tab. 1

Querschnittsstärke (cm^2), Zerreißkraft (kp) und Zugfestigkeit (kp/cm^2) von Epiphysenfugen des Fesselbeins und Mittel-fußknochens wachsender Schweine. Herausstellung der Alters- und Lateraleffekte.

a) Schweine im Gewicht von 100 kg und Alter von 167 Tagen (n = 404)

Strahl	cm^2	d	kp	d	kp/cm^2	d
3. Strahl	$3,10 \pm 0,40$	$0,40$ +++	$99,56 \pm 11,25$	$7,97$ +++	$32,62 \pm 5,09$	$1,49$ +++
4. Strahl	$3,50 \pm 0,42$		$107,54 \pm 13,78$		$31,13 \pm 5,28$	

b) Schweine im Gewicht von 110 kg und Alter von 192 Tagen (n = 272)

Strahl	cm^2	d	kp	d	kp/cm^2	d
3. Strahl	$3,65 \pm 0,28$	$0,23$ +++	$107,72 \pm 11,62$	$6,27$ +++	$30,08 \pm 4,21$	$0,09$ NS
4. Strahl	$3,88 \pm 0,37$		$113,99 \pm 15,01$		$29,99 \pm 3,82$	
Altersdifferenzen	$0,55$ +++		$8,16$ +++		$2,54$ +++	
	$0,33$ +++		$6,45$ +++		$1,14$ +++	

Tab. 3

Wiederholbarkeit links/rechts als Maß für Meßgenauigkeit und biologische Symmetrie einiger in Tab. 1 niedergelegter Merkmale, rechnerisch demonstriert anhand der Varianzanalyse und Wiederholbarkeitsberechnung für die Zerreißkraft:

Varianzanalyse Zerreißkraft

Variationsursache	FG	SQ	DQ
Zwisch. d. Individuen	470	133 619,42	284,3
Innerh. Indiv., zwisch. Seit.	471	38 410,70	81,6

$$\text{Wiederholbarkeit } W = \frac{DQ(1) - DQ(2)}{DQ(1) + DQ(2)} = \frac{202,75}{365,85} = 0,55$$

Merkmal	W
Knochenlänge (cm)	0,87
Knochenstärke (cm^2)	0,78
Zerreißkraft (kp)	0,55
Zugfestigkeit (kp/cm^2)	0,63

wicht des Tieres entspricht - was bei den zwei stützenden Zehen des Schweinefußes einer doppelten biomechanischen Absicherung pro Fuß entspricht - sei besonders auf die deutlich werdenden Alters- und Lateraleffekte hingewiesen. So erfolgte bei den 110 kg schweren und 192 Tage alten Schweinen gegenüber den 100 kg schweren und 167 Tage alten eine Zunahme der Zerreißkraft um 6,5 - 8,2 kp, was mit einer Querschnittszunahme der Fuge um 0,3 - 0,5 cm^2 parallel ging. Die Zugfestigkeit nahm jedoch in diesem Zeitraum um 1,1 - 2,5 kp/cm^2 signifikant ab.

Bedeutsam scheint auch der in beiden Altersgruppen festgestellte Lateralunterschied bezüglich Knochenstärke und Zerreißkraft : Der lateral gelegene 4.Strahl war stets stärker als der mediale 3.Strahl. Analoge Befunde wurden auch bei Zerreißproben an den peripheren seitlichen Fesselgelenksbändern des Rindes erhoben (Tab. 2), wo gleichfalls die lateral, körperauswärts befindlichen Bänder höher belastbar waren. Hierin scheint ein ordnendes biodynamisches Prinzip offenbar zu werden.

Als Maß für Meßgenauigkeit und biologische Symmetrie der erhobenen Daten kann die bilaterale Wiederholbarkeit der Werte gelten, welche auf der linken und rechten Seite gemessen wurden (Intrapaarkorrelation). Wie aus Tab. 3 ersichtlich, ließ sich für die Knochenmaße eine Wiederholbarkeit links/rechts von 78 - 87 %, für die biomechanischen Daten nur eine solche von 55 - 63 % ermitteln. Auch die Beziehungen zwischen Werten des 3. und 4. Strahls waren bei der Knochenlänge mit r = 0,81 - 0,92 außerordentlich straff, lagen bei der Zerreißkraft und Zugfestigkeit jedoch nur zwischen r = 0,24 - 0,36 (Tab. 4). Desgleichen war für die Bindung der Zerreißkraft an die zugehörige Knochenstärke (Querschnitt) über alle Werte nur eine Korrelation von r = 0,36 konstatierbar.

Für diese schwachen bis mittelgradigen, wenngleich statistisch hochsignifikanten Beziehungen können weniger Meßungenauigkeiten als vielmehr biologisch bedingte Abweichungen verantwortlich gemacht, wie Tab. 5 ausweist. Klassifiziert man nämlich, wie in Tab. 5 geschehen, die Epiphysen nach dem adspektorisch ermittelten Durchblutungsgrad der zerrissenen Fugen bezw. des angrenzenden Knochengewebes, so wird deutlich, daß nur bei unverändert weißem oder hellrotem Knorpel gesicherte positive Beziehungen des Fugenquerschnitts zur Zerreißkraft bestehen, nicht jedoch bei dunkelroten, blutig imbibierten Fugen, welche Hinweise auf vorangegangene Traumatisierungen, Entzündungen oder gar Vorstufen der Ablösung signalisieren können. Durchblutungs- und Durchfeuchtungsgrad sind somit neben der Querschnittsstärke als maßgebliche Kriterien der Zerreißkraft zu werten.

Dieses leitet über zu Befunden an lahmen und nichtlahmen Schweinen. Wie aus Tab. 6 und 7 hervorgeht, wurden in beiden untersuchten Populationen die Werte der bei der Anlieferung lahmgehenden Tiere denen Nichtlahmer gegenübergestellt. In der Kürze der Zeit zwischen Anlieferung und Schlachtung der Tierkontingente war nur über Sitz (Gliedmaße) und Grad der Lahmheit, nicht aber über Dauer und Ursache eine Aussage möglich. Entsprechend den Befunden aus anderen Erhebungen handelte es sich jedoch bei diesen Lahmheiten in der überwiegenden Mehrheit der Fälle (ca. 80 %) um oft beidseitige Störungen in der Bewegung der Hintergliedmaßen, in Symptomatik etwa dem entsprechend, was von einigen landwirtschaftlich-tierzüchterischen Autoren als "Beinschwächesyndrom" des Fleischschweines bezeichnet wird. Daher wurden in Tab. 6 und 7 nur die biomechanischen Daten der Hinterfüße verglichen. Wie ersichtlich, zeigen im Mittel lahmgehende Individuen in beiden Populationen eine um etwa 6 kp herabgesetzte Zerreißkraft. Eliminiert man bei den Lahmen noch solche mit nur geringgradigen Bewegungsstörungen, so kommt man sogar auf einen Unterschied von ca. 9 kp. Auch die Zugfestigkeit ist um rund 2 bezw. 3 kp/cm^2 gesichert niedriger.

Tab. 2

Zerreißkraft des peripheren seitlichen Fesselgelenksbandes beim Rind im Gewicht von 350 kg und 314 Tagen Alter

Band	kp (vorn)	d	kp (hinten)	d
Lig. collat. med.	$331 \pm 8,5$	44^{+++}	$363 \pm 7,7$	32^{++}
Lig. collat. lat.	$375 \pm 9,6$		$395 \pm 8,3$	

Tab. 4

Beziehungen zwischen Maßen des 3. und 4. Strahls an Vorder- und Hintergliedmaße

Merkmal	r (vorn)	r (hinten)
Knochenlänge (cm)	$0,918^{+++}$	$0,813^{+++}$
Zerreißkraft (kp)	$0,347^{+++}$	$0,473^{+++}$
Knochenstärke (cm^2)	$0,266^{+++}$	$0,314^{+++}$
Zugfestigkeit (kp/cm^2)	$0,241^{+++}$	$0,364^{+++}$

Tab. 5

Beeinflussung der Zerreißkraft durch den Durchblutungsgrad der Epiphysenfuge bezw. des angrenzenden Knochengewebes, demonstriert an den Korrelationen zwischen Zerreißkraft und Knochenstärke in den drei Farbgruppen (Generelle Größenordnung der Beziehung Zerreißkraft/ Querschnittsfläche r = 0,36)

Farbe des Epiphysenf. knorp.	Korrelationen vorn		Korrelationen hinten	
	3. Strahl	4. Strahl	3. Strahl	4. Strahl
weiß	$0,518^{+++}$	$0,167^{+++}$	$0,154^{+++}$	$0,192^{+++}$
hellrot	$0,115^{++}$	$0,126^{++}$	$0,001$	$0,128^{++}$
dunkelrot	$0,009$	$0,085^{+}$	$0,099$	$0,020$

Tab. 6

Zerreißkraft an den Hinterfüßen lahmer und nichtlahmer Schweine (110 kg -Tiere)

Befund	kp	d
Nichtlahm (n = 477)	$107,99 \pm 10,54$	$5,77^{+++}$
Lahm (n = 39)	$102,22 \pm 10,45$	

Tab. 7

Zerreißkraft und Zugfestigkeit an Hinterfüßen lahmer und nichtlahmer Schweine bei weitergehender diagnostischer Differenzierung (100 kg - Tiere)

Befund	kp	d	kp/cm^2	d
Nichtlahm(n=505)	$103,52 \pm 11,26$	$6,235^{+}$	$32,18 \pm 4,59$	$2,004^{+}$
Lahm(n= 62)	$97,28 \pm 19,10$	$8,968^{+}$	$30,18 \pm 6,58$	$3,207^{+}$
Lahm, o. ger. Stör. (n = 32)	$94,55 \pm 24,28$		$28,98 \pm 8,00$	

b) <u>Knorpelstärken in straffen und beweglichen Abschnitten des Tarsus und ihre Beziehungen zu einigen anderen Daten.</u>

Nach PEYRON(1967), MEACHIM u. ILLMAN(1967), KEMPSON u. Mit. (1967), OTTE
(1968), KRAKOVITS(1969) und STADIE(1971) machen sich Arthritiden, Arthrosen oder
andere Insuffizienzen des Gelenkknorpels oft oder fast immer auch in generellen oder
regionalen Knorpeldickenabnahmen oder - einbrüchen bemerkbar. Es erschien daher
sinnvoll, an einem Teilkontingent der o. a. Schweinepopulation (n = 219) im mittleren
Gewicht von 110 kg entsprechende statistische Erhebungen anzustellen. Tab. 9 gibt Auskunft über Art und Mittelwerte der ermittelten Merkmale. Dabei fällt auf, daß beweglich artikulierende Gelenkoberflächen eine größere Knorpeldicke aufweisen als solche
aus Straffen Gelenken. Dieses unterstützt Befunde von EKHOLM u. INGELMARK(1953),
daß bewegliche Funktion der Gelenke mit Knorpeldickenzunahme, Ruhe jedoch mit Abnahme verbunden sei. Die bilaterale Wiederholbarkeit der Tarsalknochenmaße war wesentlich höher als diejenige der Knorpeldicken, wie Tab. 10 zeigt.
Aus der Fülle der errechneten Beziehungen zwischen bestimmten Knochen- und Knor-
pelmaßen sei nur ein wesentliches Ergebnis hervorgehoben : Die stets vorhandene, gesichert negative Beziehung zwischen dem Grad der Wölbung der Gelenkfläche am Füh-
rungskamm des Os tarsi centrale und der Knorpeldicke (Tab. 11). Dieses gilt sowohl
für die Knorpelstärke des Führungskammes selbst, als auch für alle anderen gemessenen Knorpelstärken und kann vom Gesamtmaterial, noch ausgeprägter aber von sogen.
"Befundtieren" gesagt werden, d. h. von solchen, die lahmgingen und/oder einen pathologischen Befund im Tarsalgelenk aufwiesen : Usuren oder Verwachsungen artikulierender Gelenkflächen. Bei diesen Befundtieren waren auch die negativen Regressionen der
Wölbung auf die Knorpeldicken, gemessen am Koeffizienten b , stets etwa doppelt so
hoch wie am Gesamtmaterial (Tab. 12).

Tab. 9

Mittelwerte der an den Tarsalknochen ermittelten Maße

Merkmal	$\bar{x}$ (cm)	s
Breite links	4,4553	0,1760
" rechts	4,4411	0,1714
Tiefe links	3,1869	0,1500
" rechts	3,1778	0,1508
Höhe links	2,5205	0,1477
" rechts	2,4974	0,1253
Mittl. Knorpeldicke links	0,0402	0,0052
" " rechts	0,0397	0,0055
Knorp. dicke Os t. centr. lat. links	0,0441	0,0063
" " " " " rechts	0,0397	0,0055
" " " " med. links	0,0415	0,0066
" " " " " rechts	0,0411	0,0074
" " " tertium links	0,0352	0,0048
" " " " rechts	0,0343	0,0048

Tab. 8

Erblichkeitsgrade

Merkmal	Heritabilität (h^2)	
Knochenlänge	0,61	
Zerreißkraft	0,72	$\pm$ 0,30
Zugfestigkeit	0,11	

Tab. 10

Bilaterale Wiederholbarkeit der Tarsalgelenksmaße

Merkmal	Wiederholbarkeit W
Breite	0,76
Tiefe	0,75
Höhe	0,74
Wölbung	0,67
Knorpeldicke Os t. c., lat.	0,44
Knorpeldicke Os t. c., med.	0,39
Knorpeldicke Os t. tertium	0,28
Gesamtknorpeldicke	0,40

Tab. 11

Beziehungen zwischen der Wölbung des Führungskammes am Os tarsi centrale und anderen Merkmalen (Korrelationskoeffizient r)

Merkmal	Gesamtmaterial (n=159) links	rechts	Befundtiere (n= 54) links	rechts
Breite l.	0,134	0,241 ++	-0,149	0,242
Breite r.	0,086	0,224 ++	0,087	0,269 +
Tiefe l.	0,007	0,102	-0,051	0,043
Tiefe r.	-0,046	0,064	-0,057	0,059
Höhe l.	-0,161 +	-0,062	-0,234	-0,179
Höhe r.	-0,122	-0,054	-0,124	-0,080
Gesamtknorpeld. l.	-0,290 +++	-0,304 +++	-0,399 +++	-0,382 ++
Gesamtknorpeldicke r.	-0,206 ++	-0,192 +	-0,343 ++	-0,349 ++
Knorp. d. Os t. c. lat. l.	-0,243 ++	-0,213 ++	-0,396 ++	-0,362 +
Knorp. d. Os t. c. lat. r.	-0,230 ++	-0,188 +	-0,313 +	-0,270 +
Knorp. d. Os t. c. med. l.	-0,264 +++	-0,212 ++	-0,318 +	-0,328 +
Knorp. d. Os t. c. med. r.	-0,183 +	-0,156 +	-0,301 +	-0,342 +
Knorp. d. Os t. tert. l.	-0,191 +	-0,214 ++	-0,317 +	-0,292 +
Knorp. d. Os t. tert. r.	-0,209 ++	-0,229 ++	-0,273 +	-0,305 +
Wölbung rechts	0,673 +++	-	0,664 +++	-
Metatars. länge	0,172	0,248	0,170	0,220
tägl. Zunahme	-0,074	-0,082	-0,170	-0,118
Körperlänge	0,030	0,147	0,102	0,146
Rückenspeckdicke	-o,033	-0,061	-0,078	-0,108
Schlachtgewicht	-0,047	-0,029	-0,052	-0,015
Schinkengewicht	-0,070	-0,114	-0,137	-0,113
Alter	0,029	0,046	0,156	0,078

Tab. 12

Regression der Wölbung auf die Knorpeldicke (Regressionskoeffizient b)

Merkmal	Gesamtmaterial links	rechts	Befundtiere links	rechts
Gesamtknorpeld. l.	-0,589 +++	-0,600 +++	-0,930 ++	-0,782 ++
Gesamtknorpeld. r.	-0,432 +++	-0,402 ++	-0,825 ++	-0,739 ++
Knorpeld. Os t. c. lat. l.	-0,462 ++	-0,394 ++	-0,677 ++	-0,544 ++
Knorpeld. Os t. c. lat. r.	-0,370 ++	-0,292 +	-0,587 +	-0,450 +
Knorpeld. Os t. c. med. l.	-0,420 ++	-0,323 +	-0,565 +	-0,541 +
Knorpeld. Os t. c. me. r.	-0,289 +	-0,241 +	-0,536 +	-0,541 +
Knorpeld. Os t. tert. l.	-0,502 ++	-0,545 ++	-0,885 ++	-0,717 +
Knorpeld. Os t. tert. r.	-0,461 +	-0,481 ++	-0,710 +	-0,690 +

Diskussion

Beim Versuch einer Interpretation der vorliegenden Untersuchungsergebnisse verdienen folgende Punkte, hervorgehoben zu werden : Wie schon von anderen Untersuchern vermerkt (MORSCHER, 1968; GUPTA u. Mit. , 1969), so stellten auch hier die Epiphysenfugen wachsender Individuen einen Locus minoris resistentiae dar. Dieses deckt sich auch mit Befunden von MORSCHER u. DESAULLES(1964) aus der Humanmedizin. Während der betrachteten Wachstumsperiode nahm zwar die Fugenquerschnittsstärke und Zerreißkraft des geprüften Systems erwartungsgemäß zu, bei der Zugfestigkeit war jedoch in diesem Zeitraum eine signifikante Abnahme zu verzeichnen. Die Zugfestigkeit der Fugen, d. h. die auf die zerrissene Querschnittsfläche bezogene "Separation force" wird offenbar durch ihren Funktionszustand und den Durchblutungsgrad angrenzender Knochengewebe maßgeblich beeinflußt. Wenngleich die registrierten Lahmheitsfälle sicherlich komplexer Ätiologie waren und z. B. vorkommende Klauenerkrankungen (PENNY u. Mit. , 1963) geignet sind, die hier primär interessierende Kasuistik osteochondrotischer Prozesse zu verschleiern, so zeigt doch die beträchtlich und hochgesichert herabgesetzte mittlere Zerreißkraft und Zugfestigkeit bei Lahmen, daß systemische Insuffizienzen knorpeliger Strukturen hierbei eine bedeutsame Rolle spielen müssen. Auch bei den Knorpeldickenmessungen im Tarsalgelenk werden systematische Effekte deutlich: Ein höherer Grad d er Wölbung beweglich artikul ierender Flächen geht eindeutig mit geringeren Knorpeldicken einher. Dieses wird nur z. T. dadurch bedingt, daß die Knorpeldicke des Führungskammes geringfügig in das Wölbungsmaß mit e ingeht. Lag nämlich hier eine geringe Knorpelstärke vor, so war nicht selten auch an anderen Messpunkten eine Stärkenabnahme zu verzeichnen. Symptome einer Kompressions- oder Friktionsinsuffizienz des Knorpels lassen somit häufig nicht nur regionale sondern generalisierte Befunde zu. Diese waren denn auch viel ausgeprägter bei Tieren mit Usuren und Verwachsungen angrenzende r Gelenkflächen, doch gingen nur wenige von ihnen lahm. Dieses zeigt, daß die festgestellten Anfangsstadien einer Arthritis oder Arthrosis deformans offenbar erst zu einem späteren Zeitpunkt klinisch relevant werden.
Neben den vergleichend-medizinischen Aspekten lassen die vorliegenden Resultate zugleich auch das sogen. "Beinschwächesyndrom" des Fl eischschweines in einem etwas differenzierten Licht erscheinen. Während man noch vor etwa 10 Jahren in mehreren Untersuchungen feststellte, daß vorwiegend ausgeprägte, unübe rsehbare Arthrosen das Bild der Lahmheiten bei Fleischschweinen neuen Typs beherrschten (CHRISTENSEN, 1953); SCHILLING, 1958; SABEC, 1960; SABEC u. Mit. , 1961; SCHULZ, 1962; KÖRNER, 1963; GLAWISCHNIG, 1965; BOLLWAHN, 1965; LAUPRECHT u. Mit. , 1967), liefern die beschriebenen biomechanischen Erhebungen Hinweise, daß schon vor der grobsinnlich wahrnehmbaren Manifestation arthritischer oder arthrotischer Vorgänge Belastungsinsuffizienzen (BOLLWAHN u. Mit. , 1970) des Stützapparates wachsender Individuen schmerzhafte Zustände und Lahmheiten von oft sehr variablem Bild verursachen, welche beim heutigen Schwein unter der Verlegenheitsbezeichnung "Beinschwäche" zusammengefasst werden (GRÜNHAGEN, 1969; GRÜNHAGEN u. Mit. , 1970), weil die Ätiologie ungeklärt ist (MELROSE, 1967). Die in den geschilderten Untersuchungen herausgekommenen systemischen Effekte sollten somit vermehrt Beachtung finden.

Auch MORSCHER(1966) weist mit Recht daraufhin, daß beim Vorliegen scheinbar nur lokaler epiphysärer, chondrotischer Störungen immer auch an allgemeine endokrine Dysregulationen zu denken sei. So wie jede kindliche oder pubertäre Dysfunktion des Endokriniums ihre Auswirkungen am Skelettsystem des Menschen zeigt, so ist auch beim Schwein heute an ähnliche Zusammenhänge zu denken . Diese Verhältnisse erinnern an Feststellungen von DICKE RSON u. WIDDOWSON(1960) an Ratten, wo die Skelettreife schneller wachsender gegenüber langsamer zunehmenden Tieren, was epiphysäre Entwicklung betrifft, mit der Gewichtszunahme nicht schritthalten konnte. Durch einseitige Selektion auf günstige tägliche Zunahmen und Muskelansatzvermögen in den letzten Jahrzehnten (VAUGHAN, 1969) erreicht das heutige Schwein ein hohes Mastendgewicht, da sein Stützgewebe noch in vollem Wachstum begriffen ist und alle für diese pubertäre Periode charakteristischen Anfälligkeiten zeigt. Neben den durch Schwer - punktsverlagerungen (KUMMER, 1959) und hohes Ansatzvermögen bedingten Veränderungen in der Statik und Dynamik der Lokomotion und ihren Konsequenzen sollte somit nicht vergessen werden, daß noch vor einigen Jahrzehnten Schweine etwa doppelt so alt wurden, bevor ihr Skelett vergleichbaren Belastungen ausgesetzt war (MEYER u. WEGNER, 1973). Dieses wird durch Tab. 13 eindrucksvoll demonstriert. Zu den hinlänglich bekannten, durch Domestikation und Züchtungsprozesse begünstigten Unzulänglichkeiten in der Achse Hypophyse-Nebenniere und im Kreislaufsystem des Schweines (WEGNER, 1971) gesellt sich somit heute auch eine erhöhte Anfälligkeit des Stützapparates, die durch zusätzliche Umweltstressoren selbstverständlich in verstärktem Masse zur Manifestation gebracht werden kann (GÜNTHER, 1971; DRESSLER, 1972; PAAT-SAMA u. Mit., 1972; UNSHELM, 1973).

Tab. 13

Selektion auf tägliche Zunahmen beim Schwein (n. ELLIS, 1964, AID u. a.)

Jahr	mittl. tägl. Zunahmen (g)
1910	499
1930	544
1940	635
1950	680
1960	710
1970	782
1973	833

d. h. im Mastabschnitt 30 - 110 kg erfolgten 80 kg Gewichtszuwachs

1910	in	160	Tagen
1930	in	147	Tagen
1973	in	96	Tagen

Da der im Rahmen dieser Untersuchungen ermittelte Erblichkeitsgrad zumindest für die Zerreißkraft mit 72 % für erfolgversprechende Selektionen hoch genug (Tab. 8) und die Frequenz von Hinterhandschwäche bei Fleischschweinen unverändert ist (PFLEI-DERER, 1973), da die Forderung nach züchterischen Gegenmaßnahmen zu einem Glaubensbekenntnis maßgeblicher Tierzüchter wurde (WENIGER u. SCHWARTZ, 1971), so erscheint heute eine "Materialprüfung" in der gehandhabten Weise und auf der breiten Basis der Nachkommengruppen aus Mastprüfungsanstalten einer ernsthaften Diskussion wert, zumal nennenswerte Beziehungen der biomechanischen Daten zu wichtigen Leistungseigenschaften weder in diesen noch in anderen Untersuchungen feststellbar waren (SABEC u. Mit., 1972).
Neben den geschilderten volkswirtschaftlich-tierzüchterischen Aspekten in Hinblick auf künftige Selektionsprozesse sollte aus den gemachten Ausführungen aber vor allem deutlich werden, daß hier ein weites Gebiet d er Möglichkeiten interdisziplinärer Zusammenarbeit verdient, aus dem Dornröschenschlaf geweckt zu werden. Die biostatistische und populationsgenetische Objektivierung und Klärung der Ätiologie von Insuffizienzen des Skeletts beim Schwein wird der Humanmedizin gute Modelle liefern können.

Zusammenfassung

Über jüngste Ergebnisse statistischer und populationsgenetischer Erhebungen zur Biomechanik von Epiphysenfugen- und Gelenkknorpel an Fußknochen wachsender Schweine wird berichtet. Signifikante Alters-, Wachstums- und Lateraleffekte auf Knochenstärke, Zerreißkraft und Zugfestigkeit der Fugen wurden deutlich. Diese biomechanischen Kriterien waren bei lahmgehenden Tieren (vorwiegend Schweine mit dem sogen. "Beinschwächesyndrom") beträchtlich und hochgesichert herabgesetzt gegenüber Nichtlahmen. Die Knorpelstärken an verschiedenen Meßpunkten des Tarsalgelenkes waren gesichert korreliert. Straffe Gelenke zeigten eine geringere Knorpeldicke als bewegliche. Eine größere Wölbung artikulierender Flächen ging mit geringeren Knorpelstärken einher. Diese Verhältnisse waren besonders ausgeprägt bei Tieren mit Initialstadien arthritischer oder arthrotischer Prozesse. Die vergleichend-medizinischen und tierzüchterischen Aspekte werden diskutiert.

Summary

Recent results of statistical investigations on biomechanics of epiphyseal and articular cartilage of foot bones in growing pigs of a large population are reported. Significant effects of age, growth and anatomical site on bone dimensions, separation force and tensile strength of the epiphyseal plates were stated. These biomechanic criteria were inferior in lame pigs (animals with the so called leg weakness). The thickness of the articular cartilage measured in several regions of the tarsal joint, was correlated. High excavation of articular faces parallelled a thinner cartilage. These effects were more pronounced in individuals with beginning arthrosis. Aspects of comparative medicine and animal husbandry are discussed.

Literatur

ARNOLD, G. : Biomechanische Eigenschaften zug- und druckübertragender Bindegewebsstrukturen. Niedersächs. Ärztebl. 45, 534 - 539 (1972).

ARNOLD, G. , QUAKULINSKI, R. : Relaxation und Erholung menschlicher Mittelfußknochen bei mechanischer Beanspruchung. Arch. orth. Unfall-Chir. 73, 19 - 24 (1972).

BOLLWAHN, W. : Klinische Diagnostik der Lahmheiten beim Schwein unter besonderer Berücksichtigung der Röntgenuntersuchung. Habil. schrift Hannover (1965).

BOLLWAHN, W. , LAUPRECHT, E. , POHLENZ, J. , SCHULZE, W. , WERHAHN, E. : Untersuchun gen über das Auftreten und die Entwicklung der Arthrosis deformans tarsi beim Schwein in Abhängigkeit vom Alter der Tiere. Z. Tierz. Zücht. biol. 87, 207 - 217 (1970).

BÜCKMANN, M. : Statistische Ermittlung einiger Merkmale des Tarsalgelenkes beim Schwein und ihre Prüfung auf Erblichkeit. Diss. Hannover (1973).

CHRISTENSEN, N. O. :Impotentia coeundi in boars due to arthrosis deformans. Proc. 15 th Int. Vet. Congr. ,Stockholm ,I, 2, 742 - 745 (1953).

DICKERSON, J. W. T. , WIDDOWSON, E. M. : Some effects of accelerating growth II. Skeletal development. Proc. Roy. Soc. B 152, 207 - 217 (1960).

DRESSLER, D. : Grundsätze einer vollwertigen Mineralisierung wachsender Schweine. Proc. 2nd Int. Congr. Pig Vet. Soc. , Hannover, 50. (1972).

ELLIS, N. R. : New trends in pig nutrition. Graham Cherry Org. Ltd. , Lond. , 29 -37(1964)

EKHOLM, R. , INGELMARK, B. E. : Functional thickness variations of human articular cartilage. Act. Soc. Med. Ups. 57, 39 - 59 (1953).

FRANKEN, F. J. : Untersuchungen über Zusammenhänge zwischen Zugfestigkeit von Fußknochen und Lahmheit bei Jungsauen verschiedener Rassen. Diss. Hannover (1973).

GLAWISCHNIG, E. : Ein Beitrag zur chronisch deformierenden Arthrose des Knie- und Sprunggelenkes beim Schwein. Wien. tierärztl. Mschr. 52, 17 - 21 (1965).

GRÜNHAGEN, H. , STEINHAUF, D. , WENIGER, J. H. : Untersuchungen zum Beinschwächesyndrom beim Mastschwein. Züchtungsk. 42, 374 - 384 (1970).

GRÜNHAGEN, H. : Untersuchungen zum Beinschwäche-Syndrom beim Mastschwein. Diss. Göttingen (1969).

GÜNTHER, K. D. :Mineralstoffbedarf des Fleischschweines. Tierzüchter 23, 291 - 292 (1971).

GUPTA,B.N.,BRINKER,W.O.,SUBRAMANIAN,K.N.:Breaking strength of cruciate
ligaments in the dog. J.A.V.M.A. 155, 1586 - 1588 (1969).
JURIST,J.M.: In vivo determination of the elastic response of bone. Phys. med. biol.
15, 417 - 434 (1970).
KEMPSON,G.E.,SWANSON,S.A.V.,FREEMAN,A.A.R.: Stiffness variations in femo-
ral head articular cartilage. Dig. 7th Conf. med. biol. engin.,Stockholm (1967).
KÖRNER,E.: Untersuchungen über das Auftreten einer Arthrosis deformans des Sprung
gelenkes bei Schweinen holländisch-dänischer Blutführung. Diss. Hannover (1963).
KRAKOVITS,G.: Die Elastizität der Gelenkknorpel. Anat.Anz. 124, 113 - 119 (1969).
KRAUS,H.: On the mechanical properties and behavior of human compact bone. Adv.
biomech. eng. med. phys. 2, 169 - 204 (1968).
KUMMER,B.: Bauprinzipien des Säugetierskelettes. G.Thieme Verl.Stuttg. (1959).
LAUPRECHT,E.,SCHULZE,W.,BOLLWAHN,W.: Untersuchungen über das Vorkom-
men von Bewegungsstörungen und Erkrankungen der Gliedmaßen bei Fleischschwei-
nen. Z.Tierz.Zücht.biol. 83, 297 - 311 (1967).
MEACHIM,G.,ILLMAN,O.: Articular cartilage degeneration in hamsters and pigs.
Z.Versuchstierk. 9, 33 - 46 (1967).
MELROSE,D.R.: Beinschwäche bei Schweinen. Tierzüchter 19, 322.(1967).
MEYER,H.,WEGNER,W.: Vererbung und Krankheit bei Haustieren. M.u.H.Schaper
Verl. Hannover (1973).
MORSCHER,E.:Endokrinologische Probleme bei Wachstumsstörungen in der Orthopä-
die. Ann.paed. 206, 150 - 163 (1966).
Derselbe : Strength and morphology of growth cartilage under hormonal influence of pu-
berty. In : Reconstruction surgery and traumatology 10, Karger, Basel (1968).
MORSCHER,E.,DESAULLES,P.A.: Die Festigkeit des Wachstumsknorpels in Abhän-
gigkeit von Alter und Geschlecht. Schweiz. Med.Wschr. 94, 582 - 587(1964).
OTTE,P.: Degeneration des Gelenkknorpels. Münchn. Med.Wschr. 110, 2677 - 2683
(1968).
PAATSAMA,S.,JUSSILA,J.,ALITALO,I.: Knochenveränderungen an den Beinen wach-
sender Schweine durch Ruhigstellung und Überlastung. Proc. 2nd Int. Congr. Pig Vet.
Soc.,Hannover, 123 (1972).
PENNY,R.,OSBORNE,A.,WRIGHT,B.: The causes and incidence of lameness in store
and adult pigs. Vet.Rec. 75, 1225 - 1240 (1963).
PEYRON,J.G.,:Le cartilage articulaire et l' arthrose. Sem.Hop. 43,114-129 (1967).
PFLEIDERER,U.E.: Skelettveränderungen und ihre Beziehung zum Schlachtkörper beim
Schwein. Ber.EVT-Tagg. Wien (1973) .
SABEC,D.: Untersuchungen über eine Arthrosis des Sprunggelenkes beim Schwein.
Diss. Hannover (1960).
SABEC,D.,SCHILLING,E.,SCHULZ,L.C.: Eine Arthrosis deformans des Sprungge-
lenkes beim Schwein. Dt.tierärztl. Wschr. 68, 231 - 236 (1961).
SABEC,D.,ZAGOZEN,F.,URBAS,J.,PEN,A.,SALEHAR,A.: Beziehungen zwischen
Knochenfestigkeit, Aktivität der alkalischen Phosphatase und einigen Mast- und
Schlachtleistungen beim Schwein. Proc. 2nd Int. Congr. Pig Vet.Soc. Hannover, 142
u. 143 (1972).
SCHILLING,E.: Veränderungen der Sprunggelenke bei einem lahmenden Schwein. Züch-
tungsk. 30, 222 - 225 (1958).
SCHULZ,L.C.: Atrophic rhinitis and arthrosis deformans of the pig in Chile. Zooiatr.
4, 41 - 44 (1962).
SCHULZE,W.: Angiopathien beim chronischen Rotlauf des Schweines. Drei-Jahresber.
Sonderforsch.ber. 54, 71 - 73 (1971) .
STADIE,U.: Gewicht, Volumen und Aschegehalt gesunder und arthrotisch veränderter
Tarsalknochen des Schweines. Diss. Hannover (1971).
SZEMES,A.L.: Epiphysen- und Apophysen in der röntgenologischen Darstellung an den
Vorder- und Hinterextremitäten des Schweines. Diss. Hannover (1962).

UNSHELM, J.: Einflüsse extremer Unterschiede in der Nährstoffversorgung auf Konstitutionsmerkmale bei Schweinen der Dt. Landrasse. Ber.Tagg.Ges.Tierz.wiss. Gießen (1973).
VAUGHAN, L. C.: Locomotory disturbance in pigs. Brit.vet.J. 125, 354 - 365 (1969).
VIIDIK, A. ,SANDQUIST, L. , MÄGI, M.: Influence of postmortal storage on tensile srength characteristics and histology of rabbit ligaments. Act.orth.scand. Suppl. 79, 1 - 38 (1965).
VIIDIK, A. , LEWIN, T.: Changes in tensile strength characteristics and histology of rabbit ligaments induced by different modes of postmortal storage. Act.orth.scand. 37, 141 - 155 (1966) .
WEGNER, W.: Die Belastbarkeit der peripheren seitlichen Fesselgelenksbänder des Rindes und ihre Beziehung zu einigen anderen Merkmalen. Dt.tierärztl.Wschr. 75, 365 - 371 (1968).
Derselbe : Zur Belastbarkeit der Fußknochen auf Zug als Selektionskriterium in der Schweinezucht. Züchtungsk. 41, 463 - 474 (1969).
Derselbe:Zusammenhänge zwischen Zugfestigkeit der Fußknochen und Lahmheit bei wachsenden Schweinen. Berl.Münchn.Tierärztl.Wschr. 84, 246 - 249 (1971).
Derselbe: Einige Merkmale des Herzens und von Fußknochen des Schweines und ihre Prüfung auf Erblichkeit und Selektionswürdigkeit. Habil. schrift Hannover (1971).
Derselbe: Das Herzgewicht - ein hoch erbliches Merkmal beim Schwein. Arch.Kreislauforsch. 64, 1 - 22 (1971).
Derselbe: Zur biologischen Variation einiger quantitativ-funktioneller Merkmale der Nebennieren. Endokrinol. 58, 140 - 166 (1971).
WEIß, R.: Röntgenologische Feststellung des Epi- und Apophysenfugenschlusses beim Schwein. Diss. Hannover (1972).
WENIGER, J. H. ,SCHWARTZ, H. J.: Probleme der Schweineproduktion in modernen Haltungsformen. Ref.X.Int.Tierzuchtkongr. Versailles, 343 - 361 (1971).

Correlation of Various Stress and Surface Contoures in Articular Cartilage

Wolfhart Puhl and Wolfgang Remus

Summary

The articular cartilage from different joints of subjects of
different ages were examined under the scanning electron microscope
in correlation with histological and transmitted light-studies. The
various structures are classified and analysed. According to various
mechanical stress to which the articular cartilage is subjected the
chondrocytes are stimulated to an increased synthesis either of
proteoglycanes or collagen.

Introduction

The structure of tissue can be related to its function respectively
its range of mechanical stress. The articular cartilage as a most
differentiated connective tissue must be capable of two fundamentally
different mechanical stresses. On the one hand it must resist to
heavy compressive loading that is set up either for long or as an
impulse. On the other hand the structure of the surface must enable
an almost frictionless gliding of the articulating surfaces, after
lubrication with hyluronatprotein-complexes by the synovia.

Initial morphological studies to find out wether or not the structure
of articular cartilage can be related to the joint's function was
carried out by BENNINGHOFF (1925), partially using the findings of
HULTKRANTZ (1898). The results by BENNINGHOFF discribed the collagen
fibers of the articular cartilage as arcade-like arrays. The collagen
fibers, fixed in the calcified basal zone of cartilage, ascend
vertically towards the articular surface. Close to the surface they
take an oblique course reaching it tangentially (PAUWELS 1953) and
descending towards the basal layer in the same way (BULLOUGH and
GOODFELLOW 1968). The coarse-grained collagen features fine and
finest ramifications respectively communications. Cells are layed
in the space of collagen network. Cells and collagen network are
imbedded in a gel-like ground substance. Transmitted light-studies
indicated that the chondrocytes are wrapped in finest fibrious
elements (SZIRMAI 1970). While the structure of articular cartilage
has been fully delineated in section preparations, only few
investigations were carried aut to study the micromorphology of
the articular surface itself. (Mc CALL 1968, 1969; WALKER et al.
1968, 1969; COTTA and PUHL 1970; REDLER and ZYMINY 1970; MITAL and
MILLINGTON 1971; CLARKE 1971, 1972, 1973; PUHL and IYER 1973).

SINCE 1969 the objective of our investigations was to determine
wether or not changes of articular topographie discribed by the SEM
were related to age or stress.

Material and Methods

For this investigations the articular were collected from subjects,
whose ages varied from 1 day to 88 years. The samples were obtained
during arthrotomies, joint resection operations and also post mortem
dissection. In addition the cartilage from the tarsal joints of
calves were also examined. All specimen were washed with Ringer's
solution, fixed in glutaraldehyde solution and then freeze dried.
They were examined under SEM in combination with histological and
transmitted light-studies.

Results and Discussion

The articular cartilage of a newborn shows on its superficial surface
when examined under SEM, different kind of structures. According to
morphology, shape and magnitude they were classified arbitarily into
three: the primary, the secondary and the tertiary structures (Fig.
1).

Primary structures are some what waves with their width varying from
5oo to 1ooo μ.

The secondary structures are also flat irregular elevations with
circular edges whose sizes vary from 1oo to 15o μ. They have no
distinct relation to the primary structure and are seen disseminated
on the surface.

The tertiary structures are circular or oval elevations 1o to 3o μ
in diameter, frequently of pairing arrays and precisely marked of
their surroundings. They are on top of the primary and secondary
structures and appear always on surfaces of very young subjects.

When closely observed, three distinct types of the latter could be
made out and according to their morphology were called type I, type
II and type III.

The so called type I structures (Fig. 2) are seen as distinct
elevation, found defenitely raised from the general surface. They
are of oval shape and frequently occur as paired configuration.
These were observed on the articular surface of the femoral condyle,
the head of the femur, finger joints and those parts of the tibial
condyles not covered by menisci.

The structures called type II (Fig. 3) appear too as elevations but
have a clear moat surrounding them. They feature as moat and mound
with flat elevations of the tertiary structure in their central
region. These patterns were found, in addition to the newborn, also
in young children on the articular surface of those parts of the
tibial condyles covered by menisci, and on the tarsal joints of
calves too.

The type III structures (Fig. 4) appear as distinct depression over
the cartilage surface of similar shape, magnitude and array of the
tertiary discribed above. Seen mostly in distrophic joints they will

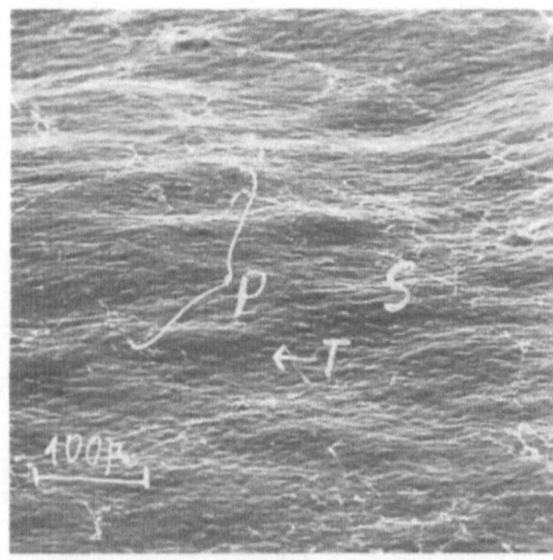
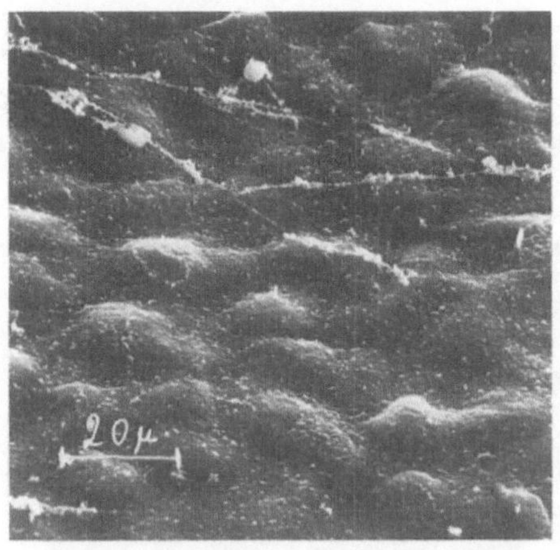

Fig. 1)

Surface of the articular
cartilage of a newborn shows
primary, secondary and tertiary
structures.

Fig. 2)

Surface of the articular cartilage
from the femoral condyle of a
newborn shows the tertiary
structure, type I.

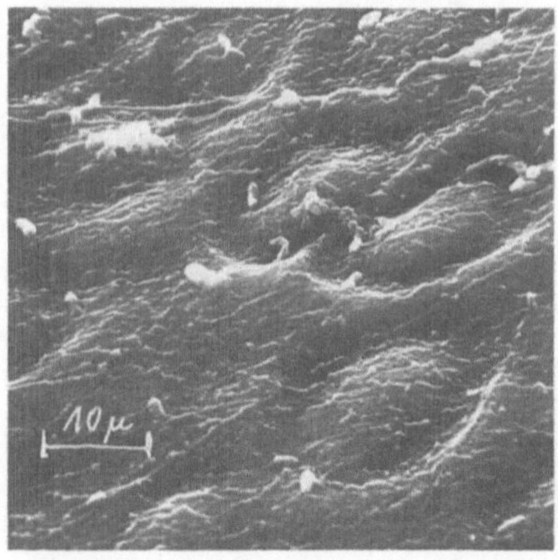
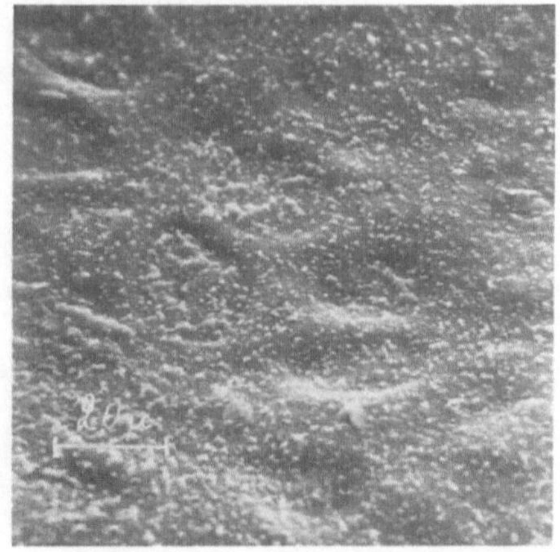

Fig. 3)

Surface of the articular
cartilage from tibial plateau
covered by menisci of an 11 year
old child shows tertiary
structure, type II.

Fig. 4)

Surface of the articular cartilage
from the head of the femur of a
45 year old female shows tertiary
structure, type III.

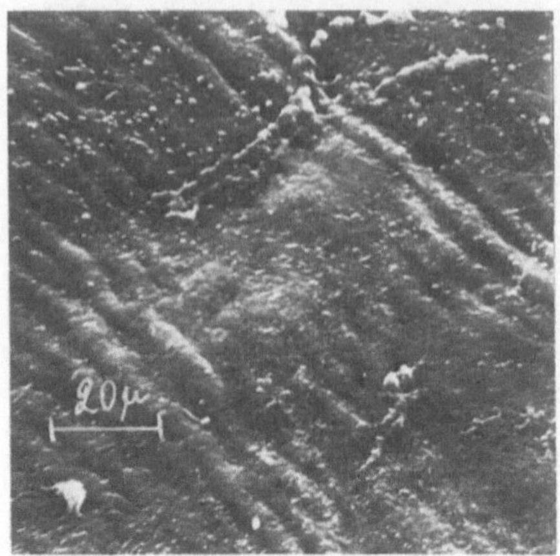

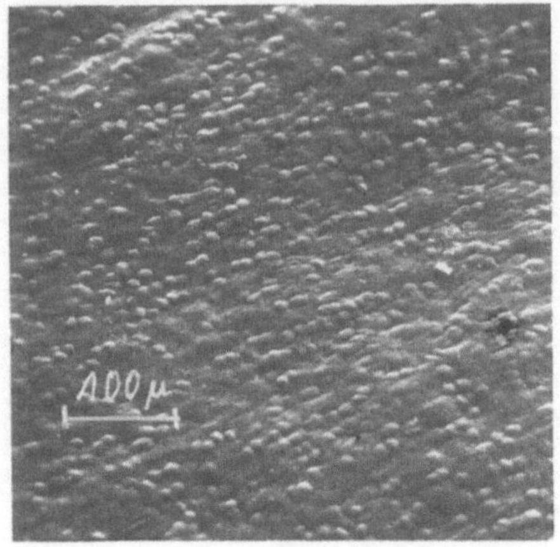

Fig. 5)

Surface of the articular
cartilage from the femoral
condyle of a twenty-eight
year male shows linear
elevations.

Fig. 6)

Surface of the articular
cartilage from tibial plateau
non covered by menisci of an
11 years old child shows
typical tertiary structure,
type I.

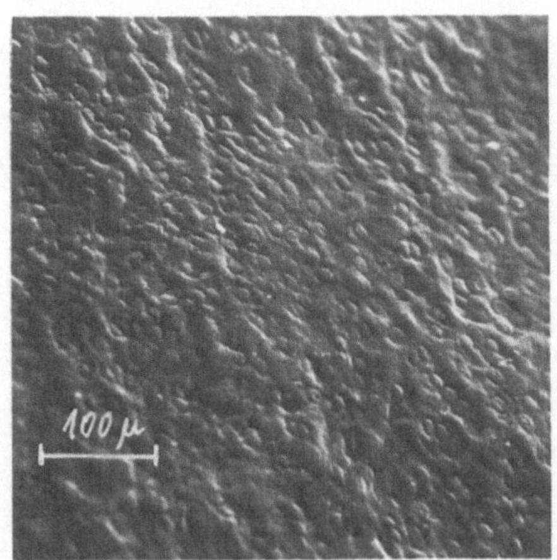

Fig. 7)

Surface of the articular cartilage
from tibial plateau covered by menisci
from the same child shows typical
tertiary structure, type II.

not be further discussed as they cannot be related to stress.
Apparently they represent depressions of the surface which are caused
by reduction in volume of underlying cells. This is the fact when
the most superficial layers of the chondrocytes undergo necrosis.

With increasing age the development of the tertiary structure gets
less distinct in those joints or locationts of the joint which are
put to increasing stress. They are replaced by linear elevations of
various length, width and array (Fig. 5). The appearance of the
primary and secondary structure cannot just be explained by cells
or collagen bundles in the articular surface. The fact that those
structures are observed defenitely only in the joints of newborn
makes it necessary to point out the close relationship between
increasing age and changing supply of nutritive substrate in
articular cartilage. While in the articular cartilage of newborn
blood-vessels are still present they disappear with increasing age.
It is reasonible to suppose that with the special supply of nutritive
substrate in young articular cartilage a more intensive growth of
cartilage results close to the blood-vessels, elevating the articular
surface in that area. Yet cannot be determined wether such a mass
expansion is caused by an increase of cartilage tissue or by an
increased synthesis of proteoglycans followed by an higher water
content and higher pressure due to swelling of that areal.

On the other hand the tertiary structures can be evidently related
to underlying cartilage cells. The development of type I and type II
cannot be identified by changes of tissue due to age, artefacts
caused by preparation technique or post mortal changes. However a
distinct relation is evident, when the different findings of type I
and type II are related to the location the specimen was obtained
from.

Those surfaces which have mainly a gliding friction show the type I
appearance (Fig. 6). When the joint is used, pressure is not set up
over a large area but, due to alternating radius of curvature, the
surface is subjected to linear and sinosiodal pressure effects.
These conditions are evident in femoral condylus, those parts of
tibial condylus not covered by menisci and also in finger joints.

Whereas those joints which have broad surfaces with varying pressure
stresses without much movement between them show the type II
appearance (Fig. 7). Gliding friction plays only a secondary role.
These conditions are evident in those parts of the tibial condylus,
covered by menisci and in tarsal joints of calves.

Trying to find an explanation for the cause of these morphological
varieties, morphology itself has to be considered again.

The appearance of type I (Fig. 2 and 6) shows an elevation of the
most superficial cells of the articular surface whith the space
between them almost plane.

Whereas the appearance of type II (Fig. 3 and 7) shows the surface
between the cells as string-like and often tightly elevated towards
the joint space. Obviously this represents the elevation of subjacent
cartilage matrix indicating a high content of cartilage matrix and
an immense osmotic pressure of that articular section. Presumably
a less collagen density in the tangential zone plays a role. From
These findings it can thus be concludet that due to various

mechanical stress of the articular cartilage the cells are stimulated
to increased synthesis either of proteoglycans or collagen (MUIR et
al. 197o).

This description agrees substantielly with that by REFIOR. Mechanical
studies on articular cartilage of the anterior tibial condyles
adduced that those surfaces, normally covered by menisci, reveal
fundamentally different mechanical properties than those articulating
with the femoral surfaces (REFIOR).

According to topographiy mechanical and morphological investigations
are identical. (BÄR 1926, MAKOWSKY 1948). Another hint, determining
the close relation between the stress on the articular surface and
the increased synthesis of the cartilage cells, was obtained from
the findings, that most superficial cartilage layers of those
articular location which are subjected to stress reveal a more
intensive synthesis of collagen with increasing age respectively
with increasing stress. These results agree with those by other
authers (BALAZS et al. 1966; MUIR et al. 197o).

During embryogenesis the most superficial cartilage cells are lying
almost bare on the articular surface without any cover of a collagen
layer.
Whereas incresing stress causes synthesis of collagen matrix.
According to that a most superficial acellular zone is more and more
develloped containing much collagen elements and hardly any
proteoglycans. The cartilage cells initially appearing as tertiary
structures under SEM studies, are getting more and more coated and
thus becoming less distinct for SEM studies (PUHL and DUSTMANN).
The more indistinct they become the more linear elevations are
develloped as described above, representing collagen bundels in the
articular surface.

The development of linear elevations especially the development of
the tertiary structure type I and type II, represents the micromor-
phologies of those surfaces unequivocally subjected to mechanical
stress.

The objective of further investigations is to find out which factors
enable the cartilage cell to an increased synthesis either of
proteoglycane or of collagens.

References

BÄR, E.: Elastizitätsprüfung der Gelenkknorpel. Z.wiss.biol.W.Roux.
    Arch.f.Entwicklungsmechanik (Abtl. II), 1o8, 1926
BALAZS, E.A., BLOOM, G.D. and TWANN, D.A.: Fine structure and
    glycosaminoglycan content of the surface layer of articular
    cartilage. Fed.Proc. 26, 1966, 1813
BENNINGHOFF, A.: Form und Bau der Gelenkknorpel in ihren Beziehungen
    zur Funktion I. Z.f.Anatomie u. Entwicklungsgeschichte 76, 1925 a
    43.
BENNINGHOFF, A.: Form und Bau der Gelenkknorpel in ihren Beziehungen
    zur Funktion II. Z.f.Zellforschung und mikroskopische Anatomie, 2,
    1925 b, 783
BULLOUGH, P. and GOODFELLOW, J.: The significance of the fine
    structure of articular cartilage. J.Bone Joint.Surg. 5o-B, 1968,
    852

CLARKE, J.C.: Human articular surface contours and related surface
depressions. Ann.Rheum.Dis. 3o, 1971 a, 15
CLARKE, J.C.: Surface characteristics of human articular cartilage,
a scanning electron microcope study. J.Anat. 1o8, 1971 b, 23
CLARKE, J.C.: Articular cartilage. A review and scanning electron
microscope study. J.Bone Joint.Surg. 53-B, 1972, 732
CLARKE, J.C.: Correlation of SEM replication and light microscopy
studies of the bearing surfaces in human joints. SEM /IIITRI/
1973, 659
COTTA, H. and PUHL, W.: Oberflächenbetrachtung des Gelenkknorpels.
Arch. Orthop. Unfallchir. 68, 1970 a, 152.
COTTA, H. and PUHL, W.: Oberflächenbetrachtung des Gelenkknorpels
im normalen und arthrotischen Gelenk. Verh.dtsch.Ges.f.Orthop.und
Traumatologie, 57.Kongreß in Kiel, 1970 b.
HULTKRANTZ, W.: Über die Spaltrichtung der Gelenkknorpel. Verh.anat.
Ges., Kiel, 12, 1898, 248
MAKOWSKY, I.: Studien über den Wasserhaushalt des Kniegelenkknorpels.
Helv.chir.Acta, 1,1948, 44.
Mc CALL, J.G.: Scanning electron microscopy of articular surfaces.
Lancet 3o, 1968, 1194.
Mc CALL, J.G.: Load deformation response of microstructure of
articular cartilage. Lubrication and wear in joints. Sector
Publishing Limited London, 1969 a
Mc CALL, J.G.: Ultrastructure of human articular cartilage. J.Anat.
1o4, 1969 b, 586
MITAL, M.A. and MILLINGTON, P.E.: Surface characteristics of articular
cartilage. Milson, 2, 1971, 236.
PAUWELS, F.: Die Struktur der Tangentialfaserschicht des Gelenk-
knorpels der Schulterpfanne als Beispiel für ein verkörpertes
Spannungsfeld. Z.Anat. Entwicklungsgesch. 121, 1959, 188.
MUIR, H., BULLOUGH, P. and MAROUDAS, A.: The distribution of collagen
in human articular cartilage with some of its physiological
implications. J.Bone Joint Surg. 52-B, 3, 1970, 554.
PUHL, W.: Die Mokromorphologie der Gelenkknorpeloberfläche. Rasterelektronenmikroskopische Untersuchungen an normalen und pathologisch veränderten Gelenkflächen. Habilitationsschrift 1972.
PUHL, W. and IYER, V.: SEM observations on the structure of articular
cartilage surface in normal and pathological condition. SEM/IITRI,
1973, 675.
PUHL, W. and DUSTMANN, H.O.: Die Auswirkung des Lebensalters auf die
Ausdifferenzierung der Knorpelstruktur. In Press.
REDLER, J. and ZYMNY, M.L.: Scanning electron microscopy of normal
and abnormal articular cartilage and synovium. J.Bone Joint Surg.
52-A, 7, 1970, 1395.
REFIOR, H.J.: Personal communication.
SZIRMAI, J.A.: Structures of cartilage. Thule international symposia,
aging of connective and skeletal tissue, 1970.
WALKER, P.S., DOWSON, D., LONGFIELD, M.D. and WRIGHT, V.: Boosted
lubrication on synovial joints by fluid entrapment and enrichment.
Ann.Rheum.Dis. 27, 1968, 512.
WALKER, P.S., SIKORSKI, J., DOWSON, D., LONGFIELD, D.M. and WRIGHT,
V.: Lubrication mechanism in human joints. In: Lubrication and wear
in joints. Sector Publishing Limited, London, 1969 a.
WALKER, P.S., SIKORSKI, J., DOWSON, D., LONGFIELD, M.D., WRIGHT, V.
and BUCKLEY, T.: Behavior of synovial fluid on surfaces of articular
cartilage. Scanning electron microscopy study. Ann.Rheum.Dis. 28,
1969 b, 1.

Ingo-Ernst Richter

Unsere Vorstellung von einer völlig glatten normalen Gelenkoberfläche
ist in den letzten Jahren mehrfach durch rasterelektronenmikroskopische Befunde erschüttert worden (GARDNER and WOODWARD, 1968; COTTA
und PUHL, 1970; RICHTER, 1970).
Übereinstimmend zeigen diese Abbildungen gesunder Gelenkoberflächen
streifenförmige, flache Aufwölbungen mit einer durchschnittlichen
Breite von etwa 10µm; die Wellen verjüngen sich an den Enden, so daß
ein spindelförmiges Aussehen resultiert. Mögen die Bilder luftge-
trockneter Gelenkoberflächen (Abb. 1) noch bis zu einem gewissen
Grad einen Artefakt darstellen, spätestens seit den von GARDNER and
McGILLIVRAY 1971 intravital gemachten Beobachtungen an normalen Gelenkoberflächen müssen wir davon ausgehen, daß diese nicht vollkommen glatt sind.

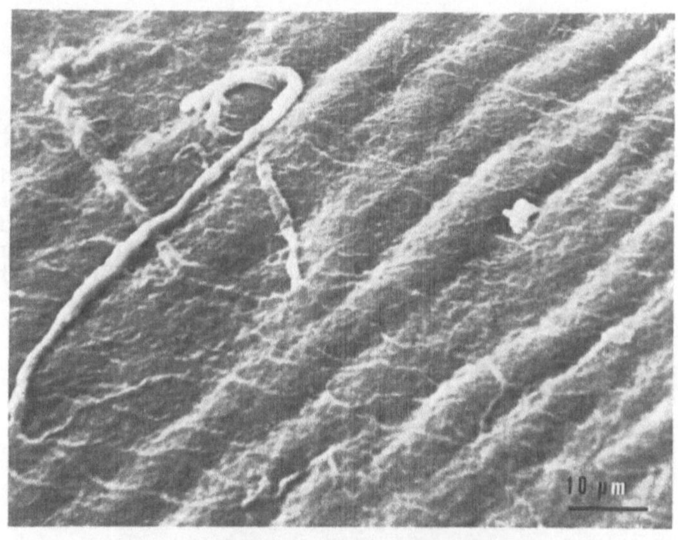

Abb. 1: Oberfläche eines normalen Hüftgelenkkopfes (29 Jahre, ♂).

Die Wellenform der Gelenkoberfläche entsteht jedoch erst unter dem
Einfluß der Belastung des betreffenden Gelenkes. So ergaben raster-
mikroskopische Untersuchungen an Hüftköpfen von Frühgeborenen eine
unregelmäßige Felderung der Oberfläche; leicht vorgewölbte, feinge-
fältelte Areale wechseln mit solchen, in denen durch ringförmige Ein-
senkungen kleine Inseln abgegrenzt sind (Abb. 2a). Der Durchmesser
dieser Inseln entspricht etwa dem von Knorpelzellen. Die gesamte Gelenkoberfläche ist jedoch noch einmal in ungleich große Areale ge-
gliedert, deren Grenzen durch wallförmige Erhebungen gebildet werden.
Die aneinander angrenzenden Wälle benachbarter Areale sind durch eine
dazwischen liegende Furche getrennt (Abb. 2b).

*Für die Beschaffung des Rasterelektronenmikroskopes danke ich der
 Stiftung Volkswagenwerk.

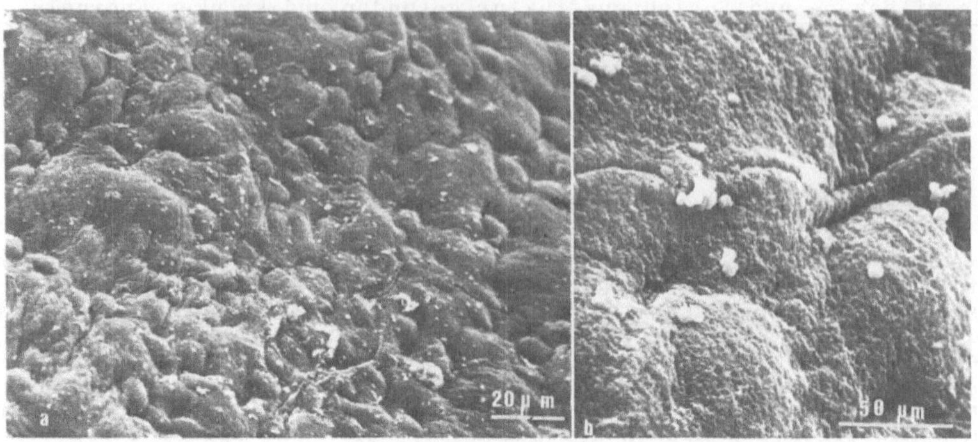

Abb. 2a: Oberfläche des Hüftgelenks eines Neugeborenen.
Abb. 2b: Wallförmige Begrenzung einzelner Areale der Gelenkoberfläche (Ausschnitt aus Abb. 2a).

Oberfläche und Schichtenstruktur des kranken Knorpels

Degenerativ veränderte Gelenkoberflächen zeigen alle Stadien einer chemischen und mechanischen Zerstörung des Knorpels. Auch ohne Kenntnis biochemischer Befunde über die Auswirkungen Proteoglykan- bzw. Kollagen-abbauender Enzyme kommt der Morphologe, wenn er eine Oberfläche sieht, wie sie Abb. 3 zeigt, die trotz erheblicher Unebenheiten, trotz Eröffnung von Knorpelzellhöhlen noch erstaunlich glatte Flächen aufweist, zu dem Schluß, daß hier Enzyme beim Abbauprozeß eine Rolle spielen.

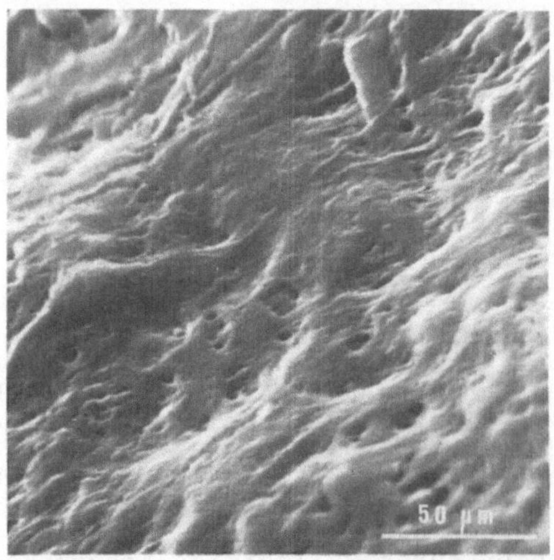

Abb. 3: Oberfläche eines arthrotisch veränderten Hüftgelenks. Man beachte die relativ glatte Fläche, trotz Eröffnung einzelner Knorpelzellhöhlen.

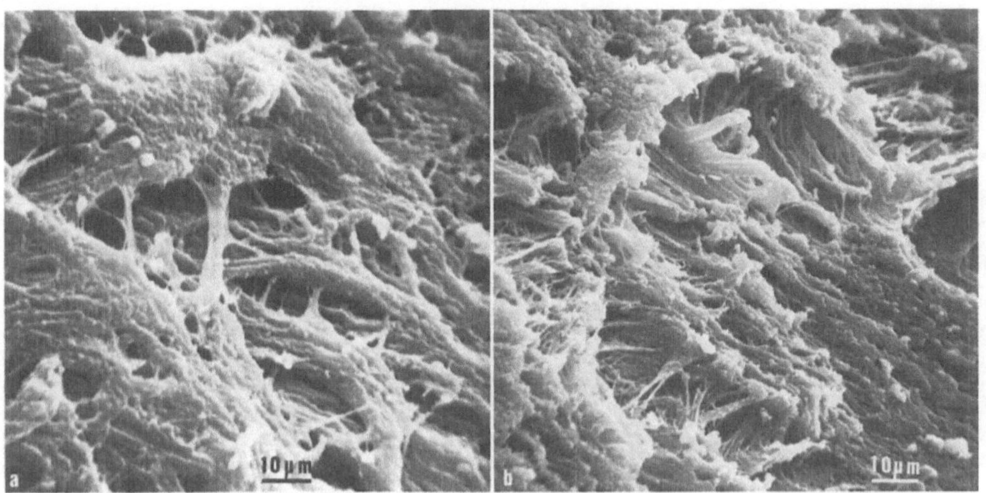

Abb. 4a u. b: Demaskierte Kollagenfibrillen (links) können unter
dem Druck der Belastung und unter der Wirkung von Scherkräften
zusammenbrechen.

Werden durch ein Herauslösen der Kittubstanz aus der Matrix erst
einmal Kollagenfibrillenbündel freigelegt (Abb. 4a), dann können
diese demaskierten Fibrillen unter mechanischen Druck- und Scherkräften zusammenbrechen (Abb. 4b) und den Abbauprozeß beschleunigen.
In der Regel führen die im Gelenkspalt sich ansammelnden Partikel
zu einer Begleitarthritis.

Es soll an dieser Stelle bereits einmal auf die Schichtenstruktur
des Gelenkknorpels hingewiesen werden, die im Falle des arthrotischen
Gelenks ja zugleich eine Oberfläche darstellt. Man erkennt in Abb. 4a
deutlich einen tangentialen Verlauf der Fibrillenbündel mit einem
stellenweisen Umbiegen in vertikaler Richtung. Die einzelnen Bündel
weisen Querverbindungen auf. Im späteren Stadium der Arthrose wird
die Gelenkfläche von einer Vielzahl radiär stehender Kollagenfibrillen gebildet (Abb. 5a). Man kann dieses Bild etwa mit einem Reiser-
besen vergleichen. Die abgebrochenen Fibrillen sind fast immer durch
einen Fibrinbelag miteinander verbacken und bilsen so eine Pseudo-
gelenkfläche. Der in Abb. 5a zu erkennende Spalt ist eine Folge der
Trocknung; er wäre aber wohl kaum entstanden, wenn die Fibrillen
hier noch vollständig von der Kittsubstanz umgeben wären. Ein Artefakt also, sonst stets gefürchtet, gestattet hier jedoch einen Blick
in die Tiefe und ermöglichte die in Abb. 5b wiedergegebene Darstellung feiner Fibrillen. Vom amorphen Anteil der Grundsubstanz ist
an dieser Stelle auch in der Tiefe nichts zu bemerken.

Bei schwerster Arthrose findet man neben Resten des Knorpels die
blankgeschliffene Knochenoberfläche, die Knochenglatze, wie es OTTE
(1970) treffend bezeichnet hat (Abb. 6a). Eine Ausschnittvergrößerung
läßt den Verlauf der Kollagenfibrillen besser erkennen (Abb. 6b):
sie stehen größtenteils radiär (am rechten Bildrand zu erkennen),
um den zapfenförmig vorspringenden Knochen liegen sie jedoch horizontal.

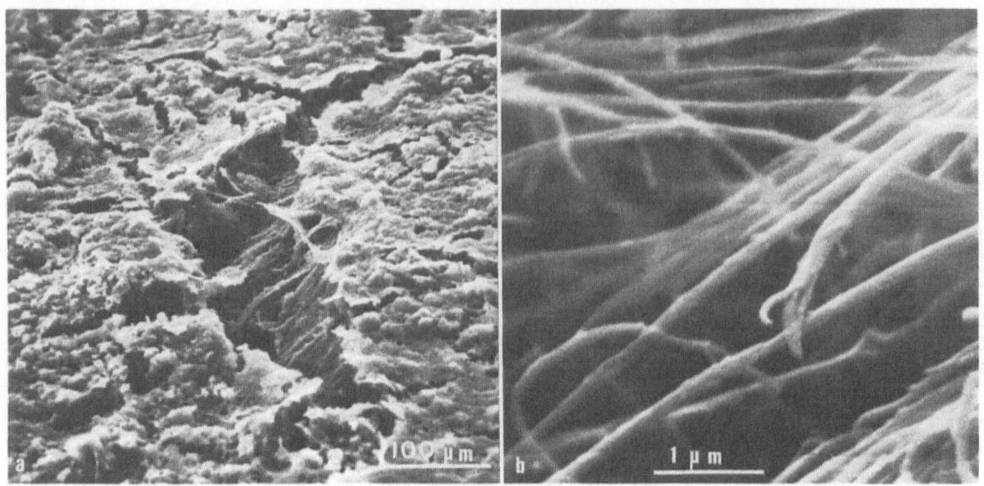

Abb. 5a: Bei schwerer Arthrose sind die Enden der abgebrochenen
Fibrillen häufig durch eine Fibrinschicht miteinander verbacken.
Als Folge der fehlenden Kittsubstanz in der Tiefe entstehen zahl-
reiche Trockenrisse.
Abb. 5b: Freiliegende Kollagenfibrillen, in der Tiefe eines solchen
Risses aufgenommen.

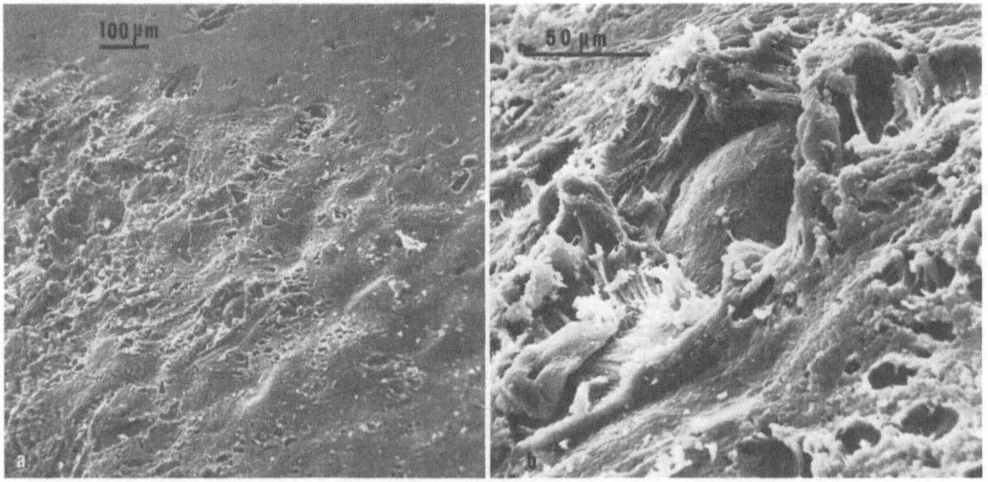

Abb. 6a: Bei schwerster Arthrose finden sich nur noch Knorpelreste;
am oberen Bildrand ist der bereits glattgeschliffene Knochen zu
erkennen.
Abb. 6b: Ausschnitt aus Abb. 6a. Um den vorstehenden Knochenzapfen
liegen die, sonst radiär stehenden Fibrillen, in einer kranzförmigen
Anordnung vor.

Der Schichtenbau des normalen Knorpels

Zur Beurteilung von Feinstrukturen des Schichtenaufbaues des Knorpels zieht man natürlich das Transmissionselektronenmikroskop heran.
Nur diese Methode erlaubt eine Aussage über den Funktionszustand
der Chondrozyten, über Durchmesser der Kollagenfibrillen und die
Ausbildung ihres Querstreifenmusters. Wir kennen sowohl eine altersabhängige als auch eine von der Schichtung abhängige Veränderung
der Knorpelfeinstruktur. So weisen die in der Oberflächenschicht
liegenden Fibrillen einen geringeren Durchmesser auf als die in der
mittleren, und die tiefen Schichten lassen einen noch dickeren
Durchmesser erkennen. Die Angaben in der Literatur über den Fibrillendurchmesser schwanken, man findet jedoch als charakteristisches
Merkmal stets eine Zunahme des Durchmessers von der Oberfläche zu
tieferen Zonen hin. Nach MUIR, BULLOUGH and MAROUDAS (1970) beträgt
der Fibrillendurchmesser in der Oberflächenschicht 34nm, 70-100nm
in der mittleren und 140nm in der tiefen Zone des Gelenkknorpels
beim Menschen.

Die altersabhängigen Veränderungen im Gelenkknorpel sollen an 3
Präparaten, die jeweils der Oberflächenschicht entnommen wurden,
demonstriert werden (Abb. 7a-c).

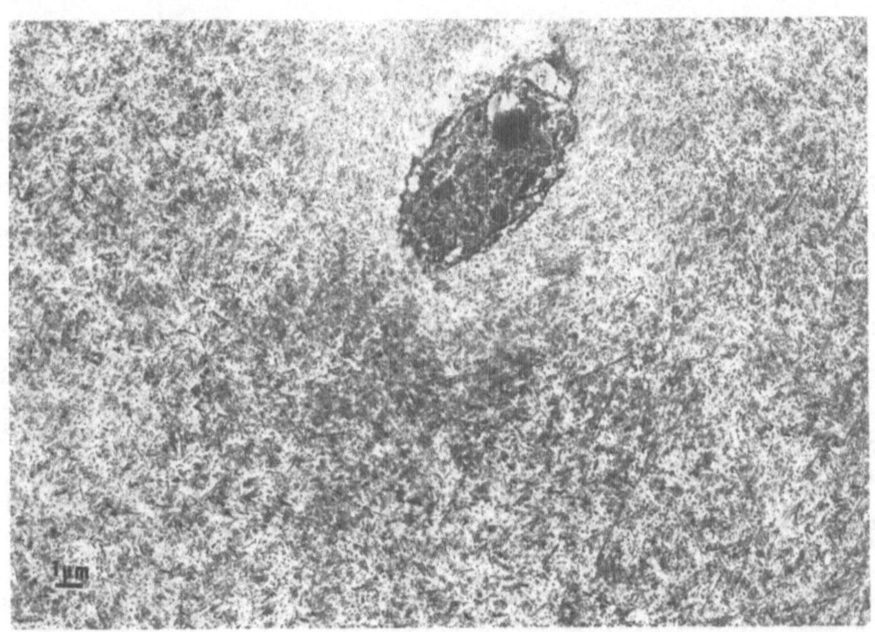

Abb. 7a: Feinstruktur des Knorpels aus der Oberflächenschicht
des Hüftkopfes eines Neugeborenen. Man achte insbesondere auf die
noch unvollkommene Ausbildung der Kollagenfibrillen.

Bei Neugeborenen (Abb. 7a) finden wir neben sekretionsaktiven Chondrozyten in der Grundsubstanz fibrilläre Strukturen von geringem
Durchmesser, die noch nicht die typische Querstreifung der Kollagen-

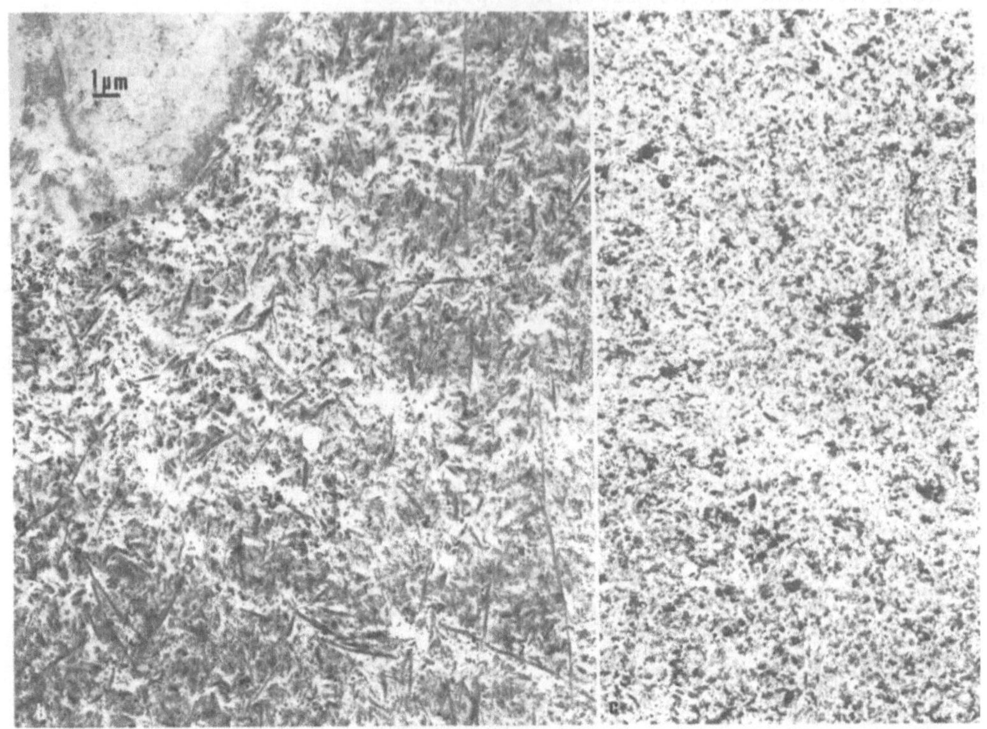

Abb. 7b: Feinstruktur des Oberflächenknorpels (Hüftkopf) bei einem
29 Jährigen.
Abb. 7c: Veränderung der Feinstruktur des Oberflächenknorpels infolge Kalkeinlagerungen bei einem alten Menschen.

fibrillen. Im Gegensatz hierzu zeigt das Präparat eines 29 Jährigen
(Abb. 7b) deutlich die periodische Querstreifung, ein Zeichen dafür,
daß nicht nur die Oberfläche sich erst unter der Belastung des Gelenks ausdifferenziert, sondern daß es auch im Feinstrukturbereich
durch Aggregation von Makromolekülen zu Veränderungen kommt. (Die
Ausdifferenzierung ist natürlich schon in früher Kindheit abgeschlossen, genaue Angaben fehlen jedoch noch). Im fortgeschrittenen
Alter (Abb. 7c) wird die Fibrillenfeinstruktur wieder undeutlicher.
Das Bild ist geprägt von zahlreichen elektronendichten Stellen, hervorgerufen durch ausgefällte Kalksalze.

Um die Schichtenstruktur des Knorpels dem Rastermikroskop zugänglich zu machen, hat u.a. CLARKE (1971) Bruchflächen hergestellt und
untersucht. Man stellt solche Bruchflächen zweckmäßigerweise mittels
der sog. Sprödbruchpräparation (REIMER und PFEFFERKORN, 1973; OHN-
SORGE und HOLM, 1973) her. Hierbei werden die sorgfältig entwässerten Präparate in flüssigem Stickstoff gekühlt und anschließend gebrochen. An einem radiär, vom subchondralen Knochen her geführten
Bruch soll das unterschiedliche Verhalten des Knorpels in Abhängigkeit von der Schichtung aufgezeigt werden (Abb. 8a). Die tiefere
und mittlere Schicht des Gelenkknorpels -in der Abbildung von links
nach rechts verlaufend- zeigt eine fast einheitliche und nahezu
glatte Fläche. Lediglich in der Umgebung der Chondrozyten ist eine

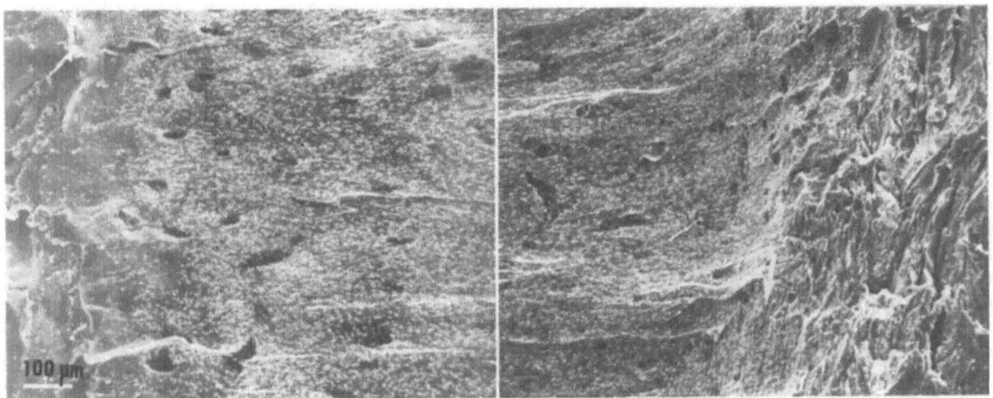

Abb. 8a: Bruchfläche durch einen Gelenkknorpel; links subchondraler
Knochen, rechts ist ein Umbiegen der Knorpelstrukturen auf den
Betrachter hin zu beobachten (Übergang vom Radiär zum Tangential-
verlauf der Kollagenfasern, siehe Pfeil.)

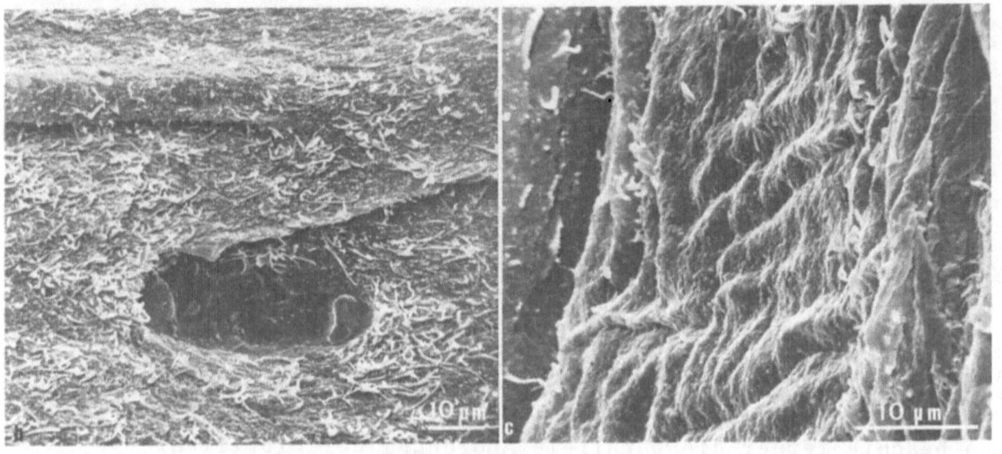

Abb. 8b: Fibrillenverlauf in der Umgebung der Chondrozyten.
Abb. 8c: Wellenförmige Strukturen in der Unterseite der äußeren
Gelenkschicht. Beide Aufnahmen sind Ausschnitte aus der Abb. 8a.

unterschiedlicher Verlauf der Fibrillen zu bemerken (Abb. 8b). In
der äußeren Schicht weist die Bruchfläche jedoch eine völlig andere
Struktur auf. Man erkennt bereits in der Übersichtsaufnahme (Abb.
8a), daß die Bruchfläche auf den Betrachter hin "umbiegt". Ein
schollenartiges Brechen des Knorpels in diesem Bereich mag darauf
zurückzuführen zu sein, daß die Kollagenfibrillen jetzt nicht mehr
parallel zur Bruchfläche verlaufen. Auffallend ist ferner, daß in
dieser Schicht des Knorpels wiederum wellenförmige Strukturen auftreten, obgleich wir doch auf die Unterseite der äußeren Gelenkschicht sehen.(Abb. 8c).

Eine andere Methode zur Freilegung der Schichtenstruktur des Knorpels
stellt der enzymatische Abbau der Kittsubstanz mittels Hyaluronidase
dar (RICHTER, 1971). Die Versuche wurden an Hüftgelenken von Wistar-
Ratten durchgeführt. Schon wenige Stunden nach Versuchsbeginn werden
an der Gelenkoberfläche fibrilläre Strukturen sichtbar. Flache Ein-

dellungen deuten vermutlich die Lage der obersten Knorpelzellen an
(Abb. 9a). Zwischen den Fibrillen findet sich angedaute Kittsubstanz
in Form kleiner Kügelchen (Abb. 9b). Die Fibrillen zeigen eine Vor-
zugsrichtung in ihrem Verlauf, doch gibt es Querverbindungen, jedenfalls liegen sie parallel zur Oberfläche.
Wir haben die eingangs erwähnten wellenförmigen Strukturen der Gelenkoberflächen bei der Ratte nur vereinzelt gesehen; es fanden
sich jedoch immer wieder Wülste von Kollagenfibrillen, wie sie Abb.
9c zeigt. Es kann heute noch nicht gesagt werden, ob sie für jene
"Wellenzüge" an der Gelenkoberfläche verantwortlich sind. Eine Zusammenlagerung vieler Fibrillen zu einer derartigen Rolle könnte
jedoch die Diskrepanz zwischen der rastermikroskopischen Oberflächen-
darstellung und der Tatsache, daß transmissionselektronenmikrosko-
pisch nie den Wellen entsprechenden dicke Fasern in den Oberflächenschichten des Gelenkknorpels gefunden wurden, erklären.

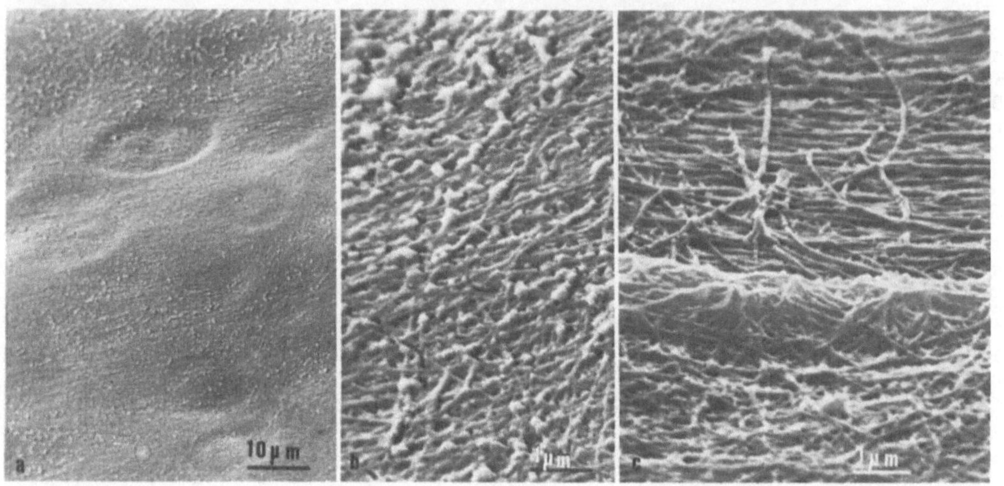

Abb. 9a: Ratte. Angedaute Oberfläche eines Hüftgelenks.
Abb. 9b: Zwischen den Fibrillen liegt tropfenformig zusammengelau-
fene Kittsubstanz.
Abb. 9c: Zusammenlagerung von Kollagenfibrillen zu einer Welle;
man beachte ferner die parallele Anordnung der Fibrillen.

Einige Stunden später werden die ersten Knorpelzellnester eröffnet
(Abb. 10a). Eine Ausschnittvergrößerung zeigt den Fibrillenverlauf
um die Knorpelzellen; man erkennt deutlich ihre nestförmige Anordnung (Abb. 10b). Diese Struktur entspricht vielleicht den die Chondrozyten umgebenden "Körbchen", von welchen Herr SZIRMAI gestern
sprach.
Nach insgesamt 24 Stunden sind auch tiefere Knorpelzellnester er-
fasst und freigelegt worden (Abb. 11a); in dieser Schicht ist jetzt
ein unregelmäßiger Verlauf der Fibrillen zu beobachten. Daß die
Hyaluronidase nur die Kittsubstanz herauslöst erkennt man daran,
daß in den Präparaten die oberflächlichen Fibrillen frei von der
amorphen Grundsubstanz vorliegen. Mit dem Verlust der Kittsubstanz
lösen sich die Kollagenfibrillen jedoch aus dem Gefüge, so setzt
sich im Verlaufe der Versuche ein feiner grauweißer Schleier aus
Fibrillenmaterial am Boden der Glasgefäße ab.
Das folgende Bild (Abb. 11b) könnte ebenfalls aus dieser Serie

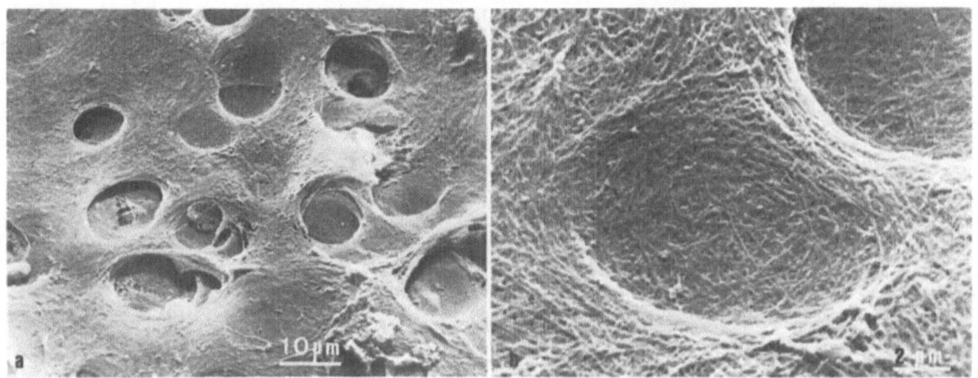

Abb. 10a: Die ersten Knorpelzellhöhlen sind eröffnet.
Abb. 10b: In der Umgebung der Knorpelzellen verlaufen die Kollagenfibrillen überwiegend ringförmig.

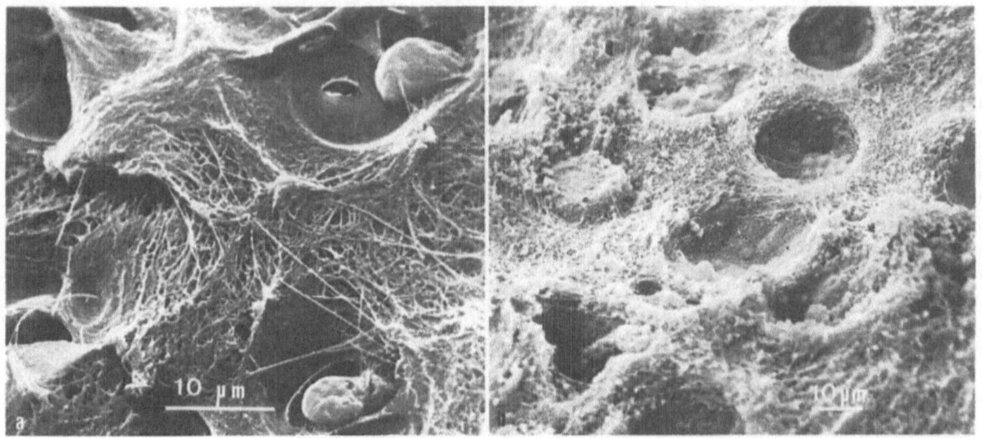

Abb. 11a: Eröffnete Knorpelzellen in der mittleren Schicht; man
erkennt noch 2 freiliegende, angedaute Chondrocyten.
Abb. 11b: Vergleichbares Präparat vom Hüftkopf eines Arthrose-
Patienten.

stammen, hierbei handelt es sich jedoch um ein Operationspräparat
eines menschlichen Hüftkopfes. Der Vergleich zeigt deutlich die
Übereinstimmung in der pathomorphologischen Feinstruktur.
Nach 36 Stunden Einwirkungszeit gelangt man in tiefere Schichten des
Knorpels, erkenntlich an dem größeren Durchmesser der Fibrillen und
dem engeren Geflecht (Abb. 12a), bis schließlich die Zone der bereits
durch Kalkeinlagerungen gekennzeichneten Fibrillen erreicht ist.

Schlußbemerkung

Es ist im Rahmen eines Diskussionsbeitrages naturgemäß nicht möglich, eine vollständige Übersicht über den Stand der Feinstruktur-
forschung des Gelenkknorpels zu geben. Vieles ist nur angedeutet
worden. Überblickt man jedoch die vergangenen 5-6 Jahre, so gewinnt

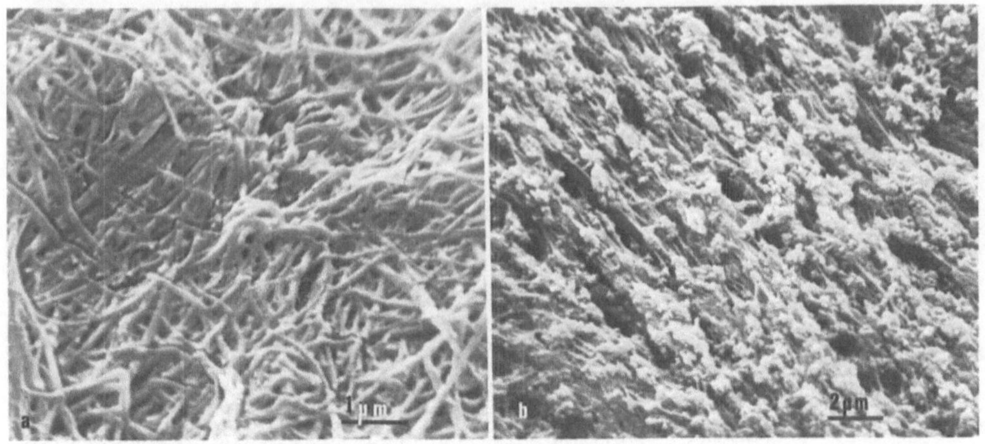

Abb. 12a: Durch Hyaluronidase freigelegtes dichtes Fibrillennetz
in tiefer Knorpelschicht.
Abb. 12b: Kollagene Fibrillen mit Kalkeinlagerungen.

man den Eindruck, als habe die Einbeziehung der direkten Untersuchung der Gelenkfläche mit Hilfe des Rasterelektronenmikroskopes
nicht nur zu einer Reihe neuer Befunde geführt, sondern als habe
diese Methode eine katalysatorische Wirkung entfaltet und zu weiteren experimentellen Untersuchungen angeregt. Die notwendige Ver-
knüpfung zusätzlicher Parameter, wie definierte Gelenkbelastung und
-bewegung sowie die Einbeziehung biochemischer Faktoren in die Beurteilung feinstruktureller Veränderungen ist auf dieser Konferenz
wesentlich gefördert worden.

Literatur

CLARKE, I. C.: Articular cartilage: A review and scanning electron
    microscope study. Journal of Bone and Joint Surgery 53B, 732-
    750 (1971).
COTTA, H., PUHL, W.: Oberflächenbetrachtung des Gelenkknorpels.
    Arch. orthop. Unfall-Chir. 68, 152-164 (1970).
GARDNER, D.L., McGILLIVRAY, D.C.: Living articular cartilage is not
    smooth. The structure of mamalian and avian joint surfaces demon-
    strated in vivo by immersion incident light microscopy. Ann.
    rheum. Dis. 30, 3-9 (1971).
GARDNER, D.L., WOODWARD, D.H.: Scanning electron microscopy of ar-
    ticular surfaces. Lancet 11, 1246 (1968).
MUIR, Helen, BULLOUGH, P., MAROUDAS, A.: The distribution of collagen
    in human articular cartilage with some of its physiological impli-
    cations. Zit. nach I.C. CLARKE.
OHNSORGE, J., HOLM, R.: Rasterelektronenmikroskopie. Stuttgart:
    Thieme 1973.
OTTE, P.: Persönliche Mitteilung.
REIMER, L., PFEFFERKORN, G.: Raster-Elektronenmikroskopie. Berlin-
    Heidelberg-New York: Springer 1973.
RICHTER, I.-E.: Raster-Elektronenoptische Studien am arthrotischen
    Knorpel. 14. Kongreß der Deutschen Gesellschaft f. Rheumatologie
    in Fulda 1970. Z. Rheumaforschg. 31, 240-243 (1972).
RICHTER, I.-E.: Die direkte Abbildung enzymatisch abgebauter Gelenk-

oberflächen. Beitr. elektronenmikroskop. Direktabb. Oberfl. 4/2, 575-583 (1971).
SZIRMAI, J.A.: Das Chondron als biomechanisches Element; Zusammenspiel von Gallertkern und Faserring. 7. Wiss. Konferenz d. Gesellschaft Deutscher Naturforscher u. Arzte. Berlin-Heidelberg-New York: Springer 1974.

Scanning electron microscopic examinations of the surface behavior of healthy articular cartilage under pressure forces

H.J. REFIOR

Macroscopically usually smooth appearing surfaces of healthy articular cartilage show in microscopic dimensions different structures in adult individuals. McCALL, COTTA and PUHL, GARDNER and WOODWARD and others described among other structures almost parallel arranged surface ridges. Additionally, GARDNER and WOODWARD, CLARKE, RICHTER, MITAL, and MILLINGTON noticed wide spread, irregular, round to oval

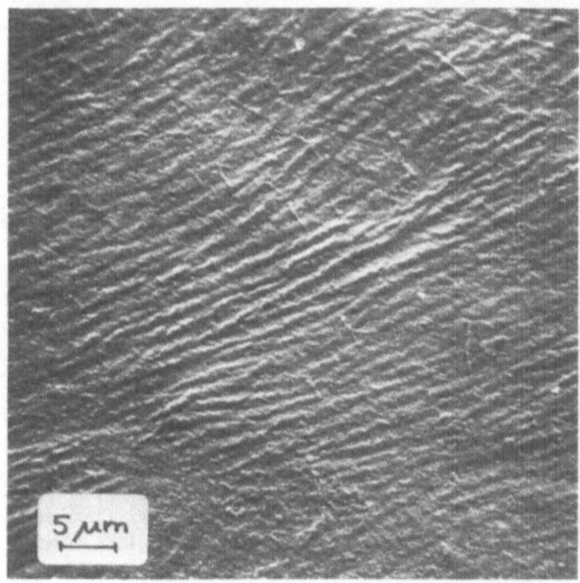

Fig.1:
Normal surface of articular cartilage with almost parallel arranged ridges (x2ooo).

depressions of the surface, giving a reticular pattern. These structures were confirmed in our own scanning electron microscopic examinations on the articular cartilage of young adult rabbits (fig.1).

Since these structures have been described by several authors both for human and animal articular cartilage it seems justified to postulate a biological common-place.

Accepting TRUETA's statement that unphysiological pressure distribution within a joint leads to degenerative changes of the articular cartilage, we attempted with our own experiments among other things to study the behavior of the cartilage surface and its structures under standard conditions. The right hind-legs of the test animals were immobilised at an acute angle and the knee joint placed under compression with a spring loaded with 12 kp. In order to recognize early subtle structural changes, the scanning electron microscopic examinations were performed after 4 and 7 days, later after 2, 3 and 4 weeks as deducted from preliminary experiments. The left knee joint was used as individual control.
After a test period of 4 days, barely visible demascated fibrillar structures with partially blunt ends became apparent at the contact

areas seemed rougher than normally. The physiologically present
surface patterns were preserved (fig. 2).

Additional surface changes were visible after a test period of 7
days. Now the tibial joint surfaces especially, obviously as a result of loss of amorphous ground substance, showed fine demascated
reticular fibrillar structures in the area of cartilage contact,
i.e. in the pressure zone. The interstices of this mesh were partially lined with ground substance. Some fibers seemed fractured from
the mesh. An orientation of the entire fibrillous mesh was barely
recognizable.

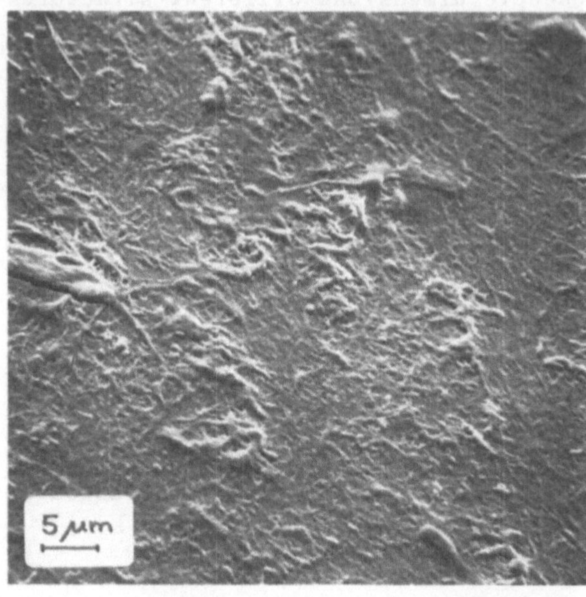

Fig.2:
In the contact areas fib-
rillar structures with partially blunt ends are apparent (x2ooo).

After 2 weeks of testing, the pressure areas showed destructive surface changes within the cartilage. These appeared as fine scaly or
lamellar surface elevations, combined with tearing and breaking of
fibrillar structures whose three-dimensional orientation was still
well preserved.
Similar changes have been described by DUSTMANN et al. after experimental hemarthros and fixation.
Increasing destructive tendencies became apparent after testing
for 3 and 4 weeks. Lamellar elevations over a larger area, formation of tears and clefts, ruptures and fragmentations of fibrillar
structures which had lost any orientation now became prevalent.
These findings coincide with those of McCALL, COTTA and PUHL, OHN-
SORGE, SCHÜTZ and HOLM in scanning electron microscopical pictures
of human degenerative arthritis. Such a coincidence could be also
verified histologically (fig. 3).

Aside from surface changes in the cartilage contact zones, changes
outside of these areas were no less interesting. With the loss of
amorphous ground substance within the reticular structural pattern
of the surface, a fine-fibrillar and structurally oriented reticular
system became apparent which remained almost disguised by ground
substance. Measurments of the thickness of these fibrils gave values
between 6oo and 8oo Angstrøm.

With continuing demasking, the reticular orientation of these fibrillar structures became more obvious, the caliber now measuring between

6oo und 4ooo Angstrøm. In correlation with the structural pattern
of normal joint surfaces we now recognized fibrillar textures with
reticular or elevated configuration (fig. 4). Both structures show
more or less oriented fibers. The interstices were of different
sizes, averaging between 6 and 28 um. Also the strength of the
fibers varied between the mentioned values.

These findings enable us to comment on several debatable questions.
Our observations of a fine-fibrillar, reticular oriented fiber-
system below the surface are supported by reports from GARDNER and
WOODWARD, also from RICHTER who exposed the cartilage surface to
hyaluronidase and who afterwards recognized similar fine structures
immediately below the surface.

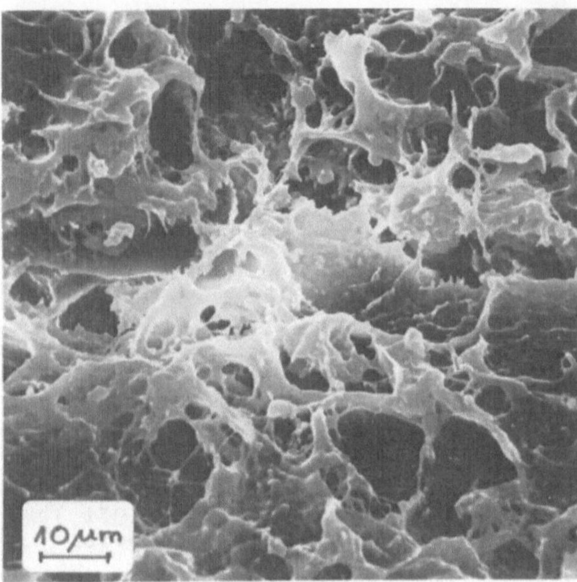

Fig. 3:
Surface destruction with
lamellar elevations, clefts
and ruptures of fibrillar
structures are apparent
(x12oo).

Assuming that this fine mesh, bedded in amorphous ground substance,
has a three-dimensional orientation, it seems convincing that in
connection with regressive changes an increasing loss of interfibrillar ground substance will lead to a settling of this fiber system
giving the impression of a haphazard orientation of the fibrils.
This impression obviously led FUJITA, TOKUNAGA and INOUE to the
statement that these were physiological occurences.

Important seems the proof of fibrillar textures which may be attributed to well-known surface patterns of joint cartilage in form and
size. It is therefore not erroneous to label these as contour forming
fiber-textures. - On top of this, our findings contradict CLARKE's
statement that these elevated, almost parallel running structures
are due to preparatory artefacts.

In conclusion we can say that the findings of structural patterns
on the cartilage surface of young adult rabbits are most likely
linked to fibrillar textures. Under normal conditions the fibers
are surrounded by amorphous ground substance. Due to unphysiological pressure loading, a loss of ground substance occurs on the surface of the cartilage caused by the individual reaction of the elements of hyaline cartilage, leaving fibrillar structures bare which
are subsequently being destroyed by the mechanical irritation of

pressure.

In the course of continuous surface destruction, a coincidence with
surface changes in human degenerative arthritis occurs, proving the
uniform mode of reaction of hyaline joint cartilage to heterogenous
insults (LINDNER) also in our experiments.

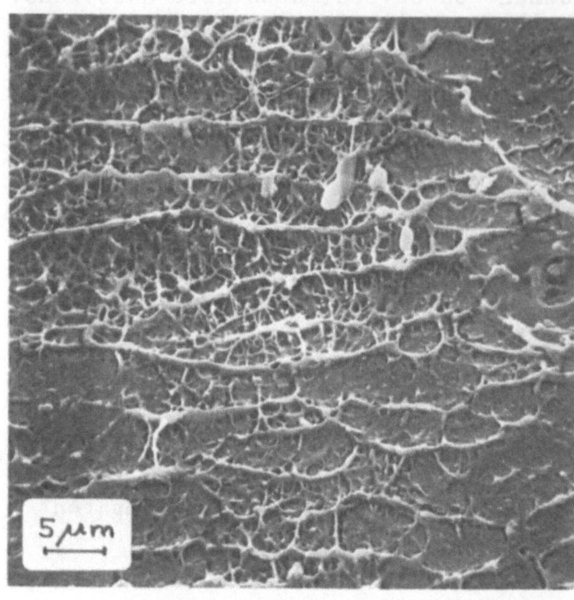

Fig. 4:
Almost parallel arranged
fibrillar textures after
loss of ground substance
(x22oo).

R e f e r e n c e s

CLARKE, I.C. : Surface characteristics of human articular cartilage
  - a scanning electron microscope study. J.Anat.108,23 (1971)
COTTA,H.,PUHL,W. : Oberflächenbetrachtungen des Gelenkknorpels.
  Arch.orthop.Unfall-Chir. 68,152 (1970)
DUSTMANN,H.O.,PUHL,W.,SCHULITZ,K.P. : Knorpelveränderungen beim Häm-
  arthros unter besonderer Berücksichtigung der Ruhigstellung.
  Arch.orthop.Unfall-Chir. 71,148 (1971)
FUJITA,T.,TOKUNAGA,J.,INOUE,H. : Atlas of scanning electron micros-
  copy in medicine. Igaku Shoin LTD., Tokyo 1971
GARDNER, D.L.,WOODWARD, D. : Scanning electron microscopy and replica
  studies of articular surfaces of guinea-pig synovial joints. Ann.
  rheum.Dis. 28,379 (1969)
LINDNER,J. : Biologie der Gelenke - aus der Sicht des Pathologen.
  Verh.Dtsch.orthop.Ges. 53,44 (1966)
Mc CALL,J.G. : Scanning electron microscopy of articular surfaces.
  Lancet 2,1194 (1968)
MITAL,M.A., MILLINGTON,P.F. : Surface characteristics of articular
  cartilage. Micron 2,236 (1971)
OHNSORGE,J.,SCHÜTT,G.,HOLM,R. : Rasterelektronenmikroskopische Unter-
  suchungen des gesunden und des arthrotischen Gelenkknorpels. Z.Or-
  thop. 108,268 (1970)
REFIOR,H.J. : Tierexperimentelle Untersuchungen zum Verhalten der
  Mikroarchitektur des hyalinen Gelenkknorpels unter Druckbelastung.
  Habilitationsschrift , München 1973
RICHTER,I.E. : Die direkte Abbildung enzymatisch abgebauter Gelenk-
  oberflächen. Beitr.elektronenmikroskop.Direktabb.Oberfl.4/2,575(1971)

Zusammenfassung der Diskussion zu VIII

Wright fragt nach Unterschieden in der Menge aggregierter Proteoglycane
im Knorpel bei früher Arthrose und bei chronischer Polyarthritis. Muir hat
bei experimenteller Arthrose in frühen Stadien eine doppelte Menge normal
aggregierter Proteoglycane gefunden. Sie vermutet, dass bei chronischer
Polyarthritis die lysosomalen Enzyme im entzündlichen Erguss die Aggregation
verhindern. Auf die Frage von Hartmann , ob sich in der Synovia und auf der
Knorpeloberfläche Proteoglycane in gleicher Weise mit Hyaluronsäure verbinden, antwortet Muir, dass sich wegen der hohen Hyaluronsäurekonzen-
trationen nur jeweils 1-2 Proteoglycanmoleküle an eine Hyaluronsäurekette
binden können; das begrenzt die Grösse der Aggregate. An der Knorpeloberfläche werden die Aggregate nicht sehr gross sein. Die Grösse der Aggregate
ist nur eine Funktion der Länge der Hyaluronsäurekette. Die Menge der Hyaluronsäuremoleküle in der Gelenkflüssigkeit lässt wahrscheinlich nur wenige
Aggregate auf der Knorpeloberfläche zu. Die Bedeutung dieses Vorgangs
für die Aufrechterhaltung monomolekularer Gleitschichten auf den Knorpeloberflächen bleibt noch offen.

Auf die Frage von Lederer , ob man diese sehr grossen Makromoleküle von
1,5 Mikron auch im Lichtmikroskop sehen kann, antwortet Muir, dass es
schwer ist, die einzelnen Moleküle voneinander zu unterscheiden, wenn man die
Lösung nicht verdünnt; wenn man die Lösung verdünnt, kann man wie Rosenberg
einzelne Moleküle sehen.

Czichos macht Puhl und Richter darauf aufmerksam, dass nach der Hertzschen
Theorie die maximalen Pressungen nicht an der Oberfläche, sondern darunter
entstehen und Hartmann ergänzt die Frage, ob in 1-2 mm Tiefe Zerreissungen
beobachtet wurden oder ob die Knorpel-Knochen-Grenze sogar der Ort der
Spannungsmaxima ist. Puhl erinnert an die gesteigerte Proteoglycansynthese
in tieferen Schichten unter Druckbelastungen, z.B. auch am Meniskus.
Seine Untersuchungen zeigen ein Fortschreiten der Knorpelrisse von der Oberfläche in die Tiefe. Das mag aber nicht so sehr von Schäden durch Spannung
als vom Abrieb abhängen. Refior hat schon nach einem Tag Belastung in den
Chondrocyten eine erhöhte Stoffwechseltätigkeit gefunden: der Einbau von S^{35}
war erhöht. Auf eine Frage von Bartz nach der Rauhigkeit von Knorpeloberflächen zitiert Puhl die von Walker mit einem Tast-Griffel gemessene
verstärkte Rauhigkeit im Alter und bei Arthrosen.

Otte fragt, ob beim Abrieb des Knorpels Zellen oder Proteoglycanmoleküle
oder Bruchstücke von kollagenen Fasern abgestossen werden. Puhl hat Ab-
stossung von Zellen nicht beobachtet. Radin vermutet, dass die sulfatierten
Proteoglycane, die in der normalen Gelenkflüssigkeit nicht vorkommen,
aus den tiefen Schichten des Knorpels von der Knorpel-Knochen-Grenze oder
aus dem subchondralen Knochen stammen. Refior hält die Grundsubstanz für
den Bereich der primären Schädigung. Erst wenn die kollagenen Fasern nicht
mehr durch Grundsubstanz geschützt und gespannt sind, werden sie zerrieben
oder zerrissen. Ihre Bündel scheinen zusammengedrückt und verlaufen wellen-
artig; die tangentiale Faserschicht an der Oberfläche verbreitert sich. Die
Fasern weichen auch nach radiär aus.

IX. Biorheologische Eigenschaften der Gelenkflüssigkeit/Biorheologic Properties of Joint Fluid

H. Greiling

Which correlation exists between the chemical composition of the synovial fluid
and its biorheological properties? The synovial fluid may be understood as a dia-
lysate of the blood serum, because the synovial fluid has the same composition
with respect to electrolytes and other low molecular organic substances as the
blood serum. The main difference between the synovial fluid and the blood serum
exists in the composition of proteins and the hyaluronate. It is difficult to estimate
hyaluronate in the blood serum because the concentration is very low. Hyaluronate
is the active secretion product of the lining cells from the synovial membrane.
Hyaluronate is synthesized by specific enzymes of the lining cells, from UDP-N-
acetylglucosamine and UDP-glucuronic acid (fig. 1)

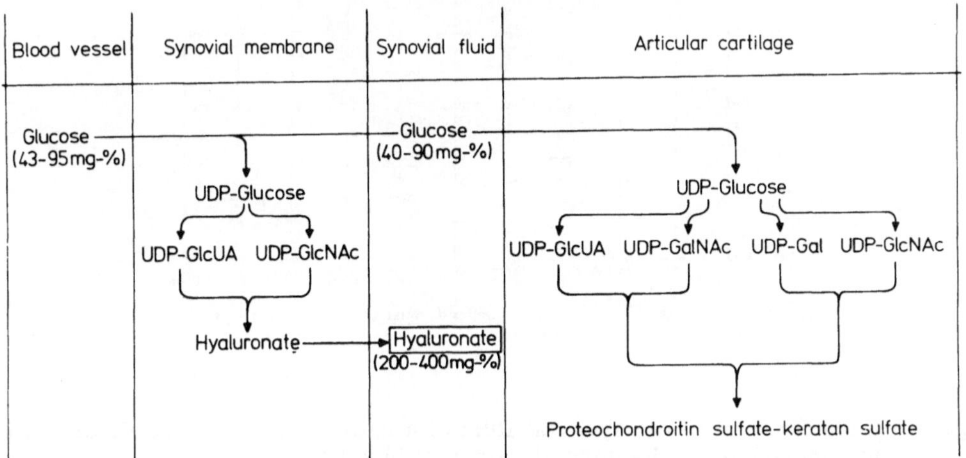

Fig. 1 : Biosynthesis of glycosaminoglycans in the synovial-cartilage-system

All carbohydrate components of the hyaluronate origin from the blood glucose,
which in normal synovial fluid, has the same concentration as in blood serum.
In figure 2 the SMA-12-Chemogramm of the synovial fluid from a patient with
rheumatoid arthritis shows that there are similar concentrations of protein,
potassium, phosphate, uric acid, urea, creatinine, and bilirubin and lower concentrations of calcium and cholesterol. The protein concentration in rheumatoid
arthritis is lower than in normal blood serum, but higher than in the normal
synovial fluid. There is no correlation between the viscosity of the synovial fluid
and the protein concentration.

It is not possible to isolate hyaluronate completely free from protein without digestion with proteolytic enzymes. After chromatographic purification of peptido
hyaluronate for instance after Sephadex P 200 and ECTEOLA-chromatography,

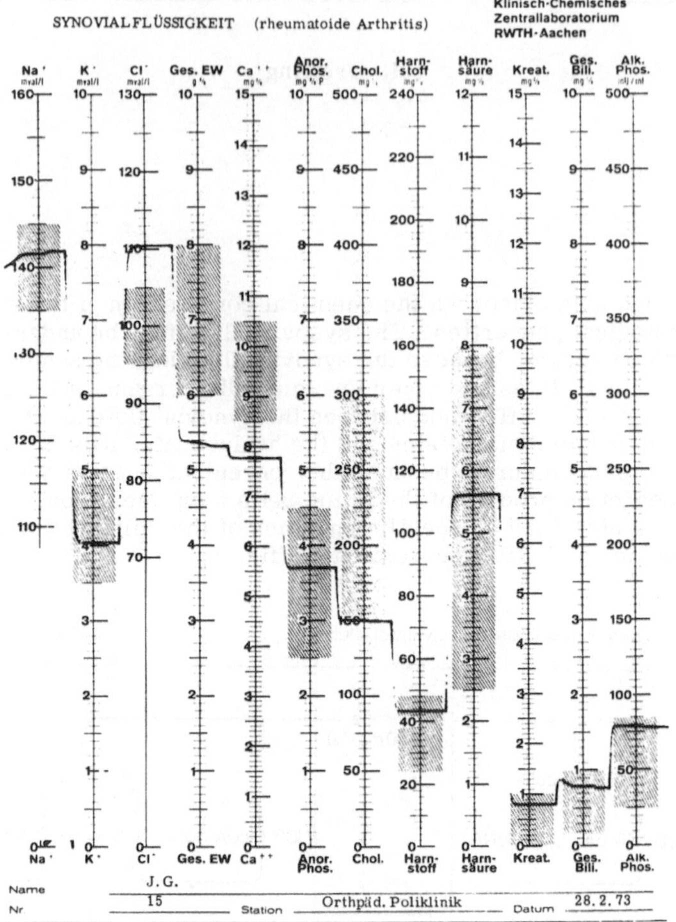

Fig. 2 : Chemogramm of the synovial fluid of a patient with rheumatoid arthritis
in comparison to the normal values of blood serum.

we obtained fractions which contained covalently bound aminoacids to hyaluronate.
Studies on the ß-elimination of proteo hyaluronate and also on peptido hyaluronate
(obtained by proteolytic digestion of proteo hyaluronate) show that there exists a
linkage between the protein core and the polysaccharide chain similar as in chondroitin sulfate between xylose and serin (1). The biorheological properties of the
synovial fluid and the theories of the lubrication of the joints are shortly discussed.
OGSTON and STANIER (2) and also DINTENFASS (3) showed, that the hydrodynamic theorie of lubrication should be reemphasized. Normal synovial fluid has an
anomalous viscosity, which is called non Newtonian or thixotropic. The suggestion
of DINTENFASS (4) that the deformation of cartilage surfaces reduces the velocity
gradient and thereby protects the film from breaking down (so called elastohydrodynamic lubrication) has been questioned at least during the weight bearing face of
walking (5, 6).

CHARNLEY showed that the viscosity of the synovial fluid is important but the efficiency of the lubricant for the joint surface is of importance (7). WILKINS showed that the friction coefficient of the synovial fluid and of the isolated synovial mucin is not changed after a digestion with hyaluronate glycanohydrolase for five minutes (8). The viscosity in this experiments was extremely diminished. An increase of the friction coefficient was obtained after enzymatic degradation with hyaluronate glycanohydrolase after 43 hs and also after proteolytic digestion with chymotrypsin, trypsin and papain. In the first case hyaluronate is not completely depolymerised and there are still oligosaccharides in the solution. After a longer hyaluronate glycanohydrolase digestion the hyaluronate is degraded to tetrasaccharides. From this studies we can conclude that the chain length of the hyaluronate is important for the surface lubrication. Also the proteincore of the proteohyaluronate seems to be a limiting factor in the lubrication, perhaps because the protein core of the proteohyaluronate is an anchor for the hyaluronate molecules on the joint surface. SWANN and RADIN isolated from the synovial fluid a fraction which contained no hyaluronate but was able to lubricate articular cartilage in a test system with the same efficiency as whole synovial fluid. The substance is a glycoprotein and has a similar chemical composition in the protein component as proteo hyaluronate preparations from synovial fluid. From analytical standpoint it cannot be excluded, that the substance contains hyaluronate in a low amount (9). McCUTCHEN demonstrated in his "weeping lubrication theorie" that heavy loads imposed on cartilage express fluid from the rough surface of the cartilage (10) (self-pressured hydrostatic lubrication). In this theory also hyaluronate and other proteoglycans are needed for the lubrication effect. In the theory of WALKER, the so called "boosted lubrication theorie" hyaluronate is concentrated on the surface of the rough cartilage and water and small molecules are pressed into the cartilage (11). In this form hyaluronate is capable of damping the motion of the cartilages and acting as a shock absorber.
The discovery of the double helix structure of hyaluronate by DEA, MOORHOUSE, REES, BALACZ (12) and ATKINS, SHEEHAN (13) explains many biorheological properties of this biopolymer. For instance the rapid transformation from liquid to solid character with increasing stress frequency.

In rheumatoid arthritis not only the hyaluronate concentration is diminished but also the degree of polymerisation of hyaluronate. In most cases the total hyaluronate content of the synovial fluid in rheumatoid arthritis is increased. The reason for the diminished viscosity and the decreased polymerisation is the increased activity of lysosomal, hyaluronate degrading enzymes. After intraarticular injection of arteparon the hyaluronate concentration is increased (Table 1).

Arteparon and oversulfated chondroitinsulfate contains four sulfate groups per disaccharide unit, one more than heparin. Not only the hyaluronate content is increased but also the viscosity raises. In the synovial fluid from persons with rheumatoid arthritis we could also observe a decrease of the lysosomal enzyme activities of ß-N-acetylglucosaminidase and ß-glucuronidase. These effects of arteparon on the biosynthesis of hyaluronate we can observe not only in patients with rheumatoid arthritis, but also in patients with degenerative joint diseases. As shown in figure 4 we discuss for the effect of arteparon a competitive inhibition of ß-N-acetylglucosaminidase, ß-glucuronidase and hyaluronate glycanohydrolase by arteparon. A similar competitive inhibition was observed with PAPS: chondroitin-6-sulfotransferase (Fig. 3) (14). Probably the catabolic ways of degrading hyaluronate are blocked and compensatory by an increased biosynthesis of hyaluronate from UDP-N-acetylglucosamine and UDP-glucuronic-acid takes place. Also after intra-

injection of arteparon	hyaluronate (mg/100 ml)	viscosity (rel. η)	protein (g/100 ml)
20.11.	96	15,3	2,7
23.11.	110	27,4	3,1
4.12.	112	41,6	3,1
18. 1.	101	119	3,4
19. 2.	209	271	-
2. 4.	196	219	2,9
25. 6.	273	87,1	3,6
23. 7.	255	52,7	3,2

Tab. 1 : Changes of hyaluronate, relative viscosity, and the protein concentration in the synovial fluid after intraarticular injection of arteparon (osteoarthritis ♀, 57 y.)

articular injection of prednisolone acetate there is an increase of the hyaluronate concentration and also of the relative viscosity. Formerly **KULONEN** et al. showed that hydrocortison treatment changes the physico chemical properties of synovial fluid in rheumatoid diseases to its normalisation, that means a decrease of the colloid osmotic pressure, a decrease of concentration of total protein, an increase of intrinsic viscosity and an increase of molecular weight of hyaluronate. (15) Probably the stabilisation of the lysosomes by hydrocortisone or prednisolone acetate inhibits the degradation of hyaluronate, followed by an increase of the biosynthesis hyaluronate. In the synovial fluid from patients with rheumatoid arthritis there is also an increase of proteolytic lysosomal enzymes, which depolymerise the glycoproteins and the protein core of the hyaluronate, which are neccessary for the boundery lubrication. Arteparon is also inhibitor for proteolytic enzymes, for instance cathepsin D, which is increased in the synovial fluid of patients with rheumatoid arthritis. From this example, we can conclude, that it is possible to correct with drugs the biorheological properties of the synovial fluid.

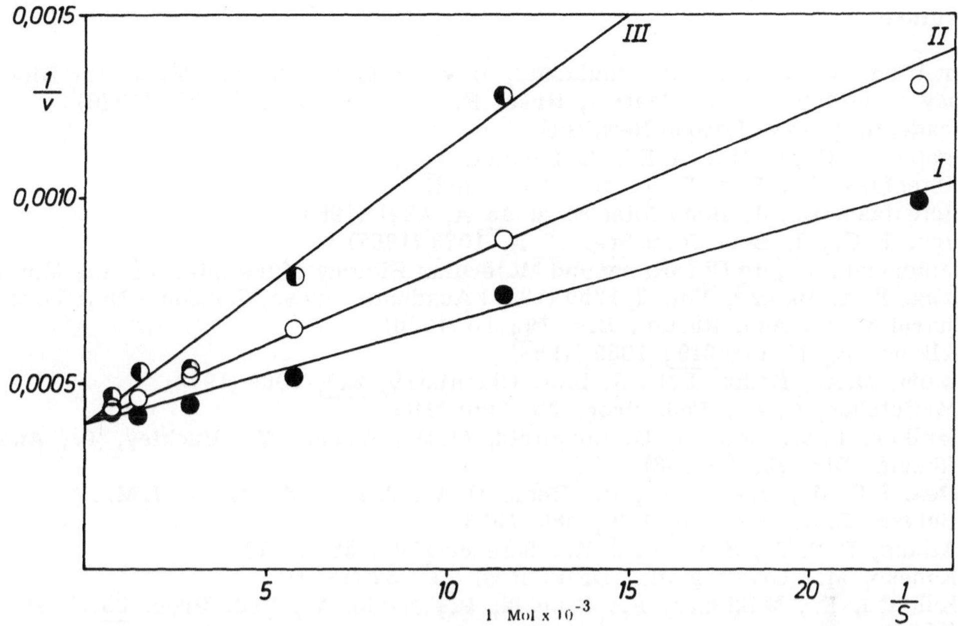

Fig. 3: Competitive inhibition of **PAPS**: chondroitin-6-sulfotransferase by arteparon II (0,17 µg/ml) and arteparon III (0,35 µg/ml)
I without inhibitor; $\frac{1}{V}$ = 1/cpm (labeled chondroitin sulfate)
$\frac{1}{s}$ = 1/mmol (low sulfated chondroitinsulfate)

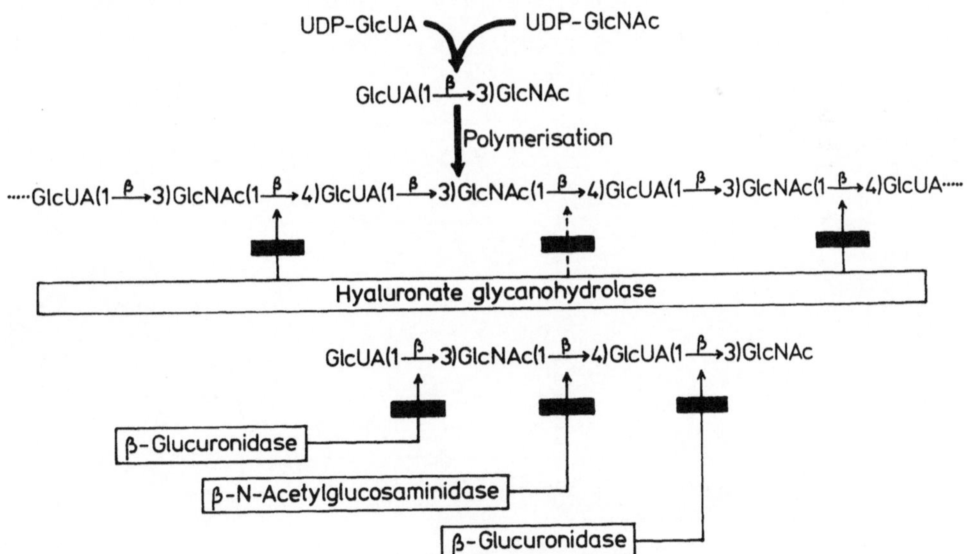

Fig. 4: Theorie for the increased biosynthesis of hyaluronate by arteparon. The blocks indicate the inhibition of various enzymes by arteparon.

Literature

1. Greiling, H., Kisters, R., Stuhlsatz, H.W. in Chemistry and Molecular Biology of the Intercellular Matrix, Hrsg. E.A. Balazs, Vol. 2, 759 (1970) Academic Press, London New York
2. Ogston, A.G., Stanier, I.E., J. Physiol. 119, 244 (1953)
3. Dintenfass, L., Fed. Proc. 25, 1054 (1966)
4. Dintenfass, L., J. Bone Joint Surg. 45 A, 1241 (1963)
5. Linn, F.C., J. Bone Joint Srg. 49 A, 1079 (1967)
6. Hamerman, D., in Chemistry and Molecular Biology of the Intercellular Matrix, Hrsg. E.A. Balazs, Vol. 3, 1259 (1970) Academic Press, London - New York
7. Charnley, J., Ann. Rheum. Dis. 19, 10 (1960)
8. Wilkins, J., Nature 219, 1050 (1968)
9. Swann, D.A., Radin, E.L. J. biol. Chemistry, 247, 8069 (1972)
10. McCutchen, C.W., Fed. Proc. 25, 1061 (1966)
11. Walker, P.S., Dowson, D. Longfield, M.D., Wright, V., Buckley, T., Ann. Rheum. Dis. 28, 1 (1968)
12. Dea, I.C.M., Moorhouse, R., Rees, D.A., Arnott, S., Guss, J.M., Balazs, E.A., Science, 179, 560 (1973)
13. Atkins, E.D.T., Sheehan, J.K., Science 179, 562 (1973)
14. Kaneko, M., Greiling, H., Drug. Res. 23, 737 (1973)
15. Kulonen, E., Mäkisara, P., Seppälä, P., Näntö, V., Fed. Proc. 25, 1141 (1966)

C.F. Phelps   and   E.D.T. Atkins

IMPLICATIONS OF THE TERTIARY STRUCTURE OF GLYCOSAMINOGLYCANS AND PROTEOCOGLYCANS

Connective Tissue is composed largely of four components:(a) Structural protein such as collagen, elastin etc; (b) Connective tissue polysaccharides; (c) salts and (d) water. The form connective tissue takes is dependent on the relative proportions of these four components and can vary from e.g. bone to synovial fluid. In a meaningful way we can only talk about a component of connective tissue in the context of its tissue, as for instance we may talk about hyaluronate in synovial fluid or vitreous humour

It is the object of this contribution to discuss the interrelationships that exist between the charged macromolecular polysaccharides, salt and water and to attempt to point a few morals in this component system that may be relevant to the physical and chemical attributes of connective tissue.

A few naive prefatory comments may serve to orient the reader. 1.Connective Tissue is a system and attempts to understand its functions by a study only of the purified single components cannot produce convincing proof of function. Rather it is necessary to appreciate that this is an interacting system of great complexity to which all four of the components listed above contributed,and experiments should be directed towards the understanding of the interactions between the macromolecular entities both between themselves and within the bulk phase of water ions. 2. Whereas the structural proteins, in particular collagen, have preserved with small variations, great structural similarity between species, the variety of connective tissue polysaccharides is bewilderingly complex even within one tissue. (Table 1).

	monomer	pK_{app}	polymer
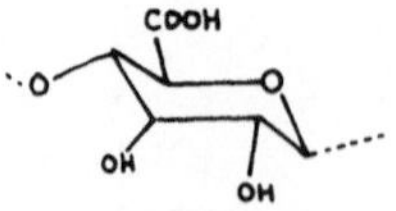	glucuronic	3.30	
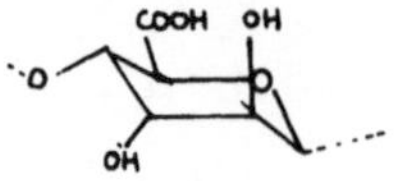	mannuronic	3.30	3.36
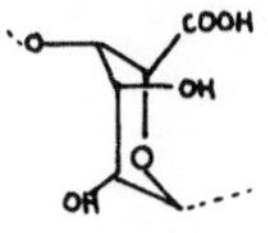	guluronic	3.65	3.60
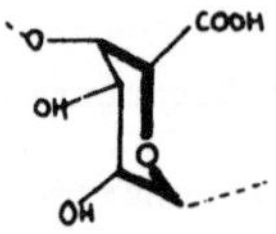	galacturonic	3.40	3.70
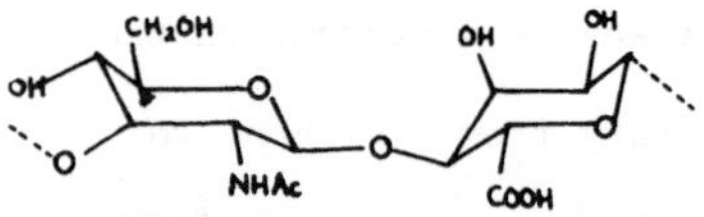	hyaluronic	(3.30)	3.0
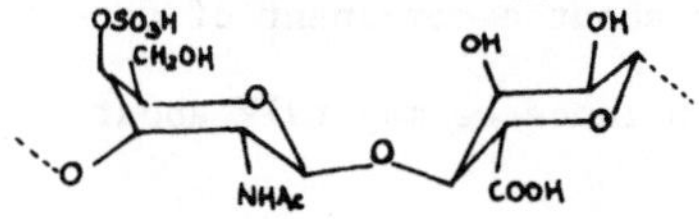	chondroitin 4 sulphate	(3.30)	3.38
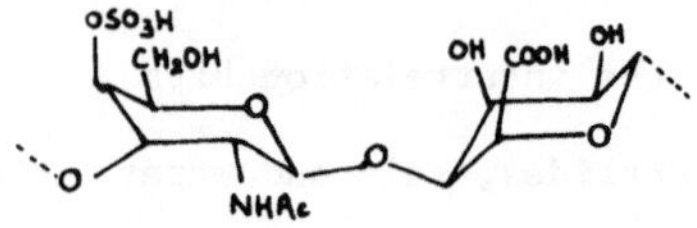	dermatan sulphate	3.82 (iduronic acid)	4.37

Table I. Commonly occurring polyuronides. pK values of monomer and polymer.

All are derived from an unbranched carbohydrate backbone of alternating bond linkages, and the majority involve a polymeric disaccharide (or tetrasaccharide) unit having an amino sugar and uronide pair. Charge is expressed in this molecule by the carboxylate anion, and then reinforced by the inclusion of variable numbers of sulphate ester groups. There seems reasonable unanimity that these sulphate groups are incorporated into the macromolecule after synthesis.

3. It is to be expected that a primary site for cation interaction is at these charged centres. Little systematic work has been done to document the role cations can play in modulating the conformations of these charged polymers since Karl Meyer first suggested that the glycosaminoglycans might act as soluble ion

exchangers. 4. Most of the connective tissue polysaccharides occur as covalent proteoglycan structures. This introduces an extra element of complexity in attempts to understand interaction which may involve the linear polyelectrolyte-carbohydrate chains and/or the protein core.

The complexities of the interaction of proteoglycans with the other elements of connective tissue are further increased by the exciting new finding of "aggregation factors" (see article by Dr. H. Muir in this volume) which appear to specifically affect the state of aggregation of the proteoglycan subunits.

Connective Tissue interactions

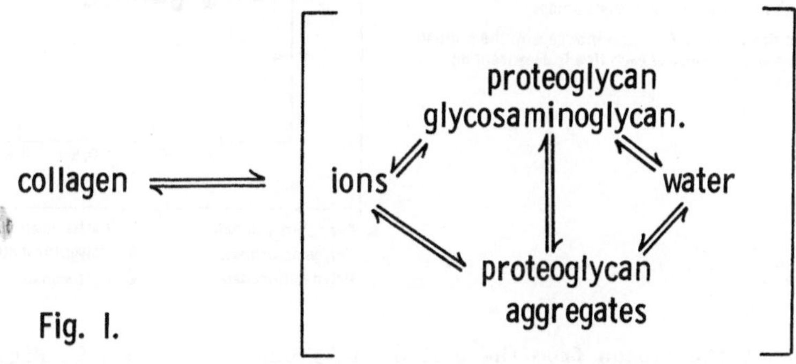

It is within this groundwork diagrammatically indicated in Fig. 1. that some initial explorations have been attempted on the problem of ion and water interaction with connective tissue polysaccharides. The further interactions of this system with collagen have not been considered.

The Binding of cations to glycosaminoglycans

Hydrogen ions : The simplest cation species with which to experiment is the proton, the only apparatus required being a pH meter. However there seems to be some confusion in the literature on their interpretation. The problem is to determine the contribution of that term in the equilibrium which reflects the electrostatic contribution to the free energy of binding or the work done in placing a proton on the charged macromolecule. This term for linear polyelectrolytes, particularly in solvents of low ionic strength can be enormous, (Tanford 1966). Some simple standardised means of reporting such hydrogen ion titration curves is required and Fig. 2. demonstrates one acceptable procedure where $pH-\log_{1}\frac{\alpha}{1-\alpha}$ is plotted against α, the degree of

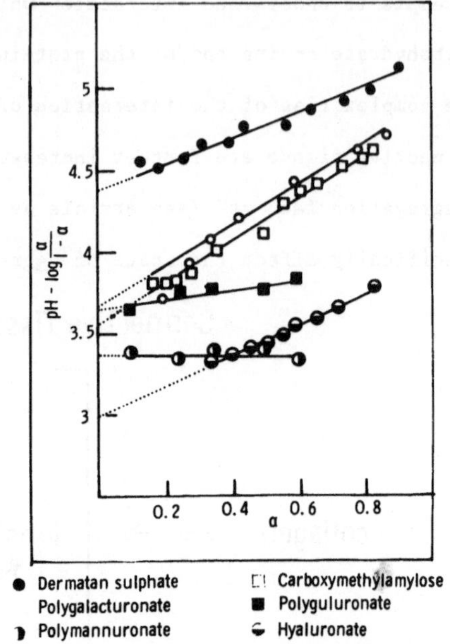

Fig. 2.

Hydrogen ion equilibria among the polyuronides.

All data refer to zero ionic strength at 20°C. The intercept on the ordinate when $\alpha \to 0$ gives the pK int and the slope of each line is dependent on the electrostatic free energy term.

of dissociation of the proton from the carboxylic groups. The data in Fig. 2 report the proton equilibria at zero ionic strength and 20°C of a number of polyuronides and serves for comparison of a number of intimately related structures.

What is surprising, perhaps, is that a carboxyl group on C_6 of a glucopyranose structure can have different affinities for the simple cation, H^+, and, as shown from the slopes and intercepts of the curves in Fig. 2., there are considerable differences in electrostatic free energy terms between polymers. Where the titration data can be accomodated on a straight line in Fig. 2. the electrostatic term is invariant and presumably reflects a constant structure for the polymer throughout the titration range. However when this term changes we are forced to conclude that the molecule undergoes some conformation change involving e.g. expansion, or helix-coil transition. This matter is more fully discussed by Phelps (1974).

<u>Other cations</u>. With the expected constancy of the extracellular milieu, the hydrogen ion is not a predicted determinant of structure, and we should direct our attention to those cations which have some physiological role. Unfortunately such data is sparse, and for the most part qualitative, with divalent cations being bound more strongly than monovalent ones and with an order that reflects their place in the Hofmeister series.

It is worth acknowledging that the trivial use of the term "ion binding" to polyelectrolytes is misleading. We may properly use this term in the chemical sense such as when an apo-protein "binds" its prosthetic group at a "site". However the experimental observation of cation binding electrostatically to a polyelectrolyte is only seen as deviations of the expected equilibrium distribution of cations from that proposed by the Donnan equilibrium. It does not give us data on association constants. What we can measure, however, is the activity coefficients of certain cations. By reference to synthetic polyelectrolyte solution studies (see e.g. Rice & Nagasawa, 1961) we may indicate some generalities on cation interaction with polyelectrolyte solutions.

(a) The activity coefficient for a <u>counterion</u> is very small in polyelectrolyte solutions compared to that in simple salt solutions. The co-ion is not so affected.

(b) Charge density, and not chain length, dictates the magnitude of the activity coefficient of the counterion which will tend to zero as the charge density increases at constant polymer concentration.

(c) The dependency of the activity coefficient of the counterion on the concentration of polyelectrolyte is complex.

(d) There are additional concentration dependencies of the activity coefficients of certain counter ion species in polyelectrolyte solutions that indicate that not all cation interaction is mediated by electrostatic forces.

Within the context of the connective tissue polysaccharides we may expect therefore, that the type of polymer found in a tissue and thus its charge density, which increases from hyaluronic acid (1 carboxyl per disaccharide) to heparin (7 anionic charges per tetrasaccharide), will have profound effects on the

distribution of ions. However the chain length is relatively unimportant. We
may further expect that the concentration of a particular polysaccharide may be
important, and that particular cations may have interactions which involve
additional factors above those of purely electrostatic origin. A schematic
representation of these effects for the sodium ion is shown in Fig. 3.

Is there then no experimental method capable of giving unequivocal data
on the steric disposition of charge and the position of counterion?

Fig.3.Schematic representation of the effect of charge density and concentration
of polyelectrolyte on the activity coefficient of the sodium ion at 20°C.

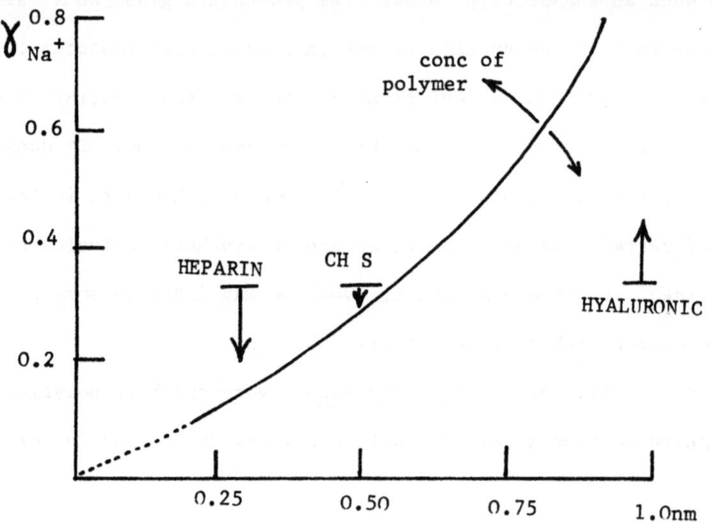

X-ray information Recently the first detailed information has become available
on the molecular conformations of single connective tissue polysaccharide chains,
summarised in Atkins et al, (1974). In the ideal case where these solid
state interpretations may be directly extrapolated to situations actually
existing in the aqueous environment of the intercellular space, we now have a
geometrical model in which to compute the effect of charge on intra and inter-
chain conformation. Some of the exquisite diffractograms produced are shown
in Fig. 4. and probable structures consistent with these experimental findings
are shown in Fig. 5. where projections of the conformations looking both along
and down the chain are shown.

Fig. 4.

(a) Chondroitin-4-S　　　(b) Dermatan S　　　(c) Chondroitin-6-S

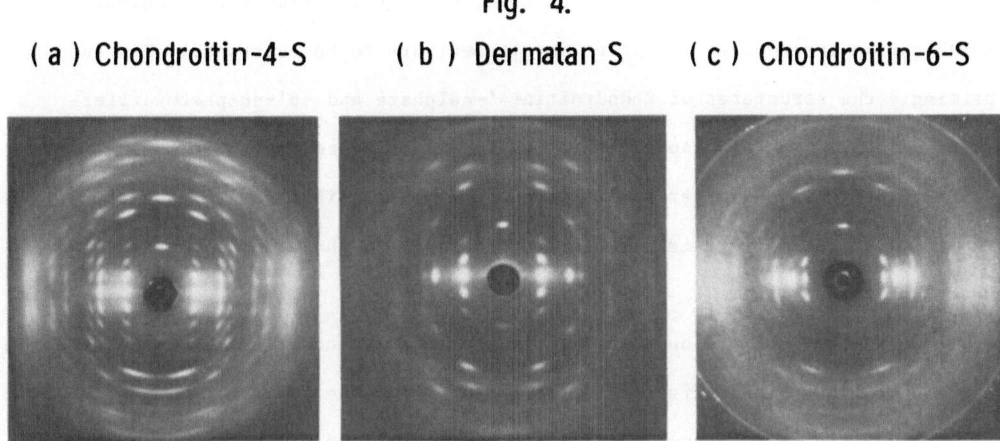

X ray diffraction pictures of chondroitin sulphates as 3 fold helices

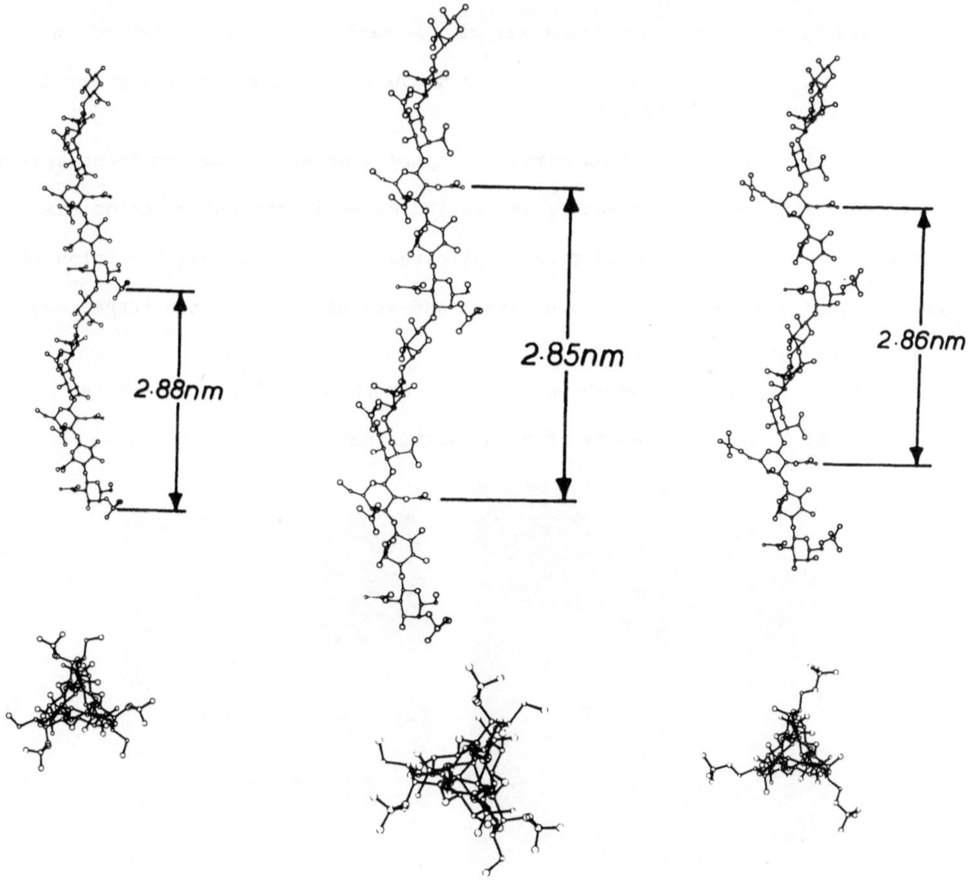

Fig. 5.　Probable chain representations

It can now be seen for the first time, the precise likely environment in which cation interaction and water involvement are to be expressed. Not surprisingly the structures of Chondroitin-4'-sulphate and -6'-sulphate differ most noticeably in the disposition of their sulphate groups, those in the -6-sulphate being at a greater radial distance from the fibre centre than the -4'-isomer. The difference between Chondtoitin-4-sulphate and dermatan sulphate are far subtler.

Thus X-ray diffraction analysis of ordered polysaccharides gives information on (a) the steric disposition of charge along the polysaccharide backbone; (b) the relationship between chains and how the charges on one particle may interact with those on another; and (c) it enables the effect of counterion to be observed by comparing the structures of the various cation "salts" of an individual polysaccharide, and observing how the disposition of charge and the chain-chain interactions vary.

However all this information pertains to the simplest three component system of isolated chains, salt, and water, and we indicated in the introduction that even this system can be rendered more complicated by the fact that the sulphated polysaccharides subtend from protein cores, and are associated into larger complexes by aggregation factors.

Recent work by Atkins has shown that even at this level of complexity, X-ray diffraction analysis can be of great significance and Fig. 6 shows

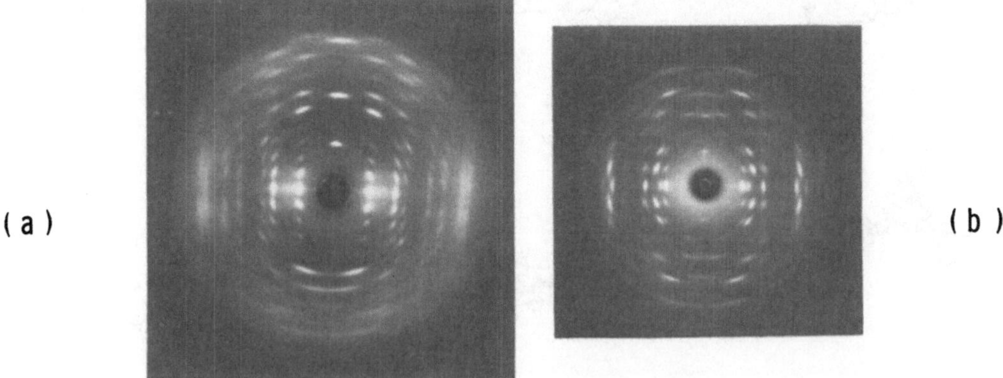

Fig. 6. X ray diffraction photographs of (a) Chondroitin-4-sulphate (3 fold)
(b) aggregated proteoglycan   (2 fold)

diffraction photographs of Chondroitin-4-sulphate, and the aggregated proteo-glycan. Much time must elapse before we can derive meaningful structures from this photograph but the changes observed on it hint at large reorderings among the molecular architecture at this heirarchy of structure.

<u>Water</u>: It has been realised for a long time that the connective tissue polymers are highly solvated and are associated with a domain of water which hydrodynam-ically moves with the particle.

One recent outcome of the X-ray findings is the computation of the unit-cell volume of the repeating unit of the polysaccharide. We can equivalently compute the "dry" volumes of the polysaccharide repeat using the additivity of atomic volumes principle, and in the absence of any other feature assign the discrepancy between the observed volume and the theoretical volume to water molecules, each of which is assumed to occupy a 0.3nm cube. The results are shown in Table 2 and indicate that sulphation of a polymer has profound effects on the number

Table 2   Water Content of Certain Crystalline Polyuronides.

Material	Calculated "dry" Volume/disaccharide (nm^3)	Observed volume/disaccharide (nm^3)	No. of Water molecules/disaccharide
Hyaluronic acid	0.400	0.403 - 0.582	0 - 7
Heparan sulphate	0.420[*]	0.593	7
Chondroitin-4-sulphate	0.465	0.656 - 0.865	8 - 16
Dermatan sulphate	0.465	0.707 - 0.818	10 - 14
Chondroitin-6-sulphate	0.465	0.847 - 0.931	15 - 19
Heparin	0.500[*]	0.894	16

Calculated on the basis of the sulphate content of material used in this investigation.

of water molecules which can fill the unit cell, (Atkins <u>et al</u> 1974).

<u>Conclusions</u>:   At the outset of this discussion we suggested that the tertiary structure of a proteoglycan was critically dependent on its interaction between the polysaccharide chains, water and cations and that such systems could also

interact at a quaternary level to make the physiological aggregate. How the dynamics of these various equilibria are shifted so as to contrive the structure of bone on the one hand and synovial fluid on the other is a problem in the kinetics of change between states. We can now hope that these states are becoming clearly documented, and in this field X-ray diffraction has revitalised a scene that had for too long been bedevilled by the patrician squabbles over chemical inhomogeneity. Polysaccharide synthesis is not a template directed system and the fact that heparin, whose structure is still uncertain reveals order, must restore confidence to structural chemists. What remains a mystery is the dynamics of change of state in health and disease in the various connective tissues.

What surprises continually is how nature, in selecting a variety of polymers with infinitely fine distinctions at the chemical level can achieve subtle modulations of cation-binding and water structuring. It is hoped that this article has indicated that we are some way to understanding this most complex system.

References

Atkins, E.D.T., Isaac, D.H., Nieduszynski, I.A., Phelps, C.F. & Sheehan, J.K. 1974. Polymer. In press.

Phelps, C.F. in Structure of Fibrous Biopolymers. 1974. Colston Symposium.

Rice, S.A. and Nagasawa, M. Polyelectrolyte solutions. 1961. Academic Press, New York.

Tanford, C. Physical Chemistry of Macromolecules. 1966. John Wiley, New York.

Einfluß von Pharmaka auf die Oberflächenspannung der Synovial-flüssigkeit

I. Karababa, A.I. Bailey

Die Schmierung zwischen zwei Körpern kann durch Flüssigkeiten beeinflußt werden, wobei diese von der Oberflächenspannung der Flüssigkeit und deren rheologischen Eigenschaften abhängt. Die Flüssigkeit muß weiter die Festkörper benetzen und einen stabilen Film bilden. In dieser Arbeit, die sich im Stadium der Voruntersuchungen befindet, möchten wir die Schmierung an biologischen Systemen untersuchen. Für diesen Zweck, sollte zuerst die Oberflächenspannung der Synovial-Flüssigkeit gemessen werden.

Es wurden die Oberflächenspannungen der Synovial-Flüssigkeiten aus den karpalen Gelenken der frisch geschlachteten Kälber und von Kniegelenken der Patienten mit verschiedenen Krankheiten, wie Osteochondrosis, traumatischer Synovitis, und Meniskektomie gemessen. Alle Messungen wurden bei Körpertemperatur von 37°C durchgeführt.

Zur Bestimmung der Oberflächenspannung wurde eine gravimetrische Methode benutzt, die als Wilhelmy-Plattenmethode bekannt ist und in Abb.1 schematisch dargestellt wird. Eine Platte mit bekanntem Umfang wird mit der zu messenden Flüssigkeit in Berührung gebracht. Die Flüssigkeit bildet an der Platte einen Meniskus. Die dabei resultierende Gewichtszunahme wird von einer empfindlichen Elektro-Waage registriert, und nach der

Gleichung
$$\sigma_f = \frac{\Delta M \cdot g}{U} \qquad [mN/m]$$

die Oberflächenspannung berechnet, wobei σ_f = Oberflächenspannung, ΔM = Gewichtszunahme an der Platte, g = Erdbeschleunigung, U = Umfang der Platte ist.

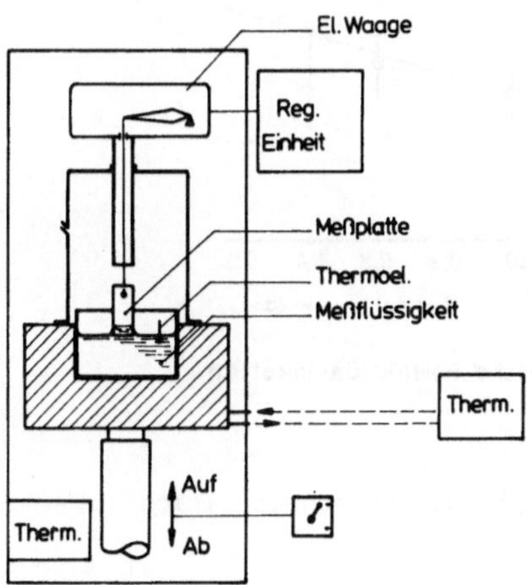

Abb.1 Wilhelmy-Plattenmethode

Für reproduzierbare Ergebnisse muß die Luftfeuchtigkeit konstant gehalten werden. Vorversuche haben ergeben, daß die Messungen bei einer minimalen relativen Luftfeuchtigkeit von 98% durchgeführt werden sollen. Bei diesem Wert liegt der Gewichtsverlust der Gelenkflüssigkeit bei $2,4 \times 10^{-4}$ mg/mg/min.

Die Oberflächenspannung der untersuchten pathologischen Gelenkflüssigkeiten liegt bei 45,8 mN/m und die der normalen Kalbsgelenkflüssigkeiten bei 47,6 mN/m. Sie zeigten bis zu einer Lagerzeit von zwei Monaten bei -20°C keine wesentliche Veränderungen. Es konnte jedoch beobachtet werden, daß bei machen Proben nach einer längeren Lagerung eine Trübung auftrat.

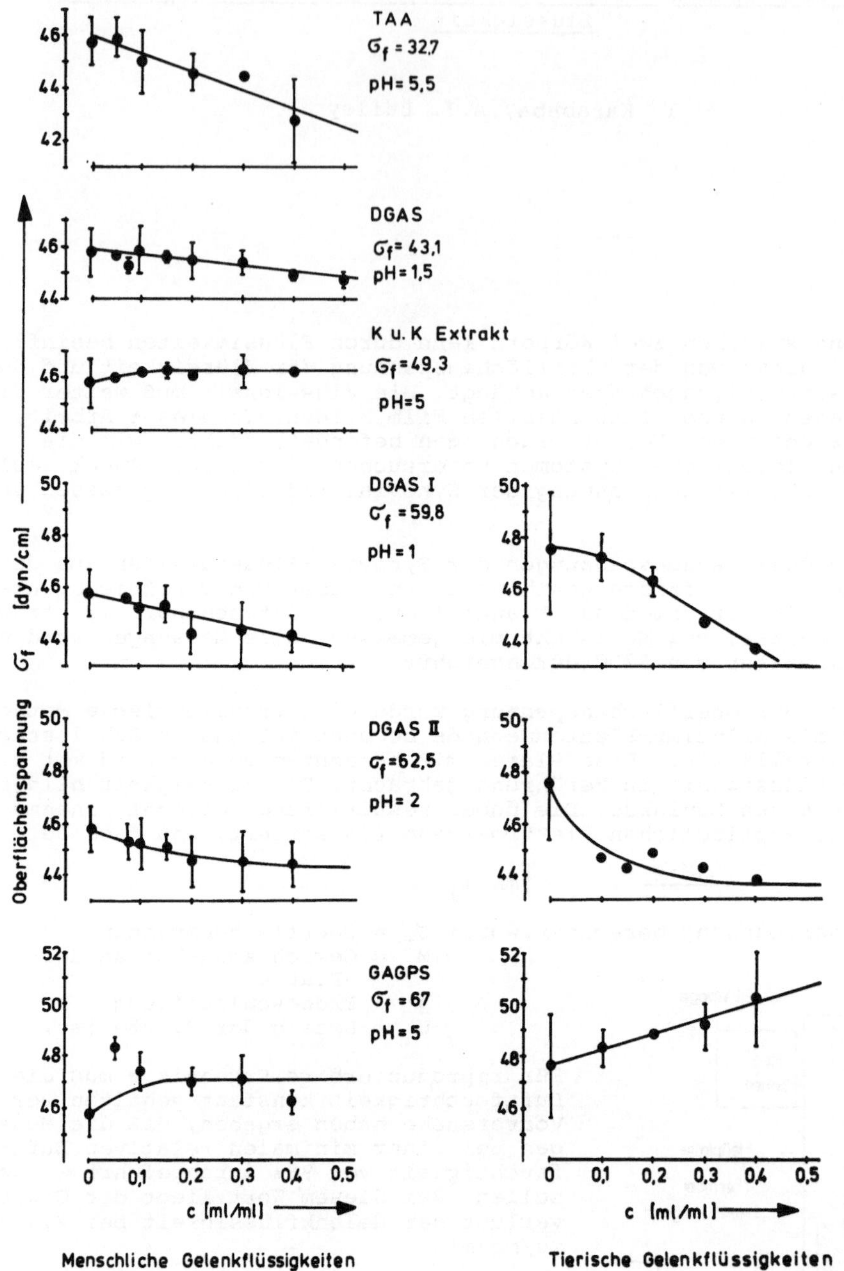

Abb.2 Abhängigkeit der Oberflächenspannung (σ_f) von der Konzentration (c) der zugegebenen Pharmaka

Es sollte nun untersucht werden, inwieweit Pharmaka zur Behandlung von
arthritischen Krankheiten, die Oberflächenspannung der Gelenkflüssigkeiten ändern. Wie bereits bemerkt, hängt die Benetzbarkeit und Schmierung der Gelenke von dieser ab.
Es wurden folgende Pharmaka untersucht:

TAA (Volon A 4o®, Squibb),

K u. K-Extrakt (Arumalon®, Robapharm),

DGAS (reine D-Glucosaminsulfat-Lösung),

DGAS 1 (Dona 200®, Opferman),

DGAS 2 (Dona 200 S®, Opferman),

GAGPS (Arteparon®, Luitpold).

Diese Pharmaka wurden den tierischen und menschlichen Gelenkflüssigkeiten
in verschiedenen Konzentrationen zugesetzt und die resultierende Oberflächenspannung gemessen.

Abb.2 zeigt die folgende Ergebnisse:
1- Triamcinolon-acetonid (TAA), das ein Stereoid ist, zeigt mit zunehmender Konzentration eine Abnahme der Oberflächenspannung, was auch
   verständlich ist, weil die Oberflächenspannung der reinen TAA geringer ist als die der Gelenkflüssigkeiten.

2- Der als Pharmaka verwendete Knorpel- und Knochenextrakt (K u. K-Extrakt) hat eine ähnliche σ_f-Wert wie die der Gelenkflüssigkeiten.
   Bei Zugabe dieses Präparates erhält man eine minimale Erhöhung.

3- Weiter wurden drei verschiedene D-Glucosaminsulfat-Präparate (DGAS)
   verwendet: DGAS als reine kristalline Substanz in selber Konzentra-
                tion wie handelsübliche (400 mg/ml),
           DGAS 1 ist ein heiß sterilisiertes Präparat,
           DGAS 2 dasselbe Präparat wie DGAS 1, wurde mit doppelter
                Filtration sterilisiert.
   Bei Zusatz von diesen DGAS-Präparaten zu den Gelenkflüssigkeiten tritt
   eine Trübung auf, die wir auf das Ausfallen der Eiweiße in den Gelenkflüssigkeiten zurückführen. Das dürfte der Grund sein, daß mit zunehmender DGAS-Konzentration die Oberflächenspannungen der Gelenkflüssigkeiten abnehmen. Abb.3 bis 6 zeigen Probengläser die jeweils 1 ml
   pathologischen menschlichen Gelenkflüssigkeiten mit verschiedenen
   Konzentrationen von DGAS und DGAS 1 enthalten. Die Trübung an der unteren DGAS- und DGAS 1-Schicht kann leicht beobachtet werden. Die
   stärkste Trübung tritt bei geringen Konzentrationen von DGAS 1 auf
   (Abb.4). DGAS 2 verhält sich ähnlich wie DGAS. Werden diese Mischun-

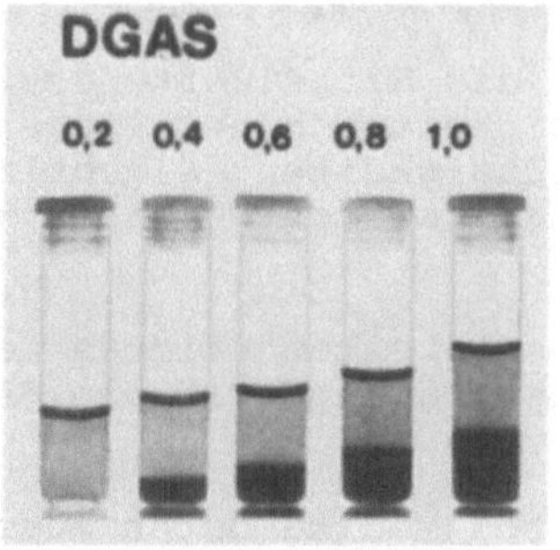

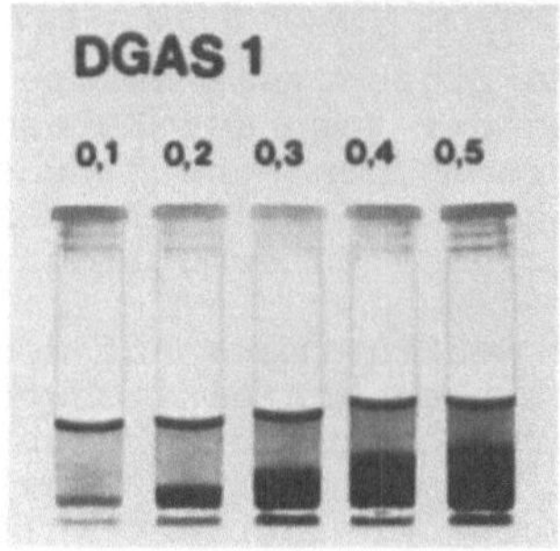

Abb. 3   Abb. 4

Trübung beim Zusatz von DGAS-Lösungen

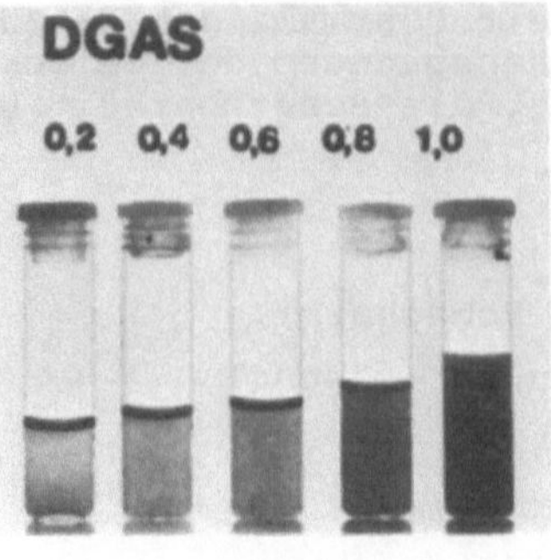

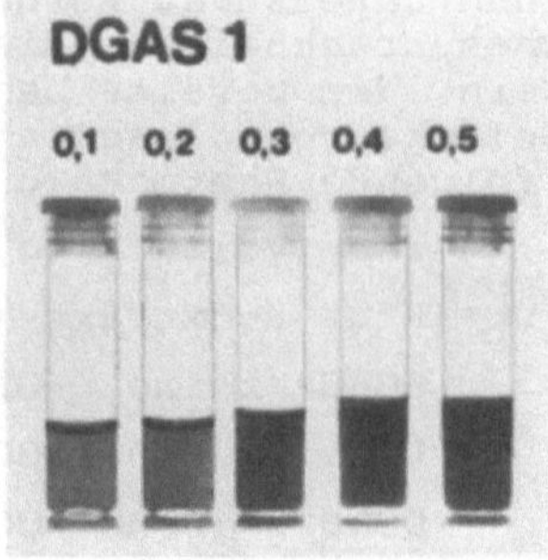

Abb. 5   Abb. 6

Effekt von Schütteln der obigen Lösungen

gen geschüttelt, so werden die Lösungen klar. Im Falle von DGAS und
DGAS2 bleibt die Trübung nur bei höheren Konzentrationen. Abb.5 u.6
zeigen diesen Effekt nach dem Schütteln der Proben der Abb.3 u. 4.

Bei DGAS 1 ist schon bei kleineren Konzentrationen dieses Verhalten nicht zu
beobachten. Die resultierende pH-Werte
der Mischungen zeigt Tab. 1. Die Trübung die die auch als "mucin clot" bezeichnet wird, ist stark pH-abhängig.
DGAS 1 hat einen höheren Säuregehalt
als DGAS und DGAS 2 und dies düerfte
auch der Grund der stärkeren Trübung
bei niedrigeren Konzentrationen sein.
Werden die DGAS-Lösungen auf pH 6 ge-
puffert, so tritt keine Trübung bei
den verschiedenen Konzentrationen auf.
Die σ_f-Werte der gepufferten Lösungen
wurden nicht auf Abb.2 aufgetragen,
da,bedingt durch die Wasserzugabe, die
σ_f-Werte der Mischungen geringfügig
steigen.

Konzentra-tion(ml/ml)	pH-Werte		
	DGAS 1	DGAS	DGAS 2
0,1	6,5		
0,2	5,75	6,5	
0,3	5,0		
0,4	4,5	6,0	6,5
0,5	3,5		
0,6		5,5	6,0
0,8		5,0	5,5
1,0		4,5	5,0
1.2			4,5

Tab.1 pH-Abhängigkeit von der
Konzentration

Bedingt durch die sehr hohen σ_f-Werte von Glykosaminoglykanpolysulfat
(GAGPS), war es zu erwarten, daß mit steigender Konzentration die σ_f-
Werte der Mischungen steigen. Dieses Verhalten wurde auch beim Zusatz
zu den tierischen Gelenkflüssigkeiten beobachtet. Das Plateau der σ_f-
Werte (Abb.2) der menschlichen Gelenkflüssigkeiten kann noch nicht
gedeutet werden.

Aus diesen Ergebnissen ist zu sehen, daß die Mittelwerte der Oberflächenspannungen der gesunden Kalbsgelenkflüssigkeiten höher liegen als die
der pathologischen menschlichen Gelenkflüssigkeiten. Eigentlich sollten
auch die gesunden menschlichen Gelenkflüssigkeiten gemessen werden um
einen Vergleich zu ermöglichen.

Einflüsse der Pharmaka auf den Gelenkflüssigkeiten stimmen meistens mit
der Erwartungen überein, obwohl in manchen Fällen, wie mit GAGPS, weitere Untersuchungen durchgeführt werden müssen.

Die pH-Werte der intraartikulär verwendeten Medikamenten müssen beachtet
werden, da die stark sauren Lösungen eine Eiweißfällung verursachen.

Wir danken Fa. Heyden GmbH für die finanzielle Unterstützung dieser Arbeit und der Fa. Luitpold und Opferman für die Lieferung der Pharmaka.
Wir danken auch Herrn Seng und Frl. Lutz für einige Messungen.

Summary

The effects of medicaments, used in the treatment of arthritic diseases, on the surface tension of the synovial fluid have been measured. The synovial fluid was obtained from the carpal joints of freshly slaughtered ·calves and from knee joints of arthritic patients. Values obtained for the surface tension (σ_f) of the pure liquids were 47.6 mN/m and 45.8 mN/m respectively. The surface tensions of the additives and their effect,as a function of concentration, on the surface tension of synovial fluid are shown in figure 2. From this diagram it can be seen that bone and cartilage extract(K u. K-Extrakt) is the most passive additive. The D-Glucoseamine sulphate preparations cause protein be deposited from the synovial fluid. This due to the high acidity of these preparations and the effect disappears when they are buffered at pH 6. With Glycosaminoglycane polysulfate the increase of surface tension with concentration is lower than expected in the case of human synovial fluid. This point still requires clarification.

X. Bewegungsformen von Gelenken/Types of Joint Movement

PRESSURES WITHIN THE HUMAN KNEE: THE CHANGES DURING QUADRICEPS CONTRACTION IN NORMAL AND DISEASED JOINTS

Malcolm I.V. Jayson

INTRODUCTION

Joint disease affects the use of a joint. Conversely, the use of the joint modifies the joint disease. The first proposition is self-evident, the latter less so. This paper presents the results of studies performed on the human knee in which the pressure changes produced by quadriceps contraction and by walking are reviewed and the alterations with effusions and rheumatoid disease are measured. Examples are provided on how these pressure changes in turn modify the course of the disease.

MEASUREMENT OF PRESSURES WITHIN THE HUMAN KNEE

Under local anaesthesia, a small cannula was passed from the lateral side into the joint space, behind and towards the upper pole of the patella. The cannula was connected by a fluid line to a calibrated external pressure transducer so that the pressure changes within the knee could be continuously monitored. Measured volumes of fluid were added to, or withdrawn from the knee with a syringe joined in the circuit by a three-way tap.

The joint was aspirated to dryness, the amount of fluid removed being recorded. Increments of fluid were then added to the joint and at each volume, the pressures were continuously recorded while the subject performed quadriceps contractions. In another study, continuous recordings were made during walking at a series of effusion volumes.

PRESSURE CHANGES IN NORMAL AND RHEUMATOID KNEES

In the normal resting joint, quadriceps contraction produced a negative or sub-atmospheric pressure. With a simulated effusion, positive pressures were produced and the magnitudes of these were directly related to the volumes of fluid. In the rheumatoid knee, positive pressures were produced even when the joint was empty. Considerably higher pressures were produced by rheumatoid knees than normal knees at the same effusion volumes. Figure 1.

A similar pattern of pressure changes was observed during walking. Quadriceps contraction occurs during the "stance" phase and produced sub-atmospheric pressures in the empty normal knee. These became positive and increased with effusion volume. Positive pressures were produced by empty rheumatoid joints and these rose to even higher levels in the presence of effusions.

<u>FOOT STANCE PRESSURES (mm. Hg.)</u>

Eff. Vol.	Control	Rheumatoid Arthritis
0 ml.	-15.3 + 7.5	85.8 + 44.2
10 ml.	- 3.0 + 12.0	162.5 + 62.2
20 ml.	19.7 + 11.2	257.0 + 109.2

I imagine that sub-atmospheric pressures develop because quadriceps
contraction pulls on the lax joint capsule in the same way as squeezing
an empty toothpaste tube sucks the paste back into the tube. When the
joint is distended, quadriceps contraction squeezes the joint to produce
increases in pressure. The rheumatoid joint contains masses of synovium
which is semi-fluid at body temperature and this can act as an additional effusion to that which is otherwise present so that higher pressures
are produced. Scarring and contraction of the hoint capsule could also
contribute towards the increases in pressure in rheumatoid disease.

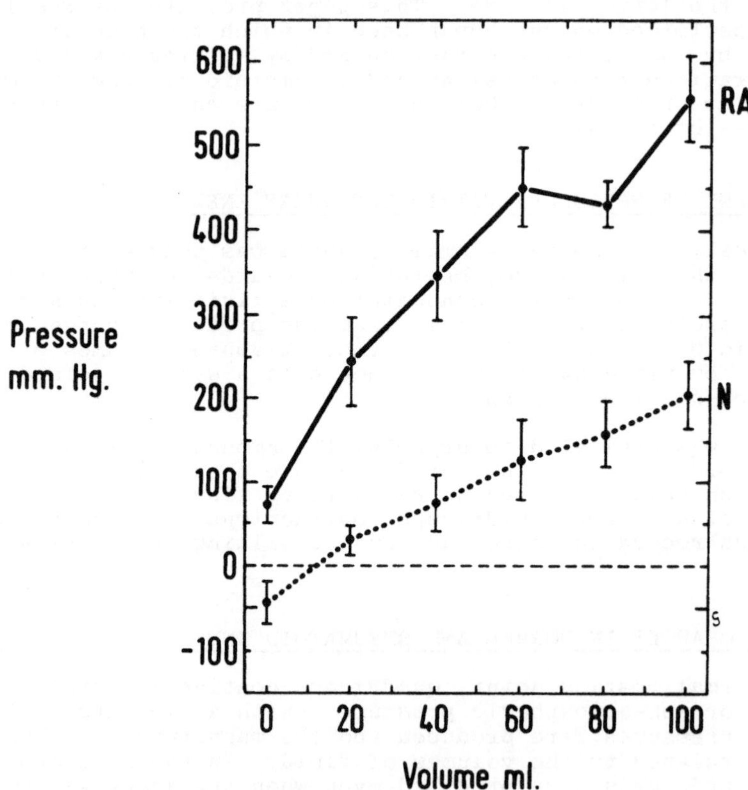

Figure 1. Intra articular pressure on quadriceps contraction in
normal (N) and rheumatoid (RA) knees.

RHEUMATOID GEODES (BONE CYSTS)

Large cystic spaces, called geodes, are often seen near the joint surfaces in rheumatoid arthritis. The origin of these has been in some doubt and it has been suggested that they are due to pressure from the joint fluid bursting through the articular cortex into the bone. Alternatively, they could be due to the breaking down of a rheumatoid nodule within the bone ends.

A unique opportunity occurred in a patient with a large geode in the patella who underwent patellectomy. At the time of operation, simultaneous measurements were made of the pressures within the joint and the geode. With artificial alteration of the intra articular pressure, there were corresponding identical changes in pressure within the geode indicating fluid continuity between the two. These results, and similar findings with geodes associated with other joints, suggest that they are formed by the bursting of the joint fluid through the bone ends rather than that they arise due to liquifaction within the bone ends. This supports the observation of CASTILLO, EL SALLAB and SCOTT (1965) that geodes are more common in those patients who use their joints actively in spite of severe disease and who, therefore, repeatedly develop high intra articular pressures.

ACUTE JOINT RUPTURE

It is only in recent years that the syndrome of acute joint rupture has been recognised. It occurs in patients with early rheumatoid arthritis of the knee, the history usually being less than a year in duration. During quadriceps contraction, the rise in intra articular pressure bursts the joint lining in an area which is not protected by the bulk of the quadriceps muscle, namely the back, releasing synovial fluid into the popliteal space and the calf. The irritant rheumatoid synovial fluid produces an acute inflammatory reaction leading to pain and swelling in the calf which can closely resemble deep venous thrombosis. Indeed, in the past joint rupture was often mistaken for venous thrombosis and treated with anti-coagulant drugs in error. The condition is diagnosed by arthrography. A radio-opaque water soluble dye is injected directly into the joint space and the knee is x-rayed after exercise. If the dye appears in the soft tissues in the back of the knee and in the leg, there must be a rupture of the joint capsule.

This condition develops due to a combination of the increase in intra articular pressure on quadriceps contraction in the presence of an effusion and the lack of resistance of the joint capsule in early disease before significant fibrosis has had time to develop. The logical treatment of this condition is to prevent pressure increases by resting the joint in a splint so as to avoid quadriceps contraction and by reducing the volume of effusion by aspiration and injection of local cortico-steroid.

JUXTA-ARTICULAR CYSTS

Synovial cysts are very common around rheumatoid joints and they can be extremely tense and very painful. Physiological studies to determine the mechanisms of cyst formation were performed on a series of such knees.

On arthrography, the dye passed directly into the cysts via very narrow openings which were often tortuous. The volumes of fluid in knees associated with such cysts were very low, averaging about 3.6 ml. and were considerably less than that in another series of comparable knees but without cysts, which averaged 24 ml. When the pressures in the knees and their corresponding cysts were measured simultaneously in every case the knee pressure was considerably less than in the corresponding cyst and the differences were often considerable.

These findings all indicate that the connection between the knee and the cyst is valvular in type. It allows fluid to be passed from the knee to the cyst, but not to return. During quadriceps contraction, the fluid is squeezed from the joint into the cyst so raising the cyst pressure to that within the knee. However, when the quadriceps is relaxed, the cyst pressure remains high although the pressure within the knee falls to below that previously. This mechanism has been verified experimentally. Knee and cyst pressures were measured simultaneously and fluid could be squeezed from the knee to the cyst with corresponding pressure changes, but not in the reverse direction.

In the past, such cysts have been treated by surgical excision. Obviously, if such an operation closes the opening at the back of the knee, fluid will accumulate in the joint, high pressures will again be produced during quadriceps contraction and the cyst can be expected to recur. The logical treatment is to prevent formation of fluid by the knee and, if operation is indicated, then anterior synovectomy of the joint is the correct procedure. In a series of such knees followed clinically, radiologically and manometrically following anterior synovectomy, the cysts diminished considerably in size and pressure and all ceased to be a clinical problem.

SUMMARY

The changes in pressure within the knee joint occurring during quadriceps contraction are described. In the presence of effusion and disease, there are significant alterations in these pressures and these, in turn, can modify the course of the disease.

REFERENCE

CASTILLO, B.A., EL SALLAB, R.A., SCOTT, J.T.: Physical activity, cystic erosions and osteoporosis in rheumatoid arthritis.
Annals of the Rheumatic Diseases <u>24</u>, 522 (1965)

Die tribophysikalischen Abnutzungsmechanismen
von Bewegungssystemen

Horst Czichos

Einleitung

Die Abnutzungserscheinungen natürlicher und künstlicher biomechanischer Bewegungssysteme sind durch eine Reihe unterschiedlicher Verschleißprozesse gekennzeichnet. Neben den biologisch-medizinischen Aspekten sind dabei verschiedene tribophysikalische Schädigungsmechanismen zu beachten. Dem interdisziplinären Charakter dieser Konferenz entsprechend soll hier ein Überblick über die wichtigsten physikalisch-technischen Verschleißmechanismen gegeben werden.

Bevor auf die einzelnen Verschleißmechanismen eingegangen wird, müssen zunächst die kennzeichnenden Parameter technischer Bewegungssysteme betrachtet werden. In Abb. 1 sind die Haupt-Einflußgruppen schematisch dargestellt.

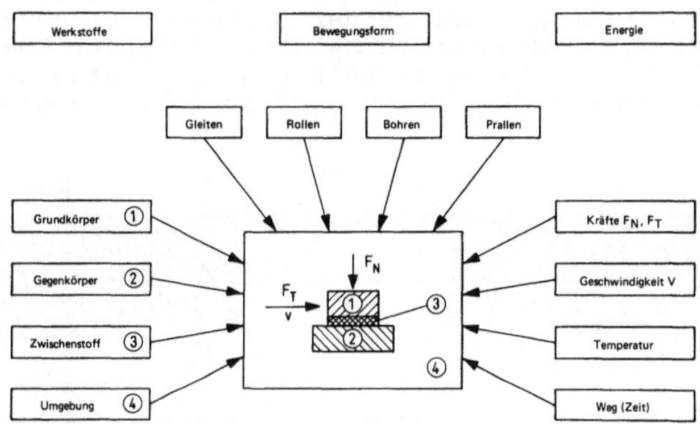

Abb. 1: Haupt-Einflußparameter technischer Bewegungssysteme

Jedes Bewegungssystem besteht grundsätzlich aus mindestens vier Partnern, nämlich den beiden bewegten Körpern, hier als Grundkörper (1) und Gegenkörper (2) bezeichnet, einem flüssigen Zwischenstoff (3) und schließlich der Umgebung (4). Je nach geometrischer Form des Bewegungssystems oder des Gelenks können verschiedene Bewegungsformen ausgeübt werden. Die Beanspruchungsparameter sind dabei durch die wirkenden Normal- und Tangentialkräfte, die Relativgeschwindigkeiten, die herrschenden Temperaturen und die zurückgelegten Wege gegeben. Ein derartiges, abstrakt dargestelltes Bewegungssystem arbeitet dann im wesentlichen verschleißlos, wenn durch einen geeigneten Zwischenstoff (3) eine direkte Berührung der beiden Bewegungspartner (1) und (2) vermieden wird. Die dabei entwickelten hydrodynamischen oder elastohydrodynamischen Kräfte können bei geeigneter konstruktiver Gestaltung die beiden Bewegungspartner voneinander getrennt halten und damit den verschleißlosen Betrieb ermöglichen. Wird nun dieser Grenzfilm durchbrochen, so kann es zu verschiedenen Verschleißprozessen der Bewegungs-

partner kommen. Diese Verschleißprozesse können infolge der Vielfalt
der Beanspruchungsparameter und der beteiligten grenzflächenmechani-
schen Vorgänge verschiedene tribophysikalische Ursachen haben. Daher
lassen sich die für ein bestimmtes Bewegungssystem bei einem definierten Parametersatz nach Abb. 1 festgestellten Mechanismen nicht unmittelbar auf andere Bewegungssysteme übertragen. Für die Untersuchung
der tribologischen Vorgänge an künstlichen biomechanischen Bewegungssystemen ist somit eine möglichst genaue Simulation des Bewegungs-
und Beanspruchungsablaufs bei Berücksichtigung der verschiedenen biologisch-medizinischen Randbedingungen nötig. Im folgenden sollen die
wichtigsten tribophysikalischen Verschleißmechanismen technischer Bewegungssysteme mit ihren kennzeichnenden Erscheinungsformen diskutiert
werden. Anhand ausgewählter Beispiele wird dabei auf Analogien zwischen den Verschleißmechanismen an technischen und künstlichen biomechanischen Bewegungssystemen hingewiesen.

Der Verschleißmechanismus "Oberflächenzerrüttung"

Ein erster Verschleißmechanismus wird als "Oberflächenzerrüttung" oder
auch "Oberflächenermüdung" gekennzeichnet.

Bekanntlich treten bei einer Druckbeanspruchung gekrümmter elastischer Oberflächen unterhalb der Kontaktfläche Schub- und Druckspan-
nungen auf, die durch die Hertzschen Pressungen beschrieben werden.
Die Spannungsverteilungen bei reiner Druckbeanspruchung und bei kombinierter Druck-Gleit-Beanspruchung nichtkonformer Oberflächen wurden
kürzlich von SCHOUTEN (1973) mittels Finitelementen berechnet. Charakteristische Spannungsverteilungen sind in Abb. 2 graphisch dargestellt.

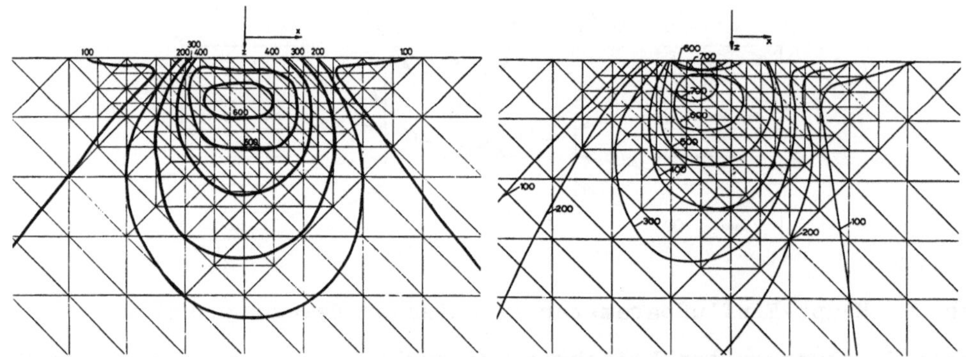

Abb. 2: Linien konstanter Vergleichsspannung unterhalb der Kontaktfläche bei Hertzschem Kontakt mit dreidimensionalem Spannungszustand
(Kontaktradius x, σ_{Hz} = 10^9 Nm^{-2}, Vergleichsspannung x 10^6 Nm^{-2})
(nach SCHOUTEN, 1973) Linkes Bild: Nur Druckbelastung; rechtes Bild:
Druckbelastung und Relativgleiten mit Reibung

Man erkennt, daß bei kombinierter Druck-Gleitbeanspruchung dem Hertzschen Spannungsmaximum unterhalb der Kontaktfläche ein zweites Spannungsmaximum an der Kontaktfläche überlagert ist. Ändern also die
auftretenden äußeren Beanspruchungen ihre Richtung oder ihre Amplitude, so kann ein ständiger Wechsel von mehrachsigen Zug- und Druck-
spannungen in und unterhalb der Kontakt-Grenzfläche auftreten. Hierdurch können sogenannte Zerrüttungsrisse hervorgerufen werden. Abb.3
zeigt die Gleitfläche einer Eisenscheibe, die von einem kontaktierenden Stift beansprucht wurde (HABIG et al, 1972). Man erkennt deutlich

die typischen Zerrüttungsrisse quer zur Bewegungsrichtung. Bemerkenswert ist dabei, daß die Zerrüttungsrisse bereits bei konstanter (makroskopischer) Normalkraft und konstanter Gleitgeschwindigkeit auftra-
ten. Es muß also angenommen werden, daß durch mehrachsige Druck- und
Zugspannungswechsel in den kontaktierenden Mikrobereichen die Zerrüttungsrisse ausgelöst werden. Durch das Zusammenwirken mehrerer Zerrüttungsrisse können lose Verschleißpartikel entstehen.

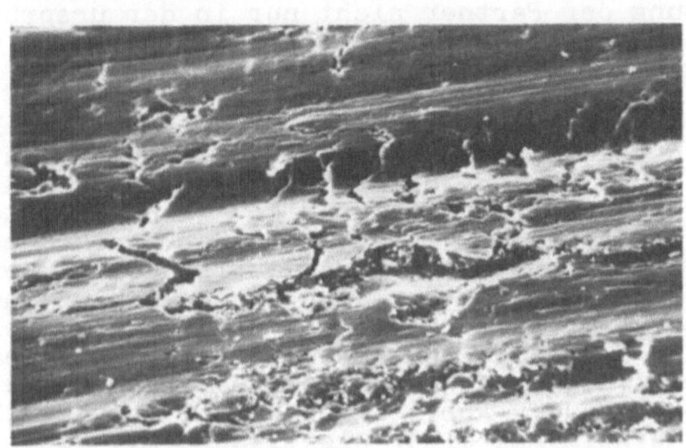
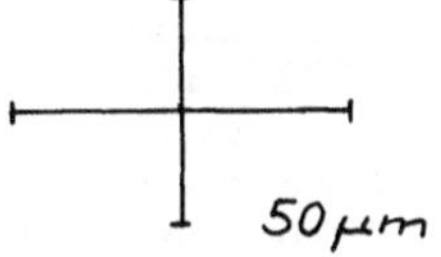

Abb. 3: Zerrüttungsrisse an einer Eisenoberfläche nach Festkörper-
Gleitreibungsbeanspruchung (nach HABIG et al, 1972)

Derartige Verschleißpartikel findet man auch in künstlichen biomechanischen Bewegungssystemen. In Abb. 4 sind Delrin-Partikel photogra-
phiert, die durch Zerrüttungsprozesse in einem Hüftgelenk vom Charnley-
Typ beobachtet wurden. Die Partikel wurden nach einem Simulationstest
von 200 Stunden Dauer, der unter den extremen Bedingungen des Trocken-
laufs durchgeführt wurde, von DUFF-BARCLAY und SPILLMANN (1967) gefunden. Der Simulationstest entsprach einem Gehzyklus mit einem Körpergewicht von 81,6 kp und 27 Schritten/Minute.

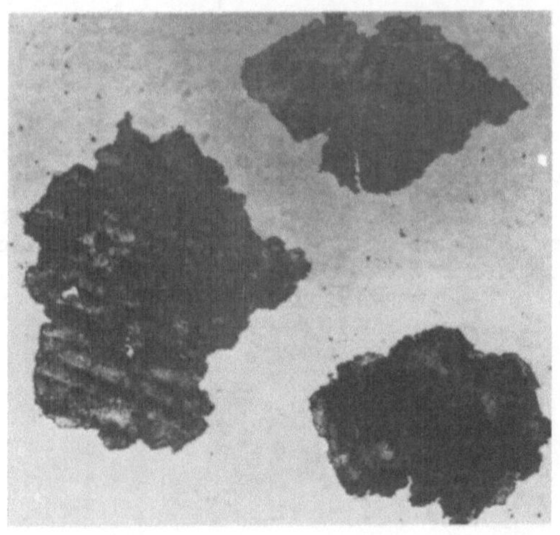

Abb. 4: Delrin-Partikel aus einer Hüftgelenkendoprothese (nach
DUFF-BARCLAY und SPILLMANN, 1967)

Der Verschleißmechanismus "Adhäsion"

Ein zweiter wichtiger Verschleißmechanismus wird als "Adhäsionsverschleiß" bezeichnet. Dieser Mechanismus beruht darauf,daß bei der Be-
wegungsbeanspruchung infolge hoher Pressungen an einzelnen Oberflächen-
rauheitshügeln schützende Grenzschichten durchbrochen werden und lokale
Adhäsionsbindungen entstehen. Die Adhäsionsbrücken können eine höhere
Festigkeit besitzen als die eigentlichen Bewegungspartner. Daher kann
eine Trennung oder Verschiebung der Partner nicht nur in der ursprünglichen Grenzfläche,sondern partiell auch im Volumen eines Partners erfol
gen.

Diese adhäsiven Verschleißprozesse können besonders ausgeprägt bei Me-
tall-Metall-Gleitsystemen als sogenannte "Mikro-Kaltverschweißungen"
auftreten und zu dem in der Technik so gefürchteten "Fressen" von Gleit-
systemen führen. Hierdurch kann die Bewegungsfunktion des Gleitsystems
bis zum Grenzfall des völligen "Versagens" gestört werden. Nach neuen
Untersuchungen des Hertzschen Gleitkontaktes geschmierter Stahl-Oberflä-
chen (CZICHOS u. KIRSCHKE,1972) kommt das Versagen durch ein Zusammenbrechen (collapse) des elastohydrodynamischen (EHD) Ölfilms,gekoppelt
mit lokalen Adhäsionsprozessen zustande,wenn bestimmte kritische Bean-
spruchungsdaten von Normalkraft,Gleitgeschwindigkeit oder Temperatur
überschritten werden (CZICHOS,1974).In Abb.5 ist nach dem Versagen die
rasterelektronenmikroskopische Aufnahme einer Gleitfläche mit adhäsivem
Metallübertrag wiedergegeben.

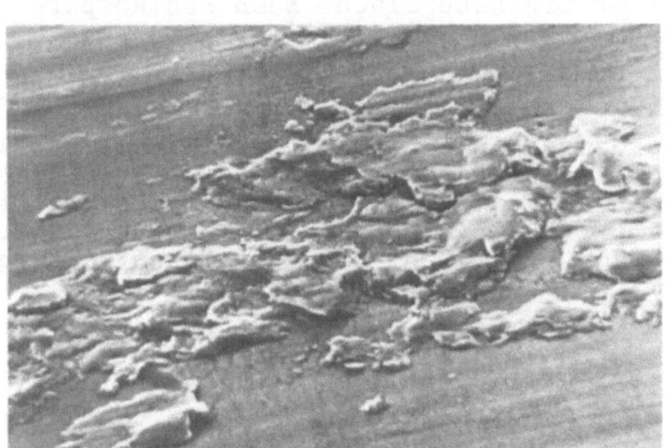

Abb. 5: Adhäsiver Metallübertrag auf einer Stahloberfläche

Adhäsive Verschleißprozesse können auch die Funktion künstlicher biomechanischer Bewegungssysteme beeinträchtigen.Abb.6 stellt die geschädig-
te Oberfläche eines Metallimplantats,und zwar einer Kobaltlegierung,in
einer elektronenmikroskopischen Abdruck-Aufnahme dar (SCOTT,1967).

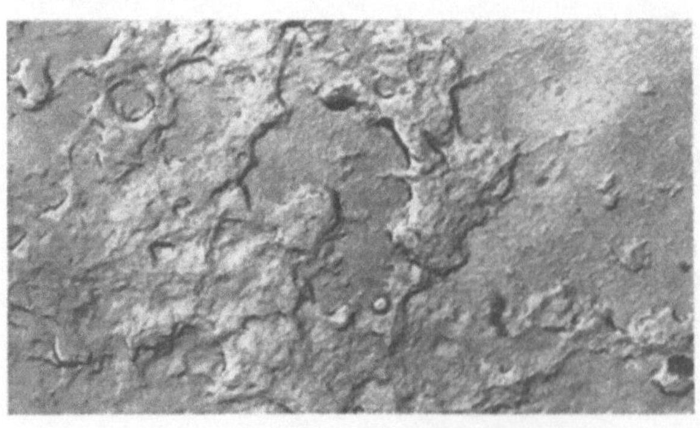

Abb. 6:Oberflächenveränderung eines Metallimplantats durch Adhäsions-
prozesse(nach SCOTT, 1967)

Die Oberflächenschäden ergaben sich durch den adhäsiven Kontakt des Metallimplantats mit einer Befestigungsschraube. Durch diese adhäsiven Verschleißprozesse wurde die Funktion des Bewegungssystems stark gestört, und es mußte wieder aus dem menschlichen Körper entfernt werden.

Als physikalische Ursachen der geschilderten Adhäsionseffekte müssen primäre oder sekundäre chemische Bindungen im Kontakt-Grenzflächenbereich angenommen werden. Diese Bindungen können prinzipiell bei allen Werkstoffpaarungen auftreten und damit auch bei den aus verschiedenen Gründen interessanten Kunststoff-Metall-Gleitsystemen.

Die submikroskopischen Einzelheiten der adhäsiven Bindungen entlang der Grenzfläche Polymer-Metall wurden kürzlich von BRAINARD und BUCKLEY (1973) mit Hilfe des Feldionenmikroskops untersucht. Mit dem Feldionenmikroskop gelingt es bekanntlich, die atomare Struktur feiner Metallspitzen sichtbar zu machen. Abb. 7 zeigt auf der linken Seite das aus der Literatur bekannte Bild der atomaren Struktur einer sauberen Wolframoberfläche.

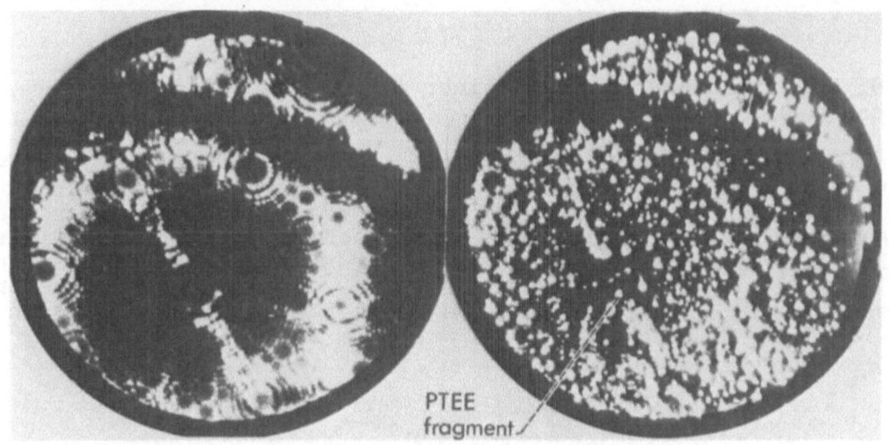

Abb. 7: Atomare Struktur einer Wolfram-Oberfläche vor und nach Kontakt mit PTFE (nach BRAINARD und BUCKLEY, 1973)

Die Veränderungen der Wolframoberfläche nach dem Kontakt mit Polytetrafluoräthylen (PTFE) werden im rechten Teil der Abbildung sichtbar. Es wird angenommen, daß molekulare Fragmente des Kunststoffes bei der Berührung Kunststoff-Metall adhäsiv an Metall gebunden werden. Die stabilität des übertragenen Kunststoffes bei den hohen elektrischen Feldern im Helium-Feldionenmikroskop läßt eine sehr starke chemische Bindung zwischen den Kunststofffragmenten und der Metalloberfläche vermuten.

Der Verschleißmechanismus "Abrasion"

Ein weiterer Verschleißmechanismus von Bewegungssystemen ist als "abrasiver Verschleiß" bekannt. Der Mechanismus des abrasiven Verschleißes kann vorzugsweise dann auftreten, wenn bei den verschleißbeanspruchten Werkstoffen ein Partner beträchtlich härter oder auch rauher ist als der andere. Die härteren Oberflächenrauheitshügel werden dann in die weichere Gegenfläche unter auftretender lokaler plastischer Deformation eingedrückt. Es werden Riefen erzeugt oder kleine Teilchen in einer

Art Mikrozerspanungsprozeß abgetrennt.

In Abb. 8 ist auf der linken Seite die rasterelektronenmikroskopische
Aufnahme einer optisch polierten Stahloberfläche dargestellt. Der rechte Teil der Abbildung zeigt dagegen eine Stahloberfläche, bei der in einem "Läppvorgang" durch die Wirkung kleiner harter Partikel mit einem
Durchmesser von 5 bis 15 µm eine Vielzahl von Riefen entstanden sind.

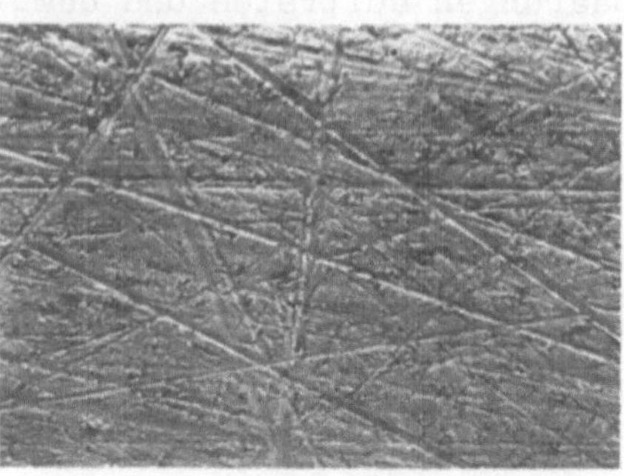

Abb. 8: Oberflächenveränderung einer Stahloberfläche durch Abrasions-
prozesse

Derartige abrasiv entstandene Schädigungen wurden auch an den Bewegungsflächen eines Hüftgelenkes vom Mc Kee-Farrar-Typ von WALKER und
GOLD, (1971) beobachtet. Abb. 9 gibt die rasterelektronenmikroskopische Aufnahme eines Abdrucks der beanspruchten Gelenkfläche wieder.Die
Oberflächenschäden der Implantatflächen wurden an Hüftgelenken nach
einer Verweildauer von 3 Monaten bis 1 1/2 Jahren im menschlichen Körper festgestellt. Die Partikel, die diese Schädigungen verursacht hatten, wiesen einen Durchmesser von ca. 1 µm auf.

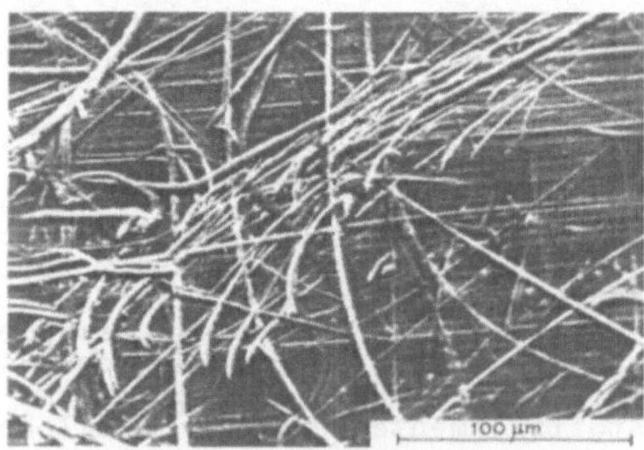

Abb. 9: Oberflächenveränderung eines Metallimplantats durch Abrasions-
prozesse (nach WALKER und GOLD, 1971).

Ähnliche abrasive Schädigungen wurden auch von UNGETHÜM u.ZENKER (1973)
an den Bewegungsflächen einer Mc Kee-Farrar-Totalendoprothese (ca 3 Jahre implantiert) festgestellt. Sie führen die Entstehung der Kratzer auf
Cr-Mo-C-Mischkarbide zurück, die etwa die 4-fache Härte der eigentlichen Grundmasse besitzen und in einer Größe von 1 - 10 µm in der Grundmasse eingelagert sind. Beim Reibvorgang sollen Teile dieser Carbide
ausbrechen und aufgrund ihrer Härte die Oberflächenschäden verursachen.

Der Verschleißmechanismus "Tribooxydation"

Ein letzter Verschleißmechanismus, auf den hier jedoch nicht weiter eingegangen werden soll, ist als "Tribooxidation" oder auch "Reibkorrosion" bekannt.

Bei dem Mechanismus einer Tribooxydation reagieren die verschleißbeanspruchten Oberflächen mit dem Umgebungsmedium mit dem Resultat, daß ständig neue Reaktionsprodukte erzeugt und abgerieben werden. Die durch reibbedingte Temperaturerhöhungen und entstandene Gitterfehler begünstigten tribochemischen Reaktionen verändern die Festigkeitseigenschaften der Oberflächenbereiche. Infolge thermischer und mechanischer Aktivierung besitzen die an die Mikrokontaktstellen angrenzenden Oberflächenbereiche eine erhöhte chemische Reaktionsbereitschaft, so daß bevorzugt dort Oxidinseln aufwachsen können. Die gebildeten Oxidinseln können mechanische Spannungen nur begrenzt durch plastische Deformation abbauen. Sie neigen vielmehr beim Erreichen einer kritischen Dicke zum spröden Ausbrechen. In einer neueren Theorie ist von QUINN (1971) versucht worden, den bei tribooxydischem Verschleißmechanismus zu erwartenden Verschleißbetrag mit Oxidations-Parametern zu verknüpfen.

Die Tribooxydation als möglicher Schädigungsmechanismus für künstliche biomechanische Bewegungssysteme ist offenbar von untergeordneter Bedeutung. Hier müssen jedoch korrosive elektrochemiche Effekte vermieden werden. Diese bedeuten für die Gestaltung von Metall-Metall-Gelenkendoprothesen bekanntlich, daß beide Bewegungspartner aus demselben Metall hergestellt werden müssen, um elektrolytische Effekte zu vermeiden.

Zusammenfassung

In vorliegendem Beitrag werden die wichtigsten tribophysikalischen Abnutzungsmechanismen von (technischen) Bewegungssystemen diskutiert.Aus der Kenntnis dieser Verschleißmechanismen lassen sich dann Maßnahmen zu ihrer Verminderung herleiten (CZICHOS und HABIG, 1973; HABIG 1973), auf die hier jedoch nicht eingegangen werden kann. Die vorgestellten Beispiele lassen sich wie folgt zusammenfassen:

In technischen Bewegungssystemen können durch die kombinierte Wirkung der verschiedenen Beanspruchungsparameter eine Reihe von Verschleißmechanismen auftreten. Sie ergeben sich speziell, wenn schützende Grenzschichten durchbrochen werden. Die wichtigsten tribophysikalischen Abnutzungsmechanismen können durch die Begriffe Oberflächenzerrüttung oder Oberflächenermüdung, Adhäsion, Abrasion und Tribooxydation bezeichnet werden. Ein Oberflächenzerrüttungsverschleiß kann durch einen dynamischen Wechsel Hertzscher Spannungsmaxima in und an der Kontaktgrenzfläche ausgelöst werden. Ein Adhäsionsverschleiß von Bewegungsflächen kommt durch Adhäsionsbindungen der kontaktierenden Partner zustande. Der Abrasionsverschleiß ergibt sich durch Härteunterschiede, die speziell bei kleinen Partikeln zu plastischer Deformation bzw. Furchungserscheinungen der Oberflächen führen. Im Mechanismus der Tribooxydation reagieren die beanspruchten Gleitflächen mit dem Umgebungsmedium mit dem Resultat, daß ständig neue Reaktionsprodukte erzeugt und wieder abgerieben werden.

Bei einer Werkstoffauswahl für künstliche biomechanische Bewegungssysteme sind somit die geschilderten tribophysikalischen Aspekte neben den rein biologisch-medizinischen Gesichtspunkten - bei Berücksichtigung der relevanten Bewegungs- und Beanspruchungsabläufe - zu beachten.

Literatur

BRAINARD, W.A., BUCKLEY, D.H.: Adhesion and friction of PTFE in contact with metals as studied by Auger spectroscopy, field ion and scanning electron microscopy. Wear 26, 75 - 93 (1973).

CZICHOS, H.: Failure modes of sliding lubricated concentrated contacts Wear 28, 95-101 (1974).

CZICHOS, H., HABIG, K.-H.: Grundvorgänge des Verschleißes metallischer Werkstoffe - Neuere Ergebnisse der Forschung. VDI-Berichte Nr. 194 23-31 (1973).

CZICHOS, H., KIRSCHKE, K.: Investigations into film failure (transition point) of lubricated concentrated contacts. Wear 22, 321-336 (1972).

DUFF-BARCLAY, J., SPILLMANN, D.T.: Total human hip joint prostheses - a laboratory study of friction and wear. Proc. Inst. Mech. Engrs. (London) 181, 90-103 (1967)

HABIG, K.-H.: Die Verschleißmechanismen von Metallen und Maßnahmen zu ihrer Bekämpfung. Z. f. Werkstofftechnik, 4, 33-40 (1973)

HABIG, K.-H., KIRSCHKE, K., MAENNIG, W., TISCHER, H.: Festkörpergleitreibung und Verschleiß von Eisen, Kobalt, Kupfer, Silber, Magnesium und Aluminium in einem Sauerstoff-Stickstoff-Gemisch zwischen 760 und 2.10^{-7} Torr. Berlin: BAM-Berichte Nr. 13, 1972.

QUINN, T. F. J.: Oxidational wear. Wear 18, 413-426 (1971).

SCHOUTEN, M. J. W.: Der Einfluß elastohydrodynamischer Schmierung auf Reibung, Verschleiß und Lebensdauer von Getrieben. Schmiertechnik u. Tribologie 20, 147-151 (1973).

SCOTT, D.: Discussion on Lubrication and wear in living and artificial human joints. Proc. Inst. Mech. Engrs. (London) 181, 153 (1967).

UNGETHÜM, M., ZENKER, H.: Abrieb- und Oberflächenuntersuchung bei einer Totalendroprothese nach Mc Kee Farrar. Arch. orthop. Unfall-Chir. 76, 212-219 (1973).

WALKER, P. S., GOLD, B. L.: The tribology of all-metall artificial hip joints. Wear 17, 285-299 (1971).

Zusammenfassung der Diskussion zu X

Jayson antwortet auf eine Frage von Fricke nach den Gründen für das Reissen
von Kniegelenkskapseln nur zu Beginn der chronischen Polyarthritis, dass nur
in diesem Stadium die Fibrose noch gering und die Kapsel faltbar ist. Später
wird die Kapsel durch Faservermehrung dicker. Ein traumatischer Erguss
könnte auch eine Sprengung der Kapsel verursachen. Er macht aber keine
Schmerzen, solange er keine Entzündungsstoffe enthält. Auf eine entsprechende Frage von Wright entwortet Jayson, dass der Druck im Gelenk
in den ersten Sekunden nach Füllung des Gelenks mit Flüssigkeit etwas absinkt.
Dann folgt ein sehr geringer Abfall über eine längere Zeit. Der Inhalt der
Baker-Cysten in der Kniekehle enthält viel Fibrin und Zelltrümmer; deshalb
lässt er sich durch Punktion schlecht entleeren. Es ist möglich, dass die
Flüssigkeit an Konzentration in der Cyste zunimmt, da diese über einen Ventil-
mechanismus einseitig mit der Gelenkhöhle in Verbindung steht. Dafür spricht
der Befund hoher Hyaluronsäuregehalte -bis 500 mg%- von Greiling.

Auf eine Frage von Mahrenholtz nach der benutzten Verschleiss-Prüfmaschine
schildert Czichos sein Stift-Scheibe-System, das als trockene translatorische
Reibungsbewegung arbeitet.Auf eine Frage von Paul erklärt Czichos, dass
"Oberflächenzerrüttung oder Oberflächenermüdung" das gleiche ist wie
"fatigue"; dabei werden z.B. aus der Oberfläche von Charnley-Prothesen
Partikel von 1-2 mm Grösse herausgelöst.

Mahrenholtz fragte nach der Ursache eines negativen Drucks in den Experimenten von Jayson. Man kann manchmal eine Einziehung der Kniegelenkskapsel in
Richtung Kniegelenkspalt beobachten, wenn die grosse Oberschenkelmuskulatur
angespannt wird. Der Muskel spannt die Kapsel und die Haut.

Eine Tribooxydation könnte nach Auskunft von Czichos auch durch Reibung
an Kunststoff - Metall - Berührungsflächen auftreten, so wie bei Reibung
von Metallen gegeneinander. Bei der Fläche Kunststoff - Metall hält er
Schäden durch Adhäsion für wichtiger und wirksamer. Die verschiedenen
Verschleißmechanismen treten meist gleichzeitig auf. Es ist schwierig, ihren
einzelnen Anteil zu messen.

XI. Reaktionsformen von Knorpel unter Druck/ Types of Reaction in Cartilage Under Pressure

Reaktionsformen des hyalinen und Faserknorpels unter Druckbelastung

K. Walcher

Die Kollagen-Fibrillen des hyalinen Knorpels sind in Form eines
Gittergerüstes angeordnet und zeichnen sich durch große mechanische
Belastbarkeit aus. Die Widerstandsfähigkeit der Kollagenfasern wird
aber wesentlich durch die sie einbettende amorphe Grundsubstanz mit-
bestimmt. Das Verhältnis von Mucopolysacchariden zu Kollagen ist in
den belasteten Gelenkknorpelabschnitten zugunsten der Mucopolysaccharide verschoben, fehlende Belastung - insbesondere unter Ruhigstellung - führt zum Schwinden der hyalinen Grundsubstanz.

Im Verein mit den radiär angeordneten Knorpelzellen ist der hyaline
Knorpel in Form druckelastischer Einheiten besonders geeignet für die
Aufnahme einwirkender Kräfte. Wir haben es mit einem Verbundmaterial
zu tun, besonders Druckkräfte werden durch elastische Verformung des
Knorpels aufgefangen. Bei Belastung zeigt die Grundsubstanz eine
laterale Expansion, die durch das Kollagenfasergerüst gebremst wird.
Nach abgelaufener Kompression kommt es zur Wiederherstellung der re-
gelrechten Konfiguration des Knorpels.

Die Knorpelzelle selbst stellt wie ein Flüssigkeitstropfen ein druck-
elastisches, einem Wasserkissen vergleichbares Gebilde dar.

Das Entscheidende ist nun aber die intermittierende Belastung des
Hyalinknorpels, der Gehakt ist das augenscheinlichste Beispiel einer
physiologischen Beanspruchung in Intervallen. Eine ähnliche Wirkung
hat aber auch ohne Gewichtsbelastung das ständig wechselnde Muskel-
spiel, das die Gelenkflächen mehr oder weniger stark aufeinanderpreßt.

Nun besteht aber eine Abhängigkeit der physiologischen Elastizität
des Gelenkknorpels von der Größe und Dauer der Belastung. STEINDLER
konnte zeigen, daß der Hyalinknorpel perfekt elastisch ist, wenn eine
Druckbelastung bis zu 12 kp/qcm nicht länger als eine Stunde ein-
wirkt. Für den Femurkopf wurde von HANU bei statischer Druckbelastung
ein Elastizitätsmodul von 120 kp/qcm angegeben. Andere Autoren konnten dies bestätigen.

Die Elastizität des Knorpels kann also nur bestehen bleiben unter
intermittierendem, nicht aber unter andauerndem Druck.

Nun gilt für den Knorpel prinzipiell, daß die Druckfestigkeit die
Zugfestigkeit um ein Mehrfaches übertrifft. Das gilt in erster Linie
für den hyalinen Knorpel, weniger für den elastischen und Faserknorpel.

Bei den Bemühungen, die menschliche Arthrose ätiologisch abzuklären,
wurde frühzeitig die dominierende Rolle langdauernder örtlicher
Druckeinwirkungen ursächlich erkannt. Nach experimentellen Untersuchungen von WEHNER und MÜLLER wies SCAGLIETTI 1933 auf die Bestätigung durch die Klinik hin. TRUETA war es 1956, der aufgrund experimenteller Untersuchungen die unphysiologische Druckverteilung
ursächlich für degenerative Veränderungen des Knorpels bezeichnete.

Zum Studium der Veränderungen am Knorpel unter Immobilisation mit und ohne gleichzeitige Druckbelastung sind in den letzten 15 Jahren eine Anzahl von Versuchsanordnungen angegeben worden. Zur Immobilisation wurden Hemicerclagen, Plexiglassplinte und Gipsverbände verwendet. Durch Extremstellungen kam es zu einer "forced position", durch die es zum unphysiologischen Aufeinanderpressen der Gelenkflächen kam. TRUETA arbeitete mit äußeren Kompressorien, die auch von TRIAS sowie CRELIN und SOUTHWICK verwendet wurden. Letztlich ging es dabei um eine Versuchsanordnung, die von CHARNLEY zur Kniearthrodese angegeben worden war.

Den meisten Versuchsanordnungen gemeinsam ist die unvollständige Ruhigstellung der Gelenke. Exakte Beobachtungen der Knorpeldruckveränderungen gelingen jedoch nur bei exakt immobilisierten Gelenken. Unvollständige Immobilisation und damit Teilbeweglichkeit verstärkt den Effekt des Dauerdrucks im Sinne vermehrter Reibung.

Dies ist vielfach bestätigt worden. Wir selbst konnten immer wieder feststellen, daß druckbelastete Gelenke, deren Immobilisation aus technischen Gründen nicht vollkommen war, die weitestgehenden Veränderungen aufwiesen; oftmals konnte man geradezu von einer Zerstörung der Gelenke sprechen.

Über die bei den einzelnen Untersuchungen erzielten Druckwerte liegen nur spärliche Angaben vor. TRIAS bezifferte sie mit 21 - 27 kp/qcm, CRELIN und SOUTHWICK mit 4 - 6 kp, GINSBERG mit 1 - 2 kg. Herr REFIOR hat seine Versuchsanordnung und die dabei verwendeten Drucke selbst geschildert.

Die Befunde der genannten Voruntersucher differieren zwar in Detailfragen, bestätigen aber im wesentlichen die Stadieneinteilung nach SALTER und FIELD, die vom Anfärbbarkeitsverlust der Zellkerne über verschiedene Zwischenstadien bis zum vollkommenen Schwund des Knorpels reicht.

Bei allen Experimenten sind von der reinen Druckwirkung die Folgen der Immobilisation abzutrennen. Sie bestehen in einem Schwinden der hyalinen Grundsubstanz, damit geht parallel eine Erniedrigung der Knorpelschicht sowie eine Verminderung der Aufnahme von radioaktivem Schwefel bei der Autoradiographie.

Wir führten nun eine Druckbolzen-Transfixation des Kaninchenkniegelenkes durch. Geeichte Druckfedern machten eine Dosierung des Druckes bis zur Dauer von 6 Monaten möglich. Während der Dauer des Versuchs führten wir Röntgenkontrollen mit beigelegter Meßlehre zur Kontrolle der Federkompression durch.

Die Höhe des Druckes bestimmten wir intraoperativ sowie zu Ende des Experimentes mit einer Schublehre. Wir erzielten mit Federkräften bis zu 24 kp Druckwerte bis zu 120 kp/qcm.

Unabhängig von der ursprünglichen Federkraft kam es zum gleichen, regelhaften, prozentualen Kraftabfall; er betrug nach 14 Tagen 25 %, nach 1 Monat 50 %.

Hauptziel der vorliegenden Experimente war die Untersuchung der Frage, ob bei absoluter Immobilisation und dosierter Druckbelastung ohne operative Entfernung des Knorpels ein knöcherner Durchbau eines Gelenkes erzielt werden kann.

Es darf vorweggenommen werden: Es kam unter der Einwirkung des dosierten Druckes zum Umbau des Gelenkes, der bei vorwiegend höheren Drucken und bei Fortführung des Experiments bis zur Dauer von 6 Monaten zu einem eben beginnenden oder fortschreitenden knöchernen Durchbau überleitete.

Demonstration des histologischen Bildes des beginnenden knöchernen Durchbaus in Höhe der Meniskusbasis. Über diese Problematik wurde an anderer Stelle bereits ausführlich berichtet.

Lichtmikroskopisch konnte zusätzlich zur Stadieneinteilung von SALTER und FIELD folgendes gefunden werden. Zur histologischen Technik darf noch kurz ausgeführt werden. Wir machten Paraffin- und Acrylateinbettungen sowie entsprechende Färbungen je nach Fragestellung. Zum Studium der Knorpelgrundsubstanz-Veränderungen führten wir die histochemischen Reaktionen Alcian-, Astra- und Toluidinblau durch. Alcianblau kombinierten wir mit dem PAS-Verfahren nach HOTCHKISS-McMANUS. Damit ist man in der Lage, hoch- und niederpolymere Glykoproteide an einem Schnitt gleichzeitig mit getrennten Farbqualitäten darzustellen. Bei Astrablau führten wir eine Gegenfärbung mit Kernechtrot durch.

Das erste Anzeichen der druckbedingten Schädigung des Knorpels auf dem Wege zu den sogenannten Druckzonen ist ein Schwund der Metachromasie und Basophilie der Knorpelgrundsubstanz, die sich streifenförmig in der Tangential- und Radiärschicht bemerkbar macht. Frühzeitig kommt es zu einem seitlichen Ausweichen der radiär angeordneten Zellreihen in Richtung Druckzonenrand.

Gering später kommt es zum Kernfärbbarkeitsverlust zunächst im Zentrum der Druckzone, der Schwund der Basophilie und Metachromasie geht weiter. Schließlich bleibt bei der Kombinationsfärbung PAS-Alcianblau nurmehr PAS-positive Grundsubstanz übrig.

Am Rand und Grund dieser Druckzonen kommt es zum Auftreten großer blasiger Chondrocyten mit stark basophiler Knorpelkapsel und vermehrt basophiler Ausscheidung von Knorpelgrundsubstanz in ihre Umgebung. Es handelt sich also hierbei um eine Phase gesteigerter MPS-Synthese. Diese basophile Grundsubstanz ist stark alcianblaupositiv und zeigt das Phänomen der Metachromasie mit Toluidinblau.

Diese vermehrte Stoffwechselaktivität läßt sich auch autoradiographisch am vermehrten Sulfateinbau nach Gabe von S^{35} nachweisen. Dabei zeigt sich noch ein anderes interessantes Phänomen: Noch erhaltene Kernfärbbarkeit im Bereich einer Druckzone bedeutet nicht Erhaltensein der Stoffwechselaktivität. Die Zellen der oberflächlichen Schichten und der Radiärschicht sind zwar noch angefärbt, zeigen aber keine oder nur schwache Markierung.

Bei Fortführung des Experiments über längere Zeiträume bis zu 6 Monaten läuft dem Knorpeluntergang an der Oberfläche ein fortschreitender knöcherner Ersatz des Gelenkknorpels von der Markhöhle her parallel.

OTTE konnte in seinen Arbeiten nachweisen, daß die Wachstumsrichtung des Gelenkknorpels nicht zentrifugal, sondern zentripetal gerichtet ist. Die Quelle des Nachschubs ist die Tangentialschicht. Die Grenzschicht des Gelenkknorpels, an der Zellen verloren gehen, ist die Front zur Markhöhle. Hier ist das Reservoir der ruhenden Knorpelzellen, sie hypertrophieren und geraten in den Ossifikationsprozeß. Es ist prinzipiell der gleiche Vorgang wie am Fugenknorpel. Die

Markhöhle hat also eine dauernde Ausweitungstendenz, d. h. die Verkalkung und Ossifikationsfront rückt unendlich langsam, aber stetig voran. Dieser destruierenden Tendenz der Markhöhle steht der konservierende Einfluß der Synovia gegenüber. Kommt es nun zur Störung dieses Kräftespiels, ist die Existenz des Gelenknorpels gefährdet. Der physiologischerweise stattfindende Ossifikationsprozeß der basalen Knorpelschichten geht nunmehr unter dem Einfluß einer schädigenden Noxe ungleich schneller vor sich. Immobilisation und Druck scheinen nunmehr eine solche schädigende Noxe darzustellen.

Im Zuge dieses knöchernen Umbaus kommt es nun tatsächlich zu histologischen Bildern, die an den Modus der chondralen Verknöcherung erinnern. Mit dem Heranrücken der Gefäße und dem Einsetzen der Knochenneubildung vergrößern sich die Knorpelzellen in ähnlicher Weise wie am Rand und Grund der Druckzonen, wuchern und werden großblasige Zellelemente. Sie scheiden in vermehrtem Maße Grundsubstanz aus, auch die Knorpelkapseln selbst zeigen eine verstärkte Basophilie.

Es kommt zum Einsprossen von Gefäßen, in ihrem Gefolge treten dichte Säume von Osteoblasten auf, die zunehmend Knochengrundsubstanz produzieren, in der noch vereinzelt Knorpelzellen nachweisbar sind.

Bereits jetzt treten erste Zellzusammenballungen, sogenannte atypische Chondrone auf, auch sie zeigen eine gesteigerte MPS-Synthese.

Im Anschluß an diese aktive Phase kommt es zum Knorpelschwund bis auf inselförmige Reste, die Knorpelgrundsubstanz wird buchtenartig von den Rändern her dezimiert. Diese Grundsubstanz ist nurmehr PAS-positiv, zeigt aber noch das Phänomen der Metachromasie mit Toluidinblau.

Dies ist eine immer wieder zu machende Beobachtung: Der Degeneration der Chondrocyten geht eine Periode aktiver MPS-Synthese voraus, nachweisbar mit histochemischen Verfahren und der Autoradiographie.

In diesem Stadium scheint sich ein Teil der Chondrocyten in Chondroklasten umzuwandeln. Es kommt zu grundsubstanzfreien Höfen um die jetzt als Knorpelzerstörer wirkenden Zellen.

Schließlich schwindet die Grundsubstanz bis auf kreisförmige und schließlich kappenartige Reste um die Chondroklasten; auch in diesem Spätstadium der Degeneration ist das Phänomen der Metachromasie nachweisbar.

Ein Teil dieser Chondroklasten geht sicher zugrunde, ein Teil macht möglicherweise eine Weiterentwicklung über Osteoblasten zu Osteocyten durch. In den lacunenartigen Einbuchtungen der Knorpelgrundsubstanz kommen Zellen zu liegen, die mit ihren Fortsätzen schon eher als Osteocyten anzusprechen sind. Lichtmikroskopisch kann über die Bedeutung dieser Zellumwandlungen letztlich jedoch keine befriedigende Antwort gegeben werden; KNESE und KNOP wiesen ausdrücklich darauf hin.

Auch heute ist die Frage noch umstritten, ob die Chondrocyten im Knorpel eingebaute polyvalente Bindegewebszellen sind oder Zellen, die am Ende ihrer Entwicklung angelangt sind.

Die Ausbildung von atypischen Chondronen ist eine geläufige Reaktionsform des hyalinen Knorpels, auch im Meniskusgewebe kommt es im Zuge des zunehmenden knöchernen Um- und Durchbaus des Gelenkes zu derartigen Zellanhäufungen, wie später noch zu demonstrieren sein wird.

Bis in die jüngste Vergangenheit wurden diese Zellansammlungen als
Knorpelregenerate angesprochen. Niemals konnte jedoch beobachtet
werden, daß aus diesen Regeneraten vollwertiger hyaliner Knorpel
entstehen würde. Diese Zellbildungen sind lediglich als abortive
Regenerationsversuche zu werten.

Wie bereits oben demonstriert, sehen wir am Rand und Grund von Druckzonen besonders großblasige Zellelemente.

Bei stärkerer Vergrößerung finden sich in diesem Bereich doppelker-
nige Zellen und Zellen, die sich wie im Stadium der Telophase noch
in engem Kontakt befinden. Hier noch einmal die gleiche Situation bei
einer anderen histologischen Technik. Hierbei handelt es sich um
eine Giemsafärbung nach Acrylateinbettung.

Bilder wie die gezeigten sind jedoch Einzelbeobachtungen, bindende
Schlüsse über die Regenerationsfähigkeit hyalinen Knorpels im Sinne
einer mitotischen oder amitotischen Kernteilung lassen sich damit
nicht ziehen.

Eine echte Knorpelzellvermehrung ist jedoch im Zuge metaplastischer
Vorgänge zu beobachten.

Eine geläufige Beobachtung ist das zunächst nur zungenförmige Einsprossen bindegewebigen Pannus über die Knorpelflächen immobilisier-
ter Gelenke.

Dieser Gelenkpannus hat sicher eine chondroklastische und unter bestimmten Voraussetzungen auch osteoklastische Wirkung.

Wir konnten zeigen, daß dieser bindegewebige Gelenkpannus zusätzlich
die Fähigkeit der Umwandlung seiner mesenchymalen Zellelemente schrittweise zu hyalinknorpeligem Gewebe hat. Die zunächst nur PAS-positi-
ven Gewebspartien zeigen eine zunehmende Umwandlung ihrer mehr gestreckten in zunehmend ovale bis rundliche Zellformen. Im Zuge der
gestaltlichen Umwandlung zeigen diese Zellen und die von ihnen pro-
duzierte Grundsubstanz mehr und mehr die leuchtende Alcianblau-
positive Färbung.

Eine ähnliche Situation an einem anderen Gelenk. Das ursprüngliche
Oberflächenniveau des Knorpels wird deutlich überragt von einem
Streifen hyalinknorpeliger Zellen, die sich schrittweise aus dem
bindegewebigen Gelenkpannus gebildet haben.

Das Bindegewebe des Gelenkpannus übernimmt also quasi die Rolle und
die Funktion des"Perichondriums" für den unter physiologischen Bedingungen Perichondrium-freien hyalinen Gelenkknorpel und stellt die
Bindegewebszellen zur metaplastischen Umwandlung in Knorpelzellen
bereit. Möglicherweise sind es auch hier - wie bei der Frakturhei-
lung - mechanische Einflüsse, die die Differenzierungsrichtung der
Keimgewebszellen bestimmen. PAUWELS hat dafür die bekannten Gesetzmäßigkeiten mitgeteilt.

Und nun noch zu den druckbedingten Veränderungen der Menisci.

Der Faserknorpel weist unter den drei Knorpelarten wohl die geringste
Druckfestigkeit auf, allerdings sind die Verhältnisse an den Zwischenwirbelscheiben am gründlichsten studiert.

Degenerative Veränderungen der Menisci haben ihre Ursache vornehmlich in einer statischen oder mechanischen Überbeanspruchung des
Kniegelenkes. In der langen Geschichte der Meniskuspathologie wurden
zur Pathogenese der beobachteten degenerativen Veränderungen die
verschiedensten Theorien aufgestellt, mechanische Momente wurden
dabei in den Vordergrund gerückt. Allgemeine Anerkennung fand eine
Klassifikation von GROH, der auf die Unterscheidung der primären
von der sekundären Degeneration das Hauptgewicht legte. Hauptfor-
schungsobjekt war der menschliche Meniskus, der anläßlich von Menisk-
ektomien gewonnen wurde.

Erstaunlich ist nunmehr die kleine Zahl von Autoren, die tierexperimentell durch Anwendung von intermittierenden oder Dauerdrucken
die Erscheinungsbilder der primären oder sekundären Degeneration zu
reproduzieren versuchten. Eine lückenlose Darstellung der verschiedenen Reaktionsformen des Faserknorpels der Menisci des Kniegelenkes
bis zum Endzustand der voll ausgebildeten Degeneration ist jedenfalls
nicht gelungen.

In einer eigenen Studie wurde tierexperimentell versucht, den primär-degenerativen Meniskusschaden durch dosierte Druckbelastung morphologisch nachzuvollziehen.

Es wurde bei 39 Kaninchen die oben bereits geschilderte Versuchsanordnung gewählt, die ohne Zweifel den großen Nachteil der allerdings
vollständigen Immobilisation und Alteration des Gelenkes durch den
Druckbolzen beinhaltete, auf der anderen Seite aber eine exakte und
vor allem meßbare Kompression der Menisci ermöglichte.
Es ist deutlich auf dem Schema der Versuchsanordnung zu erkennen,
daß der ausgeübte Dauerdruck zunächst die Menisci in ihren inneren
Abschnitten trifft, erst nach Auswalzen und schließlich Schwund der
inneren Meniskusanteile kommt es zu den oben besprochenen Druckzonen
im Bereich des hyalinen Knorpels.

Mit zunehmender Dauer des Experiments, weniger mit zunehmender Federkraft, zeigen die Menisci bereits makroskopisch ausgiebige Veränderungen. Sie verschmälern sich, sind schließlich wie ausgewalzt,
die noch in das Gelenk hineinragenden Enden sind glasig, hauchdünn
und transparent.

Histologisch finden sich nun vom Zeitintervall, dagegen nicht von
der Höhe des Druckes, abhängige Befunde, die von Spaltbildungen
nach 14 Tagen über Cystenbildungen bis zu narbigen Verschwielungen
und Knorpelzellnestern im Spätstadium reichen. Unmittelbare regionale Traumafolgen im Frühstadium vermischen sich nach 12 - 24 Wochen
mit diffusen, sekundär-degenerativen Veränderungen.

Die Veränderungen im einzelnen darf ich in zeitlicher Reihenfolge
kurz schildern:

<u>Nach 14 Tagen</u> kommt es zu einer herdförmigen Verwerfung mit Über-
lagerung und Auseinanderscheren der kollagenen Faserbündel und Ausbildung von kleinen Spalten mit homogenem, blassen Inhalt.
Hier eine ähnliche Situation noch augenscheinlicher dargestellt mit
der Goldnerfärbung.

<u>Nach 4 Wochen</u> sehen wir eine chronisch-fibrosierte Entzündung mit
diffuser Durchsetzung des Faserknorpelgewebes. Verwaschene Faserstrukturen ohne Kerndarstellung kennzeichnen die Meniskusinnenzone,
die Knorpelzellen weisen verdämmernde Kerne auf, stellenweise kom-

men kernlose Knorpelzellhöhlen vor.
Die nächste Abbildung zeigt die Meniskusinnenzone bei stärkerer Vergrößerung.

Im Spätstadium nach 8-wöchiger Immobilisation und Druckbelastung
finden wir über der Meniskusinnenzone verquollene Fasern sowie Cystenbildungen in allen Stadien der Entwicklung.

Nach 3 Monaten finden wir ausgedehnte Narbenfelder neben angrenzen-
dem, degenerativ verändertem Faserknorpel.
Narbenfelder und degenerativ verändertes Faserknorpelgewebe sind
oftmals nahe benachbart.

Nach 3 - 6 Monaten sind die Menisci meist deutlich atrophisch, die
Kollagenfasern sind plump und regellos angeordnet, eingestreut sind
kleinfleckige Verschwielungen.

Charakteristisch für dieses absolute Spätstadium sind Knorpelzellnester, sogenannte atypische Chondrone, wie wir sie bereits im
Hyalinknorpel ausgiebig beobachten konnten. Sie finden sich vermehrt an der Meniskusoberfläche.

Besonders häufig sehen wir diese atypischen Chondrone im Zuge des
knöchernen Durchbaus der Gelenke, der schließlich auch das Meniskusgewebe betrifft.

In weiter fortgeschrittenen Stadien des knöchernen Durchbaus sehen
wir das Auftreten großkalibriger Gefäße im ehemaligen Meniskusbe-
reich; in deren Gefolge kommt es im weiteren Verlauf zum Auftreten
von Osteoblasten, die den Verknöcherungsprozeß einleiten.

Auffällig bei der Sichtung des Materials ist, daß eindeutig reproduzierbare Relationen zwischen ausgeübtem Druck und den histologischen Veränderungen nicht gefunden werden können. Dies läßt die
Vermutung zu, daß ein schon relativ niederes Schwellen-Druckmoment
ausreicht, um die beschriebenen Befunde am Meniskus auszulösen. Ein
vorzeitiges Abbrechen der Druckbelastung könnte also möglicherweise
auch die Entwicklung von geringen Veränderungen bis zur ausgeprägten Atrophie mit Cystenbildung unterbrechen. Eine Remobilisation
des fixierten Kniegelenkes hat sich bei unserer Versuchsanordnung
jedoch als außerordentlich problematisch erwiesen.

In der vorliegenden Untersuchung wird ein Modell beschrieben, mit
dem versucht wird, im Tierexperiment durch Druckbelastung über verschiedene Zeitspannen die möglichen Schritte bis zur Ausbildung
eines "primär-degenerativen Meniskusschadens" nachzuvollziehen und
morphologisch zu belegen. Obwohl größere Meniskuseinrisse bei dieser Versuchsanordnung nicht vorlagen, wurden doch Faserabrisse beobachtet. Auch bei Meniskusschäden des Menschen soll an die un-
scharfe pathogenetische Abgrenzung zwischen primärer und sekundärer
Degeneration mit inadäquatem oder adäquatem Trauma gedacht werden.

In der vorliegenden Untersuchung überwiegt die Schädigung, entsprechend geringem Trauma. Trotz mancher Übereinstimmung mit dem
Zeitablauf der Veränderungen nach traumatischem Meniskusriß könnten
die hier gefundenen, früher auftretenden und stärker ausgeprägten
degenerativen Veränderungen möglicherweise auf die Dauerbelastung,
im Gegensatz zur einmaligen Schädigung, zurückzuführen sein.

HYALURONIC ACID IN PROTEOGLYCAN AGGREGATION

T.E. Hardingham and Helen Muir

Reversible aggregation is not uncommon amongst proteins, but amongst
highly charged polyanionic proteoglycans it is unexpected.   When
extracted by comparatively mild methods, proteoglycans consist of
aggregated and non-aggregated molecules (SAJDERA & HASCALL, 1969).
Aggregates may be dissociated in 4M guanidinium chloride and the
proteoglycans separated from other components of the aggregate by
equilibrium density gradient centrifugation in caesium chloride when
a protein-rich fraction separates at the top of the gradient (HASCALL
& SAJDERA, 1969).   This fraction was named 'glycoprotein link'
because when it was recombined with the proteoglycans aggregates were
re-formed as shown by sedimentation.

We have examined this phenomenon in more detail by other methods and
have found that the protein-rich fraction alone does not cause
proteoglycans to aggregate (TSIGANOS, HARDINGHAM & MUIR, 1972).
On the other hand, a fraction from the middle of the gradient, when
recombined with proteoglycans, produced an increase in hydrodynamic
size on gel chromatography.   This effect, however, was similar to
but not identical with aggregation as reported by HASCALL and SAJDERA
(1969) because the increase in hydrodynamic size was not accompanied
by a marked change in sedimentation rate (R. Pain, personal communication).   The component responsible for the effect has now been
isolated and identified as hyaluronic acid (HARDINGHAM & MUIR, 1973-
1974).

Identification of Hyaluronic Acid

Proteoglycans were extracted from pig laryngeal cartilage as
described by SAJDERA and HASCALL (1969) using 4M guanidinium chloride
at pH 4.5 and purified by equilibrium density gradient centrifugation
in caesium chloride under "associative conditions", (i.e. in 0.5M
guanidinium chloride).   The proteoglycans were then dissociated and
the centrifugation repeated under "dissociative conditions" (i.e. in
4M guanidinium chloride).

The material in the middle of the second density gradient was
fractionated by ion-exchange chromatography on ECTEOLA cellulose
(Fig. 1) (HARDINGHAM & MUIR, 1973;   1974) and the fractions tested
for their capacity to increase the hydrodynamic size as assessed by
gel chromatography, of a standard preparation of proteoglycan.

The active component eluted at a lower salt concentration than the
majority of the proteoglycan, and contained equimolar proportions
of glucosamine and uronic acid.   The activity was not affected by
proteolytic digestion or exposure to 0.5M NaOH and hence the component
was not a proteoglycan.   Since the activity was destroyed by
hyaluronidase, the active component appeared to be hyaluronic acid.
This was confirmed by the infra red spectrum which resembled the
spectrum of authentic hyaluronic acid and lacked bands characteristic
of ester-sulphate groups that are shown by chondroitin sulphate
(HARDINGHAM & MUIR, 1974).   Moreover, hyaluronic acid from other

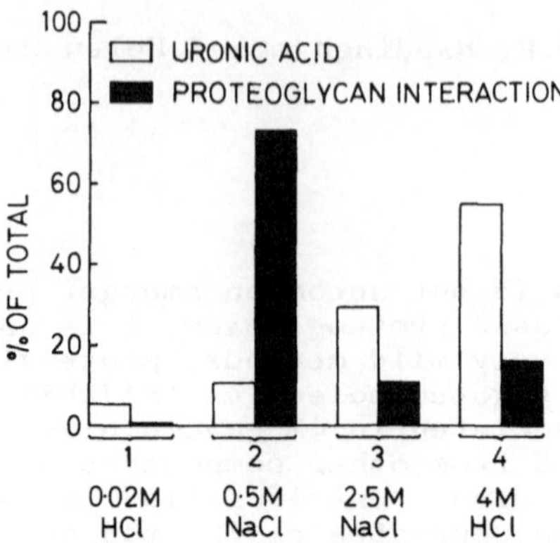

Fig. 1.   Ion-exchange chromatography on ECTEOLA-cellulose of the middle density gradient fraction of cartilage proteoglycans.

sources such as umbilical cord, interacted in the same way with the dissociated proteoglycans, enabling the interaction to be examined in detail.   As assessed by gel chromatography, the interaction provided a sensitive assay for hyaluronic acid in cartilage.   Preliminary results showed that in pig laryngeal cartilage hyaluronic acid account- ed for 0.7% of the total uronic acid, most of which (95%) was present in proteoglycan aggregates (HARDINGHAM & MUIR, 1974).

Characteristics of the Interaction of Hyaluronic Acid with Proteo- glycans

The effect of adding different proportions of hyaluronic acid, on the gel chromoatographic profile of disaggregated proteoglycans is shown in Fig. 2 (HARDINGHAM & MUIR, 1972).   An effect was detectable even when the proportion of proteoglycan to hyaluronic acid was 3200:1 on a weight basis.   The combined results of a number of experiments is shown in Fig. 3 where the proportion of proteoglycans excluded from Sepharose 2B is plotted against the weight ratio of proteoglycan/ hyaluronic acid.   When the ratio was about 150:1 the proportion of proteoglycan excluded from the gel was maximal, when the proportion of hyaluronic acid was increased beyond this ratio the proportion of proteoglycan excluded from the gel diminished progressively.

The results indicate that each hyaluronic acid chain interacted with a number of proteoglycan molecules, the number depending on the rela- tive proportions of the reactants.   Since a gel did not form at the higher concentrations of hyaluronic acid each proteoglycan can bind to hyaluronic acid at one site only and cannot interact with more than one chain to form cross-links between chains of the type HA-PG-HA.

No other polyanions interacted with dissociated proteoglycans, even closely analogous compounds such as chondroitin (desulphated chondroitin sulphate) or teichuronic acid, which like hyaluronic acid consists of disaccharide repeating units of glucuronic acid and N-acetyl-hexosamine.

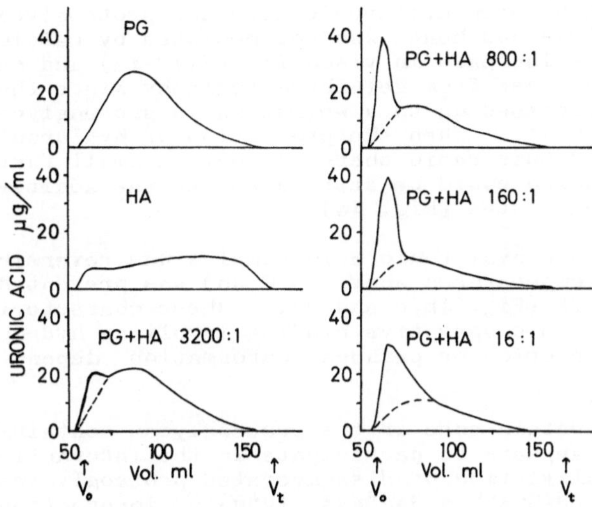

Fig. 2. Gel chromatography on a column (165 x 1.1 cm) of Sepharose 2B eluted with 0.5M sodium acetate pH 6.8 at 4°C of disaggregated proteoglycan (PG), hyaluronic acid (ex umbilical cord) (HA) and mixed samples. The relative amounts of PG and HA in the mixtures are shown as weight ratios. Vo, void volume of the column, Vt, total volume of the column.

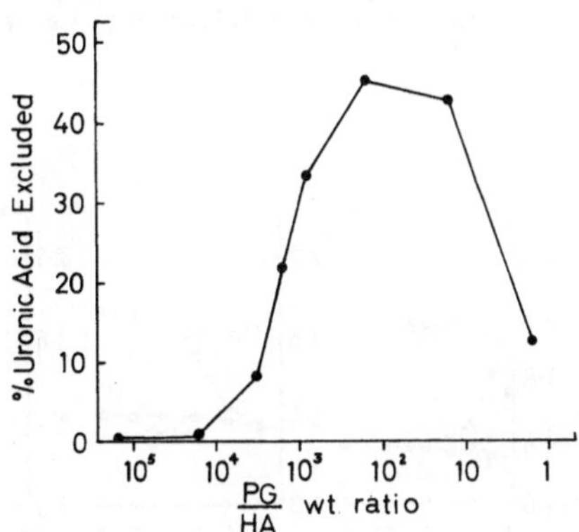

Fig. 3. Gel chromatography of mixtures of proteoglycan and hyaluronic acid as described in Fig. 1. The proportion of total uronic acid excluded from the Sepharose 2B gel was determined by cutting and weighing the uronic acid elution profile.

The interaction between hyaluronic acid and proteoglycans was
unaffected by EDTA and hence was not mediated by calcium ions.   It
produced a large increase in viscosity (Fig. 4a) and gave results
comparable with those from gel chromatography since the marked effect
on viscosity increased up to a weight ratio proteoglycan/hyaluronic
acid of about 100:1.   When the proportion of hyaluronic acid was
increased beyond this ratio there was only a small further increase
in viscosity, which could be attributed to the additive effects of
additional free solutes (Fig. 4a).

The proteoglycan - hyaluronic acid complex was reversibly dissociated
at low pH, at temperatures above $60^{\circ}C$ and was prevented by guanidinium
chloride above 2M (Fig. 4b,c and d).   These characteristics suggest
that it depends on cooperative binding involving hydrogen bonds and
some ionic interaction or perhaps conformation depending on ionic
groups.

A part of the protein-core of the proteoglycan containing cystine di-
sulphide bonds appears to participate in the interaction since
reduction and alkylation of disaggregated proteoglycans prevented
re-aggregation (HASCALL & SAJDERA, 1969) or interaction with hyaluronic
acid (HARDINGHAM & MUIR, 1974).   Moreover, there was no evidence of
interaction between hyaluronic acid and fragments of proteoglycan such
as chondroitin sulphate-peptide or chondroitin sulphate 'doublets'
prepared as described by MATHEWS (1971).

Small oligosaccharides derived from hyaluronic acid by hyaluronidase
digestion were able to inhibit proteoglycan-hyaluronic acid interaction, implying that they could bind to the proteoglycan. Using
purified oligosaccharide fractions (Fig. 5), the smallest oligosaccharides that inhibited strongly was a decasaccharide (HARDINGHAM & MUIR,
1973b).   There must therefore be considerable steric exclusion
between neighbouring proteoglycan molecules because at saturation the
region of hyaluronate occupied by each proteoglycan is about 20 nm in
length (10,000 Mol. Wt.), whereas the binding is with a decasaccharide
only 5 nm long.

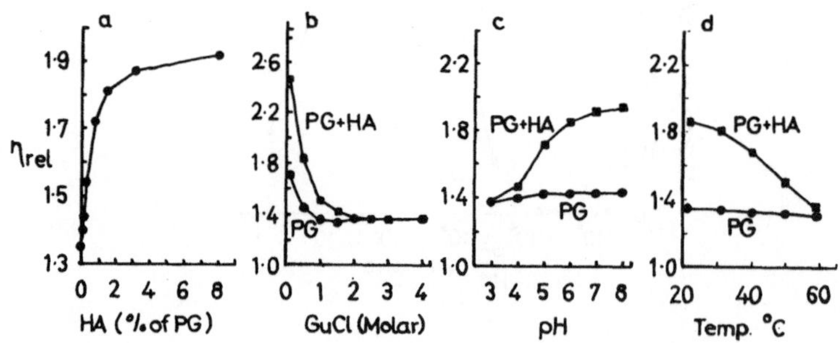

Fig. 4. Variation of relative viscosity of proteoglycan and proteo-
glycan-hyaluronate mixtures in an Ostwald capillary viscometer with
increasing concentrations of a) hyaluronate b) guanidinium chloride
and at c) different pH and d) different temperatures. Except where
specified the experiments were carried out in 0.5M guanidinium
chloride, 0.05M sodium acetate pH 5.8 at 30° C.

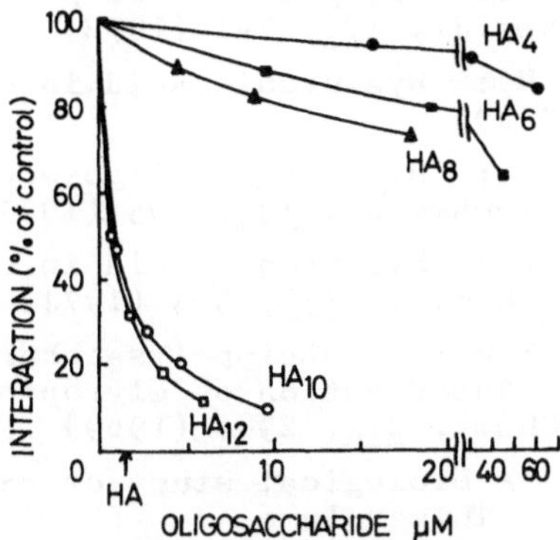

Fig. 5. Effect of various concentrations of oligosaccharides on the viscosity of a proteoglycan-hyaluronic acid mixture. 100% interaction was the relative viscosity of a proteoglycan-hyaluronic acid mixture and 0% was the relative viscosity of the proteoglycan solution alone. The oligosaccharides of hyaluronic acid were HA_4-HA_{12} i.e. tetra- to duodecasaccharides.

Non-aggregated Proteoglycans

Not all proteoglycans in cartilage are present as aggregates; those that are not aggregated may be extracted preferentially by iso-osmotic salt solutions, whereas aggregated proteoglycans have to be extracted with 2M $CaCl_2$ or 4M guanidinium chloride. Thus by extracting carti- lage sequentially with 0.15M NaCl, followed by 4M guanidinium chloride, most of the non-aggregated proteoglycan may be extracted first. These proteoglycans differed from those extracted with 4M guanidinium chlor- ide in several respects.

Firstly, they were unaffected by centrifugation under 'dissociative conditions'. No hyaluronic acid separated from them and their gel- chromatographic profile was unchanged, nor were they able to inter- act with hyaluronic acid (HARDINGHAM & MUIR, 1974). There were significant differences in the amino acid composition of the aggregated and non-aggregated proteoglycans, implying differences in the protein core (HARDINGHAM & MUIR, 1974). In particular, non-aggregated proteo- glycans contained almost no cysteine which, as pointed out above, plays some role in the conformation of the binding site of proteo- glycans for hyaluronic acid.

The relative proportion of aggregated and non-aggregated proteoglycans in cartilage may be of considerable functional importance. The proportion of proteoglycans that are extractable with iso-osmotic salt solutions changes during development (ŠIMŮNEK & MUIR, 1972a) and increases in certain pathological conditions (ŠIMŮNEK & MUIR, 1972b) including during the early stages of experimental osteo-arthrosis (see McDEVITT and MUIR, this volume). Non-aggregated proteoglycans in cartilage matrix are not the precursors of aggregated proteoglycans since they are synthesised independently (HARDINGHAM & MUIR, 1972). In the matrix, they probably have different functions that arise from differences in physico-chemical properties which are likely to have marked effects on the mechanical behaviour of cartilage.

References

HARDINGHAM, T.E., MUIR, H.: Biosynthesis of proteoglycans in cartilage slices. Biochem.J., <u>126</u>, 791 (1972)

HARDINGHAM, T.E., MUIR, H.: Hyaluronic acid in cartilage. Biochem. Soc.Trans., <u>1</u>, 282, (1973a)

HARDINGHAM, T.E., MUIR, H.: Binding of oligosaccharides of hyaluronic acid to proteoglycan. Biochem.J., <u>135</u>, 905 (1973b)

HARDINGHAM, T.E., MUIR, H.: Hyaluronic acid in cartilage and proteo-glycan aggregation. Biochem.J., <u>139</u>, 565 (1974)

HASCALL, V.C., SAJDERA, S.W.: Proteinpolysaccharide complex from bovine nasal cartilage. The function of glycoprotein in the formation of aggregates. J.Biol.Chem., <u>244</u>, 2384 (1969)

McDEVITT, C., MUIR, H.: A biological study of experimental and natural osteoarthrosis. This volume.

MATHEWS, M.B.: Comparative biochemistry of chondroitin sulphate – proteins of cartilage and notochord. Biochem.J., <u>125</u>, 37 (1971)

SAJDERA, S.W., HASCALL, V.C.: Proteinpolysaccharide complex from bovine nasal cartilage. Comparison of low and high shear extraction procedures. J.Biol.Chem., <u>244</u>, 77 (1969)

ŠIMŮNEK, Z., MUIR, H.: Changes in the protein-polysaccharides of pig articular cartilage during prenatal life, development and old age. Biochem.J., <u>126</u>, 515 (1972a)

ŠIMŮNEK, Z., MUIR, H.: Proteoglycans of the knee-joint cartilage of young normal and lame pigs. Biochem.J., <u>130</u>, 181 (1972b)

TSIGANOS, C.P., HARDINGHAM, T.E., MUIR, H.: Aggregation of cartilage proteoglycans. Biochem.J., <u>128</u>, 121P (1972).

The effects of quantified distraction on articular cartilage *

M. H. HACKENBROCH

The reaction of articular cartilage to pressure has rather frequently been subjected to extensive studies. Experimental d i s t r a c -
t i o n , however, has only rarely been applied to living joint
structures. The eventual results of experimental joint distraction
nevertheless may lead to further understanding of clinical observations related to therapeutic traction.

Material and methods

The experiments have been carried out with 145 adult rabbits using
the elbow joints. By means of a device especially developed for this
purpose distraction was performed between humerus and olecranon
(fig. 1); the opposite side served as a control. The appliance used

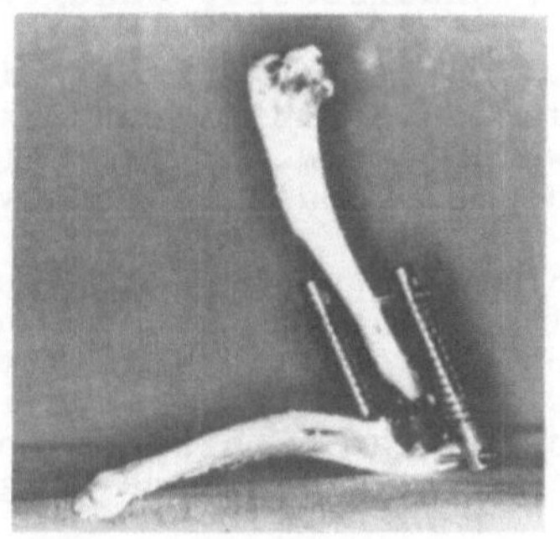

Fig. 1:
Device used for experimental elbow joint
distraction attached to the rabbit fore-
limb.

for distraction did not cause any significant loss of joint motion,
or due to its extraarticular fitting, any immediate damage to the
joint tissue itself. The forces applied were: o.35 kp (nearly equal
to 1/1o of the average weight of the experimental animals and corresponding to 1/11 of the epiphyseal joint pressure as determined by
mathematical calculation) or 1.7 kp, respectively (resembling 1/2
of the body weight and 5/11 of the so called joint pressure); the
quantitative proportions have been illustrated in fig. 2. The duration of distraction was limited to periods of 1, 2, 4 or 8 weeks.

Part of the cartilage and subchondral bone obtained has been worked
up histologically (HE, azan, GOLDNER, astra- and alcian- [PH 2.5]
blue and toluidin, PAS according to HOTCHKISS-McMANUS). Another group
was subjected to vital staining in the following manner: at the end
of the distraction period 1 ml of o.5% aqueous methylenblue solution
was given intraarticularly on both sides and left for 2o min., then
the animals were killed. The cartilage of the residual material, which
had served to study synovial tissue, was only macroscopically judged.

After atraumatic sampling synovial fluid was stained according to
MAY-GRÜNWALD-GIEMSA and examined under the microscope.

* This investigation was kindly supported by Deutsche Forschungsgemeinschaft.

Fig.2:
Quantitative relationship of
body weight, so-called joint
pressure and administered distraction forces, given in kp.

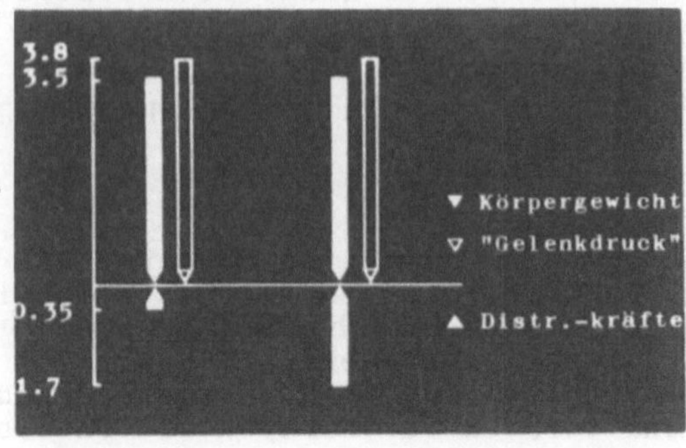

Controls served to prove that the distraction appliance as such
did not alterate articular cartilage, capsule or synovial fluid.

Results

1. Macroscopic changes

The cartilage of all distracted joints revealed a rusty-brown surface discoloration beginning at the second week. The typical shine
was reduced. After 8 weeks in addition scattered minimal surface
defects could be observed.

Simultaneously, the synovial fluid displayed a discoloration ranging
from a blood-like staining during the first one or two weeks to a
pale-brownish tinge after 4 and 8 weeks. Cytological examination of
stained smears always revealed erythrocytes in large quantities accompanied by histiocytes with phagocytotic activity, the latter increasing with time (fig. 3).

Fig. 3:
Synovial fluid smear after a
2-weeks distraction period
with o.35 kp, containing large
amounts of erythrocytes.

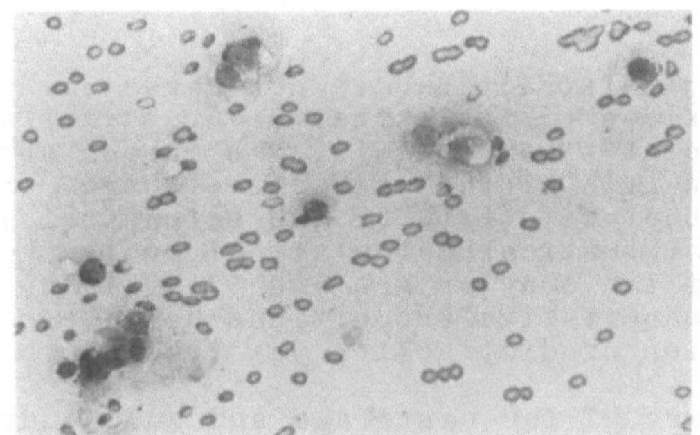

2. Histological results

The histological appearence of articular cartilage examined during
the first 4 weeks of distraction was grossly normal. After 8 weeks
definite pathological changes had developed:

a) The cartilage surface exhibited multiple superficial circumscribed
   defect areas (fig. 4).

b) Numerous nuclei of chondrocytes in the superficial and transitional zone had suffered a loss of their regular staining properties as indicated with astra- and alcianblue, toluidin and PAS. Many of them showed cyst-like enlargement (fig. 4. 5).

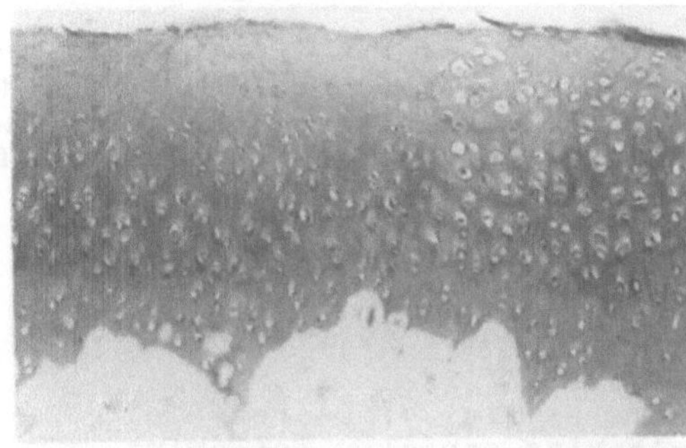

Fig.4:
Joint cartilage of the medial humeral condyle, 8 weeks after distraction with 1.7 kp: Superficial tissue defects, dimished staining of intercellular substance and nuclei of chondrocytes, focal cyst-like enlargement of chondrocytes close to the joint space (right side). Alcian-PAS.

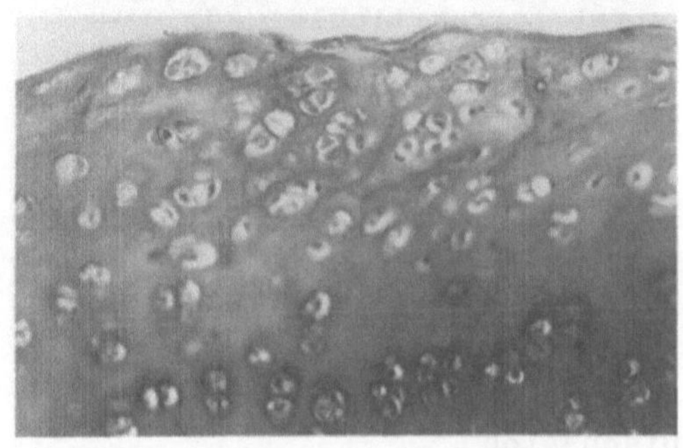

Fig. 5:
Same as fig. 4: Markedly decreased staining of ground substance and cellular nuclei in the surface area. Astra-Kernechtrot.

c) The amorphous ground substance of the superficial layers of the articular cartilage also revealed a definite loss of staining capacity (fig. 5).

d) The most striking finding was an abnormal assemblage of predominantly necrotic chondrocytes resembling atypical chondrons as first described by CARLSON (1957); from those, however, they differ by the fact that they were always situated in the superficial layers and revealed a more or less horizontal expansion. The staining of the ground substance in these layers was restricted to pericellular areas only.(fig. 6).

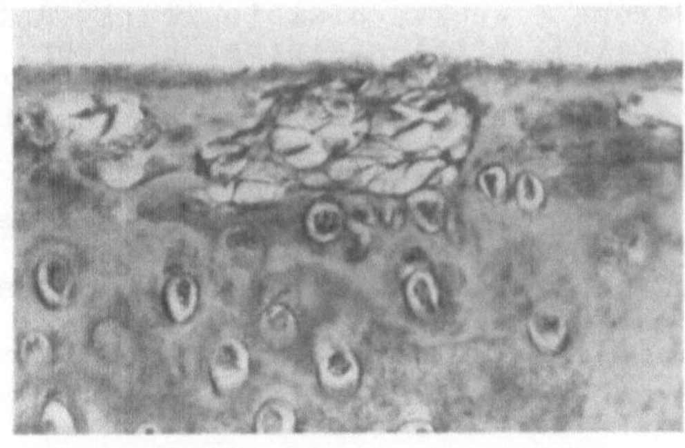

Fig. 6:
Same as fig. 4: Atypical aggregation of chondrocytes in the superficial and transitional zone; extensive karyonecrosis, dimished staining of intercellular substance. Alcian-Kernechtrot.

3. Results after vital staining

Vital staining with intraarticular methylenblue revealed less dye
diffusion after distraction with 1.7 kp starting at the end of the
first week. Increasing periods of distraction produced an even more
marked loss of staining as compared to the opposite side.

Application of o.35 kp lead to a somewhat increased staining effect
of the cartilage involved during the first two weeks of distraction.
With the beginning of the fourth week, however, there was evidence
of moderately reduced diffusion of the dye (fig. 7).

Fig. 7:
Same as fig. 4: Decrease of
staining capacity following
vital intraarticular administration of methylenblue
(left side).

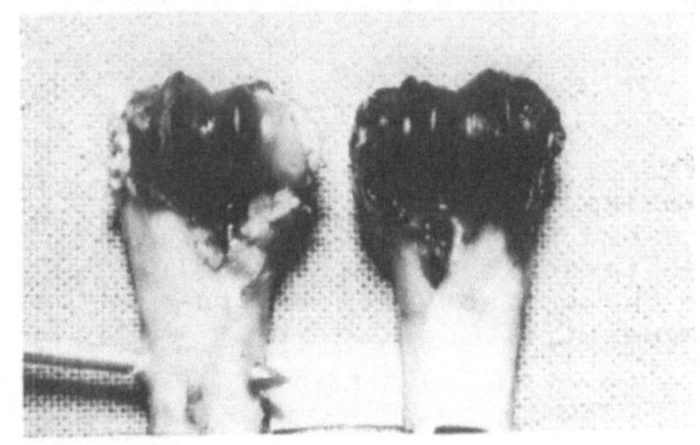

Discussion

The results of histological, histochemical and vital staining after
distraction for a period of 8 weeks display manifest cartilage degeneration. The decreased diffusion of methylenblue, a cationic dye,
as well as the dimished histochemical staining capacity of the ground
substance and part of the chondrocytes indicate a decline of the concentration of anionic polysaccharids (KANTOR and SCHUBERT 1957, MA-
ROUDAS et al. 1969). Since these substances generally are believed to
be a product of the cartilage cells, which histologically also appear
damaged, it may be concluded that under the experimental conditions
a loss of synthetizing cellular activity has been taking place. All
together, however, the degree of degenerative cartilage changes is
rather small, as to be expected.

Before 8 weeks, histologically definite changes could not be demonstrated. Vital staining, however, at this stage showed evidence of
disturbance of dye diffusion, the degree of which appeared related
to the intensity of distraction: Distraction with a force equal to
approximately 1/1o of body weight required only four weeks to cause
a lowered diffusion rate, whereas the same effect could be observed
already at the end of the first week when 1.7 kp had been used. Thus
intraarticular vital injection of methylenblue appears to be a more
susceptible index for beginning cartilage degeneration than histology.

Whether mild distraction - o.35 kp for 1-2 weeks - really produces
an increased concentration of fixed negative charges needs to be subjected to further studies. -

The above results do not allow a clear pathogenetic interpretation.
Obviously, several factors are of significance including those which
occur at the extra-cartilaginous joint level (tab. 1).

PATHOGENETIC FACTOR	EFFECT
Loss of intermittent pressure	- Inhibition of intracartilagineous nutritional fluid circulation - disturbance of the synovial fluid circulation - ?formation of cystoid cartilage cells.
Hemarthros	- chemical damage to articular cartilage.
Capsular fibrosis	- chemical alteration of synovial fluid - extension of the "Transitstrecke".

Tab. 1:
Role of various pathogenetic factors responsible for cartilage
changes under experimental joint distraction.

The latter include the phenomena of hemarthros (fig. 3) and capsular
fibrosis which could be observed under all test conditions; they have
been commented on extensively in a different article (HACKENBROCH
1973). Hemarthrosis and capsular fibrosis occur when under the selected distraction conditions erythrocytes leave the synovial capillaries, migrate into the joint cavity or the subsynovial capsular tissue
and cause a synovitis with secondary fibrosis. The reason for this
is probably the vacuum-effect of distraction causing a radiologically demonstrable widening of the joint space (fig. 8) which can be
seen repeatedly after different distractions.

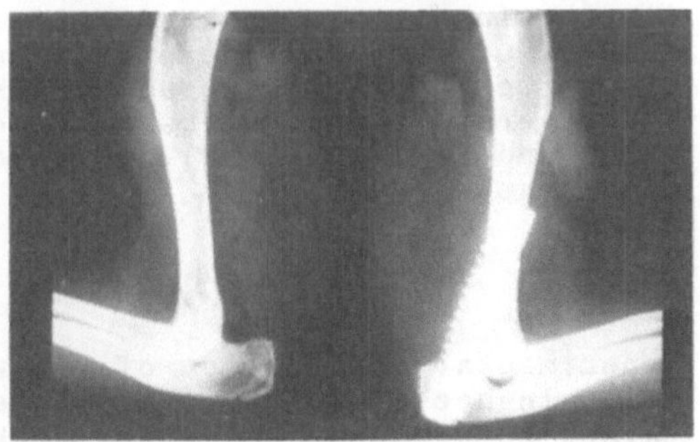

Fig. 8:
Simultaneous radiograms of both
elbow joints: Immediately after
application of a distraction
force of 2 x o.3 kp a noticable
widening of the joint space takes
place.

Some of the found cartilage changes can be considered a result of
the persisting hemarthrosis. HOAGLUND (1967), DUSTMANN et al. (1971),
PUHL et al. (1971, 1972) also demonstrated roughening of the fibrillar
texture after repeated intraarticular blood injections. GUICCARDI et
al. (1968) and ROY (1968) noticed loss of metachromasia near the surface in Toluidin-reaction, and GUICCARDI and LITTLE (1967) saw necrosis of chondrocytes in experimental hemarthrosis. Additionally, the
joint cartilage in hemophiliacs shows similarities (RODNAN 1966).

Bleeding into the capsle with secondary synovitis and capsular fibrosis probably cause a change in the chemical consistency of the joint fluid which plays an important role for the nutrition of the cartilage near the cavum in the assymetrically open nutritional system of adult cartilage (OTTE 1969). Also the removal of metabolic wastes from cartilage to capillaries becomes impaired because of an elongation of the transport distance (COTTA 1962, DETMER et al. 1967: "Transitstrecke").

Remains to be discussed how much loss or restriction of intermittent cartilage compression is responsible for the noticed alterations. Most likely they cause a limitation of the intraarticular flow of nutritional substances which cannot be indifferent to avascular bone. This has been documented from biomechanical (FICK 191o), anatomical (BENNINGHOFF 1925) and biochemical (MATTHEWS 1952) view points and emphasized through experiments (INGELMARK et al. 1948, EKHOLM 1951, LINN et al. 1965, MAROUDAS 1968, YANNAS 197o). Decrease of intermittent mechanical compression supposedly causes disturbance of circulation of joint fluid within the joint space leading to lowering of the lubricating and nutritional function for the cartilage; experimental proof of this has been given by MAROUDAS et al. (1968).

Cyst-like cartilage cells found routinely could be related to intermittent withdrawal of compression. According to PAUWELS (196o) intermittent deformation ("Verzerrung") under pressure together with hydrostatic compression prevents ossification of cartilage; reduced intermittent compression supposedly leads to bullous cartilage. Possibly the optimum for intermittent deformations (KUMMER 1965) has not been reached under experimental distraction so that for this reason the regular cartilage structure cannot be maintained.

Test results cannot be transferred to clinical conditions with impunity partly because forces and times usual for clinical use have been greatly transgressed and partly because additional traumatising occurs due to continued usage of the distracted limb in the animal experiment. Treatment with traction under comparable conditions – distraction with o.35 kp for four weeks – causes already noticable changes of cartilage degeneration with vital staining. In an additional test series we could demonstrate, though, that these changes are reversible four weeks after discontinuation of traction (HACKENBROCH and SPRINGER 1974). These conclusions coincide with our clinical experience.

Summary

Experimental distraction of elbow joints of adult live rabbits under maintainance of joint mobility was performed. The forces were maintained between one and eight weeks and measured between 1/1o and 1/2 of the weight of the test animals. Mild distraction – o.35 kp for maximal 2 weeks – did not present any definite cartilage changes. Moderate distraction – o.35 kp for 4 weeks or 1.7 kp for only one week- lead to decreased diffusion of vital intraarticularly injected methylenblue. After 8 weeks also definite histological signs of cartilage degeneration appeared. The pathogenesis of these findings is being discussed under consideration of other joint changes – hemarthrosis and synovitis – with secondary capsular fibrosis.

R e f e r e n c e s

BENNINGHOFF, A.: Form und Bau der Gelenkknorpel in ihren Beziehungen zur Funktion. Erste Mitteilung: Die modellierenden und formerhaltenden Faktoren des Knorpelreliefs. Z. Anat. Entwicklungsgesch.
76, 43 (1925).
CARLSON, H.: Reactions of rabbit patellary cartilage following operative defects. A morphological and autoradiographic study. Acta Orthop.
Scand., Suppl. 28 (1957).
COTTA, H.: Elektronenoptische Untersuchungen an der Gelenkkapsel und
ihre Bedeutung für die morphologisch-funktionelle Einheit des Ge-
lenkes. Arch. orthop. Unfall-Chir. 54, 443 (1962).
DETTMER, N.; COTTA, H.: Form- und Funktionsprobleme an der menschli-
chen Gelenkkapsel unter normalen und pathologischen Bedingungen.
Arch. orthop. Unfall-Chir. 61, 1o4-122 (1967).
DUSTMANN, H.O.; PUHL, W.; SCHULITZ, K.P.: Knorpelveränderungen beim
Hämarthros unter besonderer Berücksichtigung der Ruhigstellung.
Arch. orthop. Unfall-Chir. 71, 148 (1971).
EKHOLM, R.: Articular cartilage nutrition. How radioactive gold
reaches the cartilage in rabbit knee joints. Acta anat. 11, Suppl.
15 (1951).
FICK, R.: Handbuch der Anatomie und Mechanik der Gelenke unter Berück-
sichtigung der bewegenden Muskeln.
  II. Teil: Allgemeine Gelenk- und Muskelmechanik (1910)
Jena: Fischer
GUICCIARDI, E.; LITTLE, K.: Some observations on the effects of blood
and a fibrinolytic enzyme on articular cartilage in the rabbit.
J. Bone Jt Surg. 49-B, 343-35o (1967).
GUICCIARDI, E.; MANENTI, W.: Effetti del sangue sulla cartilagine
articolare del ginocchio di coniglio. Studio sperimentale. Min.
Ortop. 19, 16-2o (1968).
HACKENBROCH, M.H.: Die Wirkung der dosierten Distraktion auf das El-
lenbogengelenk des Kaninchens. Habilitationsschrift München 1973.
HACKENBROCH, M.H.; SPRINGER, H.-H.: Tierexperimentelle Untersuchungen
zur Frage der Reversibilität distraktionsbedingter Gelenkverände-
rungen. Z. Orthop. 112, 14o-15o (1974).
HOAGLUND, F.T.: Experimental hemarthrosis. The response of canine
knees to injections of autologous blood. J. Bone Jt Surg. 49-A,
285-298 (1967).
INGELMARK, B.E.; SÄÄF, J.: Uber die Ernährung des Gelenkknorpels und
die Bildung der Gelenkflüssigkeit unter verschiedenen funktionellen Verhältnissen. Acta Orthop. Scand. 17, 3o3-357 (1948).
KANTOR, T.G.; SCHUBERT, M.: The difference in permeability of cartilage to cationic and anionic dyes. J. Histochem. Cytochem. 5, 28-
32 (1957).
KUMMER, B.: Grundlagen der Biomechanik des menschlichen Stütz- und
Bewegungsapparates. IX. Congr. Soc. Int. Chir. Orthop. Traum.,
Wien 1963. Vol. 2, 65-68 (1965).
LINN, F.C.; SOKOLOFF, L.: Movement and composition of interstitial
fluid of cartilage. Arthr. Rheum. 8, 481-494 (1965).
MAROUDAS, A.: Physicochemical properties of cartilage in the light
of ion exchange theory. Biophys. J. 8, 575-595 (1968).
MAROUDAS, A.; BULLOUG, P.; SWANSON, S.A.V.; FREEMAN, M.A.R.: The
permeability of articular cartilage. J. Bone Jt Surg. 5o-B, 166-
177 (1968).
MAROUDAS, A.; MUIR, H.; WINGHAM, J.: The correlation of fixed negative charge with glycosaminoglycan content of human articular cartilage. Biochim. Biophys. Acta 177, 492-5oo (1969).
MATTHEWS, B.F.: Collagen/chondroitin sulphate ratio of human articular cartilage related to function. Brit. med. J. 295, 1295-(1952).

OTTE, P.: The bone-cartilage border as a steady state phenomenon.
Abstracta XII. Congress Rheum. Internat. Praga 1969.
PAUWELS, F.: Eine neue Theorie über den Einfluss mechanischer Reize
auf die Differenzierung der Stützgewebe. Zehnter Beitrag zur funktionellen Anatomie und kausalen Morphologie des Stützapparates. Z.
Anat. Entwicklungsgesch. 121, 478-515 (196o).
PUHL, W.; DUSTMANN, H.O.: Der Einfluss intraarticulärer Trasylolinjektionen beim Hämarthros. Tierexperimentelle Untersuchungen. Z.
Orthop. 11o, 42 (1972).
PUHL, W.; DUSTMANN, H.O.; SCHULITZ, K.-P.: Knorpelveränderungen bei
experimentellem Hämarthros. Z. Orthop. 1o9, 475 (1971).
RODNAN, G.P.: Arthritis associated with disorders of hemopoiesis
and blood coagulation. In: Arthritis and allied conditions. A
textbook of Rheumatology. S. 1o93. Ed.: J.L. HOLLANDER, London:
Kimpton 1966.
ROY, S.: Ultrastructure of articular cartilage in experimental haemarthrosis. Arch. Path. 86, 69-76 (1968).
YANNAS, I.V.: Involvement of articular cartilage in a linear relaxation process during walking. Nature (Lond.) 227, 1358 (197o).

Zusammenfassung der Diskussion zu XI

Nach Kummer scheinen die Reaktionen des Gelenkknorpels auf Kompression
in den Beobachtungen von Walcher gegen die Theorie von Krompecher zu
sprechen. Walcher hält aber auch in diesem Versuchsansatz hydrostatischen
Druck für den wirksamen mechanischen Faktor. Die Gelenkkörper platten sich
im Verlauf des Experimentes unter dem Druck ab.

Wright stört an dem Modell einer experimentellen Arthrose am Hund von Muir
die starke entzündliche Reaktion nach Durchschneidung der Kreuzbänder des
Kniegelenks. Der Vorteil des Modells ist nach Muir, dass die Knorpel-
schädigungen an den gleichen Stellen auftreten wie bei der natürlichen Arthrose.
Die entstehenden Proteoglycane enthalten weniger Keratansulphat. Dieses
Keratansulphat ist vielleicht ein neuer Typ, der unter pathologischen Bedingungen synthetisiert wird. Muir führt die Veränderungen der Proteoglycane
auf eine veränderte Synthese und nicht auf den Abbau von Proteoglycanen zurück.

Hackenbroch erläutert auf eine Frage von Radin, dass er eine auf 4-8 Wochen begrenzte dauernde Kompression oder Distraktion in seinen Experimenten benutzte, also eine statische dynamische Belastung. Intraartikuläre Druckmessungen wurden nicht gemacht. Deswegen kann die Frage von Kummer
nicht beantwortet werden, ob bei Distraktion negative Drucke auftreten.
Röntgenologisch verbreitert sich der Gelenkspalt. Radin bezweifelt, ob die in
experimentellen Modellen veränderten mechanischen Bedingungen mit ihren
Rückwirkungen auf den Stoffwechsel der Chondrocyten mit denen vergleichbar
sind, die bei Arthrose oder Arthritis des Menschen auftreten.

Nach Greiling hemmen die Erythrocyten im Hämarthros den oxydativen Stoffwechsel des Knorpels, z.B. wenn durch Abbau der Erythrocyten Bilirubin
entsteht. Das kann zur Knorpelzerstörung führen. Für die Entstehung von
Arthrosen oder arthritischen Gelenkzerstörungen spielt das keine Rolle, weil
die Menge der dabei auftretenden Erythrocyten gering ist. Für die experimentellen Schäden möchte Hackenbroch diesen Faktor aber berücksichtigen.

XII. Gelenkschmierung/Joint Lubrication

A. Unsworth

For a number of years there has been some dispute about the
lubrication mechanisms which exist in human joints. Some workers claim
that boundary lubrication (Jones, 1934. Charnley 1959, 1960. Linn and
Radin 1968.) is the main mechanism, while others say that fluid film
lubrication is more important (MacConaill, 1932. McCutchen 1962.
Dintenfass 1963. Dowson 1966. Tanner 1966).

Before discussing the merits of these suggestions we ought to examine
some physical characteristics of these types of lubrication.

Boundary Lubrication.

FIGURE 1.

Figure 1 shows diagramatically how polar active long chain
modecules may attach to surfaces which are sliding over one another and
provide a low shear strength layer to reduce the friction caused by
sliding. These adsorbed layers protect the surfaces as well as reduce
the friction.

They behave like solids in terms of their frictional response to
sliding in that they exhibit a constant coefficient of friction no
matter what the sliding speed.

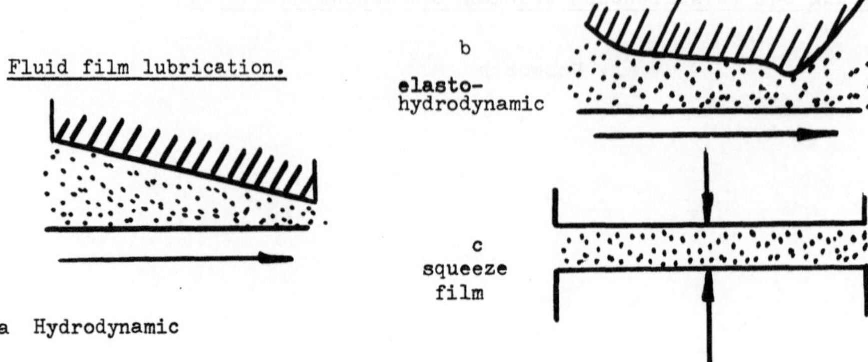

FIGURE. 2.

Figure 2 shows 3 types of fluid film lubrication. The first two
are self generating types of fluid film whilst the third is a squeeze
film lubrication. However the essential feature is that the opposing
surfaces are completely separated by a fluid film. This eliminates
wear and reduces friction.

a)   <u>Hydrodynamic lubrication</u>

To produce this type of lubrication it is necessary that one surface
be inclined to the other and that one surface is sliding in such a
way as to cause fluid to enter the converging wedge so formed. This
would cause the fluid film to generate a pressure which can support
a load (Reynolds, 1886). The thickness of the fluid film so formed
depends on the viscosity of the lubricant and the speed of sliding
of the surfaces.

b)   <u>Elasto-hydrodynamic lubrication</u>

This can be considered as an extension of hydrodynamic lubrication.
The same conditions have to be fulfilled the only difference is that
the boundary surfaces are allowed to deform, as in real human joints,
and this modifies the film shape and gives a thicker fluid film for
the same fluid, load and sliding speed.

c)   <u>Squeeze film lubrication</u>

In this case it is not necessary to have the surfaces sliding one over
the other. Here the important feature is a changing load. Consider
two plates separated by a fluid. If we put a load onto one of the
plates, retaining the other stationery, the fluid will start to squeeze
out but due to the viscosity this will take some finite time.

This process takes place every time the load changes and so squeeze
film action can act as a powerful buffer against surface contact even
though this only lasts for short periods of time at once.

Squeeze films are important therefore under conditions of fluctuating
loads.

Pendulum Machines

In the past pendulum machines have been used by several people
(Charnley 1959, Little et al, 1969) to determine what type of lubrication
was present in human joints. These workers measured amplitude of motion
or a derivative of this against time to show that the decay in amplitude
was linear. This they said proved that boundary lubrication was the
important mode of operation.

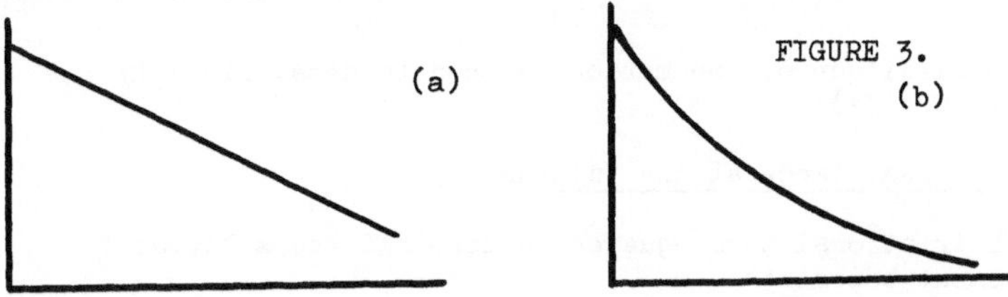

Figure 3 shows why this should be. Theoretically a linear decay indicates
independance of friction on sliding velocity. (see Figure 3a), while an
exponential decay suggests fluid damping and hence fluid film lubrication
(see Figure 3b).

__Theory__. Consider the pendulum shown in Figure 4.

The mass "m" of the pendulum can be considered to be concentrated at
a radius "R" from the fulcrum whilst the angular displacement Θ is
measured from the vertical line shown. If we assume that at the fulcrum
of such a pendulum, a viscous and a coulomb resistance exist then the
equation of motion governing this situation becomes:-

$$mR\frac{2d^2\Theta}{dt^2} \;-\; f\frac{d\Theta}{dt} \;-\; mRg\Theta \;\pm\; k \;=\; 0 \quad \text{(for small angles } \Theta)$$

    f is the viscous damping coefficient

    k is a constant coulomb frictional torque

and g is gravitational acceleration.

If we wish to obtain a relationship between the angular displacement
"Θ" and time "t", then for different conditions we obtain the following
solutions:-

1.   __No frictional resistance (ideal)__

Here the viscous frictional term ($f\frac{d\Theta}{dt}$)   and the coulomb frictional
term (k) both reduce to zero and a solution of the remaining equation
becomes:-

$$\Theta = \Theta_1 \cos \omega t$$

where $\omega = \frac{g}{R}$ and Θ_1 is the initial amplitude

This of course is simple harmonic motion and the decay in amplitude is
zero.

2. <u>Coulomb frictional resistance at the fulcrum</u>

In this case the viscous term only, equates to zero and the resulting solution for displacement becomes:-

$$\Theta = \left(\Theta_1 - \frac{Y}{\omega^2}\right) \cos. \omega t \pm \frac{Y}{\omega^2}$$ (This must be applied in periods of π only)

where $Y = \dfrac{k}{mR^2}$

In this case the amplitude of the motion is seen to decay linearly with time (see Figure 3a)

3. <u>Viscous frictional resistance at the fulcrum</u>

Here the coulomb frictional term equates to zero and the solution for angular displacement becomes:-

$$\Theta = \Theta_1 \exp^{-\frac{at}{2}} \cos \sqrt{\omega^2 - (a/2)^2} \; t \qquad \underline{\hspace{3cm}} 1$$

where $a = \dfrac{f}{mR^2}$

Hence the amplitude reduces exponentially with time (Figure 3b)

It can be seen, therefore, that the nature of the resulting relationship between amplitude and time will in principle predict whether a joint possesses the properties of viscous frictional resistance, coulomb (or dry) friction or no friction at all.

It is, however, worth pursuing the analysis further, particularly in the case of a fulcrum damped by viscous forces.

Remembering that $a = \dfrac{f}{mR^2}$ with a knowledge of "f", an order of magnitude for "a" can be obtained.

<u>Estimation of "f"</u>

Assume a hemispherical seat of radius "r" and a ball separated from each other by a thin film of lubricant of viscosity "η". This film may be assumed to be parallel throughout the head and of very small proportion "h".

Then by calculating the viscous resistance offered by a sliding velocity (angular) of $\dfrac{d\Theta}{dt}$ we can obtain:-

$$f = \frac{4\eta r^4 \eta}{3h}$$

$$\text{Therefore} \quad a = \frac{4\pi\eta r^4}{3hmR^2} \qquad \underline{\hspace{3cm}} 2$$

Consider now the values for the parameters in equation 2.
r, the radius of a normal head, say 20 mm.
R, the radius of the pendulum machine from the fulcrum to the mass 500 mm.
η, the viscosity of the fluid separating the ball and socket.   0.020 Ns/m^2

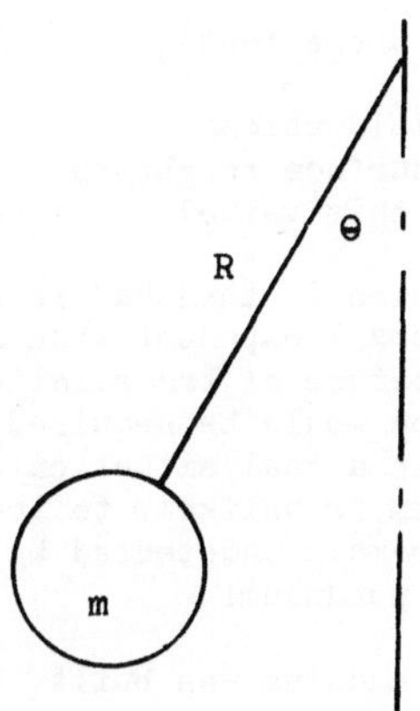

<u>FIGURE 4.</u>

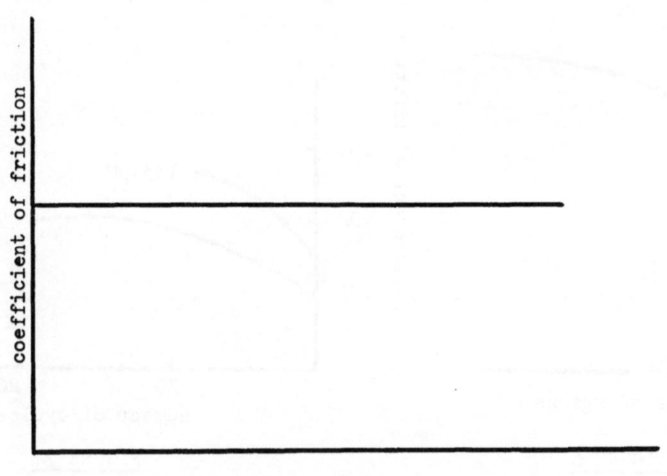

<u>FIGURE 5.</u>

    m, the mass of the pendulum in these tests,   15-150 kg.

    h, the film thickness of the fluid which
       cannot be smaller than the surface roughness
       of the femoral head (assume this value)   2.5μm.

When these are substituted into equation 2, then "a" is seen to be
of the order of $10^{-3} - 10^{-4}$. This very small exponent when included in
equation 1 implies that the exponential nature of the relationship is so
slight that very sensitive instrumentation would be required for its
measurement. Add to this the fact that in a real situation using a natural
joint in a pendulum machine, one mechanism is unlikely to act in isolation,
any viscous action might be expected to remain undetected by systems
which measure amplitude of motion of the pendulum.

Recognising these limitations a new pendulum was built, but in this
model the frictional torque within the hip joint was measured directly,
using a special sensing head device.

Results from the Leeds Pendulum.

Since the pendulum measured the frictional torque directly, the
expected results for a joint which is boundary lubricated is shown in
Figure 5.

If fluid film lubrication (both self generated and squeeze film) is
present then we would expect a graph like Figure 6. This is due to the
change in fluid film thickness with sliding speed (i.e. as the pendulum
comes to rest)

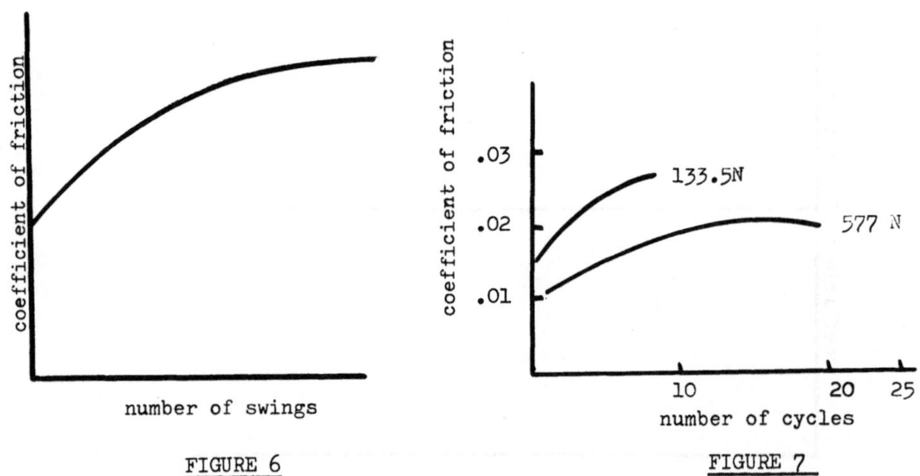

FIGURE 6   FIGURE 7

If we look at Figure 7. we see the graph obtained for a natural joint
when lubricated with synovial fluid using a suddenly applied load (as would
occur in normal walking). The graphs are seen to indicate fluid film
lubrication. When all the synovial fluid was wiped away the results were
as in Figure 8. Clearly some change to boundary lubrication had taken place
as might be expected since the joint was dry.

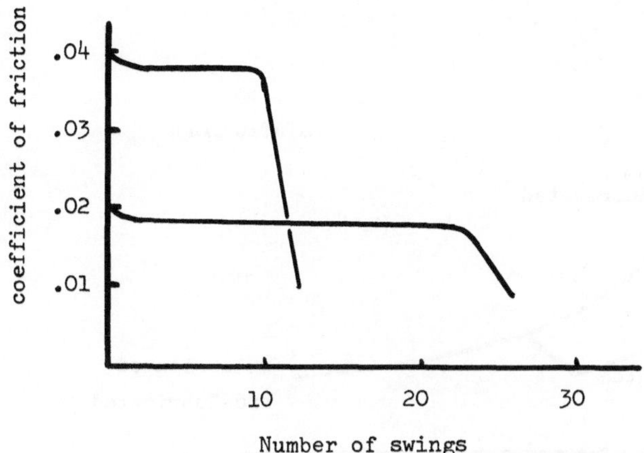

FIGURE 8

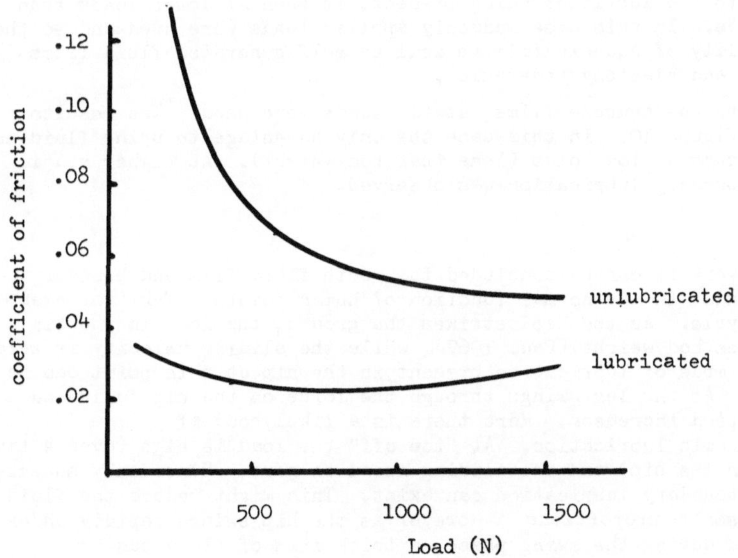

FIGURE 9   Suddenly Applied loads

When the coefficient of friction was plotted against load (for suddenly
applied loads), the graphs were as shown in Figure 9.

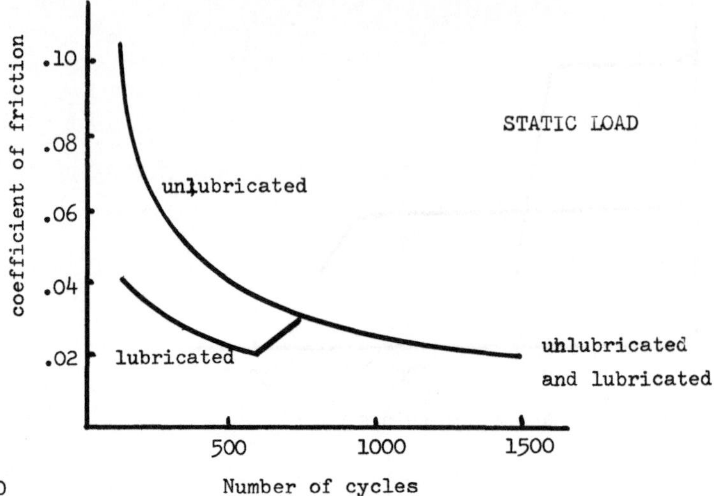

FIGURE 10

Here the unlubricated curve shows higher friction than the lubricated
curve throughout the range of loads. However much greater reduction in
friction due to the lubricant being present, is seen at lower loads than
at higher loads. In this case suddenly applied loads were used and so there
was a possibility of squeeze film as well as self generated fluid films
(hydrodynamic and elastohydrodynamic).

To eliminate the squeeze films, static loads were used. The results
are shown in Figure 10. In this case the only advantage to using fluid as a
lubricant, occurs at low loads (less than bodyweight). At higher static
loads, only boundary lubrication was observed.

Conclusions.

From this work it can be concluded that both fluid film and boundary
lubrication exist in the normal function of human joints. Take for example
the walking cycle. As the heel strikes the ground, the load in the hip
is over 3 times bodyweight (Paul 1967), while the sliding velocity is zero.
Thus the only mode of lubrication present in the hip at this point can be
squeeze film. As the leg swings through the force on the hip falls and
the sliding speed increases. Here there is a likelyhood of
elastohydrodynamic lubrication. At "toe off" the load is high (over 4 times
body weight in the hip) and the sliding speed is zero. Hence only squeeze
and possibly boundary lubrication can exist. This might reduce the fluid
film to very small proportions However as the hip swings rapidly under
the light load during the swing phase, a thick film of fluid can be
established by hydrodynamic action, in readiness to start the whole
process once again.

The real importance of boundary lubrication is in providing low frictional
torques on starting to move after long periods of time under load. Thereby
protecting the cartilage surfaces. Whereas in normal activities, human
joints always have a cyclic loading and pattern of motion which lends itself
to the sequence already mentioned.

REFERENCES

Charnley, J. (1959)
The lubrication of animal joints, Symp. on Biomechanics Inst. Mech. Engrs., London.12.

Dintenfass,L.(1963)
Lubrication in synovial joints: a theoretical analysis - a rheological approach to the problems of joint movements and joint lubrication. J. Bone Jt. Surg. 45A, 1241.

Dowson, D. (1966)
Modes of lubrication in human joints, Proc. Inst. Mech Engrs. 181, Pt. 3, 45.

Jones, E.S. (1934)
Joint Lubrication, Lancet, 1, 1426.

Linn, R.C., &
Radin, E.C., (1968)
Lubrication of animal joints, III - the effect of certain chemical alteration of the cartilage and lubricant, Arthritis and Rheumatism, 11, 674.

Little, T.,
Freeman, M., &
Swanson, S.A.V., (1969)
Experiments on friction in the human hip joint, Lubrication and wear in joints, Ed.V. Wright, Sector Pub. Inc., 110

McCutchen, C.W. (1962)
The frictional properties of animal joints, Wear, 5, 1.

MacConaill, M.A. (1932)
Function of intra-articular fibrocartilages with special reference to the knee and inferior radioulner joints, J. Anat., 66, 210.

Reynolds, O. (1886)
On the theory of lubrication and its application to Mr.Beauchamp Towers experiments, Phil.Trans.Roy. Soc., 177, 157.

Tanner, R.I. (1966)
An alternative mechanism for the lubrication of synovial joints, Phys. Med. Biol., 11, 119.

<u>Biotribologie - Analogien zwischen Medizin und Technik</u>

Wilfried J. Bartz

1. <u>Einführung</u>

Ein großer Teil der Referate dieser Konferenz befaßte sich mit den Gelenken, die als Diskontinuitäten im Körperbau die Aufgaben der Kraftübertragung und der Ermöglichung von Bewegungsabläufen zu erfüllen haben. Ausgehend von den Erkrankungen oder Veränderungen an einzelnen Elementen des Gesamtsystems eines Gelenks wurden die verschiedenen medizinischen, biologischen und technischen Möglichkeiten zum Beheben der augenfälligsten Beschwerden und zur Wiederherstellung der grundsätzlichen Funktionsfähigkeit diskutiert. Elemente zur Kraftübertragung und zur Verwirklichung von Bewegungsabläufen sind im Bereich der Technik weit verbreitet und werden den Maschinenelementen zugeordnet. Die Gesetzmäßigkeiten ihrer Funktion und ihrer Gebrauchsdauer gehören in das Fachgebiet der Tribologie, das die Reibung und ihre Wirkungen behandelt. Ganz analog hat sich für den Bereich der Medizin, u.a. zur Beschreibung der Vorgänge in Gelenken, der Begriff Biotribologie durchgesetzt. Hierbei handelt es sich um ein interdisziplinäres Fachgebiet, in dessen Rahmen Gesetzmäßigkeiten der Medizin, der Biologie und der Physik (Mechanik und Technik) verzahnt sind.

Durch Definition und Deutung tribologischer Phänomene ist somit das Auffinden von Analogien zwischen Medizin und Technik nicht nur möglich, sondern auch sinnvoll. Unter dem Blickwinkel einer ingenieurmäßigen Betrachtungsweise soll daher versucht werden, durch Deutung bestimmter Erscheinungen und Ergebnisse einige Erkenntnisse aufzuzeigen und zusammenfassend darzustellen.

2. Reibungs- und Schmierungszustände in der Technik

In stark vereinfachender Darstellung zeigt Bild 1 ein Gelenk, das technisch gesehen aus zwei von einer nachgiebigen Schicht (Knorpel) bedeckten Festkörpern (Knochen) besteht, zwischen denen sich eine Flüssigkeit (Synovialflüssigkeit) befindet, die die Festkörper mehr oder weniger vollständig trennt. Das Gesamtsystem ist nach außen abgedichtet (Gelenkhaut).

2.1. <u>Definition der Reibungs- und Schmierungszustände</u>

Die wichtigsten in der Technik vorkommenden Reibungs- und Schmierungszustände sind in Bild 2 zusammengestellt. Sie stellen sich bei ungeschmierten oder geschmierten Kontakten zwischen relativ zueinander bewegten Festkörperoberflächen ein. Die vom Zustand der Trockenreibung über die Grenzreibung und die Mischreibung zur Flüssigkeitsreibung abnehmenden Werte für Reibung und Verschleiß sind durch die in gleicher Reihenfolge abnehmenden Festkörperkontakte und zunehmenden Bereiche von Flüssigkeitsreibung bedingt. Im Zustand der Flüssigkeitsreibung wird der Reibungsprozeß aus der Kontaktebene zweier Festkörper in eine Flüssigkeitsschicht verlegt. Die Reibung ist entsprechend niedrig und der Abrieb gleich Null.

Für den Bereich der Flüssigkeitsreibung muß eine die Festkörper trennende Substanz einen unter Druck stehenden Tragfilm ausbilden. Die Reibung bei diesem Zustand ist niedrig, während der Verschleiß gleich Null ist.

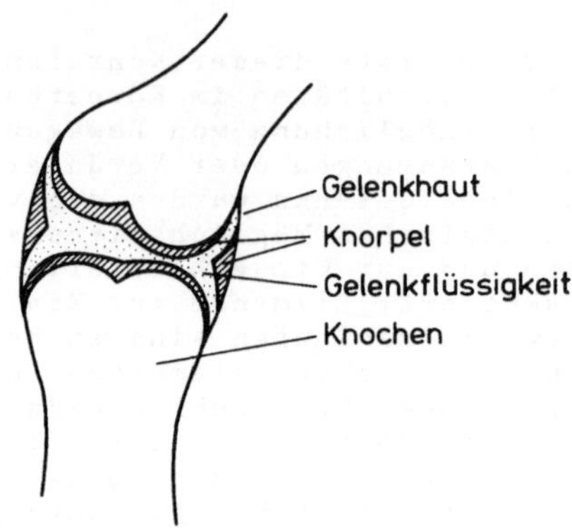

Bild 1: Gelenk in stark vereinfachter, schematischer Darstellung

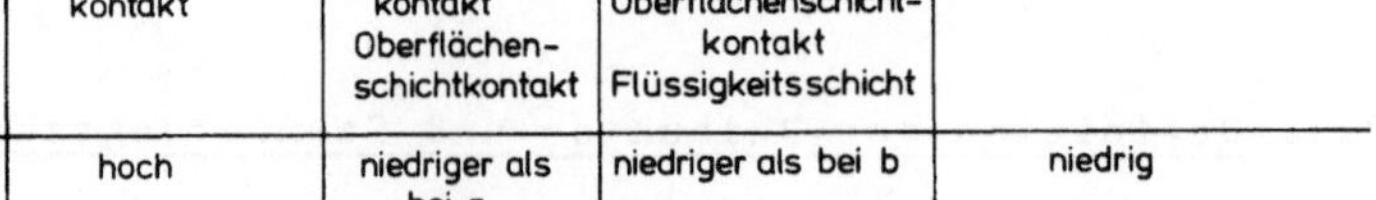

	a	b	c	d
	Trockenreibung	Grenzreibung	Mischreibung Mischschmierung	Flüssigkeitsreibung Flüssigkeitsschmierung
	Festkörperkontakt	Festkörperkontakt Oberflächenschichtkontakt	Festkörperkontakt Oberflächenschichtkontakt Flüssigkeitsschicht	Flüssigkeitsschicht
Reibung	hoch	niedriger als bei a	niedriger als bei b	niedrig
Verschleiß	hoch	niedriger als bei a	niedriger als bei b	kein Verschleiß

//// Grundmaterial   ≣ unter Druck stehender Flüssigkeitsfilm

——— physikalische und/oder chemische Grenzschicht

Bild 2: Reibungs- und Schmierungszustände (der Technik)

2.2. Voraussetzung zur hydrodynamischen Druckbildung

Ohne auf die mathematischen Gesetzmäßigkeiten näher einzugehen, sollen
die Einflußfaktoren für den Aufbau eines unter Druck stehenden Tragfilms
kurz diskutiert werden. Dabei wird von hydrodynamischer Druckbildung
gesprochen, wenn die Druckerzeugung innerhalb der Reibstelle erfolgt;
und nur dieser Vorgang ist für eine Analogie zwischen Medizin und Technik
von besonderem Interesse.

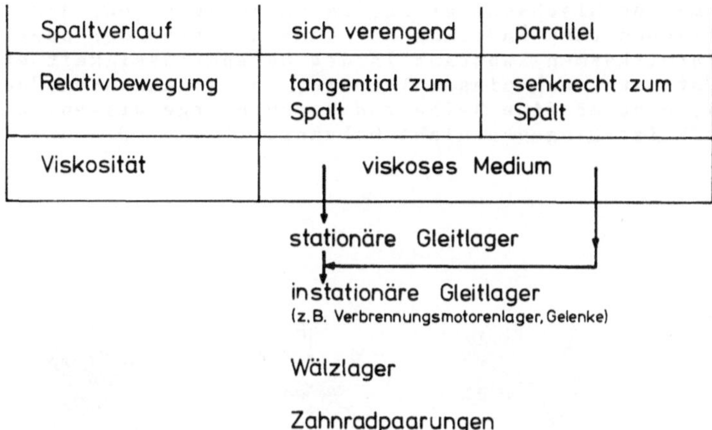

Bild 3: Voraussetzungen zur hydrodynamischen Druckbildung

Wie Bild 3 zeigt, sind ein bestimmter Spaltverlauf und eine Relativbe-
wegung zwischen den Reibflächen sowie ein viskoses Medium für den Aufbau eines Drucks notwendig. Am weitesten verbreitet ist die Anordnung
eines sich verengenden Spaltes kombiniert mit einer Tangentialbewegung.
Um auch bei Parallelspalten eine Druckerzeugung zu erhalten, muß eine
Hubbewegung gegeben sein. Dieser Vorgang spielt bei instationär belasteten Reibpartnern, zu denen auch die biologischen Gelenke gehören, bei
der Erzeugung eines zusätzlichen Druckes im dazwischen befindlichen
Medium eine wichtige Rolle.

3. Mechanismen der Tragdruckbildung in technischen und biologischen Reibstellen

3.1. Einzeleffekte der Gelenkschmierung

Der gesamte Schmierungsvorgang in Gelenken dürfte durch die Kombination
einer Reihe von Einzeleffekten gekennzeichnet sein, die in Bild 4 schematisch dargestellt wurden. Gegeben ist durch die geometrische Form
der Oberflächen der Gelenkglieder in jedem Fall ein sich verengender
Spalt.

Infolge der Funktionsbewegung eines Gelenkes kann beim Anliegen einer
Normalkraft eine Tangentialbewegung vorausgesetzt werden, die durch den

sogenannten Keileffekt einen Druck innerhalb der Synovialflüssigkeit erzeugt. Dieser Druck wird durch den sogenannten Quetscheffekt noch erhöht, wenn, durch die Normalkraft bedingt, sich der Spalt zwischen den Reibpartnern verengt, also der Tangentialbewegung eine Hubbewegung überlagert ist. Die Analogie der Vorgänge im Bereich biologischer Mechanismen und technischer Maschinenelemente ist eindeutig.

Die Oberflächen der Gelenkkomponenten (Knorpel) sind porös, so daß Flüssigkeit eindringen und bei Bedarf wieder in den Spalt hervortreten kann. Dieser Vorgang wird im Bereich der Technik als Depotschmierung bezeichnet und zur Lebensdauerschmierung abgedichteter Reibstellen herangezogen.

Zur Deutung der niedrigen Reibung in Gelenken wird auch oft, unter der Annahme von Mischschmierung, davon ausgegangen, daß in der Nähe der Oberflächen eine Änderung der Konzentration der oberflächen- und damit schmierwirksamen Substanz in der Gelenkflüssigkeit erfolgt. Auch für die Unterstützung dieser Theorie, der sogenannten "boosted" Schmierung (1-4), gibt es eine Reihe von Versuchsergebnissen. Eine Analogie zur Technik ist hingegen nicht bekannt.

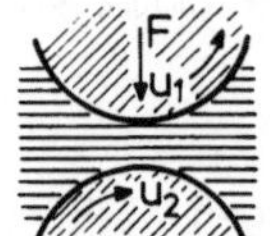
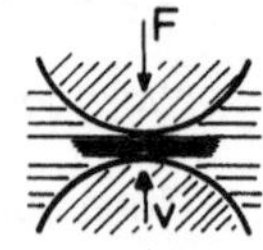

d „boosted" Schmierung	–	Depotschmierung mit zusätzlichen Konzentrationseffekten innerhalb der Flüssigkeit
a, b und c	–	Analogien zwischen technischen und biologischen Reibstellen vorhanden
d	–	Keine Analogie im Bereich technischer Reibstellen bekannt

Bild 4: Mechanismen der Druckbildung in technischen und biologischen Reibstellen

3.2. Systematik der Druckbildung innerhalb der Reibstelle

Anhand von Bild 5 soll versucht werden, den Mechanismus der Druckbildung innerhalb eines Mediums zu erklären, das sich zwischen den Reibpartnern befindet.

Unter der Voraussetzung starrer Oberflächen und der Verwendung einer newtonschen Flüssigkeit, deren Viskosität ausschließlich von der Temperatur abhängt, ergibt sich ein Vorgang, der als Hydrodynamik bekannt ist. Er wird als Elastohydrodynamik gekennzeichnet, wenn das reale elastische Verhalten der Oberflächen technischer und biologischer Materialien berücksichtigt und darüber hinaus die Abhängigkeit der Viskosität vom Druck einbezogen wird. Doch zeigt das Medium zwischen den Oberflächen der Reibpartner nach wie vor newtonsches Fließverhalten.

Der Vorgang wird zur Rheodynamik, wenn nichtnewtonsche Substanzen als Schmiermittel eingesetzt werden, deren Viskosität außer von der Temperatur und vom Druck noch vom Geschwindigkeitsgefälle und von der Zeit abhängt. Der Einfachheit halber werden die Oberflächen als starr angenommen. Das Verhalten realer Werkstoffe ist jedoch durch elastisches Ausweichen bei Beanspruchung gekennzeichnet, bei dessen Berücksichtigung der Mechanismus der Druckbildung zur Elastorheodynamik wird, wenn wieder nichtnewtonsche Substanzen als Schmierstoffe vorgegeben werden.

Starre Oberflächen	Newtonsche Flüssigkeiten Viskosität = f (Temperatur)	Hydrodynamik
Elastische Oberflächen	Newtonsche Flüssigkeiten Viskosität = f (Druck, Temperatur)	Elasto- hydrodynamik
Starre Oberflächen	Nicht-Newtonsche Substanzen Viskosität = f (Temperatur, Druck, Schergefälle, Zeit)	Rheodynamik
Elastische Oberflächen	Nicht-Newtonsche Substanzen Viskosität = f (Temperatur, Druck, Schergefälle, Zeit)	Elasto- rheodynamik

Bild 5: Druckbildung innerhalb Reibstelle
(Oberfläche und Zwischenmedium)

3.3. Druckbildung in biologischen Gelenken

Die mögliche Entstehung eines für die Übertragung der anliegenden Kräfte ausreichenden Druckes innerhalb der Synovialflüssigkeit von biologischen Gelenken soll anhand der schematischen Darstellung in Bild 6 erläutert werden (1,5,6).

Eine Druckerzeugung ist zu einem geringeren Anteil durch den sogenannten Keileffekt (siehe Bild 6a) zu erwarten, während infolge des sogenannten Quetscheffektes die bedeutendere Druckentwicklung entstehen dürfte (siehe Bild 6b). Dabei wurden zunächst durch Vernachlässigen des realen Verhaltens der Gelenkelemente rein hydrodynamische Vorgänge in Ansatz gebracht, die dann zu relativ hohen Drücken innerhalb der Synovialflüssigkeit führen würden. Tatsächlich werden sich aber zumindest die Knorpelschichten, wahrscheinlich aber sogar auch die oberen Zonen der Knochen unter diesen hohen Drücken elastisch verformen und ausweichen. Damit erfolgt der Übergang zur elastorheodynamischen Schmierung, weil die Synovialflüssigkeit als eine nichtnewtonsche Substanz anzusehen ist, wie noch näher erläutert wird. Das elastische Ausweichen der Reibflächen innerhalb eines Gelenkes zieht somit die beiden folgenden Effekte nach sich. Einmal wird der hohe Flüssigkeitsdruck wieder abgebaut, weil die

tragende Fläche größer wird (siehe Bild 6c), und zum anderen stellt sich
ein Gleichgewicht zwischen zu übertragender Kraft und verbleibendem
Spalt zwischen den Knorpeloberflächen ein. Der Spalt wird somit auch
bei hohen Gelenkbelastungen nicht gleich Null, wodurch die reibungsarme
Funktion biologischer Gelenke bei allen Belastungszuständen weitgehend
erklärt werden kann.

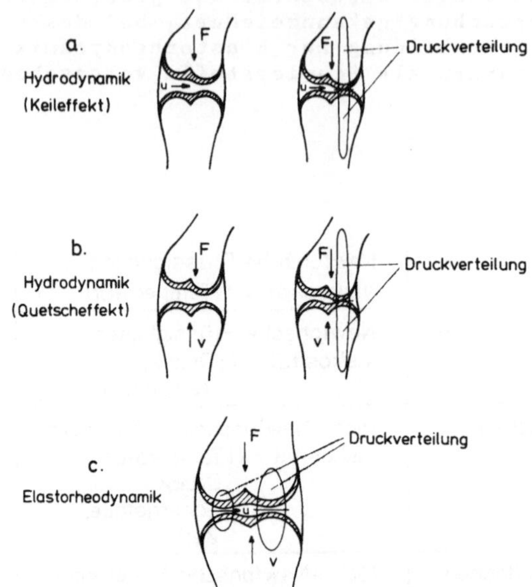

**Bild 6: Mögliche Analogien der Tragfilmbildung
in Gelenken zu technischen Reibstellen**

4. Rheologische Eigenschaften der Synovialflüssigkeit

Es soll darauf verzichtet werden, im Rahmen dieses Übersichtsaufsatzes
auf Einzelheiten der Eigenschaften von Synovialflüssigkeiten einzugehen.
Dazu sei auf die einschlägige Literatur verwiesen (6-9). Es erscheint
zur Untermauerung der diskutierten Zusammenhänge jedoch als notwendig,
die wichtigsten rheologischen Eigenschaften von Synovialflüssigkeiten
kurz zu erläutern (Bild 7), um die Bedeutung der als Elastorheodynamik
bezeichneten Schmierungsvorgänge in biologischen Gelenken besser würdi-
gen zu können.

Zur Angabe der Viskosität von Synovialflüssigkeiten ist stets die Nennung
des Geschwindigkeitsgefälles erforderlich, bei der sie gemessen wurde,
da es sich um nichtnewtonsche Substanzen handelt. Unstimmigkeiten und
abweichende Viskositätswerte in der Literatur sind auf diesen Faktor
zurückzuführen.

Weiter ist zu beachten, daß Synovialflüssigkeiten strukturviskoses Fließverhalten zeigen, d.h. daß ihre scheinbare Viskosität mit steigendem
Geschwindigkeitsgefälle kleiner wird. Überlagert ist diesem Effekt in
der Regel rheopektisches Verhalten, das durch einen Viskositätsanstieg
mit zunehmender Dauer einer konstanten Scherbeanspruchung gekennzeichnet
ist.

Darüber hinaus zeigen Synovialflüssigkeiten gewisse elastische Eigenschaften, die sich in einem Rückgängigmachen einer Formänderung nach

dem Abbau der sie verursachenden äußeren Belastung auswirken. Oft sind
darüber hinaus die Fließeigenschaften solcher Flüssigkeiten noch durch
den sogenannten Weissenbergeffekt gekennzeichnet, der sich in der Entwicklung von Kräften normal (senkrecht) zur Bewegungsebene auswirkt.

Viskosität	etwa 10 - 60 cP ($D \approx 10\,s^{-1}$) bis etwa 5 - 10 cP ($D \approx 1200\,s^{-1}$)
Strukturviskoses Verhalten	abnehmende Viskosität mit zunehmendem Geschwindigkeitsgefälle
Rheopektisches Verhalten	zunehmende Viskosität bei andauernder Scherbeanspruchung
Elastisches Verhalten	Rückgängigmachen einer Formänderung nach Abbau der sie verursachenden äußeren Belastung
Weissenberg-Effekt	Entwicklung von Kräften senkrecht zur Bewegungsebene

Bild 7: Wichtigste Eigenschaften der Gelenkflüssigkeit
(tribologisch)

5. Kraftübertragung und Reibung in biologischen Gelenken

Die bisherige Diskussion der grundlegenden Zusammenhänge zwischen den
auf ein Gelenk einwirkenden Beanspruchungen (Kräfte und Bewegungen)
sowie dem Verhalten der am Reibvorgang beteiligten Partner (Synovialflüssigkeit und Knorpel-/Knochenoberfläche) ermöglichen es, die Bedeutung der beteiligten Einflüsse auf den Schmierungszustand in biologischen Gelenken sowie die Auswirkungen auf die Reibung abzuschätzen.

5.1. Kraftübertragung und Schmierungszustände in Gelenken

Der hauptsächliche Wirkungsmechanismus bei der Kraftübertragung in biologischen Gelenken dürfte durch den Zustand der Elastorheodynamik gekennzeichnet sein (Bild 8). Außer der Quetschdruckerzeugung ist hierfür
vor allem das elastische Ausweichen der Knorpelschichten und der oberen
Knochenzonen von ausschlaggebender Bedeutung. Unterstützt wird dieser
Vorgang durch die Abhängigkeit der Viskosität der Synovialflüssigkeit
vom Geschwindigkeitsgefälle und vom Druck sowie ihr viskoelastisches
Fließverhalten.

Als Zusatzeffekte dürfte die durch Keildruckerzeugung bedingte Hydrody-
namik nur eine untergeordnete Rolle spielen, während den Einflüssen der
Depotschmierung vor allem aber der Konzentrationsänderung der Hyaluron-
säure innerhalb der Synovialflüssigkeit in der Nähe der Oberflächen der
Reibpartner eines Gelenkes, d.h. der "boosted" Schmierung, eine größere
Bedeutung zukommen könnte.

Nicht zu vernachlässigen ist der Zustand der Grenzschmierung, wobei
der Wirkungsmechanismus oberflächenaktiver Substanzen in der Synovialflüssigkeit für eine Herabsetzung der Reibung und der Verschleißprozesse
maßgebend ist.

Wahrscheinliche Haupteffekte

Elastisches Ausweichen des Knorpels

Viskosität-Geschwindigkeitsgefälle-
Abhängigkeit der Gelenkflüssigkeit

Viskosität-Druck-Abhängigkeit
der Gelenkflüssigkeit

Viskoelastizität der Gelenkflüssigkeit

Quetschdruckerzeugung

} Elastorheodynamik

Mögliche Zusatzeffekte

Keildruckerzeugung - Zusatzkraft im Bereich
der Elastorheodynamik

Depotschmierung durch die poröse Knorpeloberfläche

Konzentrationsänderung der Hyaluronsäurepolymere
in der Gelenkflüssigkeit

Grenzschmierung bei unzureichender Tragdruckbildung

**Bild 8: Tragfilmdicke der Gelenkflüssigkeit zwischen
den Knorpelschichten in den Gelenken**

5.2. Tragfilmdicke und Reibung in biologischen Gelenken

Zur Unterstützung der Aussagen über den erwarteten Schmierungsmechanismus
in biologischen Gelenken wurde auf der Grundlage von Eigenschaftswerten
für den Knorpel und die Synovialflüssigkeit die Tragfilmdicke zwischen
den Oberflächen rechnerisch abgeschätzt und zu gemessenen Reibungszahlen
ins Verhältnis gesetzt (10-13). Einige Resultate zeigt Bild 9.

Auf der Grundlage der klassischen Hydrodynamik, also unter Annahme
starrer Oberflächen und einer konstanten Viskosität ergeben sich rechnerische Filmdicken in der Größenordnung zwischen 0,01 und 0,02 um, die
unter Beachtung der realen Oberflächenrauheiten von Knorpeloberflächen,
die mehrere Größenordnungen darüber liegen, die gemessenen niedrigen
Reibungszahlen in der Größenordnung von 0,005 bis 0,025 nicht erklären
können. Im Bereich der Technik sind solche niedrigen Reibungszahlen
ausschließlich zu verwirklichen, wenn ein trennender Tragfilm zwischen
den Reibpartnern aufgebaut werden kann.

Die elastohydrodynamische Filmdickenrechnung führt demgegenüber zu Spalt-
weiten zwischen den Knorpeloberflächen in der Größenordnung zwischen 10
und 20 um, die ausreichen dürften, die Oberflächen zu trennen. Eine
Korrelation zu den niedrigen gemessenen Reibungszahlen ist daher schon
eher möglich.

Sicherlich kann eine solche rechnerische Abschätzung, für die eine Reihe
stark vereinfachender Annahmen getroffen werden mußte, keinen Anspruch
auf größtmögliche Genauigkeit erheben. Sie erscheint aber durchaus geeignet zu sein, zunächst tendenzmäßig zu bestätigen, daß die Reibungs-

und Schmierungszustände in biologischen Gelenken zu einem erheblichen Teil durch Flüssigkeitsreibung gekennzeichnet sind.

Reibungszahl in einem Gelenk	–	$\mu = F_R/F \approx 0{,}005 - 0{,}025$
Belastung eines Gelenkes	–	$F \approx 40\,kp/cm^2$ (Körpergewicht 80 kp) (bei Sprüngen ist ein Mehrfaches dieses Wertes möglich)
Gleitgeschwindigkeit	–	$u \approx 0 - 0{,}65$ m/s
Elastizitätsmodul des Knorpels	–	$E \approx 22{,}5\,kp/cm^2$
Oberflächenrauheit des Knorpels	–	$R \approx 0{,}02 - 0{,}2\,\mu m$
Filmdicke zwischen den Gelenkteilen (auf der Basis klassischer Hydrodynamik)	–	$h \approx 0{,}013\,\mu m$
Geschwindigkeitsgefälle (auf der Basis der obigen Spaltweite)	–	$D = v/h \approx 2{,}8 \cdot 10^5\,s^{-1}$
Filmdicke zwischen den Gelenkteilen (auf der Basis der Elastohydrodynamik)	–	$h \approx 16\,\mu m$

Bild 9: Kraftübertragung und Schmierungszustände in den Gelenken

6. Auswirkungen der Gelenkerkrankungen und ihre Analyse

Die Gelenkerkrankungen sind durch Schmerzen und durch Steifigkeit, d.h. durch eine mehr oder weniger ausgeprägte Funktionsuntüchtigkeit, gekennzeichnet. Diese Merkmale sind aber nur ein äußeres Kennzeichen für Veränderungen am Gelenk selbst, die biotribologisch durch eine Veränderung der Knorpeloberfläche durch Abrieb und/oder Deformation gegeben sind. Welche Mechanismen für den Gesamtprozeß der Veränderung des Knorpels vor allem durch Abrieb und Verschleiß maßgebend sind, ist noch nicht restlos geklärt. Folgende Einzeleffekte können aber diskutiert werden (Bild 10).

Einmal können sich durch eine Erkrankung die Reibungs- und Verschleißeigenschaften des Werkstoffs Knorpel nachteilig verändert haben. Dies würde sich ebenso insbesondere dann auswirken, wenn die Gesetzmäßigkeiten der Mischschmierung, gekennzeichnet durch direkte Berührung der Reibpartner, von überwiegender Bedeutung sind, wie eine zweite Erklärung, wonach sich die Eigenschaften der im Gebiet der Grenz- und Mischreibung wirksamen Oberflächenbelegung verändert haben können. Letzteres wäre durch eine durch eine Erkrankung bedingte Desorption der Hyaluronsäuremoleküle von der Knorpeloberfläche aber auch durch eine Verringerung der Konzentration der Hyaluronsäurepolymere innerhalb der Synovialflüssigkeit möglich.

Zum anderen muß aber auch die Verringerung der Tragfilmdicke zwischen den Knorpeloberflächen diskutiert werden, wodurch der Anteil der Flüssigkeitsreibung und -schmierung abnimmt, derjenige der Misch- und Grenzreibung aber zunimmt. Erhöhter Abrieb wäre die konsequente Folge. Dieser Vorgang könnte eine Folge einer Viskositätsverringerung der Synovialflüssigkeit im Krankheitsfall sein, die ihrerseits durch eine Herab-

setzung der Konzentration der Hyaluronsäurepolymere oder aber durch
einen Abbau der Makropolymere dieser Substanz hervorgerufen werden kann.
Andererseits kann aber auch eine krankhafte Verringerung der Flüssigkeitsmenge innerhalb des Gelenkes den Anteil an Oberflächenberührung
erhöhen und damit den mechanischen Abrieb der Knorpeloberflächen beschleunigen.

Nach Ansicht des Verfassers ist bislang noch nicht eindeutig geklärt
worden, ob die geschilderten Symptome einer Gelenkerkrankung ursächlich von einer Veränderung, d.h. Erkrankung, des Knorpels oder von einer
Veränderung, d.h. Erkrankung, der Synovialflüssigkeit (6,9,14) initiiert
wurden.Die Klärung dieser Zusammenhänge erscheint als dringend notwendig,
da sie mögliche Heilungs- und Abhilfemaßnahmen erleichtern könnte.

SCHMERZEN

STEIFIGKEIT

VERSCHLEISS DER KNORPELOBERFLÄCHE

> durch Veränderung der Reibungs- und Verschleißeigenschaften
> des Knorpels selbst

> durch Veränderung der Eigenschaften der bei Grenzreibung
> wirksamen Oberflächenbelegung
> durch Desorption der Hyaluronsäurepolymere
> durch Verringerung der Konzentration der Hyaluronsäurepolymere

> durch Verringerung der Tragfilmdicke zwischen den Knorpel-
> oberflächen mit erhöhtem Grenzreibungsanteil
> durch Verringerung der Viskosität der Gelenkflüssigkeit
> durch Verringerung der Konzentration der Hyaluronsäurepolymere
> durch Abbau der Makropolymere
> durch Verringerung der Gelenkflüssigkeitsmenge

Bild 10: Auswirkungen der Gelenkerkrankungen
und ihre Analyse

7. Ausblick

Für den Ingenieur ergeben sich somit die folgenden grundsätzlichen Möglichkeiten, bei Gelenkerkrankungen Abhilfemaßnahmen zu versuchen, wobei
ein Gelenkersatz möglichst nicht nur unter dem Gesichtspunkt erfolgen
darf, einen Platzhalter zu schaffen. Vielmehr ist die Konzeption vorzu-
ziehen, wonach bei einem notwendigen Gelenkersatz in Anlehnung an die
natürlichen biologischen Gegebenheiten eine möglichst weitgehend vollständige Funktionsübermittlung gewährleistet bleiben soll (Bild 11).

Bei einer ausschließlichen Erkrankung der Synovialflüssigkeit würde
sich bei rein ingenieurmäßiger Betrachtungsweise anbieten, unter Bei-
behaltung des natürlichen Gelenkes eine künstliche Gelenkflüssigkeit
einzusetzen. Medizinisch gesehen dürfte dieses Vorgehen ebenso problematisch sein, wie der Versuch, beim Ersatz des natürlichen Gelenkes
durch ein künstliches Element die natürliche Synovialflüssigkeit wei-
terzuverwenden.

a. Natürliches Gelenk – Natürliche Gelenkflüssigkeit

b. Natürliches Gelenk – Künstliche Gelenkflüssigkeit

c. Künstliches Gelenk – Natürliche Gelenkflüssigkeit

d. Künstliches Gelenk – Künstliche Gelenkflüssigkeit

e. Künstliches Gekenk – Ohne Gelenkflüssigkeit

Bild 11: Mögliche Anwendungen biotribologischer Erkenntnisse

Ingenieurmäßig und technisch gesehen, würde der völlige Ersatz von Gelenk und Gelenkflüssigkeit durch künstliche Einheiten eine optimale Lösung darstellen. Dies gilt vor allem hinsichtlich einer niedrigen Reibung und eines geringen Verschleißes, die beide zur Gewährleistung einer langen Gebrauchsdauer des Ersatzgelenkes sowie seiner leichten und bequemen Funktion notwendig sind. Der derzeitige Stand der biotribologischen Technik steht in dieser Richtung jedoch erst am Anfang, so daß heute die einzigste vielversprechende, medizinisch nichtsdestoweniger schon recht befriedigende Lösung darin besteht, ungeschmierte künstliche Gelenke vorzusehen. Um eine ausreichende Gebrauchsdauer zu sichern und den notwendigen periodischen Ersatz des künstlichen Gelenkes möglichst weit hinauszuschieben, ist daher oft der Einsatz reibungsmäßig ungünstige Werkstoffpaarungen unumgänglich. Unbequemlichkeiten bei der Handhabung solcher Glieder durch einen höheren Kraftaufwand als normal sind dann nicht zu vermeiden. Das Bestreben, auch in dieser Hinsicht Verbesserungen zu erzielen, bietet der Zusammenarbeit zwischen Ingenieuren und Medizinern noch ein weites Betätigungsfeld.

Literatur

DOWSON, D.: Lubrication in human joints. Proc. Symp. Lubrication and Wear in Joints, 1969, 9-14

McCUTCHEN, C.W.: More on weeping lubrication. Proc. Symp. Lubrication and Wear in Joints, 1969, 117-123

MARANDAS, A.: Studies on the formation of hyaluronic acid films. Proc. Symp. Lubrication and Wear in Joints, 1969, 124-130

DOWSON, D., A.UNSWORTH und V.WRIGHT: Analysis of boosted lubrication in human joints. J. Mech. Engng. Sci. 12 (1970) 5, 364-369

WALKER, P., J. SIKORSKI, D.DOWSON, M.LONGFIELD und V.WRIGHT: Lubrication mechanism in human joints. Proc. Symp. Lubrication and Wear in Joints, 1969, 49-56

THEYSE, F.H. und R.VOS: The properties of synovial fluid in normal and pathological human and animal joints in relation to inverse hydrodynamics. Lubr. Engng. (1970) 3, 101-113

DAVIES, D.V. und J.PALFREY: Physical properties of synovial fluid, Proc. Symp. Lubrication and Wear in Joints, 1969, 20-28

VOS, R. und F.H. THEYSE: Lubrication properties of synovial fluid in human and animal joints. Proc. Symp. Lubrication and Wear in Joints, 1969, 29-34

FERGUSON, J., J.A.BOYLE, R.N.M.McSWEEN und M.K.JASANI: Observations on the flow properties of the synovial fluid from patients with rheumatoid arthritis. Biorheology 5 (1968), 119-131

MOW, V.C.: The role of lubrication in biomechanical joints. ASME Trans., J.Lubr. Techn. Ser. F, 91 (1969) 2, 320-328

BARNETT, C.H.: Wear and tear in joints. J. Bone and Joint Surgery 38 B (1956) 2

LINN, F.C.: Lubrication of animal joints. 1. The arthrotripsometer. J. Bone and Joint Surgery 49 A (1967) 9, 1079-1098

DAVIES, D.V.: Electron microscopy of articular cartilage in the young adult rabbit. Annals of the Reumatic Diseases 21 (1962) 1, 11

WRIGHT, V.: Tribology and arthritis. Proc. Symp. Lubrication and Wear in Joints, 1969, 15-19

Zusammenfassung der Diskussion zu XII

Unsworth antwortet auf eine Frage von Fricke, dass sich bei normalen Gehbe-
wegungen ein hydrodynamischer Film zwischen den Gelenkflächen bildet. Dieser
hält die Gelenkflächen auf Abstand. Bei hohen Lasten und langsamer Bewegung
wird Grenzflächenschmierung wirksam. Der Typ der Gelenkschmierung hängt
vom Verhältnis Last/Geschwindigkeit ab.

Wright hat bei der Prüfung entzündeter Gelenke keinen Einfluss von Schmerz-
reflexen auf die Muskelspannung beobachtet. Die kleinen Gelenke wurden in
seinen Experimenten mit Lampen aufgeheizt, die grossen mit heissem Wasser.

XIII. Die Grenzflächen Metall-Kunststoff, Metall-Metall und Kunststoff-Kunststoff/The Interfaces Metal-Plastics, Metal-Metal and Plastics-Plastics

<u>Die Grenzflächen Metall   - Metall</u>
<u>Metall   - Kunststoff</u>
<u>Kunststoff - Kunststoff</u>

R. Mathys sen., R. Mathys jun.

Einführung

Die Thematik weist bereits auf die Beziehung zu künstlichen Gelenken hin. Die Resultate der in den letzten 20 Jahren eingebauten Gelenkendoprothesen zeigen, dass nebst der Gewebeverträglichkeit der verwendeten Werkstoffe und ihrer Verankerung im Knochen noch verschiedene andere Faktoren ihre langzeitig gute Funktion im Körper beeinflussen. Die grössten Erfahrungen konnten beim künstlichen Hüftgelenk gesammelt werden, welches einerseits in grosser Zahl eingebaut wurde und bei dem andererseits grosse Wechselbelastungen auftreten. Bei diesen bis heute üblicherweise aus Metall hergestellten Schenkelkopfprothesen, kombiniert mit Kunststoff oder Metallpfannen, weisen zum Beispiel verschiedentlich eingetretene Lockerungen und Ermüdungsbrüche bei Prothesenstielen heute darauf hin, dass durch den Einbau solcher im Verhältnis zur Elastizität des Knochens wesentlich starrerer Implantate im Bereich des Schenkelhalses nicht ideale physiologische Verhältnisse geschaffen werden (Fig. 1).

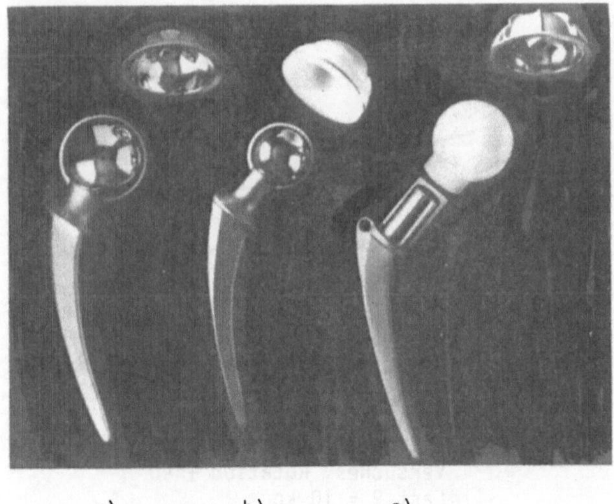

Fig. 1 Hüftgelenkprothesen
    a) Metall ÷ Metall
    b) Metall ÷ Kunststoff
    c) Metall ÷ Kunststoff - Metall

Fig. 2
Kunststoff-Prothese
mit Metall-Armierung

Die Nachteile dieser mit Knochenzement eingebauten Metallprothesen haben mich bereits im Jahre 1967 veranlasst, Prothesen aus geeigneten Kunststoffen herzustellen, welche annähernd die gleiche Elastizität wie der Knochen aufweisen. Durch diese "isoelastische" Konzeption bleibt die Physiologie des Knochens auch im Bereiche des Prothesenstiels weitgehend erhalten, indem Knochen und Implantat gleichmässig beansprucht werden (Fig. 2).

Eine weitere Schwierigkeit beim endoprothetischen Ersatz von Körpergelenken ist der Abrieb der Prothesen-Gleitflächen. Die Verschleissung der Hüftgelenkprothesen äussert

sich wie in Fig. 3 schematisch dargestellt. Besteht
die Prothese (total) aus einem Metallkopf und einer
Kunststoffpfanne, so erfährt praktisch nur die Kunst-
stoffkomponente einen Verschleiss. Die Metallkugel
sinkt in die Pfanne ein. Die Lagergeometrie bleibt
dabei aber erhalten. Lediglich der Bewegungsumfang
des Gelenkes wird dadurch verringert. Besteht umge-
kehrt die Pfanne aus Metall und der Kopf aus Kunststoff so ist praktisch nur die Kugel dem Verschleiss
unterworfen. Das Kugelzentrum wandert tiefer in die
Pfanne. Dabei bleibt die Lagerfläche von Pfanne und
Kugel wohl kongruent, aber sie verringert sich.
Sind Kopf und Pfanne der Totalprothese aus demselben
Werkstoff hergestellt, so sind beide Komponenten in
gleichem Masse der Verschleissung unterworfen.
Die Laufflächen sind dann nicht mehr kongruent und
werden zudem noch kleiner.

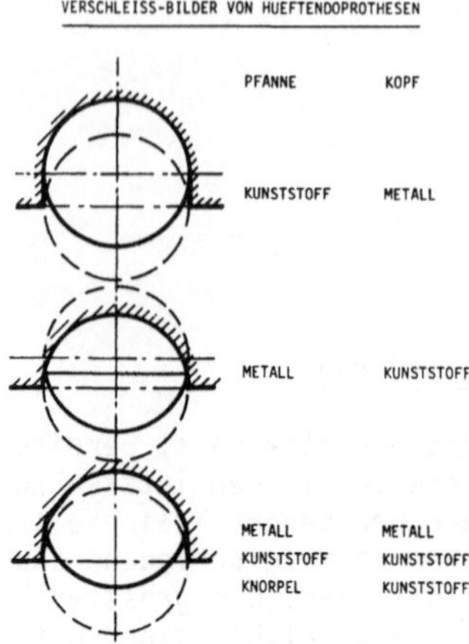

Fig. 3

Untersuchung der Abriebverhältnisse verschiedener Werkstoffkombinationen

Mit Hilfe eines einfachen, leicht reproduzierbaren Versuchs haben wir versucht, Informationen zu gewinnen, welche uns erlauben sollten, künstliche Körpergelenke optimal zu gestalten und dies sowohl in Bezug auf Lagerdimension als auch Werkstoffkombination. Der Versuch
beschränkte sich auf eine
Hin-und-her-Rotation einer
Welle (Fig. 4). Der Kunst-
stoffprobekörper wurde dabei mit konstanter Last
(10 kp) auf die Welle ge-
presst. Die Verschleissung
äusserte sich dann im Querschnitt als Kreisabschnitt,
bei dem die Sehnenlänge S
mit der Zeit zunahm (Fig.5).
Dies bedeutete eine Zu-
nahme der Auflagefläche,
was einer dauernden Abnahme der Flächenpressung
gleichkam. Dies ermöglichte uns eine Optimierung
der Lagerfläche für die
entsprechende Werkstoff-
kombination.

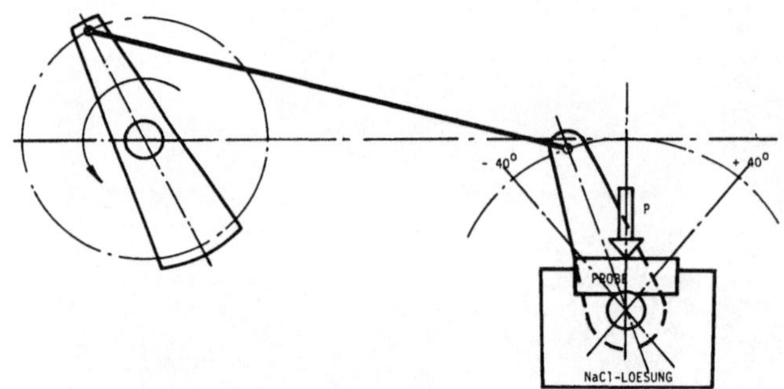

Fig. 4   Schematische Anordnung des
          Versuches. Rotation ± 40°
          Last P = 10 kp

Fig. 5   Darstellung der Verschleissung
          Probenbreite   B = 10 mm
          Sehnenlänge   S = S (t)
          Lagerfläche   F = B x S (t)

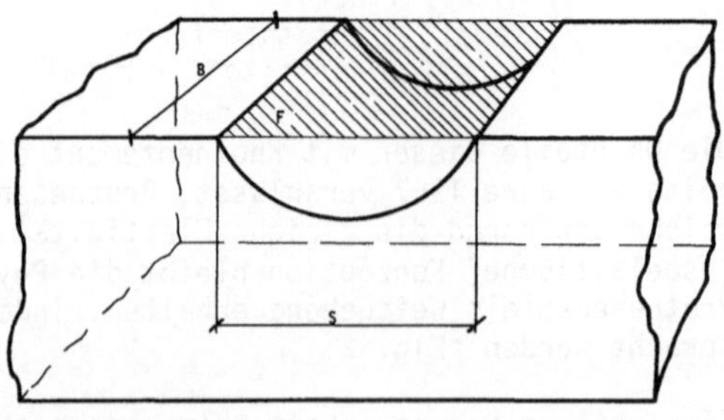

Die untersuchten Werkstoffe

Kunststoffe

Polyäthylen PE

Es handelte sich um ein Niederdruck-Polyäthylen hoher Dichte und Kristallinität. Dieser Kunststoff hat sich als Werkstoff für die Fertigung von Acetabulumprothesen seit Jahren bestens bewährt.

Polyester PETP

Dieser lineare Polyester auf der Basis von Polyäthylenglycolterephtalat wird ebenfalls seit Jahren als Hüftpfannenwerkstoff verwendet.

Acetal-Copolymerisat POM

Seit einigen Jahren wird auch dieser auf dem Formaldehyd basierende Kunststoff als Implantat-Werkstoff verwendet. Aus Festigkeitsgründen kann er auch für biomechanische Tragelemente herangezogen werden.

Metalle

Stahl

Dieser Werkstoff entspricht der Amerikanischen Norm AISI 316 L und wird seit langem als Prothesenmaterial verwendet. Die elektrolytisch polierte Oberfläche wies folgende Rauheiten auf: Rauheitenabstand R_a = 0,12 μm. Rauhtiefe R_t = 0.5 ÷ 1,0 μm.

Kobalt/Chrom/Molybdän/Nickel - Gusslegierung Co/Cr/Mo - GL

Dieses Material wird auch seit langer Zeit für die Herstellung von Implantaten verwendet. Bei entsprechendem Oberflächen-Finish wurden folgende Rauheiten erreicht:
Hartchrom-Beschichtung (Cr) R_a = 0,04 ÷ 0,06 μm, R_t = 0,3 ÷ 0,5 μm
Mechanische Politur R_a = 0,16 μm R_t = 0,7 μm

Kobalt/Nickel/Chrom/Molybdän/Titan - Schmiedelegierung   Co/Ni/Cr/Mo - SL

Dieser Werkstoff weist eine hohe Biegewechselfestigkeit auf und dürfte für die Herstellung von Prothesen sehr geeignet sein. Die Oberflächengüte entspricht derjenigen der Co/Cr/Mo - GL. Diese Legierung wird zurzeit klinisch erprobt.

Diskussion der Ergebnisse

Die Beurteilung der Ergebnisse soll anhand des gewonnenen Endwertes S_5 sowie der Verschleissrate S_4' gemacht werden.
Der Endwert S_5 entspricht der nach 5 h ausgemessenen Sehnenlänge der Abriebfläche und beinhaltet die plastische Deformation der Kunststoffproben während der ganzen Versuchsdauer. Damit wird der effektive Abrieb beschrieben.
Die Verschleissrate beschreibt die zeitliche Längenzunahme der Sehne und wird wie folgt ermittelt:

$$S'_4 = \frac{\Delta S_4}{\Delta t_4} = \frac{S_5 - S_3}{2\ h}$$

Der Anteil der plastischen Deformation des Werkstoffes kann so praktisch eliminiert werden. Es kann damit eine begrenzte Extrapolation des Endwertes S_5 erfolgen.

Polyäthylen PE

Der zeitliche Verlauf der Verschleissung ist in Fig. 6 dargestellt. Die Kurven weisen während der ersten Halbstunde einen sehr steilen Anstieg auf. Dabei ist allerdings die plastische Deformation des Kunststoffes unter Last miteingeschlossen. Gegen das Versuchsende hin baut sich infolge Zunahme der Fläche der Druck ab und die Verschleissrate fällt auf minimale Werte.

Tab. 1

Kurve	W'stoff	S_4' mm/h	S_5 mm
1	Stahl	0,1	1,4
2	Co/Cr/Mo-GL Cr	0,05	1,1
3	Co/Ni/Cr/Mo-SL	0,05	1,3
4	Co/Ni/Cr/Mo-SL Cr	0,075	1,35
5	Acetalharz	0,025	1,3
6	Polyester	0,025	1,1

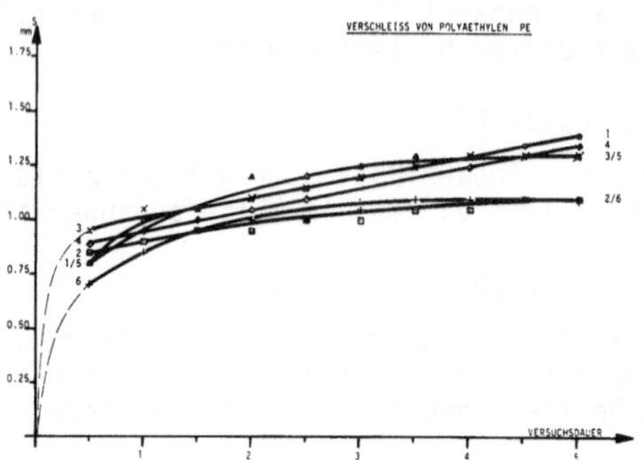

Fig. 6 Verschleiss von Polyäthylen

Acetal-Copolymerisat POM

Die Probekörper wurden aus Rohlingen gefertigt, welche unter optimalen Bedingungen spritzgegossen wurden. Die Vorversuche haben nämlich gezeigt, dass das extrudierte Material dem Verschleiss stärker unterworfen ist. In Fig. 7 ist das zeitliche Verhalten dargestellt. Auch hier zeigt sich während der ersten halben Stunde eine sehr grosse Verschleissrate, die dieselbe Grössenordnung wie bei Polyäthylen annimmt, nämlich $S'_{0.5}$ = 1,75 mm/h. Gegen das Versuchsende hin stellt sich dann aber eine Abnahme der Verschleissrate ein, was eine Abflachung der Kurven mit sich bringt.

Tab. 2

Kurve	W'stoff	S_4' mm/h	S_5 mm
1.1	Stahl	0,25	2,25
1.2	Stahl	0,075	1,40
1.3	Stahl	0,125	1,55
1.4	Stahl	0,1	1,35
1	Stahl	0,14	1,64
2	Co/Cr/Mo-GL Cr	0,1	1,20
3	Co/Ni/Cr/Mo-SL	0,225	1,60
4	Co/Ni/Cr/Mo-SL Cr	0,15	1,55
5	Polyester	0,025	1,0

Fig.7 Verschleiss des Acetal-Copolymeren

Da es sich beim Acetal-Copolymerisat um einen Kunststoff handelt welcher durch Spritzgiessen verarbeitet wird und zudem autoklavierbar ist, wurde diese Versuchsreihe folgendermassen ergänzt:
1. Es interessierte uns die Verschleissung in Abhängigkeit von der Oberflächenbearbeitung   z.B. - spritzgegossene Oberfläche   1.1/1.2
                        - spanend bearbeitete Oberfläche 1.3/1.4
2. Weiter interessierte uns das Verschleissverhalten als Funktion der Zeit nach dem Sterilisationsvorgang (134°C, 10 min) d.h.
    - Versuchsbeginn weniger als 2 h nach Sterilisation 1.1/1.3
    - Versuchsbeginn länger als 50 h nach Sterilisation 1.2/1.4
Aufgrund der Verschleissrate sowie der erreichten Endwerte nach fünf Stunden (Tab.2) ist festzustellen, dass ein Zuwarten mit dem Versuchsbeginn länger als 50 h sich

positiv auswirkt. Weiter verbessert auch eine Bearbeitung der Oberfläche die Verschleissfestigkeit.
Aus dieser Testserie geht als beste Werkstoffkombination Kunststoff + Kunststoff hervor, nämlich Acetalcopolymerisat + R + Polyester. Vorversuche haben gezeigt, dass nur mittels verschiedenartiger Kunststoffe günstige Resultate erreicht werden können. Die Co/Cr/Mo-Gusslegierung hat sich als günstigster metallischer Reibpartner von Acetalcopolymerisat erwiesen. Die Co/Ni/Cr/Mo-SL und Stahl (Mittelwert) lieferten eindeutig schlechtere Ergebnisse (siehe Fig. 7 und Tab. 2).

Polyester PETP

Aus der Darstellung in Fig. 8 ist zu ersehen, dass sich der Polyester gegenüber Metallen und Kunststoffen sehr unterschiedlich verhält. Während der ersten Versuchshalbstunde erreichten die Metalle im Mittel eine Verschleissrate von 2,5 mm/h. Bei Kunststoff als Reibpartner dagegen wurde nur eine geringe Rate von 1,25 mm/h erreicht. Gegen das Versuchsende hin flachen sich die Kurven ab und die Verschleissraten betragen entsprechend 0,40 mm/h für Metalle und 0,05 mm/h für Acetalharz. Der Verlauf der Kurven mit Metall als Reibungspartner ist zu Versuchsbeginn uneinheitlich, gegen das Versuchsende hin dagegen sehr einheitlich, und es werden praktisch dieselben Endwerte und Verschleissraten erreicht (Fig. 8).

Tab. 3

Kurve	W'stoff	S_4' mm/h	S_5 mm
1.1	Stahl	0,30	4,20
1.2	Stahl	0,50	4,50
1.3	Stahl	0,325	4,05
1.4	Stahl	0,3	3,90
1	Stahl	0,36	4,16
2	Co/Cr/Mo-GL Cr	0,40	4,15
3	Co/Ni/Cr/Mo-SL	0,43	4,15
4	Co/Ni/Cr/Mo-SL Cr	0,43	4,15
5	Acetalharz	0,05	1,0

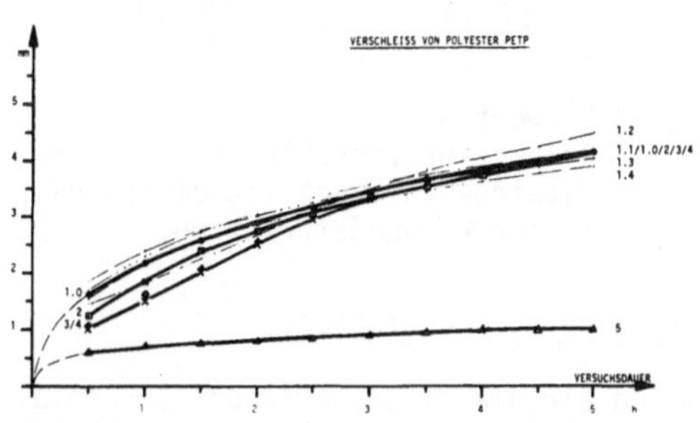

Fig. 8 Verschleiss von Polyester

Da es sich beim Polyester ebenfalls um einen im Autoklaven sterilisierbaren Kunststoff handelt, welcher auf Spritzgiessmaschinen verarbeitet wird, wurden diese Untersuchungen auch wieder durch Sterilisationsversuche ergänzt. Es zeigt sich auch hier, dass eine Bearbeitung der spritzgegossenen Rohlinge die Verschleissfestigkeit erhöht (Tab. 3) Dagegen ist die Aussage betreffend den zeitlichen Versuchsbeginn nach Sterilisation nicht eindeutig. So ist es für bearbeitete Oberflächen günstiger, mit dem Versuchsbeginn zuzuwarten (länger als 50 h). Bei gespritzten Oberflächen ist es dagegen besser, mit dem Versuch kurz nach Sterilisation zu beginnen (kürzer als 2 h). In der Praxis wird es so sein, dass ein Gelenk innerhalb der ersten 48 h nach der Operation keinen bedeutenden Belastungen und Bewegungen unterworfen ist.
Aus den Versuchen mit Polyester geht mit grosser Deutlichkeit hervor, was sich bei Polyäthylen und dem Acetalcopolymerisat gezeigt hat, dass nämlich eine Verbesserung des Verschleissverhaltens durch Kombination zweier verschiedener Kunststoffe als Lagerpartner erreicht werden kann. Polyester erweist sich aber als schlecht geeignet gegenüber Metallen im allgemeinen (siehe hiezu Fig. 9 u. 10).

Vergleichende Betrachtungen der untersuchten Werkstoffkombinationen

In den Darstellungen Fig. 9 und Fig. 10 sind die Endwerte S_5 und die Verschleissraten S_4' sämtlicher untersuchter Kombinationen zusammengestellt. Anhand dieser Aufstellungen werden nachfolgend verschiedenartige Vergleiche betreffend die Eignung von Kunststoffen als Lagerwerkstoffe angestellt.

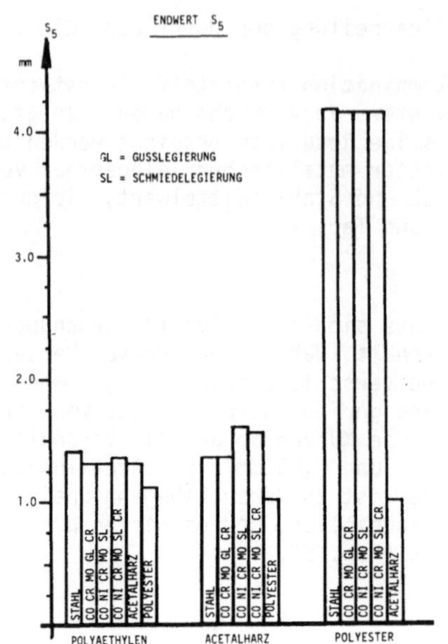

Fig. 9 Endwert S_5
Effektiver Verschleiss nach 5 h.
Miteingeschlossen ist die plastische Probendeformation.

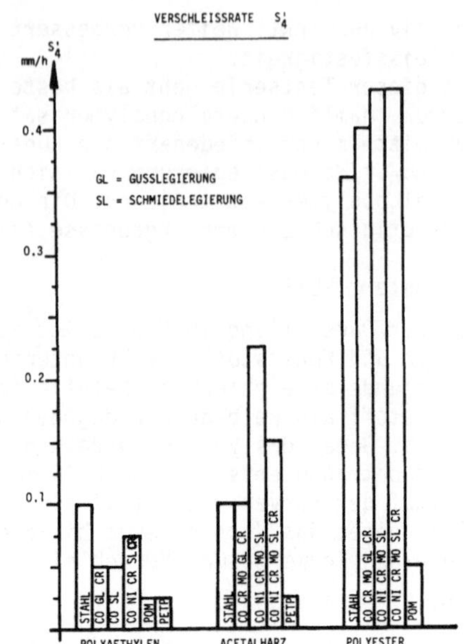

Fig. 10 Verschleissrate S_4'
Die plastische Probendeformation ist dabei eliminiert.

Vergleich der Kunststoffe

Bilden wir die Mittelwerte der Verschleissraten sowie der Endwerte aller gegen Polyäthylen getesteten Metalle und vergleichen sie mit den entsprechenden beim Acetalcopolymerisat und Polyester erreichten Werten, so stellt man fest, dass Polyäthylen in jeder Beziehung der universellste Reibpartner für Metalle ist (Tab. 4, Fig. 9 und Fig. 10). Dies geht vor allem aus den Verschleissraten sehr deutlich hervor. Als schlechter Lagerwerkstoff in Kombination mit Metallen hat sich Polyester erwiesen.

Das Acetalcopolymerisat ist wohl etwas schlechter als Polyäthylen, aber bedeutend besser als Polyester. Kombiniert man als Lagerwerkstoffe zwei verschiedenartige Kunststoffe miteinander, so stellt man fest, dass dadurch günstigere Abriebverhältnisse geschaffen werden als bei einer Kombination Kunststoff÷Metall. Besonders ausgezeichnet hat sich die Kombination Polyester mit dem Acetal-Copolymerisat.

ZUSAMMENSTELLUNG	PROBE / WELLE	PE	POM	PETP
Verschleissrate S_4' Mittelwert mm/h	Metall	0.069	0.144	0.405
	Kunststoff	0.025	0.025	0.05
Endwert S_5 Mittelwert mm	Metall	1.29	1.42	4.15
	Kunststoff	1.20	1.0	1.0

Tab. 4

Vergleich der Metalle

Besonders interessierte uns der Einfluss verschiedenartiger Legierungen sowie der Oberflächenbeschaffenheit der Metalle auf den Verschleiss der Kunststoffe. Die Stahl-Welle bewirkte bei Polyäthylen die grösste Verschleissung aller untersuchten Metalle. Dagegen erwies sich der Stahl kombiniert mit dem Acetalharz und dem Polyester als recht gut. Versuche mit Stahl mit Gussgefüge und Warmwalzgefüge haben bei

Polyäthylen und dem Acetalharz keine unterschiedliche Verschleissung bewirkt. Die
Co/Cr/Mo-Gusslegierung hat sich eindeutig als geeignetster Reibungspartner gegenüber allen untersuchten Kunststoffen ausgezeichnet. Die Co/Ni/Cr/Mo-Schmiedelegier-
ung erwies sich als ungeeignetster Werkstoff in Kombination mit Kunststoffen. Alle
metallischen Werkstoffe bewirkten bei Polyester den gleichen Abrieb. Bei Polyäthylen
und dem Acetalharz treten Unterschiede der Verschleissung in Abhängigkeit von Legierung und Oberfläche zutage. Es fällt auf, dass die Hartchrombeschichtung noch
verschiedene Probleme in sich birgt.

Tierexperimentelle Untersuchungen

In diesem Zusammenhang haben wir auch umfangreiche tierexperimentelle Untersuchungen
in die Wege geleitet. Dabei galt es eine möglichst optimale Konzeption in Bezug auf
- Grössenordnung der ineinander gleitenden Gelenkteile,
- Werkstoffkombination der Lagerkomponenten,
- Oberflächenbeschaffenheit des Implantates zwecks Einbau im Knochen
herauszukristallisieren. Ein Polyacetalharz mit Bariumsulfatzusatz als Röntgenkon-
trast hat sich bei diesen Abklärungen mit Einbezug der mechanischen Anforderungen
als geeignetster Werkstoff erwiesen. Zu Vergleichszwecken sind bei allen Untersuchungen immer wieder Polyester und Polyäthylen (als bisher bestens bekannte Kunststoffe für Prothesenpfannen und andere Gelenkteile) miteinbezogen worden. Alle Versuche
wurden sowohl für die Beurteilung des Einbaues im Knochen, Ermittlung der Gleiteigen-
schaften sowie Gewebeverträglichkeit der Werkstoffe und ihrer Abriebprodukte im
Körper vorgenommen. Die Tierexperimente an Hunden kon-
nten einerseits im Labor für Experimentelle Orthopädie
von Prof. M.E. Müller im Inselspital Bern unter Leitung
von Dr. H.U. Debrunner und andererseits beiProf. B. Hohn,
Columbus/Ohio, durchgeführt werden. Diese Versuche wurden bei 28 Hüftgelenkprothesen mit verschiedenen Werkstoffpaarungen ausgeführt. Die Verankerung der Implantate erfolgte teils mit, teils ohne Knochenzement
(Fig.11, Fig.12, Fig.13). An Schafen wurden bei
Prof. Tscherne an der Universität Hannover unter Leitung von Dr. Muhr 107 Hüftgelenkprothesen implantiert.
Alle Femur-Kopfprothesen waren aus dem Acetalharz, die
Hüftpfannen dagegen aus Polyester gefertigt. In allen
Fällen wurde sowohl die Femur- als auch die Acetabulum-
komponente mit Zugschrauben befestigt. Eine Auswertung
wie die in Fig. 12 dargestellte war bei dieser Versuchsserie nicht möglich, da sich nach einer Versuchsdauer
von 51 Wochen noch kein Abrieb zeigte.

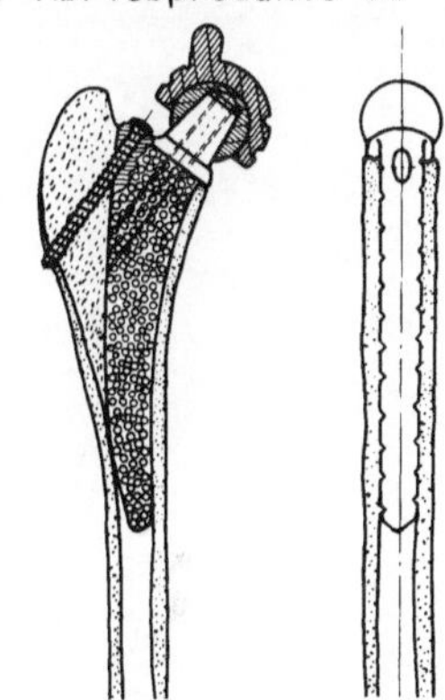

Fig. 11
Hüftgelenk-Prothese
für Tiere

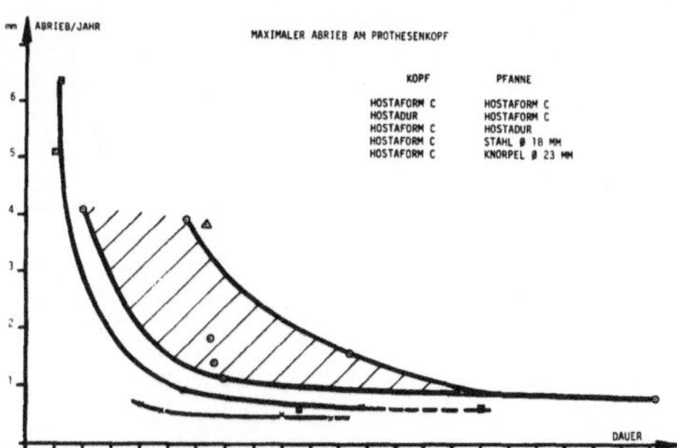

Fig. 12 Auswertung der Hundeversuche.
Anfängliches Einschleifen der
Prothesen-Komponenten

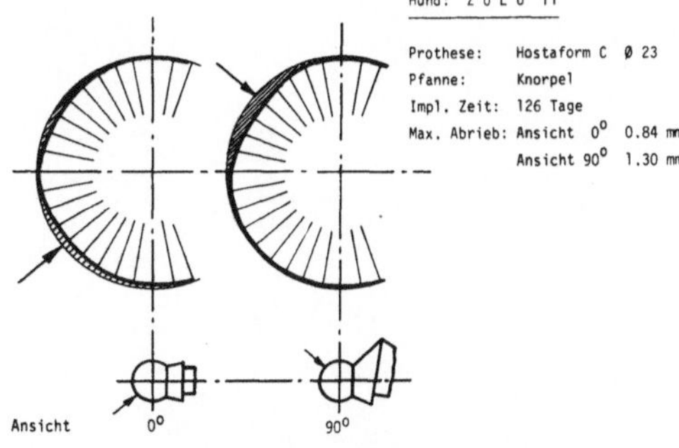

Fig. 13 Kunststoffkopf im natürlichen
Acetabulum ist starker Verschleissung unterworfen

Schlussbemerkungen

Wir sind überzeugt, dass in Zukunft vermehrt dynamisch beanspruchte biomechanische
Tragelemente des Körpers durch Kunststoffimplantate ersetzt werden. Deshalb haben
wir in unseren Ausführungen versucht besonders auf die Kombination, Kunststoff-
Kunststoff, als Lagerwerkstoffe aufmerksam zu machen.

Literaturnachweis

WEBER, B.G.: Die Rotations-Totalendoprothese des Hüftgelenkes. Z. Orthopädie 107
  (1970) 304.
FELIX, P.: Erhöhte Verschleissfestigkeit an strahlenchemisch behandeltem Polyester
  für medizinaltechnische Anwendungen in der Gelenkchirurgie. SULZER Bericht Nr. 118
DUFF-BARCLAY, I., SPILLMANN, D.T.: Inst. Mech. Engineers (1966/67) 181, III,
  p 90 - 103
THOMAS, G., UHR, H.E.: Experimentelle Untersuchungen zur Leistungsfähigkeit der
  totalen Hüftgelenkprothese. Z. Orthopädie und ihre Grenzgebiete, 45, 106 Bd.
DOWSEN, D., WALKER, P.S., LONGFIELD, M.D., WRIGHT, V.: A joint simulating machine
  for load - bearing joints. Med. Biol. Engineering, Vol. 8, p 37 - 43.
SCALES, J.T., KELLY, P., GODDARD, D.: Friction torque studies of total joint replacements the use of a simulator. Annals of Rheumatic Diseases (1969), Suppl.
  p 30.

Problems of Mechanical Strength of the Interface PMMA-Cancellous Bone in Implant Fixation

Reinhard Kölbel

Some mechanical and biological problems in the fixation of endoprostheses are due to the simple fact, that bone continuity is dis-
rupted by the resection of the joint to be replaced. Intact bone
as a structural unit withstands deformation by virtue of stresses
arising in its material under load. Moreover, material and structure
constantly adapt to the stresses caused by physiological loads.
This stress mediated remodeling only works if the bone is intact or
if continuity is simulated by mechanical fixation. Of the stresses
set free in the plane of discontinuity compressive stresses may not
cause motion if equal rigidity exists on both sides. This is shown
by the success of compression fixation of fractures (1). Tensile
and shear stresses, however, may cause distraction or tangential
relative movement of bone surfaces. They interfere with a vascular
factor e.g. in the repair of a fracture poorly immobilized. Bone
mineral may be removed from the bone-bone interface. Bone will be
found in intimate contact even with an implant, however, if motion
is eliminated. Thus, solid and lasting fixation as required for implant fixation to bone can be achieved by intimate mechanical interlocking and elimination of motion in the plane of discontinuity.

At the interface loads must be distributed evenly to avoid local
overloading of materials.

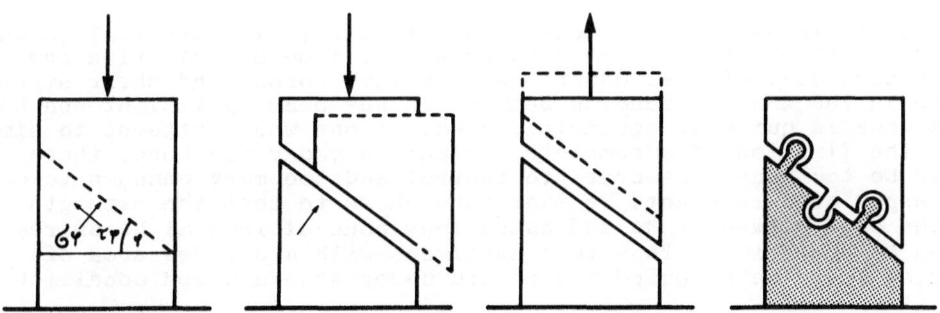

Fig. 1. Forces set free in a plane of discontinuity may cause tangential movement or distraction. This can be avoided by mechanical
interlocking i.e. between bone and PMMA.

Both, mechanical interlocking of bone and implant and distribution
of loads can be achieved by the use of POLYMETHYLMETACRYLATE (PMMA)
as inaugurated by Charnley for the fixation of endoprostheses (2).

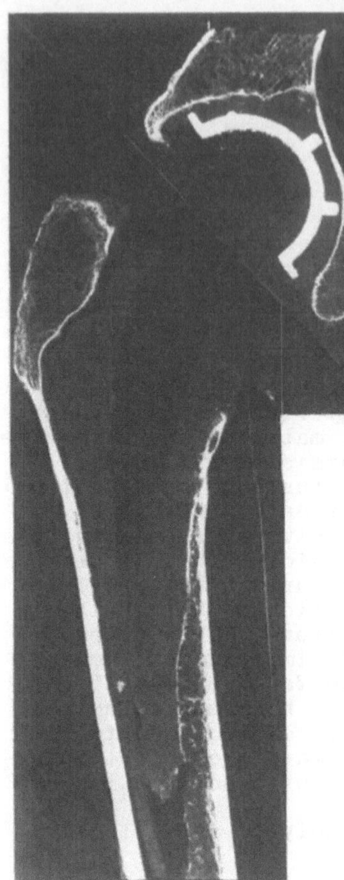

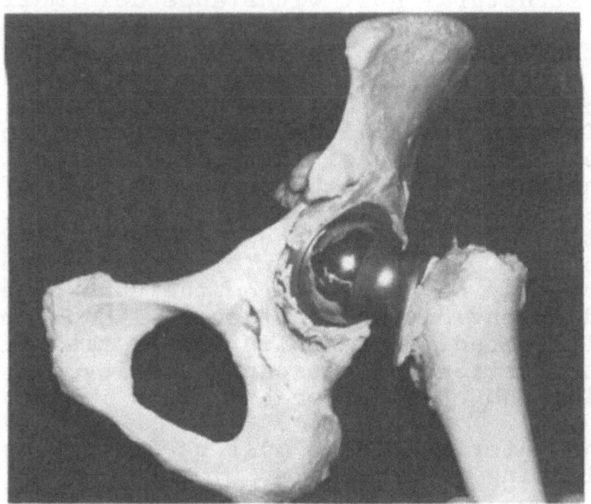

Fig. 2. Radiogram; section in the frontal
plane from a hip replacement (femoral component removed).
Frontal view of artificial joint cemented
with PMMA. (Both joints were in situ for
1 year 9 months.)

From a mechanical and clinical point of view it is essential to know
the strength of the bond as created at the time of operation and
after some time of use. Under loads in vivo normal and shear stresses
arise in the zone of bonding between weight bearing implant and bone.
This zone is quite irregularly shaped. If one would attempt to simulate the fixation of a complete implant in cadaveric bone, there
would be too many parameters to control and too many unknown to make
the experiment relevant. We therefore chose to test the strength
of the bond between PMMA and cancellous bone of femoral heads removed at operations. Thus test specimens with a defined area of
bonding could be prepared and tested under standardized conditions.
(3) (4).

Stress at failure Nmm^{-2}		Material		Estimated in vivo stresses
	PMMA	Cancellous bone (vertebral)	PMMA/Bone Fem.head	
Compressive	80	5 - 10		3,5 max. static stress at hip joint
Tensile	40	3	2,5 $\pm$ 0,4	
Shear	24	3,4 (in torsion)	4 $\pm$ 0,5	0,15 - 0,28 from friction moment at acetabulum and load on femoral comp. of total hip replacement

Since in compression the strength of cancellous bone appeared to be the limiting factor, we did not test the specimens in compression.

Other authors found similar values of shear strength: 2,4 Nmm^{-2} for PMMA plugs in the medullary cavity of cadaveric human femora (5) and in vivo 1,5 Nmm^{-2} for plugs of PMMA in cancellous bone of dogs' femora 6 weeks after implantation (6). The torques necessary to loosen artificial acetabula cemented in cadaveric pelvic bones were found to be 140 - 180 Nm (7).

This leads to the question of stresses to be expected: The torques needed to loosen acetabula in the zone of bonding are by a factor of 10 greater than the maximum friction torques measured in artificial hip joints (10 - 17 Nm) (8, 7). We calculated the shear stress in the zone of bonding due to the friction moment of an artificial hip joint to be

$$\tau = \frac{2M}{r^3 \pi^2}$$

where
τ = shear stress
M = frictional moment at a given load
r = radius of the implant i.e. a hemispherical bonding zone.

If we assume M to be 20 Nm and the zone of bonding a hemisphere with 60 mm diameter then the resultant shear stress due to friction at a given load τ = 0,15 Nmm^{-2}.

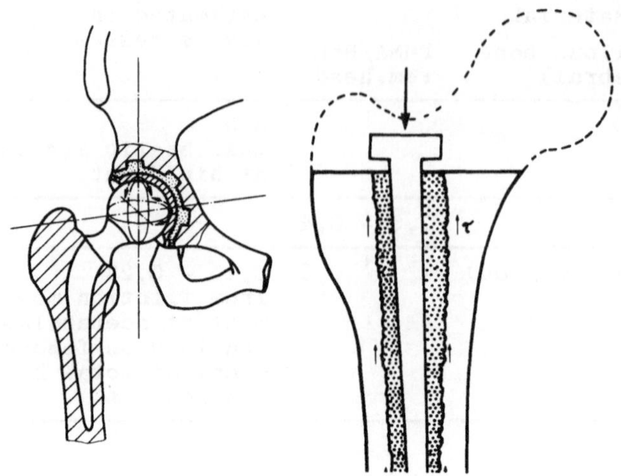

Fig. 3

a) Friction moments at the acetabulum due to rotation about a vertical and a horizontal (frontal) axis.

b) Transmission of load between implant (PMMA) and femur by shear forces at the interface.

We may assume that the resultant force at the hip joint introduced in the head of the femoral component is transmitted between implant (PMMA) and bone mainly as shear stress. The surface of the cement of the femoral implant with the femoral bone may be 80 cm^2. In a person of 70 kg and a resultant hip joint force the shear stress in the zone of bonding would be 0,28 Nmm^{-2}.

From the figures listed above it appears reasonably safe to allow patients to walk as soon as possible after hip joint replacement. This in fact is done by the majority of surgeons. The strength of a fresh bone-cement zone is illustrated by a section through the upper part of the femoral bone of an 80 year old patient in whom a femoral head replacement was done 3 weeks before death. There is intimate contact between cancellous bone and PMMA with trabecula of bone projecting into the cement and cement plugs in the gaps of the cancellous bone. (see fig. 4)

There is as yet a dearth of information about the strength of the bond under dynamic loading or cyclic loading.

Obviously we are also interested in the development of the zone of bonding in vivo under functional loads, i.e. the bio-mechanical aspect of the problem. So far we know little about the influence of age and environment on PMMA as used in surgery. Stress solvent crazing has been shown on a Judet femoral head replacement (9). Attempts have revently been made at mechanical tests of PMMA removed after years in the body. We know, however, definite changes in the appearance of the pelvic and femoral bones on roentgen films years after hip joint replacement: There is thickening of the cortex of the femoral bone on the side of contact with the tip of the prosthesis. There is a line of increased density of the cancellous bone along the surface of the cement separated from it by a zone of decalcification.

The latter finding is confirmed in autopsy specimens. The zone of bonding undergoes complete remodeling of the bone (2, 10). This may be attributed partly to the trauma done at operation (thermal damage caused by polymerization heat of PMMA) but some stress-induced remodeling seems obvious.

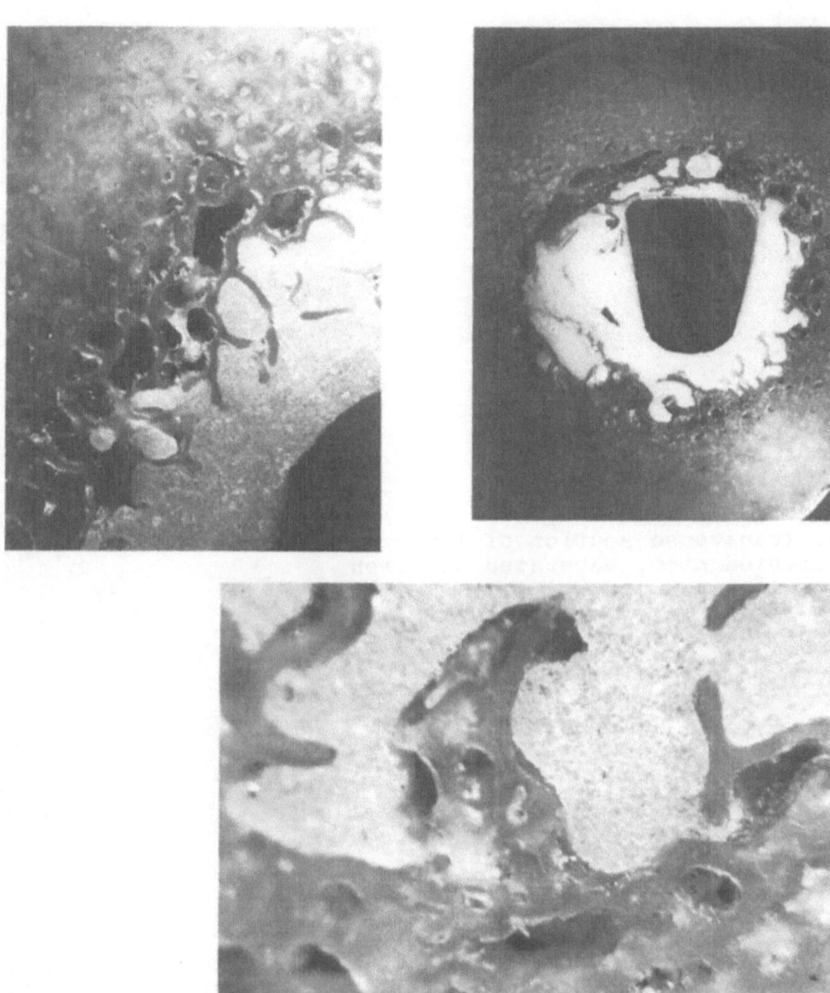

Fig. 4. Transverse section of femur with cemented stem of implant
(in situ for 3 weeks). Immediate contact between bone substance and PMMA.

Fig.5 shows a cross section through the femur of a 67 year old patient in whom one hip joint was replaced 1 year and 9 months before
death. Contact between PMMA and bone is nowhere as intimate as in
the fresh femoral head replacement. A gap filled by connective tissue separates trabecula and cement. (This has been removed by mace-
ration.) But there is close contact at the lateral side of the femur
near the tip of the prosthesis. The architecture of bone has changed,
too. It is dense on the lateral side and quite delicate on the opposite side. Interpretations would be conjecture but it may at least
be said that the bone seems to have reacted to the change in load
transmission from the femoral head to the shaft and, possibly, to
the change in rigidity due to the reinforcement of the femoral bone
by the implant.

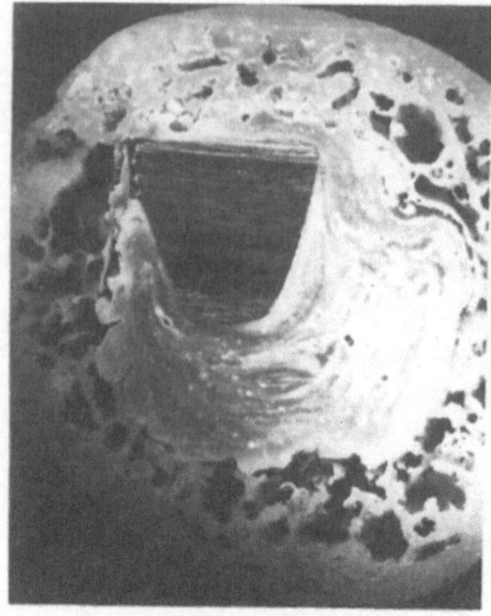

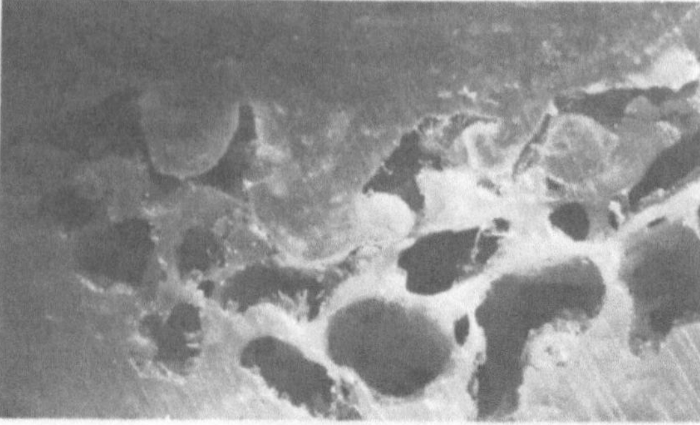

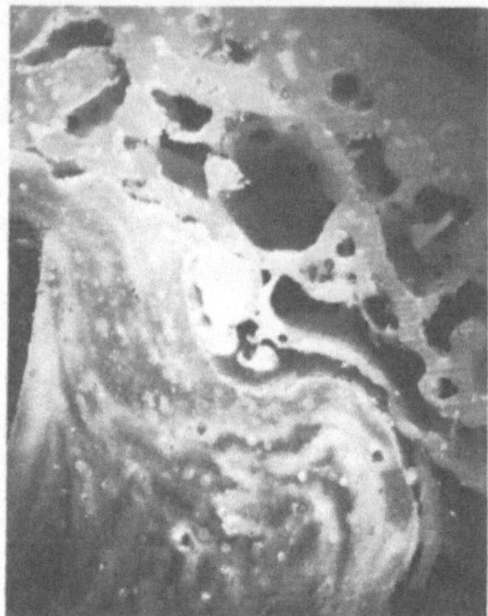

Fig. 5. Transverse section of femur
with cemented stem, macerated specimen
(in situ 1 year 9 months).
The separating layer of connective
tissue has been removed.

How strong is the zone of bonding at this stage? Here we only have
clinical evidence that patients fracture their zone of bonding.
This happens accidentally, e.g. falling off a horse or on jumping
down from a chair after years of using an artificial hip joint (11).
An increase in the incidence of mechanically caused loosening of
hip joint endoprostheses has been predicted.

We hope to have some chemical, mechanical and biomechanical data
ready when the time comes to explain why articial hip joints cemented to bone with PMMA become loose and how this can be prevented.

Whether there is a problem particular to PMMA or a general biomechanical problem of the interface between living and dead material remains to be shown.

<u>REFERENCES</u>

PERREN, S.M., HUGGLER, A., RUSSENBERGER, M., ALLGÖWER, M., MATHYS,R.,
SCHENK, A., WILLENEGGER, H., MÜLLER, M.E.: The reaction of cortical
  bone to compression. Acta orthop. Scand. Suppl. <u>125</u>, 19 (1969)
CHARNLEY, J.: Acrylic cement. Orthopaedic Surgery. Edinburg and London: Livingstone 1970

KÖLBEL, R., BOENICK, U., KRIEGER, W., WILK, R.: Mechanische Eigenschaften der Verbindung zwischen spongiösem Knochen und Polymethylmetacrylat bei statischer Belastung. II. Scherfestigkeit. Arch.
orthop. Unfall-Chir., im Druck

KÖLBEL, R., BOENICK, U.: Mechanische Eigenschaften der Verbindung
von spongiösem Knochen mit Polymethylmetacrylat. I. Zugfestigkeit.
Arch. orthop. Unfall-Chir. 73, 89 (1972)

OEST, O.: Mechanische Untersuchungen der Knochen-Zement-Verbindung
am menschlichen Femur. Habil.-Schrift Med. Fak. Univ. Gießen

LEMBERT, E., GALANTE, J., ROSTOKER, W.: Fixation of Sceletal Replacement by Fiber Metal Composites. Clin. Orth. 87, 303 (1972)

ANDERSSON, G.B.J., FREEMAN, M.A.R., SWANSON, S.A.V.: Loosening of
the cemented acetabular cup in total hip replacement. J. Bone Jt.
Surg. 54-B, 590 (1972)

WILSON, J.N., SCALES, J.T.: Loosening of total hip replacement with
cement fixation. Clin. Orth. 72, 145 (1970)

SCALES, J.T., ZAREK, J.M.: Biomechanical problems of the original
Judet hip prosthesis. British Med. J. 1, 1001 (1954)

WILLERT, H.-G., PULS, P.: Die Reaktion des Knochens auf Knochenzement bei der Allo-Arthroplastik der Hüfte. Arch. orthop. Unfall-
Chir. 72, 33 (1972)

Zur Problematik der Zementverankerung im Knochen

H.G. WILLERT

Die Stabilität der Zementverankerung von Endoprothesenteilen im
Knochen ist auf die Dauer abhängig von der Strukturbeständigkeit des
Knochens und des Knochenzementes. Gestützt auf eigene Untersuchungen
soll im Folgenden auf einige Fragen eingegangen werden, die mit der
Reaktion des Knochens in der Umgebung künstlicher Gelenkteile zusam-
menhängen:
Bei der Einzementierung der Endoprothesenteile in das knöcherne Lager,
entstehen an Knochenmark und Knochen Nekrosen in einem bis zu 3 cm
breiten Saum rings um den Zement herum. Ursachen der Gewebsschädigung
sind
- die teilweise Zerstörung des Knochengefäßnetzes bei Vorbereitung
  des Implantatlagers,
- die zelltoxische Wirkung des Methylmethacrylatmonomers das während
  der Polymerisation an das Gewebe abgegeben wird,
- die bei der Polymerisation des Methylmethacrylats freiwerdende
  Wärme.
Die Nekrose des knöchernen Lagers ist morphologisch identisch mit
dem Bilde des Knocheninfarktes, der durch eine hyperämische Randzone
demarkiert wird. Die Organisation der Nekrose erfolgt vom Gefäßsystem
der Umgebung aus: in die Markräume sprossen Bindegewebe und Gefäße
ein und das nekrotische Knochenmark wird zunächst durch Fasermark
ersetzt; später siedelt sich wieder blutbildendes Mark und Fett-
mark an. An der Grenzlinie zwischen Zement und dem Implantatlager
entsteht eine wechselnd breite Bindegewebsmembran, die zur Zementoberfläche hin mit Fremdkörperriesenzellen besetzt ist. Nach erfolgter Revitalisierung des Markes wird auch der Knochen schleichend
ersetzt, d.h. die toten Knochenbälkchen werden abgebaut, während
gleichzeitig neuer Knochen gebildet wird.

Die feste Verankerung des Acrylatzementes beruht auf dessen inniger
Verzahnung mit den Unregelmässigkeiten des Knochens. Aber die Knochenbälkchen, die den Zement auf die Dauer halten, sind nicht die
gleichen, wie die Bälkchen an die sich der Zement bei der Implantation anlagerte. Denn der Umbau des ehemaligen nekrotischen Knochens
hat eine völlige Umgestaltung des knöchernen Lagers zur Folge. Beim
Abbau des nekrotischen Altknochens werden auch die in den Zement
vorragenden Knochenanker weggenommen. Der neugebildete Knochen reicht
zwar später stellenweise wieder bis an das Implantat heran, er stemmt
sich jedoch nie mehr mit der gleichen Kraft gegen den Zement, mit der
dieser bei der Implantation gegen die ursprünglichen Knochenanker
gepresst wurde. Zusätzlich kommt es infolge Änderung des Kraftflusses
in den prothesentragenden Skelettabschnitten zu einer Umorientierung
der Knochenbälkchen. So entsteht zum Beispiel am proximalen Femurende, im Gebiet des grossen Rollhügels, durch Wegfall der Druckbeanspruchung, eine Osteoporose, die sich in Verminderung der Knochenbälkchen und in ihrer Umorientierung aus der senkrechten in eine mehr
parallele Richtung zur Zementoberfläche äussert:

Knochenstruktur des proximalen Femur,
links 11 Wochen, rechts 4 Jahre nach Implantation eines Endopro-
thesenstieles.

Die Umgestaltung des knöchernen Lagers bedeutet eine Schwächung der
mechanischen Festigkeit der Verankerung. Der "Einheilungsprozeß" führt
also nicht zu einer zunehmenden Fixation des Implantates. Man könnte
eher sagen, dass der Kunststoffzement nie fester im knöchernen Lager
sitzt, als unmittelbar nach seiner Implantation. Deshalb muss schon
bei der Operation die bestmöglichste Fixation erzielt werden. Nach
dem Prinzip der doppelten Sicherheit, muss diese Fixation auch dann
noch Stabilität garantieren, wenn ein Teil der knöchernen Anker dem
Abbau- und Neuaufbau unterworfen ist und wenn nach abgeschlossenem
Umbau die mechanische Fixation nicht mehr ganz so fest ist wie unmittelbar nach der Implantation. Ist diese Sicherheit nicht gewährleistet, so besteht die Gefahr einer späteren Lockerung. Fremdkörperriesenzellen und Bindegewebsmembran, die das Implantat vom Lagerge-
webe abgrenzen, können geringe Verschiebungen absorbieren, die sich
zwischen Zement und Knochen unter der Aufeinanderfolge von Be- und
Entlastung ergeben. Überschreiten jedoch die Mikrobewegungen des
Implantates die elastische Verformbarkeit des Gewebes, so treten
darin Zerrungen und Zerreißungen auf, die mit Blutung und Fibrinex-
sudation einhergehen. Auf lange Siche kann diese Irritation des
Gewebes zur zunehmenden Knochenresorption führen.

Bei der Mehrzahl der Endoprothesen hält deren Verankerung jahrelang
einer durchschnittlichen Beanspruchung stand. Das beweist, dass die
beschriebenen Veränderungen an Knochen und Bindegewebe des Lagers
nicht zwangsläufig zu einem Verlust von Stabilität führen.
Zur Auslösung einer Lockerung bedarf es wahrscheinlich noch zusätzlicher Faktoren. Einer davon ist die mechanische Überlastung der
Knochenanker. Sie kann entstehen bei Übergewicht, übermässiger kör-
perlicher Aktivität, Fehlstellung (z.B. Varisposition des Stieles)
oder Schwergängigkeit des künstlichen Gelenkes, sowie bei Abstützung
des Zementes auf zu kleinen Knochenflächen infolge ungenügender An-
modellierung oder unvollständiger Ausfüllung des Implantatbettes.

Als Schlußfolgerungen für die weitere Forschung und Entwicklung auf
dem Gebiete der Endoprothetik ergeben sich folgende Feststellungen:

1. Da es im Anschluß an eine Prothesenimplantation regelmässig zum
   Umbau und zur Umstrukturierung des revitalisierten Knochens kommt,
   müssen bei Untersuchungen über die mechanische Festigkeit der
   Zementverankerung diese Umbauvorgänge mit in Rechnung gezogen
   werden, wenn Aufschlüsse über die langfristige Stabilität erwartet
   werden.

2. Die Endoprothesen sollten die Last vom Gelenkkörper auf den Knochen
   so übertragen, dass die bestehenden, für jeden Knochen spezifischen
   anatomischen Strukturen adäquat beansprucht werden. Dadurch könnte
   dem Abbau nicht belasteter Knochentrabekel vorgebeugt werden.
   Beispielsweise sind bei den gängigen Modellen der Hüftkopf- bezw.
   Hüftgelenktotalendprothesen die Zugtrajektorien des Trochanter-
   massivs kaum oder nicht mehr beansprucht und schwinden. Durch
   Anlegen einer Zuggurtung vom Prothesenstiel zum Trochanter major
   könnten die Zugtrajektorien wieder an der Lastaufnahme beteiligt
   und die Belastung des übrigen - besonders medialen - Prothesen-
   lagers vermindert werden.

3. Selbstverständlich ist der Knochenzement hinsichtlich Toxizität,
   Wärmeentwicklung und mechanischer Stabilität verbesserungswürdig.
   Aus der Erkenntnis heraus, dass der Knochenzement "das schwächste
   Glied in der Kette" der Endoprothesenwerkstoffe ist, konzentriert
   sich jetzt das Interesse wieder vermehrt auf die "zementfreie
   Implantation". Dabei darf jedoch nicht ausser acht gelassen werden,
   dass die Probleme der Lastübertragung vom Prothesenteil auf den
   Knochen und der Umstrukturierung des Knochens bestehen bleiben,
   auch wenn es gelingen sollte, die Implantate auf die Dauer ohne
   Knochenzement zu verankern.

<u>Literatur</u>

WILLERT, H.-G.; PULS P.: Die Reaktion des Knochens auf Knochenzement
   bei der Allo-Arthroplastik der Hüfte. Arch.orthop. Unfallchir.
   72, 33-71, (1972)
WILLERT, H.-G.; FRECH, H.A.; BECHTEL, A.: Measurements of the
   Quantitiy of Monomer Leaching out of Acrylic Bone Cement into the
   Surrounding Tissues During the Process of Polymerization.
   166. Meeting, American Chemical Societs, Chicago, August 1973

Loosening of the Cemented Prosthetic Cup in Total Hip Replacement by Torsional Loading

M. Jäger, W. Küsswetter, J. Rütt, M. Ungethüm, R. Burkhardt

Apart from other complications the results of total hip replacementare restrained by loosening of the acetabular cup in the absence of infection. Loosening of the acetabular cup has been reported many times. The reported incidences vary from 0.8% to 6.5%.

In 1972 ANDERSSON et al. reported experimental investigations concerning loosening of prosthetic cups which had been cemented with methylmethacrylate by torsional loadings. For these experiments cadaveric hips had been prepared in the following ways:
1) the acetabulum was left intact, 2) the cartilage was removed, 3) the tissue in the acetabular fossa was left intact, 4) the acetabular fossa was carefully cleaned and 5) one or three holes were drilled into the acetabular bone.

Based on clinical considerations we were interested to explore how the intact but roughened cortical surface or the cancellous surface of the acetabulum as well as the number of drill holes affects the primary fixation of the cemented prosthetic cup.

Material and methods

36 normal adult cadaveric hips were removed at post-mortem. The age of the bodies ran from 19 up to 91 years (average age 52 years). The specimens were stored at -36°Celsius and thawed to room temperature before preparation. The ligamentous shelf of the acetabulum was removed and the acetabular fossa was carefully cleaned.
Two different groups of experiments (each group consisting of three series) were obtained by preparing the acetabula in the following ways:
Group 1: The cartilage of the acetabulum was removed with a reamer until a roughened cortical surface was present.
   Series 1 A: No further preparation was performed.
   Series 1 B: For additional fixation three holes (diameter 9 mm, depth 20 mm) were drilled, one each into the os pubis, the os ilium and the os ischii.
   Series 1 C: For additional fixation five holes (diameter 9 mm, depth 20 mm) were drilled , one into the os pubis and two each into the os ilium and os ischii.

Group 2: The cortical bone of the acetabulum was reamed down until a cancellous bone surface was exposed (except the normally sclerotic area of the acetabular fossa).
   Series 2 A: No further preparation was performed.
   Series 2 B: Three drill holes were made (like series 1B).
   Series 2 C: Five drill holes were made (like series 1C).

Bone cylinders were taken from the os pubis, os ilium and os ischii in the series 1B, 1C, 2B and 2C when the holes were drilled. From

these bone cylinders section preparations were made for histology,
volumetric assessment of cancellous bone and (in group 1) for
measurements of the thickness of acetabular cortical bone.
To determine the average depth and diameter of the bony acetabula
casts were made with an impression compound.

Then a modified prosthetic cup type WEBER-HUGGLER size 42 was
cemented into the acetabulum with methylmethacrylate "Palacos".
The prosthetic cup was carefully embedded into the bony acetabulum.
Using epoxy resin the specimens were then placed in a torsional
apparatus (Fig. 1a and b).

Fig. 1a
Torsional apparatus with
leverarm and web for
power transmission.(The
web fits into a rabbet cut
into the prosthetic cup).

Fig. 1b
Torsional apparatus linked with
the epoxy resin block containing
the cemented prosthetic cup.

This torsional apparatus allowed application of an increasing
twisting moment to the prosthetic cup while the acetabulum was
kept in a fixed position. The turning moment was performed by a
fully electronic universal testing machine ZWICK type 1442 (Fig.2).

A force-way-diagram was obtained which could be converted into a
twisting moment-torsion angle-diagram (Fig. 3a and b).
All these torsional graphs showed an elastic and a plastic range.
The elastic range was characterized by a linear course. The turning
moment at loosening was determined from the graph at the point of
inflection from elastic to plastic phase.
The twisting resistance of the bony acetabulum of either cortical
or cancellous bone was demonstrated by the angle of inclination of
the graph.

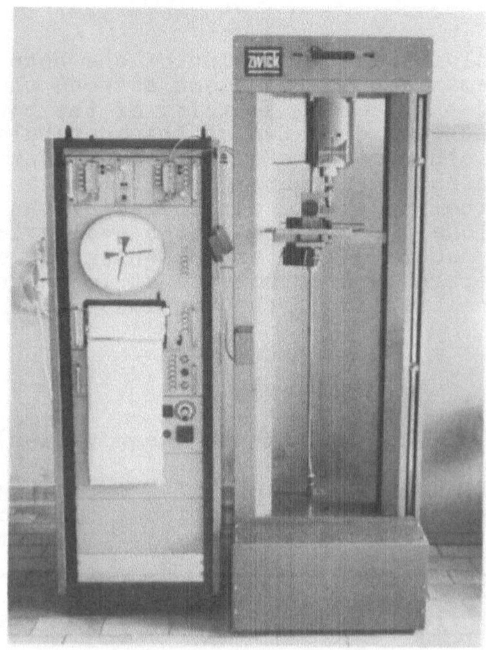

Fig. 2
Universal testing machine ZWICK
type 1442.

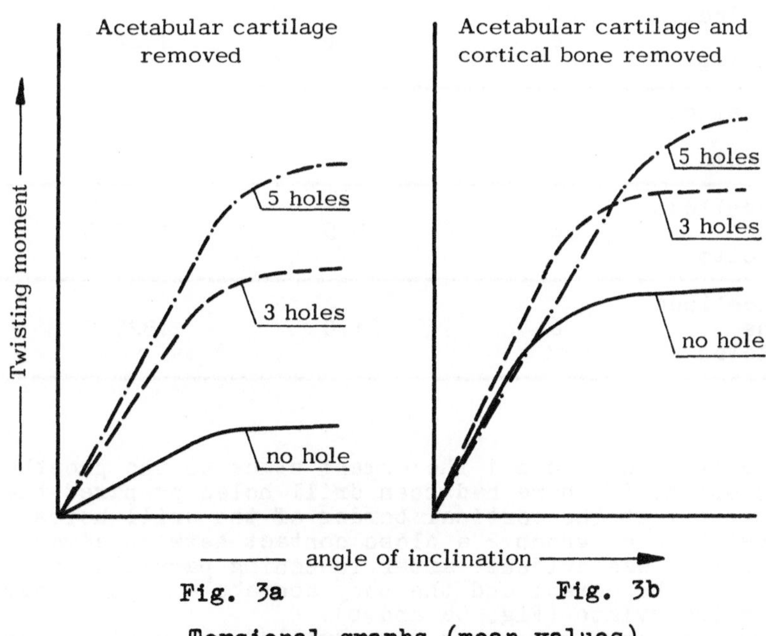

Fig. 3a   Fig. 3b

Torsional graphs (mean values)

Results

Histological and volumetric evaluation of the bone cylinder sections
did not prove mathematical correlations between the volumina of
cancellous bone and the loading capacity of the bony acetabulum.
Analysis of the depth and diameter of the acetabula did not reveal
any correlation to other results of the experiments.
But there were interesting aspects given by the twisting moments
required to twist the prosthetic cup loose, by the angle of inclination of the torsional graphs and by the evaluation of the bone
cement and the bony acetabula after loosening had occurred.
A survey of the average turning moments at loosening and of the
average angle of inclination of the torsional graphs is given in
table 1.

Table 1

Results of the experiments (mean values)

Series	Number of experiments	Angle of inclination (degrees)	Turning moment at loosening (cmkp)
I A Cortical bone no hole	6	26.6	457.1
I B Cortical bone 3 holes	6	56.5	1185.1
I C Cortical bone 5 holes	6	6o.6	1724.1
IIA Cancellous bone no hole	6	65.0	1082.9
IIB Cancellous bone 3 holes	6	65.5	1498.0
IIC Cancellous bone 5 holes	6	61.0	1827.0

In all acetabula of group 1 the cement stuck to the prosthetic cup
after loosening. If there had been drill holes prepared the cement
plugs broke off at the cortical border of the drill holes (Fig.4).
In all acetabula of group 2 a close contact between cement and
cancellous bone was evident: after loosening particles of cancellous
bone stuck to the cement and the bony acetabula showed particles
of methylmethacrylate (Fig. 5a and b).
In those cases where holes had been drilled the drill holes showed
an oval deformity in the same direction as the prosthetic cup was

twisted.

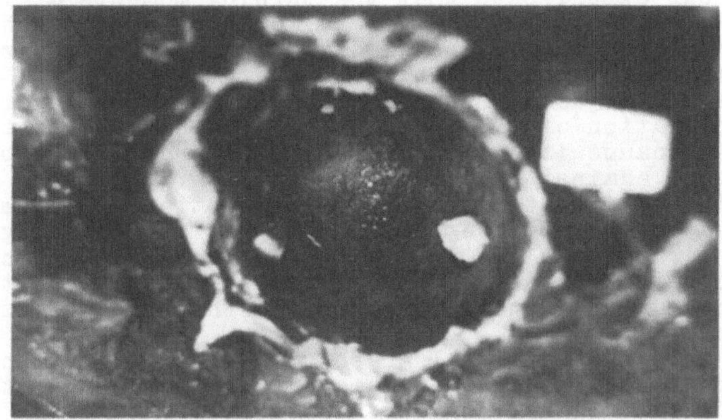

Fig.4
Cement plugs broken off at the cortical border of the drill holes.

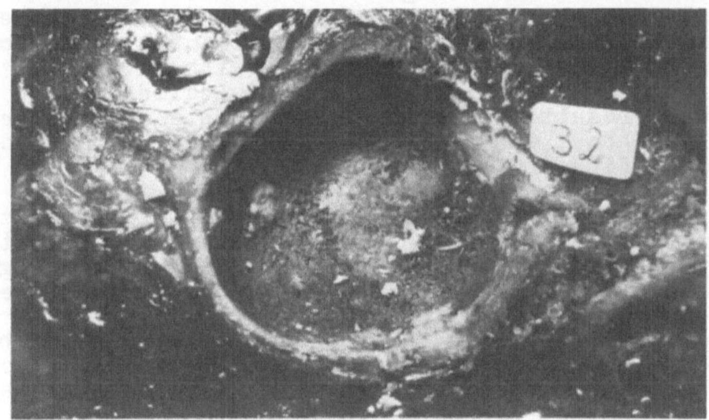

Fig.5a
Acetabulum reamed down to cancellous bone. Particles of methylmethacrylate are sticking to the cancellous bone.

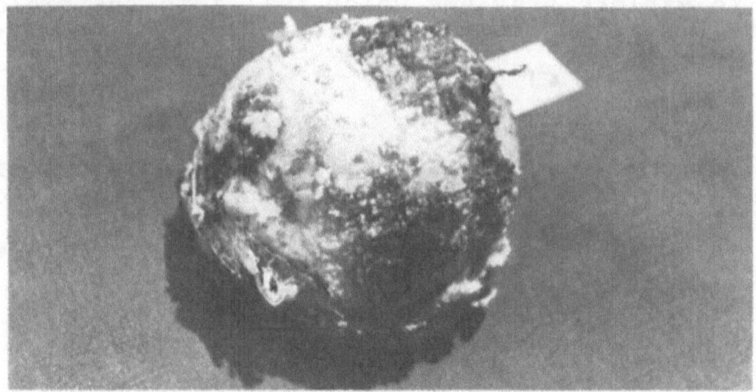

Fig.5b
Prosthetic cup covered with a coat of cement. Cancellous bone particles are sticking to the methylmethacrylate.

Discussion

We found in our experiments that the turning moments at loosening
were 6-18 times higher than they were found by WILSON and SCALES
and by FREEMAN and SWANSON who used a simulator for their total
hip replacement experiments. While the turning moment at failure
was an important adjunct when comparing the different series the
angle of inclination of the torsional graphs has the most valuable
significance because it expresses the resistance of the bone-
prosthesis bond against twisting.
When comparing different methods of implantation it becomes apparent
as might have been exspected that reaming of the cartilage alone
and implantation of the cup in the roughened cortical bone gives
least resistance against torsional forces. Here we find the lowest
values of the angle of inclination and of the turning moment at
failure.
Contrary to this the torsional graph of series 2A (reaming down
to cancellous bone) shows a much higher turning moment at loosening
and a considerably higher angle of inclination.
Comparing graphs of series 1 (reaming down to cortical bone) we can
definitely conclude that additional drill holes improve anchorage
which becomes obvious by the increase in the angle of inclination
and turning moment at loosening.
Bony acetabular cups which have been reamed down to cancellous bone
show similar behaviour with regard to additional drill holes and
turning moments at failure. In series 2C with five drill holes the
torsional graph shows the lowest angle of inclination in this series.
We explain this result because of considerable derangement in the
stability of the bony acetabulum due to removal of cortical bone
and drilling of five drill holes.

From our experiments we conclude that removal of the acetabular cartilage prior to implantation is not sufficient to adequate anchorage
of the prosthetic cup . The best preparation for anchorage from the
biomechanical point of view appears to be reaming of the cancellous
bone with simultaneous drilling of one drill hole in the os pubis,
os ilium and os ischii. When reaming down to cancellous bone the
additional drilling of holes seems to lead to weakening of the
osseous structure of the acetabulum with subsequent lowering of
the resistance against torsional forces.

This leads to the following conclusion: our experiments have enabled
us to deliniate some new parameters which are responsible for the
loosening of prosthetic cups. It goes beyond the scope of our
experiments to explore problems which fall into the biological reaction of the implanted material.

References:

ANDERSSON, G.B.J, M.A.R. FREEMAN, S.A.V. SWANSON: Loosening of the
    cemented acetabular cup in total hip replacement. J. Bone Jt.
    Surg. 54-B (1972) 590.
WILSON, J.N., J.T. SCALES: Loosening of total hip replacements
    with cement fixation. Clin. Orthop. 72 (1970) 145

The experiments were supported by the VW-Foundation

Zusammenfassung der Diskussion zu XIII

Willert setzt sich nachdrücklich dafür ein, die Corticalis bis auf die
Spongiosa freizulegen. Zwischen Knochen und unelastischem Knochenzement
bildet sich eine Bindegewebsmembran als Stoßdämpfer. Nach Kölbel haben
spongiöse Knochen z.B. bei chronischer Polyarthritis oder bei idiopathisch er
Coxarthrose unterschiedliche Qualitäten. Bei Ersatz eines arthrotischen
Gelenkes wird die Prothese in einer atrophischen Spongiosa verankert.
Die Bildung von elastischem Bindegewebe zwischen Zement und Knochen
hält Kölbel nicht für wünschenswert. Puhl empfiehlt mit Rücksicht auf
die mindere Qualität der Spongiosa bei Kindern mit chronischer Polyarthritis
nach Cortisonbehandlung wie eine Fraktur zu behandeln, wenn eine Totalendoprothese eingesetzt wurde. Fricke hat dagegen gute Erfahrungen mit
schneller Belastung nach der Operation gemacht.

XIV. Kavitation in Gelenken/Cavitation in Joints

<u>The Cracking of Human Joints</u>

Anthony Unsworth

Most people are aware that joints crack under certain force
actions. There are two main types of crack, one originating within
the articulating surface and the other from the tissues surrounding
the joint. This second type of crack is repeatable at random and
is probably due to ligaments or tendons passing over bony
prominences. It is the first type of crack that has remained
unexplained until recently, (British Medical Journal, 1969).

To investigate this problem, we built a machine which would crack
the metacarpo-phalangeal joint by applying tensile loads to the
joint. Whilst these loads were being applied, the joint was
X-rayed to produce sequential exposures from which measurements of
the joint separation could be made.

When the separation of this joint was plotted against the load,
for a normal cracking joint, a result similar to that shown in
Figure 1 was found.

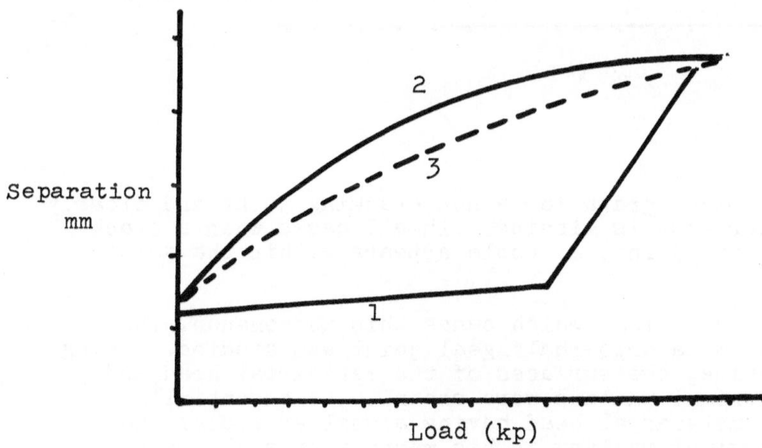

FIGURE 1

On first applying the load, the joint separation increased
slightly for a large increase in the load. At some particular
point, the separation suddenly jumped apart even though only a
very small increase in the load had taken place. Further increase
in the load caused another increase in separation but at a much
slower rate. On reducing the load at this stage, the separation
did not follow the original curve but followed curve 2 in the

diagram. At the zero load condition, the separation was not the
same as the starting separation. The area within the loop formed
by the process was seen to be equal to the energy expended in the
process. If the joint was then re-loaded immediately after
unloading, the rise in separation followed curve 3 in Figure 1.
On reducing the load again, the curve followed curve 2 back to zero
load. Therefore, the total area was divided into two sub areas,
the upper small loop representing the energy lost due to viscous
action within the tissue, and within the joint fluid. The larger
triangular area to the bottom of the graph shows the energy which
is entirely attributable to the crack. When there was no crack,
this lower loop was absent. Clearly then some process was taking
place which allowed energy to be dissipated and this could be
heard as noise in the form of a crack.

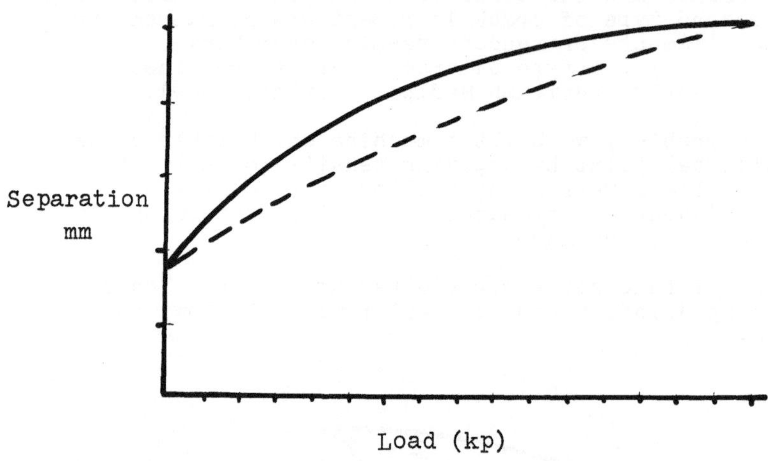

FIGURE 2

Figure 2 shows a typical graph for a non cracking joint and clearly
the lower triangular area is missing. In all cases when a crack
has taken place in the joint, a bubble appears within the joint
space on X-ray.

To investigate the mechanisms which cause this phenomenon, the
actual shape of the metacarpo-phalangeal joint was studied. Using
a shadow graph machine, the surfaces of the metacarpal head and
the base of the proximal phalanx were shown to be essentially
spherical with the metacarpal head having a smaller radius than
the base of the proximal phalanx. This means that a clearance
existed between the two surfaces.

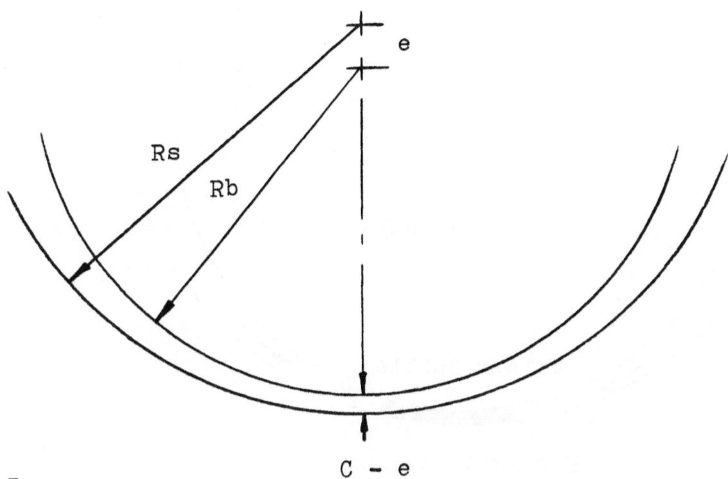

FIGURE 3

If we consider Figure 3 which shows this difference in radii
diagramatically, we can apply hydrodynamic theory to show that the
pressure in the centre of the contact can be given by the following
expression:-

$$p = -\frac{3Rs\ V\eta}{e}\left[\frac{1}{(C-e)^2} - \frac{1}{(C - e\cos\theta)^2}\right]$$

where p = minimum pressure

e = eccentricity θ = extent of contact

C = Rs - Rb η = viscosity of
                                         the fluid
V = velocity of separation

If we now examine this expression, we can see that when the
separation of the surfaces in the centre of the contact zone
approaches zero, the value of pressure approaches minus infinity.
Obviously then, there is a simple mechanism for reducing the fluid
pressure to a very low value.

We must now consider what happens to fluids when they are subjected
to such low pressures. If this pressure falls below the vapour
pressure of the fluid, then the liquid will convert into vapour.
This is accompanied by an absorption of energy provided by the
mechanical force separating the two surfaces. In addition, as the
pressure is lowered, any gas present within the fluid will begin
to come out of solution. Gas analysis on synovial fluid has shown
that it contains about 15% gas by volume, which is therefore
available for liberation under reduced pressure.

If we now return to the metacarpo-phalangeal joint, we can see
that there is an obvious potential for reducing the pressure to a
very low level and at this point we may produce a vapour bubble
within the contact zone, see Figure 4.

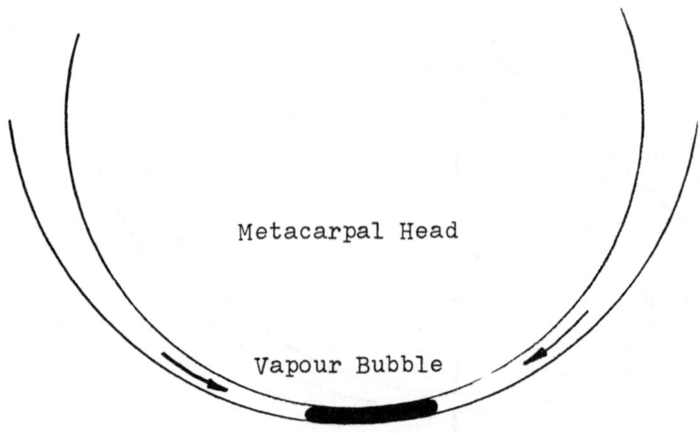

FIGURE 4

However, the fluid which is surrounding this bubble will then be
subjected to a pressure gradient such that it will attempt to flow
into the low pressure vapour bubble and therefore as the fluid
flows into the bubble, the pressure within the vapour cavity will
increase to such a point where the vapour pressure is exceeded
once again. Here the vapour reverts to liquid and releases the
free energy of vapourization. This is the energy which we hear as
the noise of the crack. At this stage the forces acting on the
metacarpo-phalangeal joint are such as to create an imbalance
between the fluid pressures and the tension in the soft tissue.
Therefore, the tissues have to extend to increase their reaction.
This results in a sudden separation of the joint surfaces which
again reduces the pressure within the fluid. However, this time
gas which was liberated at the time of the vapourization is now
present in small nuclei. These nuclei expand to create a single
gas bubble which is visible on the X-ray. This gas bubble therefore is not the cause of the crack but is in fact a consequence of
the crack.

To investigate this more thoroughly, a model was made of the
metacarpo-phalangeal joint. The metacarpal head was simulated in
nylon whilst the base of the proximal phalanx was simulated in
perspex. The two surfaces were placed together being separated by
human synovial fluid. On applying a load between the two surfaces,
such that the two were pulled apart, the joint was heard to crack.
During this period a high speed cine film was taken of the fluid
film separating the two surfaces. On this film it became evident
that a vapour bubble was formed and existed for about 100th of a
second and then collapsed suddenly creating the crack.

We can observe that during this type of cracking, if we have just
cracked the joint then we cannot produce a second crack unless we
wait for a period of about 20 minutes, during which time we must
not apply a second load. This is due to two factors. Firstly,
the gas which has now been drawn out of solution from the liquid
phase of the synovial fluid, takes a finite time to resorb into

the fluid. From experiments using a Van Slyke type of apparatus,
this time was seen to be of the order of 20 minutes. The second
reason for the non-occurrence of a second crack on immediate
re-loading is that the tissue surrounding a joint, being viscoelastic, does not return the joint to its pre-cracking separation
until a particular period has passed. Figure 5 shows this for a
typical metacarpo-phalangeal joint.

The importance of this fluid film thickness to the generation of a
low pressure has already been outlined in terms of the equation.
Here we see that the pressure generated within the fluid film is
extremely dependent on the actual film thickness between the two
surfaces. When this is small a low pressure can be generated
which in turn will produce vapourization and consequently a crack.
If this film thickness is large, then a sufficiently low pressure
cannot be produced. This then has some relevance as to why some
people's joints never crack. When we looked at a series of
subjects whose joints cracked and compared them with those whose
joints did not crack, the difference in resting separation between
the two groups was such that the group who could not crack their
joints had a 25 per cent greater separation. This could be due to
ligamentus laxity or to some geometrical differences in the
surface shape. Whatever the cause, it seemed likely that this is
the factor which prevents the joint from producing a crack.

The phenomenon of cavitation which we have observed within the
metacarpo-phalangeal joint, as well as in other joints, such as the
knee and the hip, is clearly a process which involves the
liberation of large amounts of energy. This energy will produce
shock waves within the fluid which will impinge on the bounding
surfaces. We know that in engineering situations, cavitation is
extremely damaging. A fatigue type of erosion takes place on the
surface which removes large particles of the surface layer of
material. However, we have no real evidence that this takes place
in human joints. None the less, the occurrence of cavitation
within natural human joints ought to give some concern and there
is clearly room for additional work to be carried out to
investigate this particular problem.

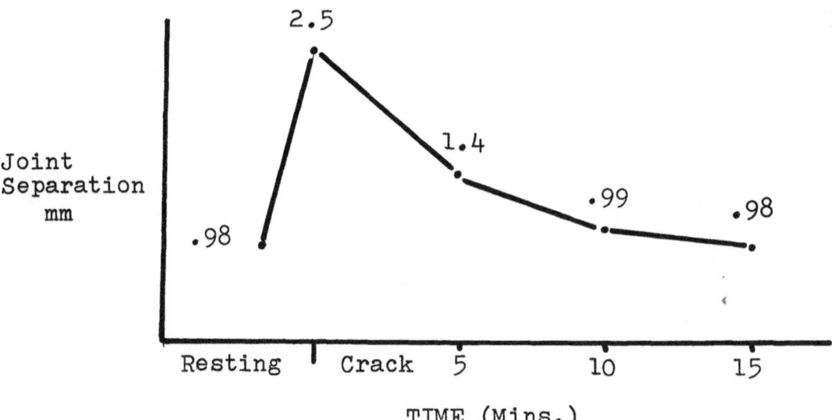

FIGURE 5

References

British Medical Journal (1969) 'Any Questions', vol. 4, p. 351.

Dittmar, O. (1933) Verhandl. dtsch. Orthop. Ges. (27 Congr.,
    Mannheim, 1932) (Zur Rontgenologie des Kniegelenks).

Fick, R. (1911) Anat. Hefte, Abt. 1, 43, 397 (Zum Streit um den
    Gelenkdruck).

Nordheim, Y. (1938) Fortschr. Rontgenstr., 57, 479. (Eine neue
    Methode den Gelenkknorpel besonders die Kniegelenkmenisken
    rontgenologisch darzustellen).

Roston, J.B., and Haines, R. Wheeler (1947) J. Anat., 81, 165
    (Cracking in the metacarpophalangeal joint).

<u>Die bei der Kavitation auftretende Beanspruchung</u>

Erdmann-Jesnitzer, F. und H. Louis, Hannover

In der Technik hat im Teilgebiet hydromechanischer Werkstückschäden
die Erforschung der Kavitation neben der erkenntnistheoretischen
Seite den wirtschaftlichen Zweck, Schaden an Maschinenteilen zu ver-
ringern oder zu unterbinden. Durch geeignete Strömungsverhältnisse,
durch geometrisch günstige Profil- oder Kanalformen ist in Verbindung
mit Leistungswerten ein Bereich angesprochen, die Kavitation, z.B.
Strömungskavitation, nicht oder nur in einem Maße auftreten zu lassen,
daß Dauerschäden ausbleiben. Auf der anderen Seite stellen steigende
Wirkungsgrade die Forderung in den Vordergrund, mit der Kavitation
zu leben. Das bedeutet Anpassung z.B. der zur Zerstörung kommenden
Werkstoffe durch erhöhten Kavitationswiderstand.

Abb. 1: Teil einer Wasserturbine mit
starken Kavitationsschäden

Abb. 2: Werkstückkavitation
eines Lagers in einem Pla-
netengetriebe

<u>Abb. 1</u> zeigt aus vielen möglichen Schadensfällen den Teilausschnitt
eines Pumpenrades mit völlig zerfressenen Schaufelrädern, das Medium,
in dem die Kavitation auftrat, war Wasser.

<u>Abb. 2</u> zeigt eine durch Kavitation geschädigte Lagerlauffläche. Kavi-
tationsmedium hier Öl. Diese Beispiele könnten beliebig erweitert
werden, z.B. zur Benzinkavitation in Rohrleitungen von Flugzeugen
sowie mannigfaltige Schadensfälle in der chemischen Industrie für
verschiedenste anorganische und organische Medien. Die Zerstörungen
erweisen sich hier als Summeneffekt, und das Endbild zerklüfteter
Werkstückoberflächen gibt keine Auskunft über sich abspielende elementare Prozesse bei der Zerstörung durch Kavitation. Den zerstörenden
Wirkfaktor stellt der Blasenzusammensturz, d.h. die Blasenimplosion,
dar. Die Blasen, bestehend aus Dampf und/oder ausgeschiedenen Gasen
bilden sich in Gebieten, in denen der statische Druck der Flüssigkeit auf Werte unterhalb ihres Dampfdruckes absinkt. Dabei ist der
Dampfdruck des Mediums abhängig von seiner Temperatur und seiner
chemischen Zusammensetzung. Gelangen diese Blasen in Gebiete wieder
angestiegenen Druckes, so beginnt ihr Zusammenfall.

Der Ort des Zusammenfalls kann, muß aber nicht mit dem Entstehungsort
der Kavitationsblasen übereinstimmen. Man spricht von Kavitations-
intensität und führt zur Begriffsbestimmung den Grad der Auswirkung
ein, wobei neben vielen anderen Einflußgrößen die Lebensdauer der
Blase von besonderer Bedeutung ist (1). Die Zerstörungsintensität
sinkt mit zunehmender Lebensdauer ab, was offensichtlich darauf zurückzuführen ist, daß in sich bildende Hohlräume zufolge Verdampfung
nun zusätzlich im Medium gelöste Gase eindiffundieren und jede Art
Stoßwirkung bei der Blasenimplosion dämpfen.

Werkstoffkavitation stellt für den Bereich der Metalle Kavitationskorrosion sowie Kavitationserosion dar, d.h. es tritt die chemische
Auswirkung sowie die mechanische Auswirkung auf. Beide spielen in der
Technik eine Rolle, obwohl die erosive Komponente die eigentlichen
tiefgreifenden Zerstörungen bewirkt, während die korrosive Komponente
Oberflächenschichten angreift und mäßigen Gewichtsverlust über der
Laufdauer der Aggregate ergibt. Innerhalb der Medizin liegen jedoch
hinsichtlich des Kavitationsmediums andere Verhältnisse als im
technischen Sektor vor, weil hier z.B. in Gelenken das Medium verbleibt, während es in der Technik in der Regel strömt und dadurch
mehr oder minder immer konstant in der Zusammensetzung bleibt.

Da nun nach Literaturberichten und experimentellen Befunden sich bei
Kavitation zufolge auftretender Druckwirkungen Radikale, wie z.B.
OH-Gruppen sowie Wasserstoff bei Wasser als Kavitationsmedium bilden
können (2), muß man annehmen, daß auch bei nicht zur mechanischen Zerstörung von Begrenzungswänden kommender Kavitation durch die Tatsache
auftretender Implosionen, die nicht wandnah erfolgen, chemische Auswirkungen auf das Kavitationsmedium erfolgen, deren Einfluß z.B. auf
die Höhe des Dampfdruckes nicht von vornherein voraussagbar ist. Man
sollte daher unter dem Begriff Kraftwirkungen auch einbeziehen die
sich zufolge auftretender Blasenimplosionen eintretenden chemischen
Veränderungen.

Stellt man die Frage nach der Größe auftretender mechanischer Kräfte,
so ist oberflächlich betrachtet die Antwort experimentell leicht dadurch gegeben, daß z.B. polierte Metalloberflächen nach wandnaher
Blasenimplosion plastische Deformationen (3) zeigen. Dann ist mit
Sicherheit die dynamische Streckgrenze überschritten, die über Parallel-
untersuchungen gewonnen werden kann. <u>Eine</u> Kraftgröße wäre dann eine
spezifische Flächenbelastung, die oberflächennahe zur Verformung führt.

Ein solcher Druckspannungswert experimentell ermittelt verliert jedoch sofort seine Bedeutung für z.B. harte Werkstoffe, die nicht über
zunächst starke plastische Verformungen, sondern mit Schwingungsbruch
zerstört werden. Hier ist die Akkumulation auftretender Stoßenergien
die rißbildende Ursache. Die sich bei Blasenimplosion randnahe auf die
Wand auswirkenden Kräfte sind in ihrer Entstehungsursache jedoch
komplizierter als es die einfache Überlegung Kraft pro Fläche gleich
plastische Deformation vermuten läßt.

Hier darf ich Sie einführen in einen zweiten hydraulischen Werkstück-
schaden, der durch Flüssigkeitsschlag hervorgerufen wird. Technolo-
gisch war frühzeitig bekannt, daß durch Flüssigkeitsschlag beanspruchte Werkstücke ähnliche Zerstörungserscheinungen wie durch Kavitation zeigen.

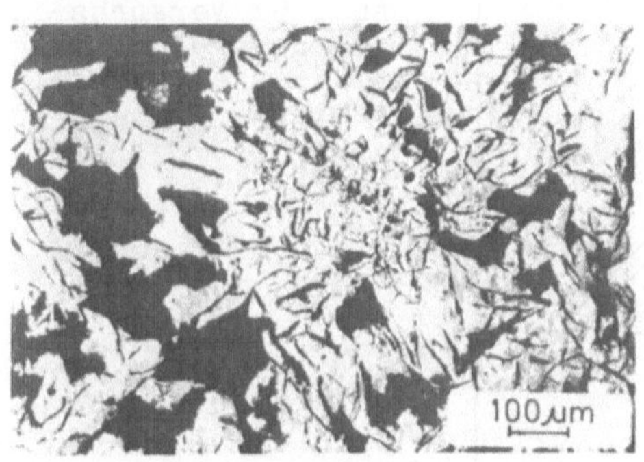

a   b

Abb. 3: Querschliffe geschädigter Gußeisenproben, Beanspruchungsart:
a - Flüssigkeitsschlag, b - Strömungskavitation

Abb. 3 gibt dies vergleichend für einen technischen Werkstoff, hier
lamellares Gußeisen wieder. Über die Identität von Hochgeschwindig-
keitsflüssigkeitsschlag und seiner werkstückseitigen Folgen, mit der
als Kavitationserosion bekannt gewordenen Zerstörung soll im folgenden
gezeigt werden, daß die Blasenimplosion im wesentlichen Flüssigkeitsschlag in Mikrobereichen darstellt.

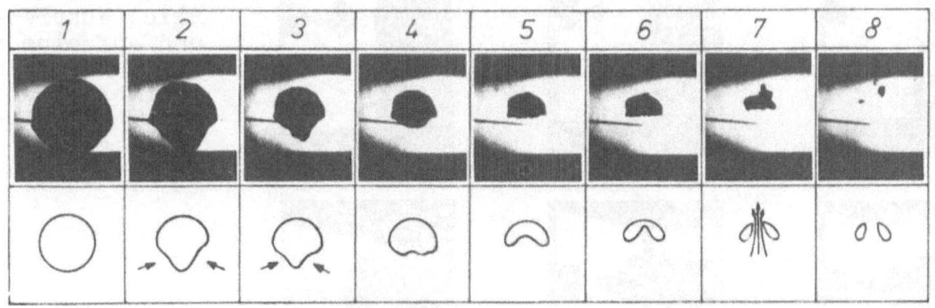

Abb. 4: Gegenlichtaufnahmen einer implodierenden Kavitationsbläse
mit der schematischen Darstellung eines entstehenden Flüssigkeits-
strahles

Geschichtlich gesehen sind zwei Wege beschritten worden.

1.) Direkte kinematografische Beobachtung einer implodierenden Kavitationsblase, wie dies eine Bildfolge beim Blasenzusammensturz das Schattenbild zeigt, <u>Abb. 4.</u>

2.) Vergleichende Betrachtung der Auswirkung einer Blasenimplosion gegenüber einem Flüssigkeitsschlag auf polierten, weichen Metallen wie etwa Blei oder Indium.

Im zweitgenannten Fall bedurfte es noch zusätzlich der Erzeugung von Kavitationseinzelblasen und ihrer den Realverhältnissen bei der Kavitation analogen Implosion.

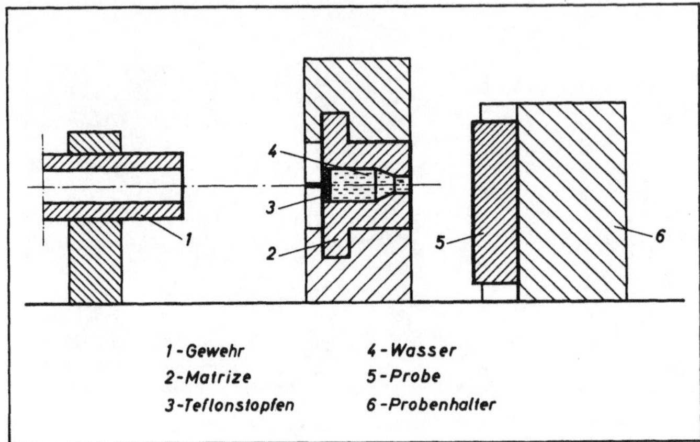

Abb. 5: Versuchsanordnung für Flüssigkeitseinzelschlag

<u>Abb. 5</u> zeigt eine Versuchsanordnung für Flüssigkeitseinzelschlag.

Ein Gewehr beschießt die Teflonplatte 3, die ein Wasservolumen 4 abschließt und beschleunigt es mit hoher Geschwindigkeit auf die Prüfplatte 5, die durch starkes Material 6 verdämmt ist.

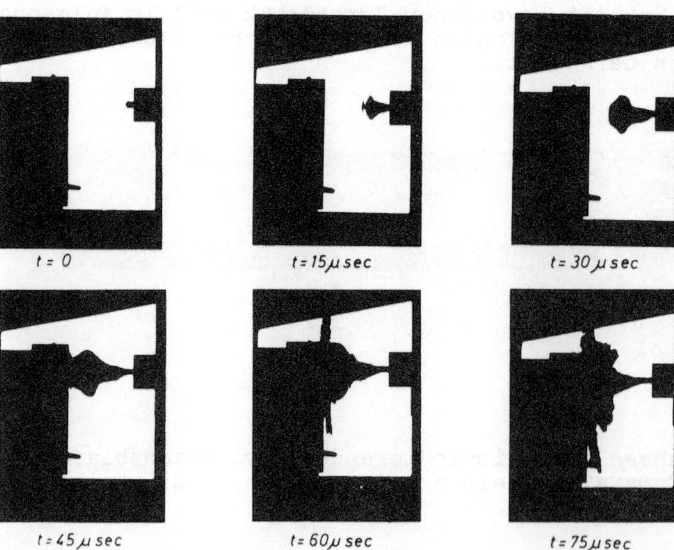

Abb. 6: Schattenbild des aus einer Düse (rechts im Bild) austretenden und auf eine Probe (links im Bild) treffenden Hochgeschwindigkeitsflüssigkeitsstrahles

<u>Abb. 6</u> zeigt im Schattenbild den austretenden Flüssigkeitstropfen, aus dem ein Mikrostrahl ausbricht, und die Probe trifft, worauf das eigentliche Wasservolumen folgt.

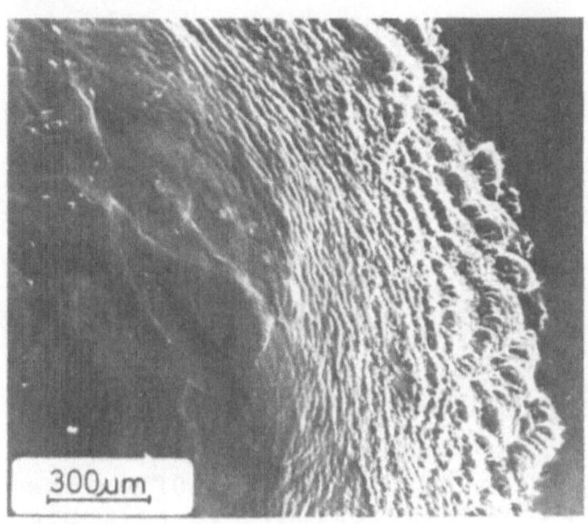

a

<u>Abb. 7</u>: Rasterelektronen-mikroskopische Aufnahmen einer Materialveränderung infolge Flüssigkeitseinzel-schlag auf Reinstaluminium

a – Ausschnitt der wellen-förmigen Randzone

b – Detailvergrößerung

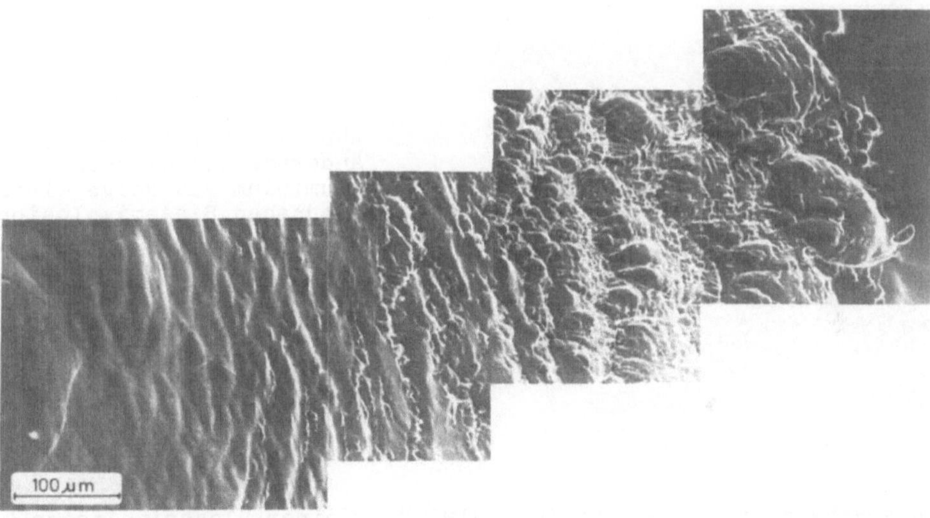

b

<u>Abb. 7</u> gibt die rasterelektronenoptische Aufnahme in verschiedenen Vergrößerungsstadien wieder, und man erkennt, daß ein Aufschlagszentrum umsäumt ist von radialsymmetrischen Verformungsfiguren als Wellen an der Oberfläche vorher planpolierten weichen Aluminiums. Ähnliche Figuren erhält man in Blei.

<u>Abb. 8</u> zeigt nach Aufprall eines Tropfens hoher Geschwindigkeit auf Wachs analoge Wellenbildungen (4).

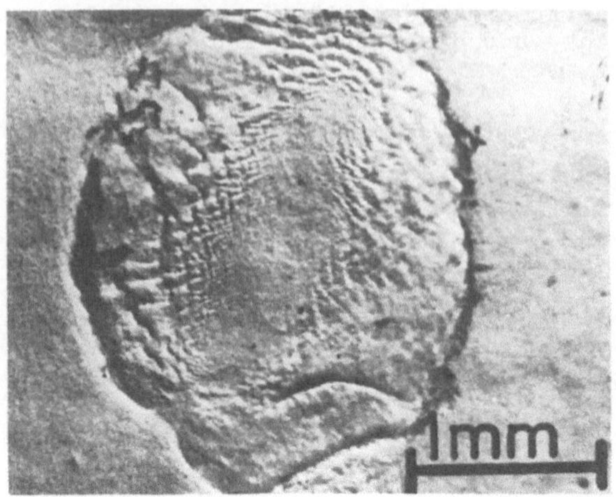

Abb. 8: Einzelflüssig-
keitsschädigung bei Wachs
nach (4)

Abb. 9 zeigt nun zum Vergleich die Auswirkung, ebenfalls auf weichem
Aluminium, einer randnahe erfolgenden Blasenimplosion. Die beliebig
erweiterbaren Experimentalbefunde belegen die Analogie von Blasen-
sturz mit Mikro-jet-impact und speziell erzeugtem Flüssigkeitsschlag.

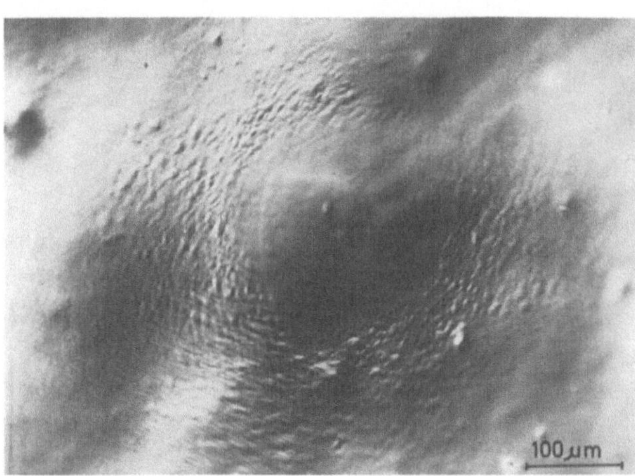

Abb. 9: Oberflächenver-
änderung auf weichem
Aluminium als Folge einer
randnahen Blasenimplosion

Deshalb erscheint auch auf die Initialwirkung einer Blasenimplosion
eine Vorstellung des Beanspruchungszustandes beim und während des
Auftreffens eines Flüssigkeitsvolumens auf Oberflächen anwendbar wie
folgt, Abb. 10.

Der Aufschlagspunkt H_o wird Ausgang einer in den Wasserstrahl
laufenden Druckwelle. Die Oberfläche der Probe wird eingedellt und
die Wellenausgangszentren wandern als H_2 nach rechts und links und
werden Ausgangspunkt erneuter Stoßwellenzentren. Die Hüllkurve aller
mit der Schallgeschwindigkeit im Flüssigkeitsmedium wandernden Druckwellen stellt die Schallfront dar. Laufen die Stoßpunkte der Erregung
schneller als die Schallfront nachkommt, so entsteht im Flüssigkeitsmedium ein komprimierter Bezirk, der sich nicht entlasten kann. Dieser
Bezirk ist begrenzt einmal durch das Probenmaterial, zum anderen durch
die Wellenfront innerhalb der Flüssigkeit. Durch die Geometrie der
Krümmung wird mit steigendem Abstand von H_o schließlich ein Wert H er-

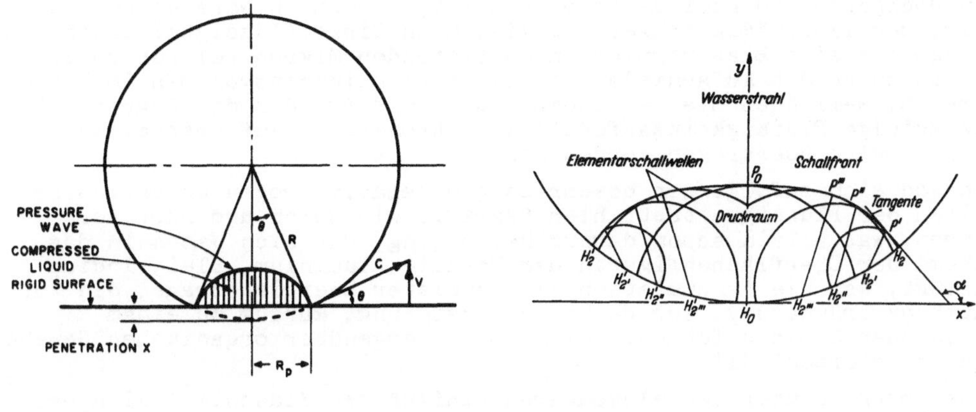

a   b

Abb. 10: Schematische Darstellung der Ausbildung eines Mach'schen
Druckraumes innerhalb eines auftreffenden Flüssigkeitsvolumens
a - nach F.J. Heymann, b - nach F. Erdmann-Jesnitzer und R. Laschimke

reicht, bei dem die Schallfront die vorlaufende Erregerfront erreicht
und überrennt. Dann entlastet sich der Druckraum spontan und unter
hohem Druck, der sich in extrem hoher Geschwindigkeit umsetzt, es
strömt Wasser seitlich ab. Dieser Vorgang ist im makroskopischen Bereich von uns kinematographisch festgehalten worden. Die Angabe eines
Stoßdruckes als spezifische Flächenpressung hat daher nur dann Berechtigung, wenn dieser Elementarprozeß beachtet wird, d.h. der Bildung
eines sogenannten Mach'schen Druckraumes, der ins Innere der Flüssigkeit hin begrenzt wird durch die Schallfront aller Elementarschall-
wellen.

Für die physiologische Auswirkung ist daher wesentlich zu beachten,
daß unter den beschriebenen Voraussetzungen zwei Stoßrichtungen schnell-
strömenden Wassers erfolgen.

a) Senkrechte Druckwirkung mit einer Eindellung, wie sie in der
   Technik, z.B. für Blei, Aluminium oder Indium ermittelt wird,
   sowie

b) einer radial abströmenden Flüssigkeitsmenge, die mit hoher Re-
   lativgeschwindigkeit etwa tangential abströmt.

Es mag sein, daß für die Medizin dieser Sekundäreffekt von großer Bedeutung ist, weil er den fast punktförmigen Auftreffeffekt flächen-
mäßig und damit hinsichtlich Schaden durch Implosion bei Kavitation
vergrößern könnte.

Es soll nicht unerwähnt bleiben, daß aus Untersuchungen zu aufge-
schossenem Wasser auf Werkstückoberflächen sich im Hinblick auf die
Beanspruchung ein deutlicher Einfluß von Oberflächenschichten ergab.
So wirkt sich ein auf Metall aufgeklebter Tesafilm ebenso wie ein
Flüssigkeitsfilm so aus, daß die Auswirkung, besonders der radial abströmenden Flüssigkeitsmenge auf die zu schädigende Oberfläche abge-
schwächt wird. Da man es bei Gelenken sicher nicht mit der Beanspruchung blanker deckschichtenfreier Knochenoberflächen zu tun hat,
muß man für den Fall von Knochen mit Knochenhaut als Deckschicht
untersuchen, inwieweit der physikalische Aufbau sowie die Dicke der
Knochenhaut einen Effekt beim Mikrojetaufprall bewirkt, der gemäß
Abb. 10 den Druckraum in Mikrobereichen und das seitliche Abspritzen

von Hochgeschwindigkeitswasser noch zeigt. Deshalb wäre es auch günstig, den labormäßig schwer simulierbaren Einzelflüssigkeitsaufprall in den für eine Blasenimplosion auftretenden Mikrobereichen zu ersetzen durch das Aufschießen von einem Flüssigkeitsvolumen im Makrobereich, weil auch hier angenommen werden darf, daß die Angriffskinetik zufolge Flüssigkeitsaufprall im Makrobereich auf Erscheinungen im Mikrobereich übertragen werden kann.

Während sich zufolge der beschriebenen relativ großen Geschwindigkeiten der Flüssigkeitsstrahlen Begriffe wie weich und hart verlieren, was allein schon daraus hervorging, daß sich Wachs in das Schema der Oberflächenfiguren der Metalle Aluminium, Blei, Indium einfügt, ist die Akkumulation eingespeister Energiebeträge, die zur Substanzveränderung, zur Werkstückzerstörung, kurzum zu einem bleibenden Schaden führen, bei Metallen gegenüber organischen Geweben sicher unterschiedlich.

Beobachtungen über den elementaren Einfluß der Blasenimplosion bei den kristallinen Metallen gegenüber den strukturviskosen Kunststoffen lassen vermuten, daß mit Übergang zu organischen Geweben Schädigungsfolgen spontaner Druckwirkungen punktförmiger Art möglich sind, die nicht in den Bereich der Rißbildung und Bruchkinetik bei Metallen einreihbar sind.

Nicht auszuschließen ist, daß auch für organische Substanzen ein thermoelastischer Effekt existent ist, wonach allseitige örtliche Kompression mit einer Temperaturerhöhung verbunden ist, die zwar kurzzeitig die Gleichheit in der Relation Druck und Temperatur beinhaltet, aber in ihrer Auswirkung besondere Fragen der Bindung berührt.

Da offensichtlich Kavitation in der Medizin erst eine Entdeckung der letzten Jahre darstellt, aber im Bereich der technischen Physik und angewendet in der Hydromechanik, Kenntnisse zur Kavitation und ihrer Folgen mit vielen Einflußvarianten und ihrer Wechselwirkungen bestehen, erscheint eine stärkere fachliche Kooperation, wie sie auch diese Tagung anstrebt, von sicher überaus großem Nutzen.

<u>Ausblick</u>

Stellt man sich die Frage, welche Kooperationsmöglichkeiten sich zwischen den sich Kavitationsschäden bei metallischen Werkstoffen widmenden, meistens werkstoffkundlichen oder strömungsphysikalisch ausgerichteten Instituten Technischer Hochschulen und den Instituten und Laboratorien für physiologische Schäden im Bereich der Humanmedizin ergeben könnten, so muß zunächst auf die bereits im technischen Sektor recht ausgereiften Prüfgeräte und die einsetzbaren Prüfkapazitäten hingewiesen werden. Dem Kavitationsablauf in Gelenken ist im Gegensatz zur Strömungskavitation eigen, daß die Flüssigkeit als örtlich stationär verbleibt. Die Gelenkflüssigkeit ist eingeschlossen, wenngleich sie auch Strömungen unterliegt. Daraus ergibt sich, daß die in Gelenken auftretenden Flüssigkeiten durch den Effekt der Kavitation flüssigkeitsseitig strukturelle Änderungen erfahren können. Bekannt wurde, daß sich bei der Blasenimplosion als örtlich gesehen hochenergetischem Ablaufprozeß Radikale wie OH, H und andere bilden können, die ihrerseits über eine Änderung in der chemischen Zusammensetzung das physikalische Verhalten, z.B. des Dampfdruckes, verändern könnten. In der Technik spielt ein solcher Vorgang eine geringere Rolle, da meistens in der Praxis strömende Medien vorliegen, die bei laufender neuer Zuführung und andererseits Abführung vom Kavitationsort über der Zeit gesehen als physikalisch quasi gleichbleibend angesehen werden können. Deshalb sollte man auch der Veränderung der Gelenkflüssigkeit durch den Kavitationsvorgang selbst Beachtung schenken, weil hier ohne Zweifel Ansätze möglich wären, sich durch Kavitation ungünstig auswirkende Einflußfaktoren durch chemische Gegenmaßnahmen zu bekämpfen. Dabei könnte im Vordergrund die Höhe des Dampfdruckes stehen, da bei gegebenen geometrischen gleichbleibenden Kanalformen und Bewegungen der Flüssigkeit in Gelenken ein über der Zeit sich ungünstig ändernder Dampfdruck autokatalytisch den zerstörenden Kavitationseffekt der Blasenimplosion für die Begrenzungswände erhöhen könnte.

Dabei ist z.Zt. offen, ob gebildete Radikale wieder verschwinden und sich die chemisch und strukturell für die mit organischen Substanzen versehene Gelenkflüssigkeit laufend über der Zeit regeneriert. Es erscheint zumindest denkbar, daß eine Beeinflussung der Gelenkflüssigkeit auch im günstigen Sinne zu einer Verringerung kavitativer Erscheinungen einschließlich möglicher Schädigungswirkungen auf die Begrenzungswände möglich ist.

Um aus den Einzelflüssigkeitsschlagüberlegungen heraus eine Arbeitshypothese abzuleiten, bedarf es des experimentellen Befundes. Es erscheint deshalb zweckmäßig, außer durch gelenksimulierte Kanalformen und unter Verwendung einer der Gelenkflüssigkeit analogen synthetischen oder auch natürlichen Flüssigkeit einfache Versuche durchzuführen unter Einsatz der Rasterelektronenmikroskopie, welche Zerstörungsfolgen sich bei Kavitation an Knochen und ihrer Oberflächenschichten real ergeben. Da der elementare Vorgang einer Blasenimplosion zunächst völlig unabhängig von der Art der Flüssigkeit im kinetischen Ablauf der Wandbeanspruchung ist, könnten Knochen im Ablauf von Strömungskavitation durch Wasser zunächst unter Verwendung ganz konventioneller, in der Technik üblicher, jedoch in den letzten Jahren erst hoch korrosionserosionsintensiv entwickelter Kammern erfolgen. Dabei sollte man mit abgelöster und mit belassener Knochenhaut an tierischen Gebeinen beginnen und bei abgelöster Knochenhaut die Folgen der Beanspruchung auf **beobachtbare** Oberflächen erstrecken und bei belassener Knochenhaut überprüfen, wieweit die Tiefenschädigung sowie die flächenmäßige Ausdehnung einer Beanspruchung beobachtbar auftritt.

Insgesamt gesehen läßt sich natürlich hierbei allein durch die Tatsache verbleibender, im Gelenk vorhandener Flüssigkeit das Prinzip magnetostriktiver Beanspruchung anwenden. Dann sind die Geräte investitionsmäßig und laborseitig nicht umfangreich und käuflich erwerbbar.

Ebenso aber wie starke Bedenken auch heute noch vor allem von denjenigen aus bestehen, die hydraulische Schäden durch Kavitation über strömende Medien untersuchen gegenüber den Ergebnissen der magnetostriktiven Beanspruchung, sollte man von vornherein die Untersuchungen <u>auch</u> im strömenden Medium durchführen, da nicht einwandfrei bis heute klargestellt ist, welche zusätzlichen Beanspruchungen mechanischer Art sich für die bei magnetostriktiven Geräten vorhandenen Probenformen durch den Schwingvorgang selbst ergeben. So sind es Beobachtungen von <u>Eigenresonanz</u> in zylinderförmigen, zur Kavitation im Schwinggerät kommenden Metallproben, die auf Zusatzbelastungen hinführen, als sogenannte Druckwellen stehender Art mit Schwingungsbauch und Schwingungsknoten, wodurch sich interessante Zerstörungsfiguren ergeben.

Die im Rahmen des Schwerpunktprogramms "Kavitation" der Deutschen Forschungsgemeinschaft in technischen Instituten aufgebauten arbeitsfähigen und einsatzbereiten Prüfkapazitäten sollten daher in sorgfältiger Abstimmung der Versuchsprogramme und des Versuchsablaufs

Studien zugeführt werden, die sich mit dem Auftreten und den Folgen
von Kavitation un Gelenken widmen.

<u>Literatur</u>

(1) LOUIS, H.: "Erosive Zerstörungen durch Strömungskavitation",
    Diss. TU Hannover, 1973

(2) NYBORG, W.L.: "Cavitation in Biological Systems", 1973 Symposium
    on Finite-Amplitude Wave Effects in Fluids, Technical University
    of Denmark, Kopenhagen, 20-22 August, 1973

(3) ERDMANN-JESNITZER, F., H. LOUIS: "Elementare Zerstörungsprozesse
    bei der Kavitationserosion", Jahrbuch der STG 66 (1972), S. 185-
    206

(4) RIEGER, H.: "Vergleichende Untersuchungen zur Werkstoffzerstörung
    beim Tropfenschlag und bei der Kavitation", Vortrag auf der 2.
    Forschungskonferenz REGENEROSION 16.-18.8.1967 in Meersburg/
    Bodensee, z.T. veröffentlicht in [49]

Mechanismen und Formen der Zerstörung bei Kavitation

H. Louis

Kavitationsblasen, d.h. dampf- und/oder gaserfüllte Hohlräume können immer dann entstehen, wenn sich innerhalb einer Flüssigkeit der statische Druck verringert oder wenn die Temperatur ansteigt. In beiden Fällen können sich zunächst dem Gleichgewichtszustand nicht mehr entsprechend gelöste Gase ausscheiden oder, falls der Druck auf Werte unterhalb des Dampfdruckes der Flüssigkeit absinkt bzw. sich die Temperatur örtlich auf Werte oberhalb der Verdampfungstemperatur erhöht, zusätzlich dampferfüllte Hohlräume bilden. Die Bildung von derartigen Hohlräumen kann bereits zu einer Beeinträchtigung des Systems führen. Die Implosion der gebildeten Hohlräume infolge wiederansteigenden Druckes bzw. wieder abnehmender Temperatur kann jedoch zu tiefgreifenden Veränderungen bzw. Zerstörungen führen.

Dabei treten zwei mögliche Folgen auf:
1. Die Veränderung der die Blasen umgebende Flüssigkeit.
   Hierzu gehören neben der zumindest zeitweise gestörten Homogenität der Flüssigkeit durch ausgeschiedene Gase auch die Bildung von Radikalen (1).
2. Die Veränderungen von festen oder quasi-festen Substanzen, die das flüssige Medium umgeben.
   Hierzu zählen elastische und plastische Verformungen, die von geringen Veränderungen der äußeren Geometrie bis hin zu schweren Zerstörungen reichen können.

Die zweite der möglichen Folgen, die Veränderung von Materialien, soll Thema dieses Beitrages sein. Dabei sollen aus den zur Klärung der an technischen Reallegierungen auftretenden Zerstörungen durchgeführten Modelluntersuchungen einige Beispiele typischer Veränderungen aufgezeigt werden. Typisch sowohl im Hinblick auf das unterschiedliche Verhalten der Werkstoffe als auch unter der Berücksichtigung unterschiedlicher Belastungsarten.

Die zu erwartenden Materialzerstörungen sind abhängig:

I. Von der Intensität der Blasenimplosion.

   Die Intensität der Blasenimplosion kann in starkem Maße beeinflußt werden z.B. durch den Druck ihrer Umgebung bzw. bei strömenden Medien durch den Druck-Weg-Gradienten. Außerdem spielt die Lebensdauer der Blasen und ihr möglicher Gasinhalt eine erhebliche Rolle (2).

II. Von der Wirkung der Blasenimplosion.
  Die Wirkung der Blasenimplosion auf die zu schädigende Probenoberfläche ist außer von der Intensität in starkem Maße abhängig u.a.
  von dem Ort der Blasenimplosion, d.h. seiner Entfernung von der
  Oberfläche und der daraus resultierenden Schutzschichtdicke sowie
  von der Makro- und Mikrogeometrie der Werkstückoberfläche.

Beide Faktoren, die Intensität der Blasenimplosion und ihre Wirkung,
bestimmen die Art und das Ausmaß der entstehenden Materialveränderung.
Ist die Intensität der Blasenimplosion und/oder ihre Wirkung gering,so
tritt vorwiegend Kavitationskorrosion auf. Ist dagegen die Intensität
und die Wirkung groß, so herrscht Kavitationserosion vor. Beide Kavi-
tationsarten, Kavitationskorrosion und Kavitationserosion, stellen Extremfälle kavitativer Schädigungen dar.

Kavitationskorrosion -

- Kavitationserosion

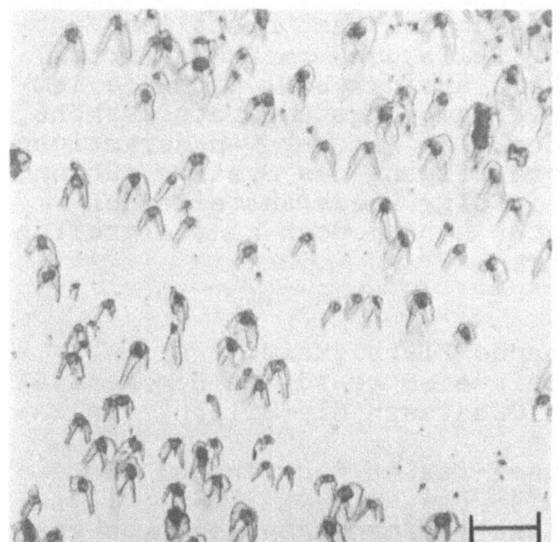

Die folgenden Bilder geben für Zink
der Reinheit 99,99 (Feinzink) Oberflächenveränderungen wieder, wie sie
für Kavitationskorrosion sowie Kavitationserosion charakteristisch sind.
Diese Ergebnisse wurden in Strömungs-
kanälen erzielt, in denen sich durch
geeignete Wahl geometrischer und hydromechanischer Versuchsparameter sowohl die Intensität als auch die Wirkung der Blasenimplosion auf eine Ma-
terialoberfläche gezielt beeinflussen
ließen (3,4). Die Schädigungen sind in
der Regel die Folge vieler im zeitlichen und im örtlichen Wechsel nach-
einander implodierender Kavitationsblasen.

a

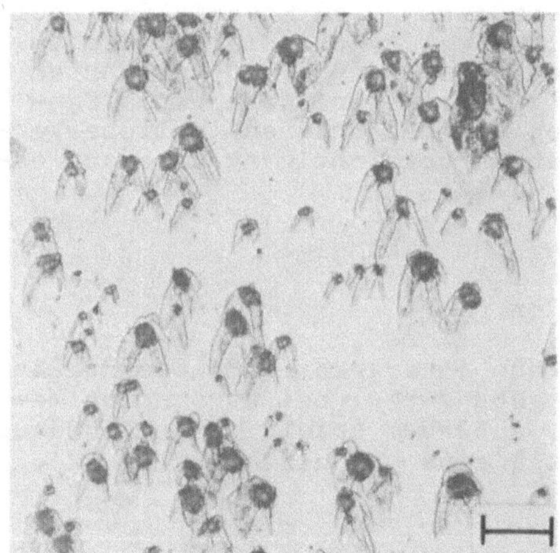

b

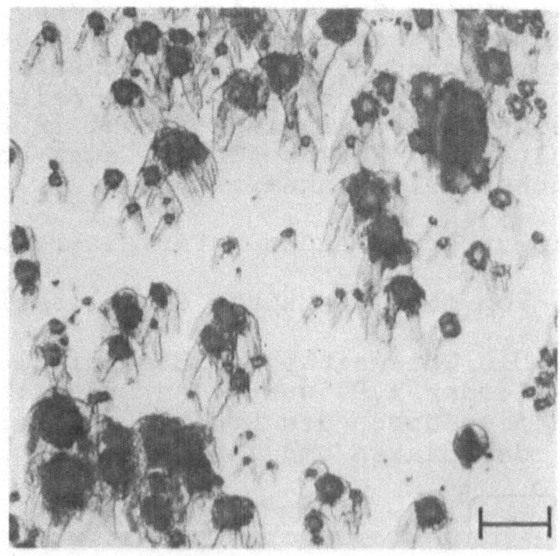

c

Abb. 1: Oberflächenänderungen an Feinzink (Zn 99,99) als Funktion der
Versuchsdauer (a - 5 min; b - 10 min; c - 15 min), Kavitationskorrosion.
Meßlänge ≙ 25 /um

Abb. 1 zeigt die Oberflächenveränderung einer polierten Zinkprobe mit
zunehmender Versuchsdauer. Die Oberflächenveränderung ist gekennzeichnet durch eine Vielzahl punktförmiger Schädigungen, von denen hyperbel-
förmige Figuren ausgehen. Mit zunehmender Beanspruchungsdauer tritt
eine Vergrößerung der bereits nach 5 min vorhandenen punktförmigen Veränderung auf, ihre Anzahl bleibt etwa konstant.

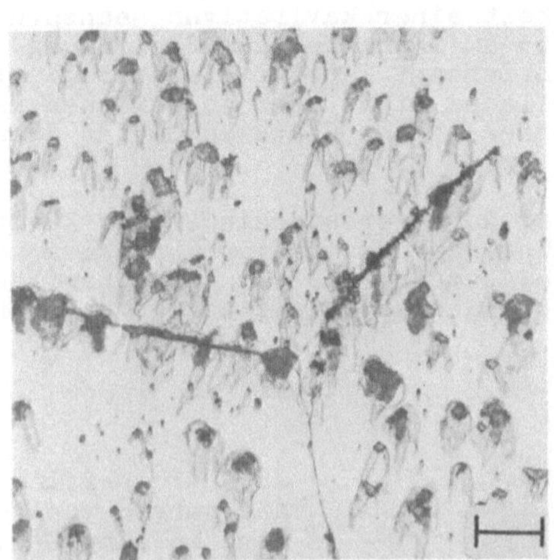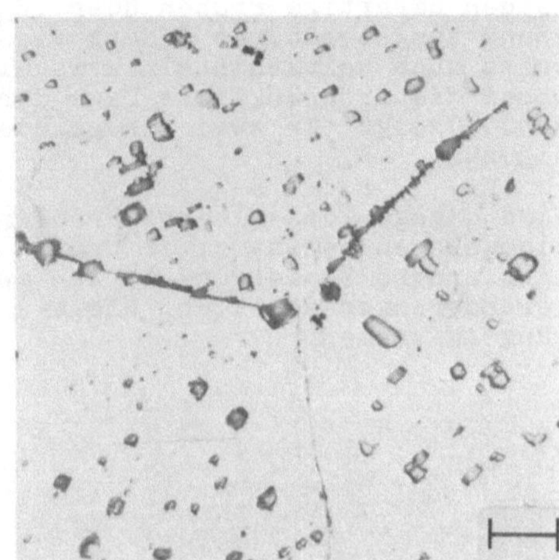

a   b

Abb. 2: Feinzink, a - 10 min kavitiert; b - gleicher Oberflächenbereich
nach Ablösen der Reaktionsprodukte. Meßlänge $\triangleq$ 25 /um

Diese Oberflächenveränderungen in Form von Hyperbelästen stellen Ablagerungen von Reaktionsprodukten dar, die aus der punktförmigen Schädigung stammen. Werden die Korrosionsprodukte einer kavitierten Probe
mit Hilfe von Sparbeize entfernt, so treten ätzgrübchenähnliche Schädigungen deutlich hervor. Abb. 2 zeigt eine Zinkprobe nach 10 Minuten
kavitativer Beanspruchung vor (Abb. 2 a) und nach (Abb. 2 b) der Behandlung mit Sparbeize. Korngrenzen sind oftmals besonders stark ange-

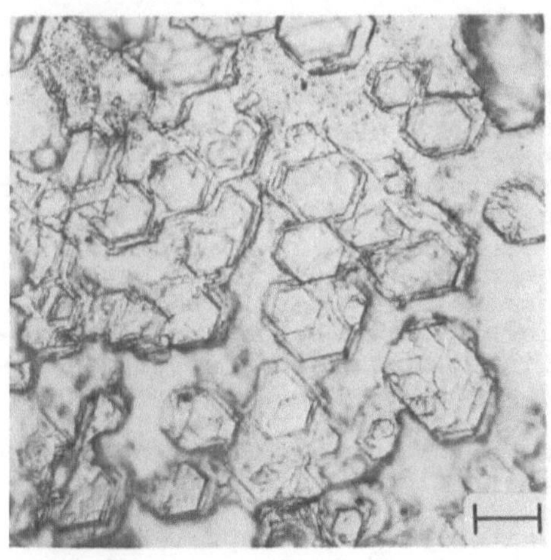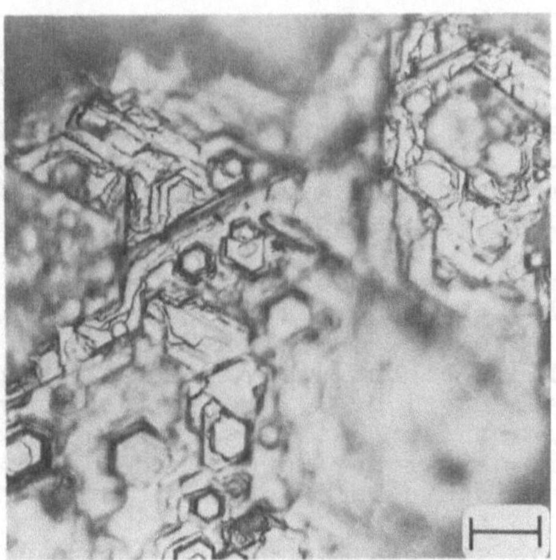

a   b

Abb. 3: Spätstadium der Schädigung von Feinzik nach Entfernen der Reaktionsprodukte, kristallographisch gerichteter Abtrag. Meßlänge $\triangleq$ 25 /um

griffen. Der Charakter der Schädigung markiert sich in dem ätzgrübchen-
ähnlichen Abtrag, der ein Beweis für die elektrochemische Natur des An-
griffes ist, die eine kristallorientierte Ablösung des Zinks bewirkt.
Je nach Orientierung der einzelnen Körner und infolge der Anisotropie
der Kristallablösung ändert sich auch die äußere Erscheinungsform der
jeweiligen Einzelschädigung.

Werden derartige Proben über längere Zeit einer kavitativen Beanspruchung ausgesetzt, so ändert dies nichts am Charakter der Schädigung. Es
tritt auch weiterhin ein kristallorientierter, jetzt Tiefenabtrag auf,
wobei die ursprüngliche Lage der Oberfläche nicht mehr zu erkennen ist.
Abb. 3 zeigt für zwei verschiedene Körner dieses Spätstadium der Schädigung.

Wird dagegen das gleiche Probenmaterial durch erosionsintensive Kavitationsblasen belastet, so treten gegenüber der Kavitationskorrosion gänzlich andere Schädigungsformen auf. Abb. 4 macht für Feinzink Oberflächenveränderungen deutlich, wie sie bereits nach 20 s Kavitationsbeaufschlagung auftreten.

Abb. 4: Oberflächen-
änderungen von Fein-
zink zufolge Kavi-
tationserosion,
a - Ausgangszustand
b - 20 s kavitiert,
Meßlänge $\hat{=}$ 50 μm

a   b

Abb. 4 a zeigt den Ausgangszustand einer polierten Probenoberfläche im
polarisierten Licht. Neben den unterschiedlich gefärbten Körnern treten
teilweise innerhalb dieser einzelne schmale, langgestreckte Bereiche
auf, die einen von der Umgebung abweichenden Farbton aufweisen. Diese
Bereiche, charakteristisch u.a. für Zink und eine mögliche Folge einer
vorangegangenen Wärmebehandlung, werden Zwillinge genannt.

Wird diese Probenoberfläche 20 s mit intensiv implodierenden Kavitationsblasen belastet, so treten charakteristische Oberflächenveränderungen auf. Neben dem Erscheinen einzelner kleiner Dellen in der Oberfläche erhöht sich die Anzahl der Zwillinge, vorhandene Zwillinge vergrößern sich. Beide Veränderungen, das Auftreten von Dellen sowie die
Zunahme der Zwillinge sowohl in ihrer Zahl als auch in ihrer Größe,sind
ein deutlicher Beweis einer plastischen Verformung als Folge einer mechanischen Belastung, die die Kavitationserosion kennzeichnet.

Auch das Spätstadium derartig beaufschlagter Kavitationsproben zeigt
den gleichen Charakter der Schädigung. Abb. 5 zeigt als rasterelektronenmikroskopische Aufnahme (REM) die stark zerklüftete Oberfläche einer
kavitierten Zinkprobe, Versuchszeit: 1 Stunde. Neben einer schwachen
Verformung einzelner kleiner Bereiche, treten ebene Flächen (Spaltflä-
chen)auf, teilweise stark von Rissen durchsetzt.

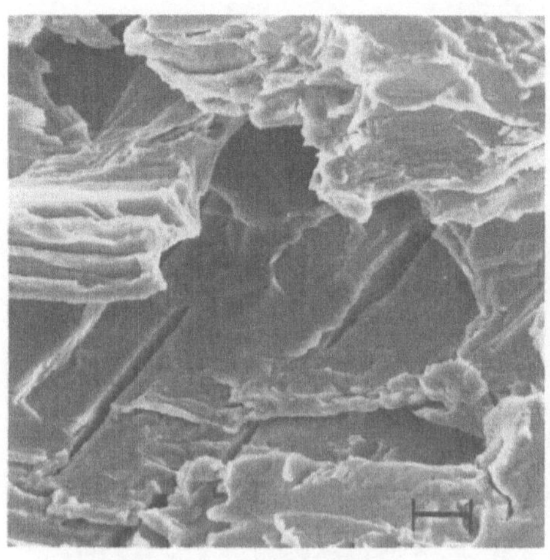

Abb. 5: Spätstadium der Zerstörung bei Kavitationserosion, Feinzink. Rasterelektronenmikroskopische Aufnahme (REM). Meßlänge $\hat{=}$ 10 /um

Beide Schädigungsarten, die Kavitationskorrosion als elektrochemischer Vorgang und die Kavitationserosion als mechanische Auswirkung implodierender Blasen, stellen Extremfälle von Belastungen dar. In der Praxis treten beide in der Regel gemeinsam auf, wobei ihr jeweiliger Anteil von der Intensität der Blasenimplosion und von ihrer Auswirkung bestimmt wird.

Änderungen metallischer Werkstoffe durch Kavitationserosion

Die Änderung eines duktilen, d.h. plastisch gut verformbaren metallischen Werkstoffes als Folge der Kavitationserosion, soll am Beispiel von Aluminium der Reinheit 99,988 demonstriert werden.

Einzelne, besonders energiereich implodierende Kavitationsblasen können sichtbare Oberflächenänderungen in Form von Dellen, teilweise umgeben von plastischen Deformationswellen, hervorrufen (5). Eine mit Materialverlust verbundene Schädigung verursachen sie in der Regel aber nicht.

Die Vielzahl einzelner Blasenimplosionen führten zunächst zu einer plastischen Verformung. Mit zunehmender Beaufschlagungsdauer nimmt diese zu, wobei einzelne Krater sich bevorzugt ausbreiten.

Abb. 6 zeigt für Aluminium die Oberflächenänderungen im Zeitbereich von 15 bis 60 s für Kavitationserosion. Die Auswahl der sich vergrößernden Krater scheint willkürlich zu sein. Ein Zusammenhang, z.B. der Entstehungsorte einzelner Krater mit der Kristallorientierung der jeweiligen Körner, ist nicht zu erkennen. Alle Aufnahmen geben Schädigungen vorab eines meßbaren Masseverlustes wieder, d.h. sie beschreiben die Oberflächenänderungen innerhalb der "Inkubationsperiode", in der die Probe auf den anschließenden Materialabtrag lediglich vorbereitet wird.

Abb. 7 zeigt das Ergebnis einer Oberflächenprofilmessung innerhalb der Inkubationsperiode. Mit der Beanspruchungsdauer ist eine zunehmende Aufrauhung der Oberfläche zu erkennen, die nach 30 s Werte von über 100 /um erreicht. Die Änderungen des Oberflächenprofils bewirken allein plastische Deformationen der Oberfläche.

Mit zunehmender Beanspruchungsdauer treten immer stärkere Verformungen auf, Abb. 8. Damit verbunden ist nach zunächst erfolgter Kohäsionsverfestigung eine fortschreitende Kohäsionszerrüttung, die letztendlich zur Bildung von Rissen führt. Die Ausbreitung derartiger Risse bewirkt das Herausbrechen ganzer Materialbereiche und leitet den der Inkubationsperiode folgenden"Bereich starken Abtrages" ein. Abb. 9 zeigt derartige Risse bereits nach einer Kavitationsdauer von 80 Sekunden.

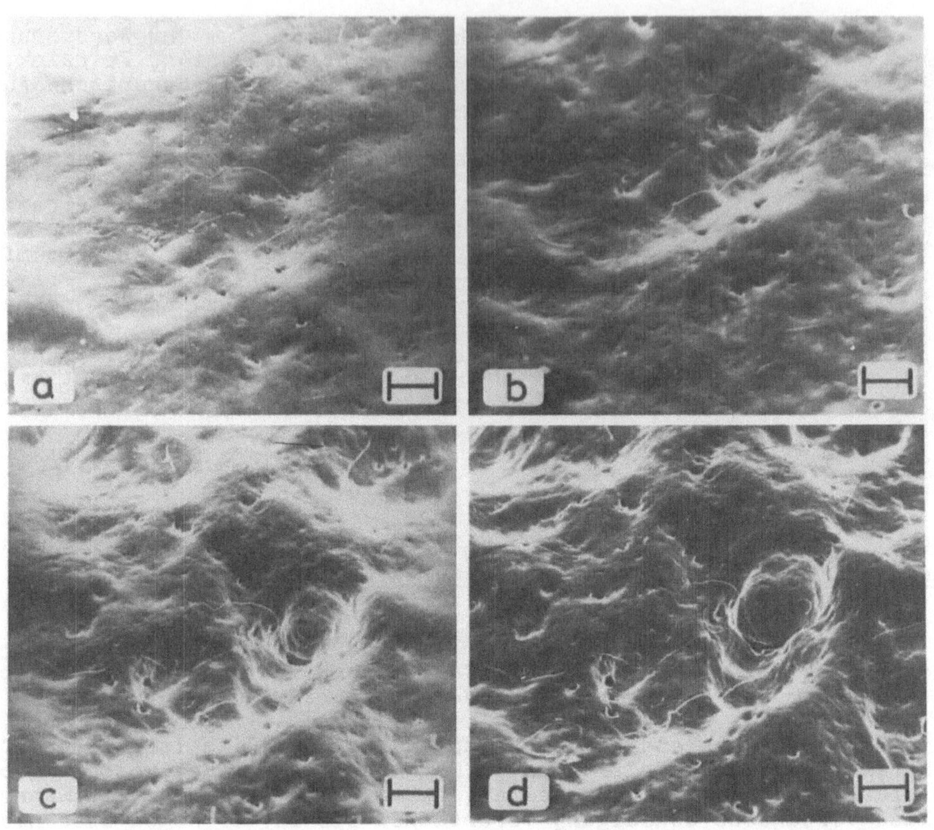

Abb. 6: Oberflächenänderungen infolge implodierender Kavitationsblasen (Kavitationserosion) bei weichem Aluminium (Al 99,988),(REM)
a - 15 s, b - 30 s, c - 45 s, d - 60 s kavitiert. Meßlänge ≙ 200 µm

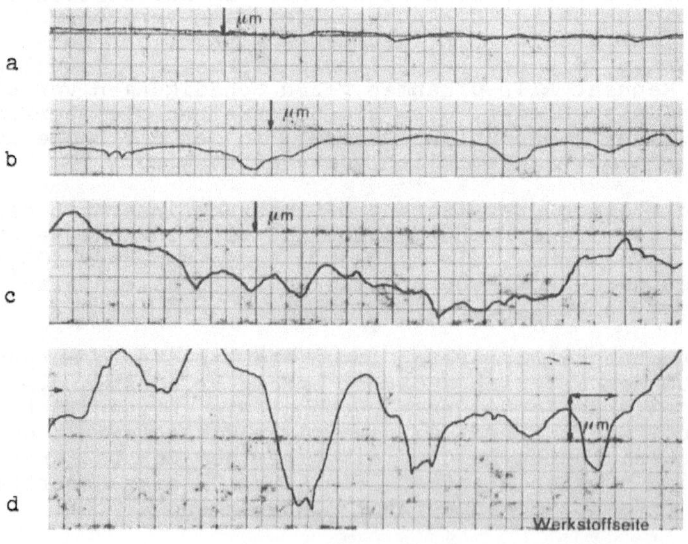

Abb. 7: Rauheits-
schriebe kavitierter
Aluminiumproben, Ver-
suchszeiten: a - Aus-
gangszustand, b - 1 s,
c - 10 s, d - 30 s

Horizontalver-
größerung:
Meßlänge ≙ 100 µm
Vertikalvergrößerung:
Meßlänge ≙ 30 µm

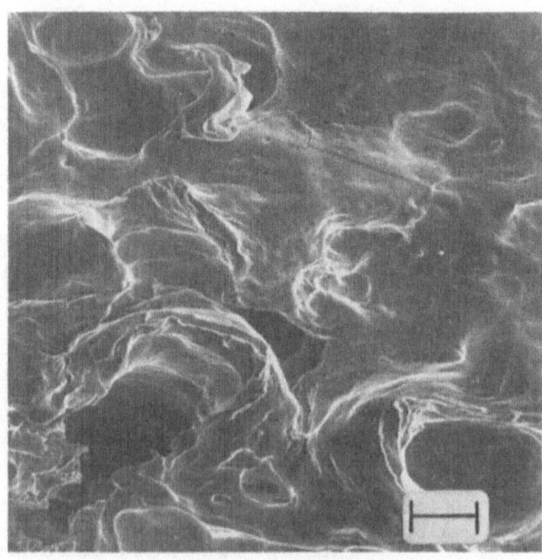

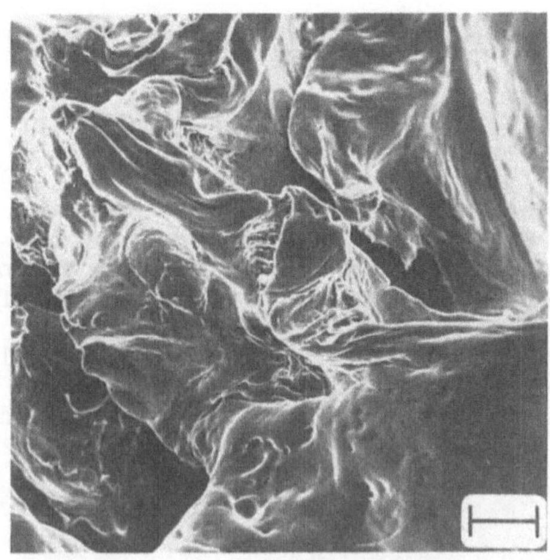

Abb. 8: Zunehmende Verformung einer Aluminiumprobenoberfläche nach 80 s Kavitationsbeaufschlagung (REM), Meßlänge ≙ 100 µm

Abb. 9: Starke plastische Deformationen und Risse bei Aluminium, 80 s kavitiert (REM), Meßlänge ≙ 100 µm

Inwieweit Leerstellen neben Versetzungen die Rißbildung bewirken bzw. fördern,ist zur Zeit noch nicht geklärt.

Beim Übergang von homogenen, d.h. einphasigen, zu heterogenen, d.h. mehrphasigen Werkstoffen bestimmt jeweils die kavitationsempfindlichere Phase das Verhalten des gesamten Werkstoffes. Das zeigen deutlich z.B. Untersuchungen an Gußeisen, in dem hier in einer ferritischen Matrix der Graphit in Form von Lamellen eingebettet ist. Diese Lamellen weisen gegenüber den implodierenden Kavitationsblasen einen nur sehr geringen Kavitationswiderstand auf, sie werden bereits nach kurzer Beanspruchungsdauer aus der Oberfläche herausgeschlagen. Dadurch werden oftmals relativ große Bereiche ihrer Stützwirkung beraubt. Die so geschwächten Teile aus ferritischem Eisen, das für sich betrachtet einen wesentlich besseren Kavitationswiderstand aufweist, werden so vorzeitig aus der Oberfläche herausgebrochen, ohne selber starke Veränderungen durch die Blasenimplosion erfahren zu haben. Abb. 10 zeigt diese Tatsache nach einer Beanspruchungsdauer von etwa 1 Minute. Die Bilder zeigen deutlich, daß das Verhalten metallischer Werkstoffe bei einer Belastung durch implodierende Kavitationsblasen außer durch den Zustand des jeweiligen Werkstoffes auch durch seinen Aufbau bestimmt wird.

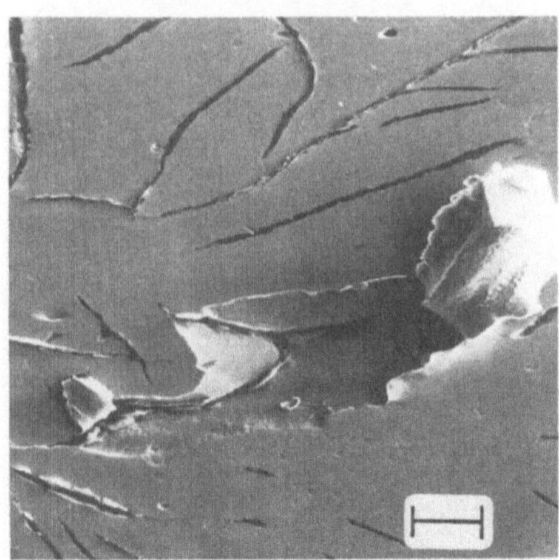

Abb. 10: Örtlich starke Schädigungen zufolge Kavitationserosion; Versuchsdauer 1 min, Werkstoff: lamellares Gußeisen mit ferritischer Matrix (REM), Meßlänge ≙ 40 µm

Das Verhalten von Kunststoffen gegenüber der Kavitationserosion

Das Verhalten spröder, plastisch kaum verformbarer Werkstoffe bei ero-
siver Kavitationsbelastung, läßt sich in etwa durch den Kunststoff
Polymethylmethacrylat (Plexiglas) beschreiben. Die Implosion einzelner,
besonders intensiver Blasen kann zur Bildung von Rissen führen, die
kreisförmig oder halbkreisförmig ein nahezu ungeschädigtes Zentrum umgeben. Mit zunehmender Kavitationsbeanspruchungsdauer nimmt die Anzahl
der Risse zu, bis die ganze Oberfläche von ihnen bedeckt ist. Die Risse
verlaufen zunächst senkrecht zur Oberfläche in das Materialinnere, um
nach Erreichen einer bestimmten Tiefe parallel zur Probenoberfläche
weiterzuverlaufen. Damit ist das Ende der Inkubationsperiode für Plexiglas erreicht, das außer der Bildung und der Ausbreitung der Risse keine

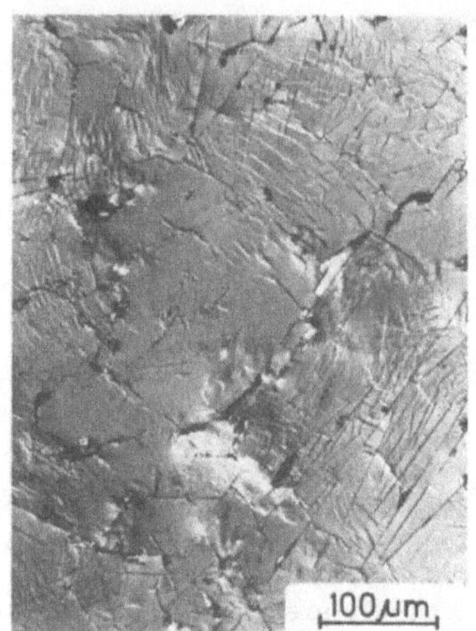

Abb. 11: Zerstörungen
von Polymethyl-
methacrylat (Plexi-
glas) durch Kavita-
tionserosion.
a - ohne nennenswerten
Masseverlust, Versuchs-
dauer: 2 min
b - mit Masseverlust,
Versuchsdauer: 4 min

a   b

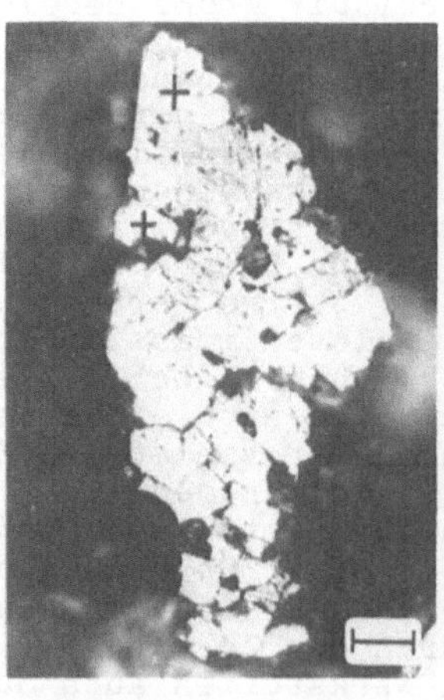
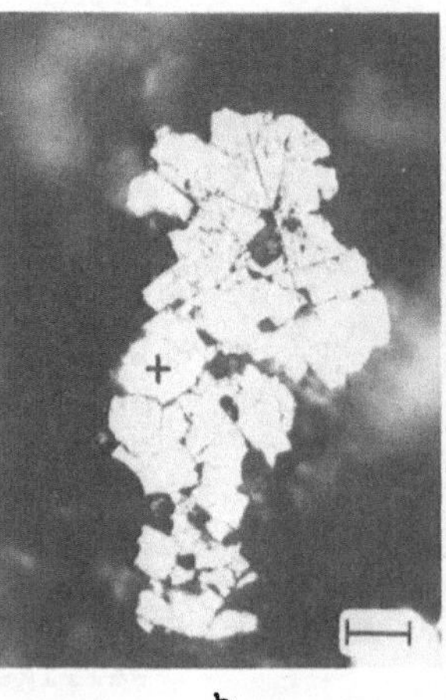
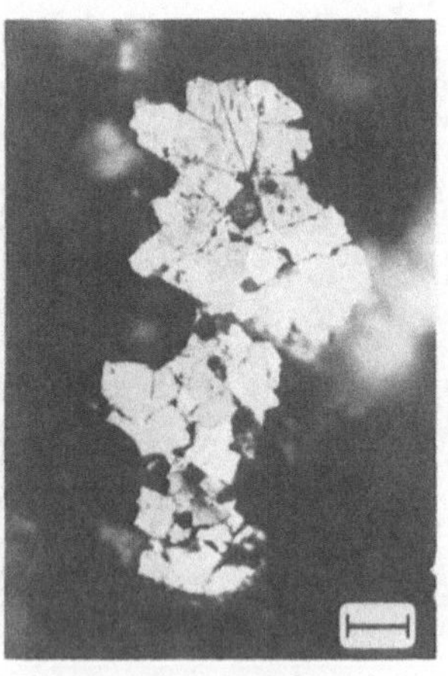

a   b   c

Abb. 12: Veränderung einer Restoberfläche durch implodierende Blasen,
Plexiglas, Versuchszeiten: a - 240 s; b - 250 s; c - 260 s;
(+ markiert Bereiche kurz vor dem Herausbrechen mit Rissen parallel zur
Probenoberfläche), Meßlänge ≙ 60 µm

plastischen Verformungen der Oberfläche zeigt. Mit dem Herausbrechen
ganzer Materialbereiche setzt dann der Masseverlust ein.

Abb. 11 zeigt das Aussehen einer geschädigten Probe kurz vor (Abb.11a)
und kurz nach dem Ende der Inkubationsperiode (Abb. 11b). Das Herausbrechen der Werkstoffteilchen führt zu neuen Oberflächen, die jetzt aber
schon von der vorangegangenen Belastung mit Rissen durchsetzt sind und
ohne Inkubationsperiode direkt den Abtrag infolge der implodierenden
Blasen fortsetzen. Die Veränderung einer von Rissen durchsetzten Restoberfläche zeigt Abb. 12. Die zeitlichen Unterschiede der Bilder untereinander betragen 10 Sekunden. Deutlich ist zu erkennen, daß die besonders hell erscheinenden Bereiche (mit x gekennzeichnet),bei denen ein
Riß bereits parallel zur Oberfläche vorliegt, nur noch einer geringen zusätzlichen Beanspruchung durch die implodierenden Blasen bedürfen, um
(siehe das zeitlich anschließende Bild) aus der Oberfläche herauszubrechen. Diese Veränderungen der Oberfläche lassen sich mit Hilfe von
Profilmessungen ebenfalls deutlich aufzeigen. Abb. 13 zeigt dies für
verschiedene Stadien der Zerstörung. Die innerhalb der Inkubationsperiode entstehenden Risse sind nicht auf den Schrieben zu erkennen.

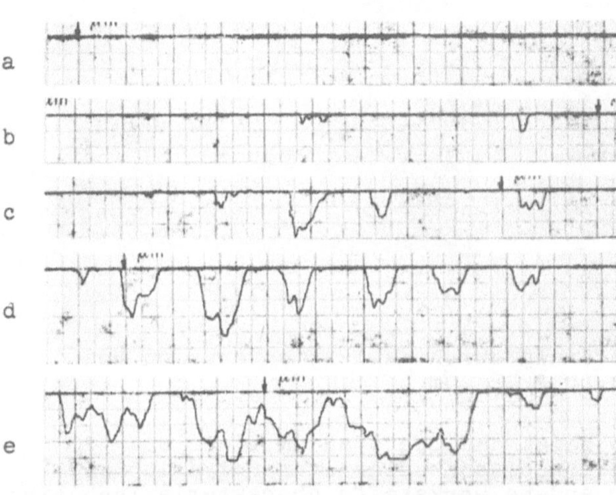

Abb. 13: Rauheitsschriebe
kavitierter Plexiglas-
proben, Versuchszeiten:
a- 30 s, b - 180 s,
c - 210 s, d - 240 s,
e - 300 s.
Horizontalvergrößerung:
Meßlänge $\hat{=}$ 100 um
Vertikalvergrößerung:
Meßlänge $\hat{=}$ 30 um

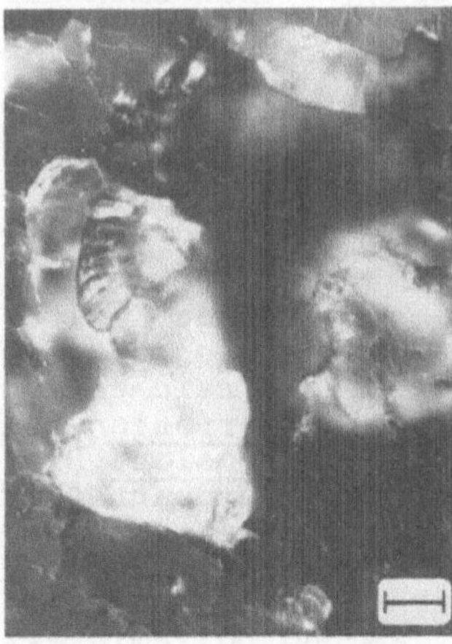

Abb. 14: Muschelförmige
Bruchflächen bei Plexi-
glas.
Meßlänge a $\hat{=}$ 15 um
         b $\hat{=}$ 25 um

Das Herausbrechen einzelner Materialvolumina wird dagegen deutlich
aufgezeigt. Während ungefähr 3 min Kavitationsdauer benötigt werden,
um bei den gewählten Versuchsbedingungen die ersten Partikel aus der
Oberfläche herauszubrechen, ist die ehemalige Oberfläche bereits nach
weiteren 2 min fast ganz abgetragen.

Den Eigenschaften dieses Kunststoffes entsprechend, treten häufig
muschelförmige Brüche auf, Abb. 14.

Beim Übergang zu anders strukturierten Kunststoffen, z.B. den
Polyamiden, treten im Vergleich zum Zerstörungsablauf beim Plexiglas

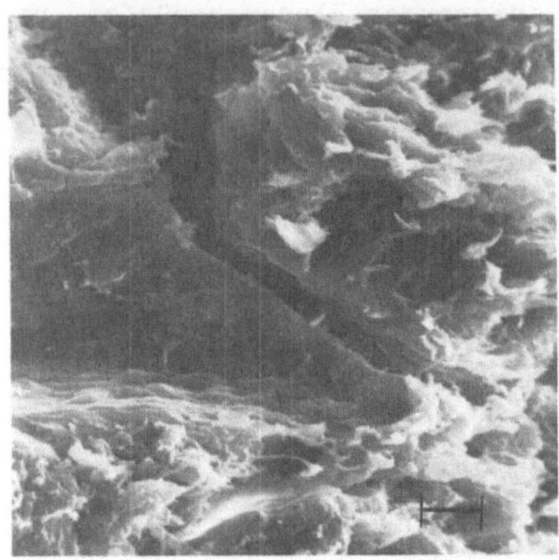

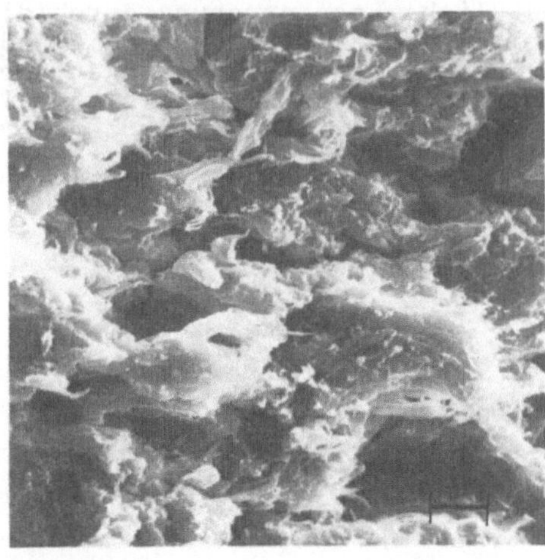

a   b

Abb. 15: Spätstadium der Zerstörung durch Kavitationserosion bei
Polyamid. Meßlänge a $\hat{=}$ 10 /um, b $\hat{=}$ 12 /um

große Änderungen auf. Abb. 15 zeigt das Spätstadium einer über 20 h
mit erosionsintensiven Kavitationsblasen belasteten Polyamidprobe.
Neben Rissen,wie sie auch für andere Werkstoffe charakteristisch sind,
treten hier weitere Zerstörungsmechanismen auf, deren Beeinflussung
durch das während der Versuche aufgenommene Wasser noch einer Klärung
bedürfen.

Zusammenfassung

Die möglicherweise durch implodierende Kavitationsblasen hervorge-
rufenen Schädigungen richten sich nach der Intensität und nach der
Wirkung der Blasenimplosionen. Sie reichen von rein elektrochemischen
Zerstörungen, genannt Kavitationskorrosion, bis zu rein mechanischen
Zerstörungen, genannt Kavitationserosion. Die Zerstörung der Werkstoffe
ist einmal abhängig von der Belastungsart (Kavitationskorrosion und/
oder Kavitationserosion), zum anderen von der Struktur und dem Aufbau
des Werkstoffes. Dies konnte am Beispiel der Kavitationserosion für
die metallischen Modellwerkstoffe Zink, Aluminium und Gußeisen sowie
für die Kunststoffe Plexiglas und Polyamid gezeigt werden.

Literatur

(1) NYBORG, W.L.: "Cavitation in Biological Systems",1973 Symposium
    on Finite-Amplitude Wave Effects in Fluids, Technical University
    of Denmark, Kopenhagen, 20-22 August, 1973

(2) LOUIS, H.: "Erosive Zerstörungen durch Strömungskavitation",
    Diss. TU Hannover, 1973

(3) ERDMANN-JESNITZER, F. and H. LOUIS: "New testing chamber for
    cavitation erosion", Proc. 3. Int. Cong. Mar. Corr. Foul.,
    p. 454 - 461. Organised by National Bureau of Standards,
    Gaithersburg (Oct. 2. - 6., 1972)

(4) BORBE, P. CHR.: "Beitrag zur Werkstoffzerstörung durch Strömungs-
    kavitation in kalten und warmen Brauchwässern", Diss. TU Hannover,
    1968

(5) ERDMANN-JESNITZER, F., H. LOUIS: "Elementare Zerstörungsprozesse
    bei der Kavitationserosion", Jahrbuch der STG 66 (1972), S. 185-
    206

Zusammenfassung der Diskussion zu XIV

Palfrey stimmt mit der Annahme zweier Typen von Gelenk-Knacken überein.
Das Knacken im periartikulären Gewebe des Fingergrundgelenks bei Drehung
in Extensionsstellung z.B. lässt sich nicht nach kurzer Zeit wiederholen.

Die Drucke, die für das Knacken der Gelenke durch Bildung von Kavitationsblasen notwendig sind, gibt Unsworth auf eine Frage von Jayson mit etwa
1 Pfund / inch^2 an.

XV. Gelenkersatz unter biomechanischen Gesichtspunkten/Biomechanical Aspects of Joint Replacement

DER ERSATZ VON GELENKEN UNTER BIOMECHANISCHEN GESICHTSPUNKTEN

H.U.Debrunner

Beim Ersatz eines Gelenkes durch Fremdmaterial stellt sich immer das
Problem der mechanischen Verbindung und der Kraftübertragung zwischen
Fremdmaterial und Skeletteil: Wie muss die Uebergangszone gestaltet
werden? Wie wird sie belastet? Wie kann sie ihre Funktion auf lange
Zeit erfüllen? Die Biomechanik, die in interdisziplinärer Sicht versucht, biologische Gegebenheiten mit mechanischen Fakten in Uebereinstimmung zu bringen, kann auf diese Frage eine Auskunft geben. Wir
werden bei unseren Betrachtungen vor allem die Verhältnisse am Hüftgelenk berücksichtigen, da dieses Gelenk gut erforscht ist und in der
modernen Prothesentechnik im Vordergrund steht. Die Ueberlegungen gelten jedoch auch für andere Gelenke.

Die auf das Gelenkende eines Knochens einwirkenden Kräfte verteilen
sich ziemlich regelmässig über den Gelenkknorpel auf die subchondrale
Knochenlamelle. Von hier werden sie über die in bestimmten Richtungen
in Form von dünnen Lamellen und Stäbchen aus Knochengewebe ausgespann-
te Spongiosa auf die Kortikalis der Diaphyse übergeleitet.

Eine überschlagsmässige Rechnung zeigt die Grösse der normalen Belastung z.B. in der proximalen Tibiaepiphyse. Bei einem Körpergewicht
von 90 kp und einer Belastungsfläche von 13 cm^2 ergibt sich eine
durchschnittliche Belastung der subchondralen Knochenplatte von rund
0,7 N/mm^2. Das einzelne Knochenbälkchen der gelenknahen Spongiosa ist
dann mit rund 1,2 N belastet, was bei einer Knickfestigkeit von 3,6 N
einer 3-fachen statischen Sicherheit entspricht.

Wird ein Gelenkkörper durch eine Endoprothese ersetzt, wird die subchondrale Spongiosaschicht und ein Teil der Epiphyse entfernt. Damit
kommt die Grenzzone zwischen Prothese und Knochen in ein Spongiosa-
gebiet zu liegen, das eine vorwiegend auf axial wirkende Kräfte aus-
gerichtete Trabekelstruktur aufweist. Am oberen Femurende wird beim
Einsetzen der Endoprothese* der Schenkelhals fast senkrecht zur
Schenkelhalsachse durchtrennt (Abb.1). Die Prothese sitzt mit ihrem
Kragen auf der Schnittfläche auf, meist auch auf der medialen Hals-
kortikalis. Erfahrungsgemäss widersteht der mediale Kortikalisrand
der vollen axialen Belastung nicht genügend. Wir machen für unsere
Betrachtungen die Annahme, dass die Prothese in der Spongiosa Wider-
halt findet, indem die mediale Abstützung über eine schmale Spongiosaschicht und nicht direkt an der Kortikalis erfolgt.

Für eine gegebene Femurkopfprothese lassen sich die auf die Prothese
einwirkenden Kräfte abschätzen. Wir nehmen einen Patienten mit einem
Körpergewicht KG von 80 kp an, der eine Endoprothese vom Typ M.E.
Müller erhalten hat. Die Prothese sei in Varusstellung einzementiert
(Abb.2,3). Die auf den Prothesenkopf einwirkende Resultierende R sei
3,5 x KG. Dann ergibt sich beim Gehen eine axial in der Femurachse

---

*) Als Modellfall betrachten wir die Standard-Endoprothese nach
   M.E.Müller der Firma Protek, Bern

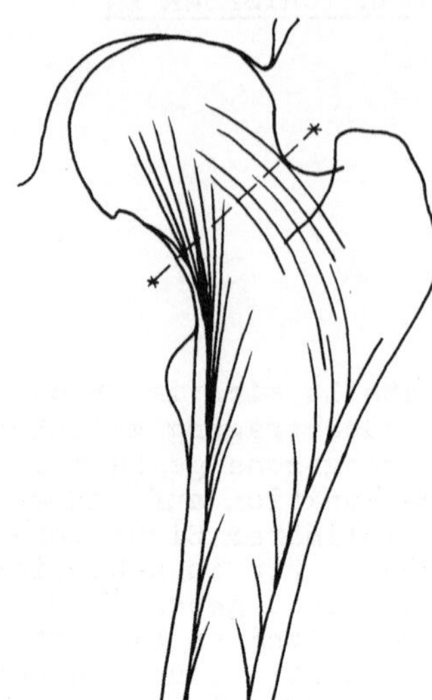

wirkende Kraftkomponente von rund 380 kp und
infolge des Drehmomentes, das durch exzentrische Einwirkung der Hüftresultierenden erzeugt
wird, eine nach medial wirkende Kraft H unter
dem Prothesenhals von rund 162 kp. Diese nach
medial gerichtete Kraft muss nun von der medialen Schaftkortikalis und der Spongiosa aufgenommen werden. Die Prothese allein weist
hier eine entsprechende Belastungsfläche von
etwa 1,5 cm^2 auf, so dass sich eine Flächenbelastung von 10,6 N/mm^2 ergibt. Dieser Wert
ist wesentlich höher als die Kompressionsfestigkeit der Spongiosa von 6 N/mm^2, es ist
daher zu erwarten, dass die Spongiosa ein-
bricht und sich die Prothese lockern wird.
Es lässt sich nun zeigen, dass diese Horizon-
talkraft durch Steilstellung der Prothese auf
55 kp reduziert werden kann (Abb.4). Dies ergibt einen Flächendruck von 3,6 N/mm^2. Durch
eine Zementumscheidung des Prothesenstiels

<u>Abb.1</u>: Oberschenkelkopf mit Resektionslinie durch die Halsregion.

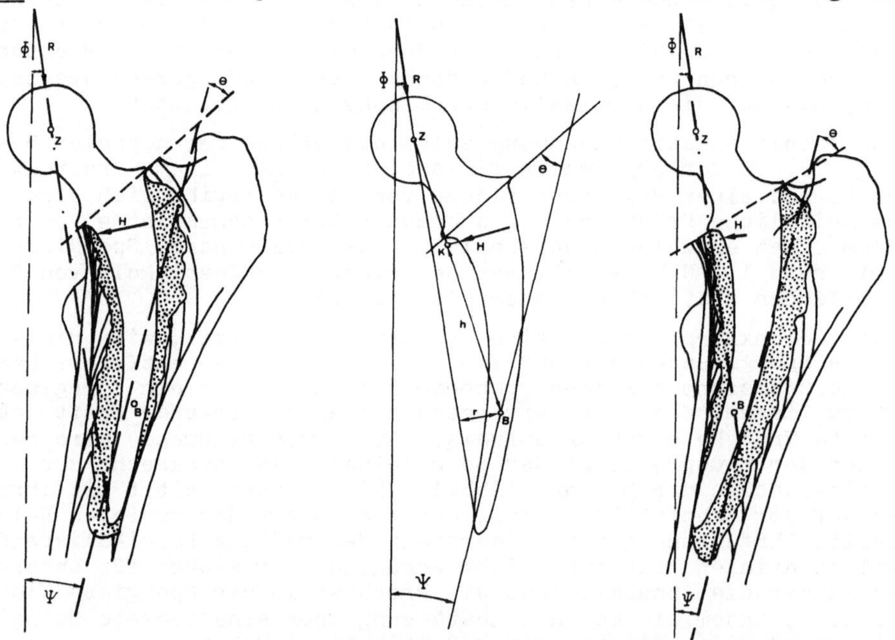

<u>Abb.2</u>: Situation der in Varusstellung einzementierten Prothese. Die
resultierende Kraft R verläuft medial vom Prothesenstiel.
B = oberes Ende der festen Einzementierung im Femurschaft.

<u>Abb.3</u>: Berechnung der Horizontalkraft H aus den Prothesenabmessungen
und der Stelle der Prothese für R = 3,5 x KG:
$$H = 5,7 \cdot \sin (65° - [\Phi + \Psi + \Theta]).$$

<u>Abb.4</u>: Bei Valgusstellung der Prothese geht die Angriffslinie der Re-
sultierenden R durch den Prothesenstiel. H wird kleiner.

erreicht man eine etwa 3 mal grössere Auflagefläche, wodurch sich die Flächenbelastung auf Werte herabsetzt, die die Elastizitätsgrenze der Spongiosa von 2 N/mm^2 nicht überschreiten, auch wenn die Prothese in Varusstellung eingesetzt wird.

<u>Abb.5</u>: Neubildung der Grenzknochenlamelle G. 18 Tage, 20 x.

Aehnliche Ueberlegungen gelten am Kniegelenk. Die Fläche, auf der die axialen Kräfte von der Prothese auf die Spongiosa übertragen werden, muss bei einem Körpergewicht von 80 kp mindestens 4 cm^2 betragen, wenn die Elastizitätsgrenze der Spongiosa nicht überschritten werden soll.

Diese Schätzungen setzen voraus, dass sich die Spongiosa optimal den neu auftretenden Belastungen angepasst hat.

Zur Beurteilung dieser Frage haben wir an Hunden in einer ersten Versuchsserie die Anpassung der Spongiosa an Fremdkörper untersucht, auf die keine äusseren Kräfte einwirken. Bei regelmässig geformten Fremdkörpern mit ebener Oberfläche fanden wir, dass schon nach 2 Wochen eine ausgedehnte Neubildung von Knochenbälkchen festzustellen ist, die sich parallel zur Oberfläche des Fremdkörpers anordnen (Abb.5,6). Dabei werden abgestorbene Trabekelreste und Bruchstücke von Trabekeln in die Neubildung einbezogen. Der neue Knochen ist ein unregelmässig strukturierter Faserknochen. Nach 4 Wochen ist der Fremdkörper durch eine noch lückenhafte knöcherne Grenzlamelle eingekapselt. Zwischen Spongiosa und Fremdkörper liegt fast überall eine Bindegewebsschicht von ca. 30 - 200 μ Dicke (Abb.7). Nur an wenigen Stellen wächst Knochen bis fast an die Fremdkörperoberfläche hinan (Abb.8), wobei aber immer noch eine Kollagenfaserschicht von ca. 20 - 30 μ Dicke erhalten bleibt. Vertiefungen in der Fremdkörperoberfläche werden von Bindegewebe ausgefüllt. Nur wenn sie als zirkuläre Rillen ausgebildet sind, wachsen auch Knochenbälkchen hinein (Abb.9). Handelt es sich um kleine lochförmige Vertiefungen, so werden sie nur durch Kollagenfasern ausgefüllt, die Knochenbälkchen wachsen nicht in deren Tiefe. Dies zeigt sich deutlich, wenn die Fremdkörper aus der Spongiosa herausgerissen werden. Wir haben dabei die Scher- oder Schubfestigkeit gemessen und fanden die Werte der Tabelle 1; sie liegen in der gleichen Grössenordnun wie die Kompressionsfestigkeit von Spongiosa, wie sie von YAMADA und GRUENERT gefunden wurden.

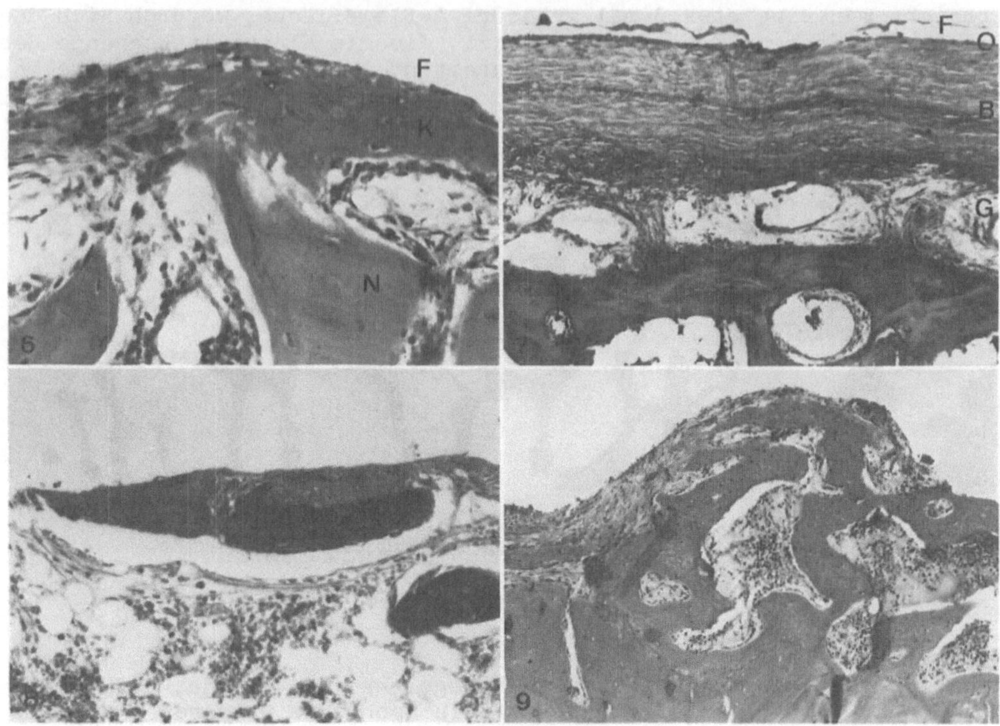

Abb.6: Neubildung von Knochen (K) an der Fremdkörperoberfläche (F).
Darunter nekrotisches Spongiosabälkchen (N). 18 Tage, 235 x.

Abb.7: Bindegewebslagen zwischen Fremdkörper F und Spongiosa. O = dünne Oberflächenschicht (epithelartig), B = dicke, tangential verlaufende Kollagenfaserschicht. G = lockere, gefässführende tiefe Schicht mit in Knochen verankerten Kollagenfasern. 32 Wo, 70 x.

Abb.8: Knochenneubildung direkt am Fremdkörper, darunter normales Knochenmark. 5½ Mon., 115 x.

Abb.9: In eine zirkuläre Rinne eingewachsene Spongiosa. Bindegewebige Grenzschicht überall vorhanden. 18 Tage, 70 x.

Die mechanische Verklammerung zwischen Fremdkörper und Spongiosa kann entscheidend verbessert werden, wenn zwischen den glatten Fremdkörper und Knochen Knochenzement eingefüllt wird. Der Zement lässt sich in die Spongiosamaschen hineinpressen und umfasst dann die Knochenbälkchen direkt (Abb.10). Im Gegensatz zum nicht im Gewebe auspolymerisierenden Fremdkörper ist die Zone des Hämatoms und nekrotischer Knochenbälkchen aber breiter (bis zu ½-1 mm) (Abb.11). Nach 2 bis 4 Wochen ist die Neubildung der knöchernen Grenzlamelle stellenweise schon weit fortgeschritten, daneben beobachtet man auch neugebildeten Knochen, der bis an die Fremdkörperoberfläche hinanreicht. Es können neben der bindegewebigen Grenzschicht auch Stellen mit direktem Kontakt von Fremdkörper und Knochensubstanz gefunden werden a) an abgestorbenen Spongiosabälkchen (Abb.13) und b) an neugebildeten Knochenbälkchen

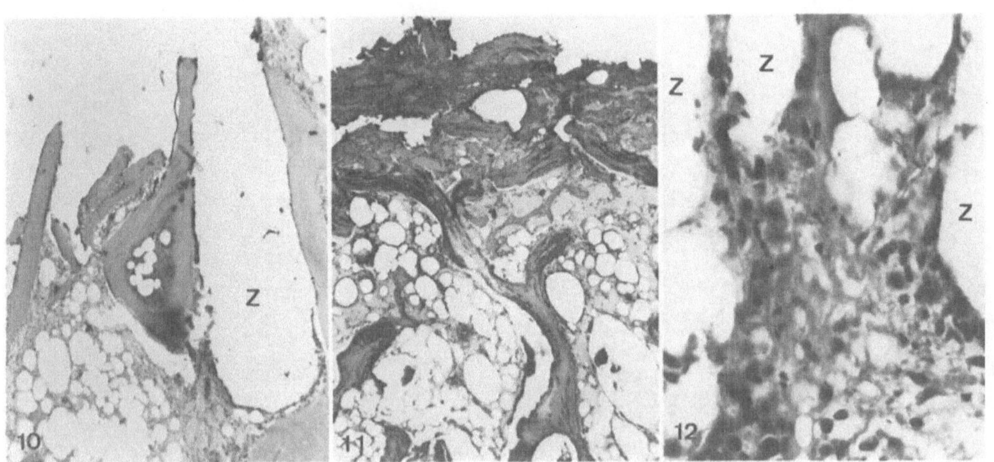

Abb.10: Ausguss der Spongiosa-Zwischenräume durch Zement (Z). Die
Oberfläche der Spongiosabalken ist von einer Zellschicht bedeckt. 8 Tage, 31 x.

Abb.11: Oedem und Hämatom an der Zementoberfläche. T Tage, 31 x.

Abb.12: Zellnekrose am Zement. 4 Wo, 450 x.

(Abb.14). Da der tote Knochen die gleichen mechanischen Festigkeits-
werte aufweist wie der lebende Knochen, ist damit die Gewähr geboten,
dass durch die gegenseitige enge Verzahnung Kräfte direkt von einer
Endoprothese auf das Spongiosanetz übertragen werden.

Es ist aber nicht zu übersehen, dass an vielen Stellen auch tote
Spongiosabälkchen abgebaut und durch kollagenes Bindegewebe ersetzt
wird. Dieser Umbau dauert über viele Wochen an und dürfte ein entscheidender Faktor für das spätere Schicksal der Grenzschicht sein.

In einer zweiten und dritten Versuchsserie prüften wir die Reaktion
der Spongiosa auf Fremdkörper bei Einwirkung äusserer Kräfte. Wir
ersetzten Hüftgelenke von Hunden durch Totalprothesen mit und ohne
Zementfixation. Die Präparate wurden nach 18 - 300 Tagen untersucht.
Die Reaktion der Spongiosa ist bei nicht einzementierten Prothesen
etwas modifiziert. Die Bildung der knöchernen Grenzlamelle gegen den
Fremdkörper hin ist ebenfalls festzustellen, sie wird vielleicht etwas dicker. Wir konnten jedoch keine Stelle finden, an der Knochen in
direkten Kontakt mit dem Fremdkörper tritt. Die bindegewebige Grenzschicht ist überall vorhanden, sie erscheint wesentlich dicker und
misst 0,1 bis 1 mm (Abb.15). Zudem weist sie einen komplizierteren
Aufbau auf: Die Kollagenfasern sind nicht nur parallel zur Fremdkörperoberfläche ausgerichtet, sondern verlaufen auch schräg dazu. In
der knöchernen Grenzlamelle sind sie fest verankert nach Art der
Sharpeyschen Fasern. Nach mehreren Monaten tritt an der Oberfläche
zum Fremdkörper stellenweise hyaline Degeneration des Bindegewebes
auf, und auch in der Tiefe der straffen Bindegewebsschicht erscheinen Stellen mit degenerierten Faserbündeln. Am Uebergang zur knöchernen Grenzlamelle findet sich vermehrt Knochenresorption. Diese Dege-
nerationserscheinungen sind besonders stark ausgeprägt in Präparaten,
in denen die Prothese gelockert ist.

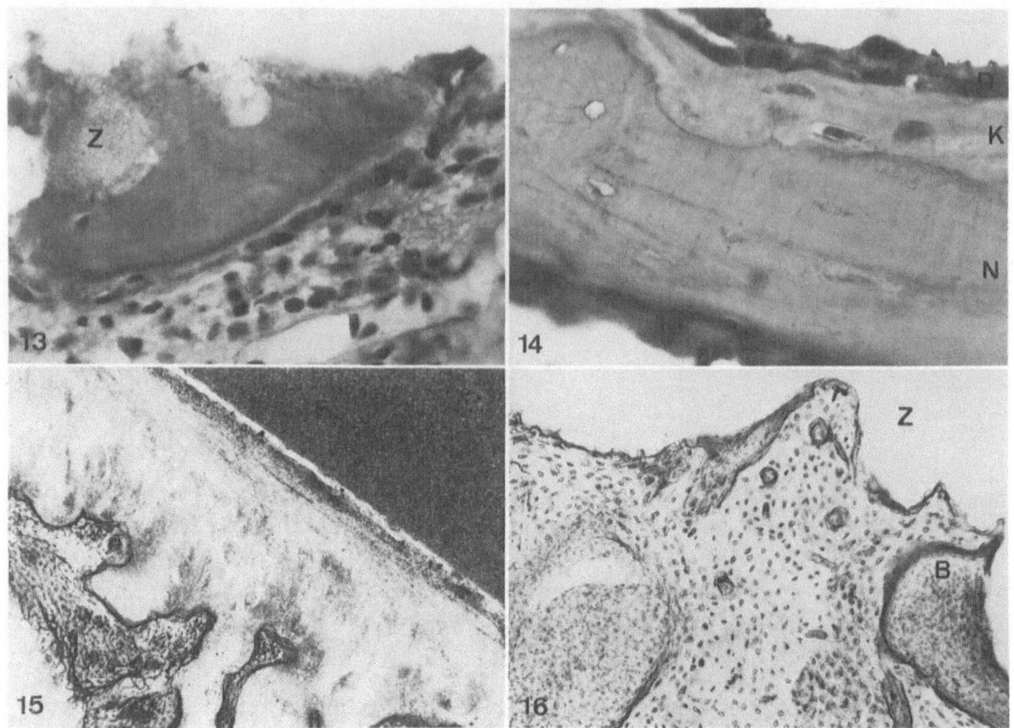

Abb.13: Direkter Kontakt zwischen Zement (Z) und Knochen (mit färb-
baren Zellkernen). 4 Wo, 480 x.

Abb.14: Nekrotisches Knochenbälkchen (N) mit Anlagerung von neuen
Knochen (K) und Deckzellschicht (D) zwischen zwei Zement-
fortsätzen. 14 Tage, 480 x.

Abb.15: Bindegewebsschicht zwischen Fremdkörper (F) und Spongiosa.
Totalprothese ohne Zement. 4 Mon., 28 x.

Abb.16: Direkter Kontakt zwischen Zement (Z) und Spongiosa. Dazwischen
Bindegewebskontakt (B). Totalprothese zementiert. 8½ Mon.,
70 x.

Oberfläche	Schubfestigkeit N/mm^2
glatt	0,5 - 1,0
Löcher von 1,5 mm Ø und Tiefe	0,5
Löcher von 2,5 mm Ø und Tiefe	1 - 2
Zirkuläre Rillen 1 mm breit	
Querschnitt ⌄ -förmig	5,9
Querschnitt ⊔ -förmig	4,9 - 5,9
AO Kortikalisschraube	1 - 3

Tabelle 1: Schubfestigkeit der Verankerung von zylindrischen
Versuchskörpern in der Spongiosa (Ausziehversuche).

Bei einzementierten Prothesen, die nicht gelockert sind, lassen sich immer wieder Reste von direktem Kontakt zwischen Fremdkörper und Spongiosa feststellen (Abb.16). Daneben liegt aber auch hier eine bindegewebige Grenzschicht zwischen Zement und Knochen, die jedoch weniger breit ist als bei Prothesen ohne Zement.

Welche mechanischen Konsequenzen haben nun diese Beobachtungen? Ueberall dort, wo Knochen in direktem Kontakt mit dem Fremdkörper steht, werden die Kräfte direkt vom Fremdkörper auf die Spongiosa übertragen. Wo eine Bindegewebsschicht zwischengeschaltet ist, deformiert sich diese unter Belastung. Wir kennen das Verhalten dieser bindegewebigen Grenzschicht nicht genau. Es kann aber geschätzt werden, wenn wir die Werte von YAMADA für Faserknorpel einsetzen, der wohl etwa ähnliches Verhalten zeigen dürfte. Faserknorpel weist eine starke Kompressibilität auf. Bei einem Flächendruck von 2 N/mm^2 beträgt die Deformation schon 10%. Das entspricht bei einer Schichtdicke von 200 µ immerhin einer Verschiebung zwischen Fremdkörper und Knochen von 20 µ . Weist die Grenzschicht nun etwa 20% knöcherne und 80% bindegewebige Grenzfläche auf - was nach einigen Monaten durchaus der Fall sein kann - so werden die knöchernen Stützen entsprechend grössere Flächenbelastungen aufweisen. Das hat zur Folge, dass diese Knochen-Fremdkörperbrükken über die zulässige Grenzbelastung hinaus beansprucht werden und schliesslich nachgeben und durch Bindegewebe ersetzt werden. Bei ungünstigem Verlauf wird sich die bindegewebige Kontaktfläche vergrössern und Mikrobewegungen der Endoprothese zulassen. Damit bahnt sich dann der gefürchtete Prozess der Prothesenlockerung an.

Beim Einzementieren der Prothese wird i.a. das untere Stielende fest in der Kortikalis des Schaftes eingemauert. Die oberen 6 - 7 cm der Prothese und ihr Zementmantel liegen jedoch in Spongiosa. Auch hier kommt es im wesentlichen auf die Stellung der Prothese (Valgus oder Varus) an. Die Fixation der Spitze in der Femurschaftkortikalis dürfte einer festen Einmauerung entsprechen. Durch axiale Kräfte wird sie eher vermehrt, da dann der gesamte Fremdkörper in den konusartigen Kompaktamantel eingepresst wird (Konuseffekt). Bei Fixation der Prothesenstielspitze auf 4 - 5 cm Länge biegt sich die Prothese bei seitlich auf den Prothesenhals einwirkender Belastung von 100 kp um schätzungsweise 10 - 20 µ durch. Diese seitliche Verschiebung des Prothesenhalses tritt bei jedem Schritt auf und wirkt als Wechselbelastung. Bei einer durchschnittlichen täglichen Gehleistung von 1000 m bei einer Schrittlänge von 70 cm entspricht dies ungefähr $1,5 \cdot 10^6$ Lastwechseln. Unter ungünstigen Verhältnissen kann dies zum Ermüdungsbruch führen. Dies ist gelegentlich nach etwa 2 - 3 Jahren, oft auch später, der Fall. Durch Verbesserung der mechanischen Eigenschaften der Prothese, durch zäheres Material und kräftigere Gestaltung des Stieles konnte das Risiko eines Bruches auf unbedeutende Werte gesenkt werden.

Zusammenfassend kann festgestellt werden, dass die Spongiosa auf das Einbringen einer Endoprothese zunächst mit einem massiven Umbau reagiert, wobei der Fremdkörper mit einer knöchernen Grenzlamelle eingescheidet wird. Stellenweise erfolgt bei Zementfixation eine direkte Abstützung mit Knochen ohne Zwischenschaltung einer bindegewebigen Schicht. An anderen Stellen erfolgt jedoch eine Umwandlung der knöchernen Abstützung in straffes Bindegewebe, das eine Pufferwirkung hat. Je nach dem Umfang dieser Umwandlung bleibt die Endoprothese fest oder sie lockert sich im Laufe der Jahre. Tritt diese Lockerung, unterstützt durch die Wechselbelastung, nur am gelenknahen Ende auf,

kann auch die kräftigste Prothese mit der Zeit einen Ermüdungsbruch
erleiden. Zweckmässige Formgebung und zweckmässige Operationstechnik
sind imstande, den Prozess der Lockerung zu unterbinden oder schäd-
liche Folgen für die Funktion zu vermeiden.

Literatur

KOELBEL R., BOENICK U.: Biomechanische Probleme der Implantatchirurgie.
  Der Orthopäde (1974)
PUGH J.W., ROSE R.M., RADIN E.L.: A structural model for the mechani-
  cal behavior of trabecular bone. J.Biomech. $\underline{6}$, 657 (1973)
RITTER G., GRUENERT A.: Untersuchungen zu mechanischen Eigenschaften
    der Knochen. Arch.orthop.Unfall-Chir. $\underline{75}$, 302 (1973)
YAMADA H.: Strength of biological material (1970)

Erfahrungen mit Kniegelenks-, Ellenbogen-, Hand- und Finger-grundgelenks-Ersatz

N. Gschwend und S. Best

Der Kunstgelenkersatz im menschlichen Körper hat in den
letzten Jahren einen unerwartet grossen Aufschwung erhalten.
Noch ist die Entwicklung dieses Sondergebietes der Orthopädie
in vollem Gange; jedes Jahr werden neue künstliche Gelenke
entwickelt, meistens lange bevor ältere Modelle ihre Langzeit-
bewährungsprobe bestanden haben.

Die Problematik des Kunstgelenkersatzes im Lichte der eigenen
Erfahrungen zu skizzieren und unsere, von Gschwend, Scheier
und Bähler entwickelten sog. GSB-Gelenke vorzustellen, soll
Ziel dieser Ausführungen sein.

Das Kniegelenk

Da die Häufigkeit der Gonarthrose derjenigen der Coxarthrose
nur wenig nachsteht, dürfte das Bedürfnis nach einem Kunstgelenkersatz des Kniegelenks an zweiter Stelle stehen. Keines
der bisher entwickelten Gelenke kann für sich in Anspruch
nehmen, dem Normalgelenk funktionsäquivalent zu sein. Abhängend
von der Intaktheit bzw. Suffizienz des Bandapparates werden
heute grob schematisierend 2 Typen von Total-Endoprothesen
unterschieden:

1. (Dia) Gleitflächen-Ersatz-Prothese ohne feste mechanische
   Verbindung der beiden Prothesenteile untereinander.

2. (Dia) Endoprothesen mit stabiler mechanischer Verbindung
   der Prothesenteile untereinander.

3. Kombination dieser beiden Typen.

Zu den ersten gehören alle Variationen der von Gunston (Dia)
entwickelten sog. polyzentrischen Endoprothese, wie z.B. die
Schlittenprothese. (Dia)

Zur zweiten Gruppe gehören alle Formen der Schaniergelenke.
(Dia)

Zur dritten Gruppe zählen dann einige neuere Konstruktionen,
darunter unser GSB-Kniegelenk. (Die nächsten 4 Dias.)

Die Vorteile der Gleitflächen-Endoprothesen ohne stabile
mechanische Verbindung sind: (Dia)

1. Ein weitgehend physiologischer Bewegungsablauf, z.T. sogar
   unter Einschluss von etwas Rotation.

2. Relativ geringe Resektion von Knochen der Femur- und Tibia-
   kondylen.

3. Erhaltung des Bandapparates, ev. sogar Verbesserung einer
   leichten Seitenband-Insuffizienz.

4. Erhaltung der Patella.

Die Nachteile sind: (Dia)

1. Mangelnde Uebereinstimmung der vorfabrizierten Gleitflächen
   mit den individuell variablen Grössen des Bandapparates, was
   zu Insuffizienz oder abnormer Spannung führen kann.

2. Beschränkte Anwendungsmöglichkeit bei Kniegelenken mit stärkerer
   Instabilität und Fehlstellung.

3. Relativ schwierige Operationstechnik.

Bei der Totalendoprothese mit stabiler Verbindung sind die
Vorteile: (Dia)

1. Weiteres Indikationsgebiet, beispielsweise auch für Schlotter-
   gelenke, Subluxationen und schwere Fehlstellungen anwendbar.

2. Einfachere Operationstechnik.

Nachteile:(Dia)
———————————

1. Unphysiologischer Bewegungsablauf

2. Breite Knochenresektion notwendig, oder

3. bei sparsamer Knochenresektion beschränkter Bewegungsumfang
   wegen
   vorzeitigem knöchernen Anschlag dorsal und
   abnormer ventraler Weichteilspannung

4. Meist notwendige Patellektomie

Wer für den Totalersatz des Kniegelenks eine Scharniergelenks-
Prothese wählt, hat die Möglichkeit: (Dia)

1. Die Achse so weit wie möglich nach dorsal und kranial zu
   verlegen wie bei der Guéparprothese.
   Die Stabilität wird dadurch erhöht, ein vorzeitiger knöcherner
   dorsaler Anschlag teilweise vermieden. Der Nachteil ist ein
   grösserer Energieaufwand zur Einleitung der Bewegung und eine
   bei fortschreitender Beugung sich erhöhende Spannung der Weichteile im Bereich des Streckapparates.

2. (Dia) Die Achse in die Mitte zu verlegen:
   Die Einleitung der Beugung wird dadurch, bei verminderter
   Stabilität, erleichtert, der Bewegungsablauf flüssiger. Eine
   ausgiebige Flexion ist aber nur möglich bei breiter Knochenresektion.

Bei der Konstruktion unserer <u>GSB-Prothese</u> (Dia) setzten wir
uns zum Ziel, so wenig Knochen wie möglich zu resezieren, was
dann möglich ist, wenn die Gelenkfläche bestmöglich imitiert
und analog dem physiologischen Bewegungsablauf eine wandernde
Achse eingebaut wird. Für die von uns gewählte Lage der Achse
ergibt sich eine bei zunehmender Kniebeugung nach kranial und
dorsal verlaufende Bewegungsbahn (Dia). Die Last wird von den
Metall-Polyaethylenflächen der Femur- und Tibiaprothesenanteile
getragen (Dia). Nach Montage beider Prothesenteile besteht auch
volle Kompensation des praeoperativ meist zerstörten Bandapparates.

Der Ellenbogen: (Dia)

Das Prinzip der minimalen Knochenresektion, das im Falle einer
Komplikation mit dem entscheidenden Vorteil eines sicheren Rück-
zuges auf konventionelle Methoden der Arthroplastik verknüpft
ist, wurde von uns auch am <u>Ellenbogen</u> angewandt (Dia). Ziel
war die Erhaltung der Humeruscondylen mit ihren stabilisierenden
Band- und Muskelansätzen, was auch bei Entfernung der Prothese
immer noch eine gabelförmig ineinandergreifende stabile Sine-
Sine-Arthroplastik erlaubt.

Andererseits aber sollte die Einklemmung des Gelenkanteils
zwischen die Humeruskondylen den Drehpunkt möglichst an die
physiologische Stelle bringen (Dia) und die am Ellenbogen
erfahrungsgemäss über einen langen Hebelarm einwirkenden
Rotationskräfte so weit wie möglich neutralisieren.

Bei der GSB-Prothese (Dia) ist die Gelenksachse schon praeoperativ
fest montiert, die Bewegung wird durch einen am Humerusteil an-
gebrachten und mit der Achse verbundenen Schwenkarm auf den
Vorderarm übertragen (die nächsten beiden Dias). Dank exakter
Einpassung der Prothese zwischen die Humeruskondylen und neuer-
dings durch zusätzlich angebrachte flügelartige Verbreiterungen
am proximalen Markraumstift (Dia) glauben wir das Problem der
sekundären Lockerung weitgehend gelöst zu haben.

Das <u>Handgelenk</u> gehört zu den komplexesten Gelenkkonstruktionen
im menschlichen Körper, vermittelt es doch neben einer enorm
hohen Stabilität ein ungewöhnlich grosses Bewegungsausmass.
Im Bestreben, den physiologischen Bewegungsausschlag zu imitieren,
galt es, nicht nur den Drehpunkt an die physiologische Stelle
zwischen Lunatum und Capitatum zu plazieren (Dia), sondern
Kreiselbewegungen als Kombinationen von Dorso-Palmarflexion mit
radio-ulnarer Abduktion zu ermöglichen, (Dia) die Rotations-
bewegung aber, die als Pro-Supination Aufgabe der Radio-Ulnar-
Gelenke und somit des Vorderarms ist, im Kunstgelenk zu blockieren.

Wir erzielten dies durch folgende Konstruktion: (Dia)

Der Ersatz der <u>Fingergelenke</u>, vorwiegend der MCP-Gelenke,
gehört zu den am meisten praktizierten Allo-Arthroplastiken.
Zwei prinzipiell verschiedene Typen haben im deutschen Sprach-
gebiet eine grössere Verbreitung gefunden:

1. Die Silasticimplantate (Dia)

2. Die St. Georgsprothese (Dia)

Erstere sind keine echten Gelenke, sondern flexible Platzhalter.
Ihr Vorteil liegt in der relativ einfachen Operationstechnik und
einem ebenso einfachen und sicheren Rückzugsweg zur Sine-Sine-
Arthroplastik im Falle von Komplikationen. Die Ergebnisse sind
in bezug auf Schmerzbeseitigung und Behebung der praeoperativen
Luxation sehr gut, bezüglich Bewegungsumfang und Beseitigung
der Ulnarabweichung befriedigend. Ihr entscheidender Nachteil
liegt aber im sog. Pistoneffekt (Dia), d.h. der Hin- und Her-
bewegung der Markraumstifte im Knochen. Dies führt meistens
zu Resorptionserscheinungen am Knochen, zu einer Erweiterung
des Markraumes und einem Tiefersinken der Prothese. Das Einwirken von Stauchungs- und Scherkräften zusätzlich zur einfachen
Biegebelastung einerseits, die Einwirkung von scharfen Knochen-
kanten auf das "gelenkige" Mittelstück andererseits, führen

immer häufiger zu Implantatfrakturen. (Dia) Der Abrieb von
Siliconkautschukpartikeln dürfte Hauptursache für die zunehmende
periartikuläre Fibrose mit der z.T. beachtlichen Bewegungsein-
schränkung sein.

Das Bedürfnis nach einem stabil fixierten, die physiologischen
Bewegungsausschläge zulassenden Gelenk war verständlich. Die
St. Georgs-Fingerprothese erfüllt diese Bedingungen, (Dia) hat
aber unseres Erachtens den Nachteil, dass sie mit Zement im
Knochen verankert werden muss und dass jeder unverhoffte Zug
am Finger diese Verankerung belastet. Auch scheint die erhebliche
periartikuläre Fibrose wahrscheinlich mehr auf den Abrieb von
Polyaethylen- als von Metallpartikeln zurückzuführen zu sein.
Müssten die Prothesen entfernt werden, so dürften nicht uner-
hebliche technische Schwierigkeiten auftreten. Schon die Implantation, bei der jedes Gelenk en bloc mit beiden Markraumstiften
gleichzeitig einzementiert werden muss, ist in technischer Hinsicht wesentlich anspruchsvoller als alle sonst üblichen Methoden.

(Dia) Bei den <u>GSB-Fingerprothesen</u> setzten wir uns zum Ziel,
folgende uns wesentlich erscheinende Forderungen zu erfüllen:
(Dia)

1. Physiologischer Bewegungsumfang

2. Stabilität

3. Solide Verankerung

4. Möglichst einfache Operationstechnik

5. Rückzugsmöglichkeit zu bewährten Methoden bei Komplikationen.

(Dia) Das Gelenk weist 120° Flexions-Extensions-Ausschlag auf,
erlaubt eine Radialabduktion entsprechend der physiologischen
Situation, die Ulnarabduktion wurde aber blockiert, da eine der
Hauptindikationen zur MCP-Arthroplastik der pathologische Ulnar-
drift der Langfinger ist. Auch leichte Rotationsbewegungen sind
möglich.

Die Prothese entspricht einer stabilen Gelenkskonstruktion,
bei der die Muskelkraft sich sofort in Bewegung umsetzt und
nicht wie bei den Silastikprothesen sich teilweise in der
Stauchung und Längsverschiebung des elastischen Implantates
erschöpft.

Die Verankerung erfolgt mittels Hostaform-Zylindern, die in
6 verschiedenen Grössen zur Verfügung stehen und wie bei
Schrauben in den Knochen eingedreht werden. Durch einen Spreiz-
keil wird der Fixationseffekt erhöht. Die Gefahr der Lockerung
scheint selbst bei Osteoporose deshalb gering, da der metallene
Prothesenschaft im Hostaform-Zylinder verschiebbar eingesteckt
wird, wodurch ein allfälliger und unverhoffter Zug am Finger
nicht die Verankerung selbst belastet. (Dia) Die Aussichten auf
ein Einwachsen des Knochens in die Rillen des Hostaform-Zylinders
sind günstig.

Die Operationstechnik ist relativ einfach. Der Eingriff steht
nicht unter dem zeitlichen Druck, wie ihn die Zementfixation
einer Monoblockprothese kennt. Rotationsfehler der Prothese
können ohne Mühe verhindert werden.

Da kein Zement zur Prothesenfixation notwendig ist, lassen sich
die Hostaform-Zylinder im Falle einer infektiösen Komplikation
wie Schrauben aus dem Knochen herausdrehen.

Die Umwandlung in die lange Zeit mit befriedigendem Erfolg
praktizierte einfache Resektionsarthroplastik stösst auf keine
Schwierigkeiten.

Noch können wir keine grössere Serie vorstellen oder gar über
Langzeitergebnisse berichten. Das Beispiel unserer Fingerprothesen
soll aber demonstrieren, wie komplex die Problematik des Gelenk-
ersatzes ist und wie die Entwicklung von Kunstgelenken auf einer
sehr engen Zusammenarbeit von Aerzten, Ingenieuren und Technikern
basiert.

The Tribology of the Total Hip Replacement

M. Ungethüm

In view of the stresses arising in a hip replacement, a material for a sliding surface bearing used in such an implant should have the following mechanical properties: High wear resistance under conditions of sliding friction in order to ensure a sufficiently long life. Low coefficient of friction to minimize the motive forces required; Sufficiently high compressive strength to avoid cold flow and pitting; A modulus of elasticity which is substantially as low as that of bones so that shocks can be effectively absorbed and low stresses are involved in a transmission of socket deformations.

At the present time, the following materials are used most often for total joint replacements: Whereas some hip replacements are still made, just as twenty years ago, from AISI 316L stainless steel, most metal parts of replacements are made from a cast CoCrMo-alloy. HDPE is the only plastics material which has proved satisfactory so far in hip replacements from technical and clinical aspects.

The wear of cooperating sliding surfaces used in total joints and consisting of metal-metal or metal-plastics is due to adhesion, abrasion, and fatigue. The adhesive wear is due to the contact between microscopic asperities of the surfaces sliding on each other. The resulting welding and plastic deformation of asperities leads to a micro-geometric adaptation of the cooperating surfaces. This is accompanied by a transfer of material and a spalling of particles. These particles and sometimes also the transferred material may be harder than the base material and will then have an abrasive action. An abrasive wear results when a relatively hard material plows through a softer surface. A fatigue wear results when cyclic shearing and compressive stresses give rise to microcracks under a contacting surface and these cracks then initiate a spalling of parts of that surface. Fatigue wear is suffered mainly by thermoplastic parts of prostheses. Abrasive wear is suffered by thermoplastic and metal sliding elements of total replacements. The adhesive wear is not so significant over a long time because it occurs mainly during the initial period.

Because a hip replacement is to be used under varying loads and for movements which are not always uniform, it is difficult to make definite statements on the actual thickness of the liquid film. A condition of mixed or boundary lubrication is certainly typical of artificial hip joints.

There are different opinions regarding the determination of the pressures to be expected between the head and socket of total hip replacements. These pressures cannot be determined satisfactorily by a calculation of the mean pressure because the maximum pressure in the zone of contact may be a multiple of the mean pressure. According to HERTZ the maximum pressure is applied at the center of the zone of contact as shown in Fig. 1. The equation of HERTZ is only applicable, however, in the case of low pressures and a relatively large difference between the radii of the ball and the socket. As these requirements are not fulfilled in artificial hip joints, it appears to be more advisable to assume a distribution of the stress in accordance with a sine function, as taught by ERHARDT and STRICKLE.

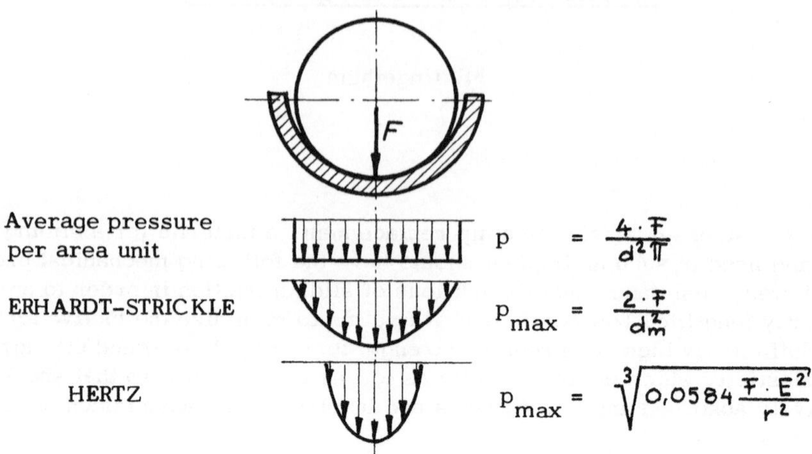

$$p = \frac{4 \cdot F}{d^2 \pi}$$

$$p_{max} = \frac{2 \cdot F}{d_m^2}$$

$$p_{max} = \sqrt[3]{0{,}0584 \frac{F \cdot E^2}{r^2}}$$

Fig. 1   Compressive stress between head and socket

To minimize the friction torque between the sliding parts, the radius of the parts of the joint must be minimized too. On the other hand, the rate of wear increases almost in linear proportion with pressure so that the pressure in the stressed zone should be minimized-and it is desired to increase the femur head in diameter.

A comparative investigation of the wear of artificial joints of the CHARNLEY and MÜLLER types has been carried out by WEIGHTMAN and his co-workers in the hip joint simulator. In the replacements of these two types, parts of HDPE and metal slide on each other and the heads are 22 and 32 millimeters in diameter, respectively. The authors have observed that after 1,8 million load-motion cycles, corresponding to a use for about one year by a human being, the CHARNLEY replacement exhibited a removal of the socket wall in about twice the depth and with about the same abraded volume as the MÜLLER replacement. When CHARNLEY inspected removed teflon sockets of his replacements, he found a maximum wear of somewhat more than 5 millimeters after five years of use. Other artificial hip joints did not show any wear after seven years. Because he has found no wear or little wear in replacements used by heavy patients, and vice versa, he believes that the "degree of activity" is more significant for the rate of wear than the weight of the patient. On the other hand, it is emphasized that a low friction coefficient need not essentially result in a low rate of wear and vice versa.

To ensure an optimum supply of liquid into the stressed zone, a sufficiently large clearance between the articulating surfaces is required. Whereas the St. GEORG type total hip replacement is made with a clearance of 1,5 millimeters between the head and socket, almost all other manufacturers and designers of artificial joints believe that a clearance of 0,2 millimeter is sufficient. It may be desirable to provide the parts subjected to sliding friction with a surface which is similar in texture to an orange rind and has microscopic pits for holding lubricant and for receiving any abraded particles.

A particularly desirable distribution of the abrasive wear throughout the circum-

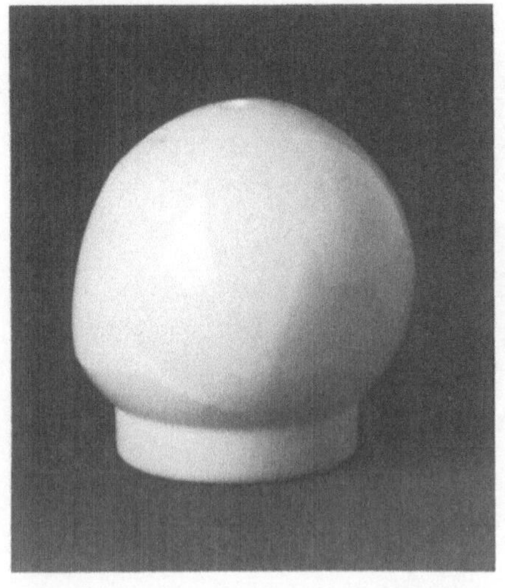

Fig. 2   Heavy wear at a polyester ball head of the WEBER-HUGGLER replacement due to socket protrusion and tilting

ference is found in rotating total replacements (CHRISTIANSEN, WEBER-HUGGLER). Whereas the regular rotation of the head in these artificial joints (a rotation of about 27-28° per step) is only of limited duration, the rather random dislocations of the head about its axis of rotation have the result that the wear is gradually distributed throughout the periphery of the head in the course of time (HESSERT). But even in these replacements, extreme wear may occur, e.g., as a result of socket protrusion and tilting (Fig. 2).

WILSON and SCALES and many other authors have found that the static friction and dynamic friction are much smaller between surfaces of plastics material and metal than between surfaces of metal and metal. Besides, the friction torque increases in proportion with the size of the head. In simulator tests, WALKER and GOLD have measured in the McKEE-FARRAR total hip joint a friction torque which is ten times higher than in the CHARNLEY hip joint. In all-metal replacements, the higher friction torque is influenced also by the following conditions:

1) Position of load-transmitting surface in the socket

2) Irregular geometry of the load-transmitting surfaces of the head and socket

3) Poor surface finish

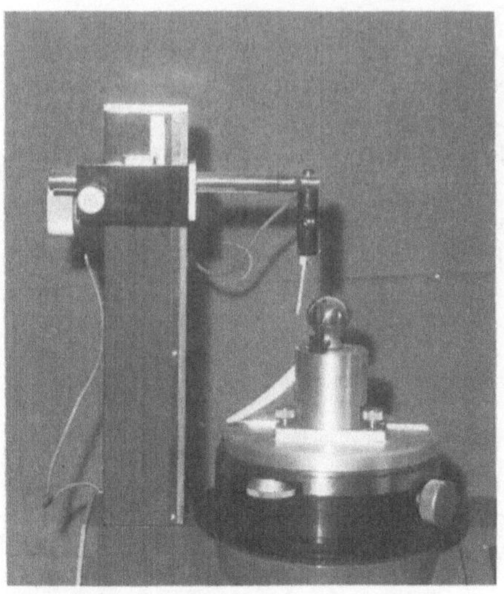

Fig. 3   TALYROND measuring instrument for determining deviation from the roundness

As regards the irregular geometry, we have checked in our hospital the sphericity of total hip replacements (Fig. 3) and have found that the roundness values of the articulating surfaces of replacements of the same type but from different manufacturers varied greatly and often exceeded the empirical and specified values used in precision mechanical engineering (Fig. 4). SCALES and LOWE require that the deviation from roundness should be less than 5 μm and the mean of the roughness of the surface

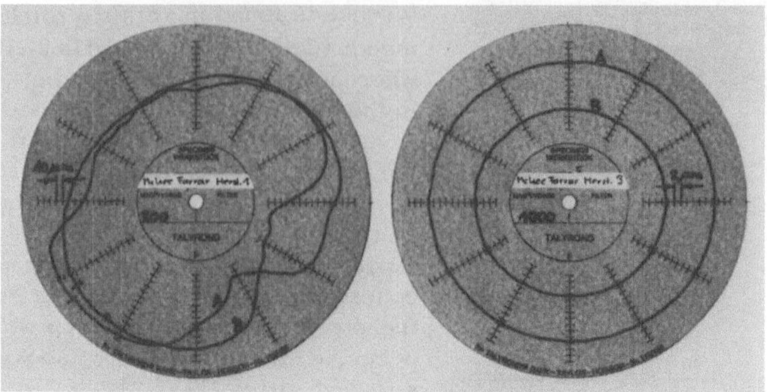

Fig. 4   Comparison of sphericity of McKEE–FARRAR type hip
joint replacements (heads) from two manufacturers

should be less than 0,025 μm. Good roughness values are required also in metal
and plastics surfaces in sliding contact because the rate of wear of thermoplastic
materials typically increases with the depth of roughness of the metal part in
sliding contact therewith.

All–metal hip joint replacements have a very long life as far as wear is concerned.
Whereas in MÜLLER and CHARNLEY total hip joints, a wear of up to 1 millimeter was
measured after five years, it has been reported in the literature that a McKEE–
FARRAR all–metal hip joint which was reoperated after three years did not exhibit
a measurable wear (APLEY) and that a wear in a depth of 1/100 millimter was observed after a 1000–hour test in the simulator (WEIGHTMAN et al.). In the reoperated replacements of that type, we have found abraded metal particles of a
size up to some micromteers in the capsule of the joint.

Fig. 5 shows the transmission electron microscope micrograph of a new McKEE–
FARRAR socket surface. The fine grooves have been produced in the last manufac-
turing operation. As contrasted therewith, Fig. 6 is an incident–light microphotograph showing zones of heavy wear in
a reoperated replacement of the same
type. These zones are shown on a still
larger scale in Fig. 7 in a transmission
electron microscope micrograph. As
mentioned above, that artificial hip
joint has the disadvantage of possessing

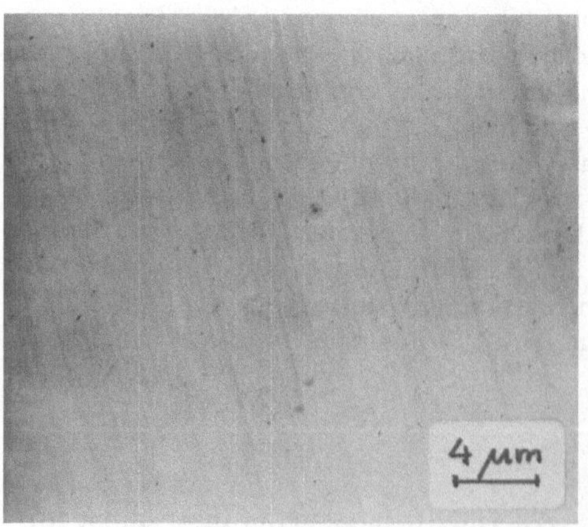

Fig. 5
Transmission electron microscope
micrograph (Replica) of new McKEE–
FARRAR socket surface

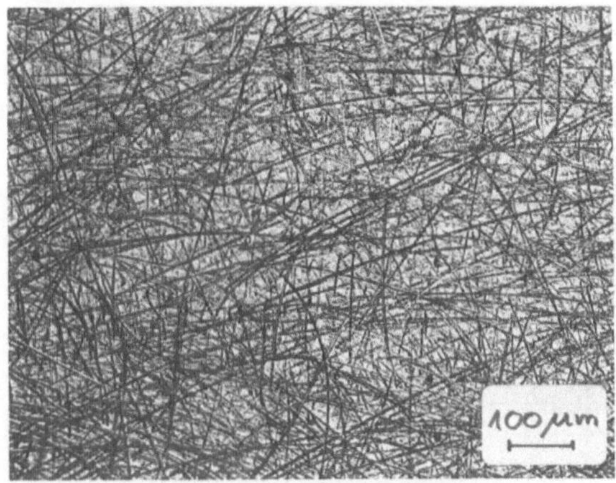

Fig. 6

Incident-light microphotograph of a contact zone showing very heavy scratch marks in a McKEE-FARRAR socket which has been reoperated after three years of use

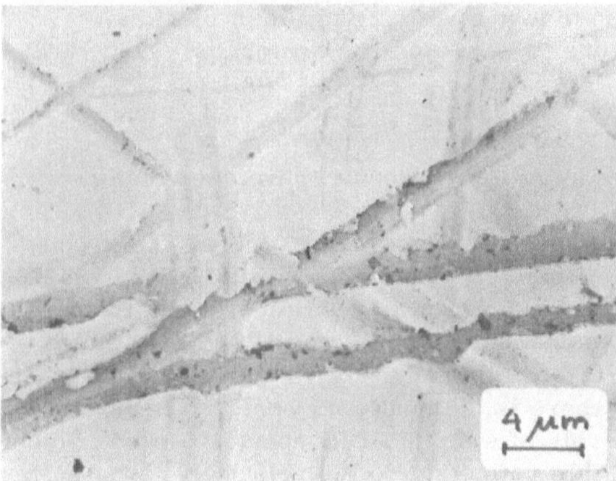

Fig. 7

Transmission electron micros- cope micrograph (replica) of the scratch marks of Fig. 6

a high friction torque, which imposes a higher stress on the anchoring. RUCKELS- HAUSEN has statistically proved that this is the reason why metal-metal prostheses become loose in a much higher percentage (5,8 %) than CHARNLEY type metal- plastics prostheses and their modification (0,95 %).

For some years, there has been an increase in efforts to investigate ceramic ma- terials as regards their usefulness in prostheses. It has been found that dense alumina ceramics have a desirable biocompatibility and excellent sliding properties. For instance, BOUTIN has implanted in Franch 200 hip joint replacements of pure Al_2O_3. In our hospital we have also tested aluminium oxide ceramics from various German manufacturers with the pin-disc tester. In this machine a pin is loaded vertically against the surface of a rotating disc in a bath of lubricant.
Conditions of test: diameter of pin 6 mm - end face of pin 20 mm spherical radius - mean diameter of wear track 25 mm - load 100 N - mean rubbing velocity 0,05 m/sec - lubricant: dry or Ringer's solution - duration 48 hours.
The wear was measured as the depth of the wear track.

Material combination	Depth of the wear track [μm]		Coefficient of friction	
	"Ringer"	Dry	"Ringer"	Dry
Al_2O_3/Al_2O_3 – "A"	o,375		0,28 – 0,35	
Al_2O_3/Al_2O_3 – "B"	0,438	12,5	0,28 – 0,32	0,50 – 0,80
Al_2O_3/Al_2O_3 – "C"	0,950	181,0	0,26 – 0,30	0,78 – 0,93
HDPE/Protasul 2	1,900		0,03 – 0,04	
Protasul 2/Prot. 2			0,30 – 0,40	0,35 – 0,50

Fig. 8   Friction and wear behaviour tested with the pin–disc machine. The different manufacturers of ceramics are designated "A", "B", and "C".

Fig. 9   Scanning electron microscope micrograph of the mark produced by sliding friction in the ceramic material

The following results have been obtained (Fig. 8):

Apparently the volume of wear under conditions of liquid friction is of a very small order particularly with materials from manufacturers "A" and "B". Nevertheless it would certainly be incorrect to state that there is "virtually no wear". Whereas the rate of wear of HDPE about 4–5 times higher, this reflects also the relatively large cold flow which occurs during the initial period as a result of the high initial pressure; said cold flow decreases substantially when a limit pressure has been reached. The results show also that the use of ceramic materials for sliding surfaces used under conditions of dry friction under loads similar to those encountered in vivo cannot be recommended owing to the high wear.

The coefficient of friction is another important parameter. It is apparent that in approximately the same coefficients of friction ($\mu \approx 0,30$) were measured for the ceramic test specimens from all three manufacturers in our friction test carried out in Ringer's solution. This value is about 10 times higher than the coefficient of friction between sliding surfaces of metal and plastics material. For this reason, Al_2O_3 ceramics as bearing material cannot provide for the principle of "low friction" which is desired and which is significant to avoid a loosening of the implanted parts.

It is cl early apparent from the scanning electron microscope micrograph (Fig. 9) of the wear track in ceramic material that particles have spalled in spite of the presence of a lubricant (Ringer's solution). A spalling of additional particles is indicated by zones surrounded by microcracks. This suggests that there has been fatigue wear in addition to adhesive wear.

It must be emphasized that these results regarding the frictional and wear behaviour of Al_2O_3 ceramics rely only on the investigations we have carried out so far with the pin-disc machine. It is assumed that a more favorable tribological behaviour will be exhibited by complete ceramic joints when tested in the joint simulator, where the pressure between the sliding surfaces is lower.

To obtain more accurate information and knowledge regarding the friction and wear of total hip replacements we have developed in our hospital a special hip joint simulating machine within the scope of a research project which has been financially supported by STIFTUNG VOLKSWAGENWERK (Fig. 10). That simulator permits of an optimum simulation of the conditions encountered during normal walking, fast running, jumping, going upstairs, etc., for any selected body weight.We can now subject different combinations of joint-forming components of new implants to long-term tests as regard materials and design under simulated physiological conditions to obtain quantitative estimates for predicting the long-time behaviour of the articulating surfaces.

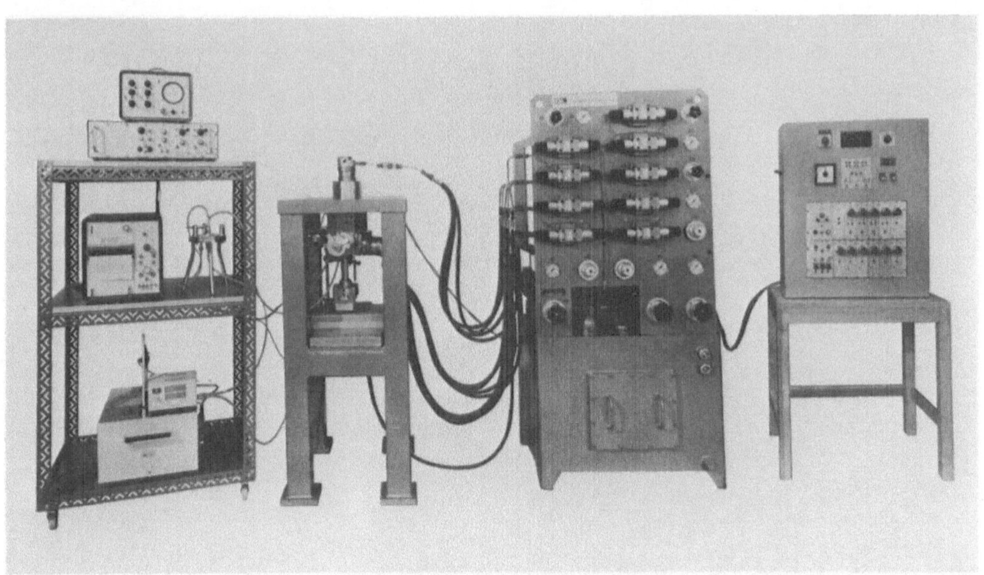

Fig. 10   Hip joint simulating machine

Acknowledgement
The investigations have been supported by the Volkswagen-Foundation

REFERENCES

APLEY, A.G.: Modern Trends in Orthopaedics. Butterworths, London 1972

BOUTIN, P.: Arthroplastie totale de la hanche par prothése en alumine frittée. Rev. orthop. 58 (1972) 229

ŞCALES, J.T., LOWE, S.A.: Some factors influencing bone and joint replacements. In: M. Jayson, Total hip replacement, Sector Publishing Ltd. London 1971

CHARNLEY, J., KAMANGAR, A., LONGFIELD, M.D.: The optimum size of prosthetic heads in relation to the wear of plastic sockets in total replacement of the hip. Med. biol. Engng. 7 (1969) 31

ERHARDT, G., STRICKLE, E.: Gleitelemente aus thermoplastischen Kunststoffen. Kunststoffe 62 (1972) 2

HESSERT, G.R.: Wie rotiert die Rotations-Totalendoprothese des Hüftgelenks in vivo? Arch. orthop. Unfall-Chir. 68 (1970) 343

RUCKELSHAUSEN, M.C.: Haltbarkeitserwartung von Hüfttotalprothesen in Abhängigkeit von Verschleiß, Reibungskoeffizient und Kopfdurchmesser. In: Cotta a. Schulitz: Der totale Hüftgelenkersatz. Thieme-Verlag Stuttgart 1973

WALKER, P.S., GOLD, B.L.: Comparison of the bearing performance of normal and artificial human joints. J. Lubr. Techn. 95 (1973) 333

WEIGHTMAN, B.O., PAUL, I.L., ROSE, R.M., SIMON, S.R., RADIN, E.L.: A comparative study of total hip replacement prostheses. J. Biomech. 6 (1973) 299

WILSON, J.N., SCALES, J.T.: Loosening of total hip replacements with cement fixation. Clin. Orthop. 72 (1970) 145

XVI. Rheometric und Strukturrheologie von Biopolymeren/Rheometry and Structural Rheology of Biopolymers

Rheometry and Structure-Rheology of Biopolymers

E.Gruber, K.Lederer and J.Schurz

1. Introduction

The term structure rheology[1] means that subdiscipline of rheology, which tries to elucidate the connections between the structural parameters of a system and its rheological behaviour. Applied to such a complex body as living tissue, this seems a very ambitions aim, which we are far from even approaching. When we want to demonstrate a relation between structure and rheological properties, we have to confine ourselves to a rather simplified system. This paper will only deal with solutions. The first section is devoted to dilute, and the second to concentrated ones.

2. Rheological behaviour of dilute solutions of macromolecules (particle solutions).

In order to describe the rheological behaviour of any system, it is necessary to measure viscose and elastic properties. In the case of dilute solutions, however, elasticity plays a role of minor importance. So we want to concentrate here on the more important factor: viscosity. The viscosity of a solution of known composition is dependent on a number of variables: Concentration of solute, pressure, temperature, size, shape and density of the dissolved particles, time and rate of shear. For the following considerations we will take into account only cases, where pressure and temperature are constant. We shall also not deal with the time dependence of viscosity, all viscosity values are understood as steady flow viscosities.

Wherever macromolecules have to be carried over a long distance in a living organism, their shape tends to be as spherical as possible, because isotropic molecules contribute least to viscosity in solution. However, special molecules cannot assume a globular shape by virtue of their function. Structure proteins or polysaccharides must have an elongated molecular shape. The same holds for molecules like DNA, which must offer easy access to the reader molecules. Such elongated particles enhance the viscosity of the solution severely, and give rise to a complicated viscosity behaviour. In most cases, solutions of these molecules are shear thinning, that means their viscosity decreases with increasing shear rate.

In fig.1 a few mechanism are demonstrated, which may cause shear dependence of viscosity. The most frequent and most simple case is preferential orientation of anisotropic particles. For this case the rheological behaviour of infinitely diluted solutions can be calculated and has, indeed, been calculated long ago for different types of model particles.

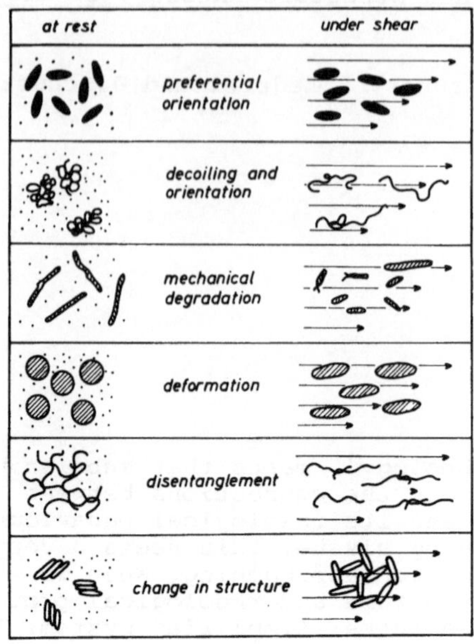

Fig.1. Some mechanisms leading to shear dependence of the viscosity of a macromolecular solution

2.1 The "true" limiting viscosity number $LVN_O \equiv [\eta]_{\varphi,o}$

A characteristic measure for the particle dimensions is the so called reduced viscosity $\eta_{red} = \eta_{sp}/c$. For calculations, instead of mass concentrations c, volume fractions φ are used, leading to a volume viscosity number η_φ : $\eta_\varphi = \eta_{sp}/\varphi = \eta_{red} \cdot \rho_v$ (ρ_v density of the particle in solution). This viscosity number is dependent on the concentration of the solution and the shear rate, which exists during the measurement, in the same way as shown for η_{red} in fig.2. By double extrapolation to c=0 and D=0 (D=rate of shear), which can be done either seperately or in a combined grid plot (shown at the right hand side of fig.2), the true limiting viscosity number $[\eta]_o$ or $[\eta]_{\varphi,o}$ resp. can be obtained. A straight extrapolation to D=0 may however present some difficulties.

Fig.3 shows a grid plot of a saline solution of salmon sperm DNA. It can be seen that there is still considerable shear dependence a zero concentration. But it can be also seen, that in moderately concentrated solutions strong interactions between the molecules cause extremly strong shear dependance. This method of presentation yields quick and reliable information about $[\eta]_o$, but for obtaining the exact shape of the c=0-flow curve, it is better to use the parameter method.

Fig.4 shows the shape of c=0 lines from the function $[\eta]_\varphi = f(c,\alpha)$. α is a normalized shear parameter $\alpha = \dfrac{D}{D_R}$ (D shear rate, D_R rotational diffusion constant). These functions have been calculated theoretically by SCHERAGA[2] for ellipsoids and other rotational symmetric bodies.

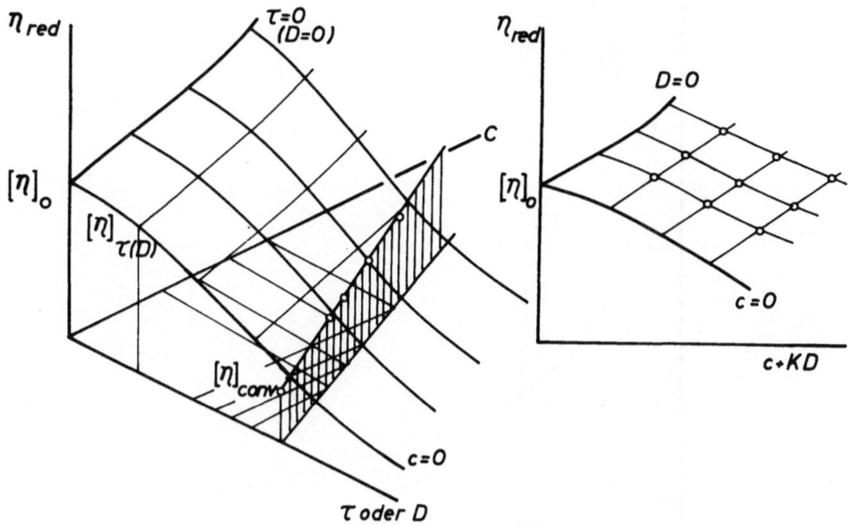

Fig.2. Dependence of the reduced viscosity on concentration c and shear rate D. Right: double extrapolation to D=0 and c=0 in a grid plot, leading to $[\eta]_o$

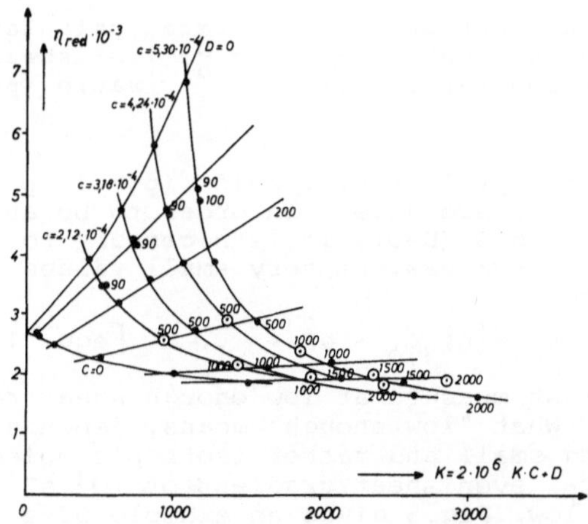

Fig.3. η_{red} of salmon sperm DNA in 0,05 m NaCl as a function of concentration c and shear rate D. Double extrapolation in a grid diagram. $[\eta]_o = 2,7 \cdot 10^3$.

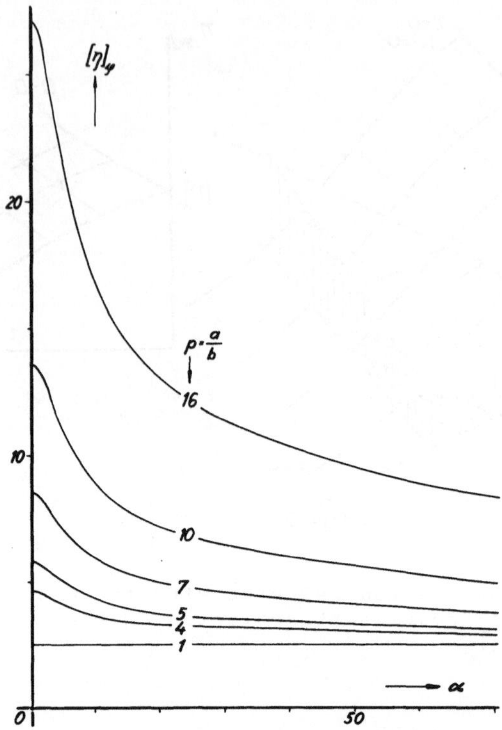

Fig.4. Viscosity as a function of shear rate, calculated for model rotational ellipsoids by SCHERAGA[2]. $\alpha = \dfrac{D}{D_R}$; D: shear rate; D_R = rotational diffusion constant; p axial ratio (polar axis over equatorial axis)

Here some functions for prolate ellipsoids (p > 1; $p = \frac{a}{b}$; a:polar axis, b:equatorial axis) are given. In order to be able to extrapolate satisfactorily to α=0 (D=0), it is necessary to linearize these curves at small α-values. At very small values of α an approximation according to

$$[\eta]_\varphi = [\eta]_{\varphi,o} - k_D \cdot [\eta]_{\varphi,o} \cdot \alpha^2 + \ldots \qquad [\text{equ. 1}]$$

is possible. So we must measure at low enough shear rates, if we want to obtain $[\eta]_o$. What "low enough" means, depends on the magnitude of D_R. Measuring small and rather isotropic molecules, which have big values of D_R, even shear gradients of 10^3 s^{-1} or 10^4 s^{-1} may be sufficiently low. Fig.5 gives an example of a macromolecule (fibrinogene) having a very big rotational diffusion constant (D_R- 40 000 s^{-1}). There is practically no shear dependence at D < $10^4 s^{-1}$ [3].

If the molecules are very elongated and rigid as DNA-double helices, there may be found shear dependence even at very low shear rates (see fig.8). In this case the flow curves must be determined by means of a low-shear viscometer in order to be able to extrapolate to vanishing shear rate.

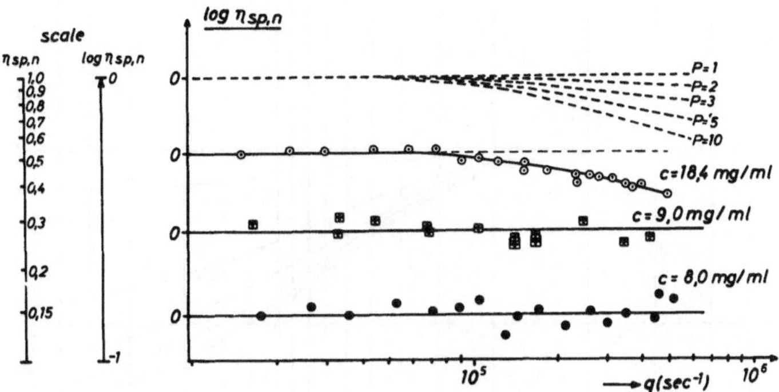

Fig.5. Shear dependence of the reduced viscosity of solutions of figrinogen(3) (q ≡ D) D_{rot} = 40 000 s^{-1}. Dashed curves: theoretical curves for elongated ellipsoids of revolution with axial ratio p = 2-10.

2.2 Determination of the rotational diffusion constant D_R and of the factor of anisotropy p

It is not possible to determine D_R from the slope of the function η vs. D^2, because the constant k_D in equ. 1 is dependent on the axial ratio p, which in most cases is unknown. But we can make use of the total information, which the flow curve contains, by comparing the experimental curve with a set of theoretically calculated ones. This comparison is done by drawing a normalized flow curve $[η]_D/[η]_o$ vs. lg D. Fig.6 shows a set of model flow curves calculated by SCHERAGA[2] for prolate ellipsoids, plotted versus lg α. Prolate ellipsoids may serve as an equivalent model for many macromolecules.

The experimental curve is drawn into the diagram of theoretical curves and shifted horizontally until a good fit is obtained. As the steepnes of the flow curves depends on the axial ratio p, only one curve having a certain p-value, will give a satisfying fit. From the necessary horizontal shift, D_R can be calculated.

From fig.7 it can be seen, that even the low shear portion of a flow curve is sufficient to enable this procedure. In the case shown (cellulose trinitrate in acetone, 25°C, $[η]_{conv}$=600 cm^{3}g^{-1}, $[η]_o$=855 cm^{3}g^{-1}) an axial ratio of p≈ 10 and a rotational diffusion constant of D_R = 52 s^{-1} is found.

Another example is shown in fig.8. There are two different flow curves of a saline DNA-sample from salmon sperm. The commercial samples (Calbiochem) had been dissolved in 0,05 m NaCl, but only in the case of sample DNA 2 a molecular dispersed solution could be obtained. The solution of DNA 1 contained obviously latterally associated molecules, having a lower axial ratio and a smaller D_R-value. These figures p and D_R are by far more sensitive for associating phenomena, than the conventional LVN is.

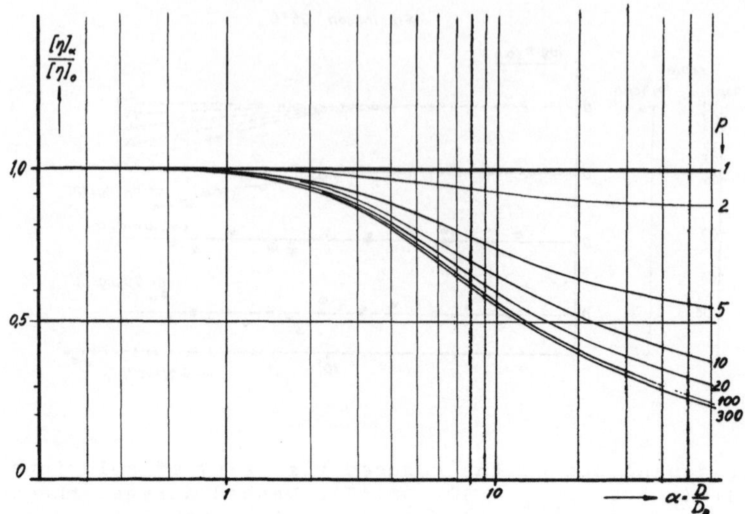

Fig.6. Normalized c=0 flow curves of prolate ellipsoids, according to calculation of SCHERAGA[2]

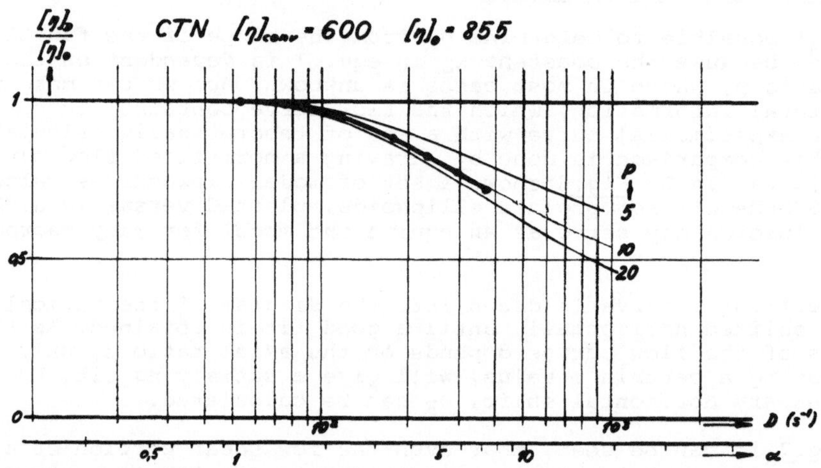

Fig.7. Fitting of a flow curve. Sample: cellulose trinitrate in acetone, 25°C, η_{conv}=600 cm^{3}g^{-1}, η_o=855 cm^{3}g^{-1}. Heavy line: experimental curve (vs.D); Weak lines: theoretical curves (vs.α)

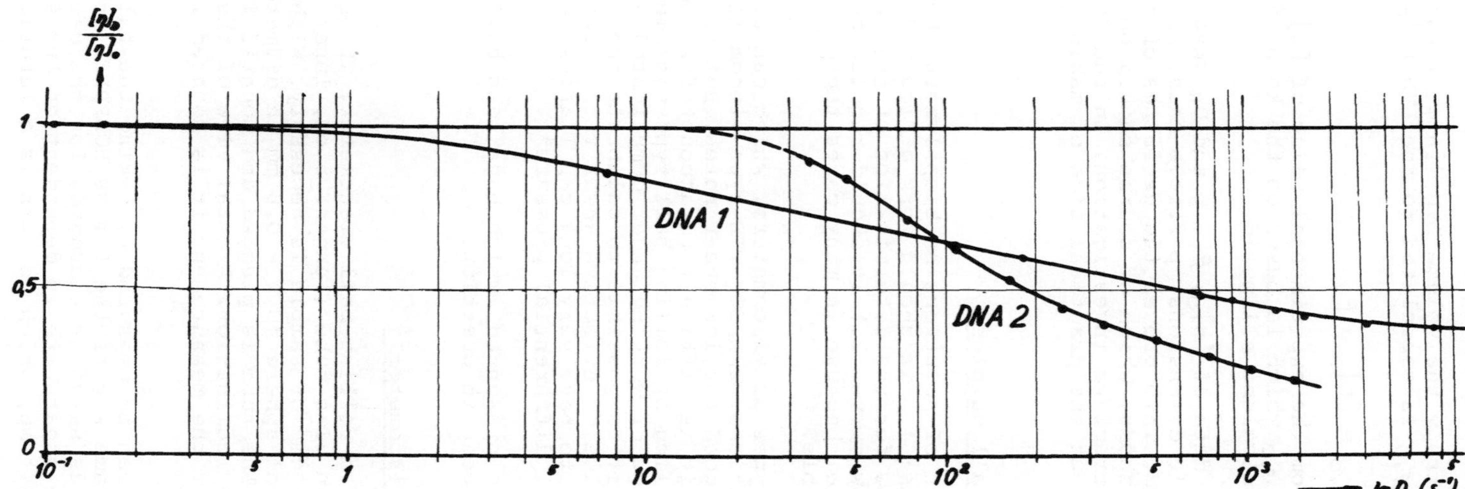

Fig.8. Normalized c=0 flow curves of two different DNA samples
(Salmon sperm), DNA 1 containing probably latteral aggretates
p=3,5, D_R=0,6 s^{-1}

493

2.3 Determination of the particle density

For particles of known anisotropy the volume LVN ($[\eta]_{\varphi,o}$) can be calculated theoretically. $[\eta]_{\varphi,o}$ is correlated to the LVN $[\eta]_o$ via the particle density ρ_v

$$[\eta]_{\varphi,o} = [\eta]_o \cdot \rho_v$$

Thus ρ_v can be calculated from the experimental value of $[\eta]_o$ and the theoretical value of $[\eta]_{\varphi,o}$ which is based on the knowledge of p of the hydrodynamically equivalent ellipsoid.

By combining the rheological data of $[\eta]_o$, ρ_v, p and D_R detailed information about the particle dimensions, particle mass, and degree of solvatation can be derived. This proves the usefulnes of these rather simple rheological methods, which of course should be supplemented by other methods of structure investigation. In the following, a few words shall be said about the practical side of making such rheological measurements.

3. Low shear rheometry of small samples

A viscometer for measurements of solutions of biopolymers should meet two special requirements: 1.) it should work at low and adjustable shear rates to allow for the determination of $[\eta]_o$ and the low shear portion of the flow curve. 2.) It should require only a small amount of liquid sample, because in many cases there are only a few drops of sample available.

Now there are three common types of viscometers, which can be adapted to cope with these conditions. The COUETTE-type viscometers or cone-plate systems are very good for low shear rates. But they have one complication in common: it is difficult to account for end effects. There is also the falling or rolling ball type viscometer. This type has the disadvantage of working under complicated and unknown shear conditions, but it is possible to calibrate the apparatus with regard to a mean value of effective shear rate. Capillary type viscometers either have to have very long capillaries, or they have to work under very small differential pressure[4].

Here two viscometers shall be presented, which have been built in our laboratories for the purpose in question.

3.1 Miniature rolling ball viscometer[5]

Fig.9 shows the principle of a rolling ball viscometer. The sample is injected into a precission glas tube (length: 5 cm, inner width: 1 mm). To fill the tube 0,03 cm^3 of sample is necessary. With the help of a pincer a small steel sphere (0,4 - 0,8 mm in diameter) is introduced into the sample. The tube is plugged and mounted into a turning holder of adjustable inclination. A total view of the apparatus is shown in fig.10. For the measurement it is mounted in a water thermostate.

The viscosity of the sample can be measured by taking the falling time of the sphere, in the same way as the famous HOEPPLER apparatus is used. Newtonian liquids serve as standards for the determination of the viscosity. The shear rate is dependent on the size of the ball and the dropping time, which in turn is a function of

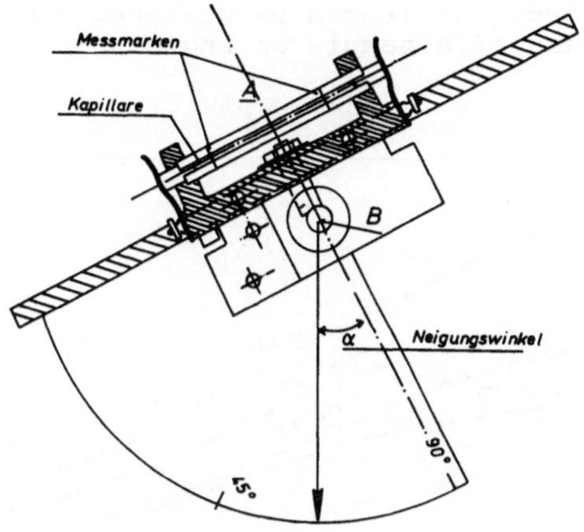

Fig.9. Miniature rolling ball viscometer. Mounting of measuring tube
(length: 5 cm; inner width: 1 mm). α: angle of inclination of the
measuring tube

Fig.10. Miniature rolling ball viscometer

the viscosity and the angle of inclination of the measuring tube. It cannot be calculated, but it can be measured empirically by determining the viscosity of a sample of known shear dependence[6].

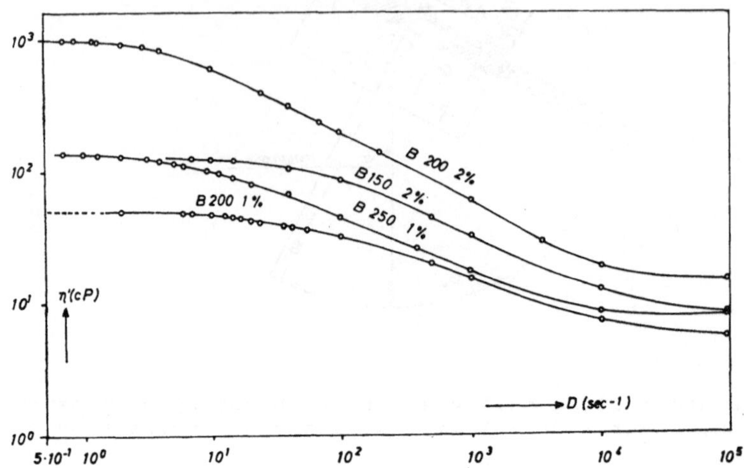

Fig.11. Flow curves of non-Newtonian callibrating solutions; Polyisobutylene dissolved in toluene

Fig.11 shows the flow curves of solutions of poly-isobutylene which have been measured in a capillary viscometer[6]. Such samples will show a different viscosity according to the shear rate of the measurement. Thus the shear rate can be calibrated as a function of the falling time of a given sphere. These empirical functions are represented in fig.12 for different spheres. By this calibration method it is possible to measure viscosity and its shear dependence by variation of the angle of inclination. Only one drop of liquid is required. The flow curve of fig.7 has been determined in this way.

3.2 Low pressure capillary viscometer[7]

A capillary type viscometer has the advantage of having a well defined geometry, which makes absolute measurements possible. If one tries to trim a capillary viscometer for low shear rates without loosing this advantage, one must apply very low effective pressures. Using open vessels, also causes some difficulties, because during the measurement the level of the liquid (driving head) will change, thus changing the effective pressure. To avoid this, we have constructed a device which compensates automatically the change of the hydrostatic pressure. In fig.13 the principle of the whole viscometer is shown. During the measurement the sample is pressed through the measuring capillary(1) and the liquid level in the storage burettes (6) is changing. At the same time the hanging niveaus of solvent in an upside down U-shaped compensator (7) shifts correspondingly. By the aid of this compensator a very small difference of pressure ($\approx 10^{-4}$ atm) may be maintained along the capillary during

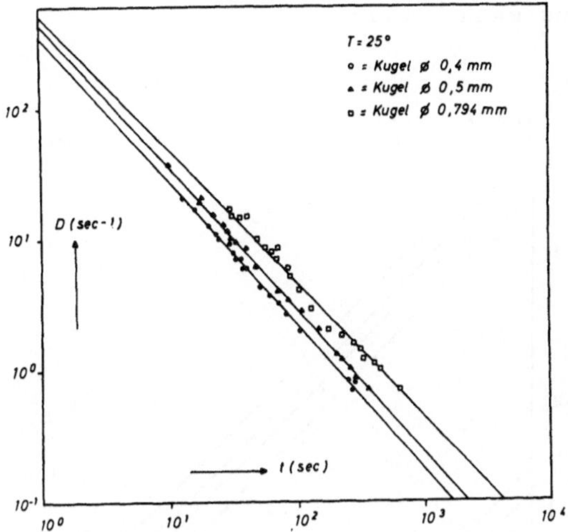

Fig.12. Effective shear gradient D in the rolling ball viscometer as a function of falling time. Calibrated for sphere of different sizes

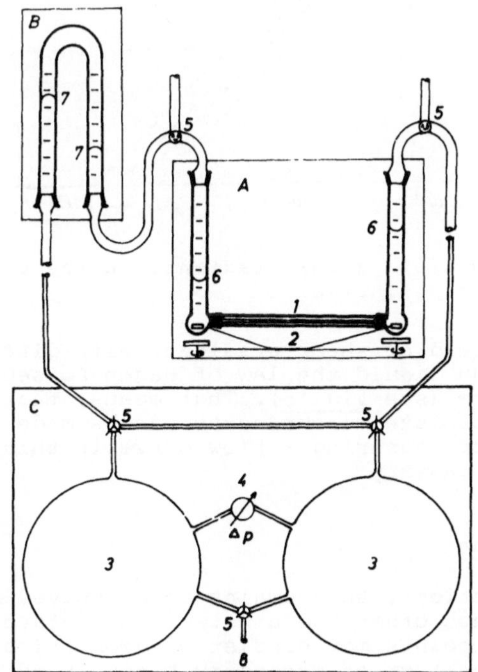

Fig.13. Low pressure capillary viscometer. 1 Measuring capillary, 2 magnetic stirrers, 3 gas containers for driving gas, 4 manometer, 5 valves, 6 measuring burettes containing sample, 7 pressure compensator containing solvent

even a long lasting measurement.

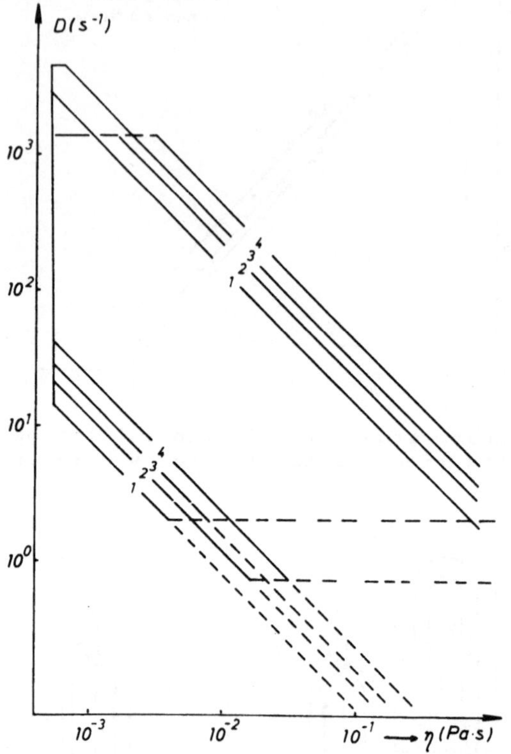

·Fig.14. Field of possible shear gradients in the capillary viscometer (1-4:different capillaries)

Fig.14 shows the field of shear gradients with different capillaries (1-4). For Newtonian liquid the law of Hagen-Poiseuille is valid over the whole range (see fig.15). That means, that end effects can be neglected and absolute measurements can be made without applying any corrections. For measuring a flow curve in this viscometer, O,5 cm³ of sample is necessary.

4. Network solutions

At higher concentrations, the domains of dissolved macromolecules begin to overlap each other and a network structure is formed. Basically, the network points may consist of geometrical entanglements (entanglement network) or of secondary bonds (bonding network). Fig.16 shows different states of solution which can be expected. The compression of the system may occur uniformly until the particles overlap. In this case, an ideal entanglement network is formed, as proposed by Bueche[9]. Alternatively, specific interactions between the individual macromolecules lead to the more complicated structures also given in Fig.1.

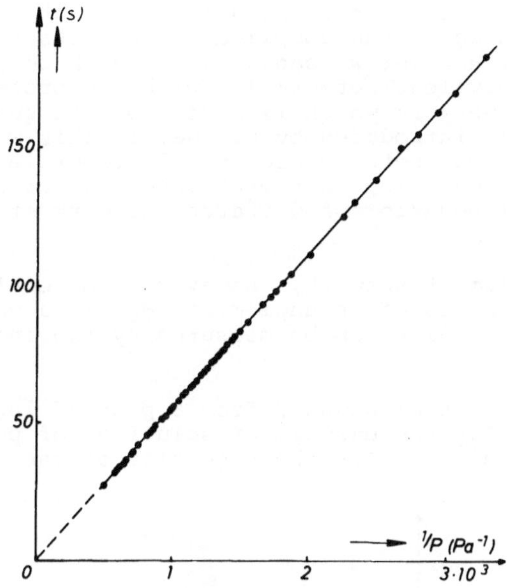

Fig.15. Check for the validity of the law of HAGEN-POISEUILLE

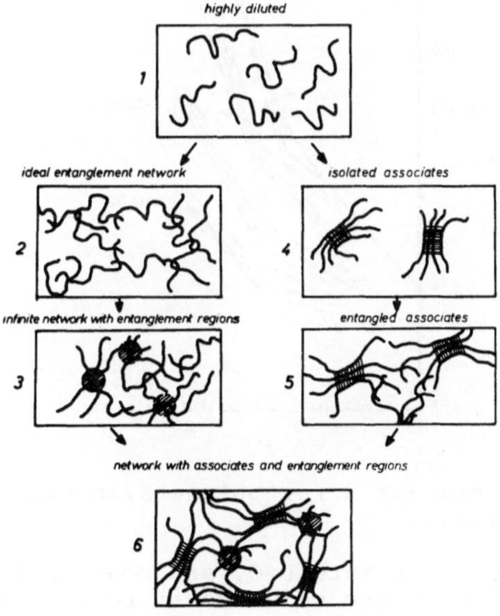

Fig.16. States of Solution (schematic)

There is at present little hope for a theory which could exactly
describe the mechanics of the complicated networks usually given in
biological systems. However we can describe such complicated networks
in terms of an "equivalent network"[10] with the properties of the
ideal entanglement network which is accessible to quantitative treatment along the lines introduced by Bueche. In this way, we can
establish relationships between mechanical properties and structural
parameters of the "equivalent network" which can be used to correlate the mechanical behavior of different network structures in
structural terms.

In an ideal entanglement network, the average molecular weight between two adjacent points of entanglement, M_e, is a very important
structural parameter which can be measured by two independent methods.

On the one hand, M_e can be deduced from a plot of log η_0 vs. log M
as shown in fig.17 for the example of solutions of poly-(methylmet-
acrylate) in toluene[11]. η_0 is the viscosity of the solution after

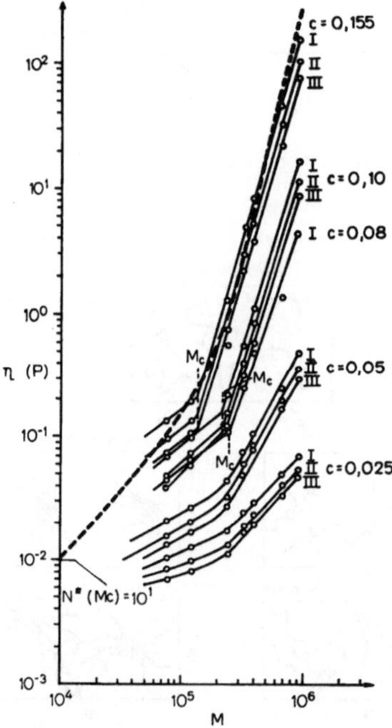

Fig.17. η_0 as a function of M for polymethylmethacrylate in toluene.
Broken curve: calculated

extrapolation to the shear rate D=0, and consequently these data
contain information about the solution at rest. For a given concentration, we generally find, that at a certain critical molecular
weight of the dissolved polymer the dependence of log η_0 on log M
shows a break. As it was shown by Bueche, the molecular weight M_c at
the break is a measure for M_e: this break can be ascribed to the formation of an infinite entanglement network at $M > M_c$. Since in a network solution the viscosity rises with a higher power of M as in a
particle solution; as each macromolecule must form at least two ent-

anglements to be incorporated in a network, the relationship $M_e \approx M_c/2$ is obtained by statistical reasoning.

On the other hand, such an ideal entanglement network has a certain elasticity. When we suddently apply a certain shear rate D to deform the network solution, the network deforms at first by changes of the conformation of segments between entanglement points only, i.e. it shows at first entropy elasticity just like a vulcanized rubber with a permanent network structure. During a short time (corresponding to small deformations) the elasticity modulus for simple shear G_0 will be given by:

$$G_o = \nu \cdot k \cdot T$$

just as in the case of rubber elasticity, where ν = number of entanglements per cm^3, $k = 1.38 \cdot 10^{-16}$ erg.sec/degree (Boltzmann constant) and T = temperature (^{o} Kelvin). At higher deformations, slippage will occur at the entanglement points and some entanglements will be destroyed. In steady state flow only a reduced number of entanglement will be acting.

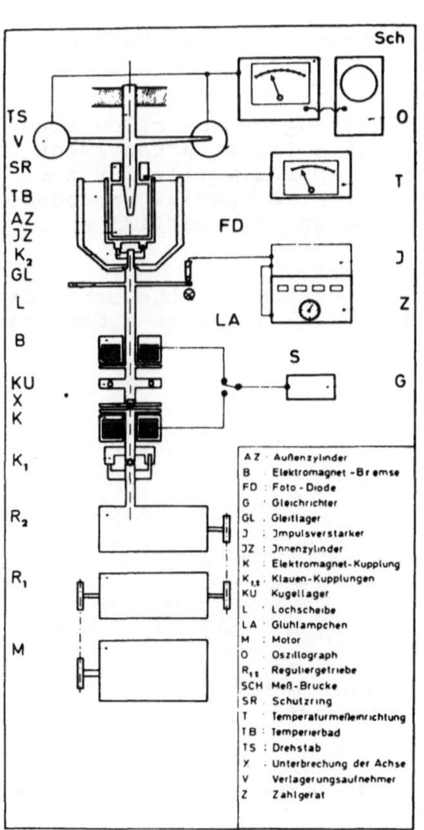

Fig.18. Scheme of the elasto-viscometer

To measure the modulus G_o of the network solution at sudden application of a constant shear rate, we developed a special elastoviscometer[12]. The scheme of this instrument is given in fig.18. By an electromagnetic clutch K combined with an electromagnetic brake A, the outer cylinder AZ of a rotational viscometer is suddenly brought to a constant rotational speed. By means of a pair of transducers V the momentum transfered through the sample is measured at the inner cylinder and is displayed on an oscilloscope O. Since the resonance frequency of the measuring device is very high (140 Hertz), very fast changes of the shear stress τ can be recorded without substantial distortion by inertial effects. Fig.19 shows the shear stress-time dependence $\tau(t)$ of a solution of cellulosetrinitrate in butylacetate ($M=1,6\cdot10^6$, c=1,5 g/ 100 ml), after suddenly applying a shear rate $D=16$ s^{-1}. The slope of the first rise of $\tau(t)$ is a direct measure for G_o. $\tau(t)$ goes through a maximum after about 0,1 seconds, corresponding to a deformation of $tg\,\gamma = D\cdot t=1,6$. The rapid decrease following the macimum is interpreted as the onset of strong network destruction. The constant value τ attained after the maximum corresponds to the finally assumed steady state of the streaming network solution.

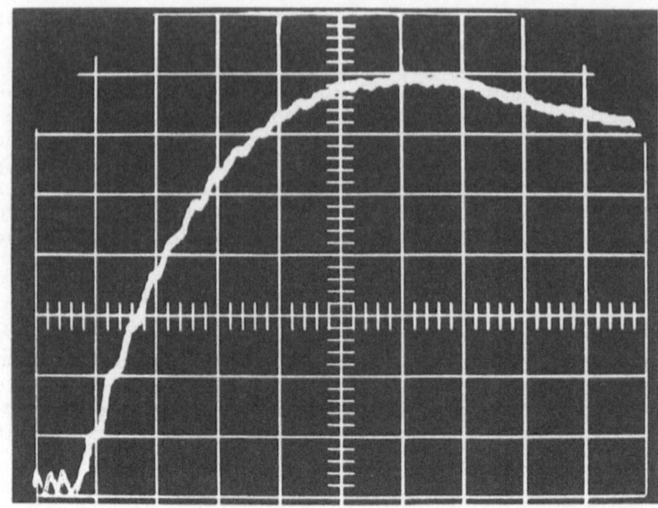

Fig.19. Overshoot curve for cellulosetrinitrate in butylacetate
(oscilloscope tracing)

From the first rise of $\tau(t)$ the shear modulus G_O can be calculated
using the simple Maxwell model consisting of a linear arrangement of
an elastic (G) and a viscous (η) element as approximation for the
elastoviscous behavior of the network solution. A special procedure
was developed to fully eliminate distortions due to inertial effects
of the measuring system[13].

To further illustrate the function of this instrument, the behavior
of various liquids is shown in fig.20. Honey (A) which is a Newtonian

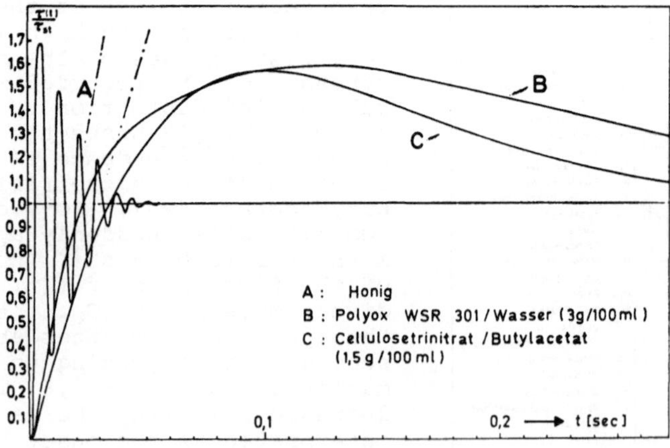

Fig.20. Various overshoot curves

liquid shows the fastest rise of $\tau(t)$ as one can expect since a
Newtonian liquid is a liquid described by a simple Maxwell model
with $G \longrightarrow \infty$ whereas poly-(oxymethylen) (B) and cellulose nitrate (C)
solutions show the typical behavior of an elastoviscous network solution (here the curve $\tau(t)$ was averaged through superimposed resonance vibrations which can be seen in fig.19).

As shown above G_O is a function of the number of entanglements per
cm^3 and we can define

$$\nu_g = G_o/k\,T$$

ν_g is the number of entanglements directly measured by the above
elasticity measurement.

On the other hand we can calculate the number of entanglements per
cm^3, ν, also from M_e determined from the break of curves as in fig.17.
Assuming an ideal entanglement network we can write:

$$\nu_{th} = c \cdot N_L/M_e$$

whereby c = concentration of the polymer (g/cm^3)
N_L = Avogadro's number
M_e = molecular weight of a network segment
ν_{th}= number of entanglement per cm^3, calculated for an ideal
entanglement network.

As the one of us (J.S.) suggested[14] the ratio $VB=\nu_g/\nu_{th}$ should be
a measure for the degree of interpenetration of the individual macromolecules. Extreme cases of the degree of interpenetration are de-
picted in <u>fig.21</u>. First results[14] on synthetic and natural polymers
gave values of VB between 0,04 and 1.

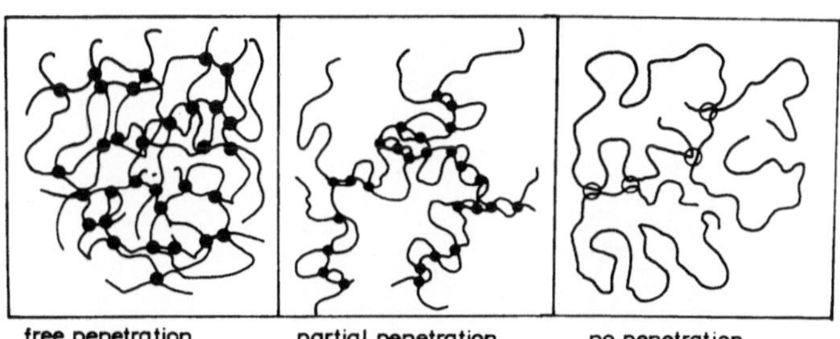

Fig.21. Networks with free, partial and no penetration

The methods shown above for the investigations on the structure of
network solutions are at present only applied to synthetic polymers.
There is no reason why they should not be suited for studies of network solutions of biopolymers. Furthermore, the approach of the equivalent network could also enable us to interpret data from more complex systems such as soft tissue.

Literature

1) cf. SCHURZ, J.: Strukturrheologie, Berliner Union(to appear 1974)
2) SCHERAGA, H.A.: J.Chem.Phys. $\underline{23}$, 1526 (1955)
3) LEDERER, K., SCHURZ, J.: Biopolymers $\underline{11}$, 1989 (1972)
4) GRUBER, E., SCHURZ, J.: Rheol.Acta $\underline{11}$, 36 (1972)
5) GRUBER, E., SEZEN, E., SCHURZ, J.: Angew.Makromol.Chem.$\underline{28}$,57 (1973)
6) FALCKE, F.-J., SCHURZ, J.: Gummi,Asbest,Kunstst.$\underline{25}$, 739 (1972)
7) SCHMIDT, K.H.: Thesis, Graz 1969
8) GRUBER, E., SEZEN, C.: Angew.Makromol.Chem. $\underline{37}$ (1974) in print
9) BUECHE, F.: Physical Properties of Polymers, New York 1962
10) SCHURZ, J.: Proc. 5th Intern.Congr.Rheol. $\underline{4}$, 215 (1970)
     Koll.Z. $\underline{227}$, 72 (1968)
     Rheol.Acta (in print)
11) LEDERER, K., SCHURZ, J.: Makromol.Chem. $\underline{158}$, 97 (1972)
12) LEDERER, K., SCHURZ, J.: Koll.Z. $\underline{233}$, 878 (1969)
13) LEDERER, K., SCHURZ, J., KÖNIGSHOFER, F.: Rheol.Acta $\underline{8}$, 456 (1969)
14) SCHURZ, J., KASHMOULA, T., FALCKE, F.-J.: Die Angew.Makromol.Chem.
     $\underline{25}$, 51 (1972)
  SCHURZ, J.: Rheol.Acta (in print)

Probleme der Grenzfläche Blut – Kunststoff

H. Chmiel

In dem Maße, wie der künstliche Organersatz an Bedeutung zunimmt – gedacht ist hier z.B.
an künstliche Herzklappen, künstliche Nieren oder den vaskulären Ersatz – wächst auch das
Interesse für die Vorgänge, die sich an der Phasengrenze Blut – körperfremde Oberfläche ab-
spielen.

Sawyer begann 1964 mit der Implantation verschiedener Metallröhrchen in die Aorta von Kaninchen. Während Platin-, Silber- und Kupferröhrchen sich rasch durch Thrombusformationen
zusetzten, blieben jene aus unedleren Metallen, z.B. Aluminium und Magnesium für längere
Zeit und zwar bis zu 300 Tagen offen.

Bringt man ein aktives Metall in einen wäßrigen Elektrolyt (in diesem Fall das Blut), so gehen
bekanntlich Metallionen in Lösung. An der Phasengrenze Metall/Elektrolyt bildet sich eine
elektrische Potentialdifferenz aus, die als Elektrodenspannung bezeichnet wird. Das Potential
einer solchen Elektrode kann jedoch nur gegen eine Vergleichselektrode gemessen werden.
Auf Vorschlag von Nernst wird dafür allgemein die Normal-Wasserstoffelektrode verwendet.

In weiteren umfangreichen Versuchsreihen, in denen er Röhrchen aus den verschiedensten
Metallen in die Vena Cava und die Aorta von Versuchstieren implantierte, fand Sawyer (1)
eine Relation zwischen Normalpotential des entsprechenden Metalls und dessen Thrombogeni-
tät, wie sie in Abb. 1 dargestellt ist.

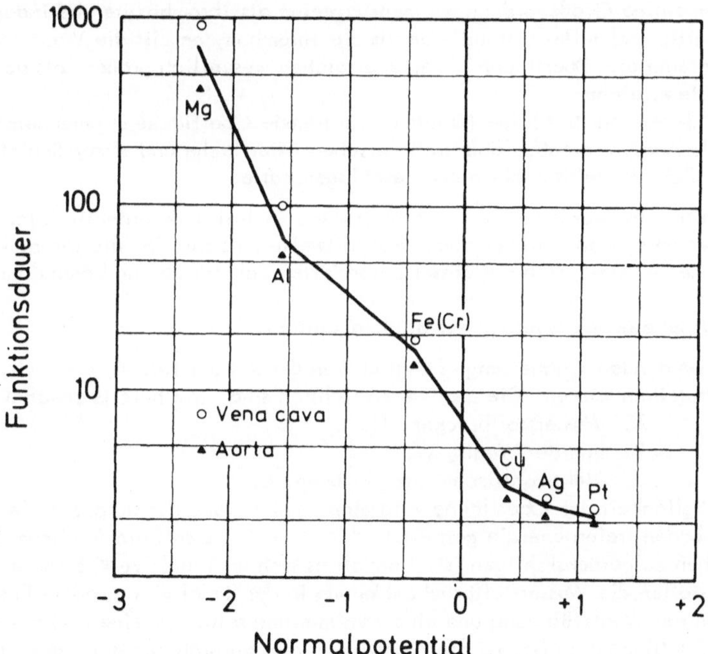

Abb. 1 Funktionsdauer implantierter Metallringe als Funktion des jeweiligen Metalls (1)

Je unedler das Metall (also je stärker seine Elektronegativität) desto besser sind dessen antithrombogenen Eigenschaften.

Für viele medizinisch-technische Zwecke ist man jedoch auf den Einsatz von Kunststoffen angewiesen. Bei der Entwicklung derartiger Materialien versuchte man zunächst, die Forderung einer negativ geladenen Oberfläche als notwendiges und hinreichendes Kriterium für antithrombogene Metalle auf Kunststoffe unmittelbar zu übertragen.

Beispielsweise entwickelte die Thermo-Electron-Corporation in den USA mit großem finanziellen Aufwand verschiedene Polymere mit einer negativ geladenen Oberfläche unter Ausnutzung des sogenannten Elektret-Effektes.
Ein Elektret ist definitionsgemäß ein Isolator, der eine ständige, interne elektrische Polarisation besitzt. In Kontakt mit einem Elektrolyt, z.B. Blut, bildet er eine elektrische Doppelschicht und sollte dadurch die negativ geladenen Blutelemente (wie z.B. Thrombozyten) fernhalten.

Als Elektret ausgebildete Teflonringe zeigten - wenn sie in die Vena Cava von Kaninchen implantiert wurden - im Kurzzeiteinsatz bis zu 14 Tagen recht gute Ergebnisse, im Langzeiteinsatz wirkten sie jedoch thrombogen. Das schlechte Ergebnis im Langzeiteinsatz ließ sich nicht allein mit einem Abbau des Elektret-Effektes erklären. Vielmehr mußte man annehmen, daß bei Kunststoffen neben van der Waals und elektrischer Ladung noch andere Kräfte eine Rolle spielen. Zahlreiche neuere Untersuchungen ergaben in der Tat, daß die Wasserstoffbrückenbindung beim Kunststoff/Blutkontakt zum dominierenden Faktor werden kann. Im ebengenannten Beispiel adsorbiert die Oberfläche des Elektrets Proteine aus dem Blutplasma, so daß die Wirkung der Polarisation mehr und mehr verlorengeht.

Nyilas (2) hat sich theoretisch mit der Frage beschäftigt, was passiert, wenn man eine fremde Oberfläche plötzlich in ruhendes Blut taucht, d.h. welche Blutkomponenten als erstes die fremde Oberfläche erreichen:
Da sich im Blut um einige Größenordnungen mehr Proteine als Thrombozyten befinden und da die Proteine wesentlich schneller diffundieren als die Thrombozyten, ist die Wahrscheinlichkeit dafür, daß die Proteine die Oberfläche als erste erreichen wesentlich größer, als daß die Thrombozyten sie als erste erreichen.
Dutton und Baier (3) setzten für einige Minuten eine fremde Oberfläche strömendem Blut aus. Eine anschließende Analyse ergab, daß sich zwischen Oberfläche und erster Schicht Thrombozyten eine 400 Å dicke Proteinschicht niedergeschlagen hatte.

Die bei der Adsorption freiwerdende Wärme erhitzt die zum Teil außerordentlich temperaturempfindlichen Eiweiße so stark, daß es zumindest teilweise zu deren Denaturierung kommt. Andere Blutkomponente setzen sich auf dieser adsorbierten Schicht ab und können mit ihr reagieren.
Mögliches Resultat ist eine Aktivierung der Blutkoagulation.

Die Höhe der freiwerdenden Wärmemenge hängt ab von der Art der Kräfte, die zwischen Oberfläche und Proteinen wirken. Die drei wesentlichsten sind, wie bereits erwähnt
    1. Wasserstoffbrücken, H.
    2. van der Waals, W.
    3. elektrostatische Interaktionen, E.
Für eine Blutverträglichkeit der Oberfläche wird eine Minimierung der aufgrund dieser Wechselwirkungen entstehenden freien Energie gefordert, d.h. H + W + E soll ein Minimum sein, wobei für E das Vorzeichen zu berücksichtigen ist. Handelt es sich um repulsive Kräfte, so ist E negativ. Da bei Kunststoffen die Wasserstoffbrückenbindung in der Regel eine größere Energie beinhaltet, als die van der Waals-Bindung und eine Minimierung selbst für eine elektrisch neutrale Oberfläche (also E = 0) möglich ist, ist die Beseitigung reaktionsfähiger H-Brücken für die Entwicklung biokompatibler Werkstoffe von Bedeutung.

In Zusammenarbeit mit der Arbeitsgruppe um Nyilas (Boston) wird im Helmholtz-Institut für BMT an der RWTH Aachen zur Zeit ein Kopolymer Urethan/Siloxan im Verhältnis 9 : 1 bei dem die sonst im Polyurethan vorhandenen aktiven Wasserstoffbrücken weitgehend gebunden sind, getestet. Erste experimentelle Ergebnisse sind sehr vielversprechend.

Es soll noch kurz ein anderes Problem diskutiert werden, mit dem man sich am eben genannten Institut zur Zeit beschäftigt.

Bekanntlich neigen selbst bei gesundem Blut die roten Blutkörperchen zur reversiblen Aggregation, wie elektronenmikroskopische Aufnahmen zeigen (4). Der sich im Ruhezustand einstellende erstaunlich gleichmäßige Abstand ist das Ergebnis der Summe der zwischen den roten Blutkörperchen wirkenden Kräfte und zwar handelt es sich um die gleichen Kräfte, wie eben beim Kunststoff-Blut-Kontakt beschrieben, nämlich H-Bindungen, van der Waals und elektrostatische Kräfte aufgrund der negativen Oberflächenladung der Erythrozyten.

Die Desaggregation der Erythrozyten im Scherfeld ist ganz wesentlich an dem rheologischen Verhalten von Blut mitbeteiligt:
Wie Abb. 2 zeigt, ist die Viskosität von Blut ähnlich von der Scherbeanspruchung abhängig, wie man es von Polymerlösungen her kennt.

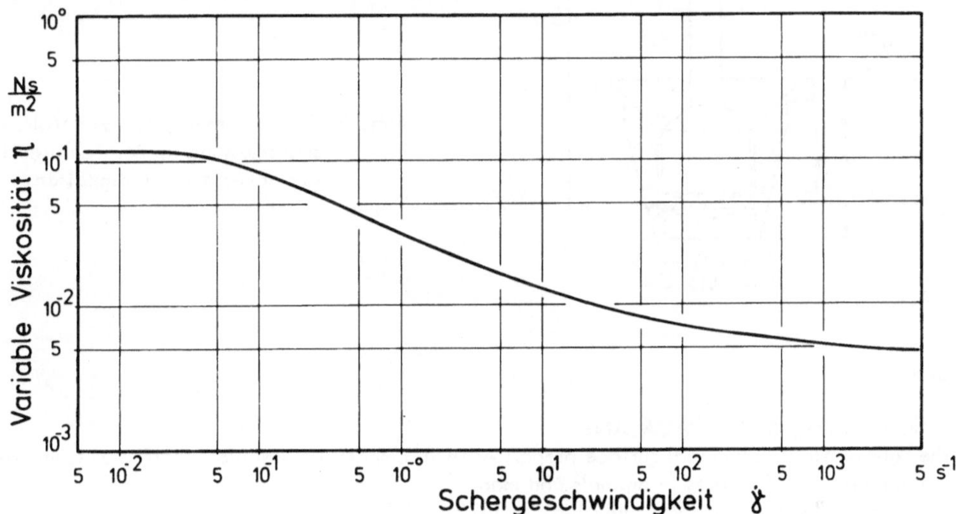

Abb. 2 Variable Viskosität als Funktion der Schergeschwindigkeit von normalem Human-Blut mit einem Hämatokrit von 44 %.

Wie bereits an anderer Stelle berichtet (5), (6), findet man bei verschiedenen Mikrozirkulationsstörungen wie etwa beim Herzinfarkt und Diabetes mellitus eine stark erhöhte Blutviskosität (bis zu 200 % über dem Normalwert) im Bereich niedriger Scherbeanspruchung, die eindeutig auf eine erhöhte Aggregation der Erythrozyten zurückzuführen ist. Diese wird offensichtlich ausgelöst durch verstärkte Wasserstoffbrückenbindung bestimmter Eiweißfraktionen.

Schließlich ein bis jetzt noch nicht eindeutig geklärtes Phänomen:
Mißt man die Viskosität von Blut in dem in Abb. 3 dargestellten Couette-System und besteht dieses einmal aus Metall (Titan), ein anderes Mal aus Kunststoff (PVC) so findet man für das gleiche Blut und die gleiche Geometrie stets im Kunststoffbecher eine um etwa 10 % höhere Viskosität als im Metallbecher, während ein Test mit Eichöl in beiden Systemen erwartungsgemäß die gleiche Viskosität ergibt.

Vielleicht bringt die Diskussion eine mögliche Erklärung für das Phänomen.

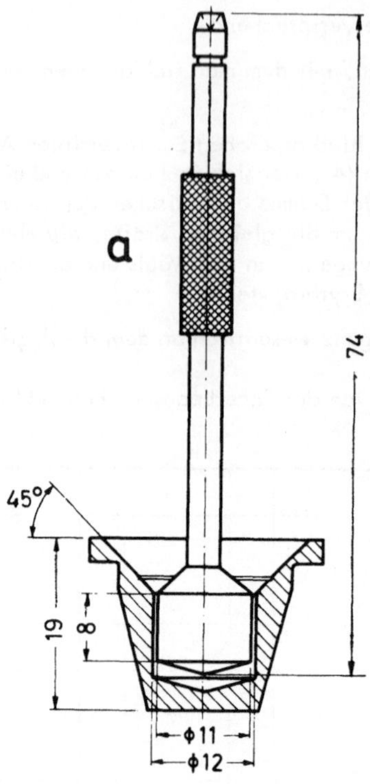

Abb. 3 Couette-Meßsystem zur Viskositätsmessung im Bereich niedriger Schergeschwindigkeiten.

Literatur

(1) P.N. SAWYER, S. SVINAVASAN:
The role of electrochemical surface properties in thrombosis at vascular interfaces: Cumulative experience of studies in animals and man.
Bull. N.Y. Acad. Med. Vol. 48, No. 2 (1972), 235 - 256

(2) E. NYILAS:
Development of Blood-Compatible Elastomers: Theory, Practice and in vivo Performance.
AVCO Everett Res. Lab. Publ. AMP 327 (1970), 97 - 127

(3) R.E. BAIER, R.C. DUTTON:
Initial events in interactions of blood with a foreign surface.
J. Biomed. Mater. Res. 1 (1969), 191 - 206

(4) S. CHIEN, K.M. JAN:
Ultrastructural Basis of the Mechanism of Rouleaux Formation.
Microvasc. Res. 5 (1973), 155 - 166

(5) H. CHMIEL, S. EFFERT, D. MATHEY:
Rheologische Veränderungen des Blutes beim akuten Herzinfarkt und dessen Risikofaktoren.
Dtsch. med. Wschr. 98 (1973), 1641 - 1646

(6) H. CHMIEL:
Zur Blutrheologie in Medizin und Technik
Habilitationsschrift Aachen, 1973

XVII. Messung rheologischer und tribologischer Größen an menschlichen Gelenken in vivo/In-vivo Measurement of Rheologic and Tribologic Parameters in Human Joints

Die Messung rheologischer Größen an Gelenken der menschlichen Hand in vivo

Ch. Wagner

1. Einleitung

Zu den Gründen, die den Erfolg einer musikalischen Ausbildung am
Tasten- oder Streichinstrument verhindern oder herabsetzen können,
gehören - unter vielen anderen Faktoren - unzureichende Bewegungsmöglichkeiten in bestimmten Gelenken der Hand und des Armes. Schon
vor langer Zeit hat Trendelenburg (1923, 1925) diese Zusammenhänge
für die Verhältnisse am Streichinstrument dargelegt, unabhängig von
ihm etwa zur gleichen Zeit auch Ortmann (1929) für die Verhältnisse
am Klavier.

Was die aktiven Bewegungsmöglichkeiten in einem Gelenk begrenzt, ist
einerseits die zur Verfügung stehende Kraft der an diesem Gelenk angreifenden Muskeln, andererseits der Dehnungswiderstand der das Gelenk umgebenden Gewebe, d. h. vor allem der Gelenkkapsel, Bänder,
Sehnen, Muskeln und der Haut, und natürlich der anatomische Bau des
Gelenks selbst sowie die Beschaffenheit der Gelenkflächen und der
Gelenkflüssigkeit. Wir haben nun zunächst einmal versucht, die Wirkung dieser zweiten, passiven Faktorengruppe zu bestimmen, und zwar
in den Gelenken, deren Funktion für das Spiel von Streich- und Tasten-
instrumenten besonders wichtig ist. Bewegungen, auf die es hier in
erster Linie ankommt, sind die Spreizung der Finger, die Streckung
bzw. Überstreckung der Finger im Grundgelenk, und - für das Geigenspiel - die Rotation im Ellenbogengelenk, speziell die Supination.

2. Methodik

Für die Untersuchung der genannten Bewegungsfunktionen verwenden wir
einfache mechanische Geräte (s. Abb. 1 - 4), deren gemeinsames Prinzip
darin liegt, ein von außen angreifendes, definiertes Drehmoment auf
das Gelenk wirken zu lassen und den sich unter dieser Belastung ein-
stellenden Gelenkwinkel zu messen. Ausgleichs- oder Mitbewegungen in
anderen Gelenken werden durch entsprechende Vorrichtungen verhindert.
Die Hand wird jeweils so im Gerät fixiert, daß unabhängig von ihrer
Größe stets das gleiche Drehmoment wirksam wird. Durch Abtasten der
Gelenkspalten sind die entsprechenden Bezugspunkte an der Hand ohne
weiteres aufzufinden.

Wir haben mit diesen Geräten bisher fast ausschließlich statische
Messungen vorgenommen und dabei stets den Endwert der momentanen
Dehnung abgelesen. Sie lassen sich mit geringem Aufwand auch für
dynamische Messungen herrichten, wenn man den zeitlichen Verlauf der
Dehnung bei aufgezwungenen Bewegungen erfassen will. Methodische
Einzelheiten zur Bestimmung des passiven Spreiz- und Überstreckungs-
winkels wurden an anderer Stelle beschrieben (Wagner 1974).

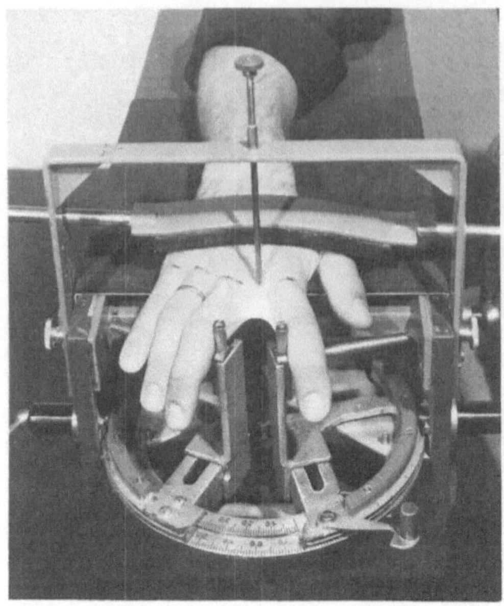

Abb. 1. Gerät zur Messung des passiven Spreizwinkels zwischen den Fingern 2-3, 3-4 und 4-5

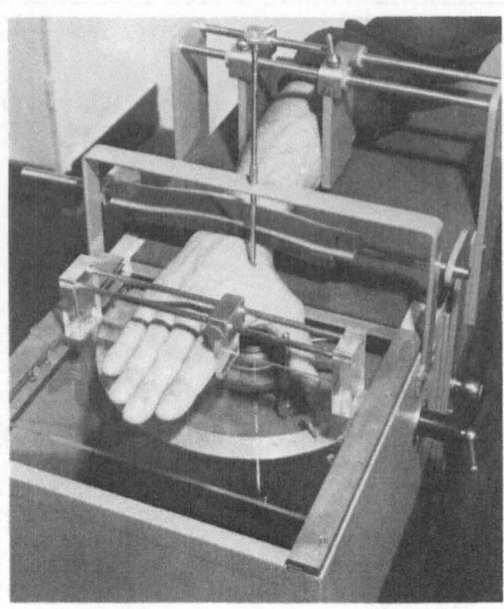

Abb. 2. Gerät zur Messung des passiven Daumenabduktionswinkels

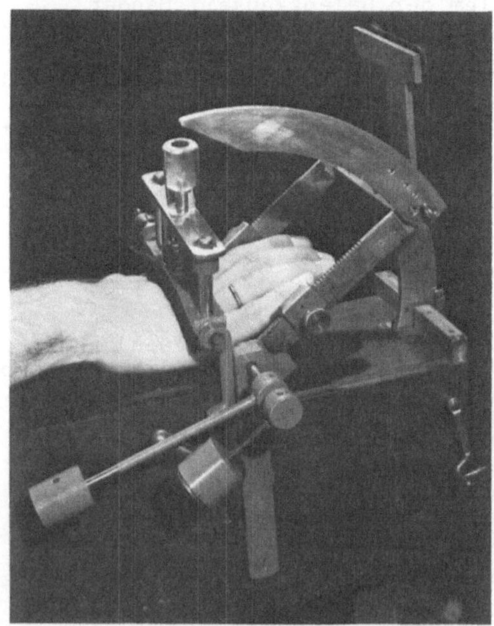

Abb. 3. Gerät zur Messung des passiven Überstreckungswinkels der Finger 2-5 im Grundgelenk

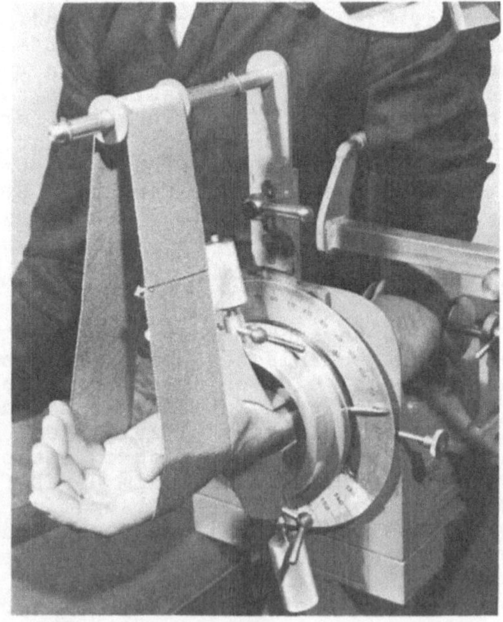

Abb. 4. Gerät zur Messung des passiven Rotationswinkels im Ellenbogengelenk

3. Ergebnisse

Bestimmt man unter den gegebenen experimentellen Bedingungen bei
einem Menschen durchschnittlicher Beweglichkeit den passiven Gelenkwinkel unter zunehmender Belastung, so ergeben sich die in Abb. 5
dargestellten Zusammenhänge. Des leichteren Vergleichs wegen wurden
hier die Meßwerte in Prozent des betreffenden Maximums wiedergegeben.
Bei Supination, Spreizung und Überstreckung muß zunächst ein gewisser
Anfangswiderstand überwunden werden, der auch für die Überstreckung
oftmals deutlicher ausgeprägt ist als hier zu erkennen. In Fällen
hoher Flexibilität entfällt er in der Regel bei Überstreckung und
Spreizung, jedoch nicht bei der Supination. Gemeinsam ist den vier
Dehnungskurven der weitgehend lineare Anstieg im oberen Teil des Meß-
bereiches.

Unter dem Gesichtspunkt der biomechanischen Voraussetzungen für das
Instrumentalspiel erschien uns die hier gezeigte Belastungsgrenze
ausreichend. In einzelnen Versuchen haben wir jedoch die Belastung
bis zur Schmerzgrenze, d. h. etwa bis zum doppelten erhöht. Es wird
dann ein weiterer geringfügiger und ziemlich linearer Anstieg sichtbar, ohne daß eine deutliche Endstellung des Gelenks zu erkennen wäre.
Es sei darauf hingewiesen, daß keineswegs immer ein so glatter Verlauf, wie ihn Abb. 5 zeigt, zu beobachten ist. Bisweilen findet man
einen deutlich stufenförmigen Anstieg, wie er in Abb. 6 wiedergegeben
wurde.

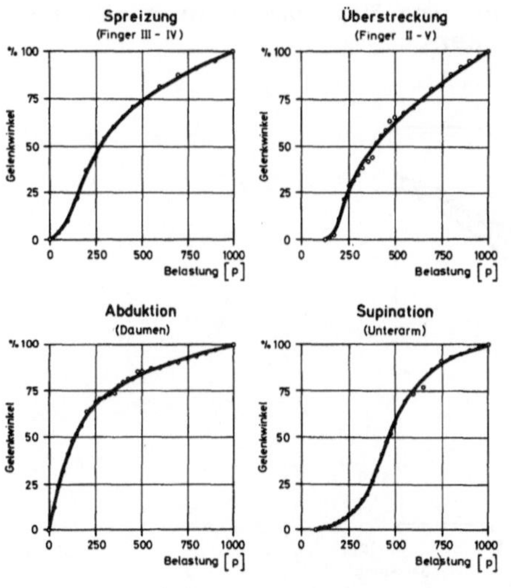

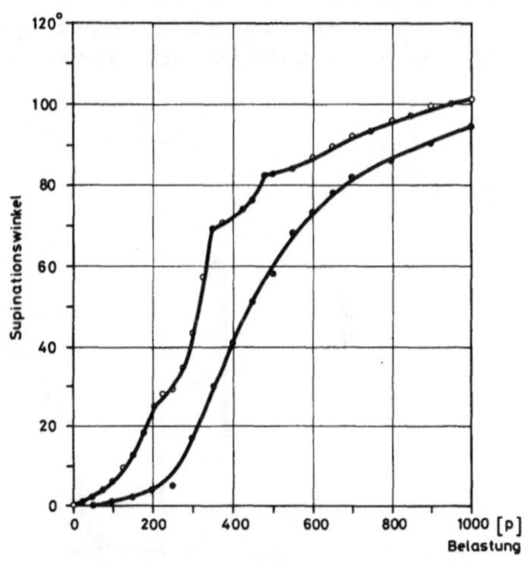

**Abb. 5. Passive Bewegungsumfänge in
Abhängigkeit von der externen Be-
lastung. Meßwerte in Prozent des
Maximums**

**Abb. 6. Passiver Supinationswinkel in
Abhängigkeit von der externen Belastung**

Daß man für das Rotationsgelenk im Ellenbogen eine etwas andere
Dehnungskurve als bei den Fingergelenken erhält, ist auf Grund der
anatomischen Verhältnisse nicht überraschend. Die Drehbewegung des
Unterarmes wird in erster Linie durch den Muskeltonus der Pronatoren
und Supinatoren begrenzt; bei Ausschaltung des Tonus soll sich der

Winkel um 40 bis 50° erhöhen lassen (Lanz, Wachsmuth 1959). Diese
vorherrschende Rolle der Muskulatur als bremsende Kraft dürfte auch
erklären, warum sich bei einseitiger Beanspruchung der Aktionsbereich
dieses Gelenks verschieben kann. Messungen der aktiven Rotations-
fähigkeit des linken Unterarmes, über die wir an anderer Stelle genauer berichten werden, zeigten bei Pianisten einen höheren prona-
torischen, bei Geigern einen höheren supinatorischen Anteil, in beiden Gruppen jedoch den gleichen Gesamtrotationswinkel. Auch im Fall
der Überstreckung ist anzunehmen, daß der Aktionsbereich wesentlich
von der muskulären Komponente, nämlich der Dehnbarkeit der langen
Fingerbeuger, begrenzt wird. Dies läßt sich nachweisen, indem man den
Überstreckungswinkel zunächst bei stark dorsalflektiertem Handgelenk,
dann bei nicht gebeugtem Handgelenk mißt. Man erhält so durch die Annäherung von Ursprung und Ansatz der langen Fingerbeuger einen zusätzlichen Betrag von bis zu 500 %. Auch auf die Spreizfähigkeit
wirkt sich die Spannung der langen Fingerbeuger bzw. ihrer Sehnen
als adduzierende Kraft aus, wenn auch nicht so stark. Für die gewöhnlichen Hantierungen im Alltag sind diese Überlegungen sicherlich
ohne Bedeutung; bei den differenzierten Anpassungsproblemen am Musikinstrument können sie dagegen eine entscheidende Rolle spielen (Wagner 1972).

Führt man Wiederholungsmessungen mit auf- und absteigender Belastung
durch, so zeigt sich eine Hysterese, die jedoch bei den untersuchten
Eigenschaften und auch interindividuell unterschiedliche Formen annimmt. Abb. 7 gibt ein Beispiel für den Betrag von Dehnung und Spannungsrückgewinn im Fall der Überstreckung. Bei mehrwöchigen Versuchsreihen mit jeweils einer einzigen Messung pro Tag war bisher allerdings kein aufsteigender Trend nachzuweisen.

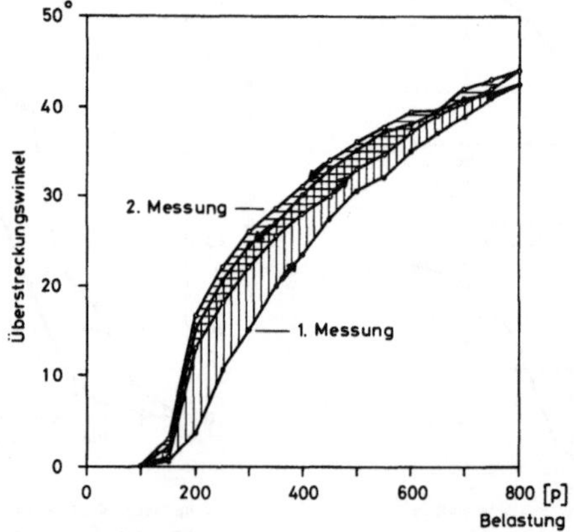

Abb. 7. Passiver Überstreckungswinkel der
Finger 2-5 im Grundgelenk bei auf- und absteigender Belastung

Besonders wichtig im Hinblick auf die praktischen Probleme der Instru-
mentalausbildung ist die Kenntnis der Abhängigkeit der vier genannten
Bewegungsfunktionen von Geschlecht, Alter und Beanspruchung, sowie
die Kenntnis der Seitendifferenzen und vor allem der interindividuel-

len Variationsbreite im Verhalten der einzelnen Gelenke. Wie schon
von anderen Untersuchern (z. B. Ellis und Bundick, 1956) beschrieben
und erfahrungsmäßig bekannt, war auch bei unseren Messungen eine
höhere passive Beweglichkeit bei Frauen gegenüber Männern festzustellen. Abbildung 8 zeigt dies am Beispiel der Überstreckung, wobei
auch der Unterschied der beiden Hände deutlich wird. Übrigens findet
man bei Linkshändern - hier handelt es sich um Rechtshänder - auffallend oft in der linken Hand den geringeren Überstreckungswinkel.

Besonders bemerkenswert ist die große Variationsbreite der passiven
Beweglichkeit, verglichen etwa mit der Variation der Längenmaße der
Hand, die nach Garrett (1970 a,b) nur ca. 5 - 10 % beträgt. Abbildung 9 zeigt z.B. den Streubereich, der zu der Zentralwertkurve der
rechten Hand der männlichen Versuchspersonen in Abb. 8 gehört.

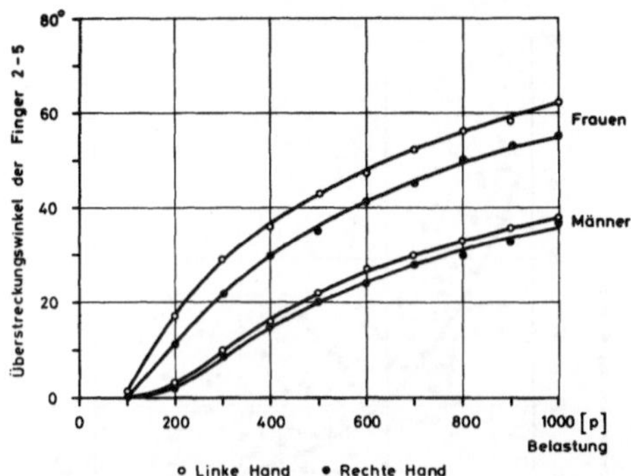

Abb. 8. Passiver Überstreckungswinkel der Finger 2-5
im Grundgelenk in Abhängigkeit von der externen Belastung. Zentralwerte der rechten und linken Hand von
21 Männern (18-52 Jahre) und 21 Frauen (17-42 Jahre)

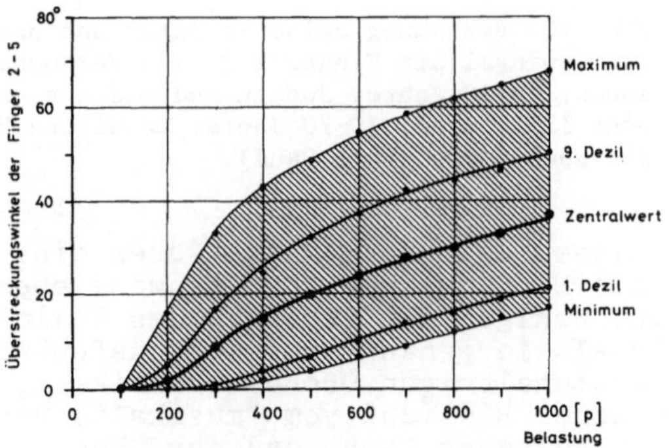

Abb. 9. Streubereich bei passiver Überstreckung der
Finger 2-5 im Grundgelenk in Abhängigkeit von der
externen Belastung

Es ist anzunehmen, daß derart unterschiedliche biomechanische Gegebenheiten auch die feinmotorischen Leistungen der Hand - hier also

alle definierten Fingerstreckbewegungen, wie sie am Musikinstrument
erforderlich sind - entscheidend beeinflussen werden. Man findet diese
Variationsbreite bei Männern und Frauen, und nach unseren bisherigen
Untersuchungen offenbar auch in allen Altersklassen (s. Abb. 10).
Dabei fällt auf, daß die Streuung - absolut betrachtet - bei Kindern
praktisch ebenso hoch ist wie bei Erwachsenen. Anscheinend hat auch
die manuelle Beanspruchung - die von uns nicht untersuchten Bedingungen der körperlichen Schwerarbeit ausgenommen - keinen wesentlichen Einfluß auf die passive Gelenkbeweglichkeit. Man hätte zumindest erwarten können, daß ein so intensives, jahre- bis jahrzehnte-
langes Training, wie es Berufspianisten oder Berufsgeiger absolvieren,
zu einer starken Einengung des Streubereiches im Sinne einer optimalen
Anpassung an das Instrument führen würde. Dies ist nach unseren Untersuchungen nicht der Fall.

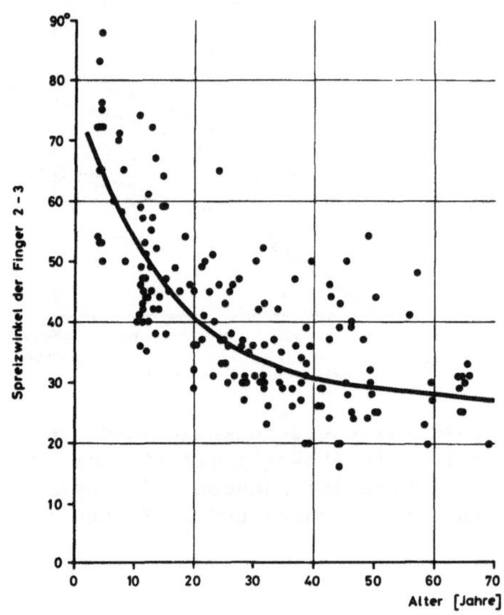

Abb. 10. Beziehung zwischen Alter und passivem
Spreizwinkel der Finger 2-3, 173 Versuchspersonen. (4-10 Jahre: Jungen und Mädchen, rechte
oder linke Hand; 10-70 Jahre: männliche Versuchspersonen, linke Hand)

Die Tatsache, daß diese Musiker im Mittel über eine höhere Beweglichkeit verfügen als Nichtmusiker, dürfte wohl eher als Folge eines
Ausleseprozesses und weniger als Ergebnis des Trainings anzusehen
sein. Prüft man einmal die genannten Bewegungsfunktionen an musika-
lischer Elite und gleichaltrigen Orchestermusikern, so hebt sich die
Elite auch in physischer Hinsicht vom "musikalischen Durchschnitt"
ab, obwohl man davon ausgehen kann, daß der Übungs- und Zeitaufwand
in beiden Gruppen im großen ganzen ungefähr gleich ist. Abbildung 11
zeigt das Ergebnis einer solchen Untersuchung am Beispiel der passiven Supination. Dabei liegt das entscheidende Merkmal der Elite
vielleicht weniger in der allgemein höheren Beweglichkeit, als vielmehr in dem auffallenden Unterschied der Gruppen in der untersten
Belastungsstufe. Hier (s. Abb. 11, bei 250 p) liegt der Meßwert der
Elite bereits auf einem Niveau, das in den anderen beiden Gruppen

erst bei der vierfachen Belastung erreicht wird. Diese "hervorragenden" Geiger dürften demnach in der Lage sein, die extreme Supination
des linken Armes, wie sie das Geigenspiel erfordert, unter erheblich
geringerem Kraftaufwand herzustellen als es dem normalen Menschen
oder Durchschnittsgeiger möglich ist. Hierdurch entstehen für die
feinmotorischen Leistungen der Finger selbst wesentlich günstigere
Voraussetzungen.

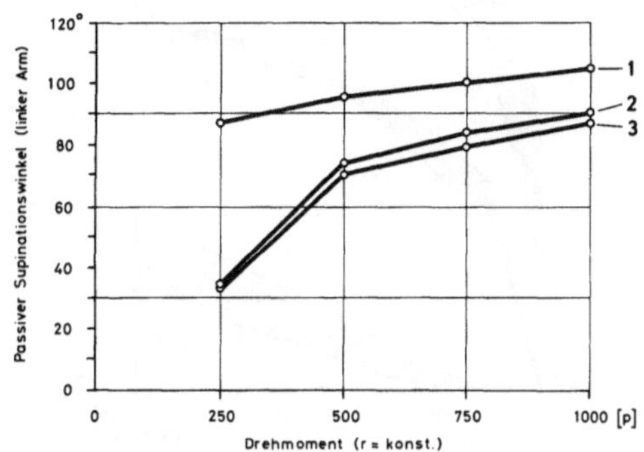

**Abb. 11. Passiver Supinationswinkel des linken
Unterarmes in Abhängigkeit von der externen Belastung. Zentralwerte.**
1 : 11 Geiger, Teilnehmer am Internationalen
     Musikwettbewerb München 1972 (19–29 Jahre)
2 : 19 Geiger (13 Vl., 6 Va.), Orchestermitglieder
     (24–35 Jahre)
3 : 13 Nichtmusiker (18–30 Jahre)

Wir haben aufgrund solcher vergleichenden Untersuchungen den Eindruck
gewonnen, daß die passive Gelenkbeweglichkeit wohl in erster Linie
hereditär fixiert ist. Zu ähnlichen Schlußfolgerungen kamen auch
Grahame und Jenkins (1972) nach ihren Messungen an Ballettänzerinnen.

Diese Vermutung ließe sich durch entsprechende Untersuchungen an
Eltern und Kindern stützen. Zwar besteht, wie in Abb. 10 sichtbar,
zwischen beiden Gruppen ein großer Unterschied im absoluten Grad der
Beweglichkeit, aber der Rechts-Links-Unterschied der beiden Hände
kann unter Umständen ein Hinweis sein. Abbildung 12 zeigt in einem
solchen Fall, wie sich der starke Rechts-Links-Unterschied in der
passiven Überstreckbarkeit bei dem Vater offensichtlich auf die
Tochter, der geringe Rechts-Links-Unterschied bei der Mutter auf den
Sohn vererbt hat. Möglicherweise ist damit zugleich auch die Entwicklung der Flexibilität vorgezeichnet, so daß sich diese beiden
Kinder im absoluten Grad der Beweglichkeit später ebenso stark unterscheiden werden wie die Eltern.

So stellt sich schließlich die Frage, ob die starken interindividuel-
len Unterschiede in der passiven Gelenkbeweglichkeit, wie sie bei
unseren Untersuchungen beobachtet wurden, zurückzuführen sind auf
bestimmte Unterschiede in der Feinstruktur oder in der stofflichen
Zusammensetzung jener bindegewebigen Elemente, von denen der Grad
der Flexibilität im wesentlichen abhängt. Für die Instrumentalaus-
bildung, deren Erfolg meistens erst nach 10 oder mehr Jahren deutlich wird, wäre jeder Hinweis auf frühzeitig erkennbare leistungs-

begrenzende Faktoren von großem Wert.

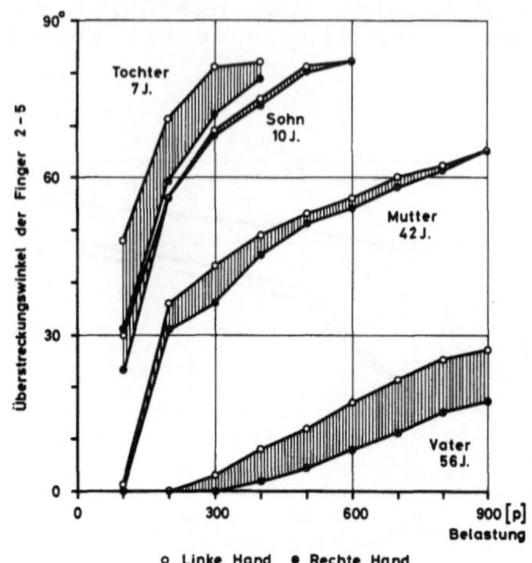

Abb. 12. Rechts-Links-Unterschied der
beiden Hände im passiven Überstreckungswinkel der Finger 2-5 im Grundgelenk in
Abhängigkeit von der externen Belastung

Literatur

ELLIS, F.E., BUNDICK, W.R.: Cutaneous elasticity and hyperelasticity.
  AMA Archives of Dermatology 74, 22-32 (1956)
GARRETT, J.W.: Anthropometry of the hands of male airforce flight
  personal. Ohio: AMRL-TR-69-42, Wright-Patterson Air Force Base 1970a
GARRETT, J.W.: Anthropometry of the air force female hand. Ohio:
  AMRL-TR-69-26, Wright-Patterson Air Force Base 1970b
GRAHAME, R., JENKINS, J.M.: Joint hypermobility - asset or liability.
  Ann. rheum. Dis. 31, 109-111 (1972)
VON LANZ, T., WACHSMUTH, W.: Praktische Anatomie, 1. Bd. 3. Teil:
  Arm, Berlin: Springer 1959
ORTMANN, O.: The physiological mechanics of piano technique.
  New York: Dutton 1962 (1. Aufl. 1929)
TRENDELENBURG, W.: Zur Physiologie der Spielbewegung in der Musik-
  ausübung. Pflügers Arch. ges. Physiol. 201, 198-201 (1923)
TRENDELENBURG, W.: Die natürlichen Grundlagen der Kunst des Streich-
  instrumentenspiels. Berlin: Springer 1925
WAGNER, Ch.: Physiologische Voraussetzungen für das Geigenspiel. Int.
  Kongress "Violinspiel und Violinmusik in Geschichte und Gegenwart",
  Graz 1972 (im Druck)
WAGNER, Ch.: Determination of fingerflexibility. Europ. J. Appl.
  Physiol. 32 (1974). (im Druck)

<u>THE RHEOLOGY OF JOINTS</u>

V. Wright

Many of the problems we have discussed at this conference have
related to experiments done in vitro.   Often they have concerned
small pieces of the joint, such as the synovial fluid or areas of
cartilage.   It is important to consider the joint as a whole and
to have information in the living situation, if the data we
accumulate is to be interpreted physiologically and pathologically.
In the Bio-engineering Group for the Study of Joints at the
University of Leeds we have been concerned to look at the stiffness
of joints in normal subjects and patients with various forms of
arthritis.

Stiffness is an important phenomenon in clinical medicine for
the following reasons :-

   (1) morning stiffness is a diagnostic criterion of
       rheumatoid arthritis;

   (2) the duration of morning stiffness reflects the activity
       of rheumatoid disease, and forms one of the five
       measurements in the Lansbury systemic index;

   (3) articular gelling, the increased stiffness that patients
       with arthritis experience after a period of immobility,
       is common and distressing;

   (4) stiffness is a reflection of changes in the articular
       structures;

   (5) stiffness is one of few objective measures of the progress
       of disease, whether in its natural course or as a result
       of treatment.

<u>Apparatus</u>

To measure the stiffness of the metacarpo-phalangeal joint
apparatus has been devised which imposes a sinusoidal motion on
the metacarpo-phalangeal of the index finger and measures the
resisting torque as well as the rotational displacement and
velocity (Figure 1).

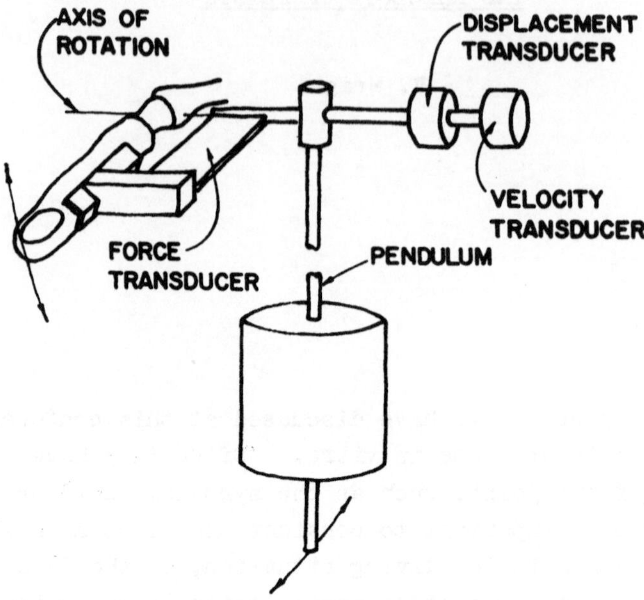

Fig.1.   Finger arthrograph.   The pendulum has now been
replaced by a variable speed motor.

To measure the stiffness of the knee joint the same principle
has been applied.   There are problems with the knee due to its
mass, so that inertial stiffness must be taken into account.
For this reason a counter-balance weight was used at one end of
the lever arm, and small amplitudes of rotation were employed to
minimise the accelerations (Figure 2).

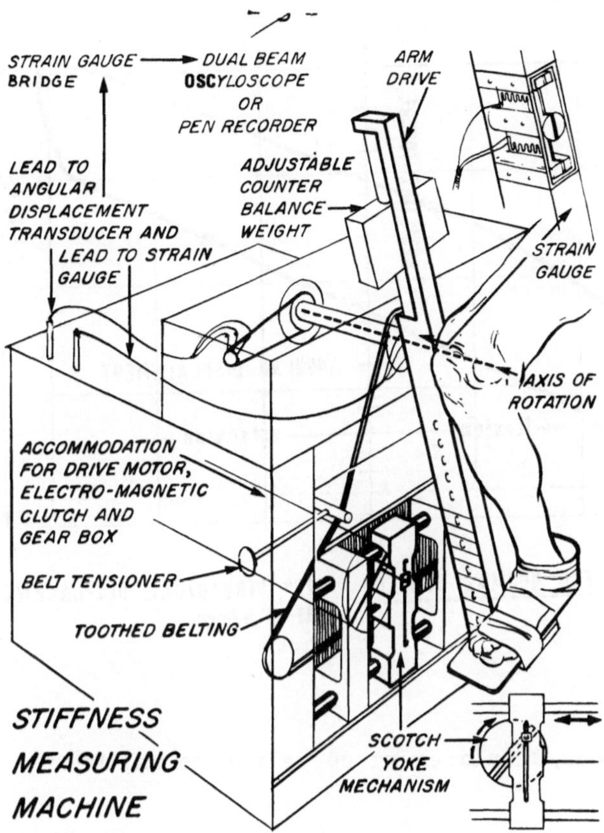

Fig.2. Knee arthrograph.

General Results

A typical tracing from a knee is shown in Figure 3. The trace is a hysteresis loop. This is because of elasticity and visco-elasticity which the joint exhibits. The enclosed area enables dissipative forces to be measured.

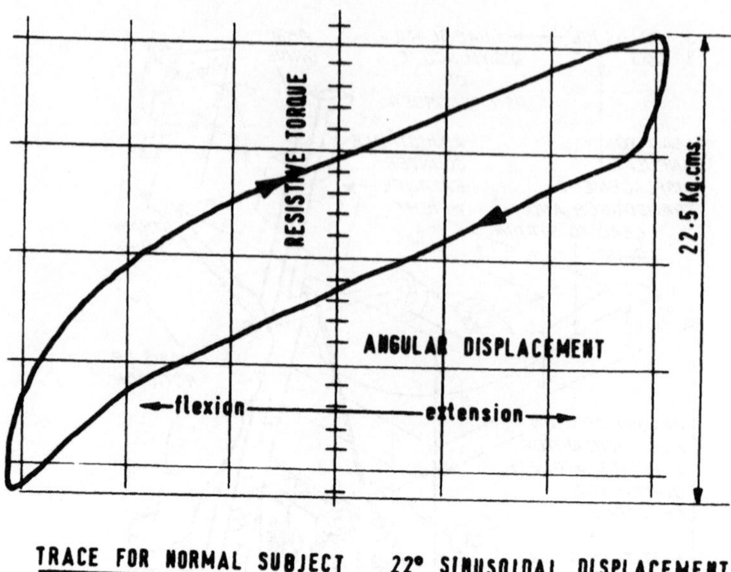

Fig.3. Torque/displacement curve for normal knee.

It is important to appreciate what is being measured by this
technique. Active muscle contraction will produce increased
stiffness at the joint.

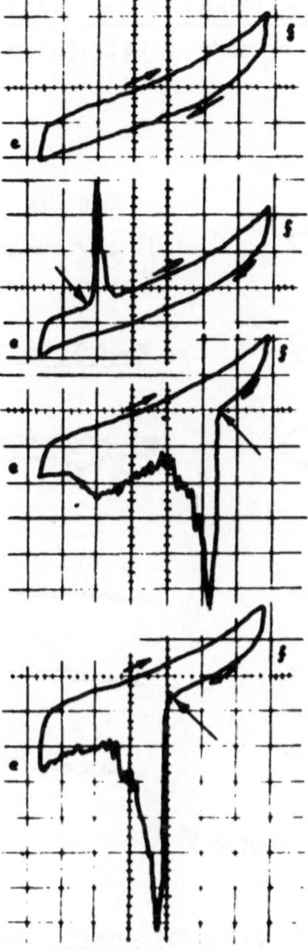

Fig.4.   Distortion of traces by active muscle
         contraction.

In the traces shown in Figure 4, the patient deliberately
moved the finger and this is shown by distortions of the trace.
Such distortions would normally cause the trace to be discarded,
since it is then obvious that the joint is not being moved
passively.   It may be helpful in assessing patients with
subjective stiffness whose symptoms are out of proportion to their
clinical signs.   The trace from such a man who was later treated
with Diazepam is shown in Figure 5.

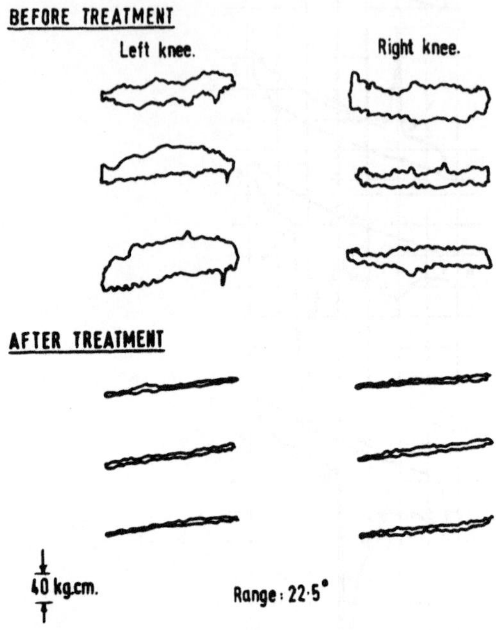

Fig.5.   Effect of treatment with Diazepam on the stiffness
measured at the knee of a 59-year-old man.

It was apparent that much of this man's stiffness, which
produced irregularity of the torque/displacement traces, was due
to emotional factors that produced muscle tension and active
muscle contraction.   Diazepam relieved this and the traces
became much more normal.

Reflex muscle activity similarly produces increased stiffness
at the joint.   This was seen in a patient with myotonia congenita
(Figure 6).   This patient had an increased stiffness that was
brought out at higher frequency of oscillation, due to the
elicitation of myotonia.   Similarly, patients with Parkinsonism
will show increased stiffness.

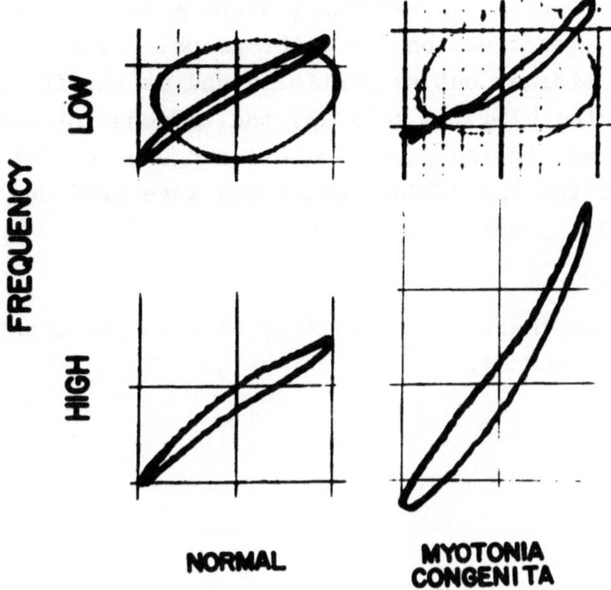

Fig.6. Traces from a patient with myotonia congenita
compared with a normal subject.

Unfortunately, the technique cannot be used to measure the
response of patients with Parkinsonism to drugs, since there are
many factors that alter the stiffness and it is not a reproducible
phenomenon. For instance, what the patient does with the other
hand will affect the stiffness recorded at the joint.

In normal subjects simultaneous electromyographic recordings
were taken from the flexor and extensor muscles during the
experiment. In one set of traces there was deliberate minimal
activity of the muscles and this was shown electromyographically,
but with normal sinusoidal motion the muscles were electrically
silent.

However, the passive pull of muscle is measured as increased
stiffness at the joint. Our results have shown an increase of
stiffness at the knee significantly correlated with the increase
in girth of the thigh muscle.

To investigate the effect of various tissues more closely, the
cat's wrist joint was examined on the arthrograph.   The anaes-
thetised animal had tissues cut sequentially and it was found that
the muscles contributed 41%, the skin 2%, the tendons 10% and the
capsule 47%.   This was in the physiological range of motion.
At the extreme of motion the tendons exerted a more profound
effect and developed a check-rein action.

Physiological factors

With increasing age there was increasing elastic and dissipative forces (Figures 7 and 8).

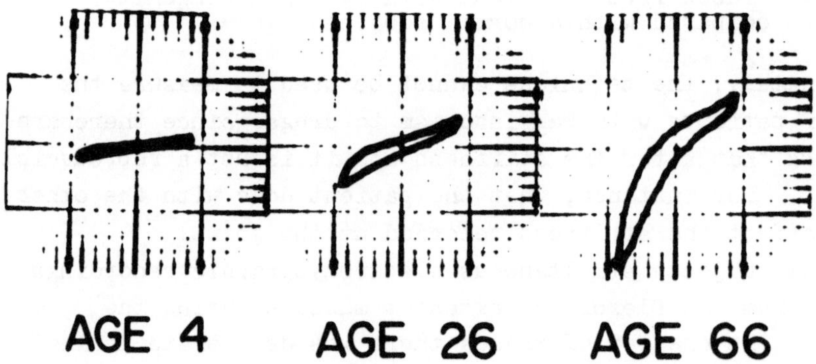

Fig.7.   Traces from the map joint of subjects aged
4, 26 and 66 years.

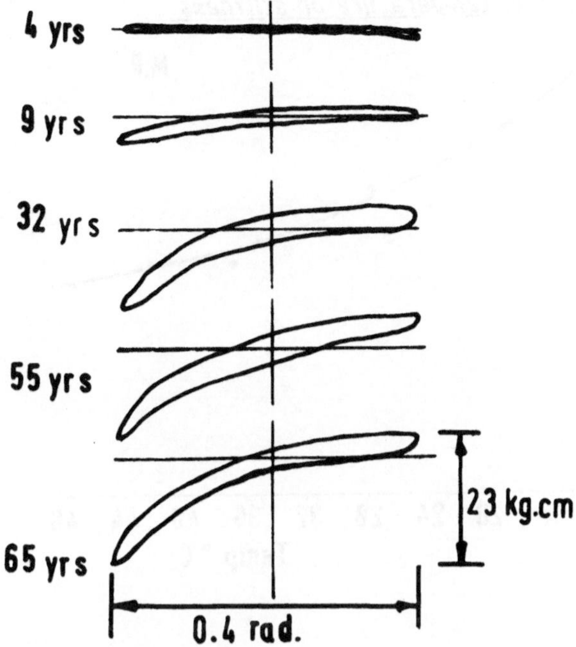

Fig.8.   Traces from the knees of subjects between
the ages of 4 and 65 years.

Experiments in altering the temperature of the joints showed
that with decreased temperature there was increased stiffness,
and on raising the temperature up to a skin temperature of
45°C there was a decreased stiffness of the joint.   The results
over a range of temperatures is shown in Figure 9.

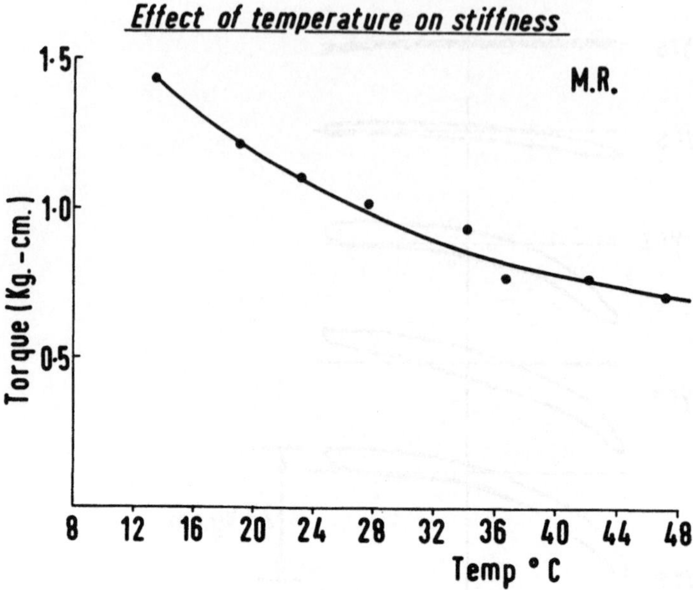

Fig.9. Effect of temperature on the stiffness of the
mcp. joint.

Pathological conditions

Increased stiffness was demonstrated in patients with
rheumatoid arthritis and in patients with systemic sclerosis.
A trial of intravenous versenate failed to show a decrease in
stiffness in patients with systemic sclerosis.

Increased stiffness was demonstrated in patients with osteoarthrosis and the phenomenon of articular gelling was studied
by seating patients in the same position for half an hour and
testing their stiffness immediately afterwards. Figure 10
shows the results compared with a normal subject. It can be
seen with the first oscillations after immobility there was a
marked increase in stiffness in patients with osteoarthrosis,
but this disappeared in a few cycles.

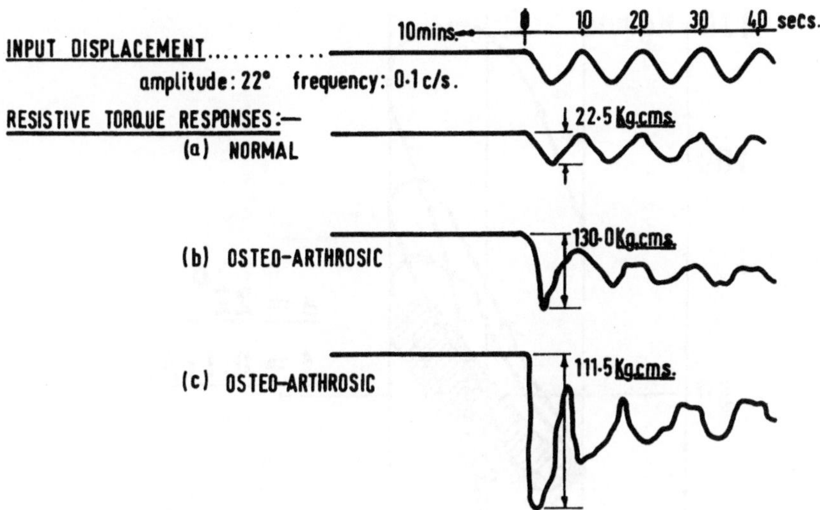

Fig.10.   Torque responses in normal and osteoarthrosic
subjects after sitting for 30 minutes.

When the traces are superimposed (Figure 11) it can be
seen that with the passage of time both the elastic and
dissipative forces diminished (Figure) 12.

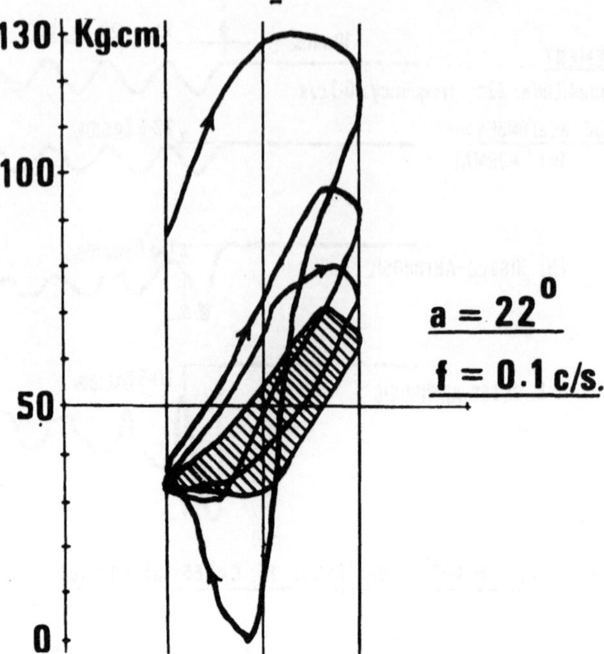

Fig.11. Superimposed traces from a patient with osteoarthrosis after sitting for 30 minutes.

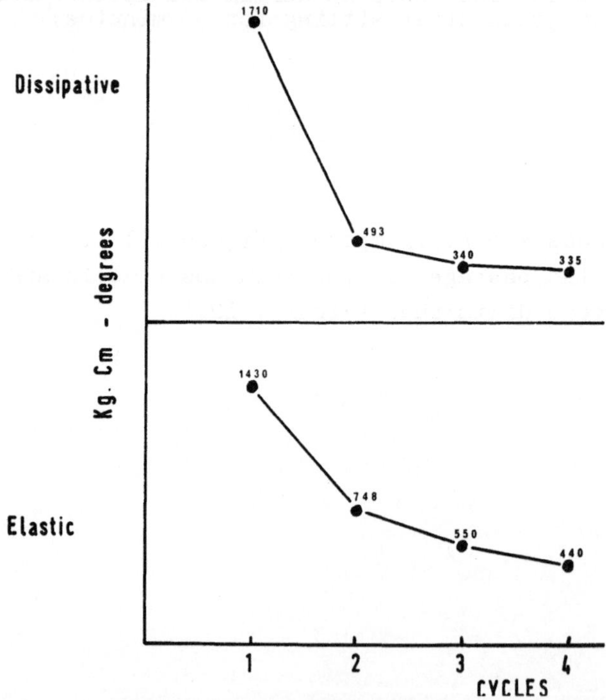

Fig.12. Torque with successive oscillations in a patient with osteoarthrosis after sitting for 30 minutes.

The apparatus has been used in the evaluation of potential synthetic lubricants. It has been shown in our Unit that silicone, which has been advocated by others, was no more effective than saline on sequential analysis. Indeed, saline often gave better results than intra-articular silicone. In a patient brought into hospital for special study, the stiffness was measured over a period and saline was given into one knee and silicone into the other. Figure shows that hospitalisation decreased the stiffness of both knees, and that there was a further decrease with intra-articular injection. There was no difference, however, between the administration of saline and silicone.

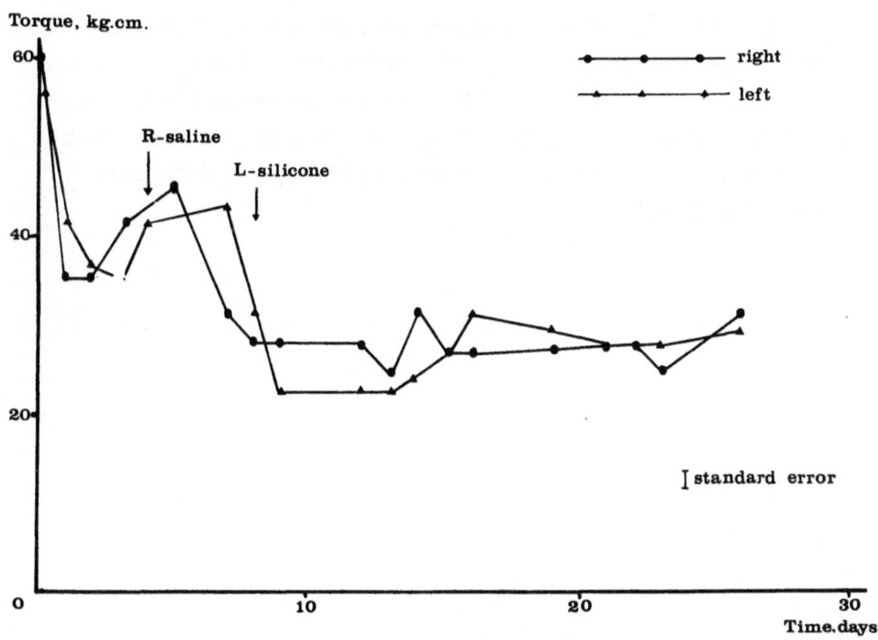

Fig.13. Stiffness of osteoarthrosic knees following hospitalisation and intra-articular injections of saline and silicone.

Summary

Arthrographs have been developed to measure the stiffness
at the metacarpo-phalangeal and knee joints.   A passive
sinusoidal motion is imposed and the resisting torque measured.
It has been demonstrated that active muscle contraction and
reflex muscle action will influence the results.   In normal
subjects, however, the muscles are electrically silent on
sinusoidal motion.   Nearly half the stiffness measured at the
cat's wrist joint, which is comparable to the metacarpo-
phalangeal joint of a child, was due to the capsule in the
physiological range.   With increasing age there is increasing
stiffness and with increasing temperature there is decreasing
stiffness.   Increased stiffness was found in patients with
rheumatoid arthritis, systemic sclerosis and osteoarthrosis.
For the first time the phenomenon of articular gelling has been
quantitated and has been shown to be due to increased elastic
and dissipative forces on immobilising the osteoarthrosic joint.
The technique has been used to evaluate synthetic lubricants
injected into the joint.

Concluding Remarks from the Point of View of an Engineer

Y. C. Fung

It gives me a great pleasure to say a few words at the end of this conference
from the point of view of an engineer. I know that the assignment to summarize
the material presented at this conference and to forecast the future cannot be
taken literally, because it is obviously impossible to summarize all that was
said in the last three days in 5 minutes, and to outline what we wish to do in the
future in another 5. A great amount of scientific facts were brought out in this
meeting. A large number of questions were answered; but an even larger number of questions were raised. A lot of good results were reported, but a lot more
must be done in order to complete the work that has been started.

I wish to pay my respects to our host society, and to those German scientists
who had the foresight to organize the Gesellschaft Deutscher Naturforscher und
Ärzte 152 years ago. They recognized that natural sciences and medical sciences
are one. They set a model for the rest of the world. The present meeting,
joining people working on biopolymers and biomechanics with clinicians, is new
to this Society. It, too, sets a new model for the future.

To the men who brought this conference into being, Professor Hartman and his
colleagues, I wish to express my most sincere thanks. I am sure that this
feeling of gratitude is shared by all participants.

In a sense, the really new element of this meeting is to bring two more words to
the medical sciences: namely, biomechanics and engineers. Engineers have
always regarded mechanics as their basic tool. But a serious attempt to apply
mechanics to medical science is new. Historical achievements are not lacking,
pioneers in mechanics such as Galileo, Hooke, Euler, Young, Poiseuille,
Helmholtz, and many others made important contributions to biology and medicine.
But the line of tradition was thin. In modern times, engineering and medicine
have followed separate ways. In the last decade, however, a serious movement
was going on. Many engineers wish to contribute their energy, their tools, their
philosophy, and their methods to the advancement of medical sciences. They
seek to cooperate with physicians. They wish to be partners in a great human
adventure to bring happiness and health to this world. They are yet few in number, but their number is growing. Your society, by accepting the engineers and
encouraging them to work in medical sciences is taking a new lead. You are
bringing a new service to the medical sciences.

Now that engineering and medicine are brought together, I was reminded of a
famous quotation sometimes attributed to Dostoivski (although I was not able to
verify the source): "Marriage is making two careers into one, but which one?"

This perceptive question goes to the heart of every marriage. Some people just
should not be married. If the question cannot be answered satisfactorily, difficulty will follow. A marriage can be successful only when both parties have a
common goal, and can work and share together. They must face problems together, and solve them together. With genuine love and understanding, the
future can be bright.

For biomedical engineering, this is what the engineer thinks he can contribute:

    (1) To device definitive tests for diagnosis, management, and prognosis.

(2) To advance quantitative physiology.
(3) To develop predictive medicine.
(4) To optimize health delivery.

Item I is engineer's stock in trade. In a hospital environment he can help to engineer what the doctors want. This kind of contribution is easily understood and needs no comment.

The second item is challenging. When an engineer begins to study medicine, he often finds physiology very different from physics. He is often bewildered because there is a lack of a definitive formalism, and an obvious omission of mathematics. He finds the subject hard to grasp. This experience challenges many engineers to try their hands on the basic subject of physiology, to see if some simplification and clarification can be obtained by using engineering methods to study physiology. There is a great deal of evidence of such efforts in the proceedings of the present conference. Objectively, quite a bit of success has been achieved. It is safe to predict that this will be a main stream of future bioengineering development.

When quantitative physiology is sufficiently advanced, one can hope for a new style of medicine to come. A new era will arrive when a clinician can ask a computer to tell him in detail what his medical or surgical intervention will bring to his patient. This, we believe, will be useful.

Finally, engineers have their eyes set on optimizing the delivery of medical care. Engineering, by definition, is to use scientific knowledge to do what man wants to do; to do it most economically, and for the maximum benefit.

With these objectives in front of us, what needs to be done is quite clear. This conference helps us to sharpen our focus. It helps us to be informed of each other's activities. It helps us to forge a link of friendship among workers in different parts of the world.

For all this, we leave the conference with a sense of gratitude to our hosts.

<u>Zusammenfassung der Ergebnisse und Ausblick auf zukünftige Probleme
aus der Sicht des Arztes</u>

H. Tscherne

Die 7. wissenschaftliche Konferenz der Gesellschaft Deutscher Naturforscher und Ärzte geht ihrem Ende entgegen. Bevor ich die Ergebnisse
aus der Sicht des Arztes zusammenfasse, möchte ich auch in Ihrer aller
Namen dem Initiator und Leiter dieser Konferenz unserem Gastgeber,
Herrn Hartmann, sehr herzlich für die vorbildliche Organisation und
Durchführung dieses Symposiums danken. Viel wichtiger als der schöne
Rahmen, der dieser Tagung gegeben war, ist für uns die Tatsache, daß
wir mit neuen wissenschaftlichen Erkenntnissen beladen die Heimreise
antreten können.

Wenn in der Eröffnungsrede gesagt wurde, eine schwierige Aufgabe, vor
die die Wissenschaft gegenwärtig gestellt ist, sei die "Kommunikation",
so haben schon die Referate am ersten Tag gezeigt, wie wichtig der Dialog zwischen Ingenieur, Biophysikern, Anatomen, Biochemikern einerseits und Klinikern andererseits ist. Wir haben versucht, eine gemeinsame Plattform zu finden. Nach gewissen anfänglichen interdisziplinär
bedingten Schwierigkeiten in der sprachlichen Verständigung hat die
angeregte Diskussion der beiden letzten Tage doch gezeigt, daß wir eine gemeinsame, vielleicht noch kleine Plattform gefunden haben. Erlauben Sie mir, daß ich meinen Rück- und Ausblick kurzfasse und ganz nach
praktisch klinischen Gesichtspunkten ausrichte.

Schon im ersten Referat kam deutlich zum Ausdruck, wie problematisch
die Analyse der am menschlichen Körper angreifenden Kräfte ist und wie
verschiedene Modelle einzelner Arbeitsgruppen zu unterschiedlichen Ergebnissen und Interpretationen führen. Dieses für die Biomechanik ver-
schiedenerBindegewebssysteme so wichtige Feld bedarf in der Zukunft
einer eingehenden Bearbeitung unter vergleichbaren Bedingungen. Ausgehend von der Größe und Verteilung der Normalkräfte am kongruenten
Gelenk wurden uns die Auswirkungen der Inkongruenz der Gelenkflächen
ausführlich dargelegt.

Die Bedeutung des Druckes und der Druckverteilung zog sich wie ein ro-
ter Faden durch alle Referate. Daß der Gelenkknorpel die Druckkräfte
nur auf die subchondrale Knochenschicht verteilt, in der bei bestimmten Änderungen der Beanspruchung Mikrofrakturen entstehen, die dann
über reaktive Veränderungen im Sinne der Callusbildung zur subchondralen Sklerose führen, war eine interessante Feststellung.

In der Behandlung der degenerativen Bandscheibenveränderungen, von
denen wir alle, wie wir hören mußten, mehr oder weniger betroffen sind,
scheint mir die pharmakologische Beeinflussung des Quelldruckes für die
Zukunft aussichtsreich zu sein.

Auch in der Biorheologie der Faserstrukturen harrt noch manches Problem seiner Lösung, obwohl Bindegewebstransplantate seit Jahrzehnten
in klinischer Verwendung stehen. Hier muß neben der Standardisierung
der mechanischen Prüfverfahren, vor allem den immunologischen Problemen mehr Augenmerk geschenkt werden. Am Bewegungsapparat haben sich
lyophilisierte Bindegewebstransplantate bewährt.

Auch in der Herzchirurgie kommen, obwohl heutzutage verschiedene funk-
tionsfähige mechanische Kunstklappen zur Verfügung stehen, biologische
Klappensubstrate in Form devitalisierter homo- und heterologer Bindegewebe, vor allem heterologes Pericard zur Anwendung, weil sie von
thromboembolischen Komplikationen frei einen Verzicht auf eine postoperative Antikoagulation erlauben.

Wertvolle Beiträge über die Biorheologie des Knorpels und der Gelenkflüssigkeit, über Auf- und Abbau der Biopolymere und über ihre biologischen Funktionen im Bindegewebssystem berechtigen zu der Hoffnung,
daß neue Erkenntnisse über die Pathogenese der Gelenkerkrankungen uns
auch neue Möglichkeiten kausaler Therapie bringen, um die so häufige
Zerstörung der Gelenkstrukturen zu verhindern. Daß der Gelenkersatz
auch in der Zukunft noch problematisch bleibt, ist nicht zu verkennen.
Darüber dürfen auch die Erfolge der Hüftarthroplastik nicht hinwegtäu-
schen.

Trotzdem bleibt der Gelenkersatz durch Endoprothesen auch in der Zukunft ein heißes Forschungsthema. Die Erfahrung mit der Totalarthro-
plastik des Hüftgelenkes während der letzten Jahre hat deutlich gezeigt,
wo die Forschungsschwerpunkte für die kommenden Jahre zu sehen sind:
Entwicklung beserer Werkstoffe mit minimalem Abrieb, Gelenkschmierung,
Verzicht auf das unbiologische Füllmaterial Knochenzement, Reduzierung
der Infektrate durch neue Wege in der Antisepsis und Asepsis. Die bisherigen tierexperimentellen und klinischen Erfahrungen mit isoelasti-
schen Prothesen - beide Gelenkteile aus Kunststoff gefertigt - deuten
diese Entwicklung bereits an. Bei minimalem Abrieb entspricht ihre
Elastizität der des Knochens weit mehr als die Metallprothese. Die Verankerung im Knochen ohne Autopolymerisate befriedigt, indem der Knochen
funktionell umgebaut wird und er die Prothese inkorporiert.

Weit komplexer ist wegen der komplizierten Gelenkmechanik die Weiterentwicklung anderer künstlicher Gelenke, vor allem des Kniegelenkes.
Hier ergibt sich für die Zukunft ein weites Feld interdisziplinärer Zusammenarbeit.

Zum Abschluß erlaube ich mir im Namen aller Teilnehmer dem stellvertre-
tenden Präsidenten der Gesellschaft Deutscher Naturforscher und Ärzte,
Herrn Prof. Bock, zu danken. Herr Präsident, Sie haben uns während der
ganzen Tagung die Ehre Ihrer Anwesenheit gegeben und Sie haben selbst
miterlebt, wir fruchtbar ein Dialog zwischen Naturforschern und Ärzten
sein kann. Der harmonische Ablauf dieser Tagung soll für Ihre Gesellschaft Ansporn sein, diese Kommunikation auch in Zukunft zu fördern.

F. Pauwels

Atlas zur Biomechanik der gesunden und kranken Hüfte

Prinzipien, Technik und Resultate einer kausalen Therapie

305 Abb. in 852 Einzeldarstellungen
VIII, 276 Seiten. 1973
Gebunden DM 365,—; US $149.00
ISBN 3-540-06048-0

Vertriebsrechte für Japan: Igaku Shoin
Ltd., Tokyo

Die Implantation künstlicher Gelenke kann
zu unerwünschten Raktionen gegen das
Fremdmaterial führen. Daher sollte die
natürliche Fähigkeit der funktionellen
Anpassung des Knochengewebes thera-
peutisch nutzbar gemacht werden. Der
Autor beschreibt die dafür erforderliche
Operationstechnik, mit der eindrucksvolle
Langzeiterfolge, auch bei bisher therapie-
resistenten Fällen, erzielt werden konnten.

Connective Tissues

Biochemistry and Pathophysiology

Editors: R. Fricke, F. Hartmann
Editorial Board: E. Buddecke, R. Fricke,
F. Hartmann, H. Muir, K. Kühn
121 figures. XII, 309 pages. 1974
Cloth DM 49,—; US $20.00
ISBN 3-540-06673-X

Distribution rights for Japan: Maruzen
Co. Ltd., Tokyo

Connective Tissue

Macromolecular Structure and Evolution

31 figures. Approx. 400 pages (Molecular
Biology, Biochemistry and Biophysics,
Vol. 19). In preparation

This book gives a comprehensive and
integrated account of connective tissues
in vertebrates and invertebrates with
special reference to its molecular structure
and most important extracellular
macromolecul also its implications for
developmental biology and comparative
antomy.

Calcium Metabolism, Bone and Metabolic Deseases

Proceedings of the 10th European
Symposium on Calcified Tissues Hamburg,
Germany 16th-21st of September 1973
Editors: F. Kuhlencordt, H.-P. Kruse.
Approx. 110 figures. Approx. 240 pages
In preparation ISBN 3-540-06990-9

T. Nemetschek

Biosynthese und Alterung von Kollagen

11 Abb. 27 Seiten. 1974
(Sitzungsberichte der Heidelberger
Akademie der Wissenschaften. Mathe-
matisch-naturwissenschaftliche Klasse.
Jahrgang 74, 3. Abhandlung).
DM 15,—; US $6.20
ISBN 3-540-06923-2

Überblick über die Biosynthese von
Kollagen und eine Reihe von Querver-
netzungen, die Bedeutung für die Stabili-
sierung dieser Eiweißfaser haben. Die Zunahme der intermolekularen Brücken-
bindungen während des Alterungsprozesses
von Kollagen kann als sinnvoller Regel-
mechanismus zur Anpassung an die ge-
änderten physiologischen Erfordernisse
angesehen werden.

Preisänderungen vorbehalten

Prices are subject to change without
notice

**Springer-Verlag
Berlin Heidelberg New York**
München Johannesburg London Madrid
New Delhi Paris Rio de Janeiro Sydney
Tokyo Utrecht Wien